建筑电气安装分项工程施工工艺标准

（第二版）

刘宝珊　刘劲松　刘劲辉　主编

中国建筑工业出版社

图书在版编目（CIP）数据

建筑电气安装分项工程施工工艺标准/刘宝珊等主编.
2版．—北京：中国建筑工业出版社，2004
ISBN 7-112-06835-5

Ⅰ．建…　Ⅱ．刘…　Ⅲ．房屋建筑设备：电气设备
—建筑安装工程—工程施工—标准—中国
Ⅳ．TU85-65

中国版本图书馆CIP数据核字（2004）第102171号

建筑电气安装分项工程施工工艺标准

（第二版）

刘宝珊　刘劲松　刘劲辉　主编

*

中国建筑工业出版社出版、发行（北京西郊百万庄）
新　华　书　店　经　销
广东省肇庆市科建印刷有限公司印刷

*

开本：850×1168毫米　1/32　印张：21　字数：564千字
2004年10月第二版　2006年5月第十一次印刷
印数：31861—33860册　定价：**45.00**元

ISBN 7-112-06835-5
TU·6082（12789）

本标准依据国家最新的规范、标准，按照施工准备、施工工艺、质量标准、成品保护、安全注意事项、质量通病及其防治等几个方面内容进行编写的。

本标准共分五章，大量介绍了各种线路敷设、电缆线路、母线装置以及电气设备器具和防雷及接地装置中总共39个分项工程。

本施工工艺标准内容丰富、通俗易懂，其独特的电气照明装置中的关于照明器具盒、箱位置的确定，曾在设计者中得以推广，得到设计人员的赞同和认可。本标准可作为企业标准供生产操作的技术依据和行业内部验收标准，也可作为建设、监理单位和质量监督人员进行验收和备案的依据，同时还可作为大、中专院校建筑电气专业学习的参考书。

*　*　*

责任编辑　常　燕

主　　　编　刘宝珊　刘劲松　刘劲辉

副　主　编　廉恩义　安慧庆

参加编写人员　王汉发　赵东波　李世伟

梁大庆　高文泽　徐　健

刘　勇　谷　林　李振华

齐锦博　孟庆学　张连信

金家成　郭建华　李宝财

赵春光　王英春　胡文兴

徐信智　李　琰　郭铁骑

贾清华

前　言

1996年为适应建筑电气安装工程施工技术迅速发展的需要，我们编制了《建筑电气安装分项工程施工工艺标准》，标准中先进的电气工程技术曾为施工质量的提高奠定了坚实的基础，从而深受读者的喜爱，此书先后印刷9次，印数达几万册。

随着科技进步及建筑电气行业的发展，新的《建筑电气工程施工质量验收规范》GB 50303—2002的颁布实施，原标准的内容已不能满足需求，故此对第一版进行全面的修订。由于国家"智能建筑"施工质量验收的标准尚未出台，在第二版中删去了无法可依的弱电工程安装的有关章节。在所保留的分项工程基础上，按《建筑电气工程施工质量验收规范》所罗列的分项工程项目又进行了扩展。

修订后的标准共分为5章39节，在线路敷设一章中增加了套接紧定式钢导管和套接扣压式薄壁钢导管敷设，改写了前所未有的可挠金属电线保护管(原普利卡金属套管)的施工工艺，增写了塑料线槽敷设、槽板配线、钢索配线等新的内容。在电缆线路一章中，又编制了竖井内电缆敷设和预制分支电缆在竖井内敷设等内容。对原电气器具、设备一章增加了12节新内容即：变压器安装、箱式变电所安装、柴油发电机组安装、不间断电源安装以及低压电动机、电加热器及电动执行机构检查接线；在原有普通灯具安装的基础上，保留了经典的装饰灯具安装工艺外，又增加了建筑物景观照明灯、建筑物彩灯、霓虹灯、航空障碍标志灯、庭院灯、行灯、游泳池和类似物所灯具、手术台无影灯、应急照明灯、防爆灯等专用灯具的安装工艺。在防雷及接地装置一章中，还以大量的篇幅增写了建筑物等电位联结的施工新技术、新工艺。

修订后的标准，对各分项工程中的新技术、新工艺、新材料、新经验都有翔实的介绍。

作者总结几十年丰富的实践经验中的精华，将一些鲜为人知的内容，奉献给奋战在建筑电气行业中的后来者，愿以此进一步推动中国建筑电气行业更上一个新的台阶，愿望就足矣。

作者

目　录

1 线 路 敷 设

1.1 接户线与进户线安装

Ⅰ 施工准备

1.1.1 材 料

1 蝶式绝缘子、针式绝缘子。

2 镀锌横担、镀锌铁拉板、镀锌支撑角钢、镀锌螺栓和镀锌方垫圈等。

3 橡胶绝缘导线、并钩线夹和钳压管等。

4 镀锌钢管(或角铁)和镀锌扁钢等。

1.1.2 机 具

1 台钻、台虎钳、油压线钳、电焊机、手锤、钢锯和活扳手等。

2 卷尺、脚扣、安全带和梯子等。

1.1.3 作业条件

1 进户管和进户横担预埋螺栓,应配合土建主体施工安装,进户横担应在建筑物外墙装饰工程结束后安装。

2 图纸上确定的进户点到系统电杆一段障碍接户线架设的树木或树枝等杂物应清理干净。

Ⅱ 施工工艺

1.1.4 施工程序

进户点的选择 → 进户管埋设 → 进户横担制作安装 → 接户线架设 → 接户线与进户线连接 → 重复接地施工

1.1.5 镀锌制品横担、接地极和金具等材料的进场验收

1 按批查验合格证或镀锌厂出具的镀锌质量证明书。

2　外观检查，镀锌层覆盖完整、表面无锈斑，金具配件齐全，无砂眼。

3　对镀锌质量有异议时，按批抽样送有资质的试验室检测。

1.1.6　供电系统电压及进户点

低压供电系统的电压单相供电为220V，三相供电时为380V。

照明用电装设容量在5kW以下，可以单相供电；装设容量在5kW及其以上的多层、多单元建筑应三相供电；一栋建筑物内部相互连通的多层住宅、办公楼只允许设置一个进户点。多单元住宅楼，每三个单元可设一个进户点。

一栋建筑物可根据负荷性质不同，分砷进户点。

进户点应尽可能接近用电负荷中心，怯保证用电安全和方便于运行维护，并应考虑市容美观和邻近进户点的一致性。

进户点位置一般由设计单位初步确定，经供电部门审批。但在施工过程中应进一步根据建筑物结构情况核实进户点是否正确，并目测接户线安装后与建筑物有关部分的距离是否符合有关规定。

1　接户线档距不应大于25m；超过25m时，应设接户电杆；低压接户杆的档距不应超过40m；沿墙敷设的接户线档距不应大于6m。

2　接户线在最大弛度情况下对地面垂直距离应符合下列规定：

(1) 跨越通车街道不得低于6m。

(2) 跨越通车困难的街道、人行道、胡同(里、弄、巷)不得低于3.5m。

(3) 进户口对地距离不宜低于2.5m，如低于2.5m时，应加装支架或梢径不小于100mm的钢筋混凝土电杆。

3　接户线与建筑物构筑物有关部位的最小距离不应小于下列规定：

(1) 距阳台、平台、屋顶的垂直距离2.5m。

(2) 距上方窗户下口的垂直距离800mm。

(3) 距下方窗户上口的垂直距离 300mm。

(4) 距窗户或阳台的水平距离 750mm。

(5) 距墙壁或构架的距离 50mm。

4 接户线与弱电线路的交叉距离不应小于下列规定:

(1) 在弱电线路上方垂直距离 800mm。

(2) 在弱电线路下方垂直距离 300mm。

经过目测后如不符合上述规定时,应及时与建设单位或供电部门取得联系,以免造成返工。

1.1.7 进户管埋设

1 进户管宜使用镀锌钢导管。如使用刚性绝缘导管时,在伸出建筑物外的一段应套钢管保护,且在钢管管口处可见刚性绝缘导管管口。

2 进户管应在接户线支持横担的正下方,垂直距离为 250mm。进户管伸出建筑物外墙不应小于 150mm,且应加装防水弯头。进户管的周围应堵塞严密,以防雨水进入室内。

3 多层多单元的住宅楼,进户口到计量电能表距离超过 8m 时,应装进线保护开关,如暗装导线有管、槽保护或电源侧已装有足以保护以后线路的保护装置时可不装。

1.1.8 进户横担制作安装

进户横担一般可购成品,横担、螺栓、铁拉板和铁垫等必须镀锌,其表面不得有锌皮脱落及锈蚀等现象。

1 横担制作

自制横担时,应根据进线方式确定横担的形式,计算角钢长度后,锯下或切断。划好孔位线,两端埋设式还得划出煨角线,钻孔后,按煨角线锯出豁口,夹在台虎钳上煨制成型,将豁口的对口缝焊牢。采用埋注固定的横担,支撑的埋注端应做出燕尾。最后将横担、支撑进行镀锌加工。

2 横担安装

进户横担分为螺栓固定式、一端埋设式和两端埋设式几种,进户横担的安装方式如图 1.1.8-1 所示。

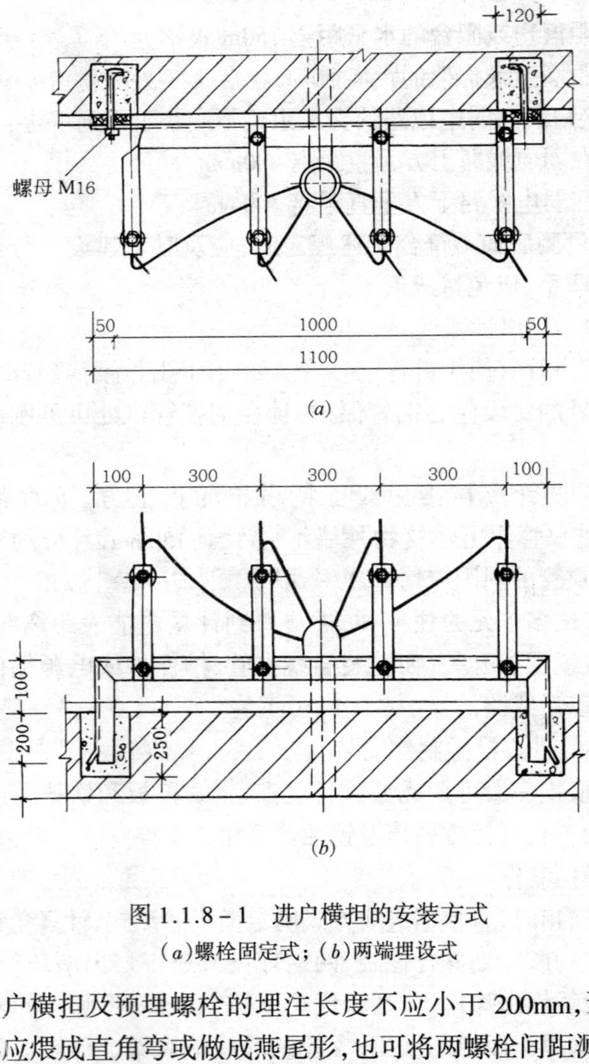

图 1.1.8－1　进户横担的安装方式

（*a*）螺栓固定式；（*b*）两端埋设式

进户横担及预埋螺栓的埋注长度不应小于 200mm，预埋螺栓的端部应煨成直角弯或做成燕尾形，也可将两螺栓间距测好后，用圆钢或扁钢进行横向焊接连接，可防止位置偏移。

预埋螺栓的外露长度，应保证安装横担拧上螺母后，外露螺纹长度不少于 2～4 扣。

架空电缆或集束导线等特制导线进户时，可预埋拉线环或预埋单根螺栓与短横担连接固定。

进户横担安装应端正牢固,横担两端水平差不应大于5mm。

螺栓固定式横担,应在建筑物外墙装饰工程结束后安装,横担应紧贴建筑物表面,不得翘动。

接户线的两端应使用蝶式绝缘子固定,绝缘子工作电压不应低于500V。瓷釉表面应光滑、无裂纹、无掉渣现象。

1.1.9 接户线架设

接户线架设前,进户管内导线已敷设好,且防水弯头也已拧牢。进户管采用钢导管敷设时同一回路各相线和中性线的导线必须穿在同一根管内。进户管内导线应使用截面积不小于$6mm^2$的橡胶绝缘铜导线,出管导线预留长度不应小于1.5m。严禁使用普通塑料绝缘电线,北方寒冷地区应使用耐低温塑料绝缘电线。

接户线应采用橡胶绝缘导线,导线最小截面积应符合表1.1.9-1的规定。接户线不得有接头、硬弯及绝缘破损等缺陷。

接户线橡胶绝缘导线最小截面积(mm^2) 表1.1.9-1

接户线架设方式	档距(m)	铜线	铝线
自电杆引下	25以下	6	10
沿墙敷设	6及以下	4	6

架设接户线时,应先将蝶式绝缘子及铁拉板安装在横担上,放开导线进行架设、绑扎。应先绑扎杆上一端,后绑扎进户端。

接户线固定端采用绑扎固定时,其绑扎导线环大小应适当,使蝶式绝缘子可自由更换,如图1.1.9-1所示。其绑扎长度不应小于表1.1.9-2的规定。

蝶式绝缘子绑扎长度 表1.1.9-2

导线截面(mm^2)	绑扎长度(mm)
10及以下	≥50

续表

导线截面(mm^2)	绑扎长度(mm)
16及以下	≥80
25~50	≥120
70~120	≥200

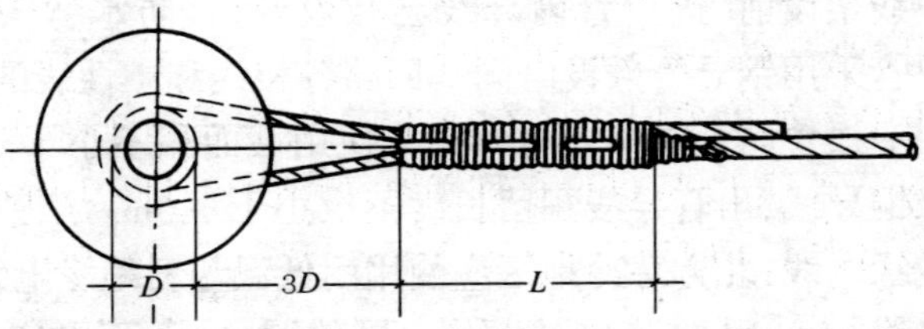

图1.1.9-1 蝶式绝缘子绑扎法

接户线的最小线间距离应符合表1.1.9-3的规定,如采用特制的导线可不受此表限制。

接户线最小线间距离(m) **表1.1.9-3**

架设方式	档距	线间距离
自电杆引下	25及以下	0.15
	25以上	0.20
沿墙敷设	6及以上	0.10
	6以上	0.15

两个不同电源引入的接户线不宜同杆架设。接户线与同一杆上的另一接户线交叉接近时,最小净空距离不应小于100mm,否则应套上绝缘管保护。

接户线在最大摆动时,不应有接触树木和其他建筑物现象。接户线不应从高压引线间穿过,不应跨越铁路。

1.1.10　接户线与进户线的连接

接户线与进户线的连接，根据导线材质及截面的不同，其连接方法也不相同。可以采用单卷法和缠卷法进行连接；也可以采用压接管压接及使用端子或并钩线夹进行连接。

接户线两端遇有铜铝连接时，应设有过渡措施。

1.1.11　重复接地施工

在低压 TN 系统中，电缆线路和架空线路在每个建筑物的进线外，其 PEN 或 PE 线均须重复接地（如无特殊要求，对小型单层建筑，距接地点不超过 50m 可除外）。

配电系统如果采用 TN—C 或 TN—C—S 的接地形式，在屋外接户线的 PEN 线上，应进行重复接地，如图 1.1.11－1 所示。接地电阻值不得大于 10Ω。

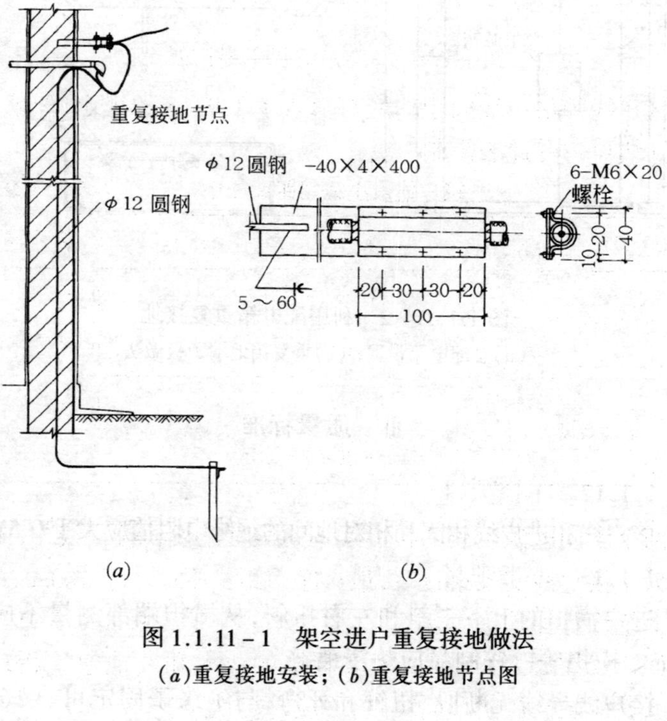

图 1.1.11－1　架空进户重复接地做法

（*a*）重复接地安装；（*b*）重复接地节点图

配电系统如采用 TN—S 的接地形式，PE 线应进行重复接地。

当采用 TN—C—S 的接地形式时，建筑物内 PE 线、N 线应分别与接地装置连接。也可以利用总电源箱内端子板进行 PE 线与 N 线的连接，如图 1.1.11－2 所示。

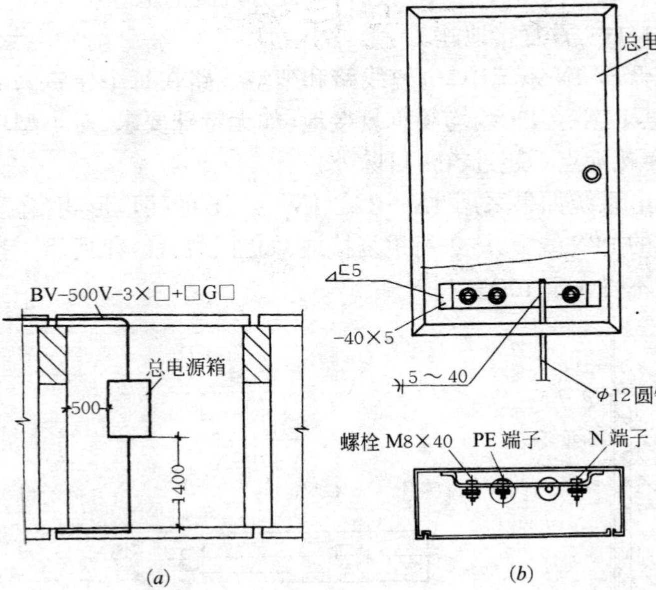

图 1.1.11－2　利用配电箱重复接地

(a)总配电箱设置；(b)重复接地端子板做法

Ⅲ　质量标准

1.1.12　主控项目

接户线和进户线相间和相对地间的绝缘电阻值应大于 0.5MΩ。

1.1.13　一般项目

进户横担的上下歪斜和左右扭斜，从横担端部测量不应大于 20mm。横担等镀锌制品应热浸镀锌。

接户线导线无断股、扭绞和死弯，与绝缘子固定可靠，金具规格应与导线规格适配。

接户线的线间和线对地间的安全距离,应大于150mm。

Ⅳ 成品保护

1.1.14 横担、支撑埋设后应避免碰砸。

1.1.15 进户保护管外露丝扣部位应加保护措施,防止丝扣被破坏。

1.1.16 电气安装施工中,应注意避免损坏、污染建筑物。

1.1.17 接户线架设后,应注意不要从高层往下扔东西,以免砸坏导线及绝缘子。

Ⅴ 安全注意事项要求

1.1.18 登杆作业脚扣应与杆径相适应。安全带应拴在安全可靠处,不准拴于绝缘子或横担上。工具、材料应用绳索传递,禁止上下抛扔。杆下作业人员要戴好安全帽,并且不准无关人员在杆下逗留或通过。

1.1.19 建筑物外墙处作业,使用梯子不得垫高使用,如需接长使用应绑扎牢固,梯子不得缺档。使用时上端应牢固,下端采取防滑措施。单面梯与地面夹角以60°~70°为宜。禁止两个人同时在梯子上工作。

1.1.20 在梯子上操作时,要戴好工具包,以免工具、材料坠落伤人,交叉作业时,下方人员要戴好安全帽。

Ⅵ 质量通病及其防治

1.1.21 横担固定不牢固。在埋设横担、支撑或螺栓时找平要认真,水泥砂浆应饱满。

1.1.22 横担固定扎用电、气焊扩孔。用螺栓固定的横担,在埋设螺栓时找好水平距离,应与横担固定孔眼一致。

1.1.23 接户线固定点与进户管的距离过大或过小,位置不对应。在预埋进户管前应综合考虑好与进户横担的关系,进户管与横担垂直距离应为250mm,水平距离应在横担长度的中心处。

1.1.24 进户管或横担设在建筑物挑檐或雨棚处,使接户线与建筑物距离过小。应在得到施工图后,认真审图,在土建主体结构施工中注意发现与建筑结构相矛盾之处。

1.2 刚性绝缘导管暗敷设

Ⅰ 施工准备

1.2.1 材 料

1 硬质聚氯乙烯塑料管、刚性 PVC 管。

2 塑料制品的接线盒、开关盒及各种成品的管接头、管卡头等。

3 各种螺丝、胶合剂、汽油、木炭或木材等。

1.2.2 机 具

喷灯、锯条、卷尺、自制硬质塑料管弯曲模具等。

1.2.3 作业条件

敷设管路须与土建主体工程密切配合施工,土建施工后应及时给出建筑标高线。

敷设绝缘导管时的环境温度不应低于 - 15℃,防止绝缘导管发脆造成断裂,影响工程质量。

Ⅱ 施工工艺

1.2.4 施工程序

熟悉图纸 → 选管 → 切断 → 煨弯 → 进行部分管与盒的连接 → 配合土建施工逐段逐层预埋管 → 管与管和管与盒(箱)连接

1.2.5 熟悉图纸

刚性绝缘导管暗敷设施工不仅要读通电气施工图,还要阅读建筑和结构施工图以及其他专业图纸,电气工程施工前要了解土建布局及建筑结构情况，和电气配管与其他工程间的配合情况。按施工图纸的要求和施工规范的规定（或实际需要），经过综合考虑，确定盒（箱）的正确位置，及管路的敷设部位和走向，以及在不同方向进出盒（箱）的位置。

1.2.6　导管的选择

刚性绝缘导管的材质及适用场所必须符合设计要求和施工质量验收规范规定。

1　刚性绝缘导管适用于民用建筑及室内有酸、碱等腐蚀介质场所，不得在高温和易受机械损伤的场所敷设。埋设在墙内或混凝土内的绝缘导管，应采用中型以上的导管；埋于地下受力较大处的硬质塑料管，宜使用比一般管管壁厚的重型管。常用的无增塑刚性塑料管和硬质聚氯乙烯塑料管如表 1.2.6－1 和表 1.2.6－2 所示：

无增塑刚性塑料管规格、尺寸表　　表 1.2.6－1

公称尺寸（mm）	外　径（mm）	内　径（mm）	壁　厚（mm）	内孔面积（mm）	40%内孔面积（mm^2）	重　量（g/m）
16	16～0.3	≥12.2	1.7	116.8	46.7	0.115
20	20～0.3	＞15.8	1.8	196.0	78.4	0.154
25	25～0.4	＞20.6	1.9	333.1	133.2	0.200
32	32～0.4	＞26.6	2.5	555.4	222.2	0.334
40	40～0.4	＞34.4	2.5	928.9	317.5	0.427
50	50～0.4	＞43.2	3.0	1465	586.0	0.685
63	60～0.6	＞56	3.2	2462	984.7	0.877

硬质聚氯乙烯管（mm）　　表 1.2.6－2

公称直径	外径及允许误差	轻型管壁厚	重型管壁厚
15	20±0.7	2.0±0.3	2.5±0.4
20	25±1.0	2.0±0.3	3.0±0.4
25	32±1.0	3.0±0.45	4.0±0.6
32	40±1.2	3.5±0.5	5.0±0.7

续表

公称直径	外径及允许误差	轻型管壁厚	重型管壁厚
40	51 ± 1.7	4.0 ± 0.6	6.0 ± 0.9
50	65 ± 2.0	4.5 ± 0.7	7.0 ± 1.0
65	76 ± 2.3	5.0 ± 0.7	8.0 ± 1.2
80	90 ± 3.0	6.0 ± 1.0	—

2 在选择刚性绝缘导管及其附件时，应一律选用难燃型管材，其氧指数应为27%及以上，即有离火自熄的性能。

3 根据所穿导线截面、根数，选择刚性绝缘管可参考表1.2.6－3和表1.2.6－4。

BV、BLV绝缘线穿管管径选择（mm） 表1.2.6－3

导线截面（mm^2）	导线根数						
	2	3	4	5	6	7	8
1							
1.5							
2.5			15				20
4							
6			20				25
10		20	25				32
16		25					40
25			32				50
35			40				
50		40					65
70			50				80
95			65				
120					80		100

BX、BLX 绝缘线穿管管径选择(mm)　　表 1.2.6-4

导线截面(mm^2)	导线根数						
	2	3	4	5	6	7	8
1							
1.5							
2.5		15					25
4			20				32
6			25				
10		25					40
16			32				50
25							
35			40				65
50			50		65		80
70				65	80		
95			65				
120			80				

1.2.7　绝缘导管的进场验收

1　绝缘导管应按批查验合格证。

2　进行外观检查,绝缘导管及配件不碎裂、表面有阻燃标记和制造厂标。

3　按制造标准现场抽样检测导管的管径、壁厚及均匀度。对绝缘导管及配件的阻燃性能有异议时,按批抽样送有资质的试验室检测。

1.2.8　导管的加工

刚性绝缘导管应根据线管的每段埋设位置和线管所需长度进行切断和弯曲加工。

1　导管的切断

(1) 硬质聚氯乙烯塑料管的切断用带锯的多用电工刀或钢锯条,切口应整齐;刚性绝缘导管用锯条切断时,应直接锯到底。

(2) 使用厂家配套供应的专用截管器进行裁剪管子。应边稍转动管子边进行裁剪，使刀口易于切入管壁，刀口切入管壁后，应停止转动 PVC 管（以保证切口平整），继续裁剪，直至管子切断为止，如图 1.2.8－1 所示。

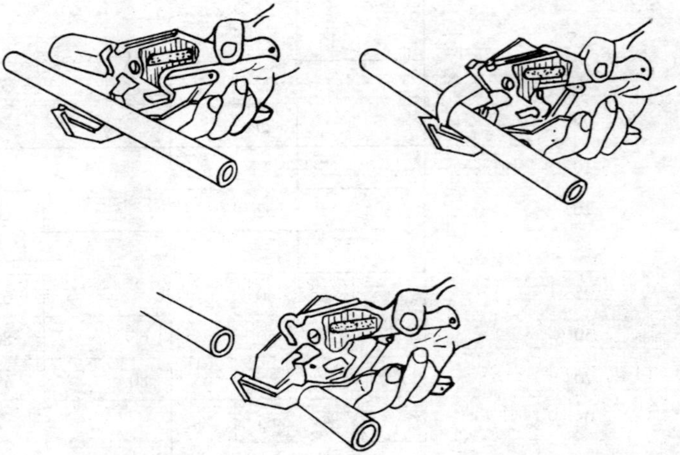

图 1.2.8－1　刚性绝缘导管切断

2　导管的弯曲

(1) 冷煨法

冷煨法，适用于刚性 PVC 管在常温下的弯曲。在弯管时，将相应的弯管弹簧插入管内需煨弯处，两手握住管弯曲处弯簧的部位，用手逐渐弯出需要的弯曲半径来，如图 1.2.8－2 所示。

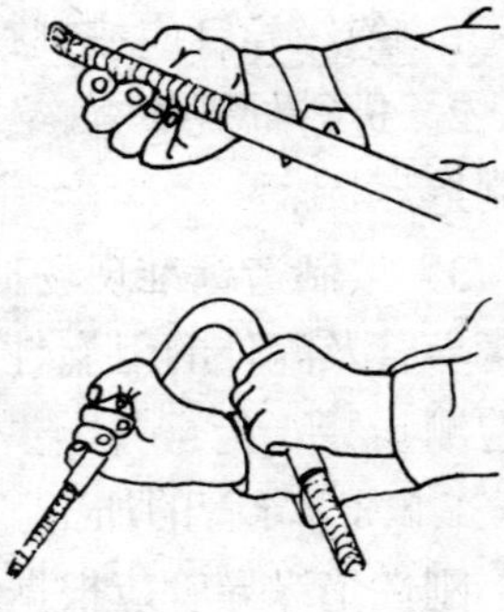

图 1.2.8－2　冷弯管

如果用手无力弯曲时，也可将弯曲部位顶在膝盖上或硬物上再用手扳，逐渐进行弯曲，但用力及受力点要均匀。弯管时一般需弯曲至比所需要弯曲角度要小，待弯管回弹后，便可达到要求，然后抽出管内弯簧。

刚性 PVC 管还可以使用手扳弯管器冷煨管，将已插好弯簧的管子插入配套的弯管器，手扳一次即可弯出所需弯管，如图 1.2.8－3所示。

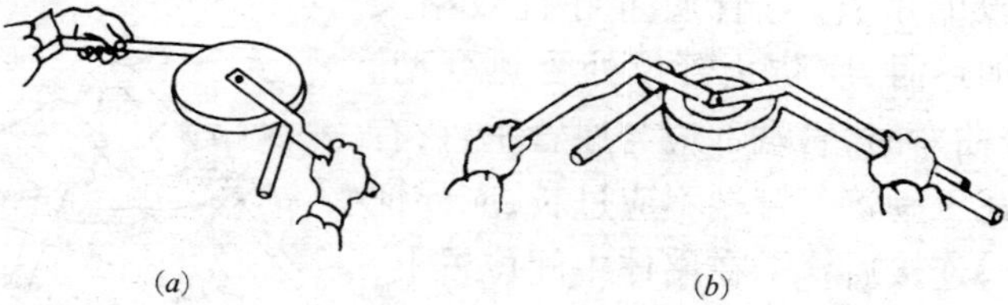

图 1.2.8－3　用弯管器弯管

(*a*)一式弯管器；(*b*)二式弯管器

当弯曲较长的管子时，应用铁丝或细绳拴在弯簧一端的圆环上，以便弯管完成后拉出弯簧。在弯簧未取出前，不要用力使变簧回复，否则易损坏弯簧，当弯簧不易取出时，可逆时针转动弯簧，使之外径收缩，同时往外拉即可取出。

低温施工弯管时，可先用布将管子需要弯曲处摩擦生热后再煨管。

在刚性 PVC 管端部冷煨 90°曲弯或鸭脖弯时，用手冷煨管有一定困难，可在管口处处套一个内径略大于管外径的钢管，一手握住管子，一手扳动钢管即可煨出管端长度适当的 90°曲弯。

刚性 PVC 管也可同硬质聚氯乙燃管一样进行热煨。

(2) 热煨法

热煨管子弯曲质量的好坏，同管本身质量和热煨温度及煨管技巧、操作水平都有一定关系。

加热硬质塑料管可以用喷灯、木炭或木材做热源，也可以用水煮、电炉子、碘钨灯加热等等。无论采用什么方法加热，均不应将管烤伤、变色。

煨制 20mm 及以下绝缘导管的端部，与盒(箱)连接处的 90°曲弯或鸭脖弯时，管端加热后，管口处插入一根直径相适宜的防水线或橡胶棒或氧气带，用手握住需煨弯处两端进行弯曲，如图

1.2.8－4所示，成型后将弯曲部位插入冷水中定型。此法如两人操作特别方便，可一人同时烤多根管，另一人一根接一根的煨管，弯管质量好且效率又高。加热时，应防止管口处受热变型。弯90°曲弯时，管端部应与原管垂直，有利于瓦工砌筑。管端不应过长，应保证管(盒)连接后管子在墙体中间位置上，如图1.2.8－5(*a*)所示。

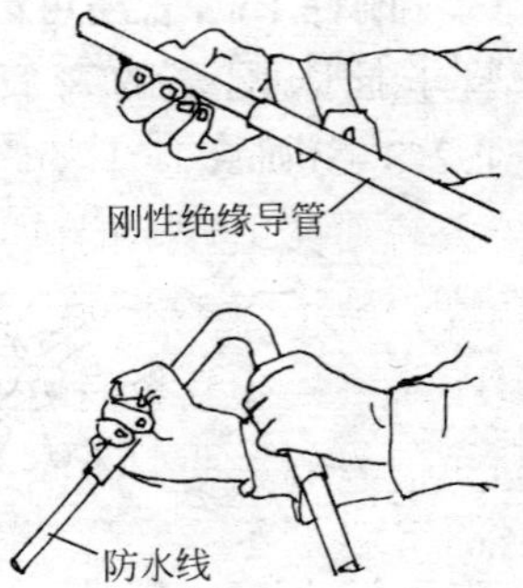

图1.2.8－4　热弯管

在管端部煨鸭脖弯时，应一次煨成所需长度和形状，并注意两直管段间的平行距离，且端部短管段不应过长，防止造成砌体墙通缝。如图1.2.8－5(*b*)所示。

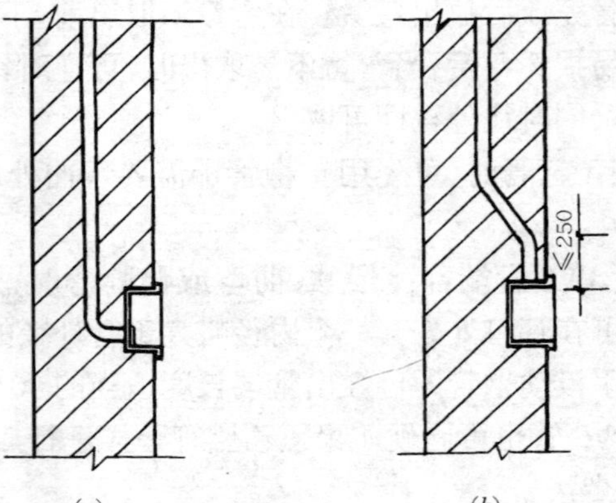

图1.2.8－5　管端部的弯曲

(*a*)90°曲弯；(*b*)鸭脖弯

直径20mm及以下的绝缘导管的中间部位的90°弧形弯曲，也可按弯曲半径的不同要求，先自制能一次并立着容纳多根管子的模具，如图1.2.8－6所示。用手同时拿多根管一齐加热，在加热过程中要一边前后串动，一边转动，待管子加热至柔软状态时，弯曲后一根根放入模具中，为了加速管的硬化，需浇水冷却。

弯制 25mm 及以上的绝缘导管，宜一根根加热，用手弯制成型，并浇水进行冷却。

弯曲 50mm 以上的绝缘导管还要在冷却的过程中整形，管径再大者要装上炒干的砂子，塞好管口后再加热弯曲。导管的弯曲角度一般不宜小于 90°，弯曲半径不应小于管外径的 6 倍；埋设于地下或混凝土楼板内时，不应小于管外径的 10 倍，如图 1.2.8－7 所示。管的弯曲处不应有折皱、凹穴和裂缝现象，弯扁程度不应大于管外径的 10%。

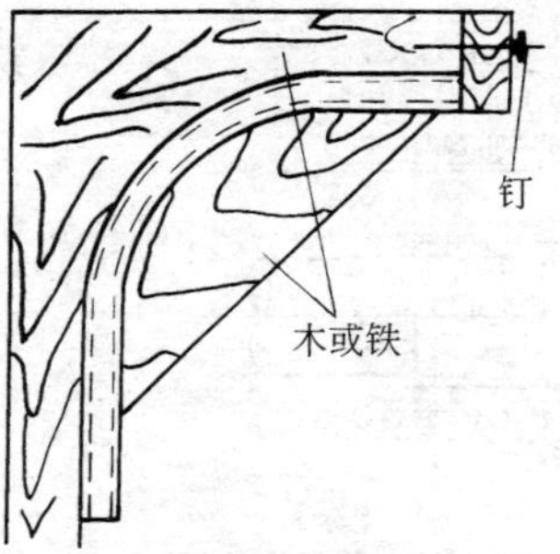

图 1.2.8－6　自制弯管模具

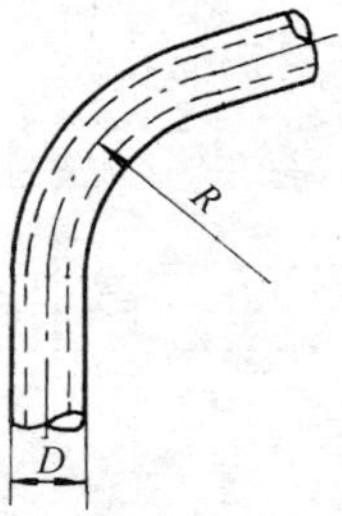

图 1.2.8－7　管子弯头

D—管子直径；*R*—弯曲半径

1.2.9　管与管的连接

管与管的连接一般均地施工现场管子敷设的过程中进行，硬质塑料管的连接方法较多，无论采用什么方法均应连接紧密。

1　插接法连接

插接法连接多用于大管径导管，把连接管端部擦净，将阴管端部加热软化，把阳管管端涂上胶合剂，迅速插入阴管，插接长度为管外径的 1.1～1.8 倍，待两管同心时，冷却后即可，如图 1.2.9－1（*a*）所示。

2　套接法连接

套接法连接时，用比连接管管径大一级的塑料管做套管，长度为连接管外径的 1.5～3 倍，把涂好胶合剂的连接管，从两端插入套管内，连接管对口处应在套管中心，且紧密牢固；

刚性 PVC 管的连接，也可以采用专用成品管接头进行连接，连接管两端需涂套管专用的胶合剂粘接。套接法连接如图 1.2.9-1(b)所示。

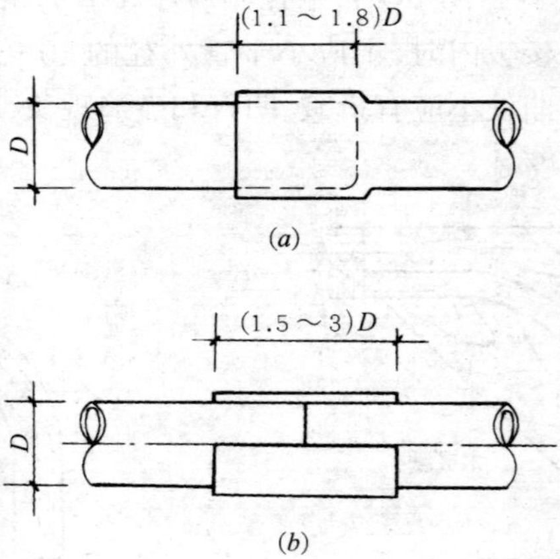

图 1.2.9-1 管与管连接

(a)插接法；(b)套接法

在暗配管现场施工中常采用不涂胶合剂直接套接的方法，此法套管的长度不宜小于连接管外径的 4 倍，且套管的内径与连接管的外径应紧密配合连接牢固。

1.2.10 管与盒(箱)的连接

绝缘导管与盒(箱)连接，有的需要预先进行连接，有的则需要在施工现场配合施工过程中在管子敷设时进行连接。

绝缘导管与盒(箱)的连接方法很多，无论采用什么方法进行连接，总的质量要求是：连接管外径应与盒(箱)敲落孔相一致，管口光滑，一管一孔顺直进入盒(箱)，多根管进入配电箱时应长度一致，排列间距均匀。管与盒(箱)连接应固定牢固，各种盒(箱)的敲落孔不被利用的不应被破坏。

绝缘导管与盒连接时，一般把管弯成 90°曲弯，在后面入盒，尤其是埋设在墙中的开关、插座盒，如果煨成鸭脖弯，在盒上方入盒，预埋砌筑时立管不易固定。

1　用器件连接

管与盒(箱)的连接器件，由入盒接头和入盒锁扣组成。导管连接时，管端和入盒接头的连接处结合面要涂专用胶合剂，接口牢固密封。导管与盒的连接，如图 1.2.10－1 所示。

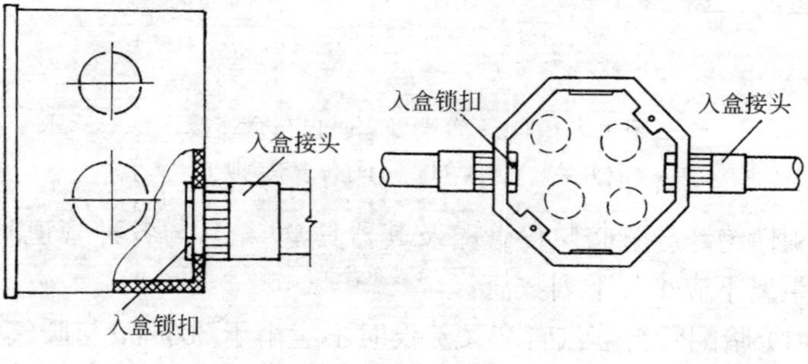

图 1.2.10－1　管与盒用连接器件连接

(a)开关盒；(b)灯位盒

2　管端做喇叭口连接

辽宁一些地区采用的新工艺，在连接管端部加热软化，用自制胎具做出喇叭口状，进行与盒(箱)的连接，既节省资金又便于下道工序的电线穿管，导管与盒的连接，如图 1.2.10－2 所示。

1.2.11　砖混结构工程的施工配合

砌混结构受力特点是由墙体承重，砖混结构工程先由下向上砌筑墙体，或在墙体顶部浇筑圈梁，再在上边安装或浇筑楼板。电气工程墙体内管子敷设，也由下向上进行，一般要在未砌筑墙体前，预先把管子与各种器具盒(箱)连接好，由电工或建筑工人在砌筑的过程中埋入。

不应在承重墙体上，留槽及大面积剔槽配管，特别是水平方向留(剔)槽影响更大。竖向留(剔)槽的长度不应超过 300mm，但必须用强度不小于 M10 水泥砂浆抹面保护，厚度不应小于 15mm。

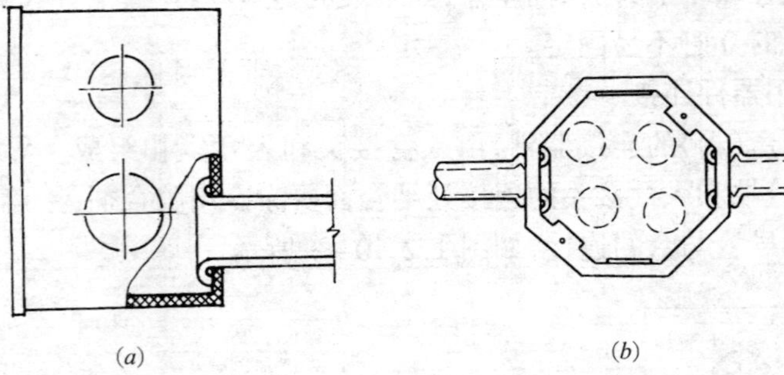

图 1.2.10－2　管端做喇叭口与盒连接

(*a*)开关盒单喇叭口；(*b*)灯位盒双喇叭口

刚性绝缘导管暗敷设管路及其器具盒(箱)，与各种管道间的最小距离不应小于下列数值：

(1) 暗配管与蒸汽管交叉敷设时不应小于 300mm；与暖气管、热水管交叉敷设时不应小于 100mm；与通风、给排水管交叉敷设时不应小于 50mm。

(2) 电气器具盒与采暖管及散热器之间不应小于 300mm，在采暖管下方安装受条件限制时，不宜小于 200mm。

(3) 电气器具盒与给、排水管之间不应小于 200mm；与煤气管、表之间不应小于 150mm。

(4) 配电箱(盘)与煤气管之间的距离不应小于 300mm。

1　普通砖砌体墙内导管敷设

刚性绝缘导管在砖砌体墙内敷设，应尽量在墙体砖缝中心布置，埋入墙体内的导管离表面的最小净距不应小于 15mm，所有埋设的管子不能有外露现象，管及盒(箱)周围应用砌筑砂浆固定牢，如图 1.2.11－1 所示。

管子暗敷设时，应尽量在墙体内敷设，减少楼板层内的配管数量。墙体内水平敷设的管子不宜太粗，若管外径大于 20mm 时，一般宜现浇一段砾石混凝土。

配管砌在承重墙内，当水平敷设管路较多时，应相互间错开标高,防止影响墙体的结构强度。

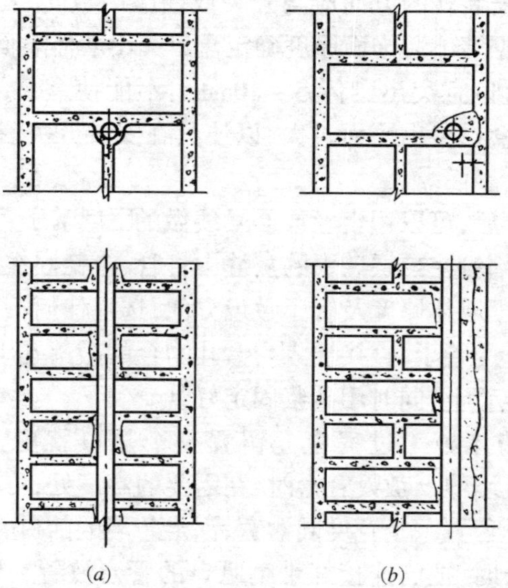

图 1.2.11-1　导管敷设在墙体内

(*a*)导管在墙中心;(*b*)导管在墙体表面处

(1) 开关(插座)盒的预埋

敷设管路前,必须有建筑标高线,电工应以此线定标高。

在同一室内预埋的开关(插座)盒,相互间高低差不应大于5mm;成排埋设时不应大于2mm;并列安装高低差不大于0.5mm。并列埋设时应以下沿对齐。对于开关宜选用多根(联)开关,尽量减少并列安装。

开关盒内不宜同时配出两根管子,应一管一盒敷设,开关盒内不宜通过电源N线,防止漏电及短路的危险性存在。

墙体厚度在120mm及以下时,应选用直管或管端煨好鸭脖弯的管子;墙体厚度在240mm及以上时,选用管端煨好90°曲弯的管子。

当墙体砌筑到开关(插座)盒安装高度时,可先将盒放置在墙体上，也可将连接好的管盒一同放置在墙体上，盒应放置平整，坐标正确，盒子安装孔的方向应与开关或插座面板安装孔的位置相一致，并应根据墙体装饰面厚度确定盒口突出墙体表面的尺寸，一般抹灰墙体盒口宜突出砌体 5～10mm。不能使盒口缩进墙体表面，也不能使盒口突出墙面过大，以使其在安装开关、插座面板时能紧贴建筑物表面。

盒位确定后，可以用钢丝或 8 号线做的匚型卡子，上部卡在盒内底沿上，下部钉在二层砖下的灰缝中将管、盒稳固在墙体上。继续砌筑时，根据墙体厚度及管子敷设方向，选择任何一种预先加工好端部带管弯的管子，直接插入与盒孔吻合的敲落孔中，使管子在墙体中间的位置上，同时用砂浆固定好管盒。

如果在墙体施工过程中先留置一个豁口就更方便了。在 240mm 及以上墙体上敷设管盒时，在需要的高度处，可在墙体砌筑时适当位置上留置一个宽度同盒宽，深半砖墙的豁口，待瓦工挑线开始砌上皮砖时，把已连接好带喇叭口的管盒放置在墙体的豁口处，用事先准备好的卡子稳固住管盒，其卡子的上部卡住盒的下沿一面，卡子前端弯起处顶住喇叭口，使管口贴紧盒底部，卡子下部钉在盒下第二皮砖的灰缝中，将立管在墙中心处扶正管子，在盒后墙体豁口处用砂浆把管弯稳固住，如图 1.2.11－2 所示。

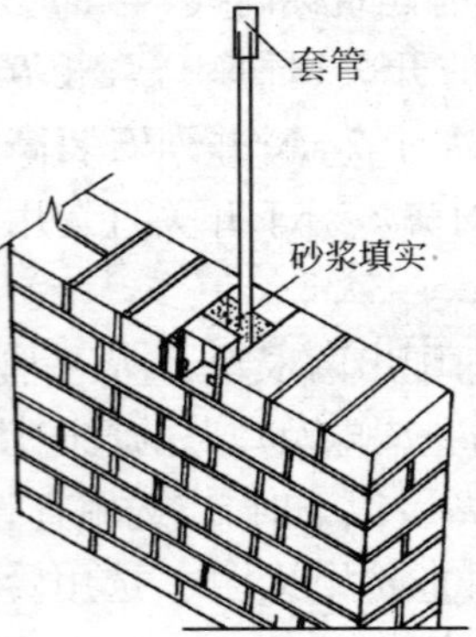

图 1.2.11－2　砌体墙预埋盒做法

为了不影响砌体接茬，配管应尽量避免在60～120mm厚的普通砖砌体墙内敷设，尤其是导管垂直敷设，如果在60～120mm墙旁有与此墙相连接的240mm及以上墙体时，可将盒设在60～120mm墙内，配管由盒侧面水平引至240mm及以上墙体内再向上敷设，如图1.2.11－3所示。

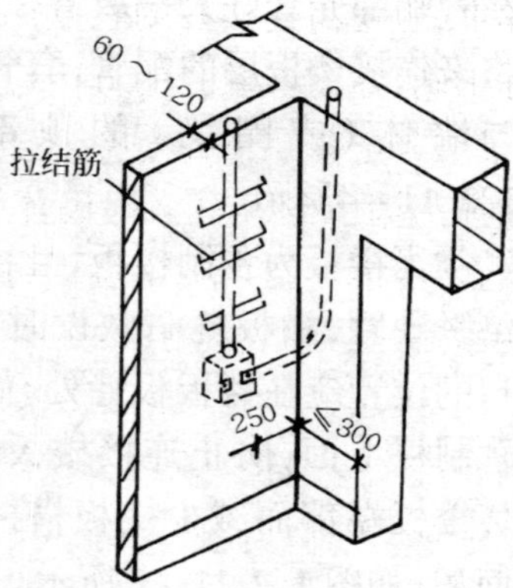

图1.2.11－3　在60～120mm墙内管子敷设

当条件受限制的情况下，配管须在60～120mm墙体内垂直向上敷设时，为防止砌体墙接茬不良，在墙体砌筑时，最少应每隔500mm横向设置2根ϕ6拉结筋，在墙体两侧抹好不小于M10水泥砂浆，或在配管处用高强度等级水泥砂浆砌筑。也可以在墙体上留槽，配管后在墙体双侧支模，浇筑细石混凝土。

60～120mm墙体内水平配管，可根据图纸在设计部位支模，管子敷设后并在管两侧各设1～2根ϕ6钢筋，最后浇筑同砖厚的细石混凝土板带，待达到一定强度后继续砌墙。

开关（插座）盒连接管的敷设方向不同，有的需要向上敷设到墙体（或圈梁）顶部，有的则需向上垂直敷设到墙体的灯位盒内，再由灯位盒向上敷设；也有的需垂直引上一段经弯曲后再水平敷设，还有的需先水平敷设一段，经弯曲垂直引上到墙体的灯位盒内或直接敷设到墙体（或圈梁）顶部。引至墙（或圈梁）顶部的管子需要与楼板层的配管相连接。在墙体上敷设的管子一般情况下不宜倾斜敷设，倾斜敷设虽然比90°转角能节省一部分管材，但会给土建墙体砌筑带来一定麻烦。

敷设至墙体（或圈梁）顶部的管子，不宜高出墙或圈梁的表面，防止安装楼板时损坏高出的管子，且高出的管子向楼板层敷设时也不好施工。墙体内的立管应低于墙体（或圈梁）的顶部表面，应在管端部先套好大一级管径的套管，以待将来连接楼板层的配管，套管上端管口应与墙体（或圈梁）的顶部相平如图1.2.11－4所示。

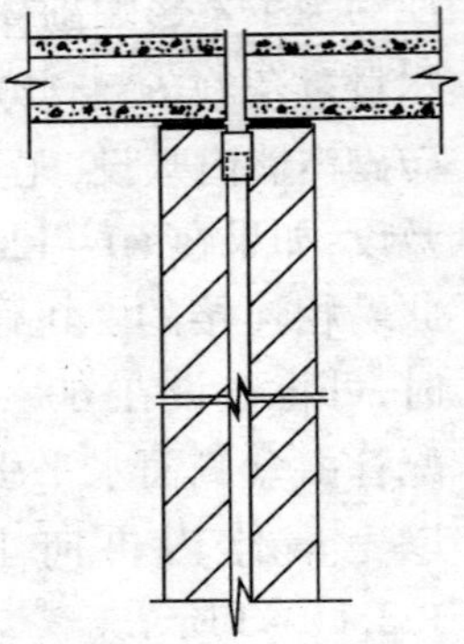

图 1.2.11－4　墙体内立管顶部套管做法

当楼板为预制楼板，且楼板层配刚性绝缘导管，沿板缝暗敷设时，墙上垂直管口的位置应在楼板板缝处，而不应被压在预制板上面，防止连接楼板层配管时，破坏楼板端部而减少楼板搭接部位的有效面积，如图 1.2.11－5 所示。

敷设在墙体内的立管，管口要用灰袋纸做成纸捻堵塞严密，防止杂物落入管内。

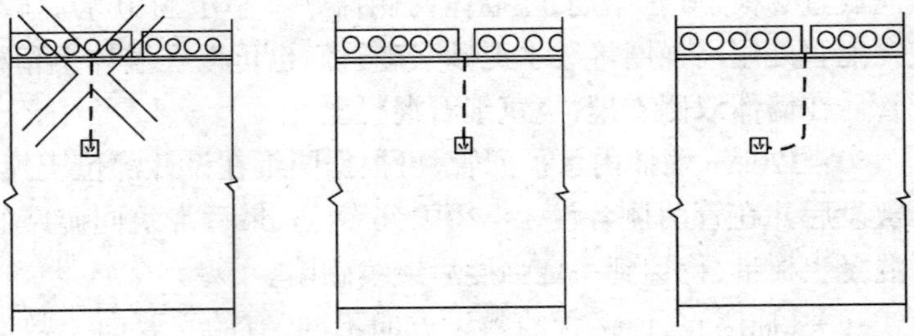

图 1.2.11－5　墙上垂直配管与楼板位置关系

(2) 拉线开关及壁灯盒的预埋

安装暗装拉线开关一般使用配套的开关盒，而明装拉线开关及壁灯灯位盒均应使用 90mm × 90mm × 45mm 的八角盒。

当土建墙体砌筑到规定高度时开始预埋管盒，由于盒位距墙体(或圈梁)顶部较近，且土建又先施工外墙，故按外墙顶部向内墙返尺找标高比较方便，一般情况下住宅楼宜在距墙体顶部下返第六皮砖的上皮放置盒体。

当墙体顶部有圈梁时，梁的高度也可与砖的高度相抵，为了盒内水平配管不与穿梁方子相遇，盒体可再降低一皮砖，八角盒的设置方向应大面向下，方向应一致，八角盒安装在砖墙内，可不必突内墙面，待抹灰前拧上八角盒缩口盖使其与抹灰面相平，即可使安装的开关盖板或木(塑料)台紧贴墙面。

八角盒内敷设端部带 90°曲弯的引上管，应随土建施工进行预埋。也可使用管进盒处无弯的管子，需在墙体或圈梁处先垂直留槽后配管，留槽的高度不应超过 4～6 皮砖，如图 1.2.11－6 所示。留槽时，先在盒顶部敲落孔内插入一短管，方便瓦工留槽时掌握尺度，墙体砌完后拿掉短管。墙体顶部有圈梁时，在预埋盒时应插入管径大一级的短管，混凝土浇筑后拔出短管。楼板层配管时，将管子直接沿墙槽或混凝土预留洞插入到盒内。应注意楼板层的配管与墙体盒位连接时，不应将配管直接插入到预埋的短管内，造成异径管直接连接。

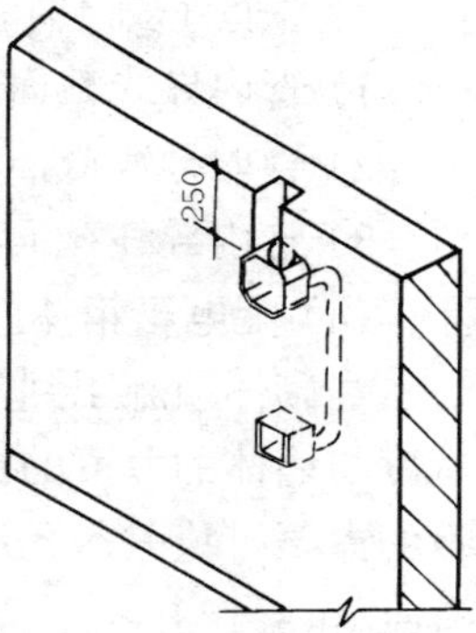

图 1.2.11－6　盒上墙体预留槽

墙体上的八角盒有时要与由下部引来的管子相连接(来自灯下开关盒或插座盒内引上的配管)，此管可使用一根预先两端煨好弯的管子，一次敷设到位连接开关(插座)盒与八角盒。如果土建瓦工砌筑水平不高时，应将管上端 90°曲弯留置长一些，防止墙体砌筑时造成墙内管前后倾斜，待连接盒体同时锯断多余的管口。

连接墙体开关盒与八角盒的管子上端进入八角盒时，如何利用盒底部的敲落孔，也有讲究，应选择好连接孔位置，使管盒连接后，灯位八角盒与开关盒应在同一条垂直线上。

(3) 中间拉线盒的设置

导管暗敷设管路应避免设置中间接线盒，只有在管路较长或有弯曲时(管入盒处弯曲除外)，才允许加装拉线盒或放大导管管径。且拉线盒只能加装在墙体上，不应在楼板层中设置中间拉线盒。

管路水平敷设时，两拉线点之间距离应符合以下要求：

1）对无弯的管路，不超过 30m。

2）两个拉线点之间有一个弯时，不超过 20m。

3）两个拉线点之间有两个弯时，不超过 15m。

4）两个拉线点之间有三个弯时，不超过 8m。

管路垂直敷设时，两个拉线点之间的距离应符合以下要求：

1）管内导线截面为 $50mm^2$ 及以下，长度每超过 30m。

2）管内导线截面为 $70\sim95mm^2$，长度为超过 20m。

3）管内导线截面的 $120\sim240mm^2$，长度为超过 18m。

（4）配电箱箱体的预埋

当砌体墙施工到 1.5mm 时，就应该预埋配电箱箱体。箱体的宽度与墙体的厚度的比例关系应正确。放置箱体前还要按管子敷设的需要打掉敲落孔压片，当敲落孔数量不足或管与孔径不相吻合时，可采用开孔机或电钻等机具开圆孔，孔径应适宜、光滑、整洁，间距正确，箱体不应被损坏变形。

配电箱箱体内引上管敷设，应与土建施工配合预埋，在墙体内砌筑牢固，不应在箱体顶部垂直留置洞口后敷管。当箱内引上管在墙体内水平敷设时，不应将入箱管的弯曲弧段插入到敲落孔内，以保持入箱管顺直。

配电箱箱体内向上配管，如设计有吊顶时，为连接吊顶内的配管，引上管的上端应弯成 90°曲弯，在墙体上的适当部位处垂直进入吊顶内。

2　承重的加气混凝土砌块墙体导管敷设

承重的加气混凝土砌块墙体上使用绝缘导管暗敷设，不应配合土建砌筑时进行敷设，需要在墙体砌筑完成后，在墙体表面镂槽敷设管子，并且只允许在墙体上垂直敷设，不得水平镂槽敷设管子。

承重的加气混凝土砌体墙，在墙体顶部一般均设有圈梁，电气工程配管要在圈梁施工时，在靠近圈梁的一侧先预埋好过梁套管，待楼板层配管施工时，配管直接插入过梁管中，与墙体表面镂槽敷设的管路相连接。

墙体内镂槽敷设的管子直径不宜大于 25mm。墙体敷设管路前，需要在埋设盒的部位上划线，用手电钻钻好固定盒位的孔，顺管路垂直走向的路径，使用专用的用薄钢片制成的一面带齿、一面带刃的镂槽工具镂槽，如图 1.2.11－7 所示，不得用锤斧剔槽。管子在镂槽处敷设后，在管子两侧用钉子将 100mm 宽镀锌钢线网或 0.5mm 厚钢板网钉牢，防止抹灰层开裂，如图1.2.11－8所示。

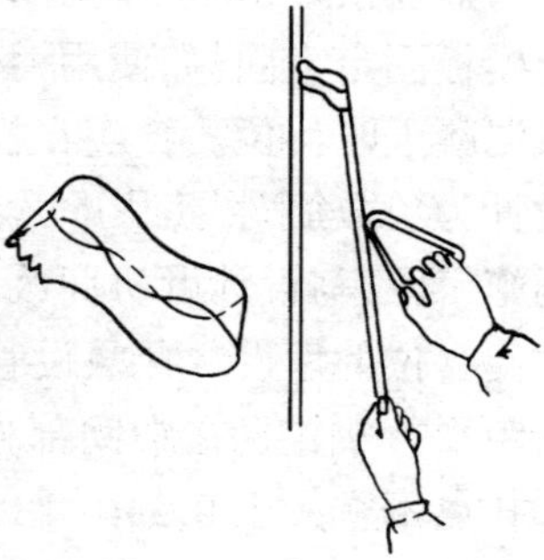

图 1.2.11－7　镂槽工具

承重的加气混凝土砌体墙内设置配电箱，应随墙体砌块砌筑时预埋，当箱体深度大于或等于 180mm，宽度大于 500mm 时，需要在箱体周围设置钢筋混凝土框。配电箱箱体上下侧敲落孔处，应在砌块砌筑前，斜向用专用锯锯出豁口，待连接敷设至墙体上的管子。

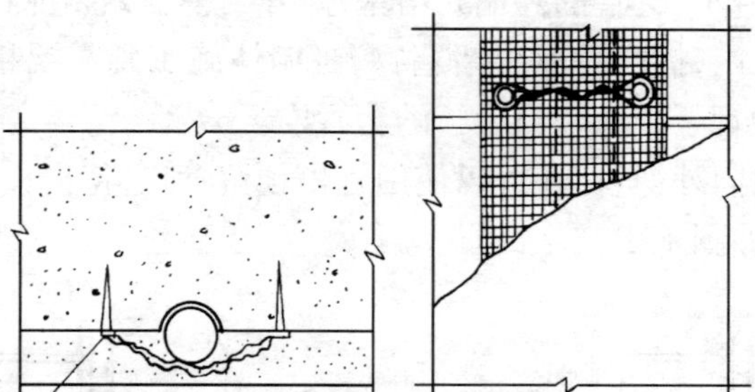

图 1.2.11－8　墙体管子固定做法

1.2.12　现浇框架工程的配合施工

框架结构内配管多使用钢管。如使用刚性绝缘导管，应使用强度比较高的硬质 PVC 塑料管，且在结构的重要部位应做适当的保护。

1　现浇混凝土柱内管子敷设

现浇混凝土柱内预埋壁灯灯位盒或开关（插座）盒时，应先将管与盒连接好,并将盒内墙塞严密,在柱子正面模板支好后,将盒与模板固定牢固(如使用钢模板时,其局部最好用木模板),防止浇筑混凝土时移位。盒应在柱中间的位置上设置,当柱子正面钢筋设计为单数筋时,将影响盒位的钢筋拨开,在施工前应对照土建结构施工图,与设计者协商改单数的筋为双数筋,留开中间位置,而方便盒位的埋设。在敷设管盒的同时,应把管子与主筋保持一定间距平行布置且在中间部位每隔 1m 处与箍筋绑扎,在管进盒处绑扎点不宜大于 0.3m。

混凝土柱内敷设的电气配管管径不宜大于 ϕ20mm,如果配管管径较大,而柱子断面较小时,管子应沿柱中心垂直通过,防止减损柱子的有效截面积。

当混凝土柱内垂直配管,需要与墙体内管子相连接时,管子需要伸出模板外,以待将来连接,伸出的部位易被破坏,且要在模板上开孔。为使配管不伸出模板,可在管口处先连接好套管如图 1.2.12 – 1 所示,套管的外端先堵塞好,并与模板紧密靠住,直接浇筑在混凝土内,拆模后取出堵塞物,当墙体施工到需要接管处,即可把柱外的管子插入柱内管子的套管内。

由柱内向外引管,还可以使用管帽预留管口,待拆模后取出管帽再接管,如图 1.2.12 – 2 所示。

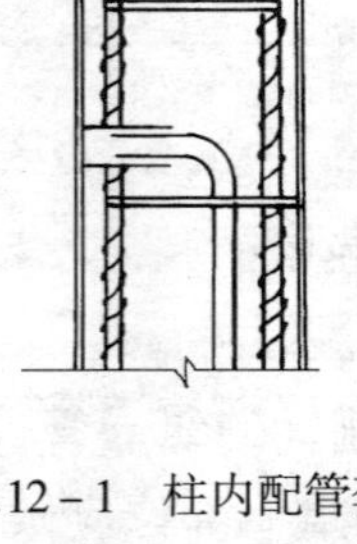

图 1.2.12 – 1　柱内配管套管做法

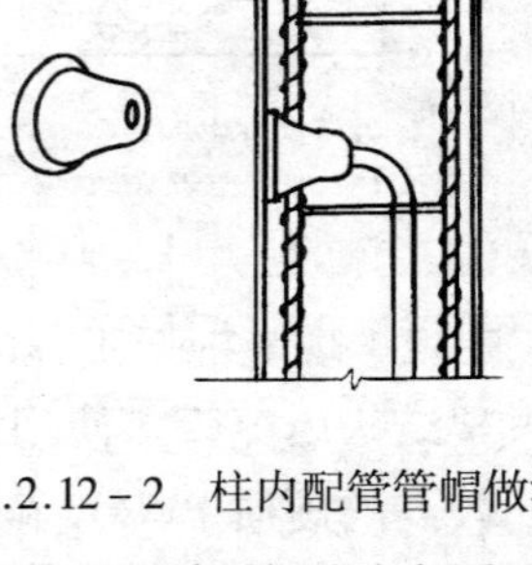

图 1.2.12 – 2　柱内配管管帽做法

混凝土柱内距下部地面不高处,在柱的两侧均设有插座盒且两盒的配管相互连接时,由地面内引来的管子宜敷设到相反方向的盒内,与盒下侧的敲落孔相连接,这样敷设可以防止配管在入盒处呈现手杖弯，也方便管内穿线如图1.2.12－3所示。

暗配管需要横向穿过现浇混凝土柱时，对柱子的结构强度是有一定影响的，混凝土受压面积将被减损，应用钢管做套管并与土建专业商量，相应地增加补强钢筋面积，以抵消对柱子的减损影响。

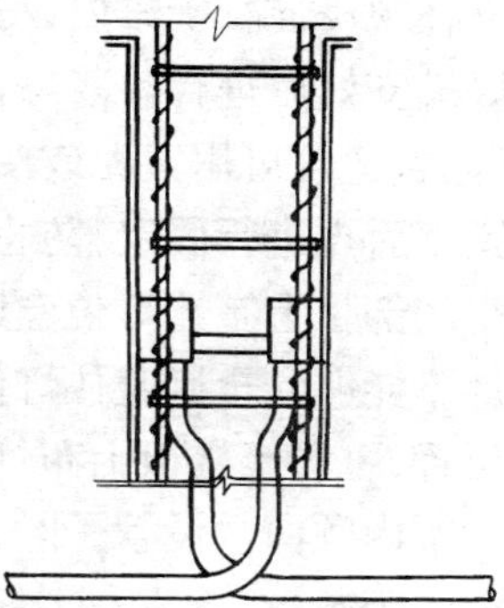

图1.2.12－3　柱内插座盒配管做法

2　现浇混凝土梁内管子敷设

现浇混凝土工程中，当墙体内配电箱内配出的引上管和配电箱或电气器具盒引至楼板层内的配管，施工时均需穿过混凝土梁，待土建楼板和墙体施工时，再连接或敷设管路。

暗配管在梁内敷设时，当管子需要穿过梁时，横穿梁时对混凝土梁的结构强度影响不会太大，而竖穿梁时对梁的结构强度的影响则不可忽视。当管子需要在混凝土梁内垂直通过时，应选择在梁受剪力较小的部位通过，宜在梁的净跨度的1/3中跨的区域内通过，此外剪力、应力均小于边跨。一般可在现浇混凝土梁允许留置施工缝处预埋内径比配管外径粗的钢管做套管。

暗配管在梁内水平敷设，管子需要穿过混凝土梁时，可预埋比配管大一级的同材质管做套管，也可直接预埋与配管管径相同的短管，其配管或套管的位置，除了也应考虑梁受剪力较波小的部位外，还应在梁的中和轴及以下混凝土受拉区内通过，且穿梁管或套管距梁底筋上部不应小于50mm。

暗配硬塑管直接竖穿梁，或在梁内预埋比配管大一级管径的塑料管做套管时，应与土建专业商量，在梁的受压面积内相应地增加补强钢筋，防止减损梁的有效截面。

暗配管时，管子(或套管)在梁内并列敷设时，管与管的间距不应小于25mm。

在现浇混凝土梁内设置灯位盒及进行管子顺向敷设时，应在梁底模支好后进行。其灯位盒应设在梁底部中间位置上，盒管连接好后，盒内可用黄泥或浸过水的纸团堵塞严密，盒口应与模板接触紧密后再进行固定，防止混凝土浆渗入盒内。当梁底钢筋妨碍在中间部位上布置灯位盒时，应考虑灯具的安装方式。如安装吸顶灯不能够完全遮盖住灯位盒时，则应与有关专业联系，宜改变灯位位置，可移至楼板上布灯。

梁内顺向敷设管子时，当管径较小应平行于主筋，并与主筋有一定间距敷设，不应与主筋绑扎在一起。梁内顺向敷设管子应尽量沿梁的中和轴处，此处是梁受力最小的部位，即不受压也不受拉，对梁的结构强度影响不大。当施工条件受限制时，配管可在梁上部楼板层内敷设，此时应在梁底部灯位盒内向上预留垂直短管至梁顶部，待以后连接梁内灯位盒与楼板层上的配管。

电气配管（或套管）在梁内垂直敷设时，还应考虑到隔墙与梁的轴线位置关系，当梁与墙不是同轴线时，穿梁管下部应敷设至墙体的中心线处，不应造成墙顶部与梁底相交处配管外露而凿梁修补。当梁的侧面与墙体的反向侧面相接触时，配管应改变位置，不应在梁内"竖穿梁"，而应由楼板上引下敷设至隔墙墙体的中心处。

3　框架结构空心砖隔墙管子敷设

框架结构空心砖隔墙内电气配管，应根据结定的建筑标高线及墙身尺寸线及门窗位置线，测量出管子的使用长度，进行截料加工，并安装好管与盒。待墙体砌筑到需埋设盒（箱）的高度时，连接好梁内引出的管子，同时应根据砌筑面的平整度，考虑好墙面的抹灰层厚度，使盒（箱）口突出墙表面的距离准确。

管子在空心砖墙内水平敷设时，在配管层内可以改为一皮用普通砖砌筑，或者浇筑一段砾石混凝土保护住管子。当空心砖为卧砌时，也可以将管子在预埋盒的高度处，由空心砖的空心洞中穿过，再连接管盒。

管子在空心砖墙内垂直敷设时，在管路经过处应改为局部使用普通砖立砌，或进行空心砖与砖之间的钢筋拉结，也可以现浇一围均有混凝土包裹，敷设在现浇板内的管路应尽量不交叉，但在特殊情况下，交叉点两根管子的外径之和至少要比板的厚度小40mm，以免影响钢筋网的布置及楼板的强度。

现浇混凝土楼板内配管时，楼板的厚度较薄容易造成管外露时，此时灯位盒上部敲落孔不能被利用，管应由盒四周侧面连接孔而一管一孔顺直进盒，待盒管就位固定后，用喷灯加热入盒管的端部附件处，管受热软化时，一手向上提管即使其在入盒管处形成鸭脖弯。当配管由盒侧面与盒连接时，灯位盒只能接入四根管子，超过四根以上连接管时，就选用大型灯位盒。

为了防止盒、管被底筋垫起，管子入盒煨鸭脖弯处可局部敷设在底筋下边，并应防止管被钢筋压扁。

现浇混凝土楼板内暗配管，如果楼板厚度为 120mm 及以上时，配管入盒较多，可以同时在灯位盒四周及顶部敲落孔入盒，在盒顶部入盒的连接管应预先煨好 90°曲弯做好喇叭口当灯位盒侧面四周入盒管的敷设方向与盒敲落孔有一定角度时，应在管入盒前一段进行弯曲，使其入盒管与敲落孔呈垂直角度，如图 1.2.14－1所示。

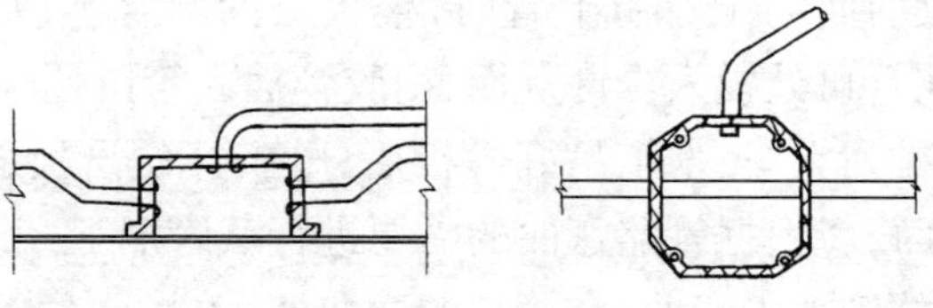

图 1.2.14－1　管入盒顺直做法

现浇板内接入灯位盒的连接管，数目较多时，盒内的导线接头也会很多，难以容纳在盒内，也是不可取的，在有条件时，应改变部分管路的走向，引至相邻近的灯位盒内进行连接。

现浇混凝土内管子敷设时，应将盒内用泥团或浸了水的纸团墙严，盒口应与模板紧密贴合固定牢，防止混凝土浆渗入管、盒内。并应把管与钢筋在入盒约 300mm 处，中间部位每隔 1m 处用绑线绑扎牢固。为了防止盒体移位或盒子口底翻转，用长度约 0.3～

0.4m 的 8 号线或 $\phi6$ 钢筋，压在盒的顶部，两端与主筋绑牢，如图 1.2.14-2 所示。

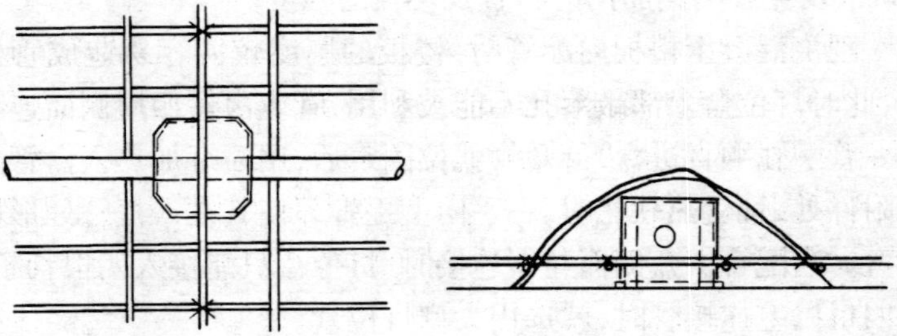

图 1.2.14-2　灯位盒固定方法

现浇板内管子敷设完成后，浇筑混凝土时，电工应看护，防止将管子损伤、管盒移位等情况出现，发现问题应及时进行处理。

1.2.15　预制空心楼板板缝内管子敷设

楼板层暗敷设的管路，其管材应与墙体内配管相同，在与墙体内管路连接前，应检查墙体内的配管是否通畅，可以随时清理管内杂物，以免增加集中扫管时的工程量。还应注意当遇有同一道墙体上，正反两面均配有引上管时，楼板层的配管不应与之接错方向，可以在管口处投入少许灰面，用胶管插入管口处吹气判断。

楼板排列完毕，木工吊好模板后，电工开始沿板缝配管路，在配管的同时，应根据管路弯曲的需要进行截管加工，煨管时应使用足够长度的管加工弯曲，在管子的弯曲处，尤其是在楼板板缝纵横方向的管子转角处，应保持管弯曲半径的规定，以利穿线，不应利用弯曲半径不足管外径 6 倍的预制短弯进行现场连接，增加不必要的管路的中间接头。

板缝内暗配管，当楼板层灯位盒与墙或梁上配管的垂直管口不在同一条直线上时，管子敷设时应先与墙或梁内的引上管连接好，管子应根据楼板的搁置方向，先沿横向板缝经弯曲后，至顺向板缝的灯位盒内。或者先沿顺向板缝敷设至横向板缝，敷设至中间部位的灯位盒内。配管沿预制板之间的横向板缝敷设时，只应在板缝的对接处的上端容纳下一根管子，不应过大的破坏空心板端部，而同时并排敷设两根及以上管子。

板缝内暗配管，当楼板板缝中的灯位盒内需要连接的同上方向引来向管路超过两根时，不应破坏盒侧面的敲落孔，两管同进一孔，应一管一孔，余下的管路应由灯位盒顶部敲落孔内入盒，用现浇混凝土板内配管的方法进行管盒连接。

板缝内暗配管应将灯位盒内堵塞纸团或泥团，用钉子及铁绑线固定牢，把管路用石子垫起或与板缝内钢筋绑扎在一起，与模板表面保持有不小于15mm的高度，如图1.2.15-1所示。土建应采用细石膨胀混凝土灌缝，保证灌缝后管子不外露，且保护层符合规定。

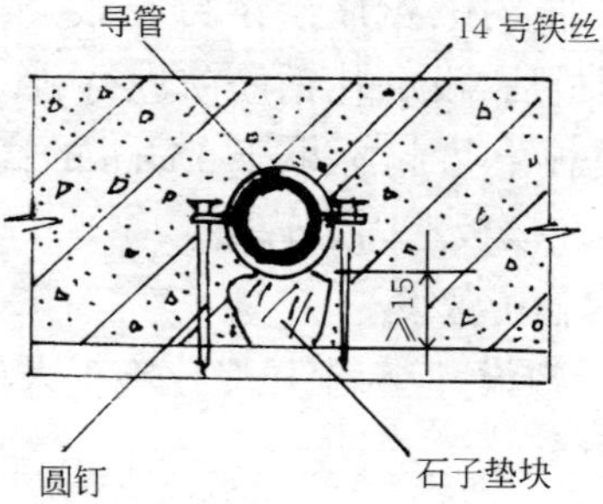

图1.2.15-1　管路与模板固定

板缝内暗配管，当盒、管连接及盒口与模板间都比较严密时，也可以不堵塞盒内，直接固定在模板上，也可用细石混凝土先保护住盒周围。严禁在盒外包纸防止流进混凝土浆的做法。

1.2.16　楼（屋）面垫层内管子敷设

楼（屋）面垫层内管子敷设，垫层厚度应能保护住管子，最小管保护层不应小于15mm，防止楼（地）面面层开裂，垫层内配管时灯位盒的设置位置与楼板结构有关，现浇混凝土楼板灯位盒应设在楼板层内，预制空心板时，灯位盒应设在板缝中，不应在楼板板孔处扎透眼设置灯位盒。防止影响空心楼板的结构强度，如灯位设置在板孔处时，垫层内配管在板孔处由上到下打眼不宜大于

30mm，且不应伤肋和断筋。

垫层内配管时，应先与墙体的引上管连接好，垫层内管路应在楼板板面上沿最近的路径敷设直至灯位盒内，配管应在灯位盒顶部的敲落孔进入盒内与之连接。

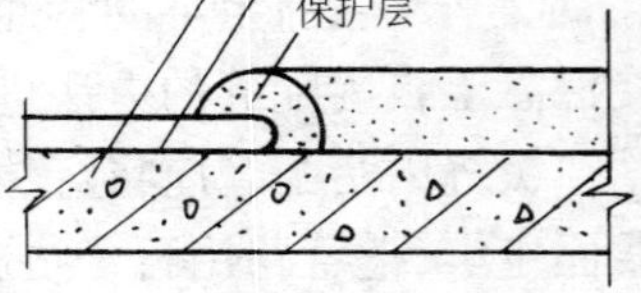

图 1.2.16－1　焦渣垫层内管子保护

楼(屋)面焦渣垫层内配管时，应在垫层施工前，对管路周围应用水泥砂浆加以保护，防止管路受机械损伤，如图 1.2.16－1 所示。

1.2.17　阳台、雨篷板内管子敷设

现浇混凝土阳台、雨篷板的受力情况系上部受位、下部受压，钢筋设在其上部。阳台、雨篷内管子敷设时，应在支好模板后，没绑扎钢筋前进行，管子与器具盒敷设好后，应将管子在模板上垫起不小于 15mm 的高度，使用木模板时，也可以用钉子钉在模板上固定管路。

1.2.18　地面内管子敷设

地下土层内管子敷设，应与土建专业施工人员联系定位，并测出竣工地平线。

图 1.2.18－1　埋地管路混凝土保护层

土层应铲平夯实，管路较多时，可先在土层上沿管路方向铺设混凝土打底，然后再敷设管路。当管路数量不多时，可直接敷设，但管路下要用石块垫起不小于 50mm。再在管周围浇筑素混凝土，把管保护起来，管周围保护层应不小于 50mm，如图 1.2.18－1 所示。施工中应注意埋入地下的管路要尽量减少中间接头，防止潮气和水分浸入管内。

管路敷设在地面内，应注意采暖地沟的位置，管子跨越地沟时应垂直跨越，管子应敷设在地沟的盖板层内，如为预制地沟盖板时，应局部改为现浇板，地沟内热力管外应包扎保温材料，进行隔热处理。

地面内敷设的管子，其露出地面的管口高度一般不宜小于200mm，且应与地面垂直。露出地面一段应外套钢管保护，钢管埋地端应锯成45°斜口，增加地下固定长度，或在管侧面焊上圆钢加强固定，且应在钢保护管管口处可见到绝缘导管管口，而不应采用那种露出地面一段为钢管，而地面内为绝缘导管，造成钢、塑管混接的方法，如图1.2.18－2所示。埋于地下受力较大处的刚性绝缘导管，宜使用厚壁的材质较硬机械强度高的重型管，防止损坏。

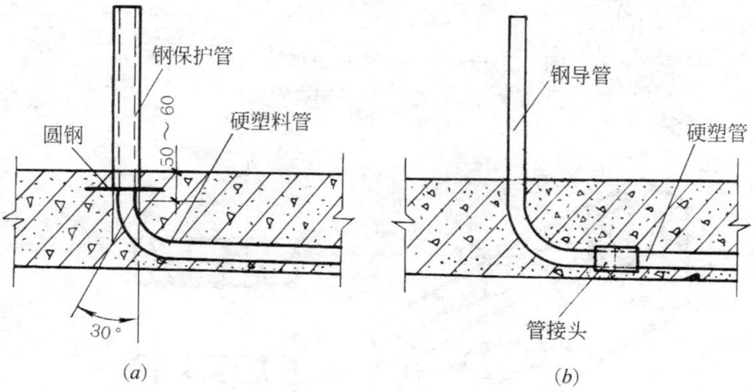

图1.2.18－2　绝缘导管地面保护管做法

(a)正确做法；(b)不适宜做法

埋地时还可埋设塑料地面出线盒，如图1.2.18－3所示，但盒口调整后应与地面相平，立管应垂直于地面。

塑料管在穿过建筑物基础时，要外套保护管保护，保护管内径不应小于配管外径的2倍。宜垂直通过，无法垂直时，管路与基础水平交角不宜小于45°，如图1.2.18－4所示。

1.2.19　管路补偿措施

管路通过建筑物变形缝时，可在其墙体的两侧各埋设拉线盒（箱）做补偿装置，在接线盒（箱）相邻面，穿一短铁保护管，管内径应大于塑料管外径的2倍,套在绝缘导管外面保护,如图1.2.19-1所示。

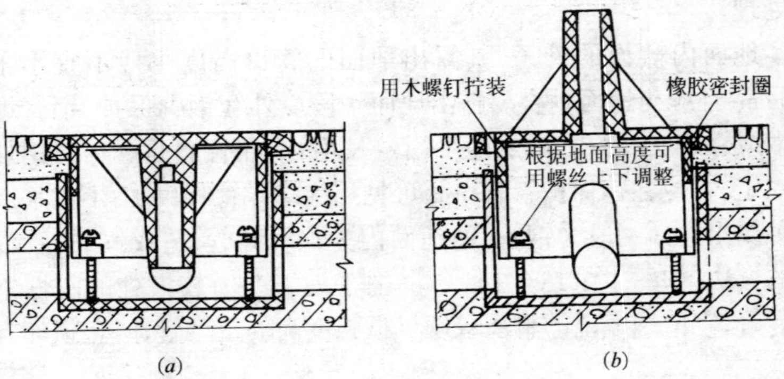

图1.2.18-3 塑料地面出线盒
(a)使用前剖面;(b)使用后样式

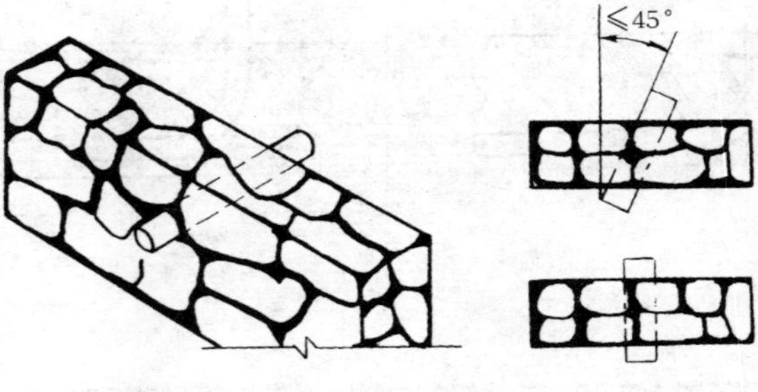

图1.2.18-4 建筑物基础保护管

暗配管在通过建筑物变形缝处,还有出售的成品直筒式和拐角式接线箱,分别适用于在不同轴线的墙体上安装和在同一轴线墙体上安装,其做法可参见《钢导管暗敷设》的相关内容。

在建筑楼板层内暗敷设的管路,在通过楼板层变形缝处,应将导管断开在其两端各设置拉线盒,两盒中间应用可挠金属电线保护管或柔性导管(金属软管或塑料波纹管)相连接,如图1.2.19-2所示。

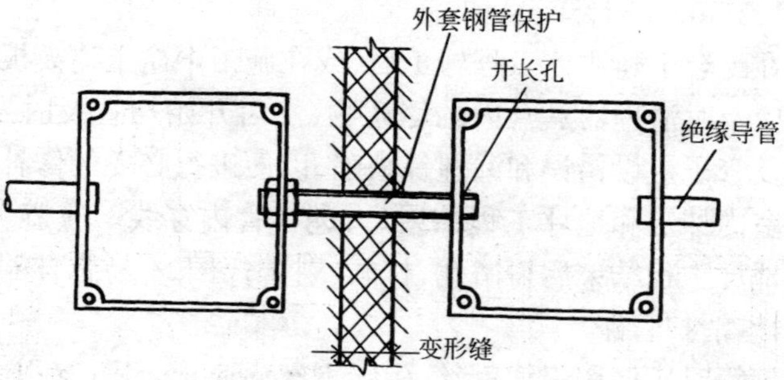

图 1.2.19－1　暗配管变形缝补偿装置

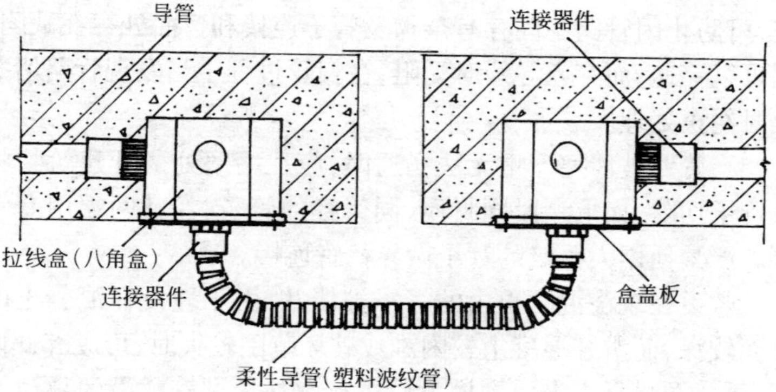

(*a*)

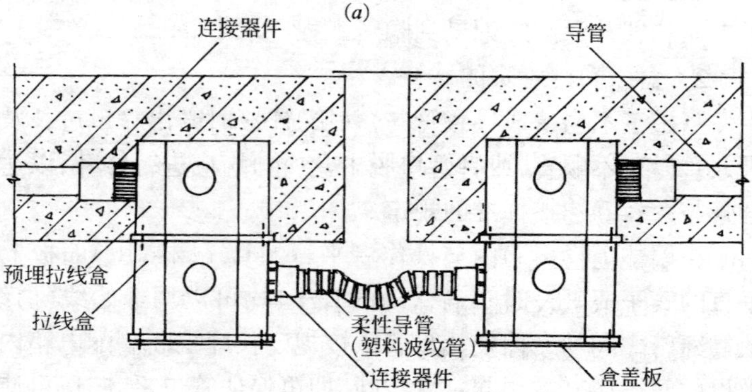

(*b*)

图 1.2.19－2　楼板层变形缝接线盒做法

1.2.20　导管敷设后的修整

在配合土建主体工程施工后,或在施工中途土建模板拆除后,电工应及时清理器具盒内的堵塞物,然后开始扫管及时发现管路堵塞及管子敷设错误和漏埋等缺陷,以便进行必要的修补工作,有利于室内抹灰和地坪工程结束后,进行管内穿线。应避免室内抹灰及地坪工程结束后再凿孔、打洞、剔槽,留下不易弥补的痕迹。

1　清扫管路

扫管时应使用引线钢丝,引线钢丝穿通管子后(穿引线钢丝的方法,可见《电线、电缆穿管和导线连接》中有关内容),应带好适当截面及长度的两根绝缘导线,将其导线由中间折回,进行扫管检查,可防止因管路中间存有杂物及管子连接和弯曲处存在缺陷,钢丝可以穿通,而穿入导线时受阻,在扫管过程中当发现管路堵塞应及时纠正处理。

当管路被堵塞严重无法畅通时,应在堵塞处凿开建筑物将这段管子切除,换上一段同材质、同管径的管子,在其两端用套管连接。严禁使用大一级的管子做异径管连接。

敷设在现浇混凝土内的管子被堵塞,由于埋设在混凝土内距表面较深,而凿开混凝土较困难或破坏范围较大时,可废弃此段管子,重新在混凝土表面剔槽敷设进行弥补。剔槽敷设的部位及管子走向和埋入深度应记录到隐蔽工程记录中。

2　盒(箱)内管头的修补

当施工不当造成导致管与盒(箱)连接时露出管口过长及管口进入盒(箱)不顺直,或者管口脱出盒(箱)均应进行修补,以达到符合管与盒(箱)连接标准的规定。

在墙体上盒(箱)内与操作者平行的管子,楼(屋)面板上与之垂直的管子或敷设时直通盒内的管子,均可以用经始线(白线绳)依靠绳管之间的摩擦发热将管子按规定长度拉断。配电箱内并列敷设的管子应套在一起一次拉断,即可保证管口平齐,还可使露出长度一致。

墙体上盒内与操作者垂直的管口,楼(屋)面板上与之平行的管口，露出长度大于5mm时，应使用成品小砂轮或钉子、自制钢板圆锯片，卡在手电钻上，在管口的适当部位上切断或磨掉多余的管头，直至合格为止。

管进盒（箱）处不顺直，可以在管内插入一段与管内径相符的防水线，用喷灯略加热管的弯曲处，将入盒（箱）管扳直即可。

配管没有伸进盒（箱）内，应用相同管径的短管接长，连接处应外套连接套管，并用胶合剂贴接固定，以防止短管脱落。严禁用大一级管径的短管直接套接。

3　盒（箱）的修整

预埋后的盒（箱）歪斜，或者里进外出严重的应根据具体情况进行修整。但不应按地面为标准调整盒子的对地标高（应在预埋时按建筑标高线进行控制），以免对管子敷设的质量造成更大的影响。

当敷设好的器具盒与其他管路安全距离不符规定时，应及时的移动盒位，使之有足够的安全距离。如原盒内引上管在盒底部入盒时，且向侧面移动盒位，应在盒位的上方打洞，找出立管的直管段，进行切断，连接一根适当长度有90°弧形弯曲的管子，由盒侧面敲落孔与新盒位连接，如图1.2.20－1所示。严禁在入盒管口处管的端部再连接90°曲弯，造成在连接处呈现出两个90°弯曲，给管内穿线及导线的互换性带来不便。如果原入盒管即在盒侧面敲落孔入盒，器具盒经水平移位后，可将原敷设管切断或接长一段，管由盒侧面敲落孔引入新盒内。

管子敷设及修整后，配管管路应连成一体，严禁出现管壁外露及中间断路和管壁出现裂缝、孔洞、残缺和管入盒（箱）不符合规定等缺陷。并应将施工中造成的孔、洞、沟、槽等修补完整。

Ⅲ　质量标准

1.2.21　主控项目

当绝缘导管在砌体上剔槽埋设时，应采用强度等级不小于M10的水泥砂浆抹面保护，保护层厚度大于15mm。

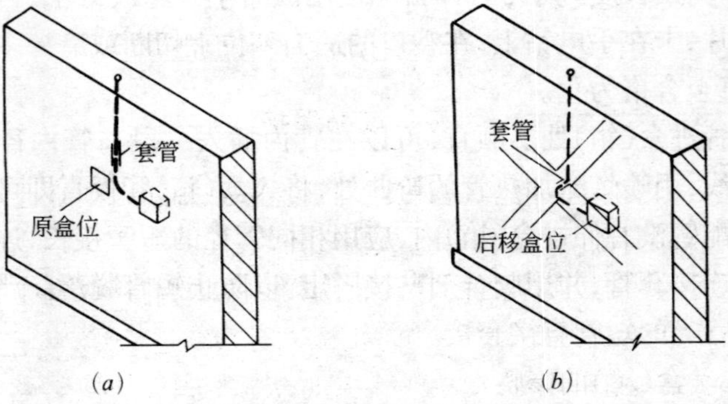

图 1.2.20－1　侧向移动盒位做法
(a)正确接管方法；(b)错误接管方法

1.2.22　一般项目

1　室外导管的管口应设置在盒、箱内。在落地式配电箱内的管口，箱底无封板的，管口应高出基础面 50～80mm。所有管口在穿入电线、电缆后应做密封处理。由箱式变电所或落地式配电箱引向建筑物的导管，建筑物一侧的导管管口应设在建筑物内。

2　电缆导管的弯曲半径不应小于电缆最小允许弯曲半径，电缆最小允许弯曲半径应符合《建筑电气工程施工质量验收规范》表 12.2.1－1 的规定。

3　室内进入落地式柜、台、箱、盘内的导管管口，应高出柜、台、箱、盘的基础面 50～80mm。

4　暗配的导管，埋设深度与建筑物、构筑物表面的距离不应小于 15mm。

5　绝缘导管敷设应符合下列规定：

(1) 管口平整光滑，管与管、管与盒(箱)等器件采用插入法连接时，连接处结合面涂专用胶合剂，接口牢固密封；

(2) 直埋于地下或楼板内的刚性绝缘导管，在穿出地面或楼板易受机械损伤的一段，采取保护措施；

(3) 当设计无要求时，埋设在墙内或混凝土内的绝缘导管，采用中型以上的导管。

6 导管在建筑物变形缝处，应设补偿装置。

Ⅳ 成品保护

1.2.23 暗配在建筑物内的灯位盒、开关盒周围在土建抹灰时应一次性抹好，防止修补造成接茬不良。

1.2.24 配好管子后，凡向上的管口和浇筑到混凝土内的接线盒和开关盒必须堵塞严密，防止施工时杂物进入管内。

1.2.25 出墙立管在砌筑中或楼板吊装中，其他工种应予保护，不能导致损坏。

1.2.26 敷设好的管路，其他工种（暖卫，煤气）施工时，要注意相互间配合，凿洞时，使之不能损坏。

1.2.27 现浇在混凝土中的管（盒）混凝土工应注意加强保护，防止振捣时，位移或损坏。

Ⅴ 安全注意事项

1.2.28 喷灯使用前应仔细检查油桶是否漏油，喷油嘴是否通畅，丝扣是否漏气等。根据喷灯所用油的种类加注相应的燃料油，注油量要低于油桶的3/4，并拧紧螺塞。工作完毕，灭火放气。

喷灯点火时喷嘴前严禁站人，工作场所不能有易燃物品，喷灯的加油、放油和修理，应在熄灭冷却后进行。

1.2.29 剔槽打洞时，锤头不得松动，凿子应无卷边、裂纹，应戴好防护眼镜。

Ⅵ 质量通病及其防治

1.2.30 刚性绝缘导管连接时，连接处不严密牢固。管子连接时，套管管径选择要适当，不能过大。

1.2.31 管子弯曲处出现裂缝、折皱。应选用优质管材，加热时掌握好加热温度和加热长度。

1.2.32 管口在盒内长短不一，管口不平齐，有的出现负值，断在盒外。敷设管盒时,应掌握好管入盒长度,不能留有过多余量。

1.2.33 楼板板缝内管子外露。板缝配管应将管子垫起不小于 15mm。

1.2.34 混凝土现浇板内管子外露。现浇混凝土板内配管,管子应在底筋上面敷设。

1.2.35 楼板垫层内配管造成地面顺管路方向裂缝,楼板垫层薄,管路不应敷设在垫层内。

1.2.36 刚性绝缘导管敷设工程中使用木盒或铁盒。应使用同材质的塑料制品盒。

1.2.37 开关、插座盒同一工程中位置不一致。预埋时应按建筑标高线确定标高,对成排的开关插座盒应拉通线埋设。

1.2.38 成排灯位盒不在同一条直线上。应拉通线或放线定盒位。

1.2.39 混凝土内敷设的硬塑管浇筑混凝土时损坏。混凝土内配管质量低劣,施工中不应使用再生硬质聚氯乙烯管。

1.3 半硬绝缘导管暗敷设

Ⅰ 施工准备

1.3.1 材　　料

1 难燃平滑半硬塑料管及其灯位盒、开关盒、各种专用管卡头、管护弯套等。

2 各种螺栓、木螺钉、各种绑线。

1.3.2 机　　具

卷尺、电工刀等。

1.3.3 作业条件

敷设管路须与土建工程密切配合施工,土建主体工程施工时,应及时给出建筑标高线。

Ⅱ 施工工艺

1.3.4 施工程序

半硬绝缘导管操作方便,不需预先加工,在施工过程中,边敷设边加工即可。

半硬绝缘导管敷设时,在确定盒(箱)位置后,进行管路敷设,主体工程结束后再清扫管路。

1.3.5 管的选择

1 根据敷设场所选择

半硬绝缘导管规格见表 1.3.5-1。

半硬绝缘导管适用于正常环境一般室内场所,潮湿场所不应采用。

平滑半硬塑料管规格及编号表 **表 1.3.5-1**

公称口径(mm)	规格尺寸(mm)			编号	
	D_2	b	D_1	PVCBY-1(通用型)	PVCBY-2(耐寒型)
15	16	2	12	HY 1011	HY 1021
20	20	2	16	HY 1012	HY 1022
25	25	2.5	20	HY 1013	HY 1023
32	32	3	26	HY 1014	HY1024
40	40	3	34	HY 1015	HY 1025
50	50	3	44	HY 1016	HY1026

混凝土板孔布线应采用塑料绝缘电线穿半硬绝缘导管敷设。

2 根据所穿导线截面、根数选择管径

半硬绝缘导管穿管管径的选择,可按管内导线总面积应小于管内截面 40% 考虑。

1.3.6 导管进场验收

1 按批查验合格证。

2　外观检查难燃平滑半硬塑料管，应易弯折且不断裂，回弹性好，应无气泡及管身变形等现象，表面有阻燃标记和制造厂标。

由于当前各地市场上半硬塑料管种类较多，但真正难燃的少，购买和使用时应注意鉴别。高压聚乙烯管其氧气指数低于27%，系可燃性管材，一般用作流体输运管，禁止在电气安装工程中做电线保护管使用。

3　按制造标准现场抽样检测导管的管径、壁厚及均匀度。对导管及配件的阻燃性能有异议时，按批抽样送有资质的试验室检测。

1.3.7　管的切断

平滑塑料管可在敷设过程中，根据每段所需长度，用电工刀或钢锯条与管的垂直方向切断或锯断。

1.3.8　管与盒（箱）的连接

平滑半硬塑料管与盒（箱）连接时，应使用专用的管卡头，配管时先把管端部粘胶插入管卡头上，将管卡头插入盒（箱）敲落孔中，拧牢管卡头螺母将管与盒（箱）固定牢固。

1.3.9　管与管的连接

平滑半硬塑料管在敷设过程中，一般很少需要进行管与管的连接，如果需要进行连接时，应采用套管连接，可以使用成品管接头或使用大一级管径的管子且长度不应小于连接管外径的2倍做套管，两连接管端部应涂好胶合剂，将连接管插入套管内粘接牢固，不使连接处脱落，连接管对口处应在套管中心，如图1.3.9-1所示。

1.3.10　管的弯曲

在配管时可根据弯曲方向的要求，用手随时弯曲。平滑塑料管在90°弯曲时，可使用定弯套固定。

管子应尽量避免弯曲，当线路直线长度超过15mm或直角弯超过3个时，均应装设中间接线盒。为了便于穿线，管子弯曲半径不宜小于6倍管外径，弯曲角度应大于90°。

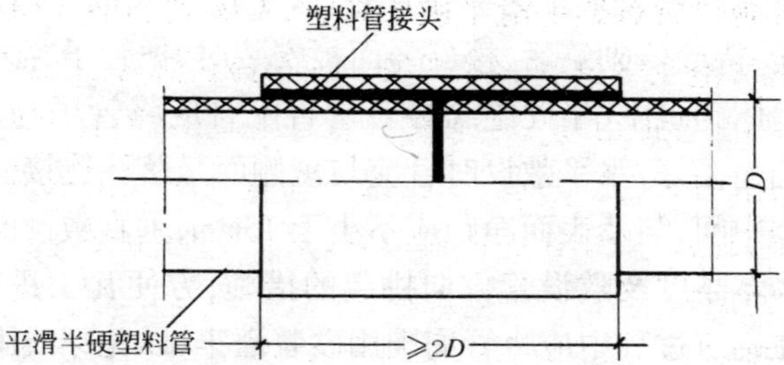

图 1.3.9-1　平滑半硬塑料管连接

1.3.11　在墙体砌筑中的施工

在砖混结构砌体墙内，半硬绝缘管的敷设方法，与楼(屋)面板内管子敷设方法有关。

楼(屋)面板为现浇混凝土板时，墙体内的半硬绝缘管，配管时可以将敷设在墙内的管子，按敷设至楼(屋)面板上灯位的长度留足后切断，待楼(屋)面板施工后直接余下的管子敷设至楼(屋)面板上的灯位盒内。

楼(屋)面板为预制板，管子沿板缝敷设时，施工方法与上述方法相同。

楼(屋)面板为预制空心板且为板孔配管时，墙体内的配管方法则略有不同：

1　墙体(或圈梁)顶部留槽

半硬绝缘导管在墙体内敷设，在敷设到墙(或圈梁)顶部以下的适当位置上设置接线盒(或称断接盒、过路盒)，盒上方至墙体(或圈梁)平口处在其表面上留槽，用接线盒连接墙体与楼(屋)面板上的管子。

2　墙体(或圈梁)顶部留套管

半硬绝缘导管在墙体内敷设至墙(或圈梁)的顶部时，在墙内管子上预先连接好连接套管，套管上口与墙(或圈梁)相平，待楼(屋)面板施工时连接管路。

3　墙体内配管留足长度

在墙体内敷设半硬绝缘导管时,管子按进入板孔内灯位处的长度切断,待墙体砌筑后,楼(屋)面板安装时,把管子穿入板孔内。

在墙体砌筑中,半硬绝缘导管垂直配管应将管子与盒上或下方敲落孔连接好,水平敷设时管应与盒侧面敲落孔连接,把管路预埋在墙体中间,与墙表面净距应不小于15mm,垂直敷设时,要有把管子沿墙体高度及敷设管方向挑起的措施,方便瓦工进行墙体的砌筑。在砌筑过程中应将管周围用砂浆灌牢,以免穿线困难。

半硬绝缘导管在墙体内敷设时,灯位盒、接线盒、开关盒的埋设位置及预埋方法,应参照《刚性绝缘导管暗敷设》施工标准进行。

半硬绝缘导管在砌体墙内与器具盒连接时,不应在盒体后面入盒,应防止管弯曲处被弯扁及管入盒处不顺直。

1.3.12 在现浇混凝土工程中的施工

在现浇混凝土工程中的梁、柱、墙及楼(屋)面板内敷设半硬绝缘导管,穿过梁、柱时,敷设方法同刚性绝缘导管相同,半硬绝缘导管应穿在钢保护管内敷设。

半硬绝缘导管在梁、柱、墙内敷设,水平与垂直方向应采取不同的方法。

垂直方向敷设时,在墙内管路应放在钢筋网片的侧面,在柱内顺主筋靠屋内侧;在墙内水平方向敷设时,管路应顺列在钢筋网片的一侧,在梁内,应顺上方主筋靠下侧防止承受混凝土冲击。

半硬绝缘导管在现浇混凝土楼(屋)面板上敷设,管路敷设在钢筋网中间,单层筋时,应在底筋上侧,应先把管子沿敷设的路径用混凝土先加以保护。

半硬绝缘导管在现浇混凝土工程中敷设,应用铁绑线与钢筋绑扎,绑扎间距不宜大于30cm。在管进入盒(箱)处,绑扎点应适当缩短,防止管口脱出盒(箱)。

半硬绝缘导管敷设时,由楼(屋)面板引至墙(梁)上,应使用定弯套加以固定,如图1.3.12-1所示。

1.3.13 轻质空心石膏板隔墙导管敷设

轻质空心石膏板隔墙的导管敷设,其电源管多数由楼(地)面内引入隔墙，有时也由楼(屋)面引入隔墙。

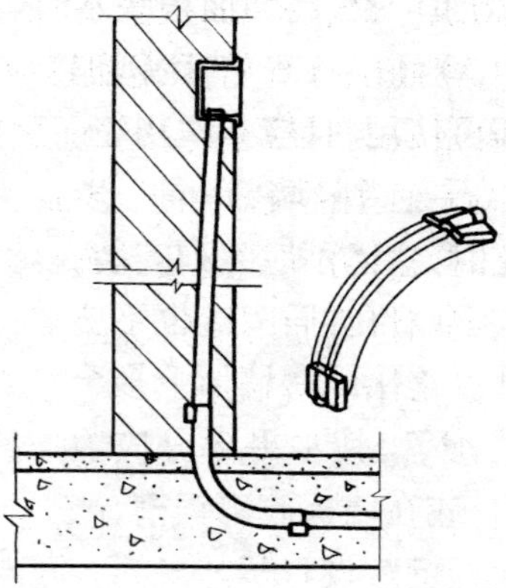

图 1.3.12－1　定弯套安装示意图

土建专业在隔墙施工前应给出隔墙中心线和墙体的宽度线。

在楼(地)面工程配管时，管子应敷设到隔墙的墙基内，并应在管口处先连接好套管，待与空心石膏板隔墙内将敷设的管子进行连接。连接套管应尽量对准石膏板隔墙的板孔处。

盒位在空心石膏板上开孔时，可用单相手电钻，在板孔处已确定好的盒位处所画的框线四角钻 $\phi12$ 的穿透孔，然后用锯条穿过所钻的孔，沿划好的轮廓进行锯割(不应用凿子、手锤等敲打)，在墙上开个穿透的方洞。洞口应按盒的尺寸两侧各放大 5mm，上下各放大 10mm，并在顺着盒位洞口垂直的上(或下)方石膏板底部(或顶部)再开一孔口，准备连接敷设管子时使用。

敷设隔墙内管子时，应在盒的开孔处向下穿入一根适当长度的半硬平滑难燃塑料管，其前端伸入墙基顶面预留套管内与楼(地)面内管子连接，末端留在插座盒内。如电源管由上引来，管应由盒孔处向上穿与上方的套管进行连接。管子的连接管的管端接头处均应用胶合剂粘接牢固。

管子敷设后进行堵孔固定盒体先从盒孔处往下 20～30mm 处塞一纸团，用已配制好的填料堵孔，使管上部及左右填料与墙体粘接牢固，如图1.3.13－1所示。

配制填料时，用107胶、高强度等级水泥和砂子按1:(2～3):(1～1.5)的比例加水混合搅拌均匀即可使用，且应一次用完。

如果轻质空心石膏板隔墙，在同一墙体上设有多个插座时，盒体不应并列安装，中间应最少空2～3个墙孔，插座盒也不应装在墙板的拼合处。连接同一墙体上多个插座盒之间的链式配管，其水平部分应敷设在墙板的墙基内，或在墙板底部锯槽，严禁在墙体中部水平开槽敷设管子。

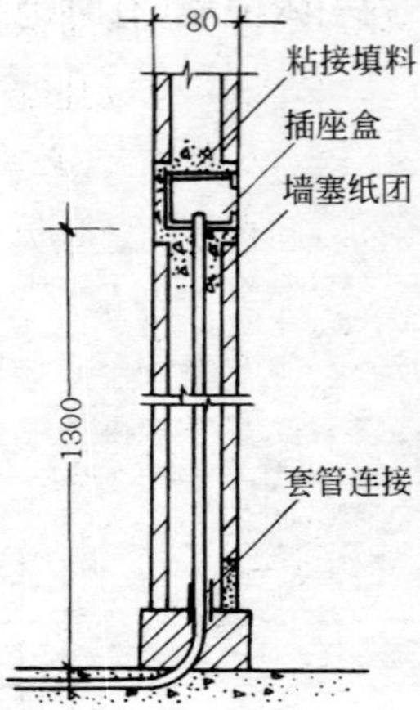

图1.3.13－1 空心石膏板隔墙配管示意图

1.3.14 在预制空心楼板板孔内配管

半硬绝缘导管在楼板板孔内配管见图1.3.14－1。在配管的同时，应进行与墙体内管子的连接。空心板板孔上灯位位置，应在尽量接近屋中心的板孔中心处。

1 墙体内有接线盒，且在盒上方留槽时，应在楼板就位后，在配管前沿槽与楼板板孔相接触，由下向上打板洞，打穿板孔后，把管子沿墙槽敷设至板孔中心的灯位处露出为止，另一端与盒敲落孔连接。

2 墙体(或圈梁)顶部有连接套管时，应在楼板就位后，在与套管相接近的板孔处，板端的上下侧打出豁口，将管子一端由上部豁口处穿至中心板孔的灯位孔处，管另一端插入到连接套管内与墙体内管子相连接。

3 在墙体内已预留好的管子，应在吊装楼板就位前，在楼板端部适当的板孔处先打好豁口，防止楼板就位时损伤出墙管，同时也方便管子向板孔内插入。当楼板基本就位后，直接由豁口处将管子向板孔内敷设，直到板孔中心露出灯位洞口处为止。

楼板板孔上打洞，洞口直径不宜大于ϕ30mm，且不宜打透眼，打洞时应不伤筋、不断肋。管子敷设完后，对墙槽内的管子应用

M10 水泥砂浆抹面保护，管保护层不应小于 15mm。

空心楼板板孔配管时，管路需直接通过楼板的板孔接头时，板孔孔洞必须对直，必要时可穿入与孔洞内径一致的油毡纸或铁皮筒加以保护。空心板板孔内配管做法如图 1.3.14－1 所示。

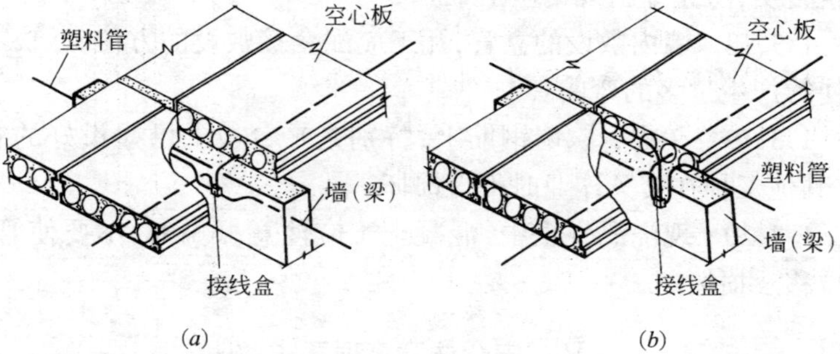

图 1.3.14－1　空心楼板板孔配管示意图

(*a*)沿墙和板孔内敷设；(*b*)沿板缝和板孔内敷设

Ⅲ　质量标准

1.3.15　主控项目

当绝缘导管在砌体上剔槽埋设时，应采用强度等级不小于 M10 的水泥砂浆抹面保护，保护层厚度应大于 15mm。

1.3.16　一般项目

1　暗配的导管，埋设深度与建筑物、构筑物表面的距离不应小于 15mm。

2　绝缘导管敷设应管口平整光滑；管与管、管与盒（箱）等器件采用插入法连接时，连接处结合面涂专用胶合剂，接口牢固密封。

3　当设计无要求时，埋设在墙内或混凝土内的绝缘导管，采用中型以上的导管。

4　导管在建筑物变形缝处，应设补偿装置。

Ⅳ 成品保护

1.3.17 在墙体砌筑过程中，瓦工应注意将管周围用砂浆灌密实；混凝土工需用细石混凝土把楼面上特别是弯曲部位管周围浇筑密实，防止穿引线钢丝困难。

1.3.18 墙内敷设的立管，瓦工应配合接敷设的方位砌筑，不应使管产生过多的弯曲。

1.3.19 在梁、柱、墙钢筋上，特别是平台板上已敷设好的管路，其他工种在交叉作业时不得损坏。

1.3.20 现浇混凝土中，混凝土工应注意振捣时，不要使管、盒位移及损坏。

Ⅴ 安全注意事项要求

1.3.21 空心板板孔配管，在板孔打洞时，必须锤把结实，不能松动，凿子无飞刺，打望天眼时，必须戴好防护眼镜。

1.3.22 在上方打孔眼，下面不得有人作业或站立，应在下面周围设禁区。

Ⅵ 质量通病及其防治

1.3.23 混凝土或砌体墙内管断裂。管的材质质量有问题，应选用柔软、抗冲击力、抗压力强的产品。

1.3.24 管路在钢筋上绑扎后呈波浪状。管路绑扎固定点距离过大，应适当缩短距离，不宜大于 30cm。

1.3.25 浇筑混凝土工程施工时，管子脱出盒(箱)口。管子进入盒(箱)处，绑扎点要选择适当，防止在浇筑混凝土时，管子承受冲击力后，脱出盒(箱)口。

1.3.26 管路敷设后，造成扫管时穿引线钢丝困难。半硬绝缘导管管的弯部位周围应用砂浆(混凝土)固定严密，防止穿钢丝时导致管子颤动。

1.4 钢导管暗敷设

Ⅰ 施工准备

1.4.1 材　料

1 普通碳素钢电线管、低压流体输送用焊接钢管、低压流体输送用镀锌焊接钢管及各种金属制品管接头、锁紧螺母、护圈帽、各种接线盒(箱)、开关盒和塑料内护口等。

2 圆钢、各种螺栓、木螺钉、圆钉、电焊条、铁线、红丹防锈漆、油漆、沥青油及铅油和麻等。

1.4.2 机　具

弯管器或弯管机、管子压钳、套丝器或套丝机、钢锯弓和锯条或切管器、卷尺、管钳子、圆锉或绞刀、钢丝刷、毛刷、钢丝等。

1.4.3 作业条件

敷设管路须与土建主体工程密切配合施工,土建主体工程施工中应给出建筑标高线。

Ⅱ 施工工艺

1.4.4 施工程序

熟悉图纸 → 选管 → 切断 → 套丝 → 煨弯 → 按使用场所刷防腐漆 → 进行部分管与盒的连接 → 配合土建施工逐层逐段预埋管 → 管与管和管与盒(箱)连接 → 跨接接地线连接

1.4.5 熟悉图纸

钢导管暗敷设施工时,不仅要读通电气施工图,还要阅读建筑和结构施工图以及其他专业图纸,电气工程施工前要了解土建布局及建筑结构情况,和电气配管与其他工种间的配合情况。按施工图纸的要求和施工规范的规定(或实际需要),经过综合考虑,确定盒(箱)的正确位置,及管路的敷设部位和走向,以及在不同方向进出盒(箱)的位置。

1.4.6 钢导管及附件的选择

1 根据敷设场所选择导管的材质

暗敷设于干燥场所的金属管布线应采用管壁厚度不小于1.5mm的电线管。直接埋于素土内的金属管布线,应采用焊接钢管。导管的规格见表1.4.6-1~表1.4.6-3。

室外地下埋设管路不宜采用绝缘电线穿金属管的布线方式。

普通碳素钢电线套管(GB 3640—88)　　表1.4.6-1

公称尺寸(mm)	外径(mm)	外径允许偏差(mm)	壁厚(mm)	理论重量(不计管接头)(kg/m)
16	15.88	±0.20	1.60	0.581
19	19.05	±0.25	1.80	0.766
25	25.40	±0.25	1.80	1.048
32	31.75	±0.25	1.80	1.329
38	38.10	±0.25	1.80	1.611
51	50.80	±0.30	2.00	2.407
64	63.50	±0.30	2.50	3.760
76	76.20	±0.30	3.20	5.761

注:1. 经供需双方协议,可制造表中规定之外尺寸的钢管;

2. 交货时,每支钢管应附带一个管接头;在计算钢管理论重量时,应另外加管接头重量。

低压流体输送用焊接钢管(GB/T 3092—93)　表1.4.6-2

<table>
<tr><th colspan="2">公称口径</th><th colspan="2">外　径</th><th colspan="3">普通钢管</th><th colspan="3">加厚钢管</th></tr>
<tr><th rowspan="2">(mm)</th><th rowspan="2">(in)</th><th rowspan="2">公称尺寸(mm)</th><th rowspan="2">允许偏差(mm)</th><th colspan="2">壁　厚</th><th rowspan="2">理论重量(kg/m)</th><th colspan="2">壁　厚</th><th rowspan="2">理论重量(kg/m)</th></tr>
<tr><th>公称尺寸(mm)</th><th>允许偏差(%)</th><th>公称尺寸(mm)</th><th>允许偏差(%)</th></tr>
<tr><td>15</td><td>$\frac{1}{2}$</td><td>21.3</td><td rowspan="2">±0.50</td><td>2.75</td><td rowspan="2">+12
−15</td><td>1.26</td><td>3.25</td><td rowspan="2">+12
−15</td><td>1.45</td></tr>
<tr><td>20</td><td>$\frac{3}{4}$</td><td>26.8</td><td>2.75</td><td>1.63</td><td>3.50</td><td>2.01</td></tr>
</table>

续表

公称口径		外　径		普通钢管			加厚钢管		
				壁　厚		理论重量 (kg/m)	壁　厚		理论重量 (kg/m)
(mm)	(in)	公称尺寸 (mm)	允许偏差 (mm)	公称尺寸 (mm)	允许偏差 (%)		公称尺寸 (mm)	允许偏差 (%)	
25	1	33.5	±0.50	3.25	+12 −15	2.42	4.00	+12 −15	2.91
32	$1\frac{1}{4}$	42.3		3.25		3.13	4.00		3.78
40	$1\frac{1}{2}$	48.0		3.50		3.84	4.25		4.58
50	2	60.0		3.50		4.88	4.45		6.16
65	$2\frac{1}{2}$	75.5		3.70		6.64	4.50		7.88
80	3	88.5	±1%	4.00		8.34	4.75		9.81
100	4	114.0		4.00		10.85	5.00		13.44
125	5	140.0		4.50		13.42	5.50		18.24
150	6	165.0		4.50		17.81	5.50		21.63

注：表中的公称直径系近似内径的名义尺寸，它不表示公称外径减去两个公称壁厚所得的内径。

低压流体输送用镀锌焊接钢管(GB/T 3091—93)　　　表 1.4.6-3

公称口径		外　径		普通钢管			加厚钢管		
				壁　厚		理论重量 (kg/m)	壁　厚		理论重量 (kg/m)
(mm)	(in)	公称尺寸 (mm)	允许偏差 (mm)	公称尺寸 (mm)	允许偏差 (%)		公称尺寸 (mm)	允许偏差 (%)	
15	$\frac{1}{2}$	21.3	±0.50	2.75	+12 −15	1.26	3.25	12 −15	1.45
20	$\frac{3}{4}$	26.8		2.75		1.63	3.50		2.01
25	1	33.5		3.25		2.42	4.00		2.91
32	$1\frac{1}{4}$	42.3		3.25		3.13	4.00		3.78
40	$1\frac{1}{2}$	48.0		3.50		3.84	4.25		4.58

续表

公称口径		外径		普通钢管			加厚钢管		
				壁厚		理论重量 (kg/m)	壁厚		理论重量 (kg/m)
(mm)	(in)	公称尺寸 (mm)	允许偏差 (mm)	公称尺寸 (mm)	允许偏差 (%)		公称尺寸 (mm)	允许偏差 (%)	
50	2	60.0	±1%	3.50	+12 −15	4.88	4.45	+12 −15	6.16
65	$2\frac{1}{2}$	75.5		3.70		6.64	4.40		7.88
80	3	88.5		4.00		8.34	4.75		9.81
100	4	114.0		4.00		10.85	5.00		13.44
125	5	140.0		4.50		13.42	5.50		18.24
150	6	165.0		4.50		17.81	5.50		21.63

注:表中的公称口径系近似内径的参考尺寸。对各种规格的钢管,其外径决定于 YB 822 所规定的尺寸。每种规格的实际内径随着管壁厚度而变化。公称口径不等于外径减 2 倍壁厚之差。

2　根据所穿导线截面、根数选择导管管径

为了便于穿线,配管前应选择导管规格。

两根绝缘电线穿于同一根管,管内径不应小于两根电线外径之和的 1.35 倍(立管可取 1.25 倍)。

当三根及以上绝缘电线穿于同一根管时,电线截面积(包括外护层)的总和,不应超过管内截面积的 40%。

绝缘导线允许穿管根数及相应最小钢导管管径,可参考表 1.4.6－4～表 1.4.6－7。

3　配管的附件

钢导管配管工程中,暗配管必须使用暗装附件,应选用钢板制成的冲压盒或点焊而成的焊接盒。暗配钢管工程中,所选用的灯位盒、开关(插座)盒等,应为镀锌制品盒,其壁厚不应小于 1.2mm。

钢导管敷设工程不宜使用塑料和木制品盒。

BX、BLX 绝缘导线穿焊接钢管、管径选择(mm)　　表 1.4.6－4

导线截面(mm^2)	导线根数						
	2	3	4	5	6	7	8
1							
1.5							
2.5		15	20				25
4							32
6							
10			25				40
16			32		40		
25			40				50
35							65
50	40		50				
70							80
95			60	80			
120							
150			80				

注:钢管的管径指内径。

BX、BLX 绝缘导线穿电线线管管径选择表(mm)　　表 1.4.6－5

导线截面(mm^2)	导线根数						
	2	3	4	5	6	7	8
1							
1.5							
2.5		20	25			32	
4							
6							40
10			32				
16			40				
25		40					
35			(50)				
50							
70							

注:1. 电线管的管径指外径;

2. 管径为 50mm 的电线管一般不用,因管壁太薄,弯管时容易破裂。

BV、BLV 塑料线穿焊接钢管管径选择表(mm) 表 1.4.6－6

导线截面(mm^2)	导线根数						
	2	3	4	5	6	7	8
1							
1.5							20
2.5							
4			15				
6							25
10		20					32
16			25				40
25					40		50
35			32	40			
50		40					65
70			50				80
95							
120			65				

注:钢管的管径指内径。

BV、BLV 塑料线穿电线管管径选择表(mm) 表 1.4.6－7

导线截面(mm^2)	导线根数						
	2	3	4	5	6	7	8
1							
1.5							
2.5		15			20		25
4			20				
6		20					32
10			25		32		40
16		32					
25			40				
35		40					
50			(50)				
70							

1.4.7 钢管的外观检查

钢管进入现场前应检查:产品的技术文件应齐全,并且有合格证,并应符合国家颁发的现行技术标准。

钢管进入现场后，应进行外观检查：钢管应壁厚均匀，不应有折扁、裂缝、砂眼、塌陷及严重腐蚀等缺陷。

钢管的表面质量应满足相应技术条件的规定：

1　普通碳素钢电线套管(GB 3640—88)

电线管全长允许偏差为 +15mm。

钢管的弯曲度每米不大于 3mm。

钢管的两端应切直，剪切斜度不大于 2°，并应切除毛刺。

钢管的外表面不得有裂纹和结疤，凡不大于制造钢管的钢带厚度允许偏差的轻微压痕、直道、划伤、凹坑以及经打磨或清除后的毛刺痕迹允许存在(凹坑直径小于 2mm 者不作考核)。

钢管的内表面应光滑，焊缝处允许有高度不大于 1mm 毛刺。

镀锌钢管的外表面应有完整的镀层，表面不得有剥落、气泡；允许有轻微的粗糙表面和局部的瘤疤存在。

钢管的螺纹应整齐、光洁无裂纹，允许有轻微无刺，在钢管焊缝处的螺纹允许有黑皮，但螺纹断面高度的减低量不超过规定高度的 15%，螺纹的断缺或齿形不全，其长度总和不超过规定长度的 10%时允许存在，相邻两扣的同一部位不得同时断缺。

2　低压流体输送用焊接钢管(GB/T 3092—93)

钢管的定尺长度应在通常长度范围内，其允许偏差为 +20mm。

钢管两端截面应与其中心线垂直，内外毛刺高度均不应大于 0.5mm。

钢管内外表面应光滑，不允许有折叠、裂缝、分层、搭焊缺陷存在。钢管表面允许有不超过壁厚负偏差的划道、刮伤、焊缝错位、烧伤和结疤等轻微缺陷存在。允许焊缝外壁厚增厚和内缝焊筋存在。

3　低压流体输送用镀锌焊接钢管(GB/T 3091—93)

镀锌钢管全长允许偏差为 $^{+20}_{\ 0}$ mm。

镀锌钢管采用热浸镀锌法，管的内外表面应有完整的镀锌层。

不得有未镀上锌的黑斑和气泡存在。允许不大的粗糙面和局部的锌瘤存在。

1.4.8 管子切断

配管前必须把管子按每段长度切断，钢管的切断方法很多。管子切断后，断口处应与管轴线垂直，管口应锉平、刮光，使管口整齐光滑。当出现马蹄口后，应重新切断。

管子批量较大时，可以使用型钢切割机（无齿锯）利用纤维增强砂轮片切割，操作时要用力均匀平稳，不能用力过猛，以免过载或砂轮崩裂。

用割管器切管时，切断处易产生管口内缩，缩小后的管口要用绞刀或锉刀刮（锉）光。

用细齿钢锯切钢管时，要注意使锯条保持垂直，避免切断处出现马蹄口，推锯时，稍加用力，使其发生锯割作用，但用力不要过猛，以免别断锯条；回锯时，不加压力，锯稍抬起，尽量减少锯条磨损；当快要切断时，要减慢锯割速度，使管子平稳地锯断。为防止锯条发热，要时常注意在锯条口上注油。

1.4.9 管子套丝

暗配钢管为使管子互相连接或管子与器具或盒（箱）连接时，均需在管子端部套丝。

由于钢管丝扣连接的部位不同，管端套丝长度也不尽相同。用在与接线盒配电箱连接处的套丝长度，不宜小于管外径的1.5倍；用在管与管相连接部位时的套丝长度，不得小于管接头长的1/2加2～3扣，需倒丝连接时，连接管的一端套丝长度不应小于管接头长度加2～3扣。

管子套丝分人工套丝和机械套丝两种，机械套丝使用套管机，多由于套管工程量较大时应用。

水煤气钢管人工套丝，可用管子绞板，电线管套丝，可用圆丝板。水煤气钢管套丝绞板，如图1.4.9－1（*a*）所示。电线管圆丝板由板架和板牙组成，如图1.4.9－1（*b*）所示。

套丝时，先将管子固定在管子台虎钳（龙门压架）上，再把绞板

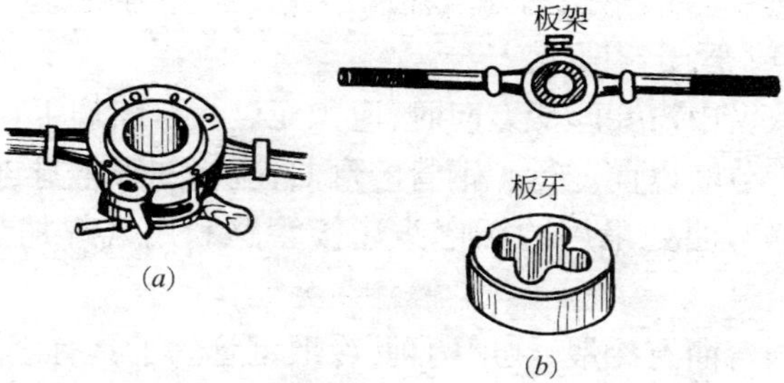

(a)　(b)

图 1.4.9－1　管子套丝绞板

(a)管子绞板；(b)圆丝板板架和板牙

套在管端。当水煤气管套丝时，应先调整绞板的活动刻度盘，使板牙符合需要的距离，用固定螺丝把它固定，再调整绞板上的三个支承脚，使其紧贴管子，防止套丝时出现斜丝。绞板调整好后，手握绞板手柄，平稳向里推进，按顺时针方向转动，如图 1.4.9－2 所示。

图 1.4.9－2　管子套丝示意图

开始套丝扳转时要稳而慢，太快了不宜带上丝，不得骤然用力，避免偏丝啃丝。继续套丝时，还要避免套出来的丝扣与管子不同心。

第一次套完后，松开板牙，再调整其距离比第一次小一点，用同样方法再套一次，要防止乱丝，当第二次丝扣快套完时，稍松开板牙，边转边松，使其成为锥形丝扣(拔稍)。在套丝过程中，要及时浇油，以便冷却板牙并保持丝扣光滑。

电线管的套丝，操作比较简单，只要把绞板放平，平稳地向里推进，就可以套出所需的丝扣来。

用套管机套丝时，应注意要边套边浇冷却液。

套完丝扣后，随即清理管口，将管子端面毛刺处理光，使管口保持光滑。

1.4.10　管子弯曲

管子敷设中需要改变方向时，应预先进行弯曲加工，管子弯曲也可以在管节断以前进行。钢管的弯曲，应将配管本身进行煨制。严禁在管路弯曲处采用冲压弯头连接管路和用气焊加热拿褶弯管。

钢管的弯曲有冷煨、热煨两种，冷煨钢管的工具有手动和电动变管器等。在弯管时不但要掌握一定的技巧，在弯管过程中还要注意，弯曲处不应有折皱、凹陷和裂缝现象，弯扁程度不应大于管外径的10%，弯曲角度一般不宜小于90°，如图1.4.10－1所示。

暗配时管弯曲半径，不应小于管外径的6倍；埋设于地下或混凝土楼板内同一平面内转弯的管子弯曲半径，不应小于管外径的10倍。管弯曲半径如图1.4.10－2所示。整排管子在转弯处应弯成同心圆。

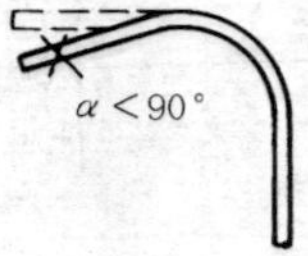

图1.4.10－1　弯曲角度不宜小于90°

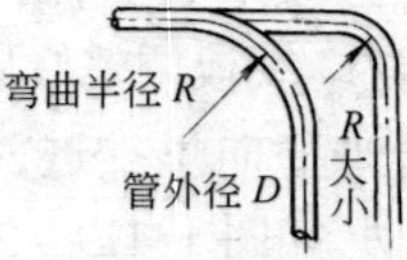

图1.4.10－2　管弯曲半径

在弯管过程中，还要注意弯曲方向和管子焊缝之间的关系，一般宜放在管子弯曲方向的正、侧面交角处的45°线上，如图1.4.10－3所示。

1　用管弯管器弯管

管弯管器适用于弯50mm以下小批量的管子。弯管器应根据管子直径选用，不得以大代小，更不能以小代大。在弯曲管路中间的90°弧形弯曲时，应先使用8号线或薄板做好样板，以便在弯管的同时进行对照检查。弯管时把弯管器套在管子需要弯曲部位(即起弯点)，用脚踩住管子，扳动弯管器手柄，稍加一定的力，使管子略有弯曲，然后逐点向后移动弯管器，重复前次动作，直至弯曲部位的后端，使管子弯成所需要的弯曲半径和弯曲角度来，如图 1.4.10－4 所示。

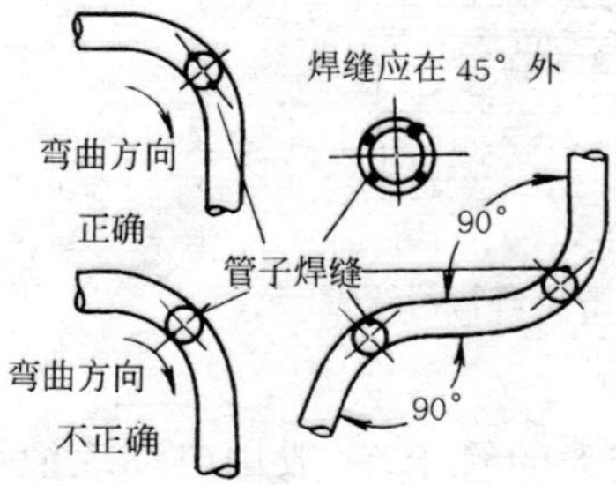

图 1.4.10－3　焊缝与弯曲方向的配合

图 1.4.10－4　用管弯管器弯管

弯管的过程中还要注意移动弯管器的距离不能一次过大，用力也不能太猛。如果采用两人煨管时，则另一人应踩在弯管器前端的钢管处，这样可以控制住煨管的弯曲半径不致于过大。

当需要在钢管端部煨管入盒处的 90°曲弯时，煨好后管的端部管口应与管垂直，但应防止管口处受压变型，特别是已套丝的管子为防止损坏丝扣，应在管口螺纹处拧上管接头或在管端下侧丝扣处与弯管器之间垫以适当厚度的木块，再扳动弯管器手柄煨管。

在管端部煨制鸭脖弯在施工现场中用的比较多，在煨弯时弯曲处前端直管段不应过长，避免造成由此而产生的砌体通缝。

当弯到适当角度后，翻转管子在反方向适当位置再进行煨管。应注意管弯起的一端直管段，应与管子平行，且弯曲弧处不应过直。

2　滑轮弯管器弯管

弯制直径较大(最大可至 100mm)的管子，可用滑轮弯管器，对线管无损伤，特别是外观、形状要求比较高，用滑轮弯管器最适宜。弯管器可固定在工作台上，如图 1.4.10－5 所示。弯管时把管子放在两滑轮中间，扳动滑轮应用力均匀，速度缓慢，即可煨出所需要的管子来。

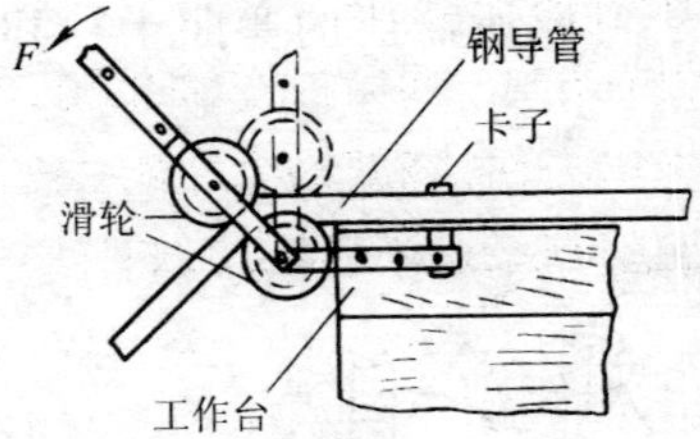

图 1.4.10-5　滑轮弯管器弯管

3　电动或液压弯管机弯管

直径 80mm 及以上或批量较大的管子，一般用电动或液压弯管机弯管，模具应按线管弯曲半径的要求进行选择。将已划好线的管子放入弯管机胎模具内，使管子的起弯点对准弯管机的起弯点，然后拧紧夹具，弯管时当弯曲角度大于所需角度 1°～2°时停止，将弯管机退回起弯点，用样板测量弯曲半径和弯曲角度。应注意的是所弯的管外径一定要与弯管模具配合贴紧，否则管子会产生凹瘪现象。

4　用火加热弯管

用火加热弯管，只限于黑铁管，镀锌钢管严禁用火加热煨制。弯管前先把管内装上炒干的砂子，两端塞紧后，在烘炉或焦炭火上加热后，放在模具上弯曲。

用气焊加热煨管时，先在钢管上划出直管段，再划出加热长度 L，先在 L 部分上预热，再从起弯点开始，边加热边弯曲。弯曲半径应尽量一致，防止弯曲段表面产生折皱。因弯曲冷却后角度约回缩 2°～3°，弯制时要比预定弯曲角度略大于 2°～3°。加热长度 L 可用简单的公式计算：

$$L = \frac{\pi dR}{180} \approx 0.0175\,dR$$

式中　d——弯曲角度(°)；

R——弯曲半径(mm)。

热煨管时要掌握好火候，钢管烧得不红弯不动，烧得过红或者红的不均匀都容易弯瘪。

1.4.11 钢导管除锈和防腐

钢导管内如果有灰尘、油污或受潮生锈，不但穿线困难，而且会造成导线的绝缘层损伤，降低绝缘性能。在敷设管子前，应对管子进行除锈或防腐处理。对于已锈蚀的管子应在除锈后再进行防腐处理。

1 管子除锈

管内壁除锈，可用圆形钢丝刷，两头各绑一根钢丝，来回拉动钢丝刷，把管内铁锈清除干净，如图 1.4.11－1 所示。

管子外壁可用钢丝刷或电动除锈机除锈。

图 1.4.11－1 用钢丝刷清除钢导管内表面的铁锈

2 管子防腐

暗敷设工程中应尽量使用镀锌钢导管。可以免去防腐这一工艺。

工程中使用非镀锌钢导管时，为了加强其防腐作用，延长管的使用年限，非镀锌钢导管内壁均应涂樟丹油一道，除了埋入混凝土内的非镀锌钢导管外壁不需防腐处理外，其他场所内敷设的非镀锌钢导管外壁均应按下列规定进行防腐处理：

埋入砖墙内的非镀锌钢导管刷樟丹油一道。

埋入焦碴层中非镀锌钢导管，用水泥砂浆全面保护，厚度不应小于 50mm，如图 1.4.11－2 所示。

埋入土层内非镀锌钢导管刷两道沥青油或用厚度不小于 50mm 混凝土保护层保护，如图 1.4.11－3 所示。

埋入有腐蚀性土层内非镀锌钢导管应刷沥青油后缠麻（玻璃丝）布，外面再刷一道沥青油。包缠要紧密妥实不得有空隙，刷油要均匀。

使用镀锌钢导管时，在镀锌层剥落处，也应相应刷油。

钢导管内壁涂樟丹油防腐时，可用圆钢焊接成能放置数根钢导管的涂漆操作架。把钢导管在操作架上交错倾斜放置，用透明塑料软管将管子串接一体，在最上一层管口处灌入樟丹漆，由最下一层管口内自然排出后，管内壁即可涂好漆，如图 1.4.11－4 所示。

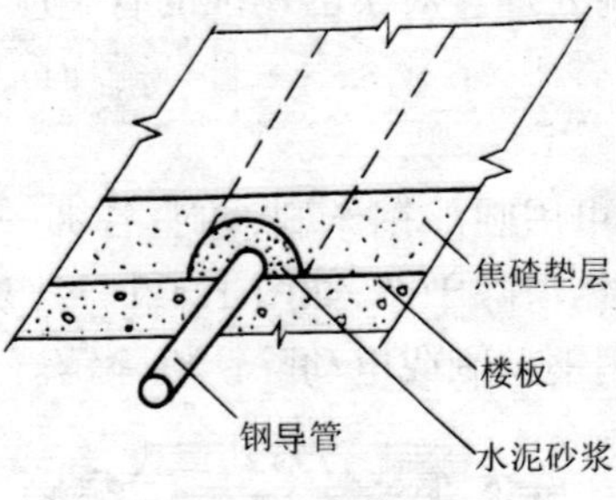

图 1.4.11－2　焦碴垫层内管路保护

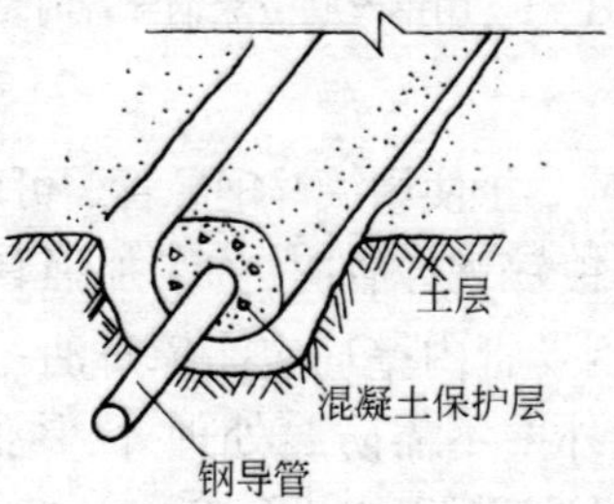

图 1.4.11－3　土层内混凝土保护层

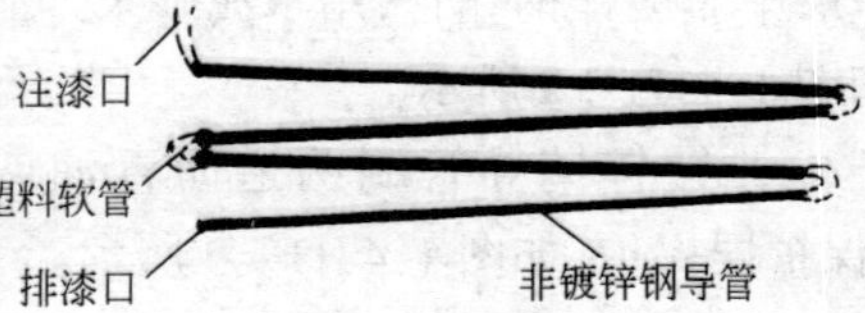

图 1.4.11－4　管内壁涂漆方法示意图

1.4.12　管与盒(箱)连接

暗配钢导管与盒(箱)的连接，可采用焊接固定或采用锁紧螺母或护圈帽固定两种方法。管与盒(箱)的焊接固定仅适用于厚壁非镀锌钢导管，镀锌和壁厚≤2mm 的薄壁钢导管严禁进行焊接固定。

1　焊接固定

暗配管管与盒(箱)焊接固定时,应一管一孔顺直插入与管径吻合的敲落(连接)孔内,伸进长度应小于 5mm。管与盒外壁焊接的累计长度不宜小于管外周长的 1/3,且不应烧穿盒壁。焊接质量达不到要求时,可用 ϕ6 钢筋,一端与管横向焊牢,另一端焊在盒(箱)的棱边上。

暗配管与箱连接时,不应把管与箱体焊在一起,应用作为跨接接地线的圆钢(圆钢直径应按表选择)。在适当位置上将入箱管做横向焊接并应保证入箱管长度一致,再与箱体外侧的棱边进行焊接。在焊接固定时,不应先预埋盒(箱),后在盒(箱)内进行管与盒(箱)间的补焊。

2　用锁紧螺母或护圈帽固定

配管管口使用金属护圈帽(护口)保护导线时,应将套丝后的管端先拧上锁紧螺母(根母),顺直插入盒与管外径相一致的敲落孔内,露出 2~3 扣的管口螺纹,再拧上金属护圈帽(护口),把管与盒连接牢固,如图 1.4.12-1 所示。

当配管管口使用塑料护圈帽(护口)保护导线时,由于塑料护圈帽机械强度无法固定住管盒,应在盒内外管口处均拧锁紧螺母固定盒子,留出管口螺纹 2~4 扣,再拧塑料护圈帽(也可在管内穿线前拧好护圈帽),如图 1.4.12-2 所示。

管与配电箱固定时,无论使用哪种护圈帽均要在箱体内外用锁紧螺母固定,露出 2~3 扣的管口螺纹再拧护圈帽。

为了使入箱管长度一致,可在箱内使用木制平托板,在箱体的适当位置上用木方或普通砖顶住平托板。在入箱管管口处先拧好一个锁紧螺母,留出适当长度的管口螺纹,插入箱体敲落(连接)孔内顶在平托板上,待墙体工程施工后拆去箱内托板,在管口处拧上锁紧螺母和护圈帽,如图 1.4.12-3 所示。

1.4.13　管与管连接

暗敷设钢导管管与管的连接,根据导管材及壁厚的不同,分有采用螺纹连接和采用套管熔焊连接两种方法,金属导管严禁对口熔焊连接。

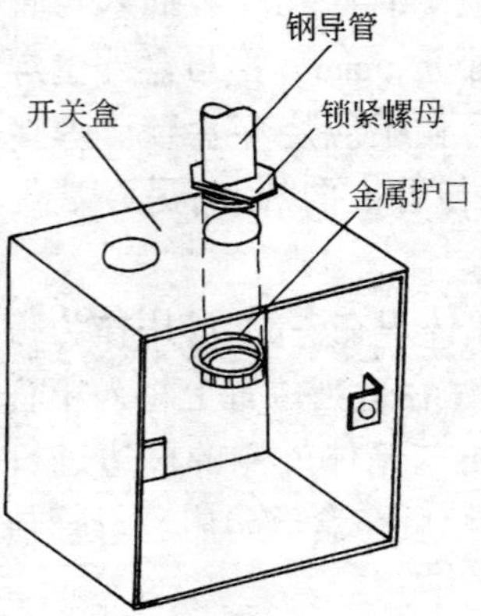

图 1.4.12－1　管与盒固定做法之一

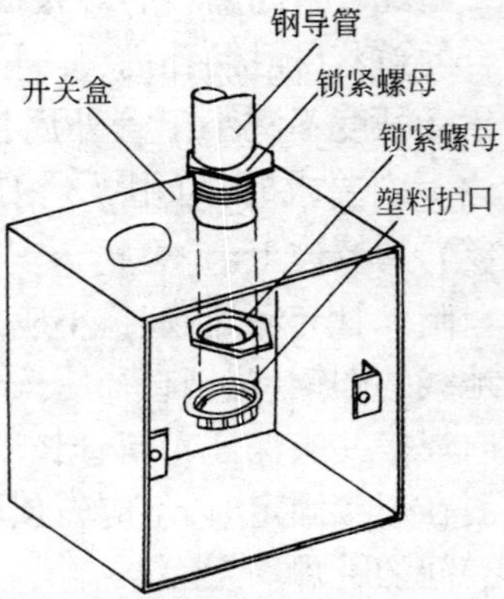

图 1.4.12－2　管与盒固定做法之二

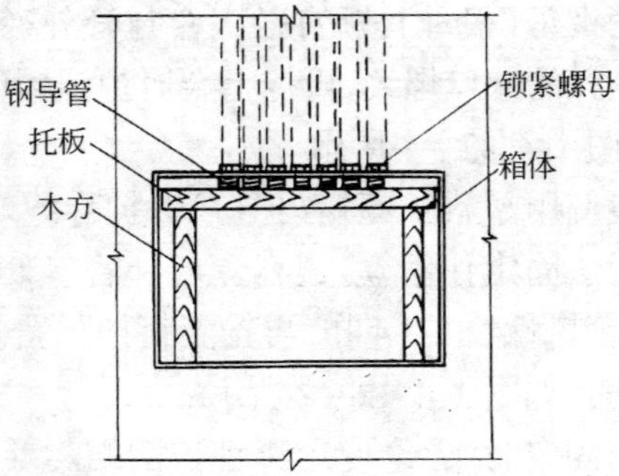

图 1.4.12－3　使用平托板固定入箱钢导管

1　螺纹连接

钢导管采用螺纹连接时，应使用全扣管接头，连接管端部套丝，螺纹表面应光滑、无缺损。两管拧进管接头的长度不可小于管接头长度的 1/2，使两管端这间吻合，连接后两端螺纹要外露 2～3 扣。

2　套管熔焊连接

钢导管的套管熔焊连接，只适用于壁厚大于 2mm 的非镀锌钢导管暗敷设。镀锌和壁厚小于等于 20mm 的钢导管不得套管熔焊连接。

1.4.14　钢导管的接地

钢导管在敷设中，导管应有可靠的接地，必须与保护线（PE）或中性保护共用线（PEN）有可靠的电气连接，是用电安全的基本要求，以防产生电击现象。

1　熔焊跨接接地线

非镀锌钢导管之间及管与盒（箱）之间采用螺纹连接时，为了使管路系统接地良好、可靠，要在管接头的两端及管与盒（箱）连接处，要用相应圆钢或扁钢焊接好跨接接地线，使整个管路可靠地连成一个导电的整体，以防止导线绝缘可能损伤，而使管子带电造成事故。非镀锌钢导管管与管及管与盒（箱）之间跨接接地线的做法，如图 1.4.14－1 所示。

跨接线直径应根据钢导管的管径来选择，见表 1.4.14－1。管接头两端跨接线焊接长度，不小于跨接线直径的 6 倍，跨接线在连接管焊接处距管接头两端不应小于 50mm。盒（箱）上焊接面积，不应小于跨接线截面积，且应在盒（箱）的棱边上焊接。

跨接线接地规格选择表　　　　**表 1.4.14－1**

公称直径	（mm）	跨接线	（mm）
电线管	钢导管	圆　钢	扁　钢
≤32	≤25	$\phi 6$	
40	32	$\phi 8$	
50	40～50	$\phi 10$	
70～80	70～80	$\phi 12$ 以上	25×4

电线管管接头的两端应焊接直径不小于 5mm 的铜或铁的跨接线。

严禁将管接头（管箍）与连接管焊死。

2　用接地卡固定跨接接地线

镀锌的钢导管不得熔焊跨接接地线。当镀锌钢导管在管与管

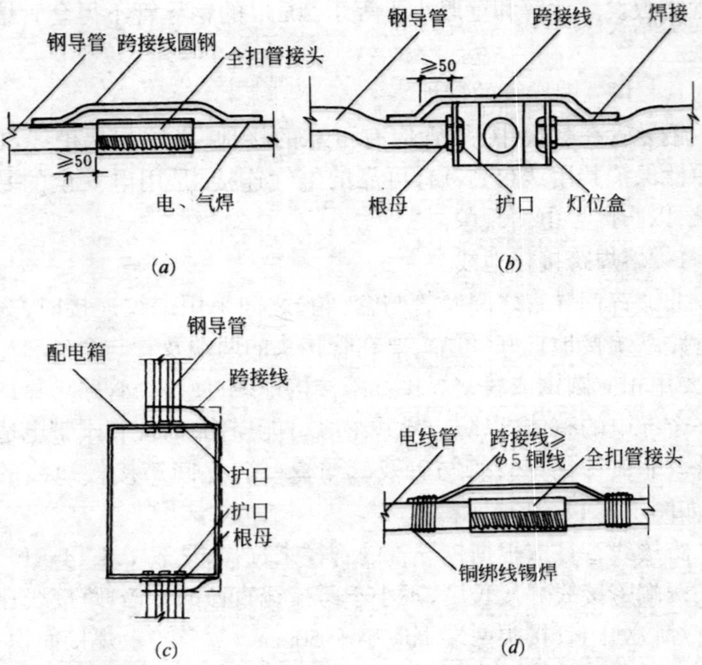

图 1.4.14－1　非镀锌钢导管跨接接地线做法

(a)管与管螺纹连接；(b)管与盒螺纹连接；

(c)管与箱螺丝连接；(d)电线管螺纹连接

和管与盒(箱)之间采用螺纹连接时,连接处的两端应该用专用接地卡固定跨接接地线,如图 1.4.14－2 所示,两接地卡间连接线应为黄绿相间铜芯软导线,截面积不小于 4mm^2。

1.4.15　配管与其他管道间最小距离

管路敷设应避开烟道和其他的发热表面,电气器具与各种管道间的最小距离不得小于下列规定。

1　与采暖管及散热器之间不应小于 300mm,在采暖管下方安装受条件限制时,不宜小于 200mm。

2　与给、排水管不应小于 200mm。

3　器具盒与煤气管、表距离不应小于 150mm;配电箱(盘)与

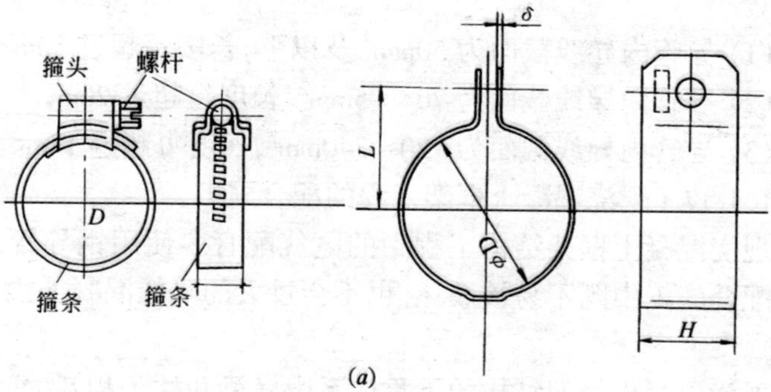

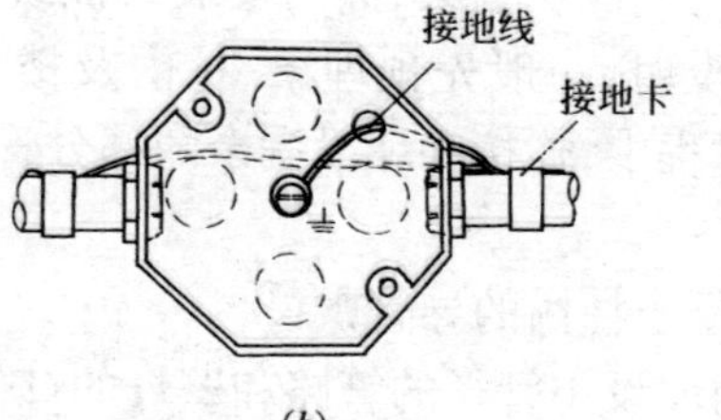

图 1.4.14－2　用接地卡固定跨接线

(a)两种不同的接地卡；(b)跨接接地线做法

煤气管之间的距离不应小于 30mm。

1.4.16　中间拉线盒设置

管路敷设不应设置中间接线盒，只有在管路较长或有弯曲时(管入盒处弯曲除处)，才允许加装拉线盒或放大管径。

管路水平敷设时两个拉线点之间的距离应符合下列要求：

(1) 无弯管路，不超过 30m；

(2) 两个拉线点之间有一个弯时，不超过 20m；

(3) 两个拉线点之间有二个弯时，不超过 15m；

(4) 两个拉线点之间有三个弯时，不超过 8m。

管路弯曲角度为 90°～105°当弯曲角度大于 120°时，每两个弯可按一个弯曲计算。

垂直敷设的电线导管遇下列情况之一时，应增设固定导线的拉线盒：

(1) 导管内导线截面为 $50mm^2$ 及以下，长度每超过 30m；

(2) 导管内导线截面为 $70 \sim 95mm^2$，长度每超过 20m；

(3) 导管内导线截面为 $120 \sim 240mm^2$，长度每超过 18m。

1.4.17 现浇混凝土框架工程的配合施工

现浇混凝土框架结构工程中的电气配管多使用钢导管，在与土建配合施工中既不易被破坏，也不会过大的降低混凝土梁、柱的结构强度。

现浇混凝土框架结构的承重体系由横梁和柱子相互之间刚性连接而成，施工时先浇筑框架，然后安装或浇筑楼板，最后施工墙体，电气管路敷设时，一般先预埋梁、柱内及楼板内的管子(或套管)，在砌墙的过程中，连接和埋设剩余的部分管子，基本上属于由上向下敷设。

1 现浇混凝土柱内的导管敷设

混凝土柱内埋设小管径的管路和壁灯的灯位盒与开关(插座)盒，应先将管与盒连接好，在正面模板支好后将管盒与模板固定牢固，把管路沿主筋内侧布置，且应与柱内的箍筋绑扎在一起，管路中间的绑扎间距不应大于 1m，在管与盒连接处的绑扎距离不应大于 300mm。

在柱内管路需要与墙体连接，伸出的短管不要过长，否则易被碰坏。为了避免钢模板开孔，可在柱内管口处先连接好套管，套管的外端先堵塞好，并与模板紧密靠住，浇筑混凝土时不能移位，且记住套管所在位置，待模板拆除后取出套管内的堵塞物。待填充墙墙体施工到接管的高度处，即可以将柱外的管子与柱内的管子进行连接。

导管敷设需要横向穿过现浇混凝土柱子时，对柱子的结构强度是有一定影响的，应与土建专业商量，相应地增加补强钢筋面积，以抵消对柱的减损影响。

柱内导管需要在柱相邻两面穿过时，不应斜向通过，应在柱中心十字线处通过，如图 1.4.17-1 所示。

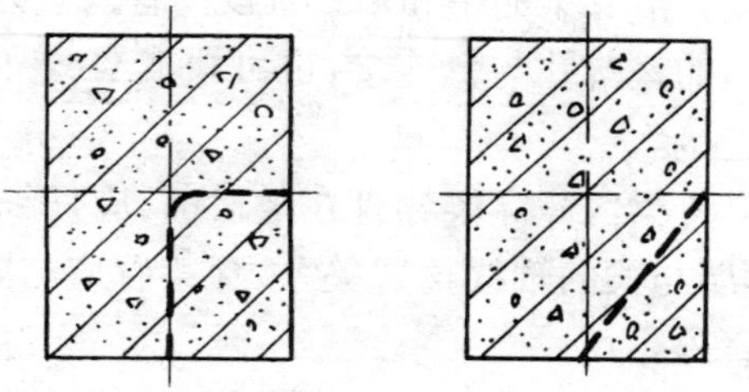

(a)　　　　(b)

图 1.4.17－1　导管通过柱相邻面做法

(a)正确做法；(b)错误做法

框架结构混凝土柱内需要向上敷设大管径导管时，应在柱中心敷设，以免影响混凝土柱的结构强度。

2　现浇混凝土梁内的导管敷设

现浇混凝土工程中，当墙体上由配电箱内配出的引上管和配电箱或电气器具盒引至楼板层内的配管，施工时均需穿过混凝土梁。

现浇混凝土梁内，多根管竖穿梁时，管子应在梁受剪、应力较小部位的轴线上并列敷设，管与管的间距不应小于 25mm。梁内钢导管数量较多或管子截面积较大时，应与土建专业联系，在混凝土梁受压区增设补强钢筋，防止减损梁的有效截面。

现浇混凝土梁顶部露出的管口，应用塑料内护口(管堵)堵塞严密，防止杂物进入管内，且应防止塑料内护口(管堵)丢失)。

暗配钢导管需要横向穿过混凝土梁时，对梁的结构强度影响不会太大，但也应考虑梁受剪力和受应力较小部位(梁的净跨度的 1/3 的中跨区域内)通过，还应在梁的中和轴处通过；当无法确定中和轴准确位置时，管宜在梁中部，在中和轴及以下受拉区内横向穿过，且穿梁管应距底筋上侧不小于 50mm 处。

在混凝土梁内设置灯位盒时，对于纵向水平敷设的钢导管，现场施工操作时常沿梁底部平行于主筋敷设，虽然对梁的结构强度的影响并不十分明显，但也是不可取的，对于顺梁水平敷设管路也应由梁底部改为沿着梁的中和轴处敷设。管入盒处即可以煨鸭脖弯利用盒侧面的敲落孔与盒连接；也可煨成 90°弯曲，利用盒上部敲落孔与盒连接。

现浇混凝土梁内竖穿梁导管在敷设前，应仔细查阅土建结构图纸，搞清隔墙与梁的轴线位置关系，穿梁管应与隔墙相对应，防止梁下部配管外露。

3　现浇混凝土墙体内导管敷设

现浇混凝土墙施工时，应在绑扎钢筋后进行定位，然后把管路与钢筋固定好，将盒与模板固定牢，对镀锌管应随时做好跨接接地线，即把所有插入盒内管子相互间用接地卡和跨接线接在一起，并与盒连接好；如果使用非镀锌管材进行螺纹连接，允许焊接跨接接地线。如果管与盒采用焊接连接，则不需要再焊接地跨接线。如采用木模板，可在木模板上钻孔，用 8 号线将盒与模板绑牢。如果采用钢模板时，应将管与盒与钢筋加强固定或焊牢。也可在盒背后另加设 $\phi 6$ 钢筋套子，后部顶在另一侧模板上，使盒被模板夹紧夹牢，稳固盒防止移位，如图 1.4.17－2 所示。也可以在钢模板上对着盒子的安装孔位置在模板上钻孔，用铁螺丝把盒子固定在模板上，不使管盒位移，如图 1.4.17－3 所示。

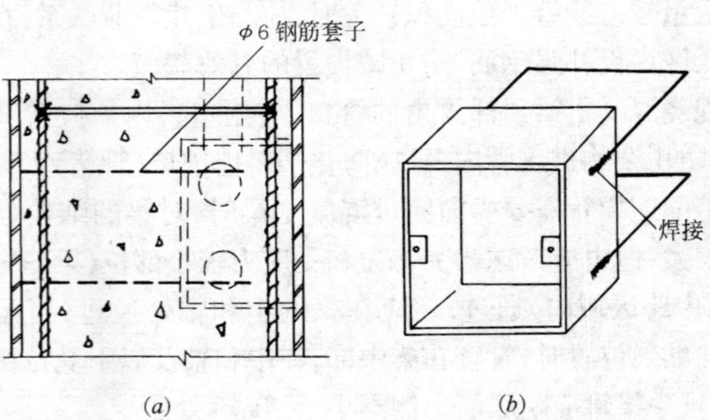

图 1.4.17－2　用钢筋套子固定盒位

(a)盒位固定；(b)盒体与套子固定

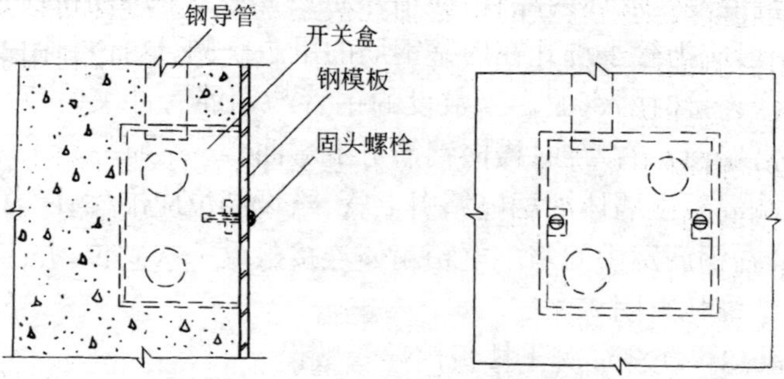

图 1.4.17－3　用圆头螺栓固定盒位

现浇混凝土墙(或柱)上镶贴饰面板(砖)或进行装饰板施工中，为使器具盒不缩进装饰面，可计算即盒位与混凝土表面突出的距离暂不设盒(管应煨 90°曲弯由后面入盒)，或预下长方木盒(木盒高度应有二次接管的余量)，待二次安装金属器具盒。敷设管、盒采用丝扣连接时，应先在管的适当部位焊好跨接线，安装盒体时跨接线另一端再与盒体焊接。二次安装的盒体应与装饰表面相平。

现浇混凝土墙体内设置配电箱应与钢筋专业相配合。在箱体上、下侧按箱体标高，焊接或绑扎各两根附加钢筋，固定牢固箱体。在配合土建支模时，应使配电箱体突出模板，突出的距离应按装饰面的厚度决定。当箱体位置与钢筋网有矛盾时，可将影响安装的钢筋弯曲绑扎或切断后再进行绑扎，并应在箱体处增绑附加钢筋，以防设置箱体处对墙体强度的削弱。

现浇混凝土墙体内安装配电箱，应随土建施工进行预埋，如箱体未到现场，在万不得已情况下才可采用后安装箱体的做法。后安装箱体时，应用比箱体高的简易木箱套，预埋在墙体内，配电箱引上管敷设至木箱套上部一平，待拆除模板后先拆下木箱套再安装配电箱箱体，在原引上管处接短管，对准箱体敲落孔进行连接。

采用后安装箱体的做法，在安装配电箱时，严禁将箱体直接安装在木箱套内，也不应使管子敷设不到位，更严禁用电焊、气焊切割箱体。

现浇混凝土墙体内配管,应沿最近的路径在两层钢筋网中间敷设,一般应把管子绑扎在内壁钢筋的里边一侧,这样可避免或减少管与盒连接时的弯曲。当敷设的钢管与钢筋有冲突时,可将竖直钢筋沿墙面左右弯曲,横向钢筋上下弯曲。

现浇混凝土墙体内配电箱引上管,敷设部位应准确,随着钢筋绑扎时,在钢筋网中间与配电箱箱体连接敷设一次到位,并与钢筋一起固定绑扎牢固。

1.4.18　现浇混凝土楼板内导管敷设

现浇混凝土楼板在模板支好后,未敷设钢筋前进行测位划线,待钢筋底网绑扎垫起后敷设管、盒,并且固定好,预埋在混凝土内的管子外径不能超过混凝土厚度的 1/2;并列敷设的管子间距不应小于 25mm,使管子周围均有混凝土包裹。如管间距过小,浇筑的混凝土将会被较密集的管子挡住而下不去,在管子下面形成空洞,造成土建质量隐患。

钢导管在现浇板内暗敷设,不同于塑料管敷设那样方便,往往由于楼板层的灯位盒较多,管盒之间又需要相互连接,不能随意翻转盒子。配管时可以分别进行连接,先连接好一段与墙(或梁)上预埋管相连接的带弯的管子,再连接一段与盒相连的管子,最后连接剩余的中间的一部分需管与管之间进行连接的直管段。在管子敷设时,原则是先敷设带弯曲的管子,后敷设直管段的管子。

暗敷设钢管与盒采用焊接固定时,如果入盒连接管数量较多时,也可不必将连接管一根根分别与盒敲落孔进行焊接固定,可在确定好管入盒的长度后,用做跨接线的圆钢煨成略大于灯位盒的圆圈,将入盒管进行焊接,并同时与盒体之间进行焊接,可以防止盒管一一焊接时烧穿盒孔。

1.4.19　楼(屋)面垫层内导管敷设

楼板细石混凝土垫层厚度如能足以保护住管子,可以在垫层内沿最近的路径敷设,但混凝土保护层不应小于 15mm。

当楼板上为炉渣垫层时,暗配钢导管应在楼板面上先敷设管路,再沿着管路铺设水泥砂浆,防止管路受化学腐蚀。

1.4.20 现浇框架工程隔墙内导管敷设

框架结构隔墙在未施工前，土建专业应给出墙身尺寸线、门窗位置线及梁中心线和建筑标高线。

框架结构中空心砖隔墙和加气混凝土砌块隔墙电气配管方法略有不同，前者电气配管应预埋，后者应在墙体砌筑后剔槽配管。

1 空心砖隔墙导管敷设

空心砖隔墙内敷设钢导管，应在墙体砌筑前，根据土建放出的各种线，确定好由下引来的梁内短管，至墙体盒（箱）一段管路的长度，管子切断加工后先与盒（箱）连接好，再与下部的梁内短管相连接，根据墙身尺寸线安排好，盒（箱）口突出墙面的位置，管子敷设就绪后开始砌墙，砌墙初期应进一步调整盒（箱）口与墙面的距离。在管路经过处墙体应改空心砖为普通砖立砌，或现浇一条垂直的混凝土带即把管子保护起来，又增强了墙体的结构强度。

隔墙内设置配电箱时，应将箱体下侧管子长度测量好，下料加工后与梁内预埋短管一一连接，且应保护管口高度一致。再根据箱体敲落孔位置及间距，用作为接地跨接线的适当长度圆钢，在入箱管前后两侧，将入箱管做横向焊接连接。将箱体下部敲落孔对正管口座落在已焊好的两根圆钢上，保证入箱管长度小于5mm。连接完箱体下侧管，再测量好引上管到梁下短管的长度，先与箱体上部梁下短管连接好，管进箱体的长度也应小于5mm，将引上管全部连接好后，可用一根作为跨接线的圆钢（也可用箱体下侧的圆钢弯折）将引上管做横向焊接，并与箱体棱边焊接，焊接的位置要求不需向箱体下部一样严格。管子敷设好后，待土建砌筑墙体。

2 加气混凝土砌块隔墙导管敷设

加气混凝土砌块隔墙导管敷设，不同于空心砖墙导管敷设，除配电箱箱体需配合砌筑预埋外，其余盒（箱）体及导管敷设均为墙体施工后剔槽敷设。

砌体砌筑后，在已确定好的盒（箱）四周钻孔凿洞，沿管路走向在两边弹线，用刀锯锯槽后再剔槽连接敷设管路。配电箱由下引来管及引上管，应在墙体背侧剔槽。墙体上剔槽宽度不宜大于管外径加 15mm,槽深不应小于管外径加 15mm,管外皮距砌体表面不应小于 15mm,用不小于 M10 水泥砂浆抹面保护。

当配电箱入箱管敷设好后,应用跨接接地线把入箱管连接一体再与箱体的棱边进行焊接或与箱体内接地点连接固定。

1.4.21 建筑物变形缝管路补偿装置

钢导管暗敷设管路,可根据导管通过建筑物变形缝的不同位置,采取不同的补偿措施。

对变形缝中的伸缩缝和抗震缝,由于其建筑物的基础没有断开,施工时导管应尽量在基础内通过,可避免在墙体上设置变形缝补偿装置。

1 墙体上拉线盒(箱)

钢导管管路沿墙暗敷设,在建筑物变形缝处可在其两侧的墙体上,各设置拉线盒(箱)做补偿装置,如图 1.4.21－1 所示,在拉线盒(箱)相邻面设一短钢导管,此管一端固定,另一端在箱体留长孔处能够上、下活动,箱体开长孔不应小于导管外径的 2 倍。

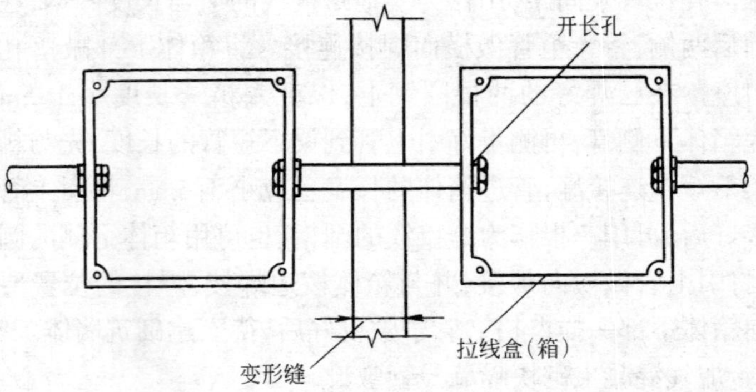

图 1.4.21－1 钢导管管路变形缝接线盒(箱)做法

2 墙体上拉线箱

钢导管暗敷设管路在变形缝处两侧墙体上,可以设置直筒式拉线箱或拐角式拉线箱,直筒式拉线箱可用于不同轴线的墙体上,拐角式拉线箱用于同一轴线的墙体上,做法如图 1.4.21－2 所示。

拉线箱的金属部分与钢导管管路应做好跨接接地线，使导管管路连接成一导体整体。

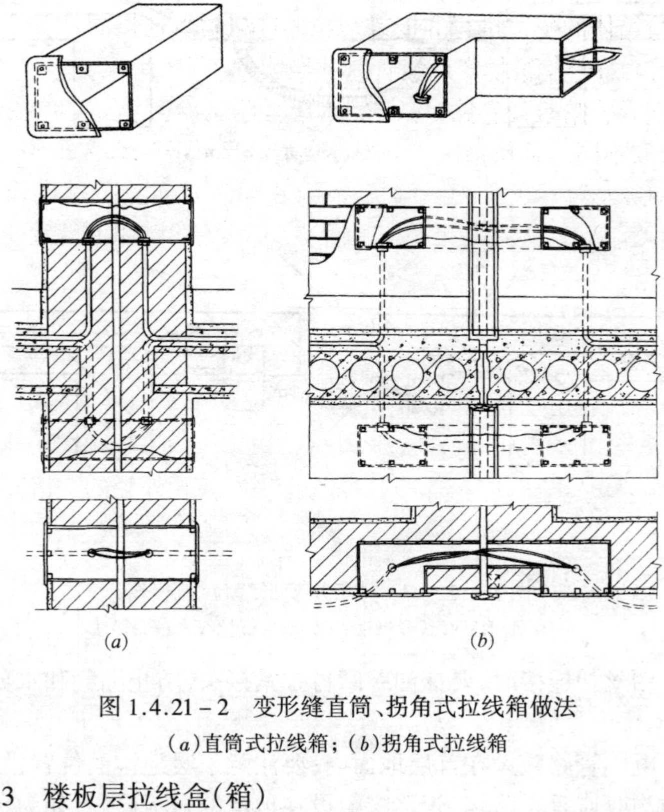
(*a*) (*b*)

图 1.4.21－2　变形缝直筒、拐角式拉线箱做法
(*a*)直筒式拉线箱；(*b*)拐角式拉线箱

3　楼板层拉线盒(箱)

在建筑物楼板层变形缝处通过管路，可在其两侧设置拉线盒(箱)做补偿装置，在两盒(箱)之间可以使用可挠金属电线保护管或金属软管(蛇皮管)进行连接，如图 1.4.21－3 所示。

1.4.22　地面内导管敷设

地面内导管敷设前，应与土建专业施工人员联系定位，测出竣工地平线。根据工艺图确定好设备安装位置及电气设备出线口的具体位置，并会同建设单位，在现场将设备基础定位后方可进行配管。

施工中应注意埋入地面内的导管应尽量减少中间接头。钢导

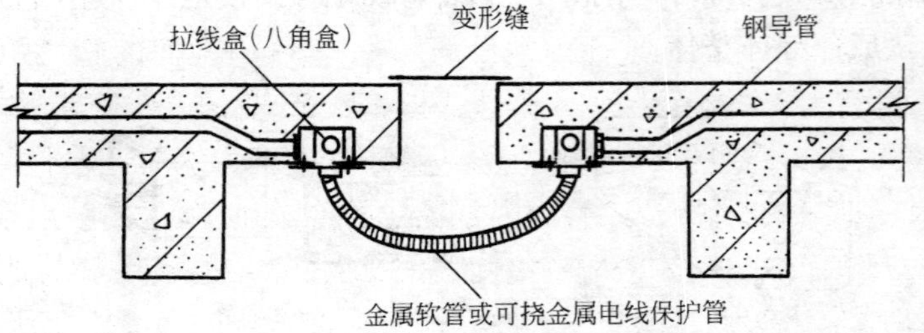

(a)

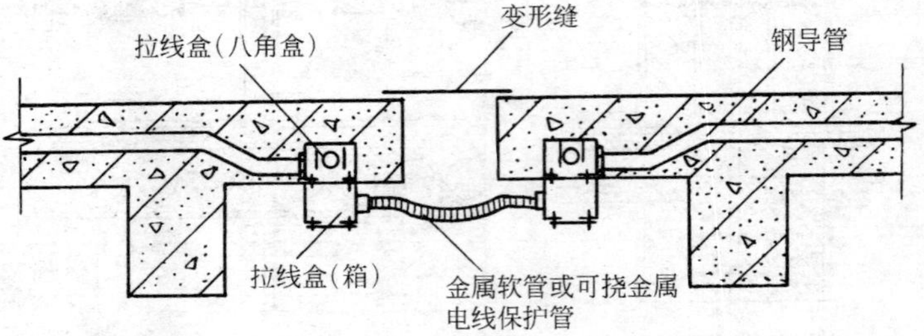

(b)

图 1.4.21－3　楼板层变形缝拉线盒(箱)
(a)变形缝拉线盒做法；(b)变形缝拉线盒(箱)做法

管采用丝扣连接时，要抹油缠麻再拧紧接头，防止潮气和水分侵蚀管子。

电气管路敷设在首层地面内，要注意采暖地沟的位置，导管跨越地沟时应垂直跨越，管路应敷设在地沟的盖板层内，如为预制地沟盖板时，应局部改为现浇板，热力管外应包扎保温材料，进行隔热处理。如跨越地沟的配管管径较粗时，导管应在地沟底下穿跨。

钢导管在混凝土地面内敷设，应尽量不深入土层中，但当露出地面前的弯曲部位，不能全部埋入时，可适当增加埋入深度。

地下土层中的导管敷设，土层应铲平夯实，土层夯实后，如管路较多，可先在土层上沿管路方向铺设混凝土打底，然后再敷设管路，管路敷设后再在导管周围铺设混凝土保护住管子，当管路不多时可直接敷设，但管路下要用石块垫起不小于 50mm。然后在管周围浇筑素混凝土，把管保护起来，管周围保护层应不小于 50mm。

与设备连接的地面内敷设的导管，其露出地面的管口距地面高度宜大于 200mm。进入落地式柜、台、箱、盘的电线管路，排列应整齐，管口高出柜、台、箱、盘的基础面应为 50～80mm，防止地面污水、液体和油类等流入管内降低导线的绝缘强度。

地面内配管使用金属地面出线盒时，盒口调整后应与地坪相平，地面出线盒引出的立管应与地面垂直，如图 1.4.22－1 所示。

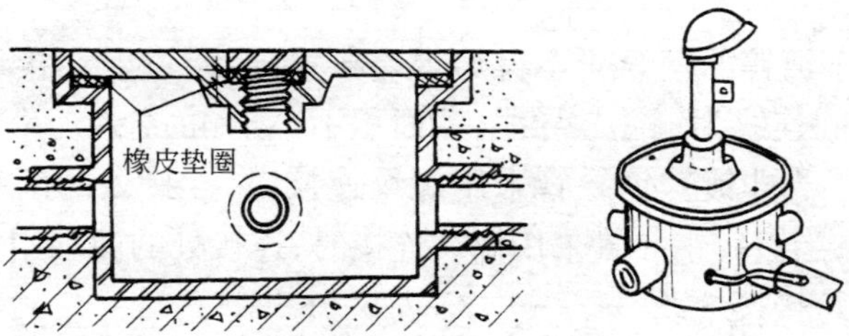

图 1.4.22－1　地面出线盒

钢导管与设备连接时，应将钢管敷设到设备内，如不能直接进入时，在干燥房屋内，可在钢管出口处加保护软管引入设备，管口应包扎严密；在室外或潮湿房屋内，可在管口处装设防水弯头。埋入地下的钢管不宜穿过设备基础，若穿过设备基础和建筑物基础时，为防止基础下沉折断管路，影响使用及避免检修困难，要设保护套管，保护套管内径不宜小于配管外径的二倍。保护管穿过建筑物基础做法，可参见《刚性绝缘导管暗敷设》中有关内容。

1.4.23　钢导管敷设后的修补

在配合土建施工，钢导管管路敷设工作完成后，应及时清理管口处的墙塞物，然后开始扫管。

钢导管内被扔进钢筋、铁钉或其他杂物堵塞，使管路无法畅通时，只能凿开建筑物把这段管子切除，在切断处严禁套上一段较粗的管子，应换上一段相同管径的管子，其两端用套接法焊接连接。当建筑物无法凿开时，可废弃此管路，沿最近的路径另外敷设管子。

钢管伸入盒(箱)过长，可以用手电钻卡上市售成品小砂轮磨去多余的管头，也可剔除盒(箱)后用钢锯锯断。

钢导管管口脱出盒(箱)，应用套接法接好短管，伸入至盒(箱)内，将管与盒(箱)固定牢。

Ⅲ 质量标准

1.4.24 主控项目

1 金属的导管必须接地(PE)或接零(PEN)可靠，并符合下列规定：

(1) 镀锌的钢导管不得熔焊跨接接地线，以专用接地卡跨接的两卡间连线为铜芯软导线，截面积不小于 $4mm^2$；

(2) 当非镀锌钢导管采用螺纹连接时，连接处的两端焊跨接接地线；当镀锌钢导管采用螺纹连接时，连接处的两端用专用接地卡固定跨接接地线。

2 金属导管严禁对口熔焊连接；镀锌和壁厚小于等于 2mm 的钢导管不得套管熔焊连接。

1.4.25 一般项目

1 室外埋的敷设的电缆导管，埋深不应小于 0.7m。壁厚小于等于 2mm 的钢电线导管不应埋设于室外土壤内。

2 室外导管的管口应设置在盒、箱内。在落地式配电箱内的管口，箱底无封板的，管口应高出基础面 50～80mm。所有管口在穿入电线、电缆后应做密封处理。由箱式变电所或落地式配电箱引向建筑物的导管，建筑物一侧的导管管口应设地建筑物内。

3 电缆导管的弯曲半径不应小于电缆最小允许弯曲半径，电缆最小允许弯曲半径应符合《建筑电气工程施工质量验收规范》表 12.2.1－1 的规定。

4 金属导管内外壁应防腐处理；埋设于混凝土内的导管内壁应防腐处理，外壁可不防腐处理。

5 室内进入落地式柜、台、箱、盘内的导管管口，应高出柜、台、箱、盘的基础面 50～80mm。

6 暗配的导管，埋设深度与建筑物、构筑物表面的距离不应小于 15mm。

7 导管在建筑物变形缝处,应设补偿装置。

Ⅳ 成品保护

1.4.26 暗敷设建筑物内的导管管路、灯位盒、拉线盒、开关盒,应在土建施工过程中预埋,不能留槽剔槽、留洞或凿洞,敷设在混凝土内的管路不能破坏其结构强度。

1.4.27 配好管子后凡向上的立管和现浇混凝土内的管(盒),其他工种应注意不要损坏,在浇筑混凝土时,不能使管、盒位移。否则应及时通知电工修补。

Ⅴ 安全注意事项

1.4.28 锯管套丝时管子压钳案子要放平稳,用力要均衡,防止锯条拆断或套丝扳手崩滑伤人。

1.4.29 用手动弯管器煨弯时,操作人员面部一定要错开所弯的管子,以免弯管器滑脱伤人。

1.4.30 用火煨弯时,管口处禁止站人,以防放炮伤人,烘炉位置应与消防部门联系好,周围的易燃物必须清除,下班前必须将火熄灭,以防发生事故。

1.4.31 在进行管路各部焊接时,应注意避免弧光伤害其他工作人员的眼睛,打药渣时要注意防止烫伤眼睛。

电焊把线和零线不准搭在氧气瓶子上面,更不准从金属绳上面拉过,也不能和氧气胶管及乙炔管混合在一起。

每天下班时,电焊把线和零线必须分开放着,以防短路。

1.4.32 搬运大管径钢管时,不能直接用手抬管子,应在管两端插入木棒或钢管等再抬运。

Ⅵ 质量通病及其防治

1.4.33 锯管管口不齐,出现马蹄口。锯管时人要站直,持锯的手臂和身体成 90°角,和钢管垂直,手腕不能颤动。

1.4.34　套丝乱丝。检查板牙有无掉牙，套线时要边套边加润滑油。

1.4.35　管子弯曲处出现弯扁、凹穴、裂缝现象。用手动弯管器弯管时，要正确的放置好管焊缝位置，弯曲时逐渐向后移动弯管器，不能操之过急。

1.4.36　管子入盒时，不进行固定，不带护线帽。管与器具盒螺纹接时，必须用锁紧螺母和护圈帽固定住，焊接连接时应用塑料内护口保护电线绝缘层。

1.4.37　暗配在混凝土内的管子，拆模时外露。暗配在混凝土中的管路，应将导管敷设在底筋上面，使管路与混凝土表面距离不小于15mm。

1.4.38　厚度120mm及其以下砖墙内敷设管路，造成墙体接茬不良。应在图纸会审时，及时发现问题，与设计者提出研究，改变敷设位置，或者与土建专业协商，加强墙体拉结。

1.4.39　墙体上配管，连接处无跨接接地线。管与箱(盒)连接，要预先连接好，再拿到施工现场敷设，墙体中间需要接管时，要与其他工种配合好，焊完跨接线后再施工。

1.4.40　配管使用非镀锌钢导管，不进行刷油、防腐处理。除敷设在混凝土内的管外壁不需进行防腐和刷油，敷设在混凝土内的管内壁也要进行处理。

1.5　钢导管、刚性绝缘导管明敷设

Ⅰ　施工准备

1.5.1　材　　料

1　电线管、水煤气钢管及各种金属制品管接头、锁紧螺母、护圈帽、各种明装接线盒(箱)、开关盒等。

2　难燃型硬质塑料管及难燃型塑料制品的接线盒、开关盒及各种成品的管接头、管卡头等。

3　圆钢、扁钢、角钢、各种膨胀螺栓、塑料胀管、各种螺栓、木螺钉、电焊条、铁线、红丹防锈漆、油漆、沥青油及铅油和麻、胶合剂、汽油、木炭或木材等。

1.5.2　机　　具

弯管器或弯管机、管子压钳、套丝器或套丝机、钢锯弓和锯条或切管器、卷尺、管钳子、圆锉或绞刀、钢丝刷、毛刷、钢丝、喷灯等。

1.5.3　作业条件

1　明配管应配合土建施工安装好支架、吊架预埋件。土建室内装饰工程结束后配管。

2　吊顶内配管应配合吊顶施工，在龙骨施工后没安装顶板前进行配管。

Ⅲ　施工工艺

1.5.4　施工程序

定位 → 支、吊架制作 → 箱、盒支架、吊架安装 → 管子敷设

1.5.5　明配管管子选择

明配于潮湿场所的钢管，应使用厚壁钢管；明配于干燥场所的金属管布线，应使用管壁厚度不小于1.5mm的电线管。

建筑物顶棚内应采用钢管敷设。

刚性绝缘导管一般适用于室内场所和有酸碱盐腐蚀介质的场所，但在高温和易受机械损伤的场所不宜采用塑料管明敷设。

建筑物顶棚内，可采用难烯型刚性绝缘导管布线。

1.5.6　导管的进场验收

钢导管及刚性绝缘导管的进场验内内容，可见《钢导管暗敷设》和《刚性绝缘导管暗敷设》中的相关内容。

1.5.7　测量定位

明配管应在建筑物装饰工程结束后进行。在配管前应按设计图纸确定好配电设备，各种箱、盒及用电设备安装位置，并将箱、盒与建筑物固定牢固。然后根据明配管路应横平竖直的原则，顺线路的垂直和水平位置进行弹线定位，并应注意管路与其他管路相互间

位置及最小距离。测量出吊架、支架等固定点的具体位置和距离。

明配管与热水管、蒸汽管同侧敷设时，应敷设在热水管、蒸汽管的下面。有困难时，可敷设在其上面，相互间的净距不宜小于下列数值：

(1) 当管路敷设在热水管下面时为0.2m，上面时为0.3m。

(2) 当管路敷设在蒸汽管下面时为0.5m，上面时为1m。

当不能符合上列要求时，应采取隔热措施。对有保温措施的蒸汽管，上、下净距均可减至0.2m。

(3) 电线管路与其他管路(不包括可燃气体及易燃、可燃液体管道)的平行净距不应小于0.1m。当与水管同侧敷设时，宜敷设在水管的上面。

当管路互相交叉时的距离，不宜小于相应上列情况的平行净距。

1.5.8 支、吊架制作

明配管路的施工方法，一般为配管沿墙、支架、吊架敷设。在管子敷设前应按设计图纸或标准图，加工好各种支架、吊架、抱箍等金属支持件。

支、吊架一般用钢板或角钢加工制作，下料时应用钢锯锯割或用型钢切割机下料，严禁用电、气焊切割。钻孔进应使用手电钻或台钻钻孔、不应用气焊或用电焊吹孔。

1.5.9 钢管调直

管子在使用前由于装卸搬运不当等原因，不一定都是很平直，弯曲的管子应先进行调直后再进行加工。

调直前要先检查管子的弯曲部位。当管子弯曲程度不大，管径 *DN* 在50mm以下时，可采用冷调法进行调直。操作时将管子放在铁砧子上，使凸出部位朝上，然后用木锤子敲打凸出的部位，如用手锤敲打时应垫以木方，不得直接敲打管子，以免将管子砸出坑来。应先从大弯着手，然后再调小弯，经过这样反复敲打，便可将管子调直。长管冷调时可将管子放在两根相距一定距离的平行粗管上，一个人在管端边转动管子边找出管弯曲部位，将需调直的弯曲凸面朝上，另一人用一把手锤顶在凹处，用另一把手锤稳稳地敲打凸边,两把手锤之间应有 50~150mm 的距离,使两力产生一个弯距,如图 1.5.9-1 所示。经反复翻转敲打,管子便可调直。

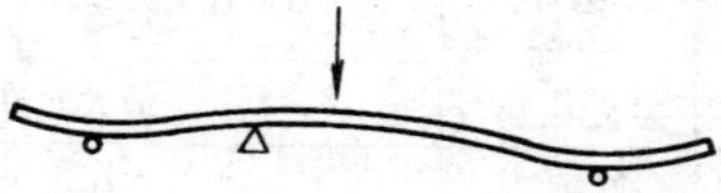

图 1.5.9-1　弯管的冷调直

当管径较大且管子的弯曲程序较大时,须采用热调法来调直管子。此时先要将四根以上的管子平行放在平地上,以组成可滚动的支承架,然后将管子的弯曲部位放在烘炉内加热到 600~800℃(近似樱桃红色),再抬放到支承架上,使绕红的部位落在支承架的管子之间,滚动弯管,使依靠管子的自重而使弯曲部位变直。若弯曲太大,可抬起管子一头往下摔碰使其变直。

1.5.10　管子的加工

配管的切断和钢管的套丝等一系列加工,可参见钢导管和刚性绝缘导管暗敷设的有关内容进行。明配管弯曲半径一般不小于管外径的 6 倍,如只有一个弯时,可不小于管外径的 4 倍。

1.5.11　明管沿建筑物表面敷设

沿建筑物表面敷设的明管,可不采用支架,使用管卡子均匀固定。明配的导管应排列整齐,固定点间距均匀,安装牢固;在导管终端、弯头中点或柜、台、箱、盘等边缘的距离应为 150~500mm 范围内设有管卡,中间直线段管卡之间的最大距离应符合表 1.5.11-1和表 1.5.11-2 的规定。管卡子的固定方法可用胀管法,在需要固定管卡子处,可选用适当的塑料胀管或膨胀螺栓。

钻塑料胀管孔宜使用单相串激冲击电钻,使用手电钻时,应使用合金钢钻头,孔径应与塑料胀管外径相同,孔深度不应小于胀管的长度。

钻膨胀螺栓套管的孔时,当孔径在 ϕ12mm 以上时,宜用电锤,钻头外径宜与套管外径相同,钻出的孔径与套管外径的差值不应大于 1mm,孔洞不应小于套管长度加 10mm。

钢导管中间管卡最大距离　　　表 1.5.11－1

敷设方式	钢管名称	钢导管直径(mm)			
		15～20	25～32	40～65	65 以上
		最大允许距离(m)			
吊架、支架或沿墙敷设	厚钢管	1.5	2.0	2.5	3.5
	薄钢管	1.0	1.5	2.0	—

刚性绝缘导管中间管卡最大距离　　　表 1.5.11－2

刚性绝缘导管 / 最大允许距离（m） / 敷设方式	直径（mm）		
	20 及以上	25～40	50 以上
吊架、支架或沿墙敷设	1.0	1.5	2.0

当管孔钻好后，放入塑料胀管，待管固定时，先将管卡的一端螺丝拧进一半，然后将管敷设于管卡内，再将管卡用木螺钉拧牢固定，如图 1.5.11－1 所示。

使用膨胀螺栓固定时，螺栓与套管应一起送到孔洞内，螺栓要送到洞底，螺栓埋入结构内的长度应与套管长度相同，如图 1.5.11－2所示。

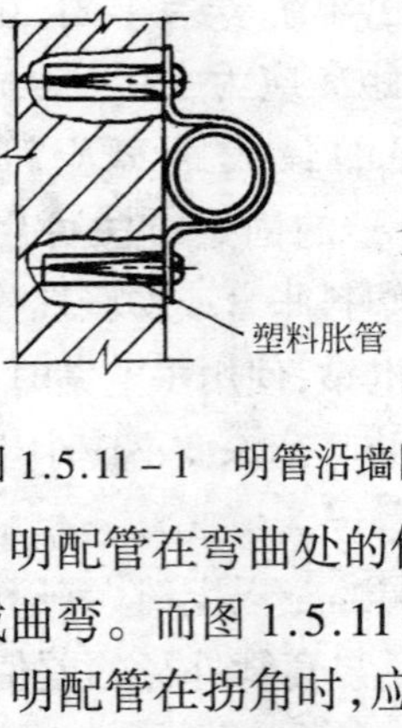

图 1.5.11－1　明管沿墙固定

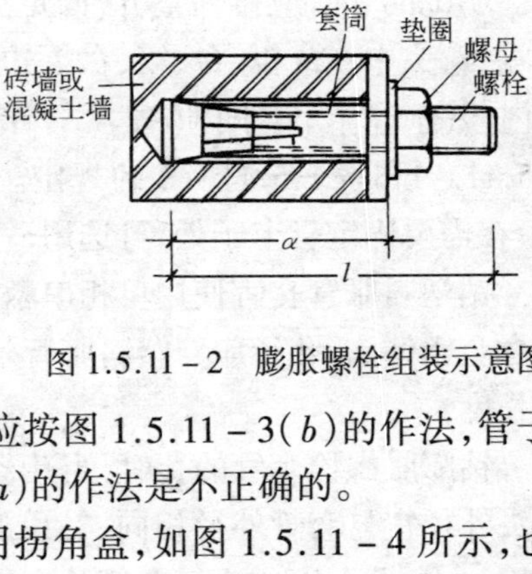

图 1.5.11－2　膨胀螺栓组装示意图

明配管在弯曲处的作法应按图 1.5.11－3(*b*)的作法，管子应煨成曲弯。而图 1.5.11－3(*a*)的作法是不正确的。

明配管在拐角时，应使用拐角盒，如图 1.5.11－4 所示，也可以 90°弯曲导管直接拐角。

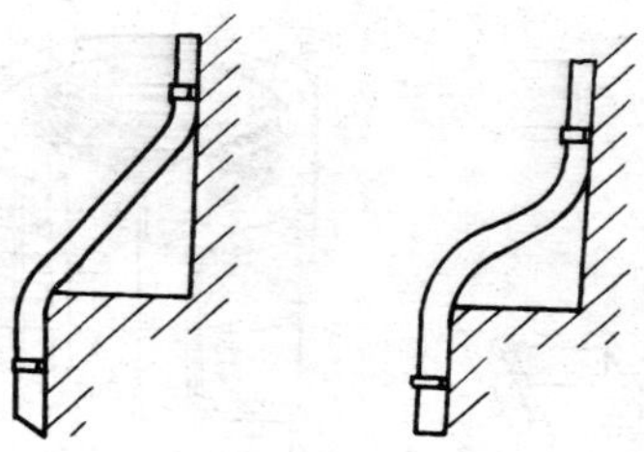

图 1.5.11－3　明管沿墙敷设时的弯曲

(*a*)错误作法；(*b*)正确作法

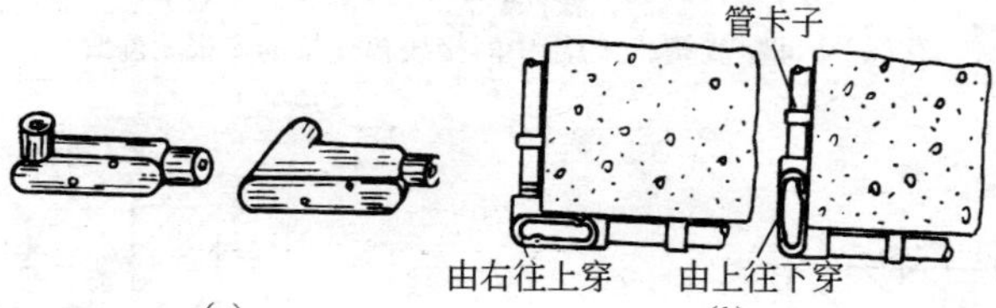

图 1.5.11－4　明配管在拐角上使用拐角盒时的作法

(*a*)拐角盒；(*b*)在拐角上的施工

当多根明管排列敷设时，在拐角处可以使用中间接线箱进行连接，如图 1.5.11－5 所示。也可按管径的大小弯成排管敷设，所有管子应排列整齐，转弯部分应按同心圆弧的形式进行排列。

1.5.12　明管支架安装

对于多根明配管或较粗的明管可用支架进行安装，安装时应先固定两端的支架，再拉通线固定中间的支架。图 1.5.12－1 为单管扁钢支架沿墙安装作业。图 1.5.12－2 为双管扁钢支架沿墙安装作法。图1.5.12－3为角钢支架作法。有的管子为了离开墙垛也可用角钢托架进行安装。图 1.5.12－4 为墙垛处角钢水平托架安装情况。支架固定点的距离，可见表1.5.11－1和表1.5.11－2的规定。

1.5.13　明管吊架安装

多根明管或较粗的明管也可采用吊架安装，采用吊架安装时

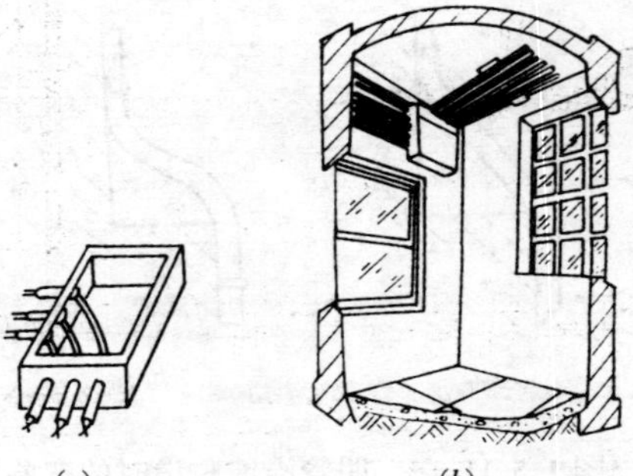

图 1.5.11－5　多根明管排列拐角箱作法

(a)中间接线箱；(b)用中间接线箱连接的多根明配管

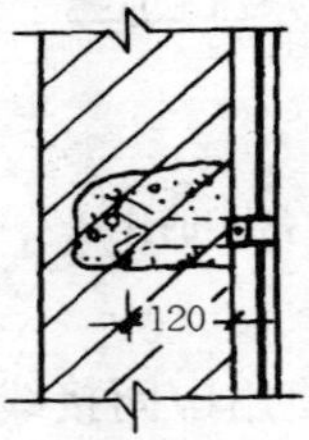

图 1.5.12－1　单管扁钢支架

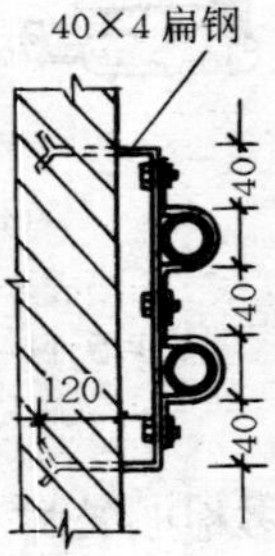

图 1.5.12－2　双管扁钢支架

应先固定好两端的吊架，再拉通线固定中间吊架。图 1.5.13－1为管子在现浇楼板下用扁钢吊架吊装。图 1.5.13－2 为明管在楼板梁下用角钢支架吊装，此法也可将吊架预埋螺栓改为膨胀螺栓在梁的侧面固定吊架。

对于预制楼板也可采用吊装方法，在楼板板缝处固定吊架。图 1.5.13－3 为明管沿预制板下水平吊装敷设。图 1.5.13－4 为明管在预制板、梁下垂直吊装。

1.5.14　抱箍固定支架

明配管在沿柱或沿屋架下弦及沿钢屋架敷设时，可以用抱箍固定支架，如图 1.5.14－1 所示。

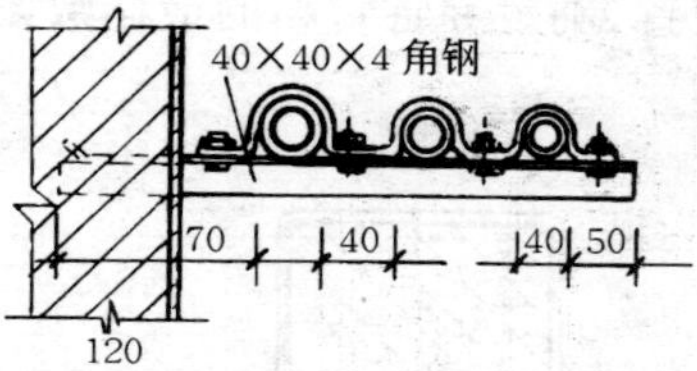

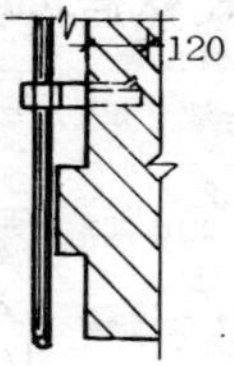

图 1.5.12－3　多根管的角钢支架　　图 1.5.12－4　墙垛角钢水平支架

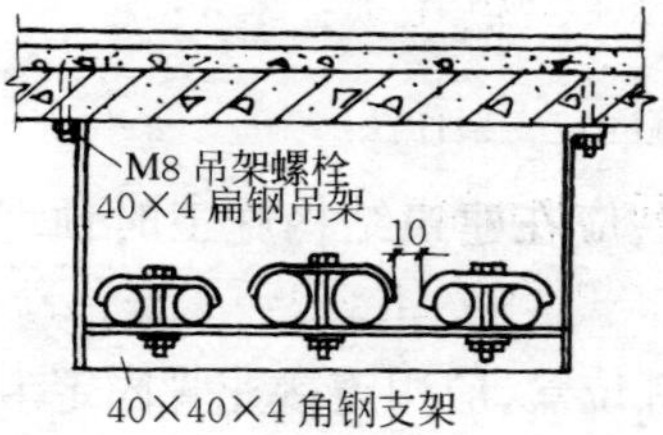

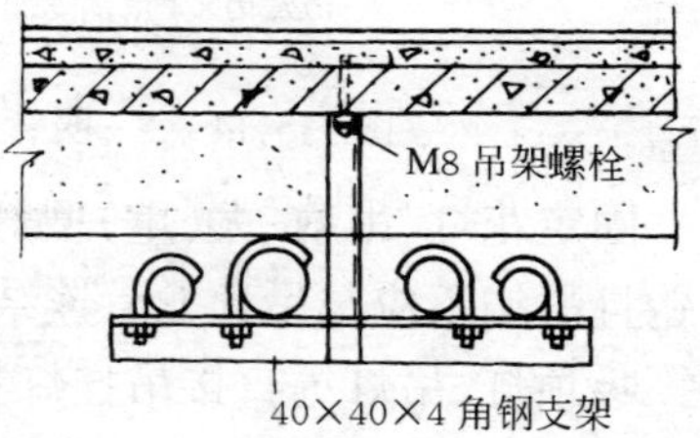

图 1.5.13－1　明管在现浇楼板下吊装　图 1.5.13－2　明管在楼板梁上吊装

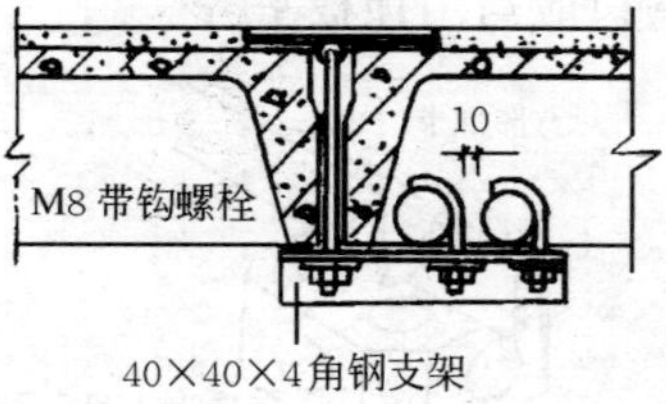

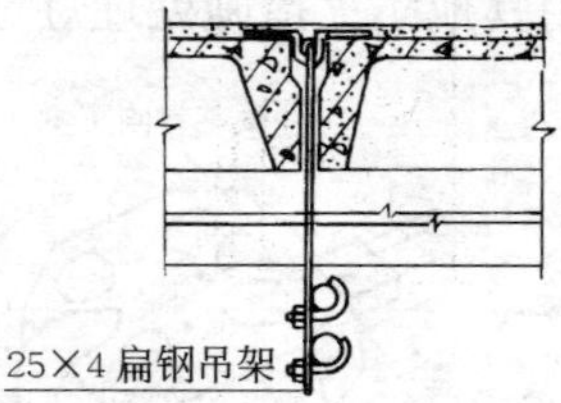

图 1.5.13－3　明管沿预制板下敷设　图 1.5.13－4　明管沿预制板梁下吊装

1.5.15　吊顶内管子敷设

吊顶工程施工时，电气人员应与土建及其他安装专业紧密配合，特别是空调管道设备施工，如配合不当，会造成施工相互影响、相互损坏已施工完毕的部位，甚至会造成大面积返工修整，而损坏材料拖延进度。

吊顶内的电气工程施工，一般在龙骨装配时即可敷设管子，在顶板安装前完工。先在顶棚或地面上进行定位弹线，以便准确的确定好灯具和吊扇等器具在吊顶上的位置。当吊顶有分格块线条时，灯位必须按吊顶格块分布均匀。按几何图形组成的灯位应相互对称布置，然后再根据灯位的位置，确定导管管路的最佳敷设部位及走向。

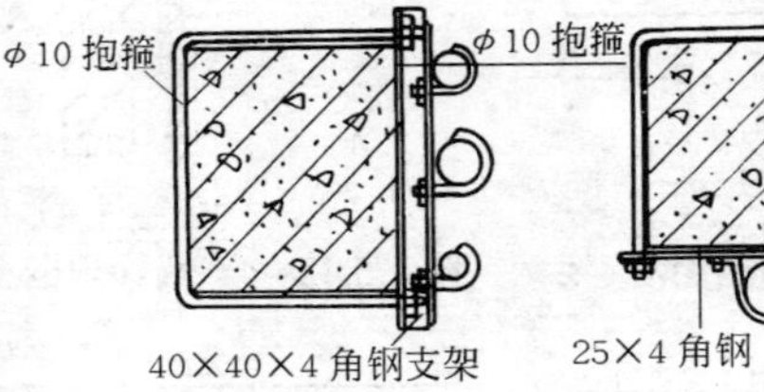

图 1.5.14－1　明管用抱箍固定支架作法

固定花灯、吊扇、大(重)型灯具时，应在建筑结构施工时预埋吊钩且吊钩不应与吊顶龙骨连结。

吸顶灯、吊灯等直接吊挂灯具的灯位盒，应用连接龙骨固定卡或方形抱卡固定在主龙骨或附加龙骨上，盒口朝下，如图 1.5.15－1所示。在有防火要求的木结构上，可用石棉布垫好盒口(或用其他防火措施处理灯位盒)，盒口应与吊顶板平齐。

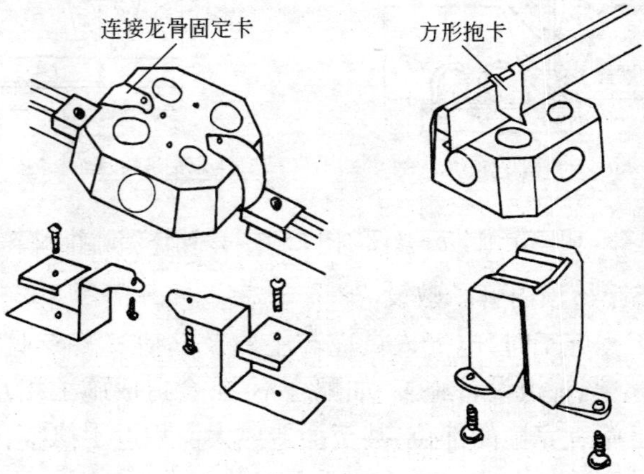

图 1.5.15－1　灯位盒与轻钢龙骨固定方法一

嵌入式灯具可用支架或吊架将灯位盒固定在吊顶内，也可用立卡固定在轻钢龙骨上，如图 1.5.15－2 所示。盒距离灯具边缘不宜大于 100mm，如为活板吊顶可适当远一些，但也不宜大于

300mm,灯位盒口应朝向侧面并加盖板,便于安装接线和观察维修。

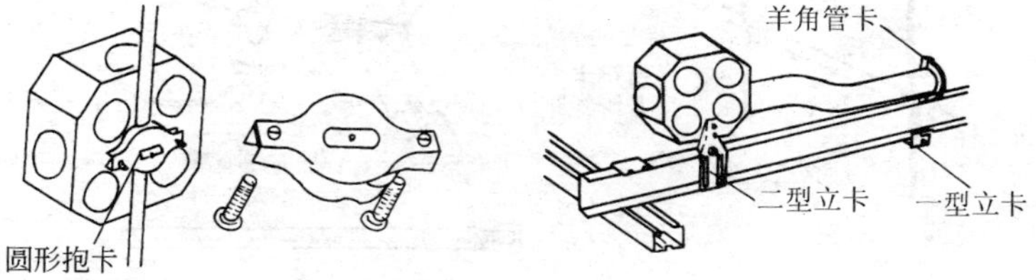

图 1.5.15－2 灯位盒与轻钢龙骨固定方法二

吊顶内管子敷设,应按明配管方法施工。当钢管敷设时,管与管或管与盒的连接,均应采用丝扣连接。管与盒连接时,应在盒的内、外侧均套锁紧螺母固定盒体。使用难燃型硬质塑料管敷设时,管与管或管与盒的连接,应使用专用的管接头、管卡头并涂以专用的胶合剂贴接。

吊顶内难燃型硬质塑料管、当管径在 ϕ20mm 及以下数量不超过 5 根或管径在 ϕ40mm 及以下,数量不超过 3 根的成排管子,可直接用管卡固定在主龙骨上。

吊顶内敷设钢管直径为 ϕ25mm 及以下时,管子允许利用轻钢龙骨吊顶的吊杆和吊顶的主龙骨上边敷设,并应使用吊装卡具吊装,如图 1.5.15－3 所示。当需要在主龙骨敷设必须开孔时,应采用相应孔径的开孔工具,严禁用电、气焊切割轻钢龙骨的任何部位。

吊顶内管子敷设时,当管径较大或并列管子数量较多时,应由楼板顶部或梁上固定支架或吊杆直接吊挂固定管子,如图1.5.15－4所示。不应影响吊顶的更换和检修。

吊顶内用支架或吊架固定的管子,排列应整齐,固定点间距应均匀,在管子的终端、转弯中点、灯位盒的边缘固定点的距离为 150～500mm。钢导管中间固定点的最大距离应符合表 1.5.11－1 的规定;刚性绝缘导管中间固定点的最大距离应符合表 1.5.11－2 的规定。

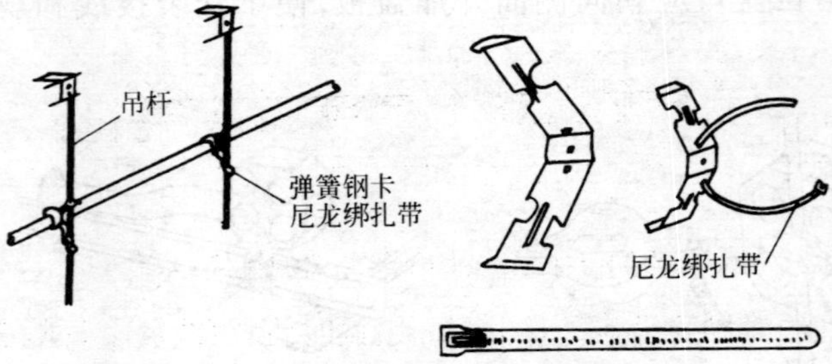

图 1.5.15-3　配管沿吊顶的吊杆敷设

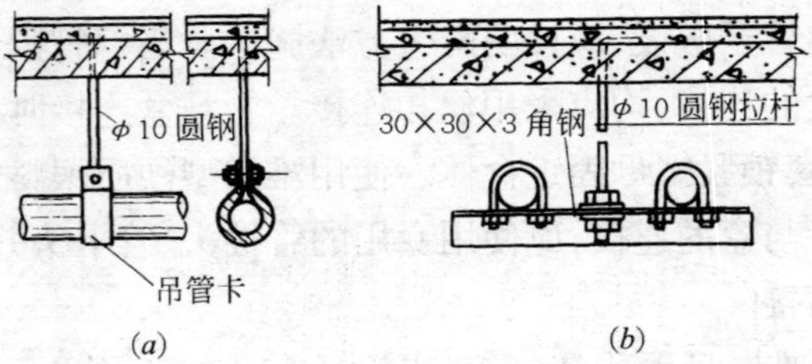

图 1.5.15-4　吊架固定管子

(a)单管吊卡；(b)双管角钢吊架

1.5.16　明配管的连接

明配钢导管的连接应采用丝扣连接，使用全扣管接头，并应在管接头两端焊或卡好跨接接地线，不应将管接头焊死。跨接接地线的规格及方法可参见《刚管暗敷设》中有关内容。

明配钢导管与盒(箱)的连接也应采用丝扣连接，可参见《钢导管暗敷设》中的相同做法，明配管与盒(箱)的连接处，应顺直进入，不应使管子斜穿到接线盒内，如图 1.5.16-1 所示。

刚性绝缘导管的连接做法，可参见《刚性绝缘导管暗敷设》中的相关内容。

1.5.17　管路补偿措施

明配绝缘导管在穿过楼板易受机械损伤的地方应用钢管保护，其保护高度距楼板面不应低于 500mm。

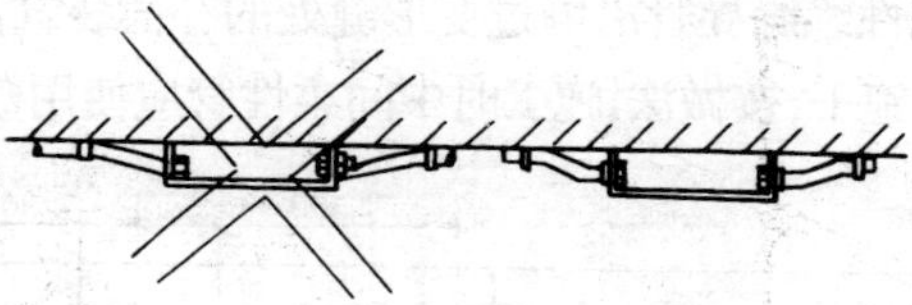

图 1.5.16-1　明配管与盒的连接

刚性绝缘导管沿建筑物的表面敷设时，在直线段上每隔 30m 应装设补偿装置(在支架上架空敷设除外)，如图 1.5.17-1(a)所示。PVC 补偿装置接头的大头与直管套入并粘牢，小头与直管套上一部分并粘牢，连接管可在接头内滑动，如图 1.5.17-1(b)所示。

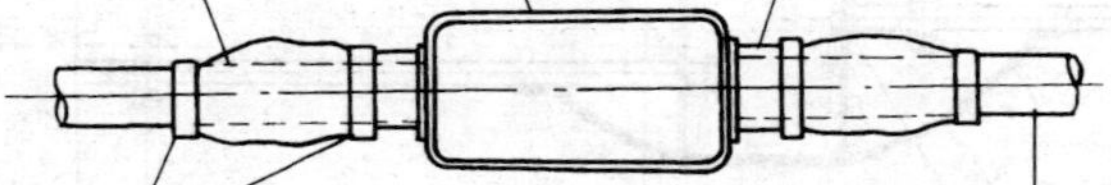

(a)

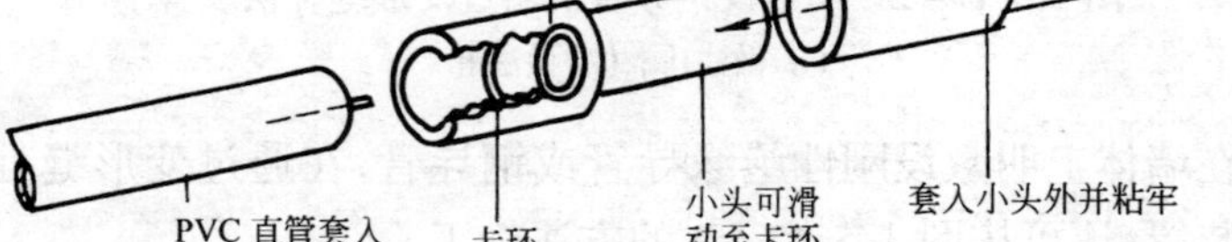

(b)

图 1.5.17-1　刚性绝缘导管温度补偿装置

(a)接线盒补偿装置；(b)PVC 补偿装置

沿墙明敷设钢导管在通过建筑物伸缩缝和沉降缝时的补偿装置，如图 1.5.17-2 所示。

明敷设刚性绝缘导管沿墙过变形缝处的补偿装置做法，也可参照钢导管的方法施工，按做法Ⅰ施工时中间柔性管应使用塑料波纹管。

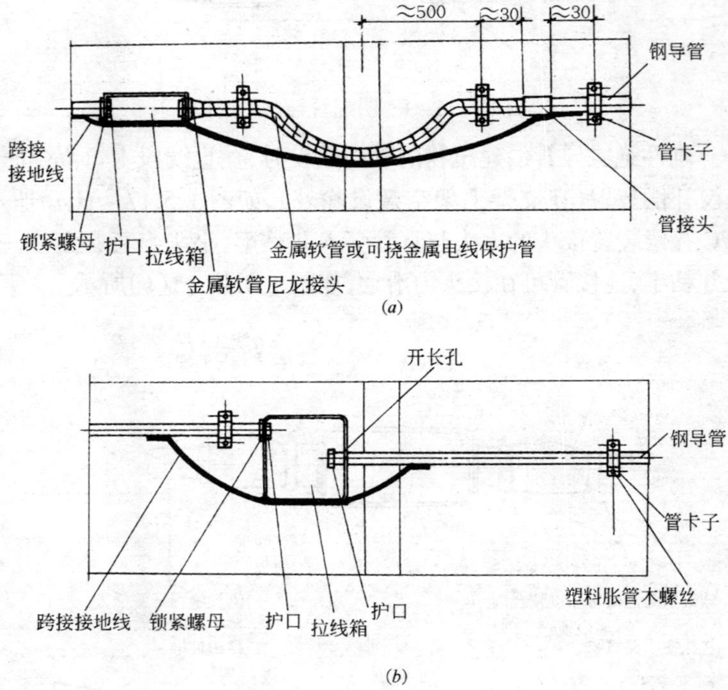

图 1.5.17－2　明敷设钢导管沿墙过变形缝补偿装置
(a)做法Ⅰ；(b)做法Ⅱ

在墙体上明敷设刚性绝缘导管或钢导管，在通过变形缝处的补偿装置，还可按图 1.5.17－3 的方法施工。

明敷设刚性绝缘导管或钢导管在楼板层下敷设，通过变形缝处的补偿装置做法，如图 1.5.17－4 所示。

Ⅲ　质量标准

1.5.18　主控项目

1　金属的导管必须接地(PE)或接零(PEN)可靠，并符合下列规定：

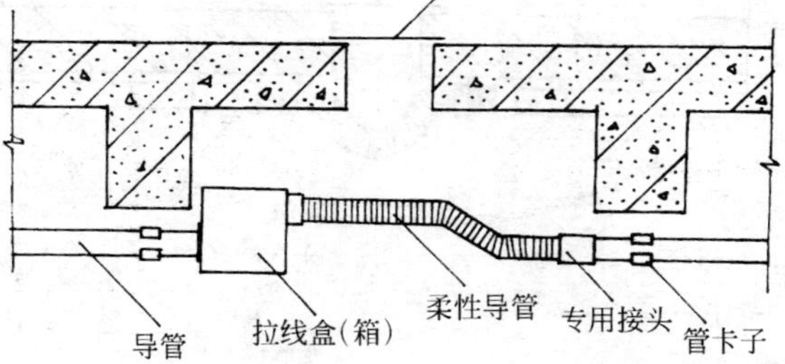

(a)

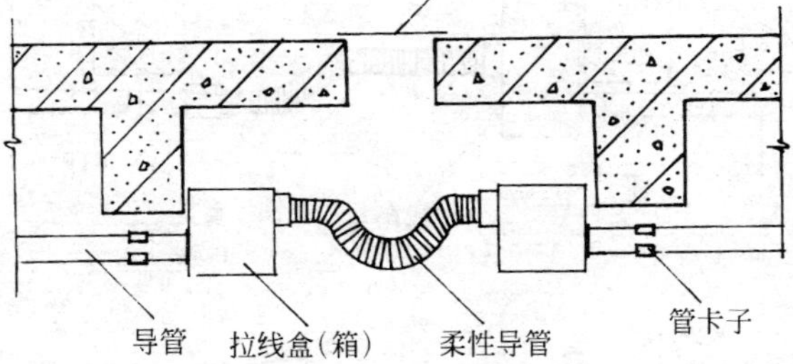

(b)

图 1.5.17－3　导管沿墙通过变形缝处的补偿装置

(a)一端拉线盒(箱)；(b)两端拉线盒(箱)

(1) 镀锌的钢导管不得熔焊跨接接地线，以专用接地卡跨接的两卡间连线为铜芯软导线，截面积不小于 $4mm^2$；

(2) 当非镀锌钢导管采用螺纹连接时，连接处的两端焊跨接接地线；当镀锌钢导管采用螺纹连接时，连接处的两端有专用接地卡固定跨接接地线。

2　金属导管严禁对口熔焊连接；镀锌和壁厚小于等于 2mm 的钢导管不得套管熔焊连接。

1.5.19　一般项目

1　金属导管内外壁应防腐处理。

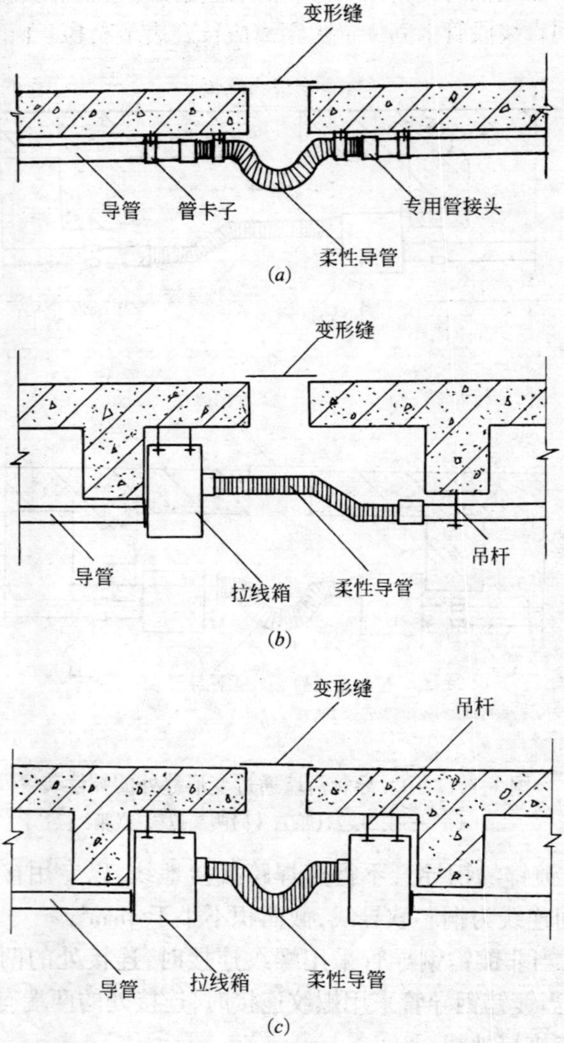

图 1.5.17－4　导管沿楼板层过变形缝处的补偿装置

(a)无拉线盒(箱)；(b)一端拉线箱；(c)两端拉线箱

2　明配的导管应排列整齐,固定点间距均匀,安装牢固;在终端、弯头中点或柜、台、箱、盘等边缘的距离150～500mm范围内设有管卡，中间直线段管卡间的最大距离应符合表1.5.19－1的规定。

管卡间最大距离 表1.5.19－1

敷设方式	导管种类	导管直径(mm) 15～20	25～32	32～40	50～65	65以上
		管卡间最大距离(m)				
支架或沿墙明敷	壁厚＞2mm刚性钢导管	1.5	2.0	2.5	2.5	3.5
	壁厚≤2mm刚性钢导管	1.0	1.5	2.0	—	—
	刚性绝缘导管	1.0	1.5	1.5	2.0	2.0

3 绝缘导管敷设应符合下列规定：

(1) 管口平整光滑；管与管、管与盒(箱)等器件采用插入法连接时，连接处结合面涂专用胶合剂，接口牢固密封。

(2) 沿建筑物、构筑物表面和在支架上敷设的刚性绝缘导管，按设计要求装设温度补偿装置。

4 明配导线在建筑物变形缝处，应设补偿装置。

Ⅳ 成品保护

1.5.20 明配管路及安装电气器具时，应保持墙面、地面、顶棚清洁完整。搬运材料和使用梯子时，不得碰坏门窗、墙面等。

1.5.21 吊顶内配管时，不要踩坏龙骨。严禁采用电线管行走，刷漆时，不应污染墙面、顶棚等。

1.5.22 其他专业在施工中，应注意不得碰坏电气配管。

Ⅴ 安全注意事项

1.5.23 锯管套丝时管子压钳案子要放平稳，用力要均衡，防止锯条折断或套丝扳手崩滑伤人。

1.5.24　用手动弯管器煨弯时，操作人员面部一定要错开所弯的管子，以免弯管器滑脱伤人。

1.5.25　用火煨弯时，管口处禁止站人，以防放炮伤人，烘炉位置应与消防部门联系好，周围的易燃物必须清除，下班前必须将火熄灭，以防发生事故。

1.5.26　喷灯使用前应仔细检查油桶是否漏油，喷油嘴是否通畅，丝扣是否漏气等。根据喷灯所用油的种类加注相应的燃料油，注油量要低于油桶的3/4，并拧紧螺塞。

喷灯点火时喷距前严禁站人，工作场所不能有易燃物品。喷灯的加油、放油和修理，应在熄灭冷却后进行。

Ⅵ　质量通病及其防治

1.5.27　锯管管口不齐，出现马蹄口。钢管锯管时人要站直，持锯的手臂和身体成90°角，和钢管垂直，手腕不能颤动。

1.5.28　钢管套丝时乱丝。套丝前应检查板牙有无掉牙，套丝时要边套边上润滑油。

1.5.29　硬质塑料管弯曲处出现裂缝。应选用优质管材，加热时应掌握好热温度和加热长度。

1.5.30　硬质塑料管连接时，连接处不严密、牢固。管子连接时，应选用专用套管进行连接，连接管端部要涂好胶合剂粘牢。

1.5.31　明配管路固定不牢、螺栓（丝）松动，固定点间距不均匀，明配管应采用与管径相配套的管卡子，固定牢固。采用塑料胀管钻孔时，孔径不应过大，防止胀管拧后松动。明配管固定点距离应测量准确。

1.5.32　支架、吊架歪斜。应根据具体情况进行修补。

1.6 套接紧定式钢导管敷设

Ⅰ 施工准备

1.6.1 材　　料

1 套接紧定式钢导管、直管接头、弯管接头、螺纹接头和爪形螺母、紧定螺钉、各种器具盒(箱)等。

2 圆钢、角管、扁钢、圆钉、电焊条、铁绑线等。

1.6.2 机　　具

弯管器、连接扳手、管子压钳、钢锯弓和细齿锯条、卷尺、圆锉或绞刀等。

1.6.3 作业条件

1 暗敷设须与土建主体密切配合预埋施工,土建主体工程施工中应给出适当高度的建筑标高线。

2 明敷设应配合土建施工安装支架、吊架预埋件。

3 吊顶内敷设应配合吊顶施工,在龙骨施工后没安装顶板前进行导管敷设。

Ⅱ 施工工艺

1.6.4 施工程序

1 导管暗敷设

熟悉图纸 → 选管 → 切断 → 弯曲 → 进行部分管与盒的连接 → 配合土建施工逐层逐段预埋管 → 管与管和管与盒(箱)连接 → 导管接地

2 导管明敷设

定位 → 支、吊架制作 → 箱、盒安装及支架、吊架安装 → 导管敷设 → 导管接地

3 吊顶内敷设

定位 → 吊架制作 → 吊架安装 → 导管敷设 → 导管接地

1.6.5 导管选择

套接紧定式钢导管(简称 JDG 导管)系列产品,是一种新型电气安装专用导管。JDG 产品由电线导管、连接件和专用工具组成。连接件包括:直管接头和弯管接头、螺纹接头;专用工具有现场制弯的弯管器和用于拧紧紧定螺钉的紧定扳手。

1 套接紧定式 JDG 镀锌钢导管管材,如图 1.6.5-1 所示,套接紧定式钢导管管材规格见表 1.6.5-1。

JDG 镀锌钢导管管材规格表(mm)　　表 1.6.5-1

规　格	$\phi16$	$\phi20$	$\phi25$	$\phi32$	$\phi40$
外径 D	16	20	25	32	40
外径允许偏差	0 -0.30	0 -0.30	0 -0.30	0 -0.40	0 -0.40
壁厚 S	1.60	1.60	1.60	1.60	1.60
壁厚允许偏差	±0.15	±0.15	±0.15	±0.15	±0.15
长度 L	4000	4000	4000	4000	4000
长度允许偏差	±5.00	±5.00	±5.00	±5.00	±5.00

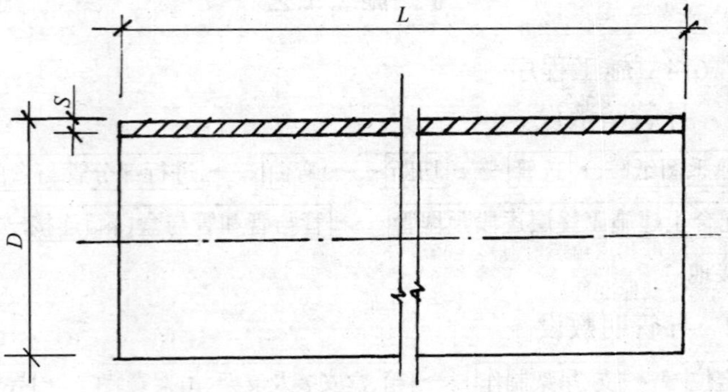

图 1.6.5-1 钢导管管材

2　用于套接紧定式钢导管与盒(箱)连接的JDG钢导管螺纹接头、爪形螺母，如图1.6.5－2所示，套接紧定式钢导管螺纹接头、爪形螺母规格见表1.6.5－2。

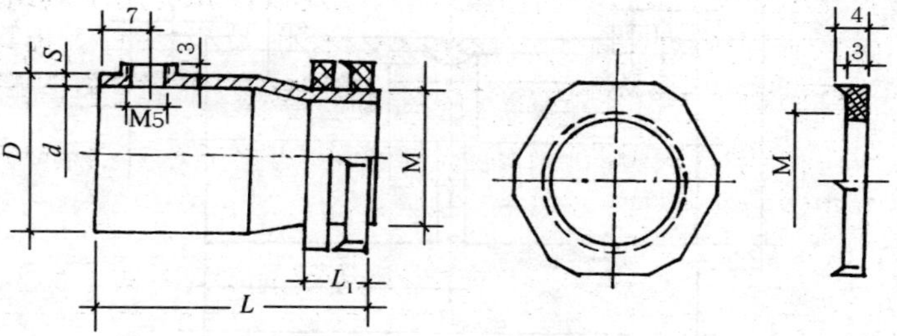

图1.6.5－2　螺纹接头、爪形螺母

JDG钢导管螺纹接头、爪形螺母规格表(mm)　　表1.6.5－2

名称＼规格	ϕ16	ϕ20	ϕ25	ϕ32	ϕ40
内径 d	16	20	25	32	40
内径允许偏差	+0.30 0	+0.30 0	+0.30 0	+0.30 0	+0.30 0
壁厚 S	1.60	1.60	1.60	1.60	1.60
壁厚允许偏差	+0.10	+0.10	+0.10	+0.10	+0.10
外径 D	19.20	32.20	28.20	35.20	43.20
总长 L	40	40	40	50	60
缩口处螺纹长度 L_1	10	10	10	10	10
缩口处螺纹直径 M	16	20	25	32	40
爪形螺母和六角螺母厚度(标准件)	3.00	3.00	3.00	4.00	4.00
爪形螺母爪子高度	1.00	1.00	1.00	1.00	1.00
螺纹孔中心至大直径端面的距离	7	7	7	7	7
螺纹孔直径 M_1	5	5	5	5	5

3　用于套接紧定式钢导管，管与管连接的直管接头，如图1.6.5－3所示，套接紧定式钢导管直管接头的规格见表1.6.5－3。

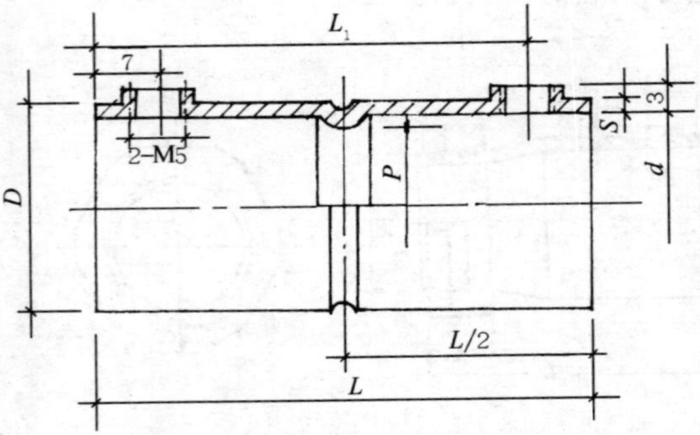

图1.6.5－3　直管接头

JDG直管接头规格表（mm）　　　　**表1.6.5－3**

规　　格	φ16	φ20	φ25	φ32	φ40
外径 d	16	20	25	32	40
内径允许偏差	+0.30 0	+0.30 0	+0.30 0	+0.40 0	+0.40 0
外径 D	19.20	23.20	28.20	35.20	43.20
壁厚 S	1.60	1.60	1.60	1.60	1.60
总长 L	55	55	55	75	90
凹槽内径 P	12.80	16.80	21.80	28.80	36.80
凹槽内径允许偏差	+0.40 0	+0.40 0	+0.40 0	+0.80 0	+0.80 0
螺纹孔直径 M	5	5	5	5	5
螺纹孔长度	3	3	3	3	3
两个螺纹孔中心距 L_1	41	41	41	61	76
两个螺纹孔中心距允许偏差	0 −0.30	0 −0.30	0 −0.30	0 −0.30	0 −0.30

4　套接紧定式钢导管的JDG紧定螺钉及其规格，如图

1.6.5－4和表1.6.5－4所示。

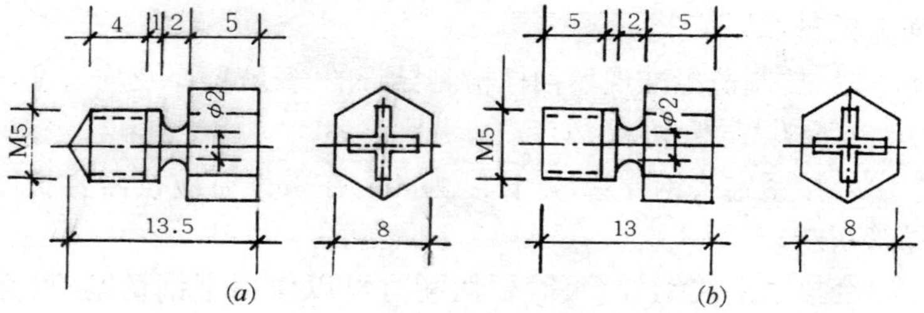

图1.6.5－4　紧定螺钉
(a)Ⅰ型；(b)Ⅱ型

JDG紧定螺钉规格表(mm)　　　　表1.6.5－4

名称 \ 规格		φ16	φ20	φ25	φ32	φ40
长度	Ⅰ型	13.50	13.50	13.50	13.50	13.50
	Ⅱ型	13.00	13.00	13.00	13.00	13.00
直径M		5	5	5	5	5
脖颈直径		2.00	2.00	2.00	2.00	2.00
螺纹长度	Ⅰ型	4.00	4.00	4.00	4.00	4.00
	Ⅱ型	5.00	5.00	5.00	5.00	5.00
螺尖长度(Ⅰ型)		1.50	1.50	1.50	1.50	1.50
六角螺帽宽度		8	8	8	8	8
六角螺帽厚度		5	5	5	5	5

5　套接紧定式钢导管的管材、连接套管及盒(箱)组成的电线管路,应采用同一金属材料制作,并应镀锌,紧定螺钉应采用高强度原材料制作。

1.6.6　材料进场验收

1　套接紧定式钢导管的管材、连接套管及其金属附件使用的原材料应符合国家现行标准的规定,产品应附有出厂合格证和检验报告。

2 外观检查:导管无压扁、内壁光滑。导管镀层覆盖完整、表面无锈斑。

3 按制造标准现场抽样检测导管的管径、壁厚及均匀度。

1.6.7 导管切断

套接紧定式钢导管,定长度为 4m,在敷设时应按需要长度将导管切断。

套接紧定式钢导管,需要切断时可以使用型钢切割机(无齿锯)切断。导管切断后,断口处应与管轴线垂直,管口应锉平、刮光,使管口边缘平整、光滑。

1.6.8 导管弯曲

套接紧定式钢导管管路,在敷设中需要改变方向时,应将导管进行弯曲。套接紧定式钢导管管路根据弯曲方向和弯曲角度的不同,可以使用弯管接头或者进行自身的弯曲。

1 套接紧定式钢导管需要弯曲敷设时,可以采用配套生产的采用优质管材滚压成型的弯管接头,供管与管之间的弯曲连接。成品弯管接头为 90°弯角,有 4 倍弯和 6 倍弯两种,其弯曲半径分别为管径的 4 倍和 6 倍。

2 套接紧定式钢导管在敷设的过程中,需要改变方向时,也可以不采用弯管接头,利用钢导管自身的弯曲进行敷设。

钢导管自身的弯曲,应使用专用工具(弯管器)进行弯管。弯管器采用合金工具钢,经铸造加工而成。有Ⅰ型和Ⅱ型两种形式,各有 ϕ16、ϕ20、ϕ25 三种规格,根据施工的需要进行现场弯曲相应规格导管的 4 倍、6 倍及任意夹角的弯管。

3 为便于绝缘电线在管路弯曲处穿线方便和畅通,且不损伤绝缘电线的绝缘层。套接紧定式钢导管在现场弯曲的过程中,要注意弯曲管材的弧度应均匀,导管高频焊接线要处于外侧。导管的弯曲处不应有折皱、凹陷、裂缝、裂纹、死弯等缺陷。管的扁弯程度不应大于导管外径的 10%。

1.6.9 导管管路的连接

套接紧定式钢导管管路连接处，连接管的管口应平整、光滑、无毛刺、无变形。导管管端插入连接套管前，插入部分的管端应保持清洁，并涂以电力复合脂，提高导管连接处的电气性能，防止潮气等渗入管路连接缝隙内。导管与套管的接触应紧密。

套接紧定式钢导管管路的连接方式是用螺钉紧定，对于紧定螺钉应采用专用工具——专用扳手操作，以满足连接点处机械、电气的连接强度。不应敲打、切断、折断螺帽。严禁熔焊连接。

为了便于施工和检查，套接紧定式钢导管管路连接处，紧定螺钉应处于可视部位。

套接紧定式钢导管，套接紧定连接的电线管路，连接点强度是至关重要的，为了满足其机械和电气强度，当导管管径为 ϕ32mm 及以上时，连接套管每端的紧定螺钉不应少于 2 个。

1 导管与盒（箱）连接

为了满足施工质量要求，增加工艺美观，套接紧定式钢导管管路与盒（箱）连接时，导管进入盒（箱）处应顺直，并排列有序，应一孔一管，管径与盒（箱）敲落孔相吻合，管与盒（箱）连接处应采用专用接头——JDG 钢导管螺纹接头和爪形螺母固定，如图 1.6.9－1 所示。导管与盒（箱）连接时，螺纹接头与接线盒（箱）连接端可以先同盒（箱）固定，并用专用扳手拧好爪形螺母；也可以先把导管涂好电力复合脂插入到螺纹接头与导管连接的一端，用专用扳手紧定好紧定螺钉，待导管敷设时，再把螺纹接头的螺纹端插入到盒（箱）的敲落孔中，进行管与盒（箱）的连接。

为便于检查导管管路的敷设方向，两根及以上导管与盒（箱）连接时，排列应整齐、间距均匀。不同管径的导管，同时插入盒（箱）时，应采取技术措施，防止盒（箱）体受力变形。

2 导管与导管连接

套接紧定式钢导管，管与管之间可以进行直管连接和弯曲连接，分别使用直管接头和弯管接头。

（1）套接紧定式钢导管管路，导管之间进行直管连接时，应使用 JDG 直管接头进行连接。连接管两管口分别插入直管接头中间,紧贴凹槽处两端,用紧定螺钉定位后,用专用工具——连接扳手进行旋紧至螺帽脱落,起到紧定的作用。

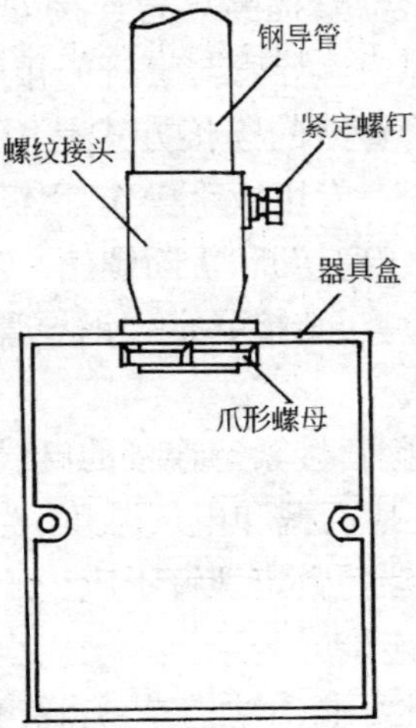

图 1.6.9-1　导管与盒(箱)连接

(2) 套接紧定式钢导管管路,进行弯曲连接时,应使用弯管接头进行连接。连接导管两端管口分别插入到弯管接头两端的凹槽处,用紧定螺钉定位后,旋紧紧定螺钉直至螺帽脱落,起到紧定的作用。

套接紧定式钢导管,导管与导管之间的连接,如图 1.6.9-2 所示。

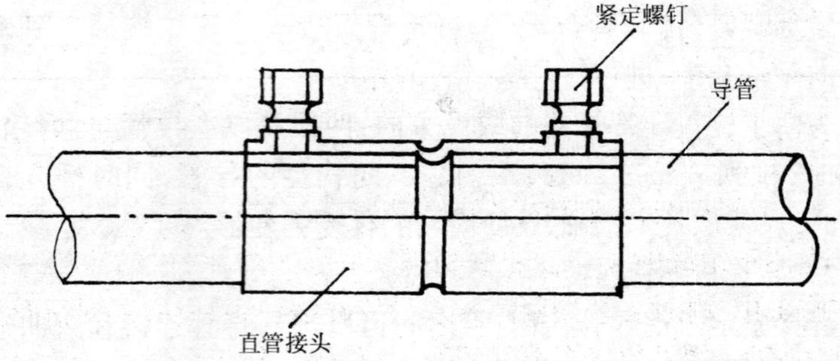

图 1.6.9-2　导管与导管的连接

1.6.10　导管敷设的有关要求

由钢导管、连接套管及其金属附件采用螺钉紧定连接技术组成的套接紧定式钢导管电线管路，是敷设电压 1kV 及以下绝缘电线专用保护管路的一种形式。适用于民用建筑中电压 1kV 及以下无特殊规定的室内干燥场所（即指在正常情况下不处于阴潮或潮湿状态的场所）。也适用于有可能暂时处于阴潮状态的干燥场所。

1　钢导管管路与其他管路间最小距离

套接紧定式钢导管管路与其他管路间最小距离，应符合表 1.6.10－1 的规定。

套接紧定式钢导管与其他管路间最小距离（mm）　　表 1.6.10－1

管路名称	管路敷设方式		最小间距
蒸汽管	平行	管道上	1000
		管道下	500
	交叉		300
暖气管、热水管	平行	管道上	300
		管道下	200
	交叉		100
通风、给排水及压缩空气管	平行		100
	交叉		50

注：1. 对蒸汽管路，当管外包隔热层后，上、下平行距离可减至 200mm；
2. 当不能满足上述最小间距时，应采取隔热措施。

2　中间拉线盒或接线盒的设置

为便于绝缘电线穿管的顺利进行和运行中维修，防止绝缘电线在施工中受损伤，套接紧定式钢导管在明、暗敷设有下列情况之一时，中间应增设拉线盒或接线盒，其位置应便于穿线：

（1）管路长度每超过 30m，无弯曲；

(2) 管路长度每超过 20m,有一个弯曲;

(3) 管路长度每超过 15m,有两个弯曲;

(4) 管路长度每超过 8m,有三个弯曲。

3　管路垂直敷设拉线盒的设置

套接紧定式钢导管管路垂直敷设时,管内绝缘电线和明敷钢导管的自垂使电线管路承受较大的应力。为防止钢导管和管内绝缘电线遭受损伤,管内绝缘电线截面应不大于 $50mm^2$,在长度每超过 30m 时,应增设固定导线用的拉线盒。

1.6.11　钢导管暗敷设

套接紧定式钢导管暗敷设,是将钢导管及其盒(箱),按照正确的位置及走向,逐段逐层的配合土建施工进行预埋。

导管暗敷设进行预埋施工是至关重要的,也是省工、省料、加快施工进度,确保安装工程的施工质量的唯一途径。钢导管在承重砌体墙施工中,不应提倡剔槽敷设。剔槽敷设,劳民伤财,严重时还会影响墙体结构。

1　套接紧定式钢导管暗敷设时,宜沿最近的路线敷设,且应减少弯曲,以求电线管路短,既便于电线穿管,又节约材料、降低工程造价。

2　套接紧定式钢导管不应因管路敷设,影响土建主体工程质量,当导管埋入墙体或混凝土内时,导管与墙体或混凝土表面净距不应小于 15mm。

3　套接紧定式钢导管管路暗敷设时,为了防止电线损伤有利于安全运行,导管弯曲半径不应小于管外径的 6 倍。埋入混凝土内平面敷设时,导管弯曲半径不应小于管外径的 10 倍。

4　敷设在钢筋混凝土墙体内的套接紧定式钢导管管路,应紧贴钢筋内侧与钢筋绑扎固定牢固。导管直线敷设时,固定点间距不应大于 1m。以使管路敷设后的连接处减少因管材自重引起的力,避免管路下垂。

5　敷设在钢筋混凝土楼板内的套接紧定式钢导管管路,应在模板工程完成后,未敷钢筋前进行测位划线,待钢筋底网绑扎后敷设管、盒，并且固定好。钢筋混凝土楼板内导管应敷设在两层钢筋中间，为避免导管管路受力后摆动，导管在直线敷设时，固定点间距不应大于1m。

6 套接紧定式钢导管管路，在预制圆孔板板面上敷设时，管路应平顺，紧贴板面，导管固定点间距不应大于1m。

7 暗敷设在砖砌体隔墙、填充墙内的套接紧定式钢导管管路，当无条件预埋时，只可垂直剔槽敷设，剔槽宽度不宜大于管外径5mm，剔槽深度应使导管敷设后，距表面净距不小于15mm。导管固定点间距不应大于1m，导管端部固定点不应大于0.2m。导管固定后，应采用强度等级不小于M10水泥砂浆抹面保护。

8 套接紧定式钢导管，进入盒（箱）处应顺直，应避免斜向插入影响连接质量，管进盒（箱）处宜弯成鸭脖弯。导管进入配电箱时，电源管应在左侧，负荷管在右侧，各分支管应排列有序。

9 套接紧定式钢导管，并列敷设在钢筋混凝土内时，导管之间的间距不应小于25mm，使导管周围均有混凝土包裹。

10 套接紧定式钢导管管路，进入落地式配电箱（柜）时，为了避免积水或杂物进入管内，影响安全运行。导管管口高出配电箱（柜）基础面宜为50～80mm。多根导管进入箱（柜）时，应排列整齐有序，便于确认管路去向，且外表美观。

11 套接紧定式钢导管敷设时，易进异物的导管端头应封堵，在未穿线前，为防止异物或水汽进入管内。

1.6.12 钢导管明敷设

套接紧定式钢导管明敷设管路，是在建筑物室内装饰工程结束后进行的。导管在敷设前应按设计意图，确定好配电设备、各种盒（箱）及用电设备、器具的安装位置，并将设备、箱（盒）或器具固定牢固，然后根据明敷设管路应横平竖直的原则，顺线路的垂直和水平位置确定管路走向，进行弹线定位，测量出支、吊架固定点的具体位置和距离，并应注意套接紧定式钢导管管路与其他管路相互间位置及最小净距。

1 为加强施工管理，避免不同工种之间的交叉作业，往返施工或损伤建筑施工面的质量,套接紧定式钢导管明敷设管路的预埋件,应与建筑工程同步施工,做到相关工种之间相配合、协调,文明施工、减少浪费。

2 套接紧定式钢导管明敷设时,支架、吊架的规格,当设计无具体要求时,为满足明敷设导管顺直、牢固等质量要求,不应小于下列数值:

(1) 圆钢:直径 6mm。

(2) 扁钢:30mm × 3mm。

(3) 角钢:25mm × 25mm × 3mm。

3 套接紧定式钢导管沿吊架、支架或沿墙敷设时,导管应排列整齐,固定点牢固。导管管路中间直线段固定点的最大距离与钢导管壁厚及导管直径有关,套接紧定式钢导管直径为 16 ~ 20mm 时,固定点的最大距离不应大于 1m;导管直径为 25 ~ 32mm 时,固定点的最大距离,不应大于 1.5m;导径直径为 40mm 时,固定点的最大距离,不应大于 2m。导管固定点的间距应均匀。

4 电线管路弯曲半径的大小,对电线穿管有直接影响。如果弯曲半径小会给穿线施工带来困难,且增大了拉力,也易损坏电线的绝缘层。套接紧定式钢导管明敷设时,导管管路的弯曲处,弯曲半径不宜小于导管外径的 6 倍。当两个接线盒之间只有一个弯曲时,其弯曲半径不宜小于导管外径的 4 倍。

5 套接紧定式钢导管明敷设管路,固定点与导管终端、弯头中点、电气器具或盒(箱)边缘的距离宜为 150 ~ 300mm,各固定点距离应一致。

6 套接紧定式钢导管明敷设时,水平或垂直安装的允许偏差为 1.5‰,全长偏差不应大于管外径的 1/2。

7 套接紧定式钢导管管路明敷设完毕后,管路应固定牢固,连接处符合规定,在未穿线时,易进异物的端头应封堵。

1.6.13 钢导管在吊顶内敷设

建筑物吊顶工程施工时,电气人员应与土建及其他专业紧密配合,吊顶内导管敷设,一般应与龙骨装配配合进行,在顶板安装前完工。施工时可先在顶棚或地面上定位弹线，以便准确的确定好器具及导管的位置和走向。

1　吊顶内套接紧定式钢导管应沿最近的路径敷设，且应尽量减少弯曲。但应注意与其他专业管道特别是空调管道间的距离，以免造成施工的相互影响、相互损坏及产生不安全因素。

2　套接紧定式钢导管敷设的支架、吊架，可根据导管敷设的数量和管径，按导管明敷设的规则加工制作和安装。当单根导管敷设时，可沿吊顶龙骨的吊杆或自制圆钢吊架用抱式管卡固定钢导管，如图 1.6.13－1 所示。

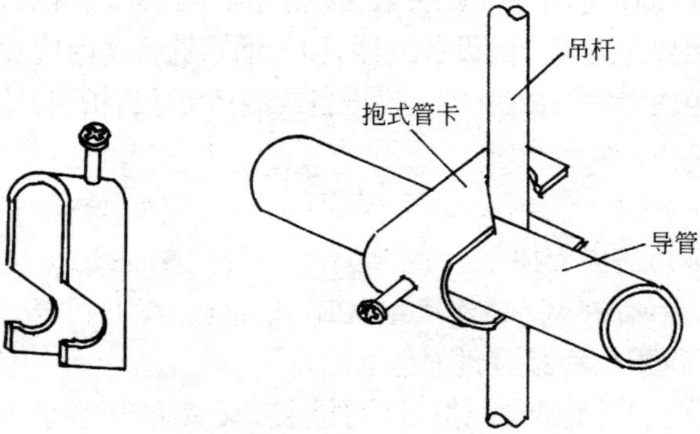

图 1.6.13－1　吊顶内导管用抱式管卡安装

采用其他方式的支架、吊架在吊顶内敷设套接紧定式钢导管，可参见《钢导管、刚性绝缘导管明敷设》中的相关内容。

1.6.14　导管管路接地

为了安全运行，使整个导管管路可靠地连接成一个导电整体，以防止电线绝缘损伤，而使导管带电造成事故，导管管路要进行接地连接。

1　套接紧定式钢导管及其金属附件组成的电线管路，管路外壳应有可靠接地。接地线应用专用接地卡连接，不应熔焊连接接地线。

(1) 在 TT 系统的接地形式中，套接紧定式钢导管电线管路外壳,应通过保护线(PE)接至与电力系统接地点无直接关连的接地装置上。

(2) 在TN系统的接地形式中,套接紧定式钢导管电线管路外壳,必须用保护线(PE)或中性保护共用线(PEN)与电力系统接地点的接地装置相连接。

2 套接紧定式钢导管及其紧定螺钉连接工艺组成的电线管路具有良好的电气性能,在管与管、管与盒(箱)连接处可不设置跨接接地线。

3 套接紧定式钢导管管路,由于管壁小于2mm,不应作为电气设备接地线(即不能作为PE或PEN线的接续导体)。当钢导管管路中安装有需要接地保护的设备或器具时,钢导管管路内应加穿一根黄、绿相间色的专用保护线(PE),供设备或器具接地保护用。

Ⅲ 质量标准

1.6.15 主控项目

1 金属的导管必须接地(PE)或接零(PEN)可靠。镀锌的钢导管,不得熔焊跨接接地线。

2 金属导管严禁对口熔焊连接;镀锌和壁厚小于等于2mm的钢导管不得套管熔焊连接。

1.6.16 一般项目

1 室内进入落地式柜、台、箱、盘内的导管管口,应高出柜、台、箱、盘的基础面50~80mm。

2 暗配的导管,埋设深度与建筑物、构筑物表面的距离不应小于15mm;明配的导管应排列整齐,固定点间距均匀,安装牢固;在终端、弯头中点或柜、台、箱、盘等边缘的距离150~500mm范围内设有管卡,中间直线段管卡间的最大距离应符合表1.6.16-1的规定。

3 导管在建筑物变形缝处,应设补偿装置。

管卡间最大距离　表 1.6.16－1

敷设方式	导　管　种　类	导管直径(mm)				
		15～20	25～32	32～40	50～65	65 以上
		管卡间最大距离(m)				
支架或沿墙明敷	壁厚＞2mm 刚性钢导管	1.5	2.0	2.5	2.5	3.5
	壁厚≤2mm 刚性钢导管	1.0	1.5	2.0	—	—
	刚性绝缘导管	1.0	1.5	1.5	2.0	2.0

Ⅳ　成品保护

1.6.17　套接紧定式钢导管路敷设完成后,应将施工中造成建筑物、构筑物等处的槽、洞、孔、沟等修补完整。

1.6.18　套接紧定式钢导管明敷设时,应保护墙面、地面、顶棚清洁完整。

1.6.19　吊顶内套接紧定式钢导管敷设,应注意不能损坏吊顶龙骨和顶板。

1.6.20　套接紧定式钢导管明敷设后,不应再进行建筑物墙面、顶棚喷浆或刮大白等,以防钢导管受到污染。

Ⅴ　安全注意事项

1.6.21　使用专用弯管器弯管时,操作人员脚要踩牢导管,面部要错开所弯的导管,以免弯管器滑脱伤人。

1.6.22　使用自制高架车施工时,站人部位周围应有护栏。

1.6.23　使用人字梯必须坚固,距梯脚 40～60cm 处要设拉绳,不准站在梯子最上一层工作,梯凳上禁止放工具、材料,以免坠落伤人。

1.6.24　站在高处传递物品时,要拿稳,防止掉落伤人。

Ⅵ　质量通病及其防治

1.6.25　钢导管敷设时,导管连接处不到位。在明、暗敷设钢导管管路前,应计算好导管的每段长度,管材下料时,长度尺寸要准确;导管连接处管口插入长度应正确,直管连接时要插入到套管接口的凹型槽两侧;转角连接时,管口插入弯管接头的承插口或凹型槽处应到位。

1.6.26 导管连接处固定不牢固。套接紧定式钢导管使用的紧定螺钉应符合产品质量要求:螺纹整齐、光滑、配合良好,顶钉坚固,旋转紧定脱落的"脖颈"尺寸正确。还应使用专用工具紧定,否则采用活扳手、克丝钳等其他工具进行紧定时,扭转力矩未达到连接要求,螺帽便折断,会影响连接质量。

1.6.27 导管弯曲处,弯曲半径过小,弯曲处出现弯扁现象。用专用弯管器弯管时,要逐渐向后移动弯管器,不能操之过急;导管明敷设或在吊顶内敷设需要转角时,尽量使用弯管接头进行连接。

1.6.28 导管与配电箱箱体间接触电阻大,造成管路没有良好的电气连接性,使管路外壳接地不良。当配电箱箱体连接或敲落孔处有防护漆或孔径与管径不符时,都会造成箱体虽与 PE 或 PEN 线连接,但导管管路却接地不良。当孔径与管径吻合时,应将箱体内、外与螺纹接头接触处的接触面刮拭干净,降低接触电阻;当孔径与管径不相吻合时,应补一面箱板使其孔径与管径相吻合(此板宜与原箱体棱边点焊),此时应将导管与箱体之间,增补跨接接地线,使其管路外壳有可靠的接地。

1.7 套接扣压式薄壁钢导管敷设

Ⅰ 施工准备

1.7.1 材 料

1 套接扣压式薄壁钢导管、直管接头、弯管接头、螺纹接头、各种器具盒(箱)等。

2 圆钢、角钢、扁钢、圆钉、电焊条、铁绑线等。

1.7.2 机　　具

弯管器、扣压器、管子压钳、钢锯弓和细齿锯条、卷尺、圆锉或绞刀等。

1.7.3 作业条件

1 暗敷设须与土建主体密切配合预埋施工，土建主体工程施工中应给出适当高度的建筑标高线。

2 明敷设应配合土建施工安装支架、吊架预埋件。

3 吊顶内敷设应配合吊顶施工，在龙骨施工后没安装顶板前进行导管敷设。

Ⅱ 施工工艺

1.7.4 施工程序

1 导管暗敷设

熟悉图纸 → 选管 → 切断 → 弯曲 → 进行部分管与盒的连接 → 配合土建施工预埋管 → 管与管和管与盒（箱）连接 → 导管接地

2 导管明敷设

定位 → 支、吊架制作 → 箱、盒安装及支、吊架安装 → 导管敷设 → 导管接地

3 吊顶内敷设

定位 → 吊架制作 → 吊架安装 → 导管敷设 → 导管接地

1.7.5 导管选择

套接扣压式薄壁钢导管（简称 KBG 导管）系列产品，由薄壁钢导管及其金属连接件直管接头、弯管接头、螺纹接头、暗装用接线盒和专用工具——扣压器等组成。

1 套接扣压式薄壁钢（KBG）导管管材，如图 1.7.5-1 所示，套接扣压式薄壁钢（KBG）导管的规格见表 1.7.5-1。

2 套接扣压式薄壁钢导管用于管与管连接的直管接头，如图 1.7.5-2 所示，套接扣压式薄壁钢（KBG）导管直管接头的规格见表 1.7.5-2。

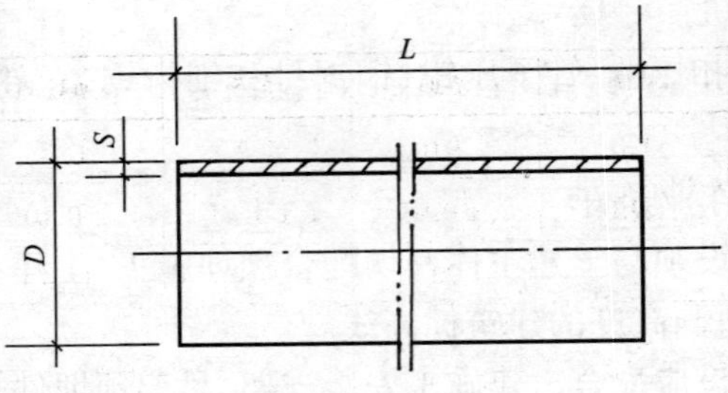

图 1.7.5－1　薄壁钢(KBG)导管

薄壁钢(KBG)导管规格表(mm)　　　　表 1.7.5－1

规　格	$\phi16$	$\phi20$	$\phi25$	$\phi32$	$\phi40$
外径 D	16	20	25	32	40
外径公差	0 －0.30	0 －0.30	0 －0.40	0 －0.40	0 －0.40
壁厚 S	1.0	1.0	1.2	1.2	1.2
壁厚公差	±0.08	±0.08	±0.10	±0.10	±0.10

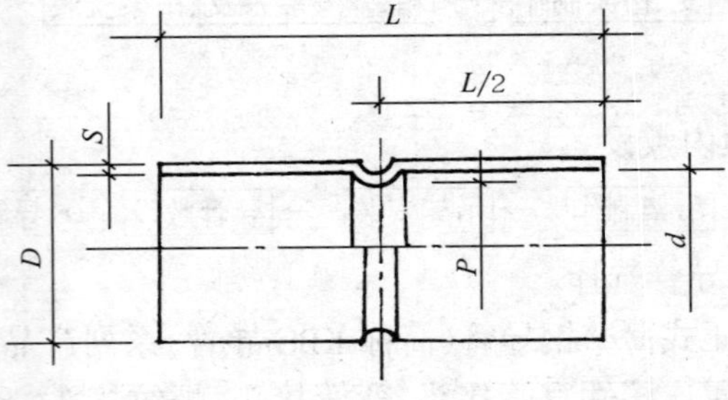

图 1.7.5－2　直管接头

直管接头规格表(mm)　　　　表 1.7.5－2

规　格	$\phi16$	$\phi20$	$\phi25$	$\phi32$	$\phi40$
内径 d	16	20	25	32	40
内径公差	＋0.30 ＋0.10	＋0.32 ＋0.11	＋0.32 ＋0.11	＋0.40 ＋0.12	＋0.40 ＋0.13

续表

规　格	$\phi16$	$\phi20$	$\phi25$	$\phi32$	$\phi40$
壁厚 S	1.0	1.0	1.2	1.2	1.2
壁厚公差	±0.08	±0.08	±0.10	±0.10	±0.10
外径 D	18	22	27.4	34.4	42.4
总长 L	55	55	55	75	95
凹槽内径 P	14	18	22.6	29.6	37.6
凹槽内径公差	+0.40 0	+0.40 0	+0.80 0	+0.80 0	+0.80 0

3　套接扣压式薄壁钢导管，进行弯曲连接时所用的弯管接头，如图 1.7.5－3 所示，弯管接头的规格见表 1.7.5－3。

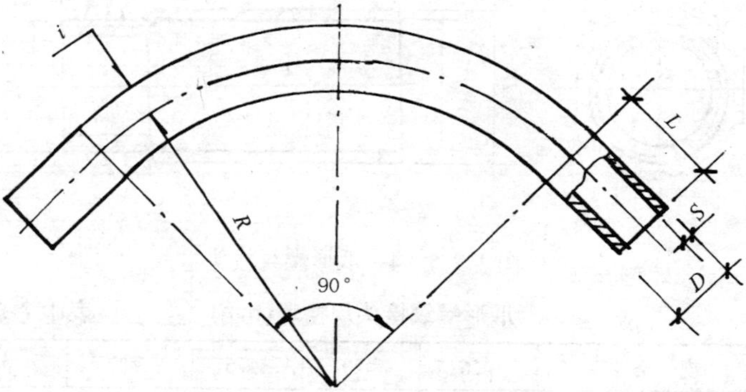

图 1.7.5－3　弯管接头

弯管接头规格表(mm)　　　　表 1.7.5－3

规　格		$\phi16$	$\phi20$	$\phi25$	$\phi32$	$\phi40$
外　径	D	16	20	25	32	40
	公差	0 －0.30	0 －0.30	0 －0.40	0 －0.40	0 －0.40
壁　厚	S	1.0	1.0	1.2	1.2	1.2
	公差	±0.08	±0.08	±0.10	±0.10	±0.10

续表

规格		$\phi16$	$\phi20$	$\phi25$	$\phi32$	$\phi40$
直管长度 L		25	25	25	35	45
曲率外径 R	$6D$	96	120	150	192	240
	$4D$	64	80	100	128	160
椭圆度 i		2	2	3	4	5

4　用于套接扣压式薄壁钢导管与盒(箱)连接的爪形螺纹接头,如图 1.7.5－4 所示,爪形螺纹接头的规格可见表 1.7.5－4。

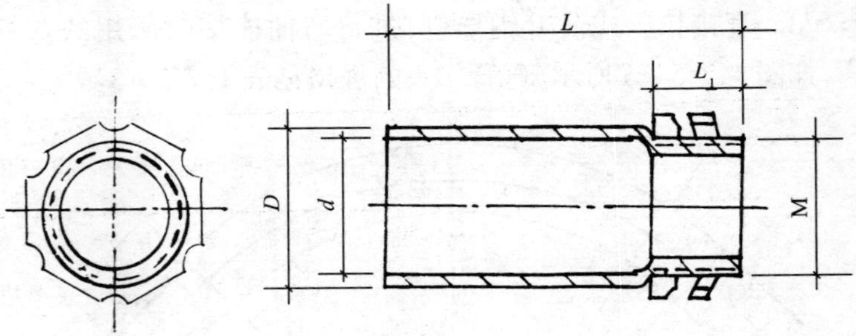

图 1.7.5－4　爪形螺纹接头

爪形螺纹接头规格表(mm)　　　　**表 1.7.5－4**

规格		$\phi16$	$\phi20$	$\phi25$	$\phi32$	$\phi40$
外　径	d	16	20	25	32	40
	公差	+0.30 +0.10	+0.32 +0.11	+0.32 +0.11	+0.40 +0.12	+0.40 +0.13
壁　厚	S	1.5	1.5	1.5	1.5	1.5
	公差	±0.08	±0.08	±0.08	±0.08	±0.08
外径 D		19	23	28	35	43
外螺纹 M		$\frac{16\times1.5}{20\times1.5}$	20×1.5	25×1.5	32×1.5	40×1.5
总长 L		40	40	40	50	55

续表

规格	$\phi16$	$\phi20$	$\phi25$	$\phi32$	$\phi40$
螺纹长度 L_1	10	10	10	12	12
螺纹长度公差	0 -0.50	0 -0.50	0 -0.50	0 -0.50	0 -0.50

5 套接扣压式薄壁钢导管的管材、连接附件及盒(箱),宜采用同一金属材料制作,使整个形成的电线管路,除应满足机械强度外,亦能满足电气连接的要求。

1.7.6 材料进场验收

1 套接扣压式薄壁钢导管的管材、连接套管及其金属附件使用的原材料应符合国家现行标准的规定,产品应附有出厂合格证和检验报告。

2 外观检查:导管无压扁、内壁光滑。导管镀层覆盖完整、表面无锈斑。

3 按制造标准现场抽样检测导管的管径、壁厚及均匀度。

1.7.7 导管切断

套接扣压式薄壁钢导管,定长为4m,在敷设时应按需要长度将导管切断。

钢导管切断时可以用型钢切割机(无齿锯)或细齿钢锯切断。导管切断后,断口处应与管轴线垂直,管口应锉平、刮光,使管口边缘平整、光滑。

1.7.8 导管弯曲

套接扣压式薄壁钢导管在敷设中,需要改变方向时,应将导管进行弯曲,对导管的弯曲有两种施工方法。

1 套接扣压式薄壁钢导管,在敷设中需要改变方向时,可采用配套用优质管材滚压成型的90°弯角,此弯角有4倍弯和6倍弯两种形式,其弯曲半径分别是管径的4和6倍。

2 套接扣压式薄壁钢导管,在敷设中需要导管在任意角度转弯时,可使用KBG专用工具——弯管器,进行导管自身的弯曲。

专用弯管器,采用合金工具钢,经铸造加工成型。弯管器有Ⅰ型和Ⅱ型两种形式,各有五种规格,分别供现场弯制相应规格导管的任意夹角使用。

3　套接扣压式薄壁钢导管,在现场弯管的过程中要注意,高频自动管焊缝应朝外再进行弯管。管弯曲处不应有折皱、凹陷、裂纹等缺陷。管弯曲处的弯扁程度不应大于导管外径的10%。

1.7.9　导管与导管的连接

套接扣压式薄壁钢导管管与管之间的连接,一般均在施工现场在导管敷设的过程中进行。套接扣压式薄壁钢导管的连接均使用套接管件(直管接头、弯管接头)进行连接,使用专用工具(扣压器)扣压,以满足导管与接头间扣压点的机械、电气的连接强度。

套接扣压式薄壁钢导管连接处,导管与套接管件应连接紧密,内外壁应光滑、无毛刺。

套接扣压式薄壁钢导管的连接不应敲打形成压点,同时也严禁熔焊连接。

1　导管的直管连接

导管与导管进行直管连接时,两连接管管端,分别插入到直管接头中心凹型槽的两侧,然后在管端连接处的中心,用扣压器进行扣压,为了防止潮气由接头处渗入管内,增加扣压后的电气性能,在扣压后接口处的缝隙,应用电力复合脂进行封堵(也可以先在连接管处先涂电力复合脂)。导管与导管的直管连接如图1.7.9-1所示。

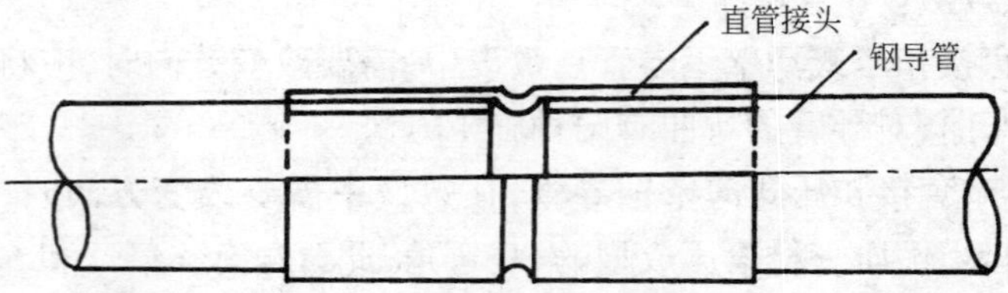

图1.7.9-1　导管与导管的直管连接

套接扣压式薄壁钢导管连接的扣压位置与导管敷设方位有

关，为了便于施工和检查，导管水平敷设时，扣压点宜在管路的上、下方分别扣压；导管垂直敷设时，扣压点宜在管路的左、右侧分别扣压。

套接扣压式薄壁钢导管连接时，每端扣压点的数量与导管管径有关，当管径为 ϕ25 及以下时，每端扣压点不应少于 2 处；当管径为 ϕ32 及以上时，每端扣压点不应少于 3 处。套接扣压式薄壁钢导管连接时的扣压点宜对称，间距宜均匀。

套接扣压式薄壁钢导管的连接处，扣压点的深度不应小于 1mm。且应扣压牢固、表面光滑、管内畅通。管壁扣压处形成的凹、凸点，不应有毛刺。

2 导管的转角连接

套接扣压式薄壁钢导管管路，进行转角连接时，使用弯管接头连接。连接时将两连接管管端，分别插入到弯管接头两端的承插口内，并应到位。

套接扣压式薄壁钢导管转角连接，用扣压器进行扣压的位置、方位，扣压点的数量以及扣压点的深度及质量要求和封堵措施与导管的直管连接要求均是一致的。

1.7.10 导管与盒(箱)的连接

套接扣压式薄壁钢导管与盒(箱)均采用螺纹接头利用爪形螺母进行连接。连接时对盒(箱)的连接(敲落)孔是有要求的，盒(箱)孔应整齐，且应与导管管径相吻合。盒(箱)不应开长孔，同时严禁使用电、气焊开孔或扩孔。

1 导管与盒的连接

套接扣压式薄壁钢导管与盒做终端连接时，可以把适当长度的导管插入到螺纹接头的一端，并应到位。扣压完成后，再把螺纹接头的爪形螺母端插入到盒体的连接(敲落)孔内，用专用扳手紧固螺纹接头入盒处的爪形螺母，形成管与盒连接后的多点接触。导管与盒的终端连接如图 1.7.10－1 所示。导管与盒终端连接时，也可以先把螺纹接头与盒紧固好，然后再连接扣压导管端。

导管与盒做中间连接时，要较终端连接复杂一些。只可先连接好一端的管子及另一管端的螺纹接头,而另一端的连接管多需要在现场敷设过程中再进行连接和扣压。导管与盒的中间连接如图 1.7.10－2 所示。

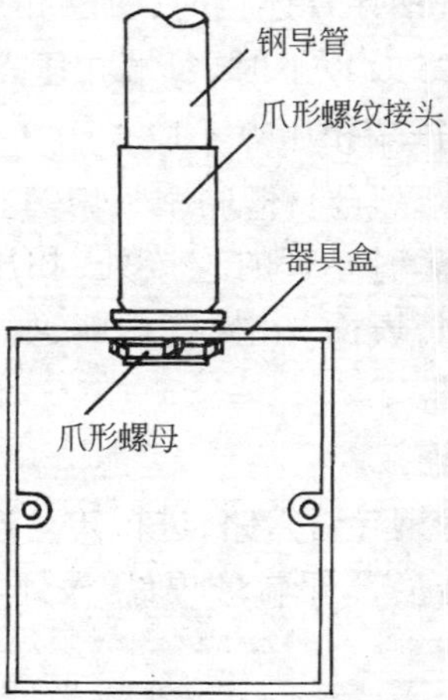

图 1.7.10－1　导管与盒的终端连接

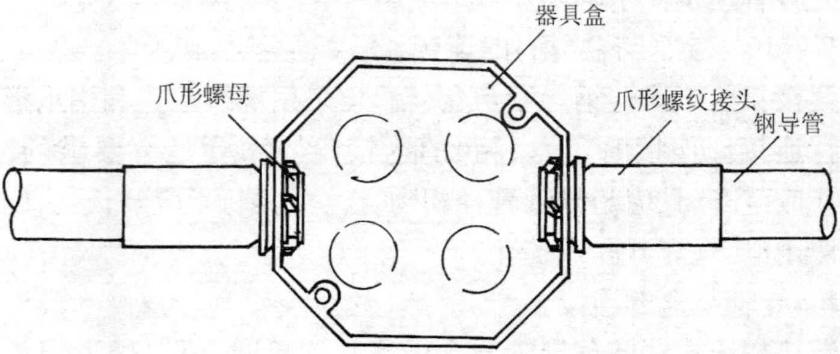

图 1.7.10－2　导管与盒的中间连接

导管与盒连接时,导管与螺纹接头连接处的扣压点的位置、方位、数量及扣压点深度和质量要求均同于导管与导管连接的做法。

2　导管与箱的连接

套接扣压式薄壁钢导管与箱体的连接,也使用螺纹接头和爪形螺母进行连接。

套接扣压式薄壁钢导管,应在箱体安装前预先把导管与螺纹接头的导管连接端连接并扣压完成,然后再根据导管的明、暗敷设情况,在适当的时机把螺纹接头的接线箱连接端,插入到箱体的连接(敲落)孔中,带好爪形螺母并用专用工具紧定好。如果先进行螺纹接头与箱体的紧固连接,再连接导管,就无法实施扣压。

套接紧定式薄壁钢导管与箱体连接时,应一孔一管,电源、负荷排列有序不错位。

两根及以上管入箱时,应间距均匀、排列整齐。

1.7.11 导管敷设的有关要求

中国工程建设标准化协会标准《套接扣压式薄壁钢导管电线管路施工及验收规范》CECS 100:98 认定:由薄壁钢导管及其金属附件采用扣压连接方式组成的电线管路,是敷设低压绝缘电线的一种专用电线保护管路,适用于 1kV 及以下特殊规定的室内干燥场所。

但是,根据国家标准《低压配电设计规范》GB 50054—95 和《全国民用建筑工程设计技术措施》电气分册中均规定:明敷设或暗敷于干燥场所的金属管布线应采用管壁厚度不小于 1.5mm 的电线管。

鉴于上述原因,施工时应按已批准的设计进行,当修改设计时,应经原设计单位同意,方可进行。

1 导管与其他管路的距离

在套接扣压式薄壁钢导管敷设时,电线管路与其他管道间的最小距离,应符合表 1.7.11-1 的规定。

套接扣压式薄壁钢导管电线管路与其他管道的最小距离(mm)

表 1.7.11-1

管路名称	管路敷设方式		最小间距
蒸汽管	平行	管道上	1000
		管道下	500
	交叉		300

续表

管路名称	管路敷设方式		最小间距
暖气管 热水管	平行	管道上	300
		管道下	200
	交叉		100
通风、给排水及压缩空气管	平行		100
	交叉		50

注：1. 对蒸汽管道，当在管外包隔热层后，上下平行距离可减至 200mm；

2. 暖气管、热水管应设隔热层。

2　中间拉线盒或接线盒的设置

为了便于电线穿管工作及运行和维修，防止绝缘电线在施工中受损伤，套接扣压式薄壁钢导管管路，有下列情况之一者，中间应增设拉线盒或接线盒，其位置应便于电线穿管：

(1) 管路长度每超过 30m，无弯曲。

(2) 管路长度每超过 20m，有一个弯曲。

(3) 管路长度每超过 15m，有两个弯曲。

(4) 管路长度每超过 8m，有三个弯曲。

套接扣压式薄壁钢导管管路垂直敷设时，由于明敷电线管路自重和管内绝缘电线的自重，使垂直敷设电线管路受到较大应力，为防止电线管路及管内绝缘电线受损，管内绝缘电线截面为 $50mm^2$ 及以下时，长度每超过 30m，应增设固定用的拉线盒。

1.7.12　钢导管暗敷设

套接扣压式薄壁钢导管暗敷设，是将导管及其盒(箱)按其正确的位置及走向，逐层逐段的配合土建施工进行预埋。

在承重墙上不应提倡剔槽配管，剔槽配管劳民伤财。

1　套接扣压式薄壁钢导管暗敷设时，为了节约材料，降低工程造价，应沿最近的路线敷设，且应减少弯曲。

2　套接扣压式薄壁钢导管暗敷设时，其弯曲半径不应小于管外径的 6 倍；埋入混凝土内平面敷设时，其弯曲半径不应小于管外径的 10 倍。

3　为保证电线管路敷设后，不影响建筑物抹灰面或在墙体内影响整个工程质量，套接扣压式薄壁钢导管，埋入墙体或混凝土内时，导管与墙体或混凝土表面净距不应小于15mm。

4　在非承重墙体上剔槽敷设套接扣压式薄壁钢导管时，剔槽宽度不应大于管外径5mm。为不使导管摆动或下垂，保证导管敷设后的质量，应加以固定，固定点间距不应大于1m。

5　敷设在钢筋混凝土墙体或楼板内的套接扣压式薄壁钢导管管路，应与钢筋绑扎固定，固定点间距不应大于1m。

6　套接扣压式薄壁钢导管，敷设在预制圆孔板上时，管路应平顺，紧贴板面，固定点间距不应大于1m。

7　套接扣压式薄壁钢导管管路，安装电器的部位应设置器具盒。导管在预制圆孔板上敷设时，不宜打洞敷设导管和灯位盒。

8　套接扣压式薄壁钢导管，沿预制圆孔板板缝敷设时，导管与板缝的上、下表面净距不应小于15mm。

9　套接扣压式薄壁钢导管管路，进入落地式配电箱（柜）时，为便于确认管路去向，多根管子排列应整齐，管口高出配电箱（柜）基础面宜为50～80mm，避免杂物或积水进入导管内，影响安全运行。

10　套接扣压式薄壁钢导管，由于管材是薄壁型，在敷设时由于抗压强度相对较低，为了避免导管受损，影响安全运行，不宜穿过建筑物、构筑物或设备的基础。当必须穿过时，为了保护钢导管管路正常使用，防止基础下沉对导管管路带来不利因素，应外套保护管或采取其他措施。

11　套接扣压式薄壁钢导管管路，在经过建筑物的沉降或伸缩缝处，为防止受到不均匀沉降或伸缩变形，造成导管管路受剪切和扭拉，应在其两端设置能固定的补偿装置。套接扣压式薄壁钢导管管路中的补偿装置做法，可参见《刚性绝缘导管暗敷设》和《钢导管暗敷设》中相关内容。

12　套接扣压式薄壁钢导管管路敷设时，管路应固定牢固，连接口应符合规定，两端头应封堵，便于下一道导线穿管施工。

1.7.13 钢导管明敷设

套接扣压式薄壁钢导管明敷设,是在建筑物室内装饰工程结束后进行的。导管在敷设前应按设计意图,确定好设备、器具的盒(箱)或用电设备和器具的安装位置,并将其安装固定牢固。然后根据明敷设管路应横平竖直的原则,顺线路的垂直和水平位置进行弹线定位,并应注意导管管路与其他管路相互间位置及最小净距,测量出支、吊架固定点的具体位置和距离。

1 套接扣压式薄壁钢导管明敷设时,应做到与工程配合、协调,文明施工。导管管路的预埋件,应与建筑工程同步进行。

2 套接扣压式薄壁钢导管明敷设,当设计无要求时,支架、吊架的规格,不应小于下列规定:

(1) 圆钢直径 6mm;

(2) 扁钢 3mm × 30mm;

(3) 角钢 25mm × 25mm × 3mm;

(4) 埋注支架应有燕尾,埋入深度不应小于 80mm。

3 套接扣压式薄壁钢导管明敷设时,管的弯曲半径不应小于管外径的 6 倍;当两个接线盒之间只有一个弯曲时,管弯曲半径不应小于管外径的 4 倍。

4 套接扣压式薄壁钢导管明敷设时,排列应整齐,管卡固定牢固、间距均匀;导管直径为 16 ~ 20mm 时,管路中间固定点间的最大距离不应大于 1m;当导管直径为 25 ~ 32mm 时,管路中间固定点间的最大距离不应大于 1.5m;当导管直径为 40mm 时,管路中间固定点间的最大距离不应大于 2m,导管中间固定点间距应均匀。施工中防止出现中间固定距离过大的现象,否则会使扣压连接的扣压点受力增大,当导管受外力作用时将导致扣压点受损,同时导管易下垂影响敷设的质量。

5 套接扣压式薄壁钢导管明敷设时,不能利用器具、设备或盒(箱)来固定导管端部,导管管卡固定点距终端、弯头中点、电气器具、设备或盒(箱)的边缘的距离,宜为 150 ~ 300mm。固定点距离应一致,在使用弯管接头时,固定点与接头处躲开适当距离。

6　为保证套接扣压式薄壁钢导管管路，外观质量和建筑物协调一致，导管在水平或垂直敷设时，水平或垂直安装的允许偏差为1.5‰，全长偏差不应大于管外径的1/2。

7　套接扣压式薄壁钢导管管路，经过建筑物的沉降缝或伸缩缝处，应装设两端固定的补偿装置。补偿装置的做法可参见《钢导管、刚性绝缘导管明敷设》中的相关内容。

1.7.14　导管在吊顶内敷设

套接扣压式薄壁钢导管，在土建装饰吊顶工程施工时，电气人员应与土建及其他安装专业紧密配合。吊顶内导管敷设，一般应在龙骨装配时进行，在顶板安装前导线穿管应完工。可先在顶棚或地面上定位弹线，以便准确的确定好器具及导管的位置和走向。

1　吊顶内导管管路应沿最近的路线敷设，且应尽量减少弯曲，但应注意与其他专业管道特别是空调管道的距离，以免造成施工的相互影响、相互损坏及产生不安全因素。

2　套接扣压式薄壁钢导管敷设的支架、吊架，可根据导管敷设的数量和导管管径，按明敷设导管的规则加工制作。单根导管沿吊架敷设时，可利用吊顶龙骨的吊杆做吊架，也可以用 $\phi8$ 圆钢自制吊架，用抱式管卡来固定导管，如图 1.7.14－1 所示。

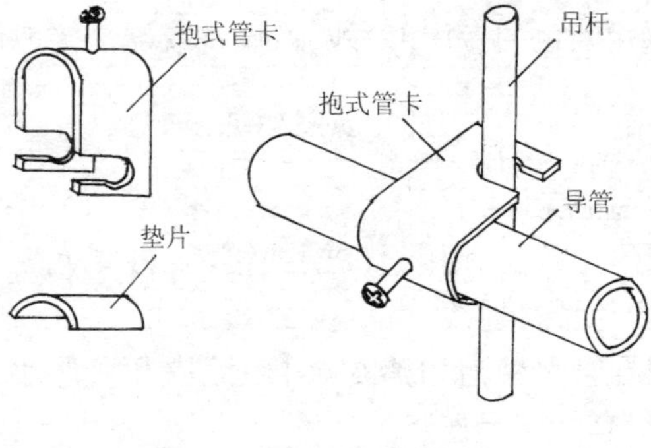

图 1.7.14－1　抱式管卡固定导管

3　在吊顶内多根导管在吊架或支架上敷设，应排列整齐、固定牢固。管路中支、吊架的固定距离，同明敷设施工一致。

1.7.15　导管管路接地

为了安全运行，使整个导管管路可靠地连接成一个导电整体，以防止电线绝缘损伤，而使导管带电造成事故，导管管路要进行接地连接。

1　套接扣压式薄壁钢导管及其金属附件组成的电线管路，管路外壳应有可靠接地。接地线应用专用接地卡连接，不应熔焊连接接地线。

(1) 在TT系统的接地形式中，套接扣压式薄壁钢导管电线管路外壳，应通过保护线(PE)接至与电力系统接地点无直接关连的接地装置上。

(2) 在TN系统的接地形式中，套接扣压式薄壁钢导管电线管路外壳，必须用保护线(PE)或中性保护共用线(PEN)与电力系统接地点的接地装置相连接。

2　套接扣压式薄壁钢导管及其金属附件，经扣压工艺连接后，组成的电线管路，经形式试验，其接触电阻值小于规定值，做到了管路良好的电气连续性。在管与管、管与盒(箱)连接处采用套接扣压方式，在连接处无需额外做跨接接地线。

3　套接扣压式薄壁钢导管电线管路，不应作为电气设备接地线，当管路中安装有需要接地保护的设备或器具时，在导管内应加穿一根黄、绿相间色的专用PE线，供设备或器具接地保护用。

Ⅲ　质量标准

1.7.16　主控项目

1　金属的导管必须接地(PE)或接零(PEN)可靠。镀锌的钢导管不得熔焊跨接接地线。

2　金属导管严禁对口熔焊连接；镀锌和壁厚小于等于2mm的钢导管不得套管熔焊连接。

1.7.17　一般项目

1　室内进入落地式柜、台、箱、盘内的导管管口，应高出柜、台、箱、盘的基础面50~80mm。

2　暗配的导管，埋设深度与建筑物、构筑物表面的距离不应小于15mm；明配的导管应排列整齐，固定点间距均匀，安装牢固；在终端、弯头中点或柜、台、箱、盘等边缘的距离150～500mm范围内设有管卡，中间直线段管卡间的最大距离应符合表1.7.17－1的规定。

管卡间最大距离　　表1.7.17－1

敷设方式	导管种类	导管直径(mm)				
		15～20	25～32	32～40	50～65	65以上
		管卡间最大距离(m)				
支架或沿墙明敷	壁厚＞2mm刚性钢导管	1.5	2.0	2.5	2.5	3.5
	壁厚≤2mm刚性钢导管	1.0	1.5	2.0	—	—
	刚性绝缘导管	1.0	1.5	1.5	2.0	2.0

3　导管和线槽，在建筑物变形缝处，应设补偿装置。

Ⅳ　成品保护

1.7.18　套接扣压式薄壁钢导管管路敷设完成后，应将施工中造成建筑物、构筑物等处的槽、洞、孔、沟等修补完整。

1.7.19　套接扣压式薄壁钢导管明敷设时，应保护墙面、地面、顶棚清洁完整。

1.7.20　套接扣压式薄壁钢导管明敷设后，不应再进行建筑物墙面、顶棚喷浆或刮大白，以防钢导管受到污染。

1.7.21　吊顶内套接扣压式薄壁钢导管敷设，应注意不能损坏吊顶龙骨和顶板。

Ⅴ　安全注意事项

1.7.22　用专用弯管器弯管时，操作人员面部一定要错开所弯的钢导管，以免弯管器滑脱伤人。

1.7.23　站在高处传递物品时，要拿稳，防止掉落伤人。

1.7.24　使用自制高架车施工时，站人部位周围应有护栏。

1.7.25 使用人字梯必须坚固,距梯脚40~60cm处要设拉绳,不准站在梯子最上层工作,梯凳上禁止放工具、材料,以免坠落伤人。

Ⅵ 质量通病及其防治

1.7.26 钢导管敷设时,导管连接处不到位。在明、暗敷设导管管路前,应计算好导管的每段长度,管材下料要准备;导管连接时插入到套接管件的凹槽侧应到位。

1.7.27 导管连接处固定不牢固。套接扣压式薄壁钢导管采用扣压连接方式,满足机械、电气的连接强度,进行扣压时,扣压器钳口应调节适当。扣压时应适当用力,使扣压点的深度不小于1mm的要求,并应根据导管管径确定扣压点的数量。

1.7.28 导管管路弯曲处,弯曲半径过小,弯曲处出现弯扁现象。使用Ⅰ型滑轮弯管器弯管时,应根据弯曲半径的要求,选择适当规格的弯管器;用Ⅱ型弯管器弯管时,用力不要过猛,要逐渐向后移动弯管器。在导管管路弯曲处,应尽量使用成品弯管接头进行连接。

1.7.29 套接扣压式薄壁钢导管管路,接地不良。当钢导管与箱体连接时,由于箱体有防护漆,造成入箱导管螺纹接头与箱体连接处接触电阻大,虽然箱体接地点与系统的PE或PEN线连接,但导管管路外壳无良好的电气接续,此时可把配电箱箱体与导管之间做接地跨接线,降低箱体与导管间的接触电阻,使其管路外壳有可靠的接地。

1.8 可挠金属电线保护管敷设

Ⅰ 施工准备

1.8.1 材 料

可挠金属电线保护管、可挠金属电线保证管接线箱连接器、管接头、固定夹子、灯位盒、开关(插座)盒等各种螺栓、木螺钉、各种绑线。

1.8.2　机　　具

可挠金属电线保护管专用切割刀、卷尺、活扳手等。

1.8.3　作业条件

1　暗敷设管路须与土建主体工程密切配合施工，土建主体工程施工时，应及时给出建筑标高线。

2　明敷设管路施工前，对施工有影响的模板、脚手架应拆除，杂物清理干净；会使管路发生损坏或严重污染的建筑物装饰工程应全部结束，埋入建筑物内的支架、螺栓及其他部件，应在土建施工时做好预埋工作，预埋件、预留孔的位置和尺寸应符合设计要求，预埋件应埋设牢固。

Ⅱ　施工工艺

1.8.4　施工程序

选管 → 管子切断 → 管与盒(箱)连接 → 管与管连接 →

管子敷设 → 扫管

1.8.5　可挠金属电线保护管的种类和用途

1　LZ－3型可挠金属电线保护管

LZ－3型为单层可挠性电线保护套管，构造如图1.8.5－1所示，外层为镀锌钢带(FeZn)；里层为电工纸(P)。主要用于室内装修及电气设备和低压室内配线。其规格见表1.8.5－1。

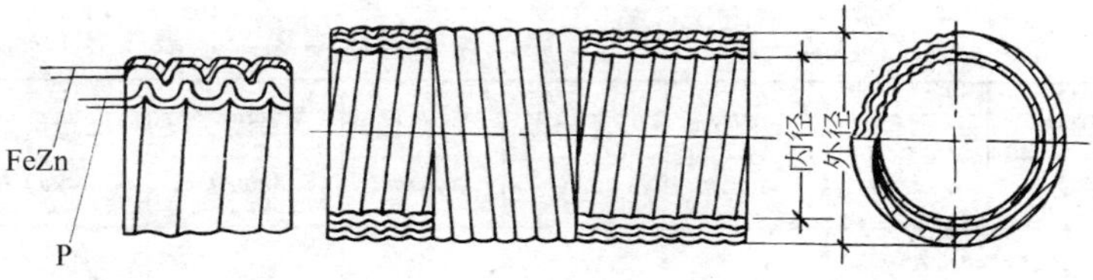

图1.8.5－1　LZ－3型可挠金属电线保护管构造图

2　LZ－4型可挠金属电线保护管

LZ－4型为双层金属可挠性保护管，构造见图1.8.5－2，外层为镀锌钢带，中间层为冷轧钢带(Fe)，里层为电工纸(P)。金属层与电工纸重叠卷绕螺旋状，再与卷材方向相反地施行螺纹状折褶，构成可挠性。定为电气设备标准型号，主要用于混凝土内暗敷设。其规格见表 1.8.5－2。

LZ－3 型可挠金属电线保护管规格表　　表 1.8.5－1

规格（号）	内径（mm）	外径（mm）	螺距（mm）
15	14.5	19.0	1.6±0.2
17	17.0	21.5	
24	24.2	28.8	1.8±0.25
30	29.9	34.9	
38	37.7	42.9	
50	50.0	54.9	

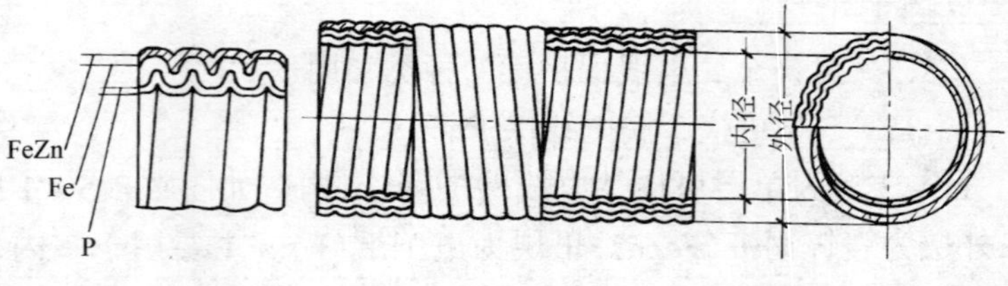

图 1.8.5－2　LZ－4 型可挠金属电线保护管构造图

LZ－4 型可挠金属电线保护管规格表　　表 1.8.5－2

规格（号）	内径（mm）	外径（mm）	外径公差（mm）	每卷长（mm）	螺距（mm）	每卷重量（kg）
10	9.2	13.3	±0.2	50	1.6±0.2	11.5
12	11.4	16.1	±0.2	50		15.5
15	14.1	19.0	±0.2	50		18.5
17	16.6	21.5	±0.2	50		22.0

续表

规格（号）	内径（mm）	外径（mm）	外径公差（mm）	每卷长（mm）	螺距（mm）	每卷重量（kg）
24	23.8	28.8	±0.2	25	1.8±0.25	16.25
30	29.3	34.9	±0.2	25		21.8
38	37.1	42.9	±0.4	25		24.5
50	49.1	54.9	±0.4	20		28.2
63	26.6	69.1	±0.6	10	2.0±0.3	20.6
76	76.0	82.9	±0.6	10		25.4
83	81.0	88.1	±0.6	10		26.8
101	100.2	107.3	±0.6	6		18.72

3　LV－5 型可挠金属电线保护管

LV－5 型可挠金属电线保护管构造如图 1.8.5－3 所示。是在 LZ－4 型套管表面覆一层聚氯乙烯(PVC)。适用于室外、室内多潮湿及有水蒸气的场所使用。规格见表 1.8.5－3。

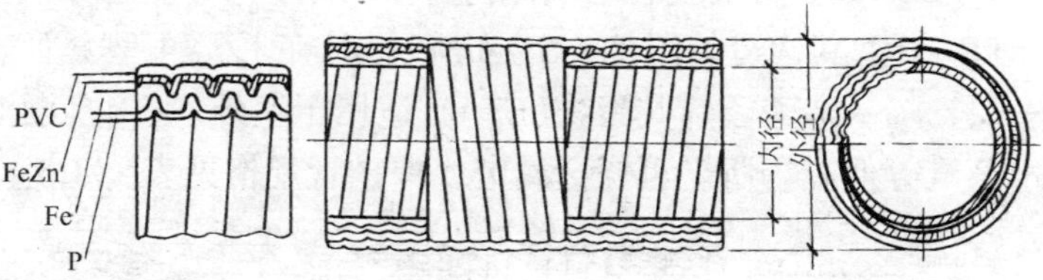

图 1.8.5－3　LV－5 型可挠金属电线保护管构造图

LZ－5 型可挠金属电线保护管规格表　　表 1.8.5－3

规格（号）	内径（mm）	外径（mm）	外径公差（mm）	乙烯层厚度（mm）	每卷长（mm）	重量（kg/m）	每卷重量（kg）
10	9.2	14.9	±0.2	0.8	50	0.31	15.5

续表

规格（号）	内径（mm）	外径（mm）	外径公差（mm）	乙烯层厚度（mm）	每卷长（mm）	重量（kg/m）	每卷重量（kg）
12	11.4	17.7	±0.2	0.8	50	0.40	20.0
15	14.1	20.6	±0.2	0.8	50	0.45	22.5
17	16.6	23.1	±0.2	0.8	50	0.51	25.5
24	23.8	30.4	±0.2	0.8	25	0.80	20.0
30	29.3	36.5	±0.2	0.8	25	0.98	24.5
38	37.1	44.9	±0.4	0.8	25	1.26	31.5
50	49.1	56.9	±0.4	1.0	20	1.80	36.0
63	62.3	71.5	±0.6	1.0	10	2.38	23.8
76	76.0	85.3	±0.6	1.0	10	2.88	28.8
83	81.0	90.9	±0.8	2.0	10	3.41	34.1
101	100.2	110.1	±0.8	2.0	6	4.64	27.84

4　LE－6型可挠金属电线保护管

LE－6型其构造如图1.8.5－4所示，是在LZ－4型套管表面覆一层乙烯—醋酸乙烯共聚物（EVA），适用于室外、室内多潮湿及有水蒸汽等低温场所。可挠金属电线保护管规格见表1.8.5－4。

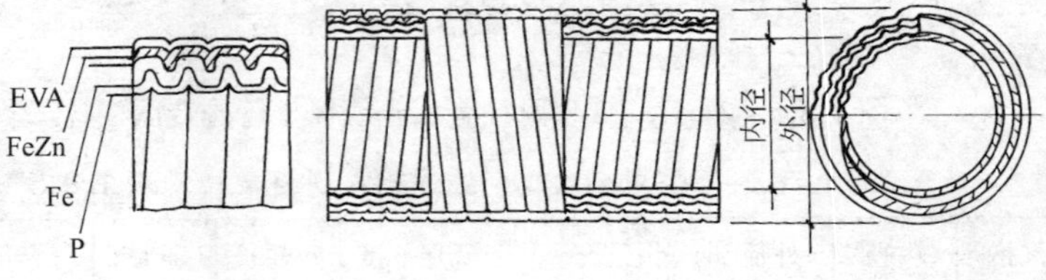

图1.8.5－4　LE－6型可挠金属电线保护管构造图

LE－6型可挠金属电线保护管规格表　　表1.8.5－4

规格（号）	内径（mm）	外径（mm）	外径公差（mm）	乙烯层厚度（mm）	每卷长（mm）	重量（kg/m）	每卷重量（kg）
17	16.6	23.1	±0.2	0.8	50	0.51	25.5
24	23.8	30.4	±0.2	0.8	50	0.80	40.0
30	29.3	36.5	±0.2	0.8	25	0.98	24.5
38	37.1	44.9	±0.4	0.8	25	1.26	31.5
50	49.1	56.9	±0.4	1.0	25	1.80	45.0
63	62.6	71.5	±0.6	1.0	10	2.38	23.8
76	76.0	85.3	±0.6	1.0	10	2.88	28.8
83	81.0	90.9	±0.8	2.0	10	3.41	34.1
101	100.2	110.1	±0.8	2.0	5	4.64	23.2

5　LVH－7型可挠金属电线保护管

LVH－7型可挠金属电线保护管结构如图1.8.5－5所示，是在LZ－4型表面被覆一层具有良好耐热性软质聚氯乙烯（PVC），适用于高温场所的配管工程。其规格见表1.8.5－5。

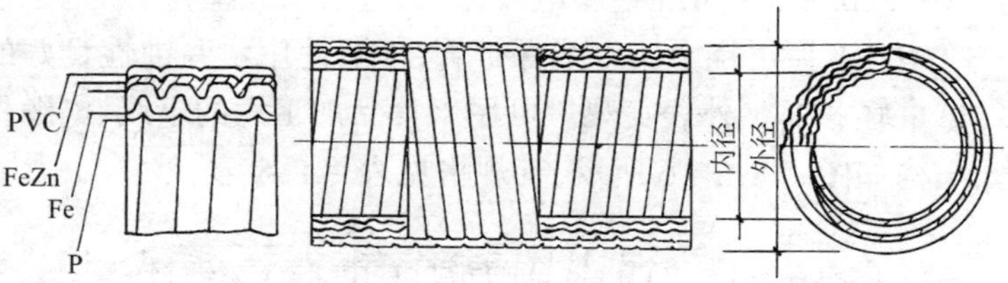

图1.8.5－5　LVH－7型可挠金属电线保护管构造图

LVH－7型可挠金属电线保护管规格表　　表1.8.5－5

规格（号）	内径（mm）	外径（mm）	外径公差（mm）	乙烯层厚度（mm）	每卷长（mm）	重量（kg/m）	每卷重量（kg）
10	9.2	14.9	±0.2	0.8	50	0.31	15.5

续表

规格(号)	内径(mm)	外径(mm)	外径公差(mm)	乙烯层厚度(mm)	每卷长(mm)	重量(kg/m)	每卷重量(kg)
12	11.4	17.7	±0.2	0.8	50	0.40	20.0
15	14.1	20.6	±0.2	0.8	50	0.45	22.5
17	16.6	23.1	±0.2	0.8	50	0.51	25.5
24	23.8	30.4	±0.2	0.8	25	0.80	20.0
30	29.3	36.5	±0.2	0.8	25	0.98	24.5
38	37.1	44.9	±0.4	0.8	25	1.26	31.5
50	49.1	56.9	±0.4	1.0	20	1.80	36.0
63	62.3	71.5	±0.6	1.0	10	2.38	23.8
76	76.0	85.3	±0.6	1.0	10	2.88	28.8
83	81.0	90.9	±0.8	2.0	10	3.41	34.1
101	100.2	110.1	±0.8	2.0	6	4.64	27.84

6　LAL－8型可挠金属电线保护管(耐腐蚀型)

LAL－8型可挠金属电线保护管,外层使用耐腐蚀性良好的铝带,重量轻、柔软、外表美观。可用于食品加工厂的电线、电缆保护管、结构如图1.8.5－6所示,其规格见表1.8.5－6。

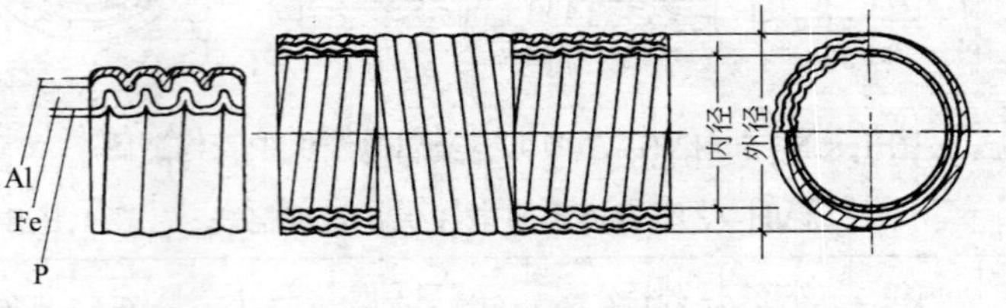

图1.8.5－6　LAL－8型可挠金属电线保护管构造图

LAL－8 型可挠金属电线保护管规格表　　表 1.8.5－6

规格（号）	内径（mm）	外径（mm）	外径公差（mm）	每卷长（mm）	重量（kg/m）	每卷重量（kg）
10	9.2	13.3	±0.2	25	0.156	3.9
12	11.4	16.1	±0.2	25	0.206	5.2
15	14.1	19.0	±0.2	25	0.235	5.9
17	16.6	21.5	±0.2	25	0.292	7.3
24	23.8	28.8	±0.2	25	0.447	11.2

7　LS－9 型可挠金属电线保护管(耐酸、碱性)

LS－9 型可挠金属电线保护管，为船舶专用产品，外层和中间层都是用不锈钢带构成，而腐蚀性极好，除船舶用外，还可用于酸性、碱性气体等场所的电线、电缆保护套管。其结构如图 1.8.5－7 所示，规格见表 1.8.5－7。

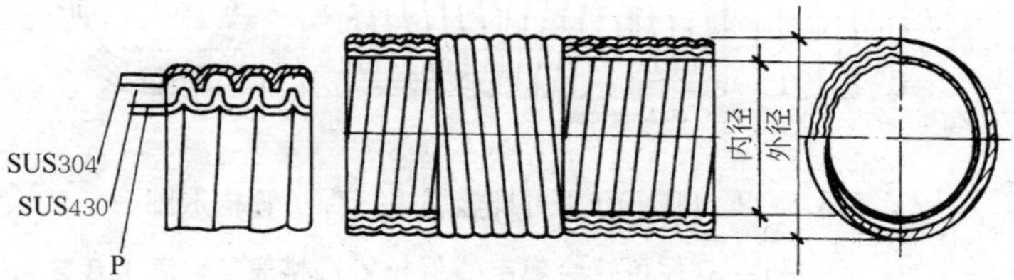

图 1.8.5－7　LS－9 型可挠金属电线保护管构造图

LS－9 型可挠金属电线保护管规格表　　表 1.8.5－7

规格（号）	内径（mm）	外径（mm）	外径公差（mm）	每卷长（mm）	螺距（mm）	每卷重量（kg）
15	14.1	19.0	±0.2	50	1.6±0.2	18.5
17	16.6	21.5	±0.2	50		22.0
24	23.8	28.8	±0.2	25	1.8±0.25	16.25
30	29.3	34.9	±0.2	25		21.8
38	37.1	42.9	±0.4	25		24.5
50	49.1	54.9	±0.4	20		28.2

续表

规格（号）	内径（mm）	外径（mm）	外径公差（mm）	每卷长（mm）	螺距（mm）	每卷重量（kg）
63	26.6	69.1	±0.6	10	2.0±0.3	20.6
76	76.0	82.9	±0.6	10		25.4
83	81.0	88.1	±0.6	10		26.8
101	100.2	107.3	±0.6	6		18.72

8　LH－10 型可挠金属电线保护管

LH－10 型可挠金属电线保护管，外层和里层均为镀锌钢带，中间层为冷轧钢带。适用于 250℃以下的高温场所的配管，亦可作电缆终端保护管。其结构如图 1.8.5－8 所示，规格见表 1.8.5－8。

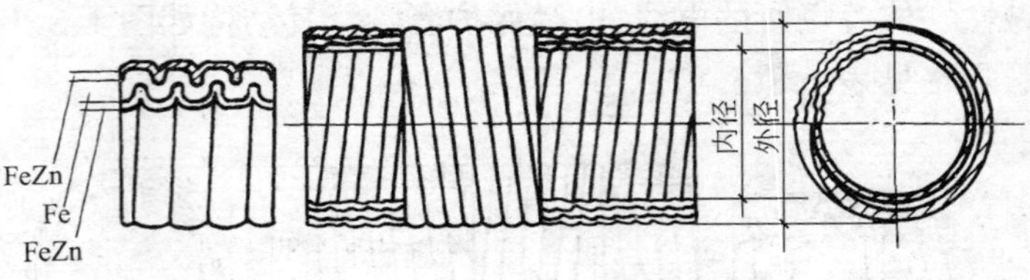

图 1.8.5－8　LH－10 型可挠金属电线保护管构造图

LH－10 型可挠金属电线保护管规格表　　表 1.8.5－8

规　格(号)	内　径(mm)	外　径(mm)	螺　距(mm)
17	16.6	21.5	1.6±0.2
24	23.8	28.8	1.8±0.25
30	29.3	34.9	
38	37.1	42.9	
50	49.1	54.9	
63	62.6	69.1	2.0±0.3
76	76.0	82.9	
83	81.0	88.1	
101	100.2	107.3	

1.8.6 可挠金属电线保护管选择及外观检查

可挠金属电线保护管是电线、电缆保护套管的新型管材，可用于各种场合的明、暗敷设和现浇混凝土内的暗敷设。

可挠金属电线保护管分为标准型、防腐型、耐寒型、耐热型等多种，使用时应根据不同场所选择相应管材。

1 按适用场所选择

(1) 低压室内配线

可挠金属电线保护管除可用于特殊场所之外，与钢导管、刚性绝缘导管适用场所基本相同，可挠金属电线保护管适用场所可见表 1.8.6-1。

(2) 多粉尘场所

在易燃性粉尘(指镁、铝等粉尘聚积状态，点火时易引起爆炸)或可燃性粉尘(指面粉、淀粉及其他可燃性粉尘浮游在空中，点火时易引起爆炸)或者有火药类存在，电气设备有可能成为点火源而引起爆炸的场所以外，在粉尘多的场所设置低压室内设备可采用可挠金属电线保护管。

(3) 其他场所

可挠金属电线保护管可以用于室外配线，应用 LV-5 型或 LE-6型。

可挠金属电线保护管室内配线适用场所　　表 1.8.6-1

配线方式 / 管材种类	明敷设		暗敷设			
			可维修		不可维修	
	干燥场所	湿气多或有水蒸气场所	干燥场所	湿气多或有水蒸气场所	干燥场所	湿气多或有水蒸气场所
双层金属可挠性管	○	○	○	①	○	①
钢导管、刚性绝缘导管	○	○	○	○	○	○
单层金属可挠性管	②	×	②	×	×	×

注：○—适用场所；×—不适用场所。

1. 适用 LV-5 型或 LE-6 型金属保护管；

2. 超过 500V 情况时，只限于在连接电机短小部分，需要挠性部位配线用。

可挠金属电线保护管可用于人行通行的隧道内及铁路或轨道专用的隧道内的低压供电线路。也可用于桥梁下面敷设的低压供电线路。

2 按管径选择

穿入可挠金属电线保护管内导线的总截面积(包括外护层)不应超过管内径截面积的40%,管内穿BV、BLV导线选择管径可参照表1.8.6-2进行。

BV、BLV-500V导线穿管管径选择表　　表1.8.6-2

电线截面	电线根数									
单位	1	2	3	4	5	6	7	8	9	10
(mm^2)	可挠金属电线保护管的最小粗度(mm)									
1		10	10	10	10	12	12	15	15	15
1.5		10	10	12	15	15	17	17	17	24
2.5		10	12	15	15	17	17	17	24	24
4		12	15	15	17	17	24	24	24	24
6		12	15	17	17	24	24	24	24	30
10		17	24	24	24	30	30	38		
16		24	24	30	30	38	38	38		
25		24	30	38	38	38				
35		30	38	38	50					
50		38	38	50	50					
70		38	50	50	63					
95		50	50	63	63					
120		50	63	76	76					
150		50	63	76	76					

3 管的外观检查

管外径、内径及螺距应符合技术规定,应抗压缩并具有阻燃性能。管外镀层无脱落、起层、锈斑,镀锌钢带无折皱,中间层无外露，管内无突起及损伤。切断面光滑无毛刺，卷边现象。

1.8.7　管子切断

可挠金属电线保护管，不需预先切断，在管子敷设过程中，需要切断时，应根据每段敷设长度，使用可挠金属电线保护管切割刀进行切断。

切管时用手握住管子或放在工作台上用手压住，将普利卡金属套管切割刀刀刃，轴向垂直对准可挠金属电线保护管螺纹沟，尽量成直角切断。如放在工作台上切割时要用力边压边切。

可挠金属电线保护管也可用钢锯进行切割。

可挠金属电线保护管切断后，应清除管口处毛刺，使切断面光滑。在切断面内侧用刀柄铰动一下。

1.8.8　管与盒(箱)的连接

可挠金属电线保护管与盒(箱)连接时，应使用专用的 BG 型接线箱连接器或 UBG 型组合接线箱连接器，进行连接。用接线箱或组合接线箱连接器连接时，确认管口处无毛刺后，将连接管按管子螺纹方向旋入连接器的保护管螺纹一端，连接器另一端插入盒(箱)敲落孔内拧紧连接器紧固螺母或盖形螺母。接线箱连接器和组合接线箱连接器如图 1.8.8－1、图 1.8.8－2 和表 1.8.8－1 及表 1.8.8－2 所示。

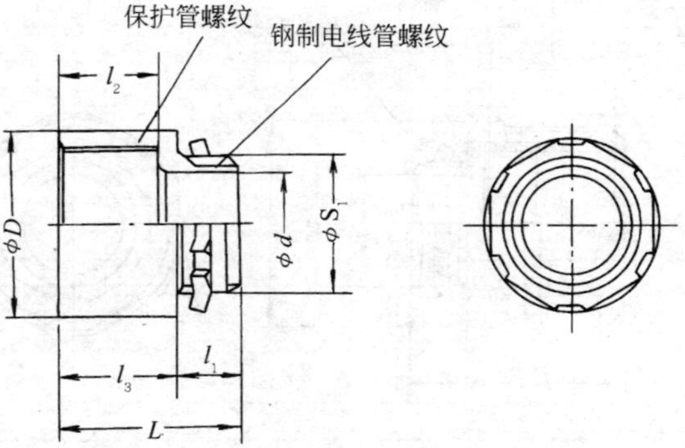

图 1.8.8－1　BG 型接线箱连接器

BG 型接线箱连接器规格表(mm)　　表 1.8.8－1

型　号	保护管规格	L_1	L_2	L_3	L	A	ϕD	ϕd
BG－10	PZ－4－10	12	15	16.5	28.5		24.0	12.0
BG－12	PZ－4－12	12	15	16.5	28.5		24.0	12.0
BG－15	PZ－4－15	12	15	16.5	28.5		24.0	15.0
BG－17	PZ－4－17	12	18	21.4	33.4		28.3	14.5
BG－24	PZ－4－24	12	20	23.4	35.4		35.5	19.7
BG－30	PZ－4－30	16	22	25.4	41.4		41.6	25.9
BG－38	PZ－4－38	16	25	28.9	44.9		50.5	34.4
BG－50	PZ－4－50	18	25	28.9	46.9		62.5	40.1
BG－54	PZ－4－54	18.0	25.0	29.0	47.0	74.7	62.4	50.4
BG－63	PZ－4－63	18.0	35.0	39.0	57.0	84.0	76.6	51.5
BG－76	PZ－4－76	18.0	35.0	39.0	57.0	97.8	90.4	66.5
BG－83	PZ－4－83	20.0	35.0	39.0	59.0	103.5	95.6	79.0
BG－101－92	PZ－4－101	20.0	40.0	45.0	65.0	—	120.0	102.6
BG－101－104	PZ－4－101	20.0	40.0	45.0	65.0	—	120.0	102.6

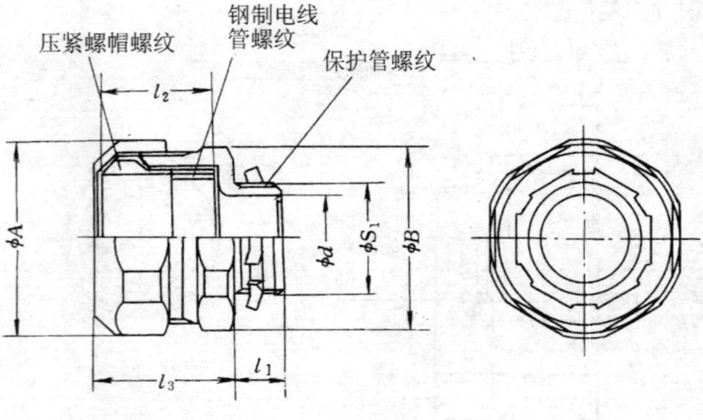

图 1.8.8－2　UBG 型组合接线箱连接器

UBG 型组合接线箱连接器规格表(mm)　　表 1.8.8-2

型　号	保护管规　格	L_1	L_2	L_3	ϕA	ϕB	ϕd
UBG-17	PZ-4-17	12	21	26	37.0	34.0	14.5
UBG-24	PZ-4-24	12	23	28	46.0	42.8	19.7
UBG-30	PZ-4-30	16	25	31	54.0	50.5	25.8
UBG-38	PZ-4-38	16	28	34	64.0	60.5	34.3
UBG-50	PZ-4-50	18	28	34	78.0	73.5	40.0
UBG-63	PZ-4-63	18	36	43	92.0	90.0	52.0
UBG-76	PZ-4-76	18	41	49	108.0	104.0	67.5
UBG-83	PZ-4-83	20	42	50	121.7	115.8	77.8

盒(箱)敲落孔孔径与连接器的螺纹不适合时,要用异径接头环安装,使其无间隙。

可挠金属电线保护管在进入盒(箱)使用接线箱连接器或在不进入盒(箱)及设备处的管口,应使用绝缘护套拧在管口处,可在穿线时保护导线绝缘层不受损伤。

1.8.9　管与管的连接

可挠金属电线保护管,由于规格不同,每卷的制造长度也不相同,最短的 5m,最长的可达 50m。可挠金属电线保护管连接有很多附件,供连接管时使用。

1　可挠金属电线保护管的互接

可挠金属电线保护管在敷设中间需要进行连接时,应使用 KS 型直接连接器进行可挠金属电线保护管的互接。

KS 型直接连接器,如图 1.8.9-1 所示,其规格见表1.8.9-1。检查管端无毛刺后,用手将直接头拧入管端,再将另一管拧入直接头的另一端,连接管的对口处应在直接头的中心,并应连接牢固正确。

KS 型直接连接器规格表(mm)　　表 1.8.9-1

型　号	保护管规格	L	ϕD
KS-10	PZ-4-10	33	17.3
KS-12	PZ-4-12	33	22.8
KS-12	PZ-4-12	33	22.8
KS-15	PZ-4-15	33	22.8
KS-17	PZ-4-17	39	25.0
KS-24	PZ-4-24	43	32.8
KS-30	PZ-4-30	47	39.4
KS-38	PZ-4-38	53	47.8
KS-50	PZ-4-50	53	60.2
KS-63	PZ-4-63	73	76.3
KS-76	PZ-4-76	73	89.1

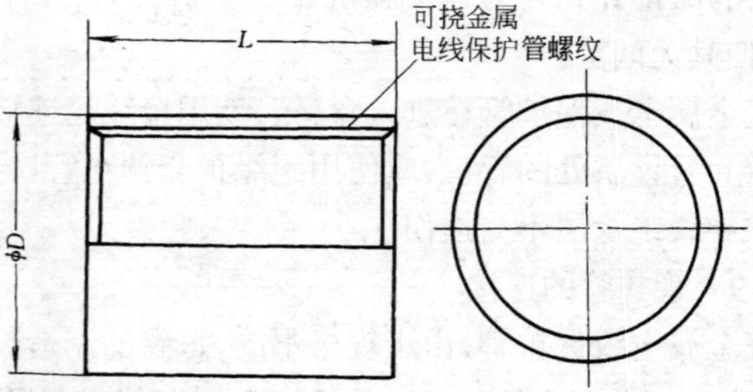

图 1.8.9-1　直接连接器

2　管与钢导管连接

可挠金属电线保护管在敷设中需要与钢导管直接连接时,钢导管可区分有螺纹连接和无螺纹连接两种。

(1) 钢导管有螺纹混合连接

可挠金属电线保护管与钢管有螺纹连接,应使用 KG 型混合连接器进行连接。

使用 KG 型混合连接器进行连接时,应将混合连接器先拧入钢导管螺纹端，使钢导管管口与混合连接器的螺纹里口吻合，再将可挠金属电线保护管拧入混合连接器的套管螺纹端。混合连接器构造如图 1.8.9－2 所示，其规格见表 1.8.9－2。

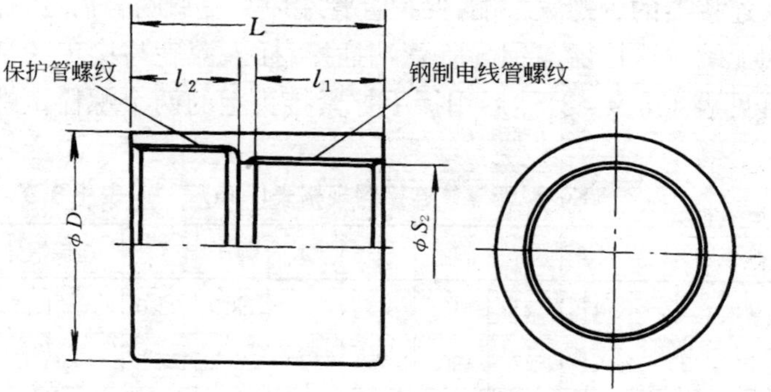

图 1.8.9－2　KG 型混合连接器

KG 型混合连接器规格表（mm）　　表 1.8.9－2

型　号	保护管规　格	L_1	L_2	L	ϕD
KG－10	PZ－4－10	19.0	15	37.0	24.0
KG－12	PZ－4－12	19.0	15	37.0	24.0
KG－15	PZ－4－15	19.0	15	37.0	26.0
KG－17	PZ－4－17	19.0	18	40.0	28.3
KG－24	PZ－4－24	22.0	20	45.0	35.5
KG－30	PZ－4－30	25.0	22	50.0	41.6
KG－38	PZ－4－38	28.0	25	56.0	50.5
KG－50	PZ－4－50	28.0	25	56.0	62.5
KG－63	PZ－4－63	32.0	35	70.0	76.8
KG－76	PZ－4－76	36.0	35	74.0	90.6
KG－83	PZ－4－83	40.0	35	78.0	95.8
KG－101－92	PZ－4－101	42.5	40	85.5	116.6
KG－101－104	PZ－4－101	45.0	40	90.0	124.0

(2) 钢导管无螺纹连接

可挠金属电线保护管与无螺纹钢导管连接,应使用 VKG 型无螺纹连接器,如图 1.8.9-3 所示。进行连接时,先将保护管拧入无螺纹连接器的管螺纹一端,保护管管端应与里口吻合后,将保护管连同无螺纹连接器与钢导管管端插接,插入深度与接头的规格有关可见表 1.8.9-3,然后用扳手拧紧接头上的两个螺栓至螺帽脱落。

VKG 型无螺纹连接器规格表(mm)　　表 1.8.9-3

型　号	保护管规格	L_1	L_2	L	A	ϕD	ϕd	连接钢导管
VKC-17	PZ-4-17	22	18	43	7	28.0	22.0	21.25
VKC-24	PZ-4-24	22	20	45	7	35.2	27.5	26.75
VKC-30	PZ-4-30	22	22	47	7	41.3	34.5	33.5
VKC-38	PZ-4-38	27	25	55	8	50.3	43.5	42.5
VKC-50	PZ-4-50	27	25	55	8	62.3	51.5	48.0
VKC-63	PZ-4-63	35	35	73	9	76.8	64.4	60.0
VKC-76	PZ-4-76	35	35	73	9	90.8	77.1	75.5

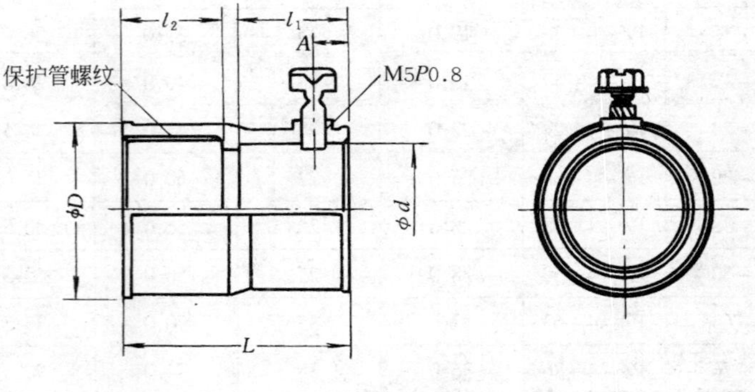

图 1.8.9-3　VKG 型无螺纹连接器

1.8.10　管的弯曲

可挠金属电线保护管在管子敷设时,可根据弯曲方向的要求,不需任何工具用手自由弯曲。

可挠金属电线保护管的弯曲角度不宜小于90°。明配管管子的弯曲半径不应小于管外径的3倍。在不能拆卸，不能检查的场所使用时，管的弯曲半径不应小于管外径的6倍。

可挠金属电线保护管在敷设时，应尽量避免弯曲。明配管直线段长度超过30m时，暗配管直线长度超过15m或直角弯超过3个时，均应装设中间拉线盒或放大管径。

若管路敷设中出现有4处弯曲时，且弯曲角度总和不超过270°时，可按3个弯曲处计算，如图1.8.10-1所示。

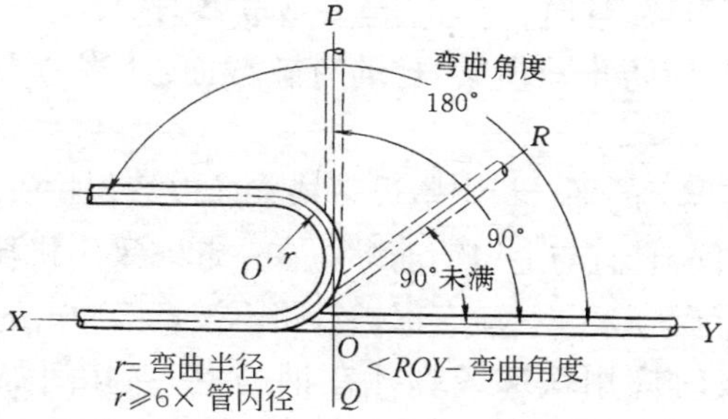

图1.8.10-1　金属电线保护管弯曲要求

1.8.11　可挠金属电线保护管的接地

可挠金属电线保护管必须与系统的PE或PEN线有可靠的连接。

可挠金属保护管不得作电气接地线。当管理中有需要接地的设备或器具，在保护管内应加穿一根黄绿相间色的PE线。

可挠金属电线保护管敷设的管路中，管与管及管与盒（箱）之间，应用专用接地卡跨接截面积不小于$4mm^2$的铜芯软导线，作为系统的接地，使之成为导电的通路(但不可作为接地线使用)。

可挠金属电线保护管，不得熔焊跨接接地线。

1.8.12　可挠金属电线保护管在砌体内敷设

可挠金属电线保护管在空心砖及加气混凝土隔墙内暗敷设方法可同钢导管敷设相同，保护管距砌体墙面不应小于15mm。

可挠金属电线保护管在普通砖砌体墙内敷设同刚性绝缘导管施工方法相同，但管入盒处应在盒四周侧面与盒连接，管子在垂直敷设时，应具有把管子沿墙体高度及敷设方向挑起的措施，方便瓦工进行墙体的砌筑。

1.8.13　可挠金属电线保护管在现浇混凝土内敷设

在现浇混凝土的梁柱、墙内敷设可挠金属电线保护管，水平与垂直方向应采取不同的方法敷设。

垂直方向敷设时，管路宜放在钢筋的侧面；水平方向敷设时，管子宜放在钢筋的下侧，防止承受过大的混凝土的冲击。

管子在穿过梁、柱时，应与土建专业联系，选择梁、柱受力较小的部位通过，并应防止减损梁、柱的有效截面，适当考虑增设补强钢筋。

在现浇混凝土的平台板上敷设可挠金属电线保护管，管路应敷设在钢筋网中间，且宜与上层钢筋绑扎在一起。采用机械化程度高的现浇混凝土灌注施工时，应有保护管路不被直接冲击的措施。

管子敷设时应用铁绑线绑扎在钢筋上，绑扎间隔不应大于50cm，在管入盒（箱）处，绑扎点应适当缩短，距盒（箱）处不宜大于30cm，绑扎应牢固，防止金属套管松弛。

1.8.14　可挠金属电线保护管在轻质空心石膏板隔墙内敷设

可挠金属电线保护管在轻质空心石膏板隔墙内敷设的施工方法与半硬绝缘导管暗敷设基本相同，如楼（屋）面板内配出的管子为钢管时，保护管与钢导管的连接应使用直接连接器、无螺纹连接器或用混合连接器进行连接，并做好接地跨接线跨接。

1.8.15　可挠金属电线保护管沿建筑物明敷设

可挠金属电线保护管室内明敷设，应用保护管管卡子如图1.8.15－1所示，将可挠金属电线保护管固定在建筑物表面上，与钢导管的固定方法相同，保护管的固定点间距应均匀，管卡子与终端、转弯中点、电气器具或设备边缘的距离为150～300mm，管路中间的固定管卡子最大距离应保持在0.5～1mm，管卡固定点应均匀，允许偏差不应大于30mm。

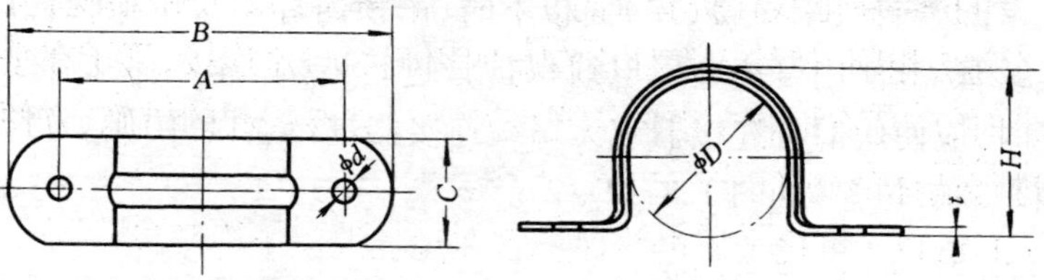

图 1.8.15－1　金属电线保护管管卡子

1.8.16　可挠金属电线保护管在轻钢龙骨隔断墙内敷设

不同类型、规格的轻钢龙骨，可组成不同的隔墙骨架构造。轻钢龙骨与轻质板材组合，即可组成隔断墙体。轻钢龙骨可用于现装石膏板隔墙，也可用于水泥刨花板隔墙、稻草板隔墙、纤维板隔墙等。

一般在隔墙的下部均设有混凝土的底座或几皮高的砖砌体，为了防水防潮。楼(屋)面板内的暗配钢管也应由此处引出，准备与隔墙内敷设的可挠金属电线保护管进行连接。

隔墙内敷设的可挠金属电线保护管，可沿龙骨敷设，有时需增加附加龙骨专做固定管子用。保护管在隔断墙内使用管卡子固定，点间距不应大于 1m，管卡子距管与管及管与盒(箱)相连接处，固定点不应大于 0.3m。保护管专用管卡子与轻钢龙骨可采用自攻螺钉固定。

1.8.17　可挠金属电线保护管在吊顶内敷设

吊顶内的电气配管应在吊顶龙骨装配完成后(或者配合吊龙骨)进行，顶棚面板安装前完工。

易燃材料和难燃材料吊顶内均可应用可挠金属电线保护管敷设。

原设计或施工在楼(屋)面板内暗配钢管，且楼(屋)面板内设有盒(即八角盒)体时，连接此盒与吊顶内灯位处的配管应使用可挠金属电线保护管。楼(屋)面板盒应使用金属盖板将盒口密封，盖板中心钻或冲孔，利用可挠金属电线保护管线箱连接器进行管与盒的连接，管下端引至吊顶灯位处，如图 1.8.17－1 所示。

原设计或施工楼(屋)面板内暗配管，而楼(屋)面板内无盒体且有配管管头引至楼(屋)面板下时,吊顶内灯位盒至配管管口的接续管,应使用可挠金属电线保护管进行连接。连接保护管与配管时,应使用混合连接器或无螺纹连接器进行连接,使保护管引下至吊顶灯位盒处(图 1.8.17-2)。

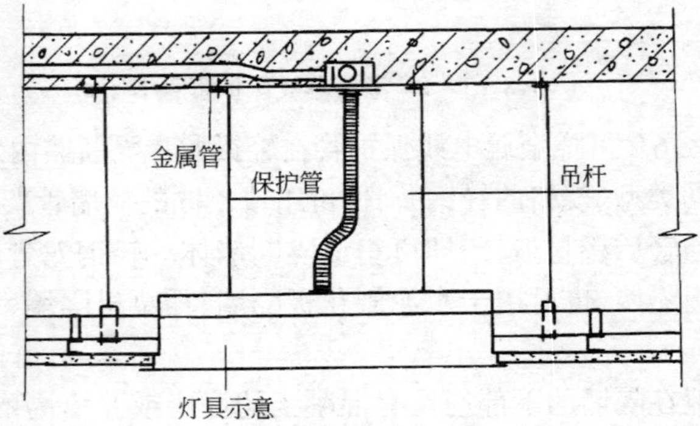

图 1.8.17-1　吊顶内保护管做法之一

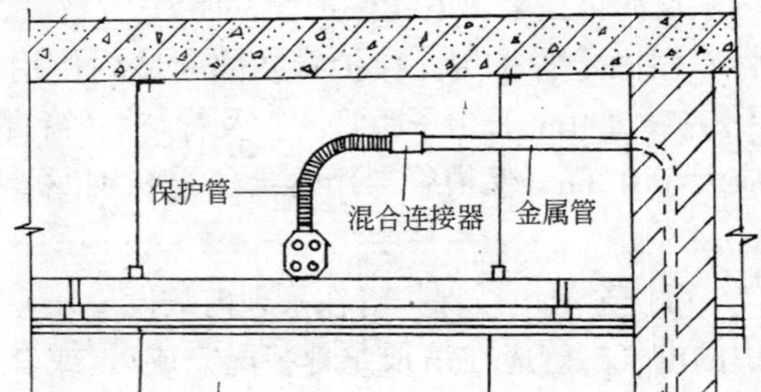

图 1.8.17-2　吊顶内保护管做法之二

吊顶内主干管为钢导管裸露配管时,由干管引至吊顶灯位盒的配管,应使用可挠金属电线保护管,干管可在吊顶灯位集中处,设备分线盒(箱),由盒(箱)内引出分支管,分支管至吊顶灯位或盒位一段使用可挠金属电线保护管,做法如图 1.8.17-3 所示。

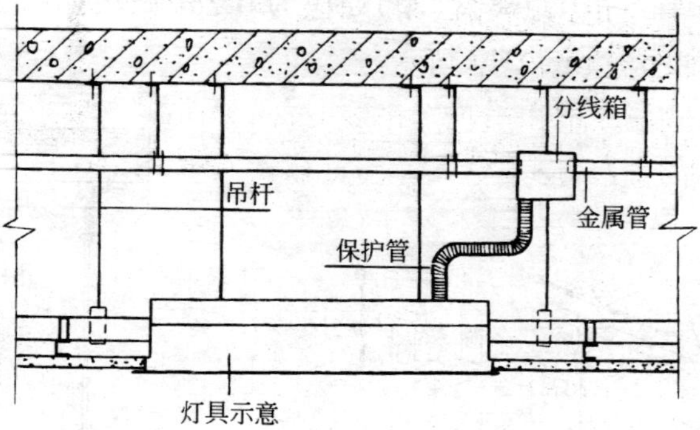

图 1.8.17－3　吊顶内保护管做法之三

吊顶内主干线使用可挠金属电线保护管敷设时，管子规格在24号及其以下时，可直接固定在吊顶的主龙骨上，并应使用卡具安装固定，如图 1.8.17－4 所示。管子规格在 50 号及其以下时管子允许利用吊顶的吊杆或在吊杆上另设附加龙骨敷设，如图 1.8.17－5 所示。

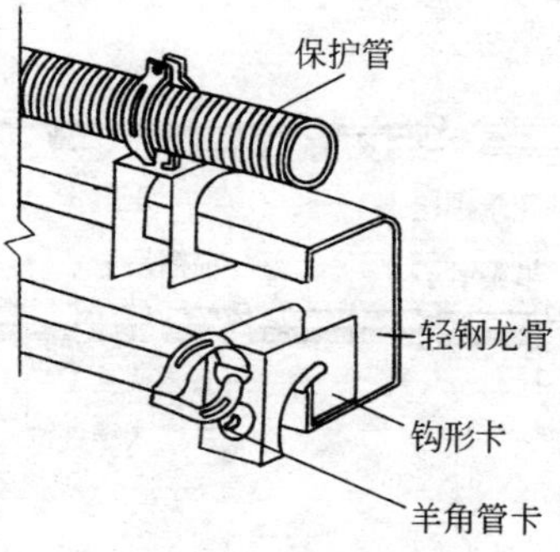

图 1.8.17－4　保护管在主龙骨上敷设

当主干管敷设数量较多时，应专设吊杆和吊板利用管卡子固定敷设可挠金属电线保护管，中间固定间距不应大于 2m，如图 1.8.17－6 所示，杆上端应用射钉枪射钉与建筑物固定。

吊顶内可挠金属电线保护管敷设，也可采用钢索吊管安装，钢索一端用花篮螺栓收紧。吊卡为 1mm 厚钢板制成，吊卡中间距离不宜大于1m，吊卡距离盒(箱)处应为0.3m，做法如图1.8.17-7所示。

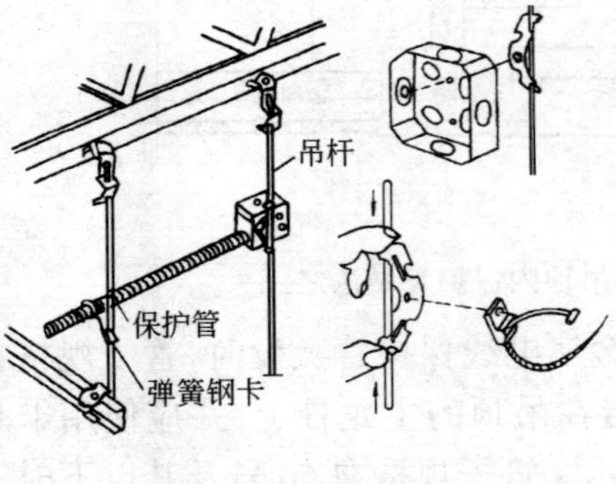

图1.8.17-5 保护管在吊杆上敷设

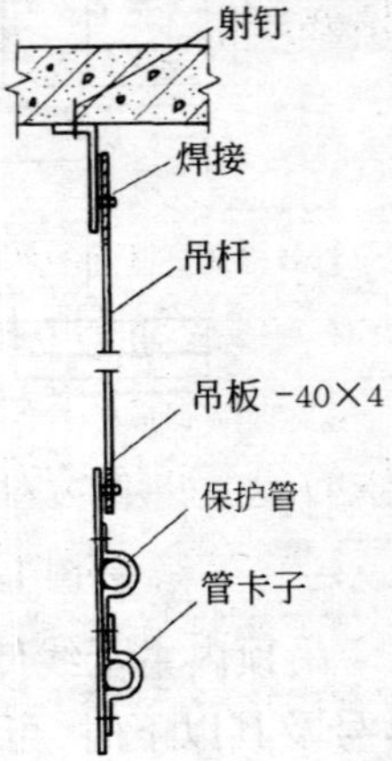

图1.8.17-6 保护管使用吊杆和吊板敷设示意图

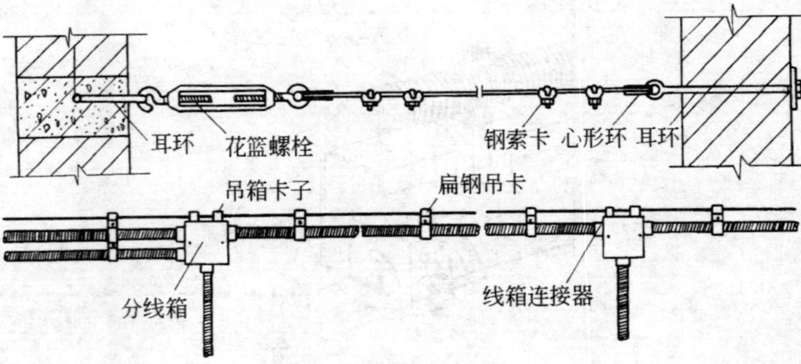

图1.8.17-7 钢索吊可挠金属电线保护管做法示意图

1.8.18 清扫管路

暗敷设在混凝土内的可挠金属电线保护管，在混凝土模板拆除后，要及时发现管路不畅通及损坏部位，以便及时修补。清扫管路及管子的修补，可参照管内穿线和刚性绝缘导管、钢导管暗敷设中的有关内容。

在可挠金属电线保护管敷设及敷设后穿入导线之间期间，为防止湿气灰尘及有可能妨碍穿线作业的异物侵入，全部管的端部应堵塞严密。

Ⅲ 质量标准

1.8.19 主控项目

1 可挠金属电线保护管必须与系统PE或PEN线连接可靠。

2 可挠金属电线保护管不得熔焊跨接接地线，以专用接地卡跨接的两卡间连线为铜芯软导线，截面积不小于4mm^2。

1.8.20 一般项目

1 刚性导管经柔性导管与电气设备、器具连接，柔性导管的长度在动力工程中不大于0.8m，在照明工程中不大于1.2m。

2 可挠金属管或其他柔性导管与刚性导管或电气设备、器具间的连接采用专用接头；复合型可挠金属管或其他柔性导管的连接处密封良好，防液覆盖层完整无损。

3 可挠性金属导管和金属柔性导管不能做接地（PE）或接零（PEN）的接续导体。

Ⅳ 成品保护

1.8.21 在现浇混凝土楼（屋）面板，浇筑混凝土时，应保护好管、盒并应防止有可能受重物压力或明显的机械冲击。

Ⅴ 安全注意事项要求

1.8.22 用可挠金属电线保护管切割刀刃切管切断后，应除净管口尖刺，防止在管子敷设时划伤手指。

Ⅵ 质量通病及其防治

1.8.23 可挠金属电线保护管切口处边缘有毛刺。应采用正确方法切管，当管口出现毛刺后，应清理干净，防止损伤导线绝缘层。

1.8.24 管与盒（箱）直接连接且无跨接线。保护管与盒（箱）

连接时,应使用线箱连接器进行连接。在管与管及管与盒(箱)连接处应按规定做好接地线,使每段管路及盒(箱)均接 PE 或 PEN 线。

1.8.25 配管时使用塑制产品盒。应使用金属制品盒,严禁使用其他材质的盒。

1.9 金属、非金属柔性导管敷设

Ⅰ 施工准备

1.9.1 材　　料

1 塑料波纹管、金属软管、支架、吊架等。

2 各种专用管接头、接地卡、各种规格螺栓等。

1.9.2 机　　具

钢锯、钢锯条、卷尺、电工刀等。

1.9.3 作业条件

导管敷设须与土建装修工程或电力安装工程密切配合施工。

Ⅱ 施工工艺

1.9.4 施工程序

导管切断 → 导管敷设、连接固定 → 导管接地

1.9.5 导管选择

金属软管属于金属柔性导管的范畴内,建筑电气工程中用作电线保护管的金属柔性导管系 P_3 型结构的镀锌金属软管,是由镀锌的低碳钢带右旋卷绕而成,金属软管的规格见表 1.9.5－1。

塑料波纹管系指聚氯乙烯难燃型可挠电线管,现属于非金属柔性导管的范畴内,其规格见表 1.9.5－2。

在建筑电气工程中,不能将柔性导管用做线路的敷设,仅在刚性导管不能准确配入电气设备、器具时,做过渡导管用。

P_3 型镀锌金属软管规格表　　表 1.9.5-1

公称内径 d (mm)	最小内径 d_{min} (mm)	外径及允许偏差 D (mm)	节距及允许偏差 t (mm)	钢带厚度 s (mm)	自然弯曲直接 R (mm)	轴向拉力 N 不小于	理论重量 g (m)
(4)	3.75	6.20±0.25	2.65±0.40	0.25	30	240	49.6
(6)	5.75	8.2±0.25	2.70±0.4	0.25	40	360	68.6
8	7.70	11.00±0.30	4.00±0.4	0.30	45	480	111.7
10	9.70	13.50±0.30	4.70±0.45	0.30	55	600	139.0
12	11.65	15.50±0.35	4.70±0.45	0.30	60	720	162.3
(13)	12.65	16.50±0.35	4.70±0.45	0.30	65	780	174.0
(15)	14.65	19.00±0.35	5.70±0.45	0.35	80	900	233.8
(16)	15.65	20.00±0.35	5.70±0.45	0.35	85	960	247.4
(19)	18.60	23.30±0.40	6.40±0.50	0.40	95	1140	326.7
20	19.60	24.30±0.40	6.40±0.50	0.40	100	1200	342.0
(22)	21.55	27.30±0.45	8.70±0.50	0.40	105	1320	375.1
25	24.55	30.30±0.45	8.70±0.50	0.40	115	1500	420.2
(32)	31.50	38.00±0.50	10.50±0.60	0.45	140	1920	585.8
38	37.40	45.00±0.60	11.40±0.60	0.50	160	2280	804.3
51	50.00	58.00±1.00	11.40±0.60	0.50	190	3060	1054.6
64	62.50	72.50±1.50	14.80±0.60	0.60	280	3840	1522.5
75	73.00	83.50±2.00	14.20±0.60	0.60	320	4500	1841.2
(80)	78.00	88.50±2.00	14.20±0.60	0.60	330	4800	1957.0
100	97.00	108.50±3.00	14.20±0.60	0.60	380	6000	2420.4

注:1. 钢带厚度 S 及理论重理，仅供参考；

2. 括号中的规格不推荐使用。

聚氯乙烯难燃型可挠电线管(KRG)规格表　表 1.9.5-2

标准直径 (mm)	内径 D_1 (mm)	外径 D_2 (mm)	每米重量 (kg)	产品供应长度 (m)	编　号
15	$14.3^{+0.5}_{-0}$	18.7±0.1	0.060	100	HSR 1001

续表

标准直径（mm）	内径 D_1（mm）	外径 D_2（mm）	每米重量（kg）	产品供应长度（m）	编　号
20	$16.5^{+0.5}_{-0}$	21.2±0.15	0.070	100	HSR 1011
25	$23.3^{+0.5}_{-0}$	28.9±0.15	0.105	50	HSR 1021
32	$29^{+0.5}_{-0}$	34.5±0.15	0.130	50	HSR 1031
40	$36.2^{+0.6}_{-0}$	42.5±0.2	0.184	50	HSR 1041
60	$47.7^{+0.8}_{-0}$	54.5±0.2	0.260	25	HSR 1051

1.9.6　导管的外观检查

1　金属软管

金属软管的镀锌层表面应完整、光滑，无脱镀、黑斑存在。

在 1m 长度范围内允许有不超过 3 处的缺欠如：长度 5mm，最大宽度不大于 2mm 的翘皮和长度不超过 1/3 周节的连续起泡。

金属软管不应退绞、松散。

金属软管的内、外接扣处，不允许有裂纹及严重的擦毛现象。

2　塑料波纹管

塑料波纹管应选择柔韧好、阻燃性好、耐腐蚀等较好的电气性能和抗冲击、抗压力强的管材。

塑料波纹管应无断裂、孔洞和变形。

1.9.7　金属、非金属柔性导管敷设

在建筑电气工程中，当刚性导管经柔性导管与电气设备、器具连接，柔性导管的长度在电力工程中不应大于 0.8m，在照明工程中不应大于 1.2m。

1　金属软管敷设

金属软管应敷设在不易受机械损伤的干燥场所。

(1) 由于金属软管使用的每段长度均不长（电力工程中不大于 0.8m，照明工程中不大于 1.2m），故金属软管中间不应有接头。

(2) 金属软管与刚性导管、电气设备、器具或盒(箱)连接,应采用专用接头。导管的连接处应密封良好。

(3) 复合型金属软管的连接处应密封良好,防液覆盖层应完整无损。

(4) 金属软管敷设时,弯曲半径不应小于软管外径的6倍。

(5) 金属软管固定点与终端、弯头中点的距离宜为300mm。

2　塑料波纹管敷设

塑料波纹管敷设适用于正常环境一般室内场所,潮湿场所不应采用。

建筑物顶棚内,宜采用防鼠咬的塑料波纹管。

(1) 塑料波纹管在敷设时,一般很少需要进行管与管的中间连接,当需要进行连接时,可用成品套管连接,如图1.9.7-1所示。当刚性绝缘导管与波纹管连接时,应采用专用接头进行连接。

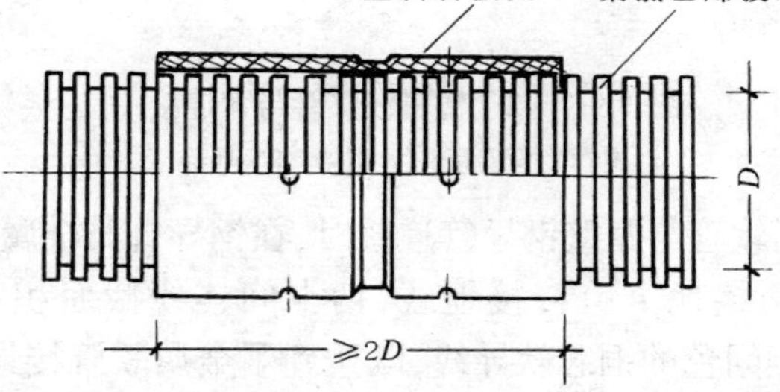

图1.9.7-1　塑料波纹管连接

(2) 塑料波纹管与盒(箱)做终端连接时,应使用专用接头和卡环固定,如图1.9.7-2所示,导管敷设时,先把管端部拧入接头端,将接头与盒(箱)连接端插入敲落孔中,拧牢管接头螺母将管与盒(箱)固定牢固;使用卡环连接管、盒时,应在盒内、外的管端上均卡上卡环。

1.9.8　金属柔性导管接地

为了确保安全运行,金属柔性导管要进行接地。金属软管必须与接地装置相连接的保护线(PE)或中性保护共用线(PEN)连接可靠。由于金属软管的材质和构造及检修时需要拆卸等诸多原因,金属软管不得作为 PE 或 PEN 线的接续导体。金属软管不得熔焊接地线。

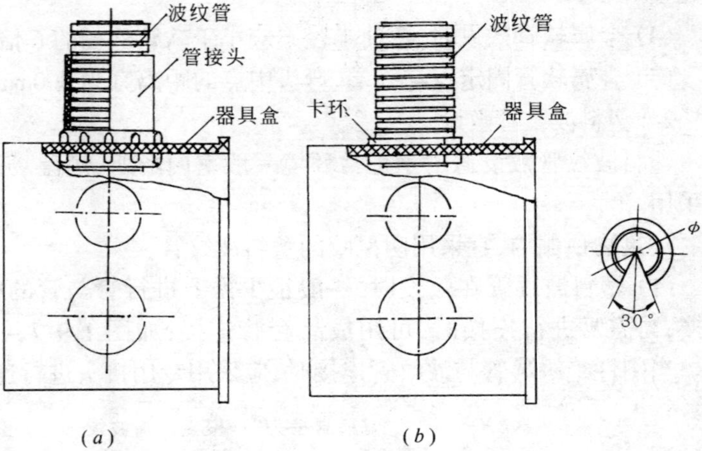

图 1.9.7-2 塑料波纹管与盒连接
(a)用管接头连接;(b)用塑料卡环连接

1 金属软管与厚壁钢导管连接时,在钢导管与金属软管连接处的两端,用接地卡跨接接地线,两卡间连线截面积不应小于 $4mm^2$,黄绿相间色的铜芯软导线,既达到了金属软管接地的目的,当金属软管终端有需要接地保护的设备或器具时,前述跨接接地线需要与软管终端用接地卡连接并引至设备或器具盒内,且应留足长度,如图 1.9.8-1 所示。

2 金属软管与薄壁钢导管(普通碳素钢电线套管、套接紧定式钢导管、套接扣压式薄壁钢导管)连接时,由于薄壁钢导管管路,不允许作为电气设备接地线使用,则应由薄壁钢导管的起始端(一般在配电箱处),在导管内加穿 1 根 PE 或 PEN 线直至金属软管末端,用接地卡与金属软管卡固。当软管末端有需要接地设备或器具时,此线还应引至设备或器具处。

3 金属软管与刚性绝缘导管连接时,由于金属软管需要接地，同样需在刚性绝缘导管内加穿直至金属软管端的 PE 或 PEN 线，用接地卡连接金属蛇皮管。

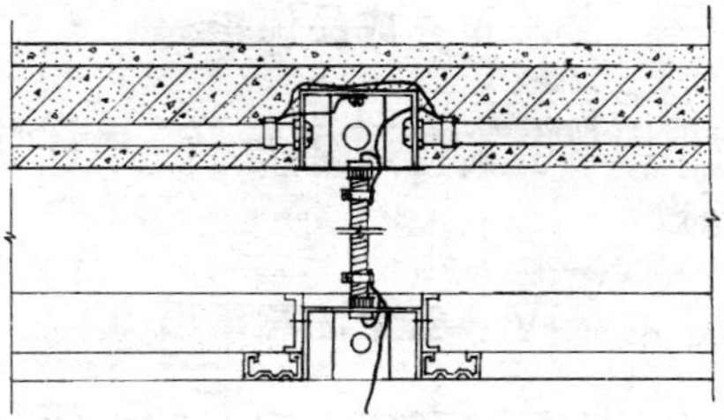

（a）

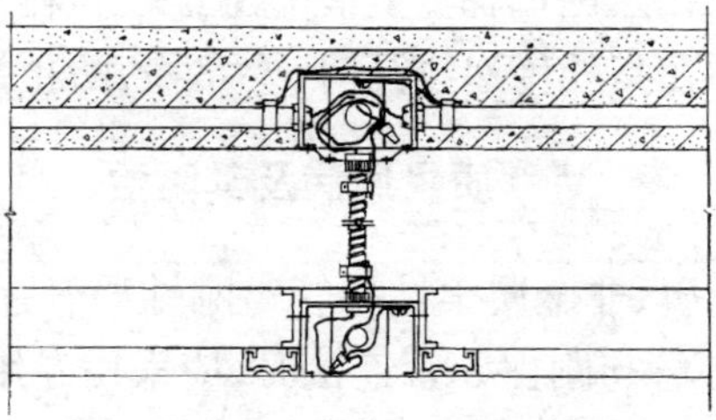

（b）

图 1.9.8-1　金属软管的接地做法

（a）钢导管用管路作接地线；（b）利用导管内 PE 线接地

Ⅲ　质量标准

1.9.9　主控项目

金属的导管必须接地（PE）或接零（PEN）可靠。可挠性导管不得熔焊跨接接地线，以专用接地卡跨接的两卡间连线为铜芯软导线，截面积不小于 $4mm^2$。

1.9.10　一般项目

1　刚性导管经柔性导管与电气设备、器具连接，柔性导管的长度在动力工程中不大于 0.8m，在照明工程中不大于 1.2m。

2　可挠金属管或其他柔性导管与刚性导管或电气设备、器具间的连接采用专用接头；复合型可挠金属管或其他柔性导管的连接处密封良好，防液覆盖层完整无损。

3 可挠性金属导管和金属柔性导管不能做接地(PE)或接零(PEN)的接续导体。

Ⅳ 成品保护

1.9.11 吊顶内敷设金属、非金属柔性导管时，应注意不能损坏吊顶龙骨和顶板。

Ⅴ 安全注意事项

1.9.12 使用人字梯必须坚固，距梯脚40～60cm处要设拉绳，不准站在梯子最上一层工作，梯凳上禁止放工具、材料，以免坠落伤人。

1.9.13 站在高处传递物品时，要拿稳，防止掉落伤人。

Ⅵ 质量通病及其防治

1.9.14 金属、非金属柔性导管与刚性导管连接对口处，包缠绝缘带。柔性导管与刚性导管连接时，应采用专用插头。

1.9.15 柔性导管与器具盒连接时，盒内管口处包扎绝缘带固定。柔性导管与设备、器具、盒(箱)连接时，均应采用专用接头连接。

1.9.16 金属软管无接地线或做的不正确。金属软管与不同种类的钢导管及设备器具或盒(箱)连接时，应根据各种管材不同的接地要求，做好接地线或跨接接地线，确保安全运行。

1.10 金属线槽、吊装金属线槽敷设和线槽敷线

Ⅰ 施工准备

1.10.1 材 料

1 金属线槽、吊装金属线槽及其附件等。

2 各种规格的电线、电缆等。

3 膨胀螺栓等。

1.10.2 机　　具

1　线坠、粉线袋、卷尺电工工具等。

2　手电钻或冲击钻等。

1.10.3　作业条件

1　配合土建工程施工，预留孔洞、预埋件应全部结束。

2　吊顶内线槽安装时，应在吊顶前进行。吊顶下面线槽安装应在吊顶基本结束或配合龙骨安装进行。

Ⅱ　施工工艺

1.10.4　施工程序

定位划线 → 支架、吊架安装 → 线槽敷设 → 线槽接地 → 线槽敷线 → 绝缘测线

1.10.5　线槽的选择

金属线槽配线一般适用于正常环境的室内场所明敷，由于金属线槽多由厚度为 0.4～1.5mm 的钢板制成，其构造特点决定了在对金属线槽有严重腐蚀的场所不应采用金属线槽配线。

具有槽盖的封闭式金属线槽，有与金属管相当的耐火性能，可用在建筑物顶棚内敷设。

选择金属线槽时，应考虑到导线的填充率及载流导线的根数，应满足散热、敷设等安全要求。

1.10.6　金属线槽的外观检查

金属线槽及其附件，应采用表面经过镀锌或静电喷漆的定型产品，其规格、型号应符合设计要求并有产品合格证。

线槽内外应光滑平整、无棱刺、扭曲和翘边等变形现象。

1.10.7　弹线定位

金属线槽安装前，要根据设计图确定出电源及盒（箱）等电气设备、器具的安装位置，从始端至终端找好水平或垂直线，用粉袋沿墙、顶棚或地面等处，弹出线路的中心线并根据线槽固定点的要求，分匀档距标出线槽支、吊架的固定位置。

金属线槽敷设时，吊点及支持点的距离，应根据工程具体条件确定，一般在直线段固定间距不应大于 3m，在线槽的首端、终端、分支、转角、接头及进出接线盒处应不大于 0.5m，如图 1.10.7－1 所示。

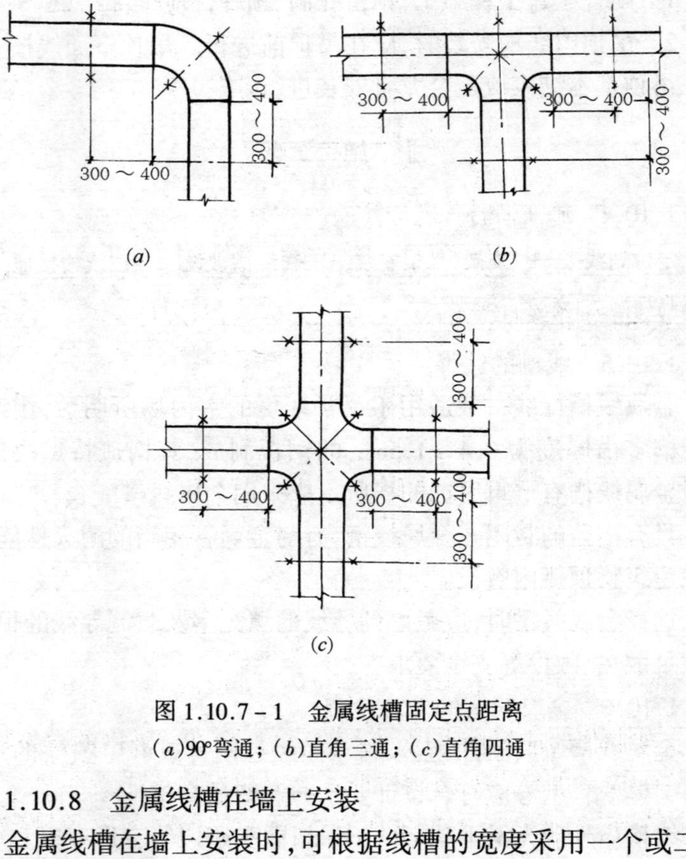

图 1.10.7－1　金属线槽固定点距离

(a)90°弯通；(b)直角三通；(c)直角四通

1.10.8　金属线槽在墙上安装

金属线槽在墙上安装时，可根据线槽的宽度采用一个或二个塑料膨胀螺栓固定，如图 1.10.8－1 所示。

1.10.9　金属线槽在水平支架上安装

金属线槽在墙上水平安装可使用托臂支承，托臂地墙上的安装方式可采用膨胀螺栓固定，如图 1.10.9－1 所示。

线槽在墙上水平安装亦可使用扁钢或角钢支架支承，在制作支架下料后,长短偏差不应大于 5mm,切口处应无卷边和毛刺。

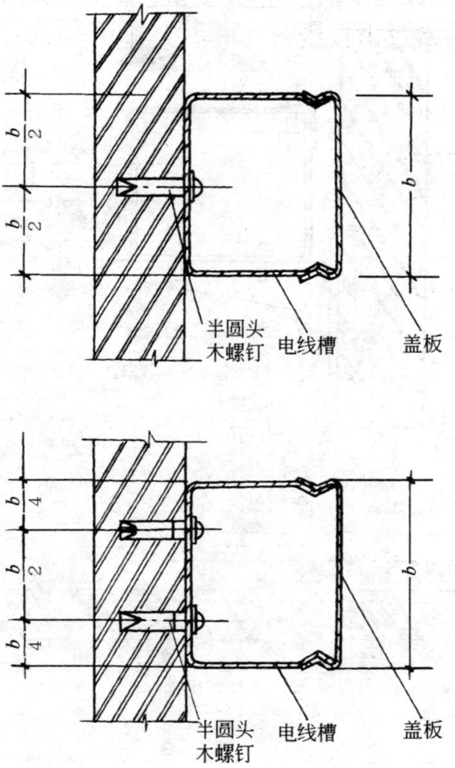

图 1.10.8-1　金属线槽在墙上安装

支架制作时应焊接牢固,保持横平竖直,在有坡度的建筑物上安装支架应考虑好支架的制作形式。支架焊接后应无明显变形,焊缝均匀平整,焊缝处不得出现裂纹、咬边、气孔、凹陷、漏焊等缺陷。

1.10.10　金属线槽在吊架上安装

线槽用吊架悬吊安装,可采用吊杆和吊架卡箍固定线槽,如图 1.10.10-1 所示,吊杆和卡箍制作如图 1.10.10-2 所示。

吊杆和建筑物楼板的固定可采用膨胀螺栓及螺栓套筒,如图

1.10.10－3 所示进行连接。

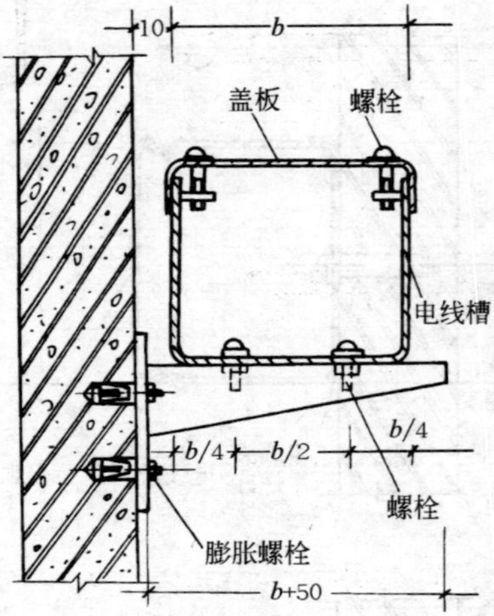

图 1.10.9－1　金属线槽在水平支架上安装

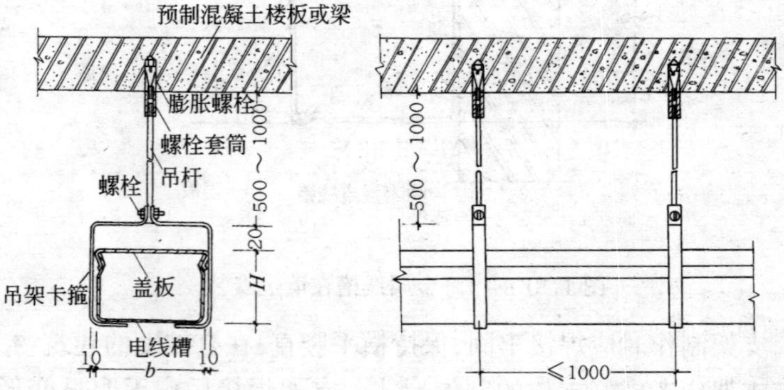

图 1.10.10－1　线槽用吊架安装

使用－40×4 镀锌扁钢做吊杆时，固定线槽如图 1.10.10－4 所示。吊杆也可以使用不小于 $\phi 8$ 圆钢制作，圆钢上部焊接在¬形－40×4扁钢上，¬形扁钢扁钢上部用膨胀螺栓与建筑物结构固定。

1.10.11　金属线槽的组装

金属线槽的直线段连接应采用连接板，用垫圈、弹簧垫圈、螺

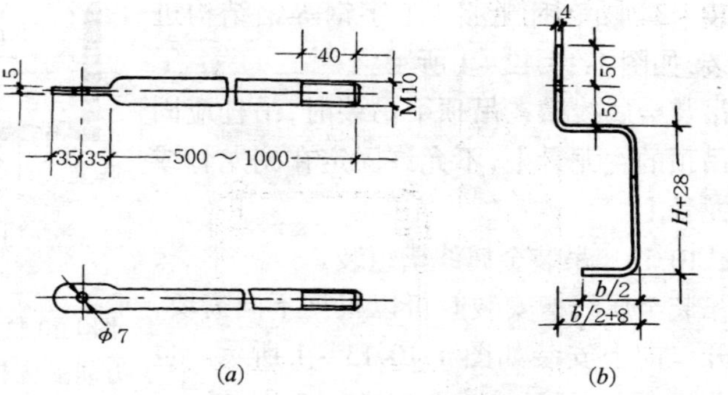

图 1.10.10－2　吊杆和卡箍

(a)吊杆；(b)卡箍

栓螺母紧固，连接处间隙应严密平齐。在线槽的两个固定点之间，线槽与线槽的直线段连接点，只允许有一个。

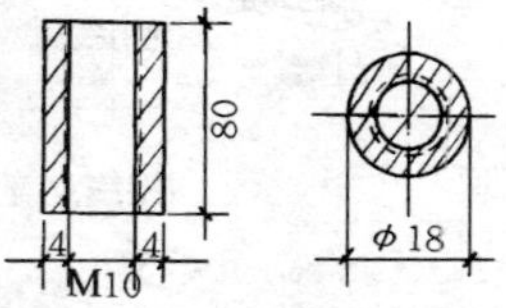

图 1.10.10－3　螺栓套筒

线槽进行转角，分支连接时，应采用弯通、二通、三通、四通或平面二通、平面三通等进行变通连接。

线槽与盒（箱）连接时，进线和出线口处应采用抱脚连接，并用螺丝紧固。金属线槽的末端应加装封堵。

建筑物的表面如有坡度时，线槽应随其坡度变化。待线槽全部敷设完毕后，应进行调整检查。

1.10.12　吊装金属线槽的吊装

吊装金属线槽在吊顶内安装时，吊杆可采用金属线槽的方法用膨胀螺栓与建筑结构固定。当与钢结构固定时，可进行焊接固定，将吊架直接焊在钢结构的固定位置处。也可以使用万

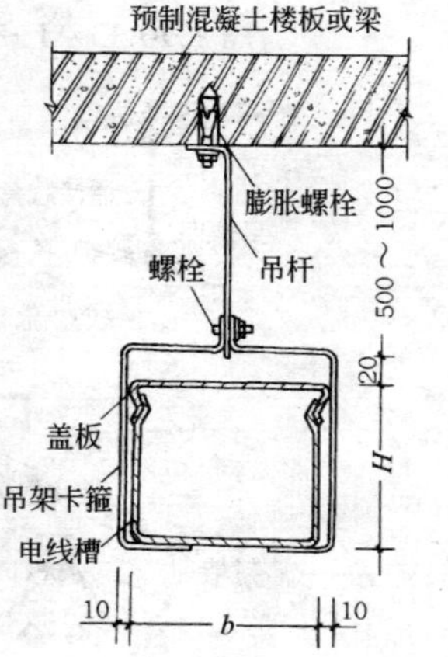

图 1.10.10－4　扁钢吊架

能吊装卡具与角钢、槽钢、工字钢等钢结构进行安装，如图 1.10.12－1 所示。

吊装金属线槽在吊顶下吊装时，吊杆应固定在吊顶的主龙骨上，不允许固定在副龙骨或辅助龙骨上。

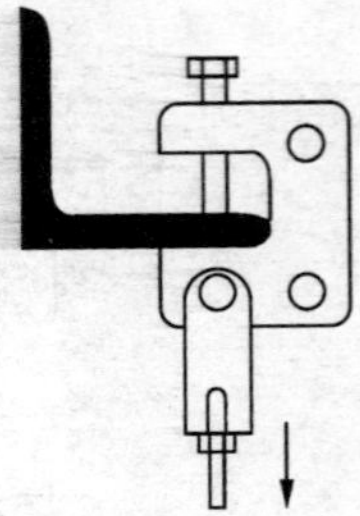

图 1.10.12－1 用万能吊装卡具固定

1.10.13 吊装金属线槽组装

吊装金属线槽安装时可以根据不同需要，可以开口向上安装如图 1.10.13－1 所示。也可以开口向下安装，如图 1.10.13－2 所示。

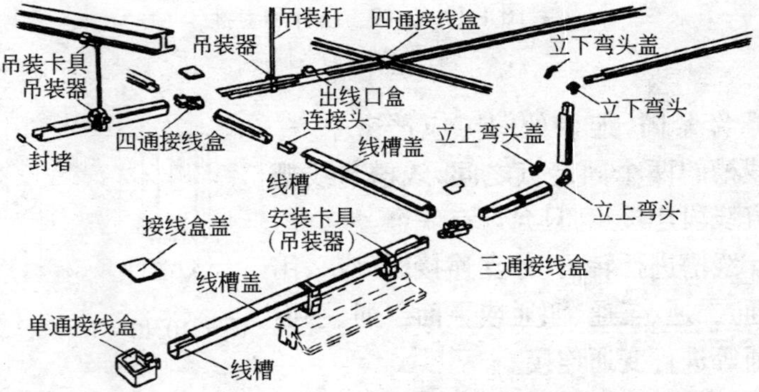

图 1.10.13－1 吊装金属线槽开口向上安装示意图

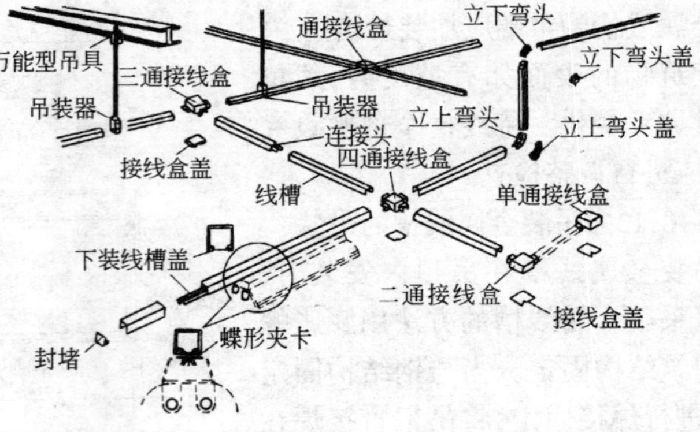

图 1.10.13－2 吊装金属线槽开口向下安装示意图

吊装金属线槽安装时,应先安装干线线槽,后装支线线槽,将吊装器与线槽用蝶形夹卡,与吊杆固定在一起,把线槽逐段组装成型,如图 1.10.13－3 所示。

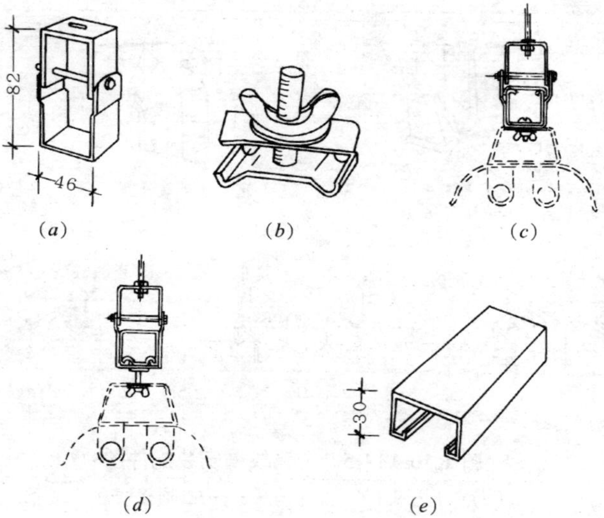

图 1.10.13－3　吊装金属线槽
(a)吊装器; (b)蝶形夹卡; (c)槽口向上灯具安装;
(d)槽口向下灯具安装; (e)金属线槽

线槽与线槽应采用内连接头或外连接头,用沉头或圆头螺栓配上平垫和弹簧垫圈用螺母紧固,如图 1.10.13－4 所示。

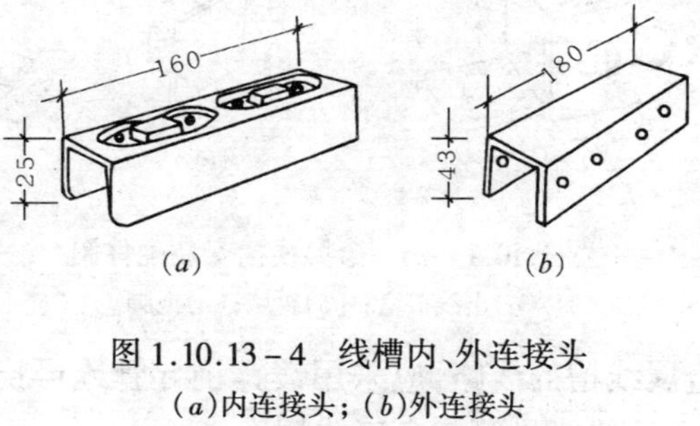

图 1.10.13－4　线槽内、外连接头
(a)内连接头; (b)外连接头

吊装金属线槽分支时,应采用二通、三通、四通进行连接,转弯部分应采用立上弯头和立下弯头,按图 1.10.13－5 进行连接,安装角度要适宜。

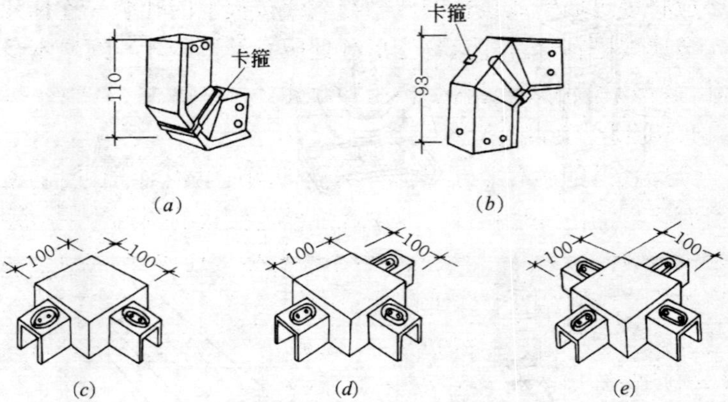

图 1.10.13－5　金属线槽安装配件图

(a)立上弯头; (b)立下弯头; (c)二通接线盒;

(d)三通接线盒; (e)四通接线盒

在线槽出线口处应利用出线口盒进行连接,如图1.10.13－6(a)所示。末端部位要装上封堵进行封闭,如图 1.10.13－6(b)所示。在盒(箱)进出线处应采用抱脚,如图 1.10.13－6(c)所示进行连接。

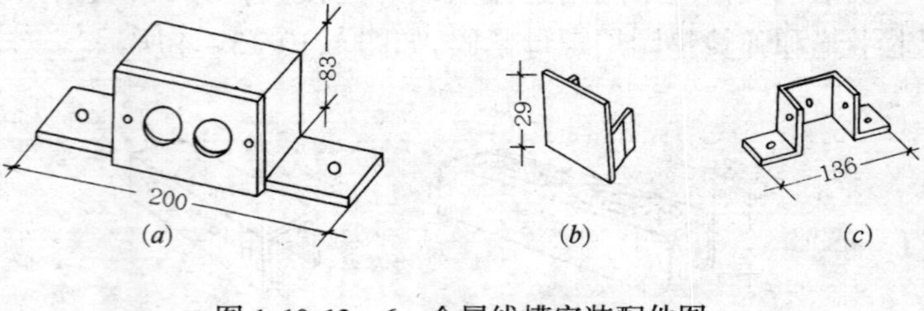

图 1.10.13－6　金属线槽安装配件图

(a)出线口盒; (b)封堵;(c)抱脚

引出金属线槽的线路,应采用镀锌钢导管或可挠金属电线保护管,不宜采用绝缘导管与金属线槽连接。

1.10.14 线槽的穿墙做法

金属线槽在通过墙体或楼板处，应在土建工程主体施工中，配合土建预留孔洞。金属线槽不得在穿过墙壁或楼板处进行连接，也不应将穿过墙壁或楼板的线槽与墙或楼板上的孔洞一连抹死。

金属线槽在穿过建筑物变形缝处应有补偿装置。线槽本身应断开，线槽用内连接板搭接，不需固定死。

1.10.15 金属线槽的接地

金属线槽的所有非导电部分的铁件均应相互连接，使之线槽本身有良好的电气连接性。非镀锌线槽连接板的两端应跨接铜芯接地线，镀锌线槽间连接板的两端不需跨接接地线，但连接板两端不应少于2个有防松螺帽或防松垫圈的连接固定螺栓。线槽在变形缝补偿装置处应用导线搭接，使之成为一连续导体。金属线槽不得熔焊跨接接地线。

金属线槽应做好整体接地。但金属线槽由于钢板厚度较薄，不应作为设备的接地导体。当设计无要求时金属线槽全长应不少于2处与保护线(PE)或中性保护共用线(PEN)的干线连接，且必须连接可靠。

在强电金属线槽内，应设置$4mm^2$铜导线作接地干线用，电线槽分支或配出的导线接地(PE)线支线，应从接地(PE)干线上引出。

当线槽内敷设导线回路，不需接地保护时，当线槽底板对地距离高于2.4m时，线槽内可不设保护(PE)线。当线槽底板低于2.4m时，线槽本身和线槽盖板均必须加装保护(PE)线。

1.10.16 线槽内导线敷设

金属线槽组装成统一整体并经清扫后，才允许将导线装入线槽内。清扫线槽时，可用抹布擦净线槽内残存的杂物，使线槽内外保护清洁。

放线前应先检查导线的选择是否符合设计要求，导线分色是否正确，放线时应边放边整理，不应出现挤压背扣、把结、损伤绝缘等现象。并应将导线按回路(或系统)绑扎成捆，绑扎时应采用尼龙绑扎带或线绳，不允许使用金属导线或绑线进行绑扎。导线绑扎好后,应分层排放在线槽内并做好永久性编号标志。

电线或电缆在金属线槽内不宜有接头,但在易于检查的场所,可允许在线槽内有分支接头,电线电缆和分支接头的总截面(包括外护层),不应超过该点线槽内截面的75%。

强电、弱电线路应分槽敷设。弱电中的不同系统宜分槽敷设。消防线路(火灾和应急呼叫信号)应单独使用专用线槽敷设。

同一回路的所有相线和中性线(如果有中性线时),应敷设在同一金属线槽内。

同一路径无防干扰要求的几个配电回路,可敷设于同一金属线槽内,但同一线槽内的绝缘电线和电缆都应具有与最高标称回路电压回路绝缘相同的绝缘等级。

应急配电线路与正常配电线路应分槽敷设;双电源供电的两个电源回路不宜同槽敷设。

线槽内电线或电缆的总截面(包括外护层)不应超过线槽内截面的20%,载流导线不宜超过30根。

控制、信号或与其相类似的非载流导体,电线或电缆的总截面不应超过线槽内的50%,电线或电缆根数不限。

在金属线槽垂直或倾斜敷设时,应采取措施防止电线或电缆在线槽内移动,使绝缘造成损坏,拉断导线或拉脱拉线盒(箱)内导线。

引出金属线槽的线路,应采用镀锌钢导管或可挠金属电线保护管,不宜采用绝缘导管与金属线槽连接。

引出金属线槽的配管管口处应有护口,电线或电缆在引出部分不得遭受损伤。

Ⅲ 质量标准

1.10.17 主控项目

金属的线槽必须接地(PE)或接零(PEN)可靠,并符合下列规定:

1 金属线槽不得熔焊跨接接地线,以专用接地卡跨接的两卡间连线为铜芯软导线，截面积不小于4mm^2。

2 金属线槽不作设备的接地导体，当设计无要求时，金属线槽全长不少于2处与接地(PE)或接零(PEN)干线连接。

3 非镀锌金属线槽间连接板的两端跨接铜芯接地线，镀锌线槽间连接板的两端不跨接接地线，但连接板两端不少于2个有防松螺帽或防松垫圈的连接固定螺栓。

1.10.18 一般项目

1 线槽应安装牢固，无扭曲变形，紧固件的螺母应在线槽外侧。

2 线槽在建筑物变形缝处，应设补偿装置。

Ⅳ 成品保护

1.10.19 安装金属线槽及槽内配线时，应注意保持好建筑物清洁。

1.10.20 吊顶内安装金属线槽及槽内配线时，应注意不能损坏吊顶。

1.10.21 金属线槽安装后，不应再进行建筑物喷浆和刷油，以防止金属线槽受到污染。

1.10.22 使用梯子时，应注意不要碰坏建筑物的墙面及门窗等。

Ⅴ 安全注意事项

1.10.23 使用自制高架车施工时，站人部位周围应有护栏。

1.10.24 站在高处传递物品时要拿稳，防止掉落伤人。

Ⅵ 质量通病及其防治

1.10.25 支架或吊架固定不牢。用膨胀螺栓固定支、吊架时，钻孔尺寸偏差大或膨胀螺栓未拧紧，应及时修复。

1.10.26 金属线槽在穿过建筑物变形缝处未做处理。应重新断开底板，导线和保护线应留有补偿余量。

1.10.27 线槽内导线放置混乱，应将导线重新顺理平直，并绑扎成束。

1.10.28 导线连接，线芯受损伤，缠绕圈数或倍数不符规定，挂钩不饱满，绝缘包扎不严密。应按管内穿线和导线连接中的有关内容重新进行连接。

1.11 地面内暗装金属线槽敷设和线槽敷线

Ⅰ 施工准备

1.11.1 材　料

1 地面内暗装金属线槽及其附件等。

2 各种规格的电线、电缆等。

1.11.2 机　具

粉线袋、卷尺、电工工具等。

1.11.3 作业条件

配合土建施工，现浇混凝土内安装时模板及钢筋工程应结束，地面垫层内安装时，楼板应安装调整完毕。线槽安装时土建专业应给出室内地坪标高线。

Ⅱ 施工工艺

1.11.4 施工程序

线槽选择、检查 → 线槽安装 → 线槽内导线敷设

1.11.5 线槽的选择

地面内暗装金属线槽配线，是为适应现代化建筑物电气线路日趋复杂而配线出口位置又多变的实际需要而推出的一种新的布线方式。是将电线或电缆穿在经过特制的壁厚为 2mm 的封闭式矩形金属线槽内，直接敷设在混凝土地面、现浇钢筋混凝土楼板或预制混凝土楼板的垫层之内。

地面内暗装线槽分为单槽型及双槽分离型两种结构形式，当

强电与弱电线路同时敷设时，为防止电磁干扰应将强、弱电线路分隔而采用双槽分离型线槽分槽敷设。在线路交叉处应设置屏蔽分线盒。

应根据线槽内导线的允许填充率选择线槽的型号。

1.11.6　线槽的外观检查

地面内暗装金属线槽及其附件，应采用经过镀锌处理的产品。其规格、型号应符合设计要求，并应有产品合格证。

金属线槽的内外应光滑平整、无棱刺、扭曲和变形现象。

1.11.7　测量定位

地面内暗装金属线槽配线，由于线槽及附件的体积较大，在设计与施工中应与土建专业密切配合，以便根据不同的结构形式和建筑布局，合理确定线路路径和材料选型。

当暗装线槽敷设在现浇混凝土楼板内时，楼板厚度不应小于200mm；当敷设在楼板垫层内时，垫层的厚度不应小于70mm，并避免与其他管路相互交叉。

地面内线槽安装前，应及时配合土建地面或楼(地)面工程施工。根据地面或楼(地)面的结构形式不同，抄平后测定线槽敷设位置，进行弹线定位，土建专业应及时给出室内地坪线。

1.11.8　地面内暗装金属线槽安装

地面内暗装金属线槽外形尺寸如图1.11.8－1所示。在安装时根据单线槽或双线槽结构形式不同，选择单压板或双压板与线槽组装并上好卧脚螺栓，将组合好的线槽及支架，如图1.11.8－2所示，沿线路走向水平放置在地面或楼(地)面的找平层或楼板的模板上，然后进行线槽的连接。

地面线槽的支架安装距离应按工程具体情况进行设置。一般情况下应设置于直线段大于3m或在线槽接头处、线槽进入分线盒200mm处。

地面内暗装金属线槽的制造长度一般为3m，每0.6m设一个出线口，当需要线槽与线槽相互进行连接时，应采用线槽连接头进行连接，如图1.11.8－3所示，线槽的对口处应在线槽连接头中间位置上。

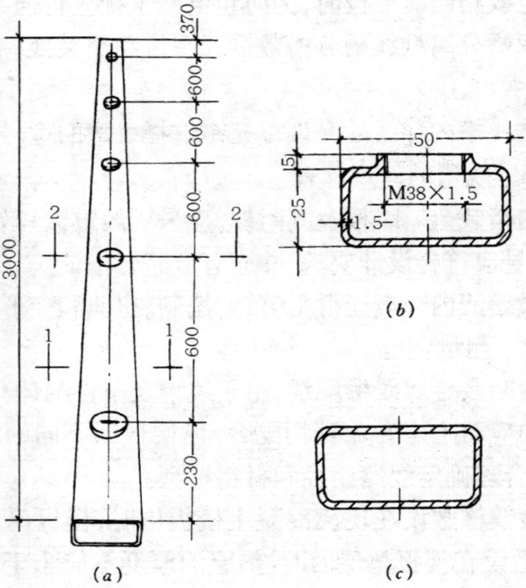

图 1.11.8－1　地面内暗装金属线槽外形尺寸图
(*a*)线槽；(*b*)2－2 剖面；(*c*)1－1 剖面

地面内暗装金属线槽为矩形断面，而不能进行线槽的弯曲加工，当遇有线路交叉、分支或弯曲转向时，必须安装分线盒，如图 1.11.8－4 所示。当线槽的直线长度超过 6m 时，为方便线槽内穿线也宜加装分线盒。

双线槽分线盒安装时，应在盒内安装便于分开的交叉隔板。

地面金属线槽的出线口和分线盒出口不得突出地面，必须与地面平齐，如图 1.11.8－5 所示。

由配电箱、电话分线箱及接线端子箱等设备引至线槽的线路，宜采用镀锌钢导管暗敷设方式引入分线盒，如图 1.11.8－6 所示。

地面线槽端部与导管连接时，应使用线槽与管过渡接头，如图 1.11.8－7 所示。

当金属线槽的末端无连接管时，应用封端堵头拧牢堵严，如图 1.11.8－8 所示。

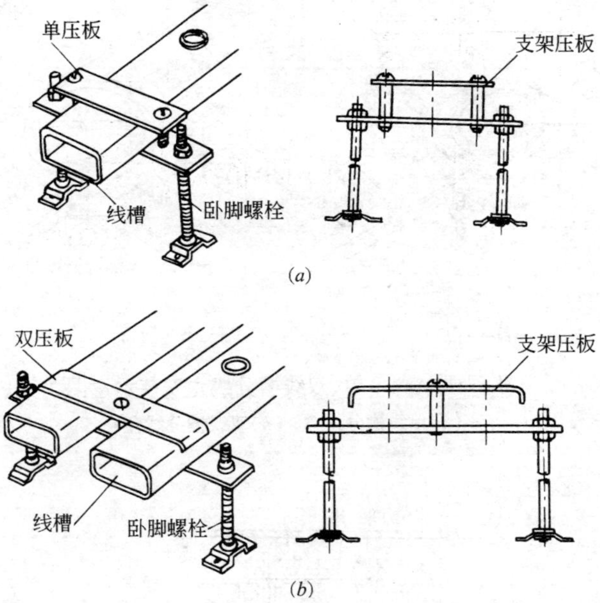

图 1.11.8－2　单、双线槽支架安装示意图

(*a*)单线槽支架；(*b*)双线槽支架

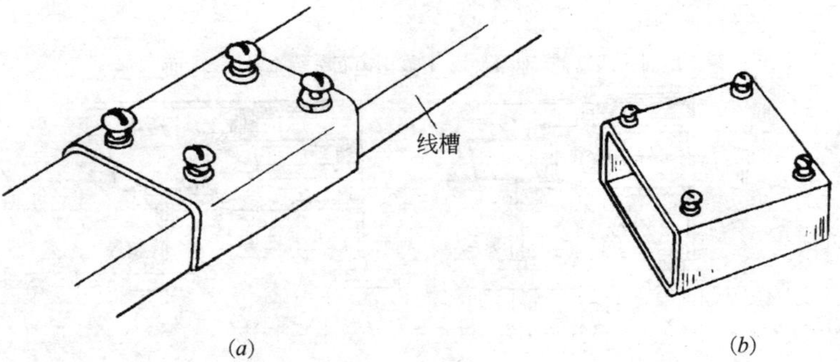

图 1.11.8－3　线槽连接头安装示意图

(*a*)线槽连接；(*b*)线槽连接头

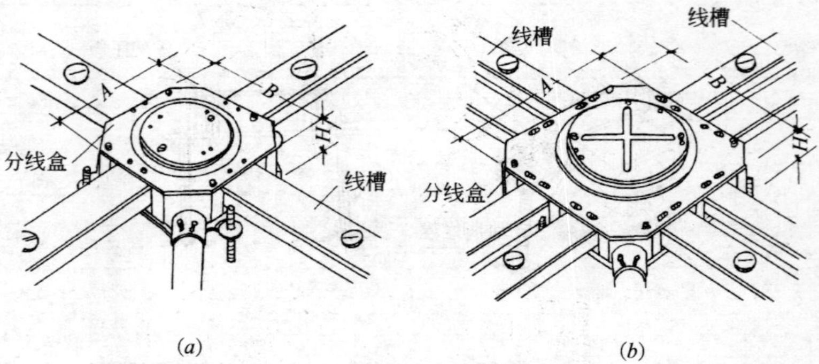

图 1.11.8-4　单、双线槽分线盒安装示意图

(a)单线槽分线盒；(b)双线槽分线盒

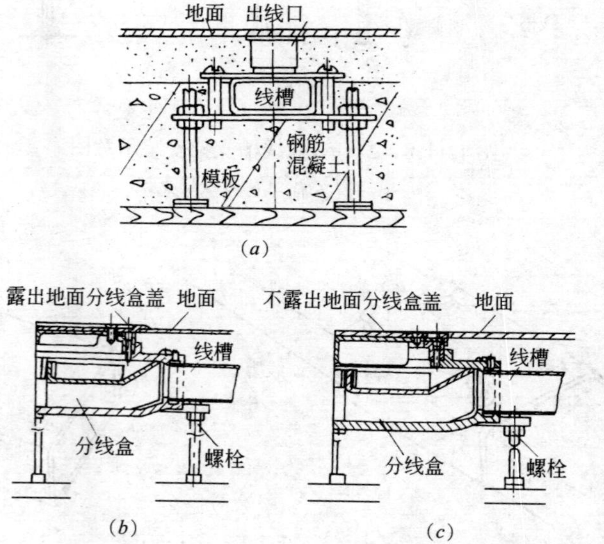

图 1.11.8-5　线槽出线口及分线盒安装示意图

(a)不明露地面出线口；(b)露出地面出线盒；(c)不露出地面出线盒

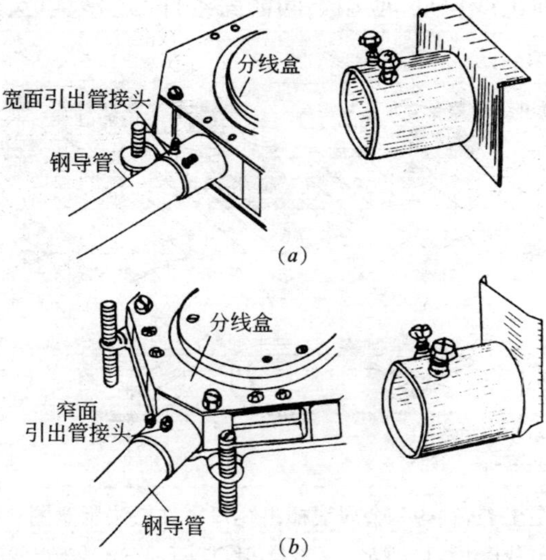

图 1.11.8－6　导管与分线盒安装示意图

(a)分线盒宽面引出管；(b)分线盒窄面引出管

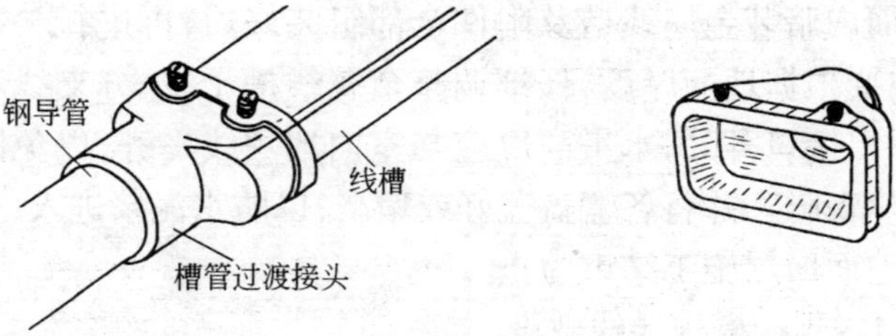

图 1.11.8－7　线槽与管过渡接头做法示意图

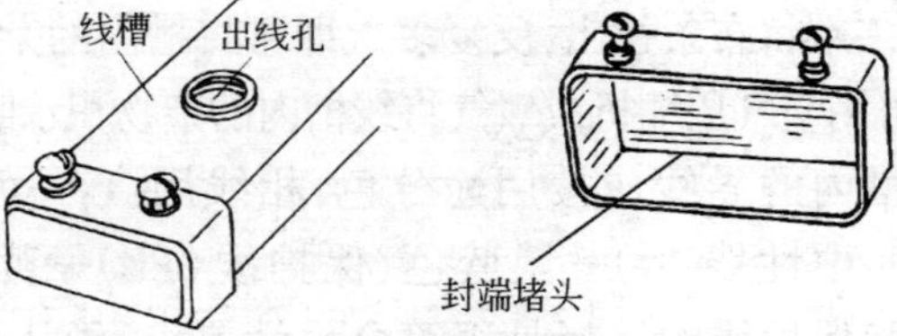

图 1.11.8－8　封端堵头安装示意图

线槽地面出线口处,应用不同需要零件与出线口安装好,如图1.11.8-9所示。

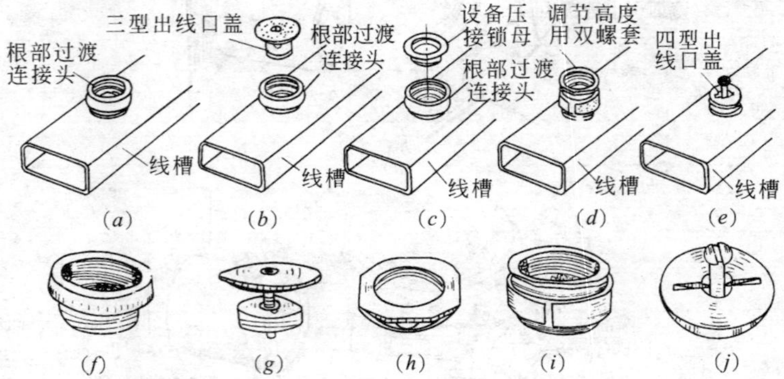

图1.11.8-9　金属线槽出线口零件做法示意图

(a)一式线槽出线口;(b)二式线槽出线口;(c)三式线槽出线口;
(d)四式线槽出线口;(e)五式线槽出线口;(f)根部过渡连接头;
(g)三型出线口盖;(h)设备压接锁母;(i)调节高度用双螺套;
(j)四型出线口盖

地面内暗装金属线槽及附件全部组装好后,再进行一次系统调整,主要根据地面厚度,仔细调整金属线槽干线、分支线和分线盒接头、出接口等处,水平高度应与室内地坪线平齐,以免防碍交通和有障观瞻。并将各盒盖盖好或堵严,以防水泥浆进入,直至配合土建地面面层施工结束为止。

1.11.9　线槽内导线敷设

地面内暗装金属线槽内配线前,应清除线槽内的积水和杂物。可先将引线钢丝穿通至分线盒或出线口,然后将布条绑在引线一端送入线槽内,从另一端将布条拉出,反复多次即可将槽内的杂物和积水清理干净。也可用空气压缩机或氧气将线槽内的杂物积水吹出。

穿入线槽内的导线应按用途分色,相线用:L_1—黄色、L_2—绿色、L_3—红色,中性线(N)—淡蓝色、保护线(PE)—黄绿相间色。并检查导线和保护线的选择是否符合设计要求,确认无误后再放线。放线时将导线放开、伸直、理顺,剥出端部绝缘层,与引线结扎从出线一端线槽内穿入至另一端抽出。穿线时在线槽中间导线或电缆不得有接头，接头应在分线盒内进行。导线如在分线盒内无分支接头时，导线应直接通过不断线。盒内导线接头断线连接时，导线的预留长度出盒口不应小于150mm。导线在箱(盘)内的预留长度不应小于箱(盘)面的半周长。

线槽内电线或电缆的总截面(包括外护层)不应超过线槽内截面的40%。

同一回路的所有相线和中性线应敷设在同一金属线槽内。

同一路径无防干扰要求的线路可敷设于同一线槽内，但同一线槽内的绝缘导线和电缆都应具有与最高标准电压回路绝缘相同的绝缘等级。

强、弱电线路应分槽敷设，两种线路交叉处分线盒内应设置屏蔽分线板。

线槽内电线在引出部分不得遭受损伤。

1.11.10　线槽的接地

地面内暗装金属线槽必须与保护线(PE)或中性保护共用线(PEN)连接可靠，线槽本体不应作为设备的接地导体。当设计无要求时，地面内暗装金属线槽全长应不少于2处与PE或PEN线干线连接。

Ⅲ　质量标准

1.11.11　主控项目

金属线槽必须与PE或PEN线连接可靠，并符合下列规定：

1　金属线槽不得熔焊跨接接地线。

2　金属线槽不作设备的接地导体，当设计无要求时，金属线槽全长不少于2处与PE或PEN线干线连接。

1.11.12　一般项目

线槽应安装牢固，无扭曲变形，紧固件的螺母应在线槽外侧。

Ⅳ 成品保护

1.11.13 土建地面或楼(地)面施工时,电工应进行看护,防止线槽位移。

1.11.14 线槽全部结束后,出线口及分线盒处,应密封良好,防止清扫有水渗入。

Ⅴ 质量通病及其防治

1.11.15 地面内暗装金属线槽,出线口、分线盒口露出地面过大或凹进地面面层。在配合土建施工时应加强看护。

1.11.16 导线连接时损伤线芯,缠绕圈数或倍数不符规定,铜导线挂锡不饱满,绝缘包扎不严密。应按电线穿管和导线连接中有关内容重新进行连接。

1.12 塑料线槽敷设和线槽敷线

Ⅰ 施工准备

1.12.1 材　　料

1 塑料线槽及其附件等。

2 各种规格的电线、电缆等。

3 伞形螺栓、塑料胀管等。

1.12.2 机　　具

1 线坠、粉线袋、卷尺、电工工具等。

2 钢锯、喷灯、焊锡、手电钻等。

1.12.3 作业条件

1 对塑料线槽配线工程施工有影响的模板、脚手架等应拆除,杂物应清除。

2 对配线工程会造成污损的建筑装修工作应全部结束。

Ⅱ 施工工艺

1.12.4 施工程序

弹线定位 → 线槽固定安装 → 导线敷设 → 绝缘测试

1.12.5 塑料线槽的选择

塑料线槽配线一般适用于正常环境的室内场所明布线，也用于科研实验室或预制墙板结构无法暗配线的工程。还适用于旧工程改造更换线路。同时用于弱电线路吊顶内暗配线场所。

在高温和易受机械损伤的场所不宜采用塑料线槽配线。

塑料线槽由槽底、槽盖及附件组成，是由难燃型硬质聚氯乙烯工程塑料挤压成型。选用塑料线槽时，应根据设计要求选择规格、型号相应的定型产品。塑料线槽及其附件的耐火及防延燃应符合有关规定，一般氧指数不应低于27%。

常用的塑料线槽型号有VXC2型、VXC25型线槽和VXCF型分线式线槽，如图1.12.5－1所示。

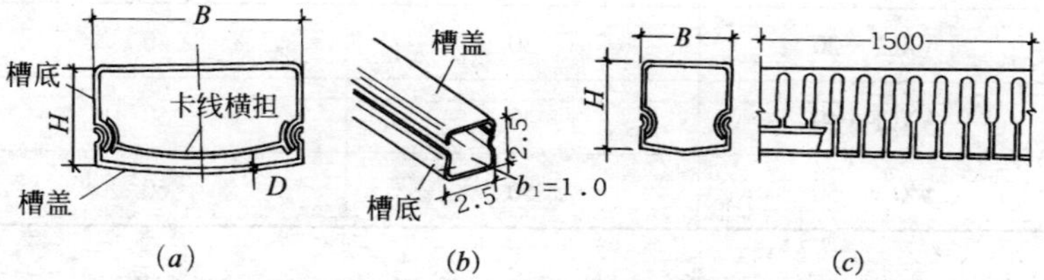

图1.12.5－1 塑料线槽

(*a*)VXC2型线槽；(*b*)VXC25型线槽；(*c*)VXCF型分线式线槽

塑料线槽的规格见表1.12.5－1和表1.12.5－2所示。

VXC2型线槽规格表(mm)　　表1.12.5－1

线槽型号	线槽			
	B	*H*	*D*	*A*
VXC2—30	30	20	1.2	300
VXC2—40	40	20	1.2	400

续表

线槽型号	线　槽			
	B	*H*	*D*	*A*
VXC2—50	50	20	1.5	500
VXC2—60	60	35	2.0	1200
VXC2—80	80	35	2.0	1600
VXC2—100	100	50	2.5	2000
VXC2—120	120	50	2.5	3600

注：*A* 表示线槽有效容线总截面积。

VXCF 型分线式线槽规格表(mm)　　　　表 1.12.5－2

线槽型号	规　格	
	B	*H*
VXCF—25	25	30
VXCF—30	30	40
VXCF—40	40	50
VXCF—50	50	60

在潮湿和有酸碱腐蚀的场所宜采用 VXC2 型塑料线槽。

弱电线路(通讯、信号及数据传输等)多为非载流导体，自身引起火灾的可能性极小，在建筑物顶棚内敷设时，可采用难燃型带盖塑料线槽。

选择线槽还应按线槽允许容纳导线根数来选择线槽的型号、规格。

选用的线槽应有产品合格证件，内外应光滑无棱刺，不应有扭曲、翘边等现象。

1.12.6　线槽槽底的安装

难燃型塑料线槽明敷设，如图 1.12.6－1 所示。

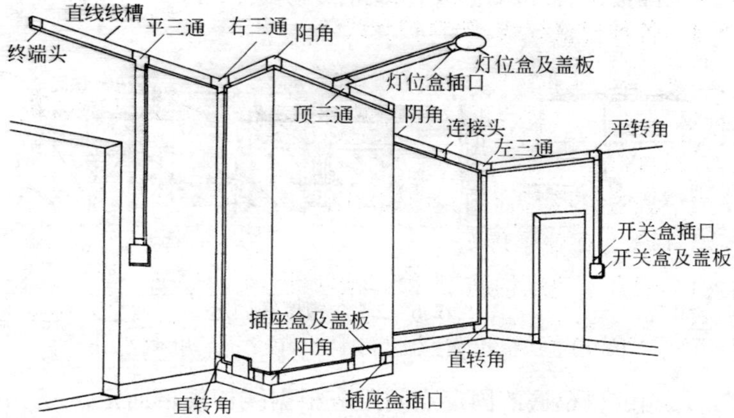

图 1.12.6－1　塑料线槽明布线示意图

塑料线槽布线的敷设场所的环境温度不得低于－15℃。线槽敷设应在建筑物墙面、顶棚抹灰或装饰工程结束后进行。

塑料线槽敷设时，宜沿建筑物顶棚与墙壁交角处的墙上及墙角和踢脚板上口线上敷设。应先确定好盒(箱)等电气器具固定点的准确位置，从始端至终端按顺序找好水平线或垂直线。用粉线袋在线槽布线的中心处弹线，确定好各固定点的位置。在确定门旁开关线槽位置时，应能保证门旁开关盒处在距门框边 0.15～0.2m 的范围内。

塑料线槽布线应先固定槽底，线槽槽底应根据每段所需长度切断。塑料线槽布线在分支时应做成“T”字分支，线槽在转角处槽底应锯成 45°角对接，对接连接面应严密平整，无缝隙。

塑料线槽槽底可用伞形螺栓固定或用塑料胀管固定，也可用木螺钉将其固定在预先埋入在墙体内的木砖上，如图 1.12.6－2 所示。

塑料线槽在石膏板或其他护板墙上及预制空心板处可用伞形螺栓固定，在固定位置上，把线槽的槽底横平竖直地紧贴在建筑物的表面，钻好孔后将伞形螺栓的伞叶掐紧合拢插入孔中，待合拢的伞形自行张开后,再紧固螺栓即可。

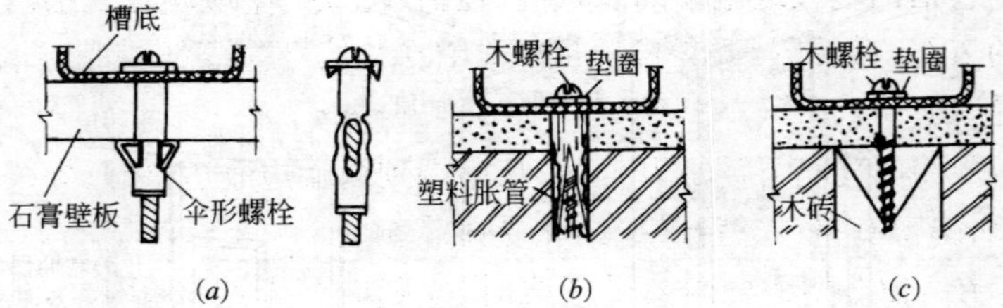

图 1.12.6-2 线槽槽底固定

(a)用伞形螺栓固定;(b)用塑料胀管固定;(c)用木砖固定

塑料线槽槽底的固定点间距应根据线槽规格而定,一般不应大于表 1.12.6-1 中所列数值。固定线槽时,应先固定两端再固定中间,端部固定点距槽底终点不应小于 50mm。

塑料线槽明敷时固定点最大间距　　　表 1.12.6-1

固 定 点 形 式	线 槽 宽 度 (mm)		
	20~40	60	80~120
	固定点最大间距 L(m)		
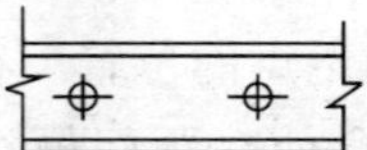	0.8	—	—
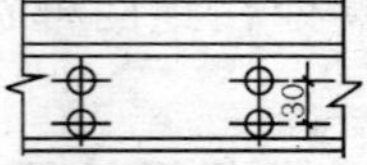	—	1.0	—
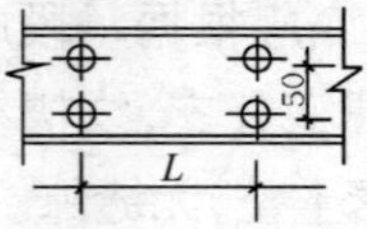	—	—	0.8

固定好后的槽底应紧贴建筑物表面,布置合理,横平竖直,线槽的水平度与垂直度允许偏差均不应大于 5mm。

1.12.7 导线敷设

在线槽内敷设塑料导线时的环境温度不应低于 -15℃。

强、弱电线路不应同时敷设在同一根线槽内。同一路径无抗干扰要求的线路,可以敷设在同一根线槽内。

线槽内电线或电缆的总截面(包括外护层)不应超过线槽内截面的20%,载流导线不宜超过30根(控制、信号等线路可视为非载流导线)。

放线时先将导线放开伸直,从始端到终端边放边整理,导线应顺直,不得有挤压、背扣、扭结和受损等现象。

在VXC2型线槽内敷设导线时,应随时将卡线横担卡入线槽内,如图1.12.7-1所示。卡线横担的安装间距不应大于300mm。

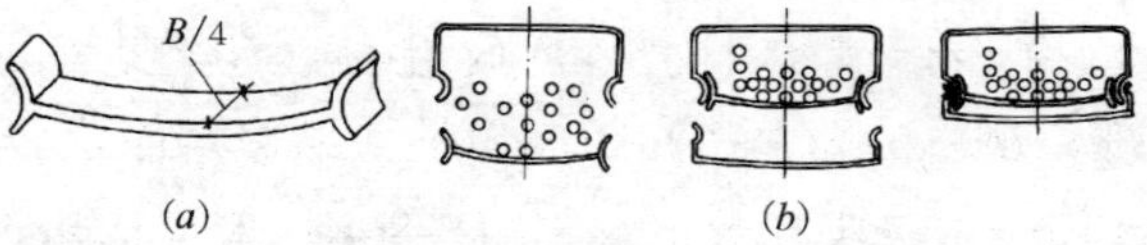

图1.12.7-1 卡线横担及使用方法

(a)卡线横担;(b)卡线入槽步骤

B—线槽宽度

电线、电缆在塑料线槽内不得有接头,导线的分支接头应在接线盒内进行。从室外引进室内的导线在进入墙内一段应使用橡胶绝缘导线,严禁使用塑料绝缘导线。

导线在线槽槽底内敷设完成后,就可以固定槽盖了。

1.12.8 槽盖及附件安装

塑料线槽槽盖应比照每段线槽槽底的长度按需要切断,在切断时槽盖的长度要比槽底的长度短一些,如图1.12.8-1所示,其A段的长度应为线槽宽度的一半,在安装槽盖时供做装饰配件就位用。塑料线槽槽盖如不使用装饰配件时,槽盖与槽底应错位搭接。

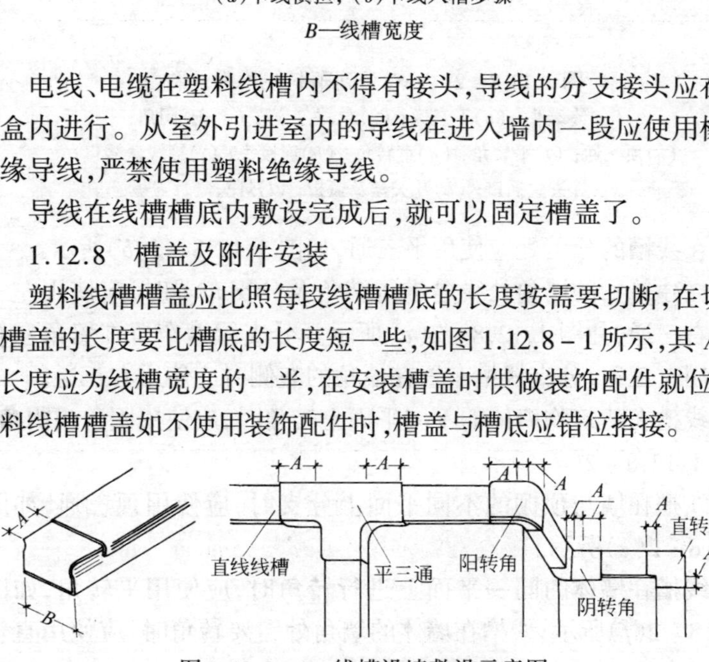

图1.12.8-1 线槽沿墙敷设示意图

线槽的槽盖及附件一般为卡装式,将槽盖及附件平行放置对准槽底,用手一按槽盖及附件就可卡入到槽底的凹槽中。

塑料线槽布线在线槽的末端应使用附件终端头封堵,如图1.12.8-2(*a*)所示。同时参见图1.12.6-1。

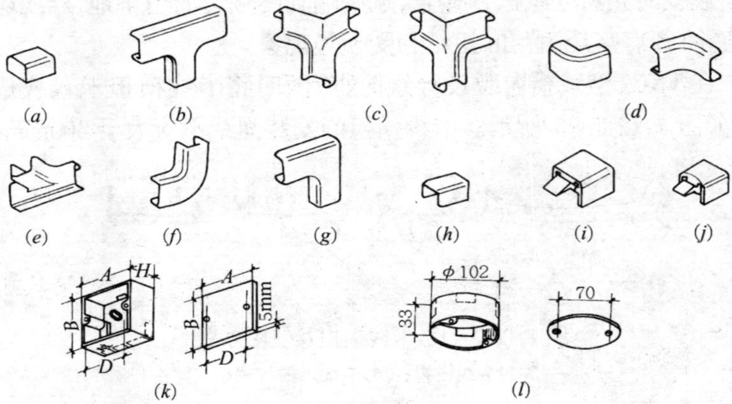

图1.12.8-2　VXC系列塑料线槽附件图

(*a*)终端头;(*b*)平三通;(*c*)左、右三通;(*d*)阳、阴角;(*e*)顶三通;(*f*)平转角;(*g*)直转角;(*h*)连接头;(*i*)接线盒插口;(*j*)灯头盒插口;(*k*)开关盒及盖板;(*l*)灯头盒及盖板

在线槽的分支处应使用平三通,如图1.12.8-2(*b*)所示。

在建筑物的墙角处线槽进行转角及分支布置时,应使用左三通或右三通,如图1.12.8-2(*c*)所示。分支线槽布置在墙角左侧时使用左三通,分支线槽布置在墙角的右侧时应使用右三通。

线槽在建筑物墙体的不同平面上转角时,应使用阳角或阴角,如图1.12.8-2(*d*)所示。

线槽在墙与顶棚的不同平面上分支时,应使用顶三通,如图1.12.8-2(*e*)所示。

线槽在墙体的同一平面上进行转角时,应使用平转角,如图1.12.8-2(*f*)所示;线槽在墙体的墙角处需要转角时,应使用直转角,如图1.12.8-2(*g*)所示。

线槽直线段需要进行连接时,应使用连接头,如图 1.12.8-2(h)所示。

塑料线槽布线时,开关、插座盒及灯头盒应采用相同材质的定型产品,如图 1.12.8-2(k)和图 1.12.8-2(j)所示。线槽与开关、插座盒的连接处应使用相应的插口进行连接,如图 1.12.8-2(i)和图 1.12.8-2(l)所示。

塑料线槽布线在线路的分支处应采用相应的线槽分线箱,分线箱及做法如图 1.12.8-3 所示。VXC2 型线槽配套用分线箱型号规格,见表 1.12.8-1。在分线箱盖上也可安装电器件。

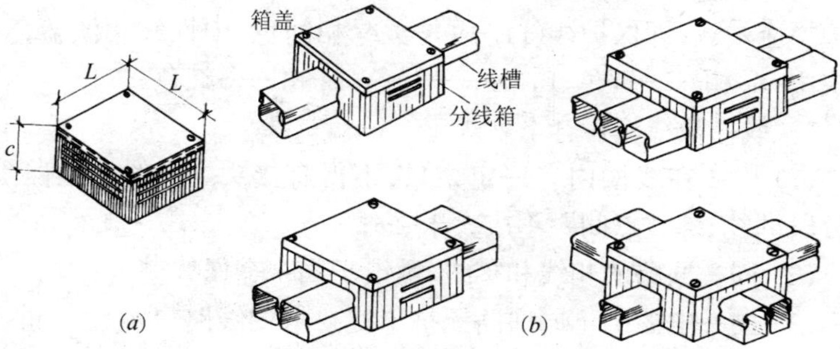

图 1.12.8-3　分线箱及线槽连接

(a)线槽分线箱;(b)线槽与分线箱配用图

分线箱型号规格表　　　　表 1.12.8-1

型　号	L(mm)	C(mm)
CX-1	100	50
CX-2	150	50
CX-3	200	70
CX-4	250	70
CX-5	300	100
CX-6	350	100
CX-7	400	100

塑料线槽槽盖与各种附件相对接时，接缝处应严密平整、无缝隙。槽盖及附件应无扭曲和翘角变形现象。

塑料线槽布线完成后，线槽表面应清洁无污染。在安装线槽的过程中应注意保持墙面清洁。

Ⅲ 质量标准

1.12.9 一般项目

1 线槽应安装牢固，无扭曲变形。

2 线槽，在建筑物变形缝处，应设补偿装置。

3 当采用多相供电时，同一建筑物、构筑物的电线绝缘层颜色选择应一致，即保护线(PE)应是黄绿相间色，中性线用淡蓝色；相线用：L_1 相——黄色、L_2 相——绿色、L_3 相——红色。

4 线槽敷线应符合下列规定：

(1) 电线在线槽内有一定余量，不得有接头。电线按回路编号分段绑扎，绑扎点间距不应大于 2m；

(2) 同一回路的相线和零线，敷设于同一金属线槽内；

(3) 同一电源的不同回路无抗干扰要求的线路可敷设于同一线槽内；敷设于同一线槽内有抗干扰要求的线路用隔板隔离，或采用屏蔽电线且屏蔽护套一端接地。

Ⅳ 成品保护

1.12.10 安装塑料线槽及槽内配线时，应注意保持建筑物清洁。

1.12.11 线槽安装后，不应再进行建筑装饰工程施工，以防线槽受到污染。

1.12.12 使用梯子施工时，应注意不要碰坏建筑物的门窗及墙面等。

Ⅴ 安全注意事项

1.12.13 施工中使用的梯子应牢固，下端应有防滑措施，单面梯子与地面夹角以60°~70°为宜;人字梯要在距梯脚40~60mm处设拉绳,不准站在梯子最上一层工作。

1.12.14 使用自制高度车施工时,站人部位周围应有护栏。

Ⅵ 质量通病及其防治

1.12.15 线槽内有灰尘。配线前应将线槽内灰尘清理干净。

1.12.16 线槽底板松动和翘边、翘角现象。应把固定线槽的螺钉紧固,螺钉或其他紧固件端部应与线槽内表面光滑相接。

1.12.17 线槽接口不严,缝隙过大并有错台。操作时应仔细把线槽接口对好,使槽盖平整、无翘角。

1.12.18 线槽内导线分色和导线截面及根数超出线槽的允许规定。应按规范进行导线分色;导线截面和根数应符合设计要求。

1.12.19 在不易拆卸盖板的线槽内电线有接头。施工时不应马虎,电线的接头应置于线槽的接线盒或器具盒内。

1.13 槽板配线

Ⅰ 施工准备

1.13.1 材　　料

1 木槽板、塑料槽板及其附件等。

2 各种规格的导线等。

3 木螺钉、钉子等。

1.13.2 机　　具

1 线坠、粉线袋、卷尺、电工工具等。

2 槽板加工用自制模具、钢锯等。

1.13.3 作业条件

1 对槽板配线工程会造成污损的建筑装修工作应全部结束。

2 对配线施工有影响的模板、脚手架等应拆除,室内杂物应清除。

Ⅱ 施工工艺

1.13.4 施工程序

选择槽板 → 定位划线 → 槽板加工 → 固定槽板底座 → 导线敷设 → 固定盖板 → 平直度、垂直度测量

1.13.5 槽板选择

槽板配线就是把绝缘导线敷设在槽板底板(或盖板)的线槽中,上部再用盖板把导线盖住的配线方式。

在建筑电气工程的照明工程中,随着人们物质生活水平的提高,大型公用建筑已基本不用槽板配线,在一般民用建筑或有些古建筑的修复工程中,以及个别地区仍有较多的使用。

常用槽板有两种,一种是木槽板,另一种是塑料槽板。木槽板有双线的,也有三线的,其外形如图 1.13.5-1 所示。

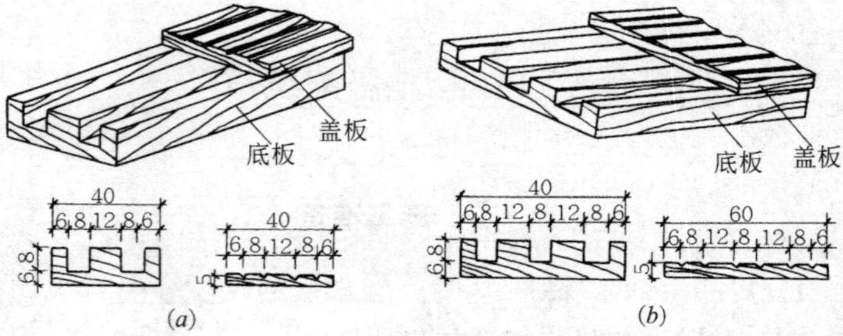

图 1.13.5-1 木槽板外形示意图

(a)双线木槽板;(b)三线木槽板

木槽板应使用干燥、坚固、无节裂的木材制成。木槽板的内、外应平整光滑、无棱刺,并应经阻燃处理;塑料槽板表面应有阻燃标记,内、外应平整光滑无棱刺、无脆裂和扭曲变形现象。

槽板配线应根据线路每段的导线根数,选用合适的双线槽或三线槽的槽板。

运到施工现场的槽板,在安装前首先要进行外观检查和验收,

合格的槽板方可使用。应剔除开裂和过分扭曲变形的次品。挑选平直的用于长段线路和明显的场所,略次的设法用于较隐蔽场所或截短后用于转角、绕梁、柱等地方敷设。

1.13.6　槽板配线的定位划线

槽板配线施工,应在室内抹灰及装饰工程结束后进行,在槽板安装前也应进行定位划线。

槽板配线不允许埋入或穿过墙壁,也不允许直接穿过楼板。但在主体施工阶段,应配合土建施工进行保护管的预埋,防止后期施工打洞。槽板配线在穿过楼板时必须用钢管保护。

槽板配线的定位划线,要根据设计图纸,结合规范的规定,确定较为理想的线路布局。槽板配线宜敷设于隐蔽的地方。应尽量沿建筑物的线脚、横梁、墙角等处敷设,与建筑物的线条平行或垂直布置。槽板配线在水平敷设时至地面的最小距离,不应小于2.5m;垂直敷设时不应小于1.8m。

为使槽板配线线路安装得整齐、美观,可用粉线袋沿槽板水平和垂直的敷设路径的一侧弹浅色粉线。

1.13.7　槽板的加工

槽板配线应按线路敷设的位置和走向,加工好各种形状的槽板。槽板的加工,可使用手工钢锯锯断。在槽板锯断前应先制作小模具,模具可用硬质木材或金属制作,用木材制作时选用三条厚度适当长度相等的木板条,其中一条木板的宽度应略宽于槽板的宽度,用此板条做模具的底部,另两条宽度适当且相等的木板条做侧面;钉在做底的木条的两侧呈木槽状的模具。在木模具长度上选择两个适当的位置,用钢锯条顺向模具交叉锯两个45°的斜口,同时,横向模具锯一个90°的锯口,如图1.13.7-1所示。

槽板的加工模具制作好以后,就可以根据计算好的每根盖板和底板的所需长度和形状在模具内进行锯割加工。

槽板由于敷设部位不同,锯割的形状也不同,在直线段上和在同一平面90°转角或不同平面90°转角时,盖板和底板均应锯成45°的斜口对接。线路分支时,接头处可以做成"T"字接法,也可以将槽板端部锯成90°进行T字三角叉接。

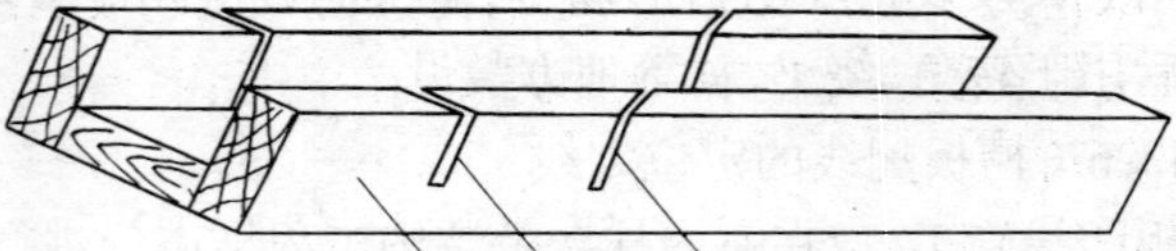

图1.13.7-1 槽板加工用模具

1.13.8 槽板底板的固定

槽板配线要先固定槽板底板，槽板要根据不同的建筑结构及装饰材料，采用不同的固定方法。

在木结构上，槽板底板可以直接用木螺钉或钉子固定；在灰板条墙或顶棚上，可用木螺钉固定；在砖墙上可用木螺钉或钉子把槽板底板固定在预先埋设好的木砖上，也可以用木螺钉把槽板底板固定在塑料胀管上；在混凝土上，可以用水泥钉或塑料胀管固定。

无论采用什么方法固定，槽板应在距底板端部50mm处加以固定，三线槽的槽板应交错进行固定或用双钉固定，底板的固定点不应设在底槽的线槽内。特别应注意塑料槽板固定时底板与盖板不能颠倒使用。

槽板配线由于每段槽板长度各有不同，在整条线路上，不可能各段都一样，尤其是在槽板转弯和端部更为明显，同时受建筑物结构限制，中间固定点的间距无法要求一致，但每段槽板的底板中间固定点的距离应小于500mm。两相邻固定点间的间距要均匀一致。固定好后的槽板底板应紧贴建筑物或构筑物表面，无缝隙，且平直整齐；多条槽板并列敷设时，应无明显缝隙。

槽板底板对接时，接口处底板的宽度应一致，线槽要对准，对接处斜角角度应正确，接口应紧密。在直线段对接时两槽板应在同一条直线上，槽板转角时应呈90°角，并把线槽内侧削成圆形，防止配线时刮伤导线绝缘层。在槽板分支处应做三角叉接，如做“T”字接法时，在分支处应把底板线槽中部分用小锯条锯断铲平，使导线在线槽中能够宽畅通过。

槽板在封端处应呈斜角。在加工底板时应将底板坡向底部锯成斜角。线槽与保护管呈90°连接，有条件时可在底板端部适当位置上钻孔与保护管进行连接，把保护管压在槽板内，槽板盖板的端部也应呈斜角封端。

槽板配线底板固定如图1.13.8－1所示。

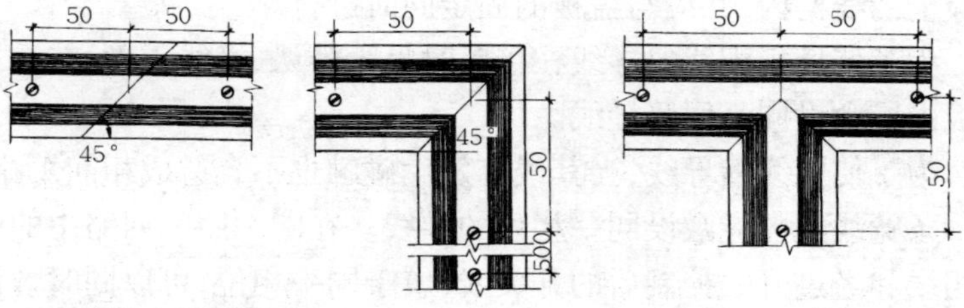

图1.13.8－1　槽板配线底板的固定

(a)底板对接的做法；(b)底板拐角做法；(c)底板分支接头做法

塑料槽板敷设时的环境温度，不应低于－15℃。

塑料槽板的固定方法与木槽板固定方法是一样的，但在现场施工中很多操作者没有分清塑料槽板的底板与盖板，错误的把底板当成盖板，把盖板又当成底板。在施工时应本着槽板应紧贴建筑表面的原则进行。常用的塑料槽板如图1.13.8－2所示。

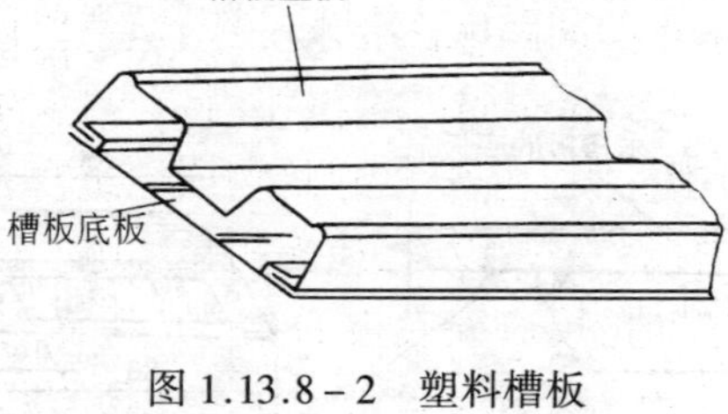

图1.13.8－2　塑料槽板

1.13.9　导线敷设

槽板的底板固定好后，就可以敷设导线了。敷设塑料绝缘导线时环境温度不应低于－15℃。

槽板内敷设的绝缘导线的额定电压不应低于500V。使用铜芯导线时,最小线芯截面不应小于 1.0mm²,使用铝芯导线时,最小线芯截面不应小于 1.5mm²。为了便于接线,使用塑料绝缘导线时应分色。

木槽板配线时,可以直接把绝缘导线敷设在底板的线槽内,也可以边敷设导线边固定盖板;塑料槽板配线时,导线需直接敷设在盖板上的线槽内,并应与盖板的固定同时进行。

为了使槽板配线的导线在接头时易于辩认、接线正确,在一条槽板内应敷设同一回路导线。

为了使同线槽导线,当其线芯发生碰触也不会造成相间短路,在一条宽线槽内应敷设同一相位的导线。在同一照明回路中的电源相线和经过开关控制后的开关线,属于同一相位,可以同时敷设在一个宽线槽内。

导线在槽板内不得受挤压。槽板内敷设导线不许有中间接头,因槽板内接头会给今后维修、检查带来困难,导线接头可设在槽板外面或器具及接线盒内,槽板配线使用的接线盒如图 1.13.9-1所示。

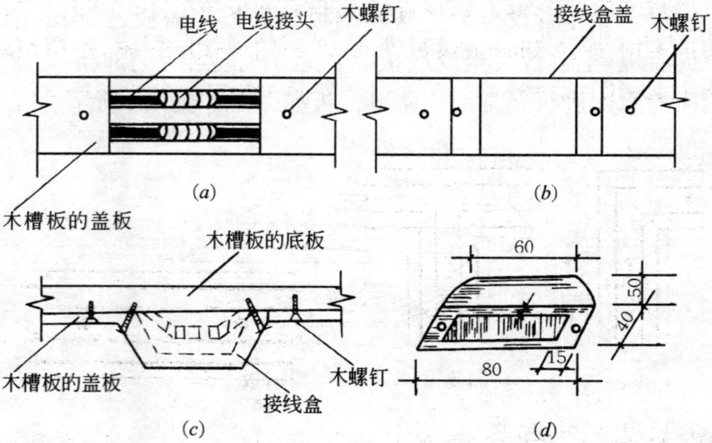

图 1.13.9-1 木槽板配线接线盒

(*a*)接线盒盖打开时; (*b*)接线盒盖盖上时; (*c*)侧面图; (*d*)接线盒盖

当导线敷设到灯具、开关、插座或接头处，为了方便器具接线，要留出适当余量，一般不宜小于150mm。在配电箱（盘）或集中控制的开关板处，地线要留出不小于盘、板面半周长的余量。

1.13.10　槽板盖板的固定

塑料槽板配线固定盖板的方法与木槽板盖的固定方法不同，塑料槽板盖板的固定与导线同时进行。塑料盖板与底板的一侧相咬合后，向下轻轻一按，另一侧盖板与底槽即可咬合，盖板上不需再用螺钉固定。

木槽板的盖板与底板之间应使用木螺钉固定。使用钉子固定盖板不便线路的检修，不宜提倡。

盖板两端固定点，距离盖板的端部应为30mm，中间固定点应小于300mm。如图1.13.10-1所示。盖板固定螺钉，应沿底板的中心线布置，注意对中、放直，不应损伤线槽内的导线。

三线槽的盖板应用双螺钉钉固定，双螺钉应相互平行。盖板顺向固定的木螺钉应在同一条直线上，但木螺钉顶部的开口朝向应一致。

槽板配线直线段盖板接口处与底板的接口应相互错开。其错开距离不应小于20mm。接口处的45°斜角应接触紧密，不留空隙，如图1.13.10-2所示。

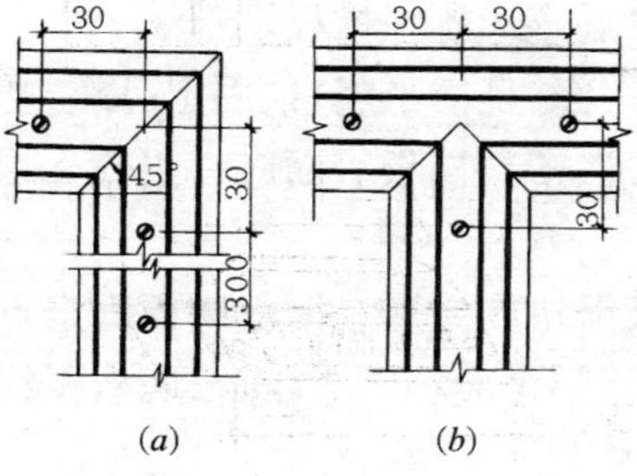

图1.13.10-1　木槽板盖板做法

(a)盖板拐角做法；(b)盖板分支接头做法

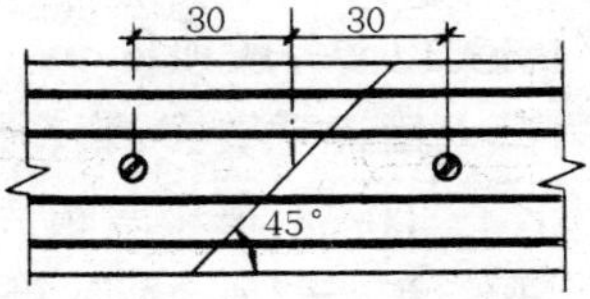

图1.13.10-2　盖板对接做法

盖板在终端处的封端，是将盖板按底板锯出斜度，将盖板的里面锯成半豁口,按底板斜角覆盖折复固定,如图 1.13.10-3 所示。

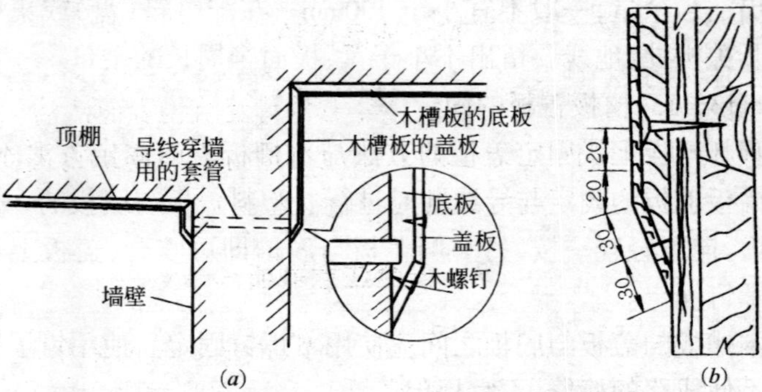

图 1.13.10-3　木槽板封端做法
(a)示意图;(b)局部做法图

槽板盖板固定完成后,应进行线路水平和垂直的测量。无论是水平敷设还是垂直敷设,其直线段的平直度和垂直度的允许偏差均不应大于 5mm。

Ⅲ　质量标准

1.13.11　主控项目

1　槽板内电线无接头,电线连接设在器具处;槽板与各种器具连接时,电线应留有余量,器具底座应压住槽板端部。

2　槽板敷设应紧贴建筑物表面,且横平竖直、固定可靠,严禁用木楔固定;木槽板应经阻燃处理,塑料槽板表面应有阻燃标识。

1.13.12　一般项目

1　木槽板无劈裂,塑料槽板无扭曲变形。槽板底板固定点间距应小于 500mm;槽板盖板固定点间距应小于 300mm;底板距终端 50mm 和盖板距终端 30mm 处应固定。

2　槽板的底板接口与盖板接口应错开 20mm,盖板在直线段和 90°转角处应成 45°斜口对接,T 形分支处应成三角叉接,盖板应无翘角,接口应严密整齐。

3　槽板穿过梁、墙和楼板处应有保护套管,跨越建筑物变形缝处槽板应设补偿装置,且与槽板结合严密。

Ⅳ 成品保护

1.13.13 在槽板配线时,应注意保持建筑物表面清洁。

1.13.14 槽板配线完成后,不应再进行室内建筑物表面的装修工作,以防止破坏或污染槽板和电气器具。

Ⅴ 安全注意事项

1.13.15 施工中用的梯子应牢固,下端应有防滑措施,单面梯子与地面夹角以60°~70°为宜;人字梯要在距梯脚40~60mm处设拉绳,不准站在梯子最上一层工作。

1.13.16 站在高处安装时,工具及材料应拿稳,防止掉落伤人。

Ⅵ 质量通病及其防治

1.13.17 槽板扭曲变形。在选料时要认真,把平直的用于长段线路和明显的场所,略次的设法用于其他较隐蔽场所。

1.13.18 盖板接口不严密。加工下料槽板时,在槽板锯断前应先制作好小模具,然后再根据盖板和底板每段所需要的长度和形状在模具内锯割加工。

1.13.19 器具的绝缘台与槽板对接处有缝隙。器具绝缘台或底座应压住槽板端部。

1.14 钢索配线

Ⅰ 施工准备

1.14.1 材 料

1 配线用各种规格、材质的钢索。

2 支(吊)架、拉环、花篮螺栓、钢索卡、索具套环等。

3　钢索吊装用钢导管、刚性绝缘导管。

4　各种规格导线、塑料护套线等。

1.14.2　机　　具

1　钢锯、型钢切割机(无齿锯)、套丝机、弯管器或弯管机、管压力、喷灯等。

2　煨管机或弯管器、活扳手、电工工具等。

1.14.3　作业条件

1　配合土建结构施工,做好预埋件。

2　配合土建装修进行钢索配线安装。

Ⅱ　施工工艺

1.14.4　施工程序

预埋件施工 → 支架、吊钩制作、安装 → 钢索安装 → 钢索吊装配管、配线

1.14.5　钢索及其附件选择

钢索配线按所使用的绝缘导线和固定方式不同,可分为钢索吊管配线、钢索吊鼓形绝缘子配线、钢索塑料护套线配线。其中钢索吊管配线,又分为钢索吊钢导管配线和钢索吊刚性绝缘导管配线。

1　配线用钢索

钢索配线的钢索,应优先使用镀锌钢索,钢索的单根钢丝直径应小于0.5mm。在潮湿或有腐蚀性介质及易贮纤维灰尘的场所,为防止钢索锈蚀,影响安全运行,应使用塑料护套钢索。钢索配线由于含油芯的钢索易积贮灰尘而锈蚀,故不得使用含油芯的钢索。

为了保证钢索的强度,使用的钢索不应有扭曲、松股和断股、抽筋现象。

选用圆钢作钢索时,在安装前应调直、拉伸和刷防锈漆。

如采用镀锌圆钢,在调直、拉伸时不得损坏镀锌层。

2　钢索配线附件

钢索配线附件拉环、花篮螺栓、钢索卡和索具套环及各种盒等均应用镀锌制品或刷防腐漆。

(1) 钢索用拉环

拉环用于在建筑物上固定钢索，为增加其强度，拉环应用不小于 ϕ16 圆钢制作，二式拉环的接口处应焊死，二式拉环适用于受拉≤3900N 考虑，如图 1.14.5－1 所示。

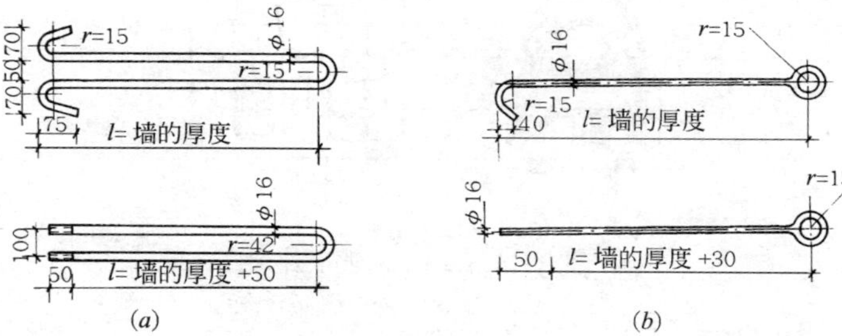

图 1.14.5－1　拉环外形

(a)一式拉环；(b)二式拉环

(2) 花篮螺栓

花篮螺栓用于拉紧钢索，并起调整松紧作用。花篮螺栓的形状如图 1.14.5－2 所示。

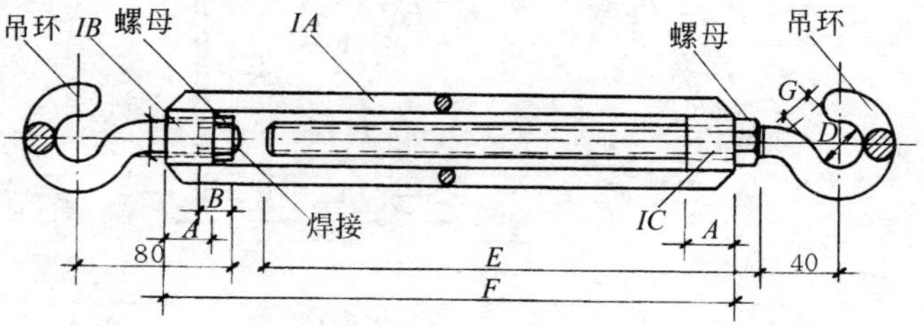

图 1.14.5－2　花篮螺栓外形

钢索的弛度大小影响钢索所受的张力，钢索的弛度是靠花篮螺栓调整的，如果钢索长度过大靠一个花篮螺栓不易调整好钢索的弛度。钢索长度在 50m 及以下时，可在一端装花篮螺栓；超过

50m 时，两端均应装花篮螺栓；每超过 50m 时应增加一个中间花篮螺栓。

(3) 钢索卡

钢索卡又称钢丝绳轧头、钢丝绳夹等，与钢索套环配合作夹紧钢索末端用。钢索卡如图 1.14.5－3 所示。

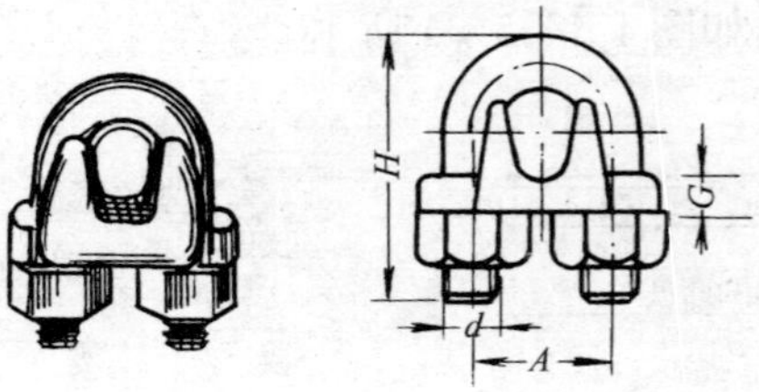

图 1.14.5－3　钢索卡外形

(4) 索具套环

索具套环也叫钢丝绳套环、心形环，是钢绞线的固定连接附件。在钢绞线与钢绞线或其他附件间连接时，钢绞线一端嵌在套环的凹槽中，形成环状，可保护钢绞线在连接弯曲部分受力时不易折断。其外形如图 1.14.5－4 所示。

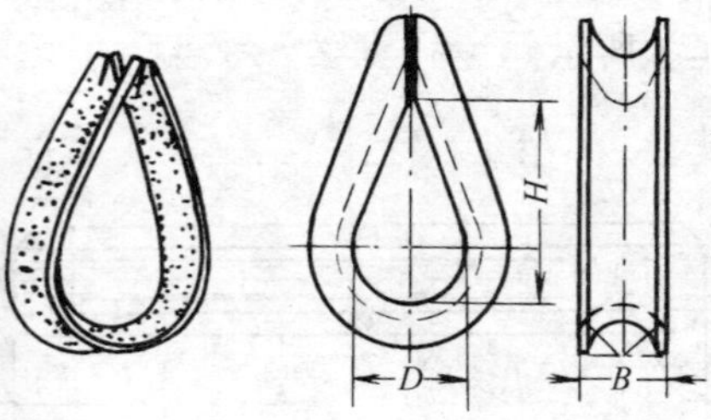

图 1.14.5－4　索具套环外形

1.14.6　钢索安装

钢索配线绝缘导线至地面的最小距离，在室内时不应小于 2.5m。

钢索配线敷设导线及安装灯具后，钢索的弛度不应大于 100mm，如不能达到时，应增加中间吊钩。

钢索的两端需要拉紧固定，在中间也需要进行固定。为保证钢索张力不大于钢索允许应力，固定点的间距不应大于12m，中间吊钩宜使用圆钢，圆钢直径不应小于8mm。为了防止钢索受外界干扰的影响发生跳脱现象，造成钢索张力加大，导致钢索拉断，吊钩的深度不应小于20mm，并应设置防止钢索跳出的锁定装置。

固定钢索的支架、吊钩在加工后应镀锌处理或刷防腐漆。

在墙体上安装钢索，使用的拉环根据拉力的不同，安装方法也不相同，左右两种拉环及其安装方法，应视现场施工条件选用。

拉环应能承受钢索在全部荷载下的拉力。拉环应固定牢固、可靠，防止拉环被拉脱，造成重大事故。

图1.14.6-1中的右侧拉环在砌体墙上安装，应在墙体施工阶段配合土建专业施工预埋 *DN*25 的钢管做套管，一式拉环受力按≤3900N 考虑，应预埋一根套管，二式拉环应预埋两根 *DN*25 套管。左侧拉环需在混凝土梁或圈梁施工中进行预埋。

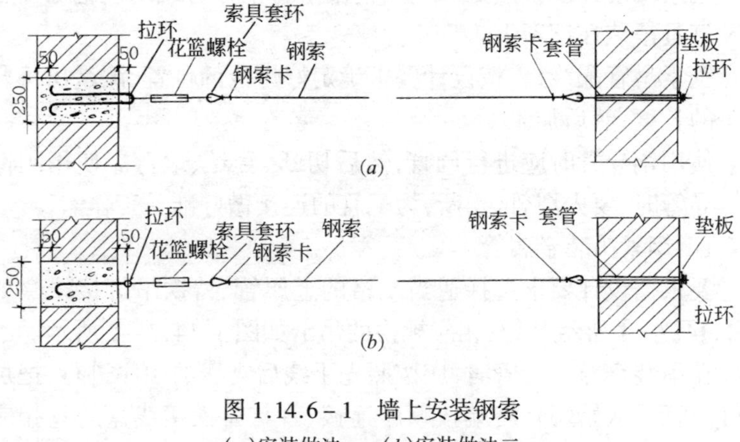

图1.14.6-1　墙上安装钢索

(*a*)安装做法一；(*b*)安装做法二

右侧一式拉环在穿入墙体内的套管后，需在靠外墙的一侧垫上一块120mm×75mm×5mm的钢制垫板；右侧二式拉环需垫上一块250mm×100mm×6mm垫板。在垫板外每个螺纹处各自用一个垫圈、两个螺栓拧牢固，使能承受钢索在全部负载下的拉力。

在拉环的环形一端在不安装花篮螺栓时,应套好索具套环(心形环)。

钢索在一端固定好后,在另一端拉环上装上花篮螺栓。但花篮螺栓的两端螺杆,均应旋进螺母内,使其保持最大距离,以备进一步调整钢索的弛度。

在钢索的另一端,可用紧线器拉紧钢索,与花篮螺栓吊环上的索具套环(心形环)相连接,剪断余下的钢索,将端头用金属线扎紧。再用钢索卡(钢丝绳轧头)固定不少于两道。紧线器要在花篮螺栓受力后才能取下,花篮螺栓应紧至适当程度,最后,用铁线将花篮螺栓绑扎,防止脱钩。

为了防止由于配线而造成钢索漏电,钢索应可靠接地。钢索的一端应与系统中的 PE 或 PEN 线连接可靠,在花篮螺栓处做好跨接接地线。

1.14.7　钢索吊管配线

钢索吊管配线方法是采用扁钢吊卡将钢导管或刚性绝缘导管以及灯具吊装在钢索上。

钢索吊管配线,先按设计要求确定好灯位的位置,测量出每段管子的长度,然后加工。

使用钢导管时应进行调直,然后切断、套丝、煨弯。使用刚性绝缘导管时,要先煨管、切断,为配管的连接做好准备工作。

1　钢索吊装金属管

要根据设计要求选择适当规格的金属管、铸铁吊灯接线盒如图 1.14.7 - 1 所示,以及相应规格的吊卡如图 1.14.7 - 2 所示。

在吊装钢导管配管时,应按照先干线后支线的顺序进行,把加工好的管子从始端到终端按顺序连接,管与铸铁接线盒的丝扣应拧牢固。将导管逐段用扁钢卡子与钢索固定。

扁钢吊卡的安装应垂直,平整牢固,间距均匀,每个灯位铸铁接线盒应用 2 个吊卡固定,钢导管上的吊卡距接线盒间的最大距离不应大于 200mm,吊卡之间的间距不应大于 1500mm。

当双管并行吊装时,可将两个管吊卡对接起来进行吊装,管与钢索的中心线应在同一平面上。此时灯位处的铸铁接线盒应吊 2 个管吊卡与下面的配管吊装。

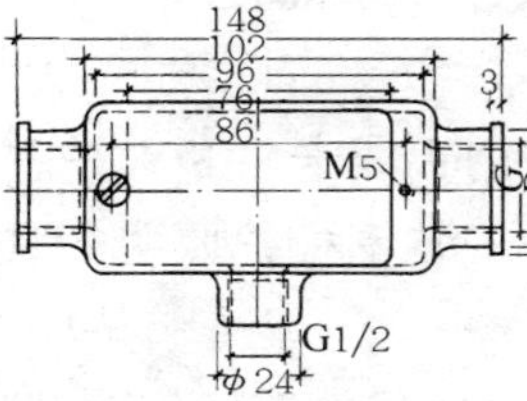

图 1.14.7-1　铸铁吊灯接线盒

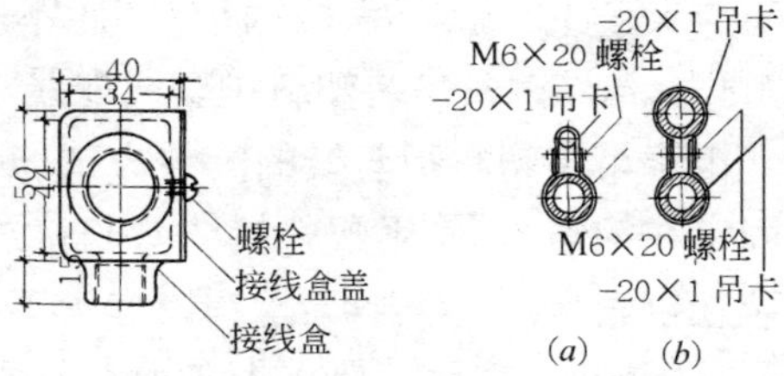

图 1.14.7-2　扁钢吊卡
(a)钢索吊卡；(b)管吊卡

吊装钢导管配管完成后应做整体的接地保护，并应与钢索端部的 PE 或 PEN 线连成一体。管接头两端和铸铁接线盒两端的非镀锌钢导管，应用适当的圆钢焊接跨接接地线，并应与接线盒焊接；当使用镀锌钢导管时，应用专用接地卡跨接接地线，两卡间连线为截面积不小于 $4mm^2$ 的铜芯软导线。

钢索吊装钢导管配线，如图 1.14.7-3 所示。

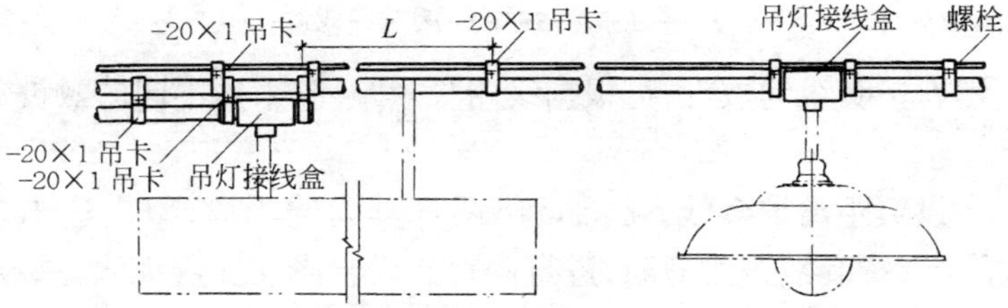

图 1.14.7-3　钢索吊装钢导管配线

2　钢索吊装刚性绝缘导管

钢索吊装刚性绝缘导管配管，应根据设计要求选择管材、明配灯位处接线盒以及管接头、管卡头和扁钢吊卡等。

配管的吊装方法基本同于钢导管的吊装，在管进入灯位处接线盒时，可以用管卡头连接管与盒，管与管的连接处应使用相应的管接头连接，在连接处管与管接头或管卡头间应使用粘接法进行粘接。

扁钢吊卡应固定平整、间距均匀，吊卡距灯位接线盒间最大距离不应大于150mm。吊卡之间的间距不应大于1000mm。

1.14.8　钢索吊装塑料护套线配线

钢索吊装塑料护套线的配线方式，是采用铝线卡将塑料护套线固定在钢索上，使用塑料接线盒与接线盒安装钢板把照明灯具吊装在钢索上。

在配线时，按设计要求先在钢索上确定好灯位的准确位置，把接线盒的固定钢板吊挂在钢索的灯位处，将塑料接线盒如图1.14.8-1所示底部与固定钢板上的安装孔连接牢固。

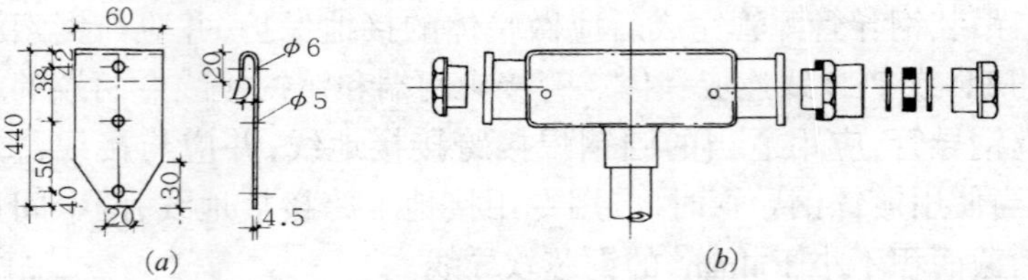

图1.14.8-1　塑料接线盒及固定件

(a)接线盒固定钢板；(b)塑料接线盒

塑料护套线的敷设，可根据线路长短距离，采用不同的敷设方法。

敷设短距离护套线，可测量出两灯具间的距离，留出适当余量，将塑料护套线按段剪断，进行调直然后卷成盘。敷线从一端开始，一只手托线，另一只手用铝线卡(钢精轧头)将护套线平行卡吊于钢索上。

敷设长距离塑料护套线时，将护套线展放并调直后，在钢索两端做临时绑扎，要留足灯具接线盒处导线的余量，长度过长时中间部位也应做临时绑扎，把导线吊起。把铝线卡根据最大距离的要求，把护套线平行卡吊于钢索上。

用铝线卡在钢索上固定护套线，为确保钢索吊装护套线配线固定牢固，应均匀分布线卡间距，线卡距灯头盒间的最大距离为

100mm;线卡之间最大间距为200mm,线卡间距应均匀一致。

敷设后的护套线应紧贴钢索,无垂度、缝隙、扭结、弯曲、损伤。

钢索吊装塑料护套线配线,照明灯具一般使用吊链灯,灯具吊链可用螺栓与接线盒固定钢板下端的螺栓连接固定。当采用双链吊链灯时,另一根吊链可用-20×1的扁钢吊卡和M6×20螺栓固定,如图1.14.8-2所示。

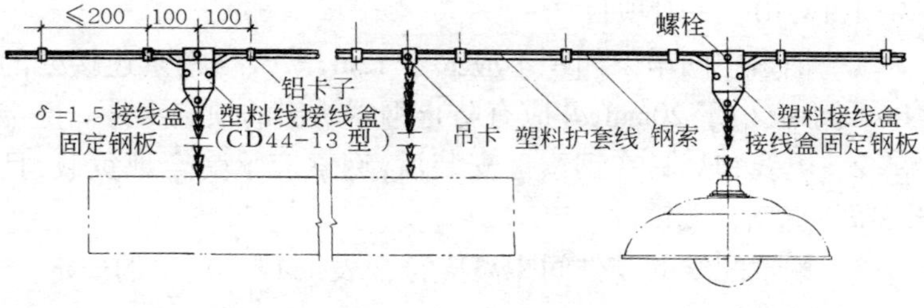

图1.14.8-2 钢索吊装塑料护套线配线吊链灯

照明灯具软线应与吊链灯吊链交叉编花,在塑料护套线接线盒处把导线连接完成后,盖上盒盖并拧严。

安装好的钢索吊装塑料护套线布线,如图1.14.8-3所示。

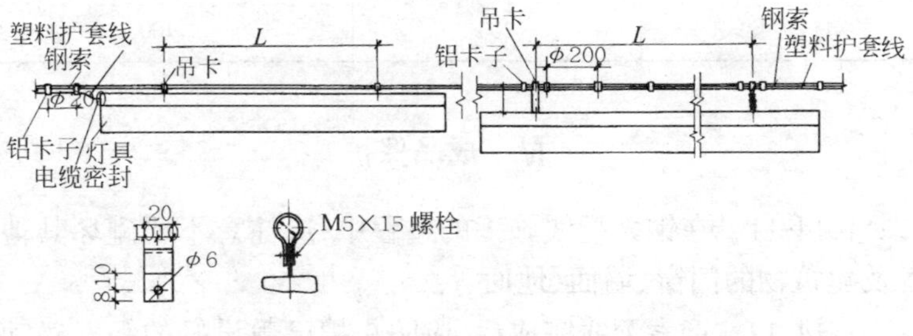

图1.14.8-3 钢索吊装塑料护套线布线

Ⅲ 质量标准

1.14.9 主控项目

1 应采用镀锌钢索,不应采用含油芯的钢索。钢索的钢丝直径应小于0.5mm,钢索不应有扭曲和断股等缺陷。

2　钢索的终端拉环埋件应牢固可靠，钢索与终端拉环套接处应采用心形环，固定钢索的线卡不应少于2个，钢索端头应用镀锌铁线绑扎紧密，且应接地（PE）或接零（PEN）可靠。

3　当钢索长度在50m及以下时，应在钢索一端装设花篮螺栓紧固；当钢索长度大于50m时，应在钢索两端装设花篮螺栓紧固。

1.14.10　一般项目

1　钢索中间吊架间距不应大于12m，吊架与钢索连接处的吊钩深度不应小于20mm，并应有防止钢索跳出的锁定零件。

2　电线和灯具在钢索上安装后，钢索应承受全部负载，且钢索表面应整洁、无锈蚀。

3　钢索配线的零件间距离应符合表1.14.10－1的规定。

钢索配线的零件间距离表（mm）　　表1.14.10－1

配线类别	支持件之间最大距离	支持件与灯头盒之间最大距离
钢导管	1500	200
刚性绝缘导管	1000	150
塑料护套线	200	100

Ⅳ　成品保护

1.14.11　在钢索配线施工的过程中，应注意不要碰坏其他设备及建筑物的门窗、墙面、地面等。

1.14.12　钢索配线完成后，应防止把已敷设好的钢索碰动松弛，同时防止器具松动变位。

1.14.13　钢索配线完成后，土建其他专业不应进行喷浆、刷油等工作，以免污染线路和电气器具。

Ⅴ　安全注意事项

1.14.14　高空作业时，要注意操作者及现场人员安全，不要上下抛扔物品以免伤人。

1.14.15　钢索吊装钢导管配线，锯管套丝时管子压钳案子要放平稳，用力要均衡，防止锯条折断或套丝扳手崩滑伤人。

1.14.16　钢索吊装刚性绝缘导管配线使用喷灯时，在使用前应仔细检查喷灯油桶是否漏油，喷油嘴是否通畅，丝扣是否漏气等。根据喷灯所用油的种类加注相应的燃料油，注油量要低于油桶的3/4，并拧紧螺塞。

喷灯点火时喷嘴前严禁站人，工作场所不能有易燃物品。喷灯的加油、放油和修理，应在熄灭冷却后进行。

Ⅵ　质量通病及其防治

1.14.17　安装后的钢索弛度过大。钢索在吊装前没有进行预拉伸，增加了安装后的伸长率。应调整钢索花篮螺栓，使钢索的弛度不大于100mm。

1.14.18　钢索配线无接地保护线或保护线截面不符合要求。应按规定补做明显可靠的专用保护线，其保护线的截面应考虑好与相线截面的关系。

1.14.19　钢索配线各支持件的距离不一致，差别过大。应按允许偏差的规定值重新进行调整。

1.14.20　钢索吊装的各种配线工程的质量通病及其防治方法，可参见其他相关的配线工程中的相关内容。

1.15　电线、电缆穿管和导线连接

Ⅰ　施工准备

1.15.1　材　　料

1　各种型号、规格的绝缘电线、电缆等。

2　穿线钢丝、破布、滑石粉、高压绝缘胶布、塑料绝缘带及黑胶布、铝压接管、绝缘螺旋接线纽、焊锡、焊锡膏、铝焊药等。

1.15.2 机　　具

电阻焊接用变压器、炭棒、克丝钳、剥线钳、电工刀、导线压接钳、电烙铁、螺丝刀等。

1.15.3 作业条件

管内穿线应在建筑物的抹灰及地面工程结束后进行，在穿线前应将管内的积水及杂物清理干净。

Ⅱ 施工工艺

1.15.4 施工程序

1 电线、电缆穿管

清扫管路 → 穿引线钢丝 → 选择导线 → 放线 → 引线与电线结扎 → 穿线 → 剪断电线

2 导线连接

剥削绝缘层 → 接线 → 焊头 → 恢复绝缘

1.15.5 导线选择

电气安装工程中使用的导线应是厂家生产的线径、绝缘层符合国家要求的产品，并应有名符其实的产品合格证。

应根据设计图纸线管敷设场所和管内径截面积，选择所穿电线的型号、规格。管内电线的总截面积(包括外护层)不应超过管子截面积的40%。

穿管敷设的绝缘电线，额定电压应不低于500V。最小电线截面，铜线、铜芯软线不得低于1.0mm^2、铝线不低于2.5mm^2。

爆炸危险环境照明线路的电线和电缆额定电压不得低于750V，且电线必须穿于钢导管内。

绝缘电线外径与面积关系见表1.15.5-1和表1.15.5-2。

当采用多相供电时，同一建筑物、构筑物的电线绝缘层颜色选择应一致，即相线用：L_1 相—黄色、L_2 相—绿色、L_3 相—红色；中性线(N)用淡蓝色；保护线(PE)应是黄绿相间色。

500V BV、BLV 聚氯乙烯绝缘电线外径与面积关系表

表 1.15.5-1

线芯截面 (mm^2)	1	1.5	2.5	4	6	10	16	25	35	50	70	95	120	150
线芯组成	1×1.13	1×1.37	1×1.76	1×2.24	1×2.73	7×1.33	7×1.70	7×2.12	7×2.50	19×1.83	19×2.14	19×2.50	37×2.0	37×2.24
导线外径 (mm)	2.6	3.3	3.7	4.2	4.8	6.6	7.8	9.6	10.9	13.2	14.9	17.3	18.1	20.2
导线根数	导线总面积 (mm^2)													
1	5	9	11	14	18	34	48	72	93	137	174	235	257	320
2	10	18	22	28	36	68	96	144	186	274	348	470	514	640
3	15	27	33	42	54	102	144	216	279	411	522	705	771	960
4	20	36	44	56	72	136	192	288	372	548	696	940	1028	1280
5	25	45	55	70	90	170	240	360	465	685	870	1175	1285	1600
6	30	54	66	84	108	204	288	432	558	822	1044	1410	1542	1920

500V BX、BLX 橡皮绝缘电线外径与面积关系表

表 1.15.5-2

线芯截面 (mm^2)	1	1.5	2.5	4	6	10	16	25	35	50	70	95	120	150
线芯组成	1×1.13	1×1.37	1×1.76	1×2.24	1×2.73	7×1.33	7×1.70	7×2.12	7×2.50	19×1.83	19×2.14	19×2.50	37×2.0	37×2.24
导线外径 (mm)	4.5	4.8	5.2	5.8	6.3	8.1	9.4	11.2	12.4	14.7	16.4	19.5	20.2	22.3
导线根数	导线总面积 (mm^2)													
1	16	18	21	26	31	52	69	98	121	170	211	298	320	390
2	32	36	42	52	62	104	138	196	242	340	422	596	640	780
3	48	54	63	78	93	156	207	294	363	510	633	894	960	1170
4	64	72	84	104	124	208	276	392	484	680	844	1192	1280	1560
5	80	90	105	130	155	260	345	490	605	850	1055	1490	1600	1950
6	96	108	126	156	186	312	414	588	726	1020	1266	1788	1920	2340

住宅照明线路电线,应按户分相,按相分色。

1.15.6　电线、电缆进场验收

1　按批查验合格证，合格证有生产许可证编号，按《额定电压450/750V及以下聚氯乙烯绝缘电缆》GB 5023.1～5023.7标准生产的产品有安全认证标志。

2　外观检查应包装完好，抽检的电线绝缘层完整无损，厚度均匀。电缆无压扁、扭曲，铠装不松卷。耐热、阻燃的电线、电缆外护层有明显标识和制造厂标。

3　按制造标准，现场抽样检测绝缘层厚度和圆形线芯的直径；线芯直径误差不大于标称直径的1%；常用的BV型绝缘电线的绝缘层厚度不小于表1.15.6－1的规定。

BV型绝缘电线的绝缘层厚度　　　表1.15.6－1

序　号	1	2	3	4	5	6	7	8	9	10	11	12	13	14	15	16	17
电线芯线标称截面积(mm^2)	1.5	2.5	4	6	10	16	25	35	50	70	95	120	150	185	240	300	400
绝缘层厚度规定值(mm)	0.7	0.8	0.8	0.8	1.0	1.0	1.2	1.2	1.4	1.4	1.6	1.6	1.8	2.0	2.2	2.4	2.6

1.15.7　清扫管路

用压缩空气，吹入已敷设的管路中，除去残留的灰土和水分。如无压缩空气，可在钢丝上绑上破布，来回拉几次，将管内杂物和水分擦净。特别是对于弯头较多或管路较长的钢管，为减少导线与管壁磨擦，应随后向管内吹入滑石粉，以便穿线。

1.15.8　穿引线钢丝

管内穿线前大多数情况下都需要用钢丝做引线，用ϕ1.2～ϕ2.0mm的钢丝，头部弯成封闭的圆圈状，如图1.15.8－1所示。由管一端逐渐地送入管中，直到另一端露出头时为止。

明配管路有时因管路较长或弯头较多，可在敷设管路时就将引线钢丝穿好。

穿钢丝时，如遇到管接头部位连接不佳或弯头较多及管内存有异物，钢丝滞留在管路中途，可用手转动钢丝，使引线头部在管内转动,钢丝即可前进。否则要在另一端再穿入一根引线钢丝,估计超过原有钢丝端部时,用手转动钢丝,待原有钢丝有动感时,即表明两根钢丝绞在一起,再向外拉钢丝,将原有钢丝带出。

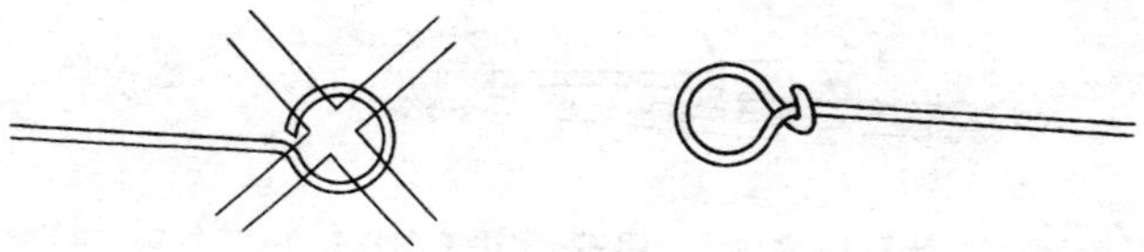

(a)　　(b)

图 1.15.8-1　引线钢丝头部做法

(*a*)错误做法;(*b*)正确做法

1.15.9　放线

放线前应根据施工图,对电线的规格、型号进行核对,发现线径小,绝缘层质量不好的导线应及时退换。

1　电线颜色观察,优质电线的绝缘层色泽鲜艳,无掉色现象,表面光泽度好,无气泡、无杂质,线芯处于绝缘层中间无偏心现象。

2　用测电笔检测,把绝缘电线的线芯接到电源的相线上,用液晶显示电压测电笔的笔端金属体顺着电线绝缘层周边滑动,手指接触电笔的感应测试钮,电笔的电压显示符号不出现,表明电线绝缘层质量较好。

放线时为使电线不扭结、不出背扣,最好使用放线架。无放线架时,应把线盘平放在地上,把内圈线头抽出,并把电线放得长一些。切不可从外圈抽线头放线,否则会弄乱整盘电线或使电线打成小圈扭结。

1.15.10　引线与电线结扎

当电线数量为 2~3 根时,将电线端头插入引线钢丝端部圈内折回,如图 1.15.10-1 所示。

如电线数量较多或截面较大,为了防止电线端头在管内被卡住,要把电线端部剥出线芯,并斜错排好,与引线钢丝一端缠绕接好,也可以把电线与钢线分段结扎,然后再拉入管内,如图 1.15.10-2所示。

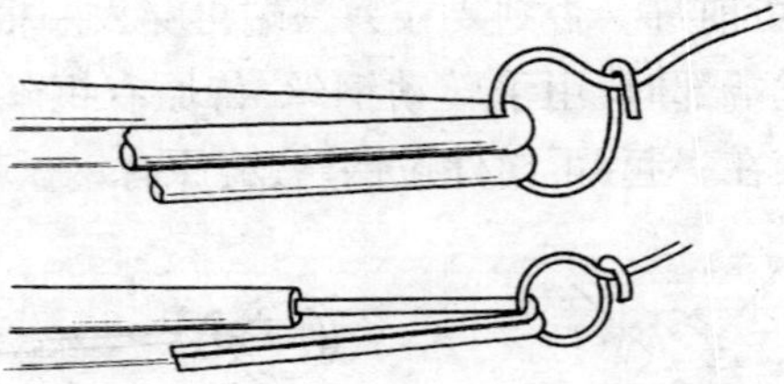

图 1.15.10-1　电线与引线钢丝结扎

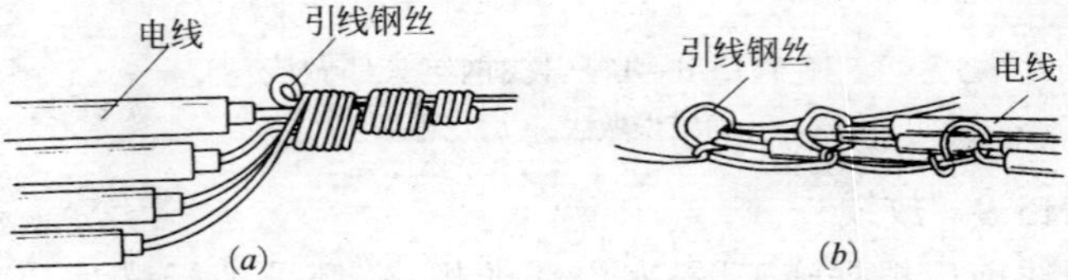

图 1.15.10-2　多根电线与引线钢丝结扎

(*a*)电线斜错缠绕；(*b*)电线分段结扎

1.15.11　管内穿线

导线穿入钢管前，钢导管管口处采用丝扣连接时，应有护圈帽，当采用焊接固定时，亦可使用塑料内护口；穿入绝缘导管前，应先检查管口是否平整光滑，盒(箱)内管口处连接器件应齐全，以防穿线时损坏电线绝缘层。

三相或单相的交流单芯电缆，不得单独穿于钢导管内。

同一交流回路的电线必须穿于同一钢导管内。

不同回路、不同电压和交流与直流的电线，不得穿入同一管内。

管内穿线时，标称电压为 50V 以下的回路；同一设备的电机回路和无抗干扰要求的控制回路；照明花灯的所有回路；同类照明的几个回路可以穿入同一根管子内，但管内电线的总数不应多于 8 根。

穿入管内的导线不应有接头，电线的绝缘层不得损坏，电线也不得扭曲。

当管路较短，而弯头较少时，可把绝缘电线直接穿入管内。

两人穿线时，一人在一端拉钢丝引线，另一人在一端把所有的电线紧捏成一束送入管内，二人动作应协调，并注意不使电线与管口处磨擦损坏绝缘层。

当电线穿至中途需要增加根数时，可把电线端头剥去绝缘层或直接缠绕在其他电线上，继续向管内拉。

在某种场所，如房间面积不大，且管路弯头较少，穿入电线数量不多时，可以一人穿线。即一手拉钢丝，一手送线，但需要把电线放得长些。

1.15.12　电线在接线盒内固定

敷设于垂直线路中的电线，每超过下列长度时，应在接线盒中加以固定如图 1.15.12－1 所示。

1　电线截面 $50mm^2$ 及以下为 30m。

2　电线截面 $70\sim95mm^2$ 为 20m。

3　电线截面 $120\sim240mm^2$ 为 18m。

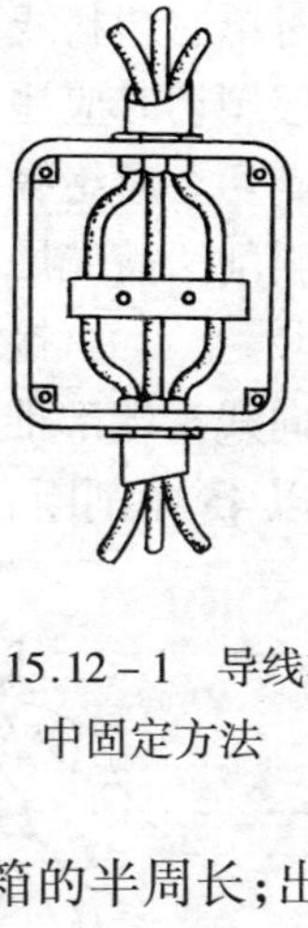

图 1.15.12－1　导线在盒中固定方法

1.15.13　剪断电线

电线穿好后，应按要求适当留出余量以便以后接线。

接线盒、灯位盒、开关盒内留线长度出盒口不应小于 0.15m；配电箱内留线长度为箱的半周长；出户线处电线预留长度为 1.5m。

但对一些公用电线，在分支处可不剪断直接通过，只需在接线盒内留出一定余量，这样可省去后来接线中的不必要的接头。

1.15.14　剥削绝缘

剥削电线绝缘层的长度和方法，根据接线方法不同而不同。在剥开绝缘层时，不应损伤线芯。

多层绝缘的单芯橡胶线，应使用电工刀，采用分段剥切法，或象削铅笔一样的斜削法，如图 1.15.14－1 所示。

单芯橡胶线也可用克丝钳子手柄的前端将电线绝缘层夹扁，

再用钳子前端夹住将绝缘层扯断。

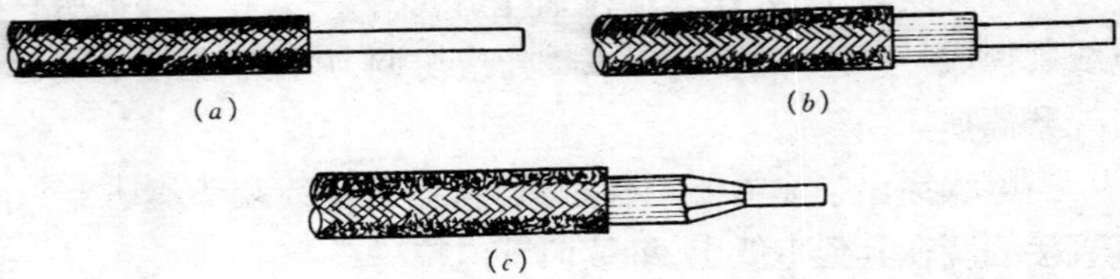

图 1.15.14-1　橡胶电线绝缘层剥切方法

(a)单层剥法；(b)分段剥法；(c)斜削法

对多芯塑料绝缘电线，需用斜削法剥削。

对单芯塑料线可用电工刀进行斜削法或单层剥切法，但在进行单层剥切时应注意不能伤及芯线。也可以使用克丝钳或剥线钳进行剥切。对绝缘软线，可以直接用克丝钳子将绝缘层勒掉。

斜削法需先用电工刀以 45°角倾斜切入绝缘层，当切近芯线时，即停止用力，接着应使刀面的倾斜角度改为 15°左右，沿着芯线表面向线头端部推去，然后把残存的绝缘层剥离芯线，用刀口插入背部以 45°角削断，如图 1.15.14-2 所示。

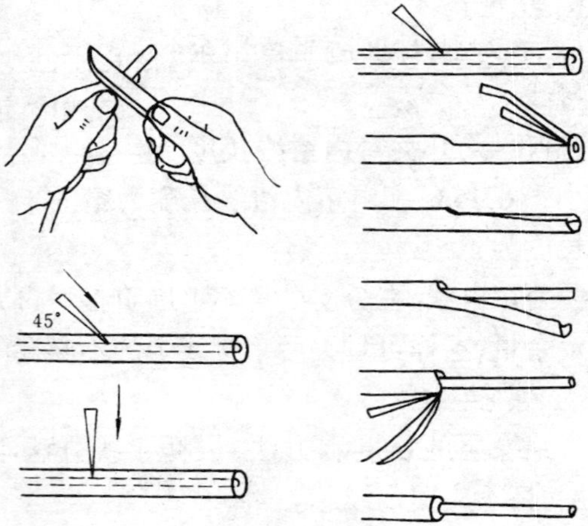

图 1.15.14-2　塑料绝缘线绝缘层剖削方法

(a)绝缘的剖削方法；(b)绝缘层剖削步骤

用电工刀进行塑料线单层剥切时，一手握刀，刃口向上，另一手拿线放在刀刃上，并用握刀手将导线压在刀刃上，将线在刀刃上推转一周，把刀向导线端部快速移动，绝缘层即可切掉。但应注意线在刀刃上转动的力要用得恰当，既能切断绝缘层又不伤芯线。

使用剥线钳应选用大一级线芯的刃口剥线，防止损伤线芯，剥线钳构造，如图 1.15.14－3 所示。

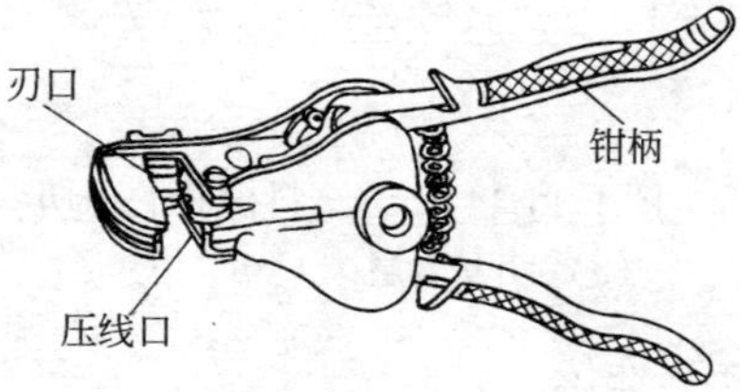

图 1.15.14－3　剥线钳

使用克丝钳子剥切时，用克丝钳子刃部，轻轻剪破绝缘层，注意不能伤及芯线，然后用手握钳子前端，用另一手捏紧导线，两手以相反方向抽拉，以此力来勒去电线端部绝缘层。应注意握钳子的手用力要适当，若用力过猛，将会勒断芯线，如图 1.15.14－4 所示。

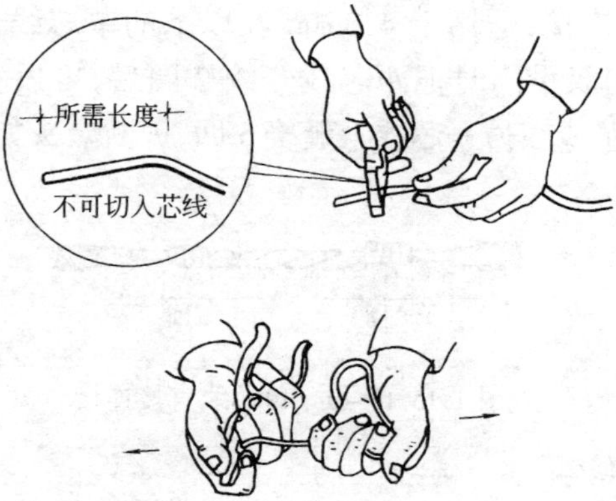

图 1.15.14－4　软线绝缘层的剖削方法

用电工刀剥离塑料护套线的护套层和绝缘层时，按所需要的长度用电工刀的刀尖在线芯缝隙间划开护套层，接着翻转用刀口切齐，如图 1.15.14－5 所示，然后再按前述方法剥去线芯绝缘层。

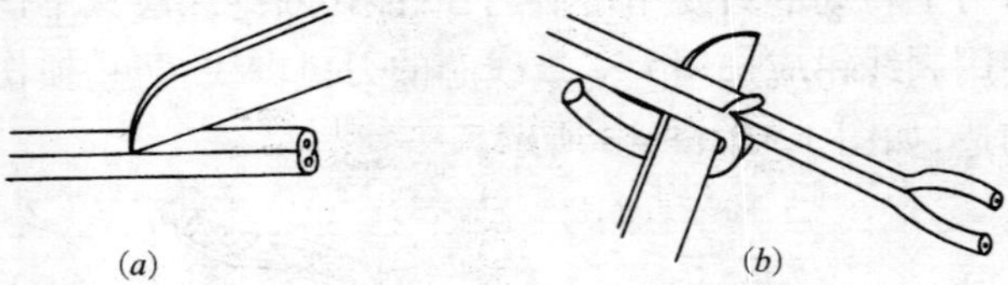

图 1.15.14－5　塑料护套的剥切

（*a*）划开护套层；（*b*）切去护套层

1.15.15　导线连接

导线连接是指电线与电线间的连接以及电线或电缆与电器元件间的连接，也被称为电线接头。在配线工程中，应尽量避免出现不必要的接头，导线发生的故障，多数是在接头上，但是必要的导线连接是不可缺少的。

电线的连接要牢固，导电良好。

1　单芯铜电线的直线连接

(1) 绞接法

绞接法连接，适用于 4.0mm² 及以下的单芯线连接。将两线互相交叉，用双手同时把两芯线互绞 2 圈后，再扳直与连接线成 90°，将每个芯线在另一芯线上缠绕 5 回，剪断余头如图1.15.15－1 所示。

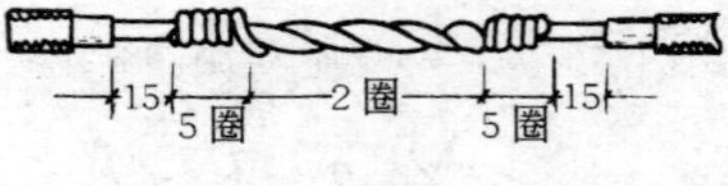

图 1.15.15－1　单芯线直接连接

(2) 缠卷法

缠卷法连接，有加辅助线和不加辅助线的两种，适用于 6.0mm² 及以上的单芯线，直接连接。将两线相互并合，加辅助线后，用绑线在并合部位中间向两端缠卷（即公卷）长度为导线直径的10倍，然后将两线芯端头折回，在此向外再单卷五回，与辅助捻绞二回，余线剪掉如图1.15.15－2所示。

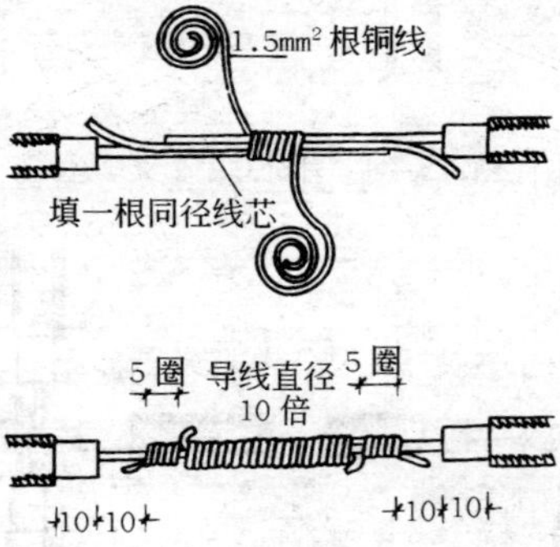

图1.15.15－2　单芯线直线缠绕接法

2　单芯铜电线的分支连接

(1) 绞接法

绞接法连接，适用于 4.0mm² 以下的单芯线，用分支的导线的芯线往干线上交叉，先粗卷1～2圈（或先打结以防松脱），然后再密绕五圈，余线剪去如图1.15.15－3所示。

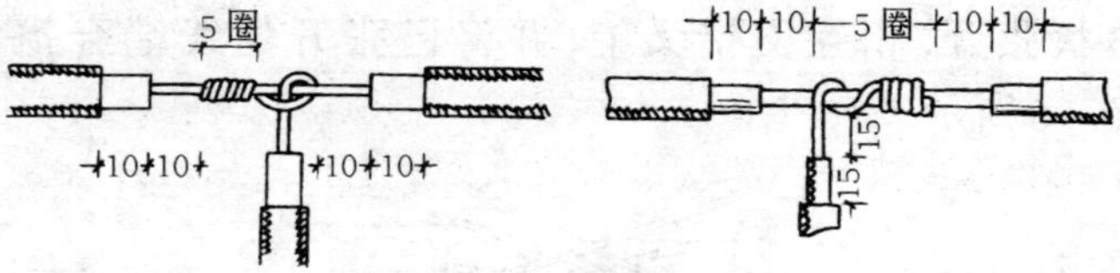

图1.15.15－3　单芯线分支绞接法

(2) 缠卷法

缠卷法连接，适用于 6.0mm² 及以上的单芯线连接。将分支导线折成90°紧靠干线，其公卷长度为导线直径10倍，单卷5圈后剪断余线如图1.15.15－4所示。

(3) 十字分支连接

十字分支连接做法如图1.15.15－5所示。

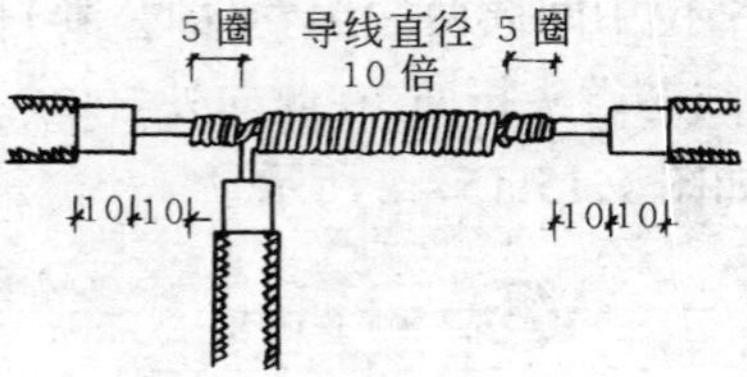

图 1.15.15－4　单芯线分支缠卷法

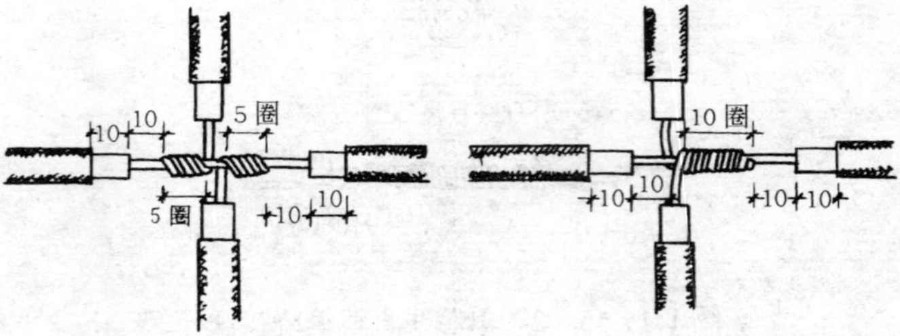

图 1.15.15－5　单芯线十字分支连接

3　多芯铜电线的直线连接

多芯铜电线的直线连接共有三种方法，就是单卷、缠卷及复卷法。

上述方法的第一步，均须将接合线的中心线切去一段，将其余线作伞状张开，相互交错叉上，并将已张开的线端合拢如图 1.15.15－6 所示。

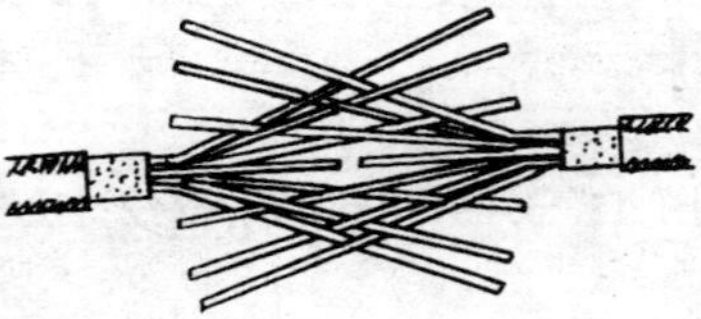

图 1.15.15－6　多芯铜电线直线连接第一步

（1）单卷法

单卷法时取任意两相邻芯线，在接合处中央交叉，用一线端做绑扎线，在另一侧导线上缠卷 5～6 圈后，再用另一根芯线与绑扎线相绞后把原有绑扎线压在下面继续按上述方法缠卷，缠绕长度为导线直径 10 倍，最后缠卷的线端与一余线捻纹 2 圈后剪断。另一侧导线依此进行，如图 1.15.15－7 所示，应把芯线相绞处排列在一条直线上。

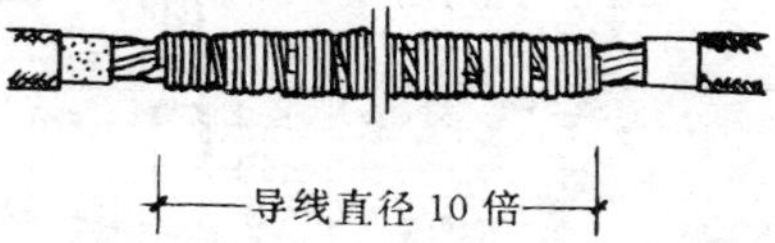

图 1.15.15－7　多芯导线直线单卷法

（2）缠卷法

缠卷法连接使用一根绑线时，用绑线中间，在导线连接线中部开始向两端分别缠卷，长度为导线直径 10 倍，余线与其中一根连接线芯线捻绞二回，余线剪断可参考图 1.15.15－2。

（3）复卷法

复卷法适用于细而软的导线。把合拢后的导线一端用短绑线作临时绑扎，防止松散；将另一端芯线全部同时紧卷 3 圈，余线依阶梯形剪掉。另一侧依此方法进行，如图 1.15.15－8 所示。

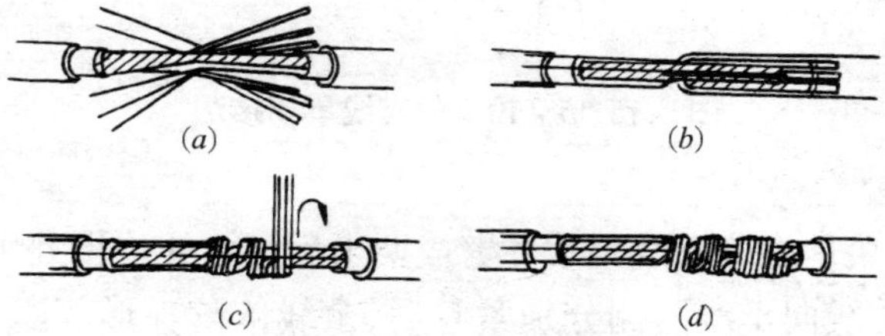

图 1.15.15－8　多芯软线直线连接复卷法

(*a*)、(*b*)、(*c*)、(*d*)为缠卷步骤

4　多芯铜导线分支连接

（1）缠卷法

缠卷法连接时将分支线折成 90°靠紧干线，在绑线端部相应长度处，弯成半圆形，将绑线短端弯成与半圆形成 90°，与连接线靠

紧,用长端缠卷,长度达到导线结合处直径 5 倍时,将绑线两端部捻绞 2 回,剪掉余线,如图 1.15.15-9 所示。

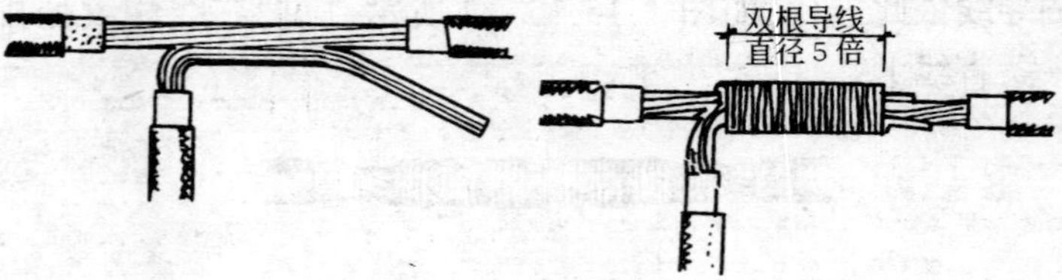

图 1.15.15-9　多芯线分支连接缠卷法

(2) 单卷法

单卷法连接时将分支线破开根部折成 90°紧靠干线,用分支线其中一根在干线上缠卷,缠卷 3~5 圈后剪断,再用另一根线,继续缠卷 3~5 回后剪断,依此方法直至连接到双根导线直径 5 倍时为止,如图 1.15.15-10 所示,应使剪断线处在一条直线上。

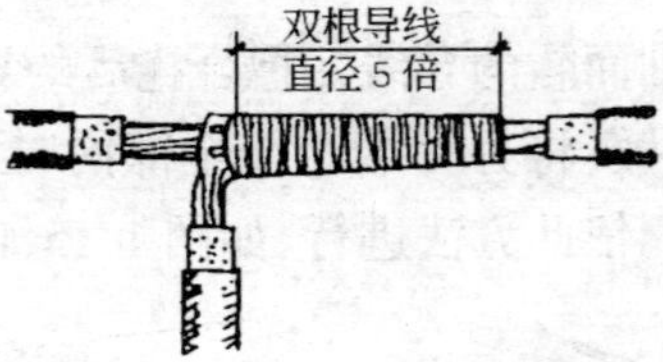

图 1.15.15-10　分支线单卷接法

(3) 复卷法

复卷法是将分支线端破开劈成两半后与干线连接处中央相交叉,将分支线向干线两侧分别紧卷后,余线依阶梯形剪断,连接长度为导线直径的 10 倍,如图 1.15.15-11 所示。

5　多芯铜导线的倒人字连接

倒人字连接时,按导线线芯的结合长度,剥去适当长度的绝缘层,并各自分开线芯进行合拢,用绑线进行绑扎,绑扎长度应为双根导线直径的 5 倍,如图 1.15.15-12 所示。

6　铜导线在接线盒内的连接

(1) 单芯线并接法

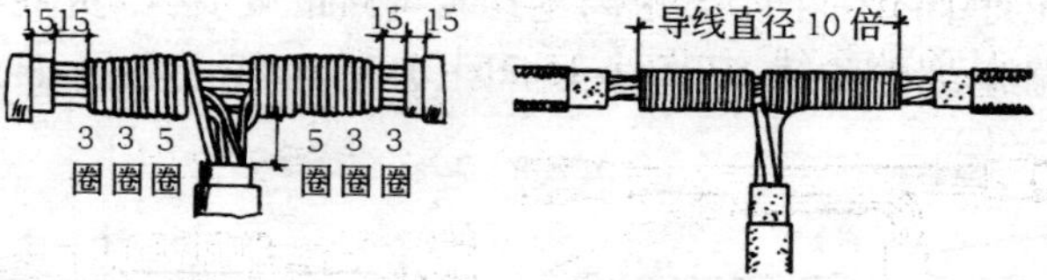

图 1.15.15－11　分支线复卷法

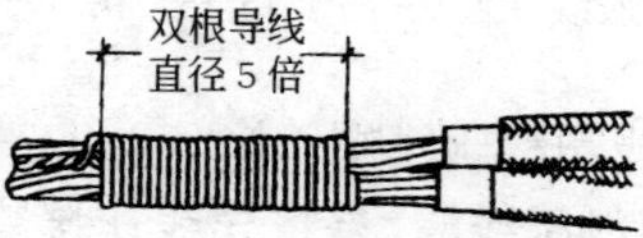

图 1.15.15－12　多芯铜导线倒人字连接

单芯线并接接法在三根及其以上导线连接时，将连接线端相并合，在距绝缘层 15mm 处用其中一根芯线，在其连接线端缠绕 5 回剪断。把余线头折回压在缠绕线上，如图 1.15.15－13 所示。

两根导线连接时，将连接线端相并合，在距绝缘层 15mm 处将芯线捻绞 2 回，留余线适当长剪断折回压紧，防止线端部插破所包扎的绝缘层，如图 1.15.15－14 所示。

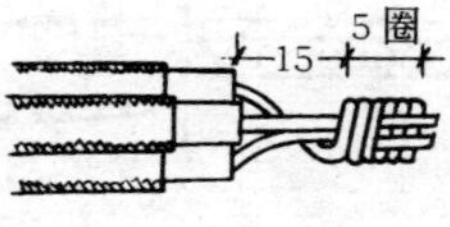

图 1.15.15－13　三根及以上单芯线并接头

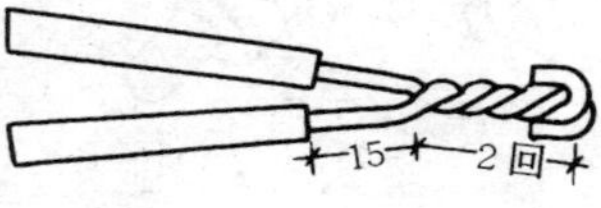

图 1.15.15－14　二根单芯线并接头

(2) 多股线并接法

多股线并接法是将多股线破开顺直并合拢，同多芯导线分支连接缠卷法弯制绑线，在合拢线上缠卷。其长度为双根导线直径的 5 倍，如图 1.15.15－15 所示。

(3) 异径线并接法

不同直径导线连接时，如果细导线为软线时，则应先进行挂锡处理。

先将细线在粗线上距离绝缘层15mm处交叉,并将线端部向粗线端缠卷5回,将粗线端头折回,压在细线上如图1.15.15－16所示。

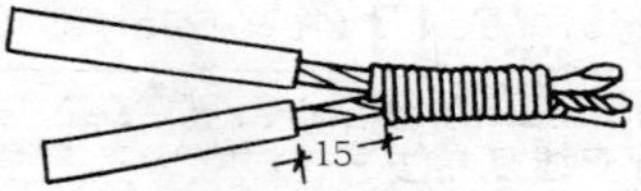

图1.15.15－15　多股线并接头

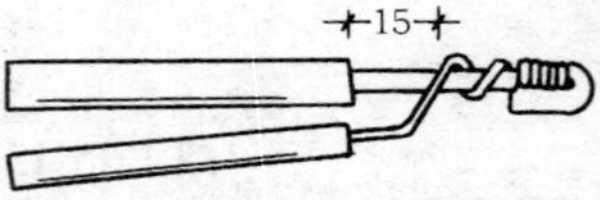

图1.15.15－16　盒内不同线径导线接头

7　单芯铜导线塑料压线帽压接

单芯铜导线塑料压线帽,是将导线连接管(镀银紫铜管)和绝缘包缠复合为一体的接线器件,外壳用尼龙注塑成型,如图1.15.15－17所示。其规格有YMT1～3三种,见表1.15.15－1,适用于1～4.0mm^{2}铜导线的连接,可根据导线的截面和根数按表1.15.15－2选择使用。

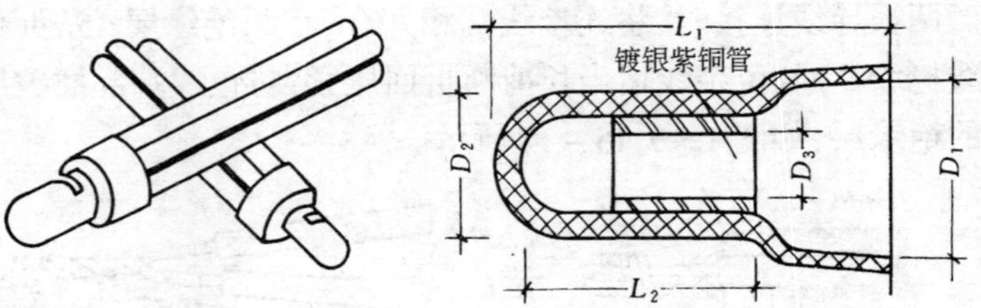

图1.15.15－17　塑料压线帽

YMT型压线帽规格型号表　　表1.15.15－1

型号	色别	规格尺寸(mm)					编号
		L_1	L_2	D_1	D_2	D_3	
YMT－1	黄	19	13	8.5	6	2.9	HN3001
YMT－2	白	21	15	9.5	7	3.5	HN3002
YMT－3	红	25	18	11	9	4.6	HN3003

导线连接时,在导线的端部剥削绝缘后,根据压线帽规格、型号分别露出线芯长度13、15、18mm,插入压线帽内,如填不实再用

1~2根同材质同线径的线芯插入压线帽内填补，也可以将线芯剥出后回折插入压线帽内，使用专用阻尼式手握压力钳压实，如图1.15.15-18所示。

塑料压线帽与导线根数配合表　　表1.15.15-2

压线管内导线规格(mm^2)						配用压线型帽号
BV(铜芯)				BLV(铝芯)		
1.0	1.5	2.5	4.0	2.5	4.0	
导线根数						
2	—	—	—	—	—	YMT-1
4	—	—	—	—	—	
3	—	—	—	—	—	
1	2	—	—	—	—	
6	—	—	—	—	—	YMT-2
—	4	—	—	—	—	
3	2	—	—	—	—	
1	—	2	—	—	—	
2	1	1	—	—	—	
—	—	2	—	—	—	YMT-3
—	—	4	—	—	—	
—	2	3	—	—	—	
—	4	2	—	—	—	
1	—	2	1	—	—	
—	2	—	2	—	—	
8	—	1	—	—	—	
—	—	—	—	2	—	YML-1
—	—	—	—	3	—	
—	—	—	—	4	—	
—	—	—	3	2	—	YML-2
—	—	—	—	4	—	

8　铜导线与端子连接

适用于2.5mm^2以上的多股铜芯线。把铜导线端头和铜接线端子内表面涂上焊锡膏，放入熔化好的焊锡锅内挂满焊锡，将导线插入端子孔内，冷却即可。

9　铜导线连接的锡焊

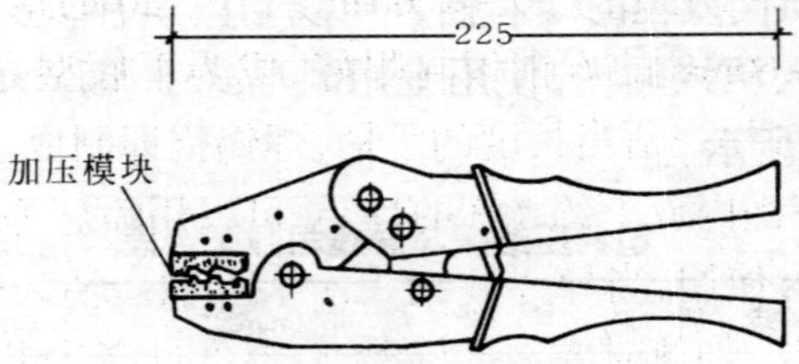

图 1.15.15－18　单芯铜铝导线压线帽压力钳

铜导线连接好后，要用焊锡焊牢，应使熔解的焊剂，流入接头处的任何部位，以增加机械强度和良好的导电性能，并避免锈蚀和松动，焊锡时锡焊应均匀饱满，表面有光泽、无尖刺。先在连接部位涂上焊料（常用焊锡膏，不得使用酸性焊剂），根据导线截面不同，焊接方法也不相同，无论采用哪种焊法，为了保证接头质量，从导线线芯清洁光泽到接线焊接，就尽可能时间短，否则会增加导线氧化程度，影响焊接质量，在锡焊前待焊接处须涂一层无酸焊锡膏或天然松香溶于酒精中的糊状溶液，但不应使用酸性焊剂，因为它有腐蚀铜质的缺陷。

（1）用电烙铁锡焊

$10mm^2$ 及以下的铜导线接头，可以用 150W 电烙铁加热导线进行锡焊。当使用新烙铁时，应在接通电源加热后，除去烙铁头上的氧化层，涂上焊剂后在烙铁头上先挂上锡。

经处理后的电烙铁接通电源后，将发热的电烙铁放在涂好焊剂的导线接合处的下端，待导线达到一定热量后，用焊锡丝或焊锡条与导线接合处接触，或者将焊锡丝或焊锡条接触在烙铁上，焊锡即可附着在导线上。

用 220V、500W 外热式手松电烙铁，经改造后的烙铁头进行盒内导线并接头的沾焊更省工、省力。将原电烙铁头换上一个直径及深度适当的杯型烙铁头，在烙铁头杯型洞内填入焊锡待通电加热后熔化，在需锡焊的导线并接头上涂好焊剂，伸入到杯型烙铁头内沾锡，所沾焊锡长度、时间可视连接线截面而定。

（2）用自制焊锡锅锡焊

自制焊锡锅，用长约 80～100mm，直径 $\phi 20$ 的钢管，管口底端用一块约 50～60mm 的方钢板封焊好，成为平底型方便放在平地上，在上端管旁焊一适当长度的手柄，焊锡锅即制成了。

使用时在锅内放上约 2/3 的焊锡，可以用喷灯等热源，加热到 200℃左右即可使用，当导线并接头涂上焊剂后沾入焊锡锅内，接头处即可挂锡。加热时要掌握好温度，温度过高沾锡不饱满，温度过低沾不上锡，在接头处构成一个锡套。因此要根据焊锡的成分、质量及外界环境温度等诸多因素，随时掌握好适宜的温度。

(3) 喷灯加热上锡法

对于 $16mm^2$ 及以上的导线接头上锡，如使用烙铁加热不能焊好，可用喷灯对接头处加热再上锡。但注意应调整好喷灯火焰，不使脏污加热处导线，造成无法沾锡，更应注意不能伤及导线的绝缘层。

(4) 浇焊法

对于 $16mm^2$ 及以上的导线接头，锡焊常采用浇焊法。把焊锡放在锡锅内加热熔化，当焊锡在锅内达到高度温度后，锡表面呈磷黄色，把导线接头调直，放在锡锅上面，用勺盛上熔锡从上面浇下，如图 1.15.15－19 所示。刚开始浇锡时，由于接头温度还未升到一定程度，焊锡有凝结状态，应继续浇锡，使接头提高温度，直到全部焊牢为止。

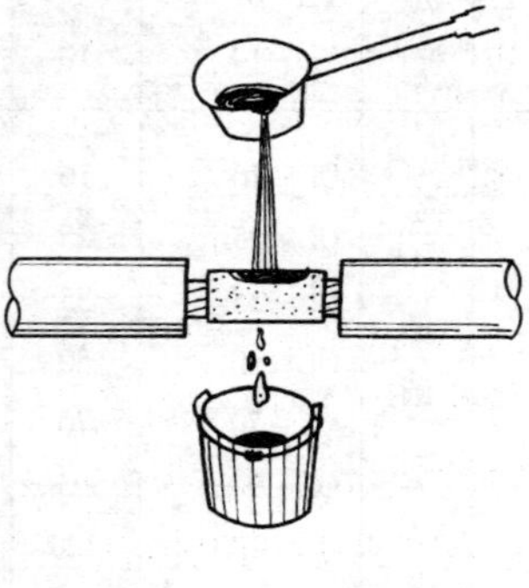

图 1.15.15－19　浇焊法

(5) 沾焊法

沾焊用于多数接头同时加焊（铜芯软线的挂锡），把接头涂上焊药后，插入熔好的焊锡锅内取出即可。

10　单芯铝线压接

单芯铝线压接适用于 $10mm^2$ 及以下的单芯铝线。先把绝缘层剥削掉清除导线氧化膜并涂以中性凡士林油膏（使导线表面与空气隔绝，不再氧化）。

压接用的铝套管，应根据芯线的粗细来选择如表 1.15.15－3 所示。压接时，压槽中心线，要在同一直线上。

铝线套管压接规格表 表 1.15.15－3

	套管形式	套管型号	适用铝线规格		套管尺寸(mm)				压模数	压模深度
			截面 (mm^2)	外径 (mm)	d	d_1	h	L		
单线	椭圆形	QL－2.5	2.5	1.76	1.8	3.6	1	31	4	3.0
		QL－4	4	2.24	2.3	4.6	1.2	31	4	4.5
		QL－6	6	2.73	2.8	5.6	1.2	31	4	4.8
		QL－10	10	3.55	3.6	7.2	1.3	31	4	5.5
	圆形	YL－2.5	2.5	1.76	1.8	—	1	31	4	1.4
		YL－4	4	2.24	2.3	—	1.2	31	4	2.1
		YL－6	6	2.73	2.8	—	1.2	31	4	3.3
		YL－10	10	3.55	3.6	—	1.3	31	4	4.1
绞线	椭圆形	QL－16	16	5.1	6.0	12.0	1.7	110	—	10.5
		QL－25	25	6.4	7.2	14.0	1.7	120	4	12.5
		QL－35	35	7.5	8.5	17.0	1.7	140	6	14.0
		QL－50	50	9.0	10.0	20.0	1.7	190	8	16.5
		QL－70	70	10.7	11.6	23.2	1.7	210	8	19.5
		QL－95	95	12.4	13.4	26.8	2.0	280	10	23.0
		QL－120	120	14.0	15.0	30.0	2.0	300	10	26.0
		QL－150	150	15.8	17.0	34.0	2.0	320	10	30.0
	圆形	YL－16	16	5.1	5.2	—	2.4	62.0	4	5.4
		YL－25	25	6.4	6.8	—	2.6	62.0	4	5.9
		YL－35	35	7.5	7.7	—	3.15	62.0	4	7.0
		YL－50	50	9.0	9.2	—	3.4	71.0	4	7.8
		YL－70	70	10.7	11.0	—	3.5	77.0	4	8.9
		YL－95	95	12.4	13.0	—	4	85.0	4	9.9
		YL－120	120	14.0	14.5	—	4	95.0	4	10.8
		YL－150	150	15.8	16.0	—	4	100.0	4	11.0

(1) 用圆形套管压接

当采用圆形套管时，将铝芯线分别在铝套管两端插入，各插到套管一半处，用压接钳压接成型，如图 1.15.15－20 所示。

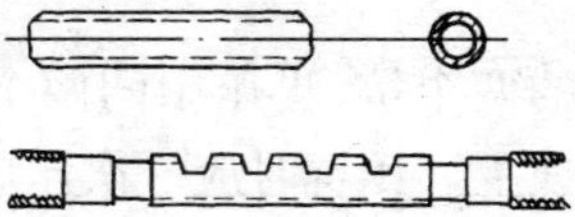

图 1.15.15－20　单线圆管压接

(2) 用椭圆形套管压接

采用椭圆形套管时，应使两线对插后，线头分别露出套管两端 4mm，然后用压接钳压接成型，如图 1.15.15－21 所示。

(3) 单股线分支连接

单股铝线分支连接时，可采用椭圆形铝套管压接，如图 1.15.15－22 所示。

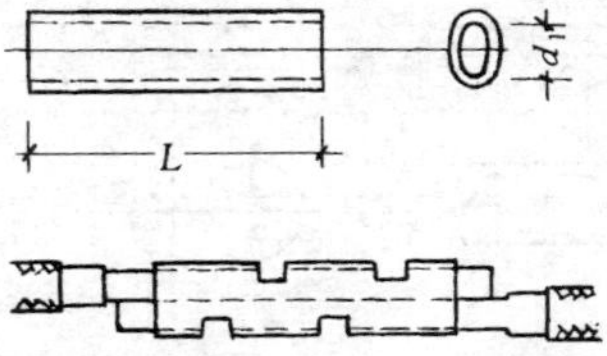

图 1.15.15－21　单线椭圆管压接

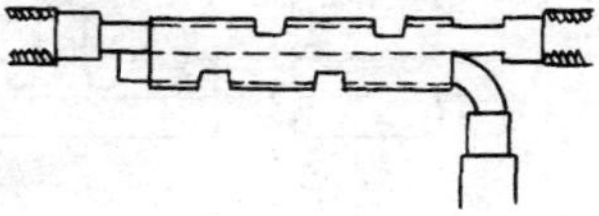

图 1.15.15－22　单线分支压接

11　铝绞线压接

截面 $16mm^2$ 以上的铝导线，可采用手提式油压钳，如图 1.15.15－23 所示，或 YT－1 型压接钳和压膜压接。

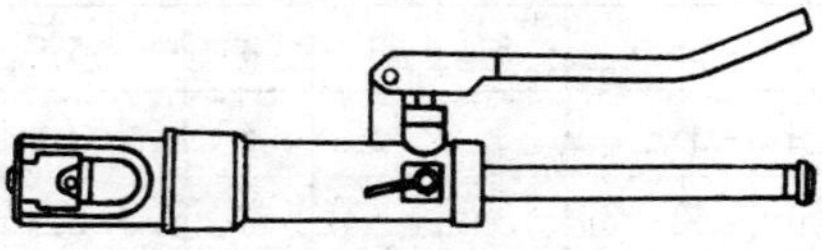

图 1.15.15－23　手提式油压钳

压接前先将两根导线端部的绝缘层剥去，其长度为连接管的

1/2 加上 5mm,用钢丝刷刷去导线表面的氧化铝膜,并立即涂上中性凡士林油膏,再把导线插入连接管内,长度各占连接管一半,并相应地划好压坑的标记。根据导线截面的大小,选好压膜装到钳口内。

压接时先压两端的两个坑,再压中间两个坑,共压四个坑,其中心线应在同一条直线上。压坑时应一次压成,中间不能停顿,直到上下膜接触为止。压完一个坑后,稍停 10~15 秒钟,待局部变形完全稳定后,松开压口,再压第二个口,依次进行。压坑顺序、间距、压坑深度,如图 1.15.15-24、图 1.15.15-25 和表 1.15.15-4 所示。

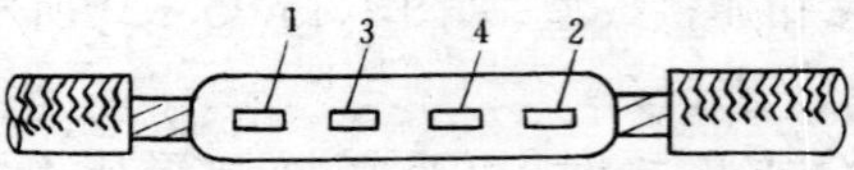

图 1.15.15-24 直线连接压坑顺序

1、2、3、4—为压坑顺序

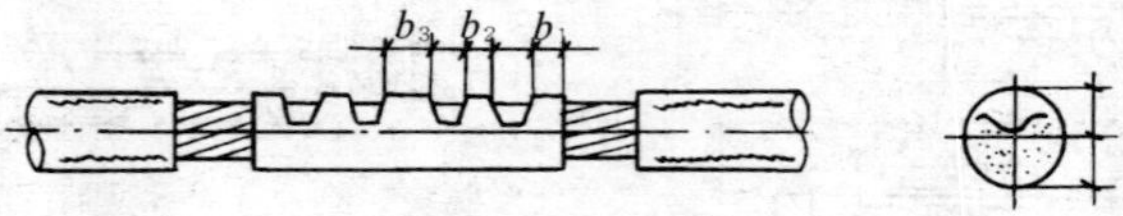

图 1.15.15-25 铝导线压接工艺尺寸图

铝导线压接的压坑间距及深度尺寸(mm)　　表 1.15.15-4

适用范围		压坑间距			压坑深度	剩余厚度
		b_1	b_2	b_3	h_1	h
GL-16	DL-16	3	3	4	5.4	4.6
GL-25	DL-25	3	3	4	5.9	6.1
GL-35	DL-35	3	5	4	7.0	7.0
GL-50	DL-50	3	5	6	8.3	7.7
GL-70	DL-70	3	5	6	9.2	8.8
GL-95	DL-95	3	5	6	11.4	9.6

续表

适 用 范 围		压坑间距			压坑深度	剩余厚度
		b_1	b_2	b_3	h_1	h
GL－120	DL－120	4	5	7	12.5	10.5
GL－150	DL－150	4	5	7	12.8	12.2
GL－185	DL－185	5	5	7	13.7	13.3
GL－240	DL－240	5	6	7	16.1	14.9

压完后用细齿锉刀锉去压坑边缘及连接管端部因被压迫而翘起的棱角，并用砂布打光，再用浸了汽油的抹布擦角。

12　铝导线在接线盒内压接

导线绝缘层剥去后，露出长度一般为 30mm，将导线表面处理净，把芯线插入适合线径的铝管内，用端头压接钳，把铝管和线芯压实两处，达到线管一体，如图 1.15.15－26 所示。端头压接管的规格见表 1.15.15－5。

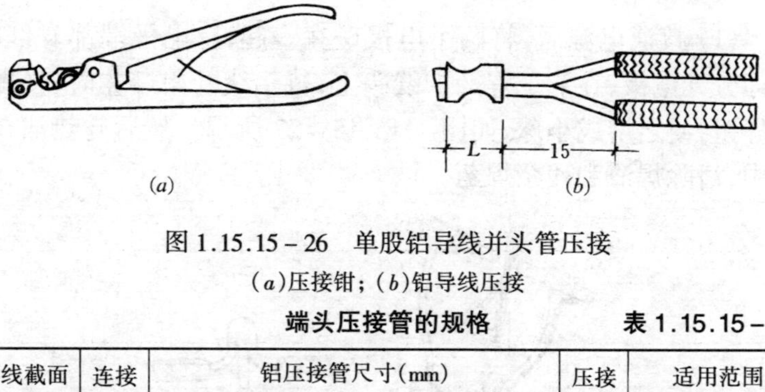

图 1.15.15－26　单股铝导线并头管压接

(a)压接钳；(b)铝导线压接

端头压接管的规格　　表 1.15.15－5

导线截面 (mm^2)	连接根数	铝压接管尺寸(mm)						压接道数	适用范围 (mm^2)
		D	d	L	B	C	A		
2.5	3	8	6	15	2.5	2	—	2	3 根端头连接
2.2	4～5	8	6	15	2.5	1.5	—	2	4～5 根端头连接
16	4	10	8	45	3	2	10	4	干线 16×1 6×3
25	4	10	8	45	3	1.5	10	4	干线 25×1 10×1

13　铝导线电阻焊

接线盒内的单芯铝导线进行并接方法很多,应尽量避免采用电阻焊。

电阻焊是用低电压大电流通过铝线连接处(或炭棒本身)的接触电阻产生的热量,将全部铝芯熔接在一起的连接方法。

焊接时需要降压变压器(或电阻焊机)容量 1~2kVA,二次电压在 6~36V 范围内。

配用一种特殊焊钳,焊钳上两根直径为 8mm,炭棒做电极,焊钳引线采用 $10mm^2$ 的铜芯橡皮绝缘软线。

还可用两把电焊钳代替特殊焊钳,用 1 号电池内炭棒做电极。

焊接前应先接好线,把连接线端相并合,用其中一根芯线在其他连接线上缠绕 3~5 回后顺直,按适当长度剪断。不宜采用多根导线捻绞。

接线后应随即在线头前端,沾上少许用温开水调合好的铝焊药。焊接常用两种焊法:

(1) 接通电源后,将两个电极碰在一起,待电极端部发红时,立即分开电极,在沾了焊药的线头上,待铝线开始熔化时,慢慢撤去焊钳,使之熔成小球,如图 1.15.15-27 所示。然后趁热沾在清水中,清除焊渣和残余焊药。

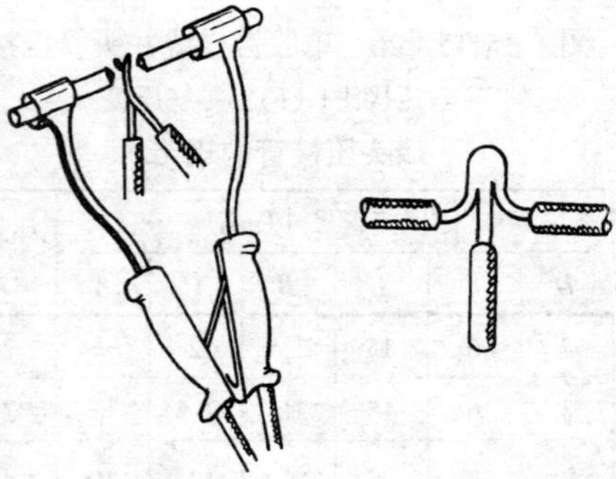

图 1.15.15-27　铝导线电阻焊

(2) 将两电极相碰并稍成一个角度，待电极端部发红时，接触导线连接的端头，等铝线熔化后向上托一下焊钳，使焊点端部形成圆球状，如果连接线端面较大时，可把电极在线端做圆圈型移动，待全部芯线熔化时，再向上托一下，撤下电极后再将电极分开，这样导线端部可以形成蘑菇状。立即沾清水除去导线上残余焊渣和焊药。

14　铝导线气焊

多根或多股铝导线连接气焊时，由气焊工操作，电工配合。焊前将铝导线芯线破开顺直合拢。用绑线把连接部分作临时缠绑。导线绝缘层处用浸过水的石棉绳包好，以防烧环。

焊接时火焰的焰心离焊接点 2～3mm，当加热至熔点时，即可加入铝焊粉，借助焊药的填充和搅动，即可使焊接处的铝芯相互融合；焊枪逐渐向外端移动，直到焊完。然后立即沾清水清除焊药，铝导线的气焊连接，如图 1.15.15－28 所示。

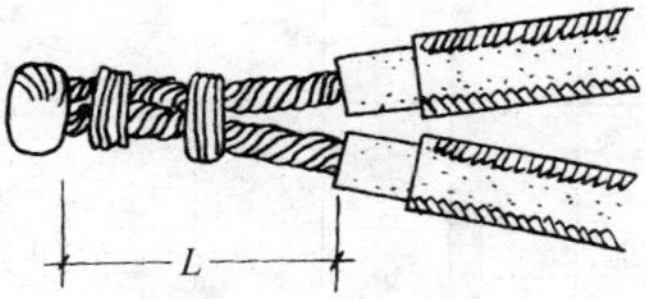

图 1.15.15－28　多芯铝线气焊

15　塑料螺旋接线钮连接

6mm^2 及以下的单芯铝线，采用塑料绝缘螺旋接线钮连接较为方便，导线剥去绝缘后，把连接芯线并齐捻绞，保留芯线约 15mm 左右剪去前端，使之整齐，然后选择合适的接线钮，顺时针方向旋紧，要把导线绝缘部分拧入接线钮的导线空腔内。塑料螺旋接线钮的选用和作法，如图 1.15.15－29 和表 1.15.15－6 所示。

16　单芯铝导线塑料压线帽压接

单芯铝导线塑料压线帽，是将导线连接管（铝合金套管）和绝缘包扎复合为一体的接线器件，应强化使用，如图 1.15.15－30 所示。其规格有 YML－1 和 YML－2 两种见表 1.15.15－7，适用于

2.5mm² 和 4.0mm² 铝导线的连接，可根据导线的截面和根数按表 1.15.15－2 选择使用。

绝缘螺旋接线钮与导线根数配合表　　表 1.15.15－6

导线根数 / 型号	2 根导线截面（mm²）			3 根导线截面（mm²）			4 根导线截面（mm²）		
	2.5	4.0	6.0	2.5	4.0	6.0	2.5	4.0	6.0
1 号	2 1 1	— 1 —	— — 1	3 2 2	— 1 —	— — 1	— — —	— — —	— — —
2 号	— — — — — — —	2 — 1 — — — —	— 2 1 — — — —	— 1 1 2 — — —	3 2 — 1 — — —	— — 2 — — — —	4 — 1 3 2 3 —	— 4 3 1 2 — 3	— — — — — 1 1
3 号	— — — — —	— — — — —	— — — — —	— — — — —	— — — — —	3 — — — —	— 2 — 1 —	— — 2 — 1	4 2 2 3 3

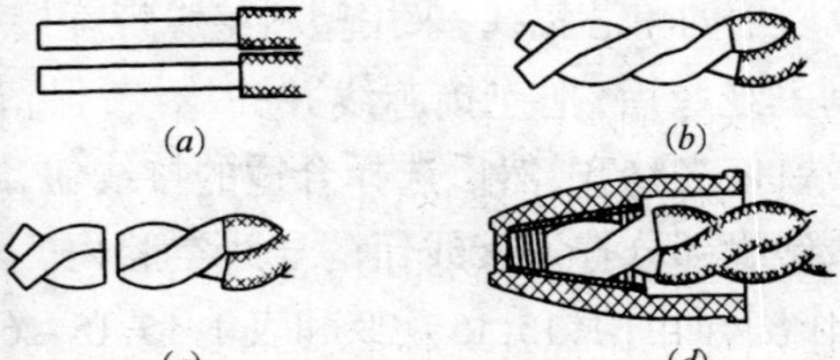

图 1.15.15－29　导线用绝缘螺旋接线钮连接顺序

(a)剥线；(b)捻绞；(c)剪断；(d)旋紧

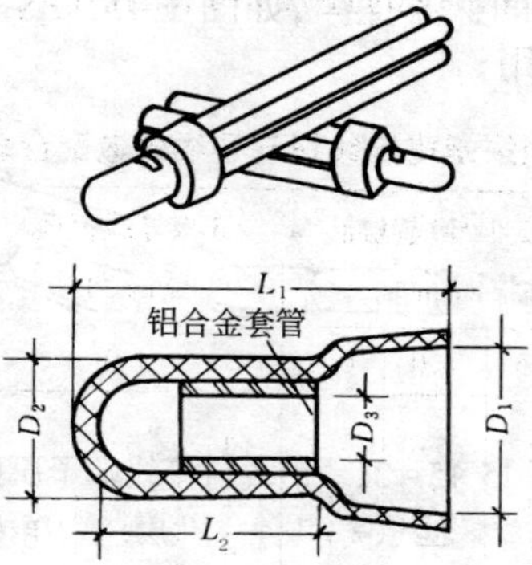

图 1.15.15 - 30　塑料压线帽

YML 型压线帽规格型号表　　表 1.15.15 - 7

型　号	色别	规格尺寸 (mm)					编　号
		L_1	L_2	D_1	D_2	D_3	
YML - 1	绿	25	18	11	9	4.6	HN4003
YML - 2	蓝	26	18	12	10	5.5	HN4004

导线连接时，在导线的端部剥削绝缘后露出长 18mm 线芯，插入压线帽内，如填不实可以再用 1 ~ 2 根同材质同线径的线芯插入压线帽内，也可以将导线绝缘层剥削后露出适当长度的线芯后回折，插入压线帽内，使用专用阻尼式手握压力钳压实，可见图 1.15.15 - 18。

17　铝线与接线端子连接

多股铝芯线与接线端子连接，采用压接法连接。剥削导线绝缘长度为接线端子内孔的深度加上 5mm，除去接线端子内壁和导线表面的氧化膜，涂以中性凡士林油膏，将芯线插入接线端子内进行压接。

先划好相应的标记，开始压接导线绝缘端的一个坑，后压另一个坑，压接深度以上、下模接触为宜。压完一个坑后，再压另一个坑。压好后用锉刀锉下压坑边缘因被压而翘起的棱角，并用砂布打光,再用沾有汽油的抹布擦净,如图 1.15.15-31 所示。

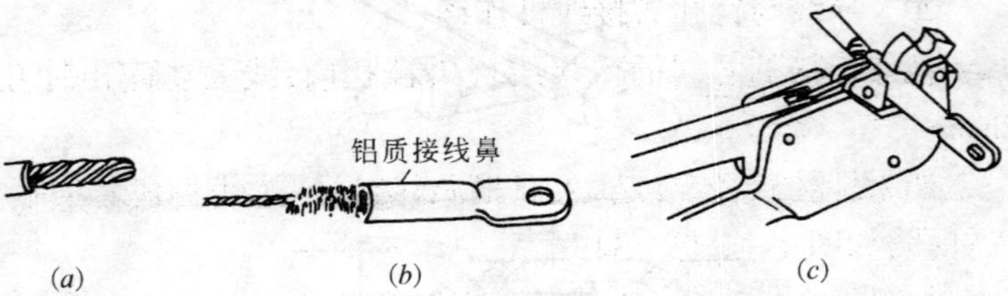

图 1.15.15-31　铝线与接线端子压接

(a)绞紧芯线;(b)刷去氧化层;(c)压接

18　铜芯软线与铝导线连接

铜芯软线与铝导线连接的做法,可参照图 1.15.15-16 铜导线在接线盒内连接接头做法,但铜芯软线必须先挂锡(防止铜铝氧化)。

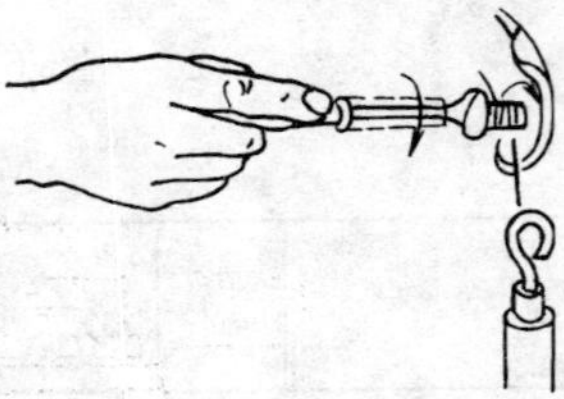

图 1.15.15-32　导线在螺钉上旋绕

19　导线与平压式接线桩连接

(1) 单芯线连接

用螺钉或螺帽压接时,导线要顺着螺钉旋进方法紧绕一周后再旋紧(反方向旋绕在螺钉上,旋紧时导线会松出),如图 1.15.15-32 所示。

现场施工中有时将导线绝缘层剥去后,芯线顺着螺钉旋紧方向紧绕一周,再旋紧螺钉,用手捏住导线头部(全线长度不宜小于 40~60mm),顺时钉方向旋转,线头即断开。

(2) 多股线连接

多股铜芯软线与螺钉连接,先将软线芯线做成羊眼圈状,挂锡后与螺钉固定。

图 1.15.15-33　软线与螺钉连接

还可将导线芯线挂锡后,将芯线顺着螺钉旋进方向紧绕一周,再围绕住芯线根部绕将近一周后,拧紧螺钉,如图 1.15.15-33 所示。

无论哪种方法都要注意导线线芯根部无

绝缘层的长度不能太长，根据导线粗细以 1~3mm 为宜。

20　导线与针孔式接线桩连接

把要连接的芯线插入接线桩头针孔内，线头要露出针孔 1~2mm。

如果针孔直径允许插入双根芯线时，把芯线折成双股后再插入针孔，如图 1.15.15-34 所示。

如果针孔较大时，还可以在连接单芯线的针孔内垫铜皮或在多股线芯线上缠绕一层导线以扩大芯线直径，使芯线与针孔直径相适应，如图 1.15.15-35 所示。

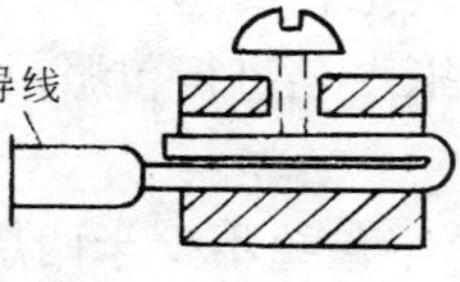

图 1.15.15-34　用螺钉支紧的连接方法

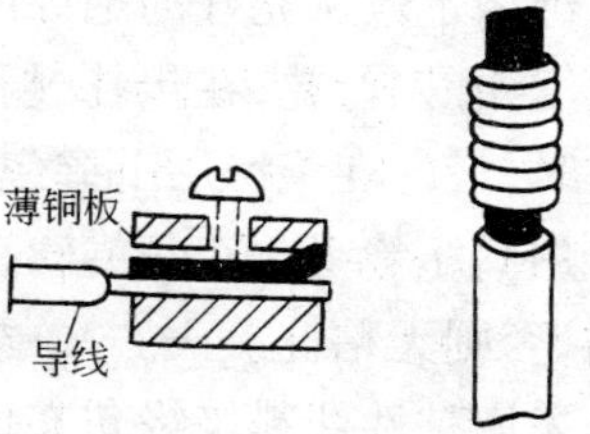

图 1.15.15-35　针孔过大的连接方法

导线与针孔式接线桩头连接时，应使螺钉顶压更加平稳牢固且不伤芯线。如用两根螺钉顶压的，则芯线线头必须插到底，使两个螺钉都能压住芯线。并应先拧牢前端的螺钉，后拧另一个螺钉。

21　盒内导线分支的处理

在接线过程中，常常会遇到导线需要分支的情况，分支应该在器具盒中处理。其方法一般两种：一种利用盒内导线分支；另一种是利用开关和吊线盒及其他电气器具中的接线桩头分支。

用接线桩头分支方法一般用于分支不多、导线直径不大、电气元件桩头可利用的场合，如图 1.15.15-36 所示。

22　绝缘包扎

导线连接后，要包扎绝缘带，恢复线路绝缘。

绝缘带应包缠均匀紧密，其绝缘强度不应低于导线原绝缘层的绝缘强度；在接线端子的根部与导线绝缘层间的空隙处，应采用绝缘带包缠严密。

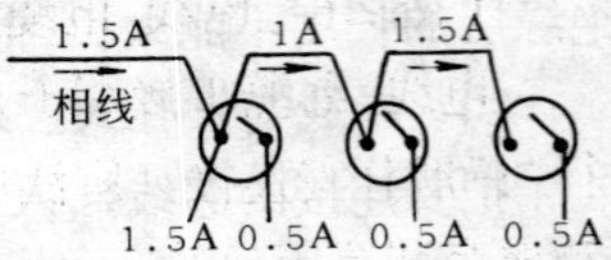

图 1.15.15－36 利用桩头分支

在包扎绝缘带前，应先检查导线连接处，是否不伤线芯，连接紧密，及是否存有毛刺，有毛刺必须先修平。

缠包绝缘带必须掌握正确的方法，才能达到包扎严密、绝缘良好，否则会因绝缘性能不佳而造成短路或漏电等事故。

绝缘带应从完好的绝缘层上包起，先裹入 1～2 个绝缘带的带幅宽度，开始包扎，在包扎过程中应尽可能的收紧绝缘带，直线路接头时，最好在绝缘层上缠包 1～2 圈，再进行回缠。

用高压绝缘胶布包缠时，应将其拉长 2 倍进行包缠，并注意其清洁，否则无粘性。

采用粘性塑料绝缘包布时，应半叠半包缠不少于两层。当用黑胶布包扎时，要衔接好，应用黑胶布的粘性使之紧密地封住两端口，防止连接处芯线氧化。

并接头绝缘包扎时，包缠到端部时应再多缠 1～2 圈，然后将此处折回，反缠压在里面，应紧密封住端部，如图 1.15.15－37 所示。

还要注意绝缘带的起始端不能露在外部，终了端应再反向包扎 2～3 回，防止松散。连接线中部应多包扎一～二层，使之包扎完的形状呈枣核形，如图 1.15.15－38 所示。

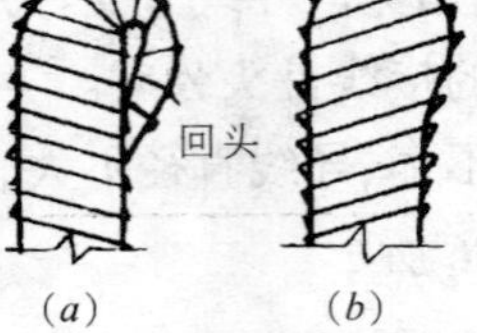

图 1.15.15－37 并接头包扎

(a)第一次包；(b)第二次包

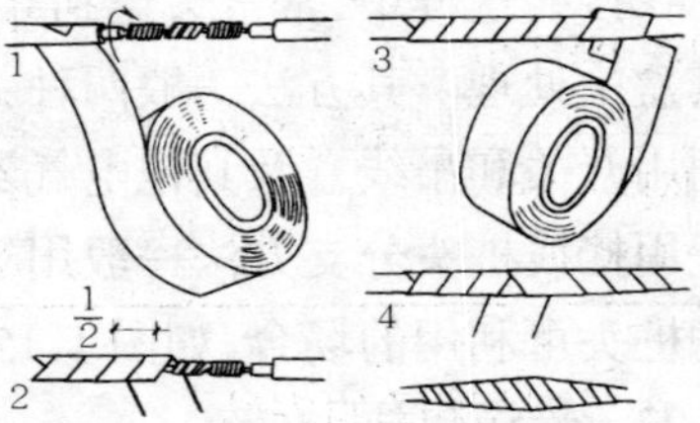

图 1.15.15－38 直线接头绝缘包扎

1、2、3、4—包扎顺序

1.15.16 电线、电缆T接端子接线

电线、电缆T接端子，适用于主干线电线、电缆不能切断时进行“T”形分支连接。广泛应用于电缆桥架、电缆竖井内、电控设备和成套装置等建筑、工业电气设备中主电线、电缆的分支连接。即可进行铜或铝导线的分支连接，也可进行铜——铝导线的过渡连接。

1 T接端子结构

T接端子由绝缘基座、接线框、防护罩三部分组成，其中接线框是主要部件，接线框由导线夹、螺钉、螺母和支承框等零件组成，导线夹与导线接触面呈包容形的犬牙交错结构，具有接触面大，压接可靠的优越性。JXT2系列T接端子主要参数，可见表1.15.16-1。

JXT2系列T接端子主要参数　　表1.15.16-1

产品型号	电压/电流	压线范围(mm^2)	螺钉	扭矩(N·m)	剥线长度(mm)
JXT2-50(35)	1000V/150A	一路干线16~50,一路分支6~35	M8	12	25/25
JXT2-50(35)B		一路干线16~50,二路分支6~16			
JXT2-70(50)	1000V/192A	一路干线25~70,一路分支10~50	M10	20	30/30
JXT2-70(50)B		一路干线25~70,二路分支10~35			
JXT2-95(70)	1000V/232A	一路干线25~95,一路分支10~70	M10	20	30/30
JXT2-95(70)B		一路干线25~95,二路分支10~35			
JXT2-185(150)	1000V/353A	一路干线35~185,一路分支25~150	2×M10	20	50/50
JXT2-185(150)B		一路干线35~185,二路分支25~150			

2 T接端子的安装

T接端子可以独立安装，也可以安装在接线端子箱的箱体内。需要独立安装时，可以附着在主干线上接线安装，也可以用螺钉对角在墙壁上安装;在接线箱内可卡装在安装轨(TH—35顶帽轨)上,也可以用螺钉对角安装在接线箱内的底板上。

3 T接端子接线

T接端子可以通过不同形状的导线夹的相互结合,可形成双层接线,下层接入主干线,上层接入分支线,形成干线不断开的"T"形连接。

(1) 在接线时前把主干线需要分支连接的部位,剥掉1段适当长度的绝缘层,并把分支线端部剥去同样长度的绝缘层,对线芯不需进行任何处理。

(2) 打开T接端子的防护罩,取出接线框的螺钉、导线夹,装入主干线再依次装上导线夹和螺钉,然后再盖好防护罩并拧紧安装螺钉。

(3) 揭开防护罩上的透明顶盖,旋松接线螺钉,装上分支线后,拧紧螺钉,再盖上透明顶盖即可。

JXT2系统T接端子的接线,如图1.15.16-1所示。

1.15.17 绝缘穿刺线夹(IPC)接线

绝缘穿刺线夹,不仅可用于建筑物内配电系统的"T"接线,还适合于架空及地下进线或地下电线、电缆的连接,同时也适用于路灯配电系统。

绝缘穿刺线夹系全绝缘壳体,密封结构,壳体采用加强工程塑料,不仅能在常温下保持弹性,而且在高温下也能保持弹性和极高强度。防水密封用优质橡胶和硅胶制成。壳体与密封能够抵挡紫外线、潮湿和温度变化的侵蚀。

绝缘穿刺线夹接触刀片由特制镀锌铜合金制成,可以在导线上有最佳接触面,适用于1.5~240mm^2的铜或铝电线、电缆的连接和铜铝过渡的连接。同时适用于异径导线的连接。

绝缘穿刺线夹产品的部分型号及其应用范围,可见表1.15.17-1。绝缘穿刺线夹安装接线非常简便,需要连接的绝缘电线、电缆无需剥开绝缘层。先把分支线插入线夹的盖套内,然后把线夹固定在主线的连接处(多条干线分支时,应相互错开距离),用手拧紧线夹螺栓,再使用专用扳手拧紧顶端的力矩螺栓的螺母,至螺母断开为止。

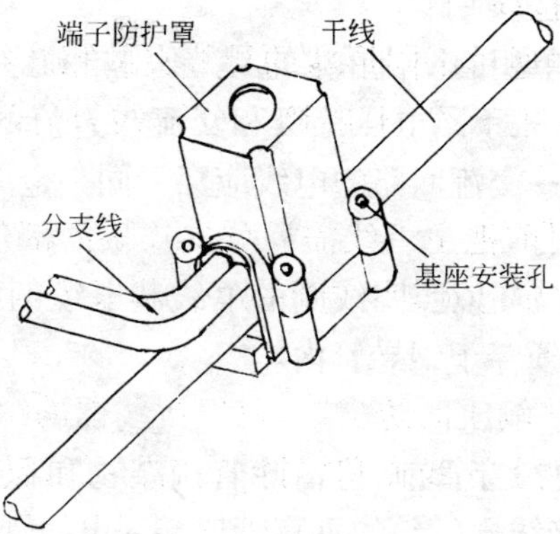

图 1.15.16－1　T 接端子的连接

绝缘穿刺线夹(IPC)型号及应用范围　　表 1.15.17－1

型号	主线截面 (mm^2)	分支截面 (mm^2)	额定电流 (A)	外型尺寸 (mm)	应用范围
KZ－EP	16～95	1.5～10	86	27×41×62	建筑照明
KZ2－95	16～95	4～(50)	242	23×52×87	路灯
KZ2－150	50～150	6～(50)	242	46×52×87	用户线连接
KZ3－95	25～95	25～95	377	46×61×100	主线与主线连接
KZ4－150	50～150	50～150	447	52×61×100	户外架空线
DZ6	120～240	25～120	437	52×68×100	地下电缆
DR240	95～240	95～240	670	83×130×130	建筑供电主缆

力矩螺栓用于恒定穿刺压力。即保证导体之间有效的接触,又不损伤导线,保证最小的接触电阻和热循环状态。

Ⅲ 质量标准

1.15.18 主控项目

1 三相或单相的交流单芯电缆,不得单独穿于钢导管内。

2 不同回路、不同电压等级和交流与直流的电线,不应穿于同一导管内;同一交流回路的电线应穿于同一金属导管内,且管内电线不得有接头。

3 爆炸危险环境照明线路的电线和电缆额定电压不得低于750V,且电线必须穿于钢导管内。

1.15.19 一般项目

1 电线、电缆穿管前,应清除管内杂物和积水。管口应有保护措施不进入接线盒(箱)的垂直管口穿入电线、电缆后,管口应密封。

2 当采用多相供电时,同一建筑物、构筑物的电线绝缘层颜色选择应一致,即保护地线(PE 线)应是黄绿相间色,零线用淡蓝色;相线用:A 相——黄色、B 相——绿色、C 相——红色。

Ⅳ 成品保护

1.15.20 电线、电缆穿管时,不得污染建筑物,应保持周围环境清洁。

1.15.21 使用高凳和其他工具时,应注意不得碰坏设备和门窗、墙面、地面等。

1.15.22 进行铝导线电阻焊接时,不得污染建筑物顶棚和墙面。

Ⅴ 安全注意事项

1.15.23 扫管穿线时要防止钢丝的弹力勾眼;俩人穿线时应协调一致。一呼一应有节奏的进行,不要用力过猛以免伤手。

1.15.24 使用梯子靠在柱子上工作,顶端应绑牢固。使用人字梯必须坚固,距梯脚 40~60cm 处要设拉绳,不准站在梯子最上一层工作,梯凳上禁止放工具、材料。

1.15.25 使用焊锡锅,不能将冷勺或水浸入锅内,防止爆炸,飞溅伤人。

1.15.26 铝导线采用电阻焊时,必须带保护茶镜和手套,防止电弧光伤害眼睛及烫伤手部皮肤。

Ⅵ 质量通病及其防治

1.15.27 使用导线质量差,塑料绝缘导线绝缘层与芯线脱壳,绝缘层厚薄不均,表面粗糙,芯线线径不足。选购导线时要购买正宗厂家的合格产品,防止假冒,防止导线与产品合格证不相符合。

1.15.28 施工中存在钢管护口遗漏、脱落及与管径不符等现象。因操作不慎而使护口遗漏或脱落者应及时补齐,护口与管径不符者应及时更换。

1.15.29 钢管先穿线后戴护口,或者根本不戴护口,使导线绝缘层损伤。穿线前必须先戴好护口,发现露带的应补齐全。钢管焊接固定时,应戴好塑料内护口,塑料护口不能顺向切开,在导线连接好后补戴。

1.15.30 导线在穿线过程中,出现背扣或打结。放线时如无放线车,需把线盘平放到地上,抽出里圈线头,注意不要引起螺旋形圈集中。

1.15.31 管内导线出现接头。此种现象在检查时不易被发现,由于在穿线时长度不足而产生。操作者应及时换线重穿,否则将引起后患。

1.15.32 剥削绝缘层时,损伤线芯。用电工刀切割绝缘层时,用刀要得当,刀刃斜角剥切。垂直剥切时,做到既能切掉绝缘层,又不损伤芯线。用克丝钳子剥削时,拿钳子的手用力不要过大,平时要多做练习。用剥线钳剥线时,应使用得当,应选用比线径大一级的刀口或将刀口进行扩口处理后再用。

1.15.33 盒内铜导线并接头连接方法不正确,端部导线没折回压在缠绕线上。铜导线连接后焊接时,焊料不饱满,接头不牢固。铜导线连接方法不同于铝导线电阻焊的并接头,应正确连接。铜导线连接时应在剥削绝缘后,处理好线芯氧化膜立即连接并进行锡焊,加热温度应适当,焊锡膏不可过多,焊锡要均匀。如连接后时间一长再进行焊接,会因导线产生氧化膜,而沾锡困难。

1.15.34　铝导线电阻焊出现断股及根部未焊合现象,接头处出现残余焊渣和焊药。采用电阻焊时,要正确的掌握焊接方法多加练习,焊接完后要马上沾清水清除焊渣和焊药,过后清除比较麻烦。

1.15.35　绝缘包扎时,绝缘带松散,端部不牢,通常称“打小旗”。包扎高压绝缘胶布时,应拉长2倍,半叠半包扎;包扎黑胶布时,应把起端压在里边,把终了端回缠2~3回压在上边。

2 电缆线路

2.1 电缆沟内电缆敷设

Ⅰ 施工准备

2.1.1 材　　料

1 各种规格型号的电力电缆、控制电缆。

2 各种型钢支架、吊架、电缆沟盖板、标志牌等。

2.1.2 机　　具

1 电缆牵引机械、电缆敷设用支架、各种滚轮等。

2 钢锯弓、钢锯条等。

3 兆欧表。

2.1.3 作业条件

1 与电缆线路安装有关的建筑工程质量应符合国家现行的建筑工程施工及验收规范中的有关规定。

2 预留洞、预埋件应符合设计要求，预埋件安装牢固。

3 电缆沟施工工作结束。

4 电缆沟的施工临时设施、模板及建筑废料等要清理干净，施工用道路畅通，盖板齐全。

5 电缆沟排水畅通、电缆室的门窗应安装完毕。

Ⅱ 施工工艺

2.1.4 施工程序

2.1.5 电缆的选择

电力电缆型号的选择，应根据环境条件、敷设方式，用电设备的要求和产品技术数据等因素来确定，电缆沟内敷设的电缆一般应按下列原则考虑：

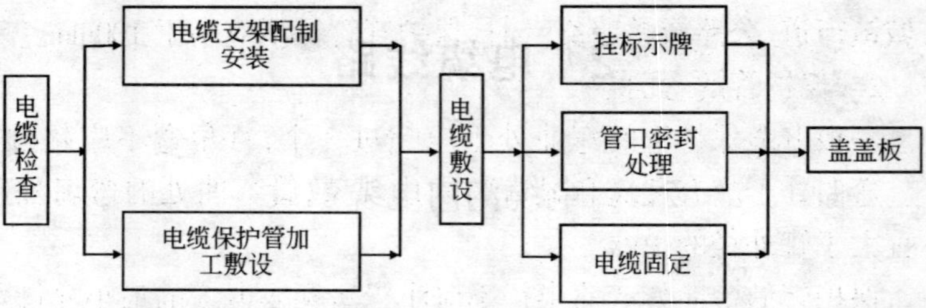

1　在一般环境和场所内宜采用铝芯电缆；在振动剧烈和有特殊要求的场所，应采用铜芯电缆；规模较大的重要公共建筑宜采用铜芯电缆。

2　在电缆沟内敷设的电缆，不应采用有易燃和延燃的外护层。宜采用裸铠装电缆、裸铅(铝)包电缆或阻燃塑料护套电缆。

3　三相四线制系统中应采用四芯电力电缆，不应采用三芯电缆另加一根单芯电缆或以导线、电缆金属护套作中性线。

2.1.6　电缆的进场验收

1　电缆应按批查验合格证，合格证有生产许可证编号，按《额定电压450/750V及以下聚氯乙烯绝缘电缆》GB 5023.1～5023.7标准生产的产品有安全认证标志。

2　外观检查应包装完好，电缆无压扁、扭曲，铠装不松卷。耐热、阻燃的电缆外护层有明显标识和制造厂标。

3　按制造标准，现场抽样检测绝缘层厚度和圆形线芯的直径；线芯直径误差不大于标称直径的1%。

4　对电缆绝缘性能、导电性能和阻燃性能有异议时，按批抽样送有资质的试验室检测。

2.1.7　电缆保护管的加工

电缆保护管种类很多，而建筑电气行业接触到的多是钢保护管和硬质塑料保护管。

1　保护管的选择

电缆保护管不应有穿孔、裂缝和显著的凸凹不平，内壁应光滑,金属电缆保护管不应有严重锈蚀。

电缆保护管的内径与电缆外径之比不得小于1.5倍,当电缆与城镇街道、公路或铁路交叉时,保护管管径不应小于100mm。

2　保护管的弯曲

一根电缆保护管的弯曲处不应超过3个,直角弯不应超过2个。弯曲处不应有裂缝和显著的凹痕现象,管弯曲处的弯扁程度不宜大于管外径的10%。

保护管的弯曲处弯曲半径不应小于所穿入电缆的最小允许弯曲半径。电缆的最小弯曲半径应符合表2.1.7-1的规定。

电缆最小弯曲半径　　　　表2.1.7-1

<table>
<tr><th colspan="3">电缆形式</th><th>多芯</th><th>单芯</th></tr>
<tr><td colspan="3">控制电缆</td><td>10D</td><td></td></tr>
<tr><td rowspan="3">橡皮绝缘电力电缆</td><td colspan="2">无铅包、钢铠护套</td><td colspan="2">10D</td></tr>
<tr><td colspan="2">裸铅包护套</td><td colspan="2">15D</td></tr>
<tr><td colspan="2">钢铠护套</td><td colspan="2">20D</td></tr>
<tr><td colspan="3">聚氯乙烯绝缘电力电缆</td><td colspan="2">10D</td></tr>
<tr><td colspan="3">交联聚氯乙烯绝缘电力电缆</td><td>15D</td><td>20D</td></tr>
<tr><td rowspan="3">油浸纸绝缘电力电缆</td><td colspan="2">铅包</td><td colspan="2">30D</td></tr>
<tr><td rowspan="2">铅包</td><td>有铠装</td><td>15D</td><td rowspan="2">20D</td></tr>
<tr><td>无铠装</td><td>20D</td></tr>
<tr><td colspan="3">自容式充油(铅包)电缆</td><td></td><td>20D</td></tr>
</table>

注:表中D为电缆外径。

保护管的管口处应无毛刺和尖锐棱角,管口宜做成喇叭形。

3　保护管的连接

电缆保护钢管连接时,不宜直接对焊,应采用大一级短管套接或采用丝扣连接。管连接处短套管或带螺纹的管接头的长度,不应小于电缆管外径的2.2倍。连接应牢固,密封应良好,两连接管管口应对齐。

硬质塑料电缆保护管,采用插接连接时,插入深度不应小于管内径的1.1~1.8倍，在插接面上应涂胶合剂粘牢密封。采用套管连接时，套管长度不应小于管内径的1.5~3倍，套管两端应涂胶合剂或封焊连接。保证连接处牢固密封。

4　钢保护管的防腐处理

采用钢管用作电缆保护管时，应在外表涂防腐漆，采用镀锌管时如有镀锌剥落处也应涂防腐漆。埋入混凝土内的管子，可不涂防腐漆。

5　钢保护管的接地

当利用钢保护管作接地线时，管接头两侧应用跨接接地线焊接，若管接头采用套管焊接时可以除外。

2.1.8　电缆沟和支架的配制与安装

当电缆与地下管网交叉不多，地下水位较低且无高温介质和熔化金属液体流入可能的地区，同一路径的电缆根数为18根及以下时，宜采用电缆沟敷设。

1　电缆沟

电缆沟应采取防水措施，其底部应做成坡度不小于0.5%的排水沟。积水可直接接入排水管道或经集水坑用泵排出。

电缆沟应按设计要求位置，有防火隔离措施，一般在进入建筑物处设防火墙。

2　电缆支架制作

电缆敷设在电缆沟内应使用支架固定。支架的选择由工程设计决定，常用的角钢支架如图2.1.8-1所示。

电缆支架加工制作时，钢材应平直，无明显扭曲。下料误差应在5mm范围内，切口应无卷边、毛刺。电缆支架的长度，在电缆沟内不宜大于0.35m。电缆支架应焊接牢固，无明显变形。金属电缆支架所有铁件必须进行防腐处理，室外构配件应采用镀锌制品，若无电镀条件，宜采用涂磷化底漆一道，过氯乙烯两道。但用于湿热，盐雾以及有化学腐蚀地区时，应根据设计作特殊的防腐处理。

3　电缆支架安全距离

当设计无要求时，电缆支架最上层至沟顶的距离不应小于

150~200mm；电缆支架最下层至沟底、地面的距离不应小于50~100mm。

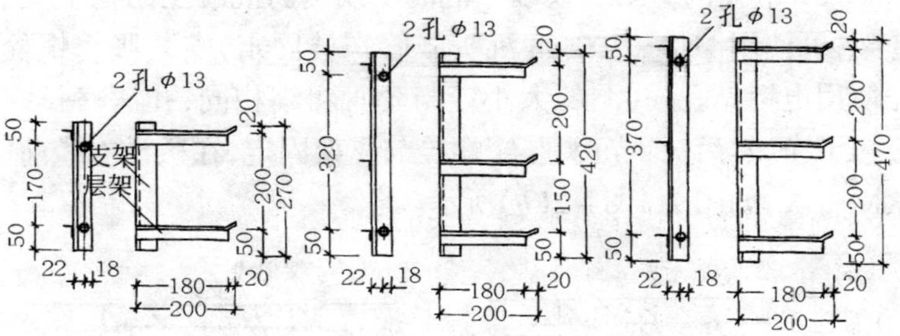

图 2.1.8-1 角钢支架

当设计无要求时，电缆沟内，支架层间垂直距离应符合表2.1.8-1的规定。

电缆支架层间最小允许距离(mm) 表 2.1.8-1

电缆种类	支架层间最小距离
控制电缆	120
10kV及以下电力电缆	150~200

电缆支架间或固定点间的距离，应符合设计规范规定，如表2.1.8-2所示。

电缆支架间或固定点间的最大间距(m) 表 2.1.8-2

电缆种类 / 敷设方式	塑料护套、铝包、铅包钢带铠装		钢丝铠装
	电力电缆	控制电缆	
水平敷设	1.00	0.80	3.00
垂直敷设	1.50	1.00	6.00

4 电缆支架安装

电缆支架安装方式由工程设计决定，应与土建密切配合安装。电缆支架在电缆沟内的安装方法有下列几种，可根据不同安装方式进行安装：

(1) 与土建配合施工用 M12×125mm 地脚螺栓紧固定支架如图 2.1.8-2(*a*)所示。

(2) 电缆沟为 C15 及以上混凝土或钢筋混凝土结构上安装电缆架，可使用 M10×100mm 沉头胀管螺栓固定，安装胀管螺栓前，先使用电锤钻孔，孔洞的大小应与套管粗细相同，孔深略长，孔洞应扫干净，然后放入沉头胀管螺栓与支架固定，在敷设电缆前应再紧固一次，如图 2.1.8-2(*b*)所示。

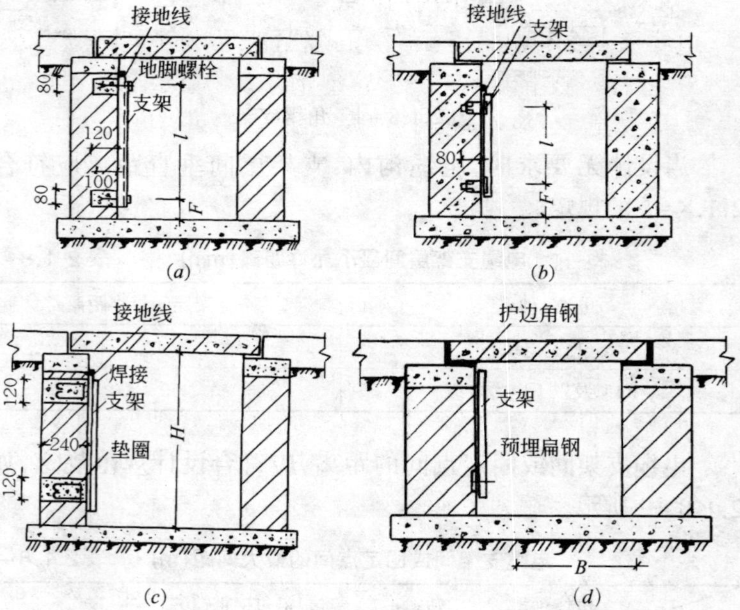

图 2.1.8-2　电缆沟及支架

(*a*)地脚螺栓固定支架；(*b*)膨胀螺栓固定支架；

(*c*)焊接固定支架；(*d*)预埋扁钢焊接支架

(3) 当使用预埋件或预制混凝土砌块，与土建工程配合施工时，预埋(或砌筑)，用以焊接固定支架如图 2.1.8-2(*c*)所示。

(4) 采用 M8×85mm 的射钉螺栓，用射钉枪射入混凝土或砖墙内固定电缆支架。

(5) 当电缆沟或隧道的上部有护边角钢时，电缆支架的上部应与沟的护边角钢焊接，支架下部与沟壁上的预埋扁钢焊接，如图2.1.8－2(*d*)所示。

电缆支架应安装牢固、横平竖直，各支架的同层横档应在同一水平面上，高底偏差不应大于5mm。

电缆支架与预埋件焊接固定时，焊缝应饱满；用膨胀螺栓固定时，选用螺栓要适配，连接紧固，防松零件齐全。

2.1.9　电缆桥架在电缆沟内安装

电缆桥架在电缆沟和电缆隧道内安装，应使用托臂固定在异形钢单立柱上，支持电缆桥架，异型钢立柱与120mm×120mm×240mm预制混凝土砌块内预埋件焊接固定，焊角高度为3mm，如图2.1.9－1所示。电缆沟内异型钢立柱可以用固定板安装，还可以用膨胀螺栓固定，可参见《电缆桥架安装和桥架内电缆敷设》中异型钢立柱在墙、柱上侧壁安装做法。

2.1.10　电缆支架的接地

为避免电缆产生故障时危及人身安全，电缆支架全长均应有良好的接地，电缆线路较长时，还应根据设计进行多点接地。

接地线宜使用直径不小于$\phi12$镀锌圆钢，接地线应在电缆敷设前与支架进行焊接。当电缆支架利用沟的护边角钢作为接地线时，不需再敷设专用的接地线。

2.1.11　电缆在电缆沟内敷设

在同一条电缆沟内敷设很多电缆时，为了做到电缆按顺序分层配置，施放电缆前，应充分熟悉图纸，弄清每根电缆的型号、规格、编号、走向以及在电缆支架上的位置和大约长度等。

1　电缆敷设要求

电缆敷设时，不应损伤电缆沟、电缆井和人井的防水层。电力电缆在转弯处，终端头与接头附近或伸缩缝处应留有适当的备用长度，以便补偿电缆本身和其所依附的结构处因温度变化而产生的变形，或将未检修接头之用。

粘性油浸纸绝缘电缆敷设的最高点与最低点之间的最大位

差，不应超过表 2.1.11－1 的规定，当不能满足要求时，应采用适应于高位差电缆。

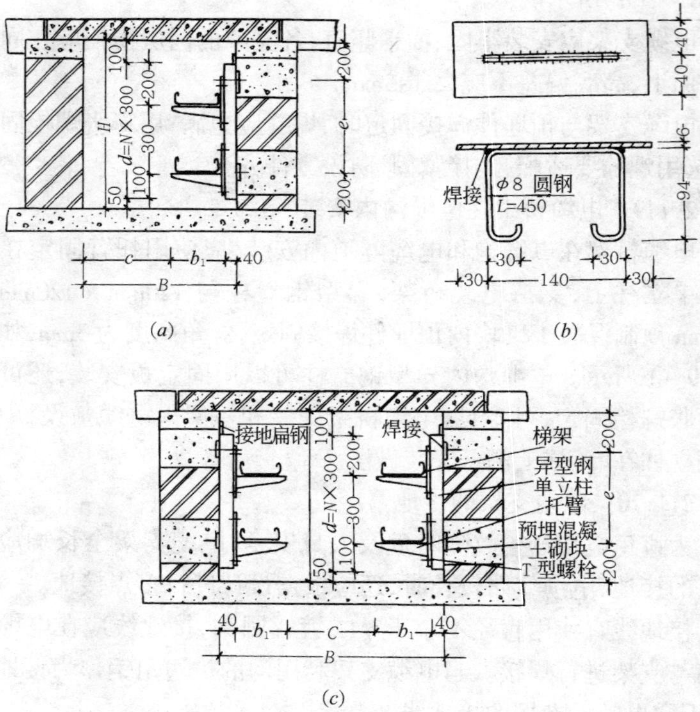

图 2.1.9－1　电缆桥架在电缆沟内安装

(a)沟内桥架单侧安装；(b)预埋件；(c)沟内桥架双侧安装

粘性油浸纸绝缘铅包电力电缆的最大允许敷设位差　　表 2.1.11－1

电　压　(kV)	电缆护层结构	最大允许敷设位差(m)
1	无　铠　装	20
	铠　　装	25
6～10	铠装或无铠装	15
35	铠装或无铠装	5

油浸纸绝缘电力电缆在切断后，应将端头立即铅封。塑料绝缘电缆应有可靠的防潮封端。充油电缆在切断后尚应符合下列要求：

(1) 在任何情况下，充油电缆的任一段都有压力油箱保持油压；

(2) 连接油管路时，应排除管内空气，并采用喷油连接；

(3) 充油电缆的切断处必须高于邻近两侧的电缆；

(4) 切断电缆时不应有金属屑及污物进入电缆。

电缆进入电缆沟、建筑物、盘(柜)以及穿入管子时，出入口应封闭，管口应密封。

2 施放电缆

电缆沟内电缆敷设可以在沟旁的地面上或沟内上层支架上摆放滚轮，牵引电缆时，不应使电缆在地面上或支架上摩擦拖拉。

电缆敷设严禁有绞拧、铠装压扁、护层断裂和表面严重划伤等缺陷。

电缆敷设常用的有两种方法，即人工敷设和机械牵引敷设。无论采用哪种敷设方法，都得先将电缆盘稳妥地架设在放线架上。架设电缆线盘，将电缆线盘按线盘上的箭头方向滚至预定地点，再将钢轴穿于线盘轴孔中，钢轴的强度和长度应与电缆线盘重量和宽度相结合，使线盘能活动自如。钢轴穿好后用千斤顶将线盘顶起架设在放线架上。

电缆线盘的高度离开地面应为50~100mm，能自由转动，并使钢轴保持平衡，防止线盘在转动时向一端移动，放电缆时，电缆端头应从线盘的上端放出(线盘的转动方向应与线盘的滚动方向相反)。逐渐松开放在滚轮上，用人工或机械向前牵引。

(1) 人工敷设

采用人力敷设电缆，首先要根据路径的长短，组织劳力由人杠着电缆沿电缆沟走动敷设，也可以站在沟中不走动用手抬着电缆传递敷设。敷设路径较长时，应将电缆放在滚轮上，用人力拉电缆，引导电缆向前移动，如图2.1.11-1所示。

图 2.1.11-1 电缆用滚轮敷设

(2) 机械牵引敷设

机械化敷设电缆，牵引动力由牵引机械提供，牵引机械主要由卷扬机组成。为保护电缆装有测量拉力的装置，有的牵引机械当拉力达到预定极限时，可自行脱扣，有的还装有测量敷设长度的测量装置。

使用机械牵引时，应首先在沟旁或沟内支架上每隔 2~2.5m 处放好滚轮，将电缆放在滚轮上，使电缆牵引时不与支架或地面摩擦。滚轮的品种繁多，常用的如图 2.1.11-2 所示，(a)、(c)型为直线部位的滚轮；(d)、(e)型为转角处使用的滚轮；(b)型滚轮即可用于直线部位又可用于各种方向的转角处。

如采用机械牵引方法敷设电缆时，应防止电缆因承受拉力过大而损伤，因此对电缆敷设时的最大允许牵引强度作了如表 2.1.11-2 所示的规定，其充油电缆总拉力不应超过 27kN。

电缆最大牵引强度(N/mm^2)　　表 2.1.11-2

牵引方式	牵引头		钢丝网套		
受力部位	铜　芯	铝　芯	铅　套	铝　套	塑料护套
允许牵引强度	70	40	10	40	7

当敷设条件较好，电缆承受拉力较小时，可在电缆端部套一特制的钢丝网套拖放电缆，如图 2.1.11-3 所示。

当电缆敷设承受拉力较大时，则应在末端封焊牵引头（俗称和尚头），使线芯和铅包同时承受拉力。作牵引头时，先将钢铠锯掉，将铅包剥成条状翻向钢铠末端，然后把线芯绝缘纸剥除，将拉杆插到线芯间用铜线绑牢,再把铅包翻回拍平,最后用封铅将拉杆、线芯、铅包封焊在一起,形成牵引头如图 2.1.11－4 所示。

机械敷设电缆时,应在牵引头或钢丝网套与牵引钢绳之间装设防捻器(防扫牵引头)防止电缆绞拧,如图 2.1.11－5 所示。

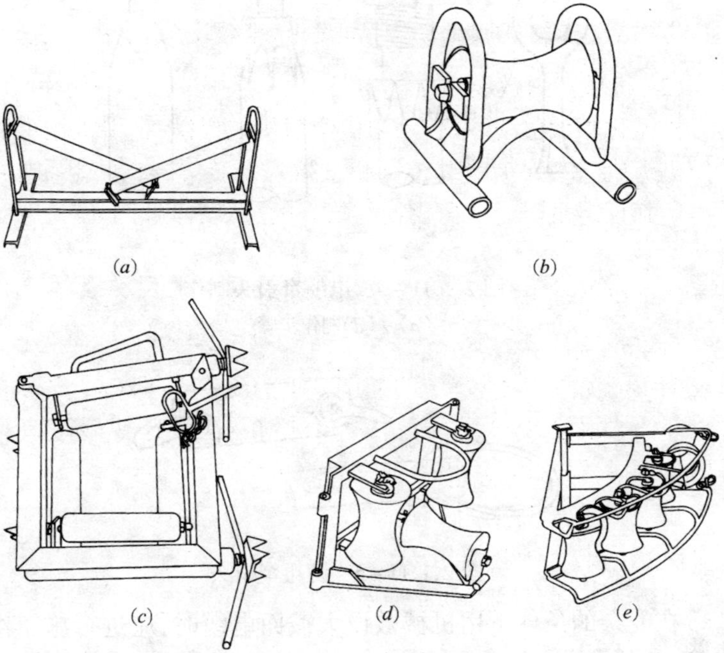

图 2.1.11－2　电缆敷设用的各种滚轮

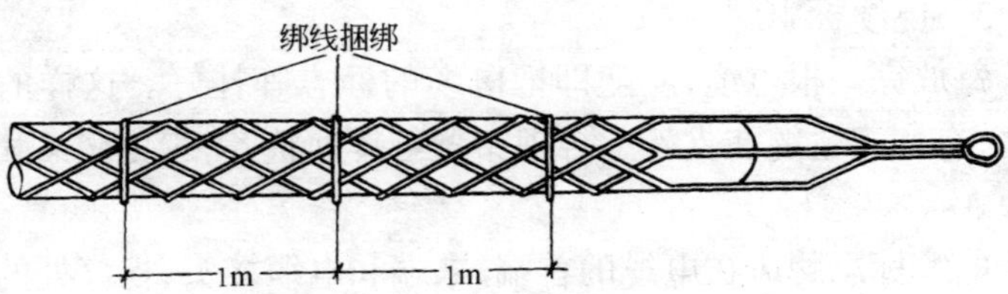

图 2.1.11－3　牵引电缆用钢丝网套

机械牵引电缆要慢慢牵引,速度不宜超过 15m/min。110kV 及以上电缆或在较复杂路径上敷设时，其牵引速度应适当放慢，在转弯处的侧压力不应大于 3kN/m。

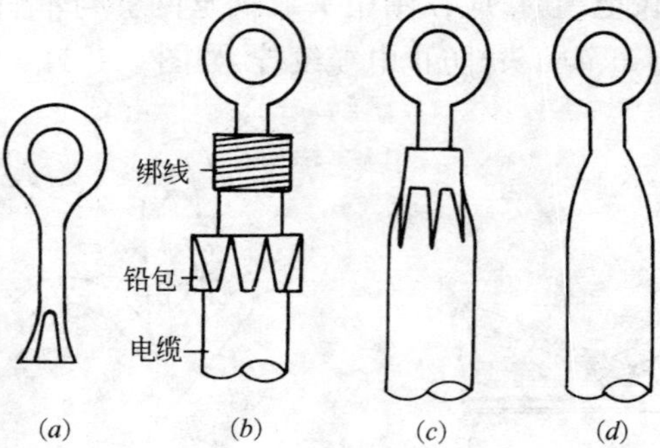

图 2.1.11 – 4　电缆牵引头制作

(a) ~ (d)制作步骤

图 2.1.11 – 5　防扭牵引头

在复杂的条件下用机械敷设大截面电缆时，应进行施工组织设计，确定敷设方法、线盘架设位置，电缆牵引方向、校核牵引力和侧压力配备敷设和机具。

3　电缆标志牌

每放完一根电缆，应随即把电缆的标志牌挂好。这样的敷设程序，有利于电缆在支架上合理布置与排列整齐，避免交叉和混乱现象。

电缆标志牌应在电缆的首端、末端和电缆接头、拐弯处的两端及人孔井内等地方装设。

标志牌上应注明线路编号。当无编号时，应写明电缆型号、规格及起止地点；并联使用的电缆应有顺序号。

标志牌规格宜统一,字迹应清晰不易脱落。标志牌挂装应牢固。

电缆标志牌如图 2.1.11－6 所示。用 2mm 厚的铅板或切割下的电缆铅皮制成,文字用钢印压制并用镀锌铁丝系在电缆上。

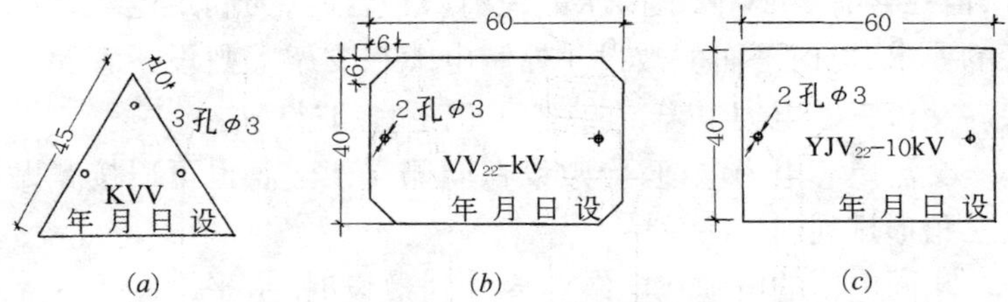

图 2.1.11－6　电缆标志牌

(*a*)控制电缆标志牌;(*b*)1000V 及以下电力电缆标志牌;

(*c*)1000V 以上电力电缆标志牌

在敷设裸铅(铝)包电缆时,最好先把电缆从盘上散开放在地上,待量好尺寸,两端截断后再托上支架,免得电缆在支架上拉动时,把铅(铝)包损伤。

在电缆沟内带有麻护层的电缆,应剥除麻护层,并对其铠装加以防腐。

4　电缆排列

电缆应排列整齐,少交叉;当设计无要求时,电缆支持点的间距,不应大于表 2.1.11－3 的规定。

电缆支持点间距表(mm)　　　表 2.1.11－3

电缆种类		敷设方式	
电力电缆	全塑型	水平	垂直
	除全塑型外的电缆	400	1000
控制电缆		800	1500
		800	1000

电缆排列时,电力电缆和控制电缆不应敷设在同一层支架上,但 1kV 以下的电力电缆和控制电缆可并列敷设在同一层支架上。

当两侧均有支架时，1kV 以下的电力电缆和控制电缆宜与 1kV 及以上的电力电缆分别敷设在不同侧的支架上。

高低压电力电缆、强电、弱电控制电缆应按顺序由上而下敷设，但在含有 35kV 以上高压电缆引入柜盘时，为满足电缆弯曲半径的要求，可由下而上敷设。控制电缆在支架上敷设不宜超过一层。交流三芯电力电缆，在支架上也不宜超过一层。

交流单芯电力电缆，应敷设在同侧支架上。也可以按紧贴的正三角形排列。

相同电压的电缆在电缆沟内并列敷设时，水平净距为 35mm，且不应小于电缆的外径。

电缆敷设时，在电缆终端头及中间接头和伸缩缝的附近及电缆转弯的地方，电缆都要适当留些余量，以便于补偿电缆本身和其所依附的结构件因温度变化而产生的变形，也便于将来检修接头之用。

电缆在动架上敷设，转弯处的最小允许弯曲半径应符合表 2.1.7－1 的规定。

5　电缆的固定

电缆在超过 45°倾斜敷设，应在每个支架上进行固定。水平敷设的电缆，在电缆的首末两端及转弯、电缆接头的两端应加以固定。当对电缆的间距有要求时，应每隔 5～10m 处进行固定。

电缆在支架上固定常用的方法，采用管卡子或单边管卡子固定，也有用 U 形夹固定以及用Ⅱ形夹固定，如图 2.1.11－7、图 2.1.11－8和图 2.1.11－9 所示，可以根据不同的需要选择。

交流单芯电力电缆当按紧贴的正三角形排列时，应每隔 1m 用绑带绑扎。

交流系统的单芯电缆或分相后的分相电缆的固定夹具和支架应构成闭铁磁回路。

裸铅(铝)套电缆的固定处，应加软衬垫保护。护层有绝缘要求的电缆，在固定处应加绝缘衬垫。

电缆在进入电缆沟、隧道、建筑物出入口应封闭，管口应密封。

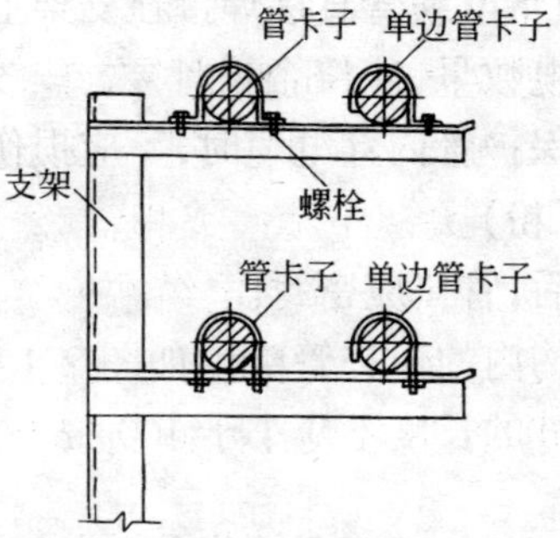

图 2.1.11－7　电缆在支架上用管卡固定安装

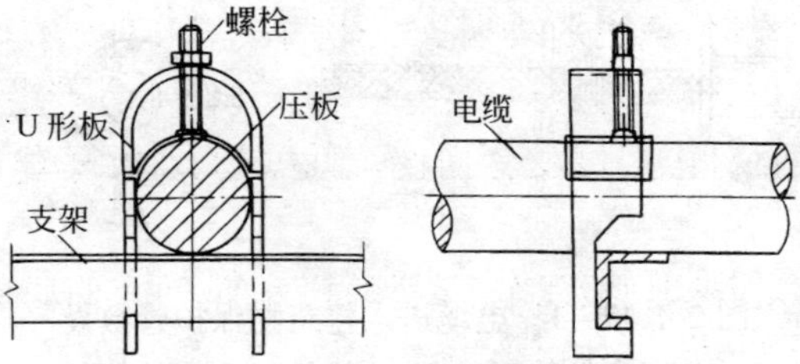

图 2.1.11－8　电缆在支架上用 U 形夹固定安装

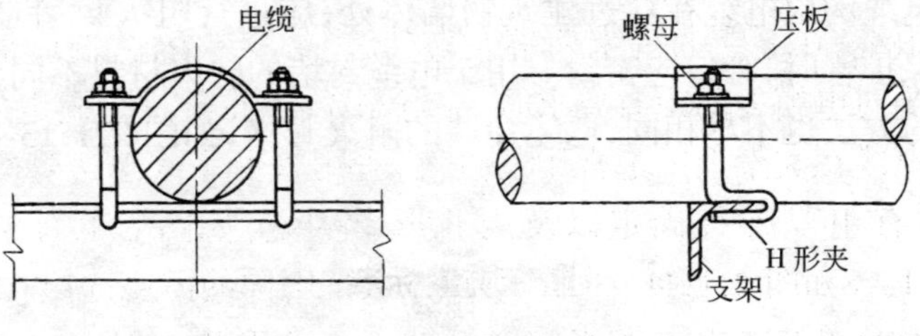

图 2.1.11－9　电缆在支架上用Ⅱ形夹固定安装

电缆敷设经检查完毕后，应及时清除杂物，盖好盖板，必要时，尚应将盖板缝隙密封。

对电缆沟(道)内敷设的电缆也应作好隐蔽工程记录。

2.1.12　电缆穿保护管敷设

电缆在穿入保护管前，管道内应无积水，且无杂物堵塞。保护管应安装牢固,不应将电缆管直接焊接在支架上。

穿入管中的电缆数量,应符合设计要求。交流单芯电缆不得单独穿入钢管内。保护管内穿电缆时,不应损伤电缆护层,可采用无腐蚀性的润滑剂(粉)。

电缆穿入管子后,管口应密封。

电缆进入建筑物内的保护管敷设如图 2.1.12－1 所示。保护管伸出建筑物散水坡的长度不应小于 100mm。

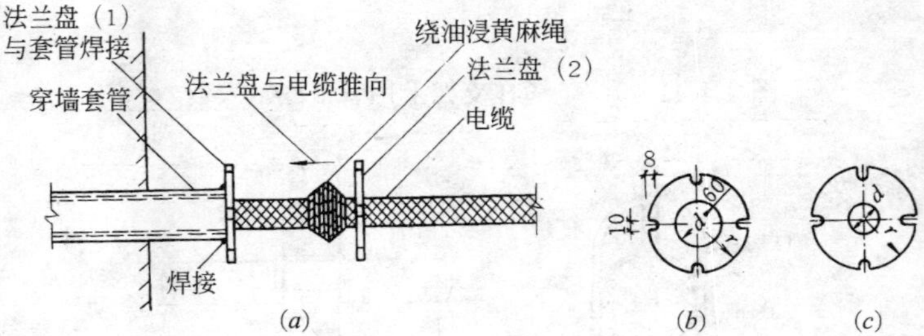

图 2.1.12－1　电缆进入建筑物保护管敷设
(*a*)电缆穿墙套管密封; (*b*)法兰盘(1); (*c*)法兰盘(2)

2.1.13　电缆的防火隔离

电缆沟内电缆在穿过建筑物墙体处,应进行阻火封堵。电缆穿入保护管时,管口应密封。用于电缆封堵的防火材料不同,阻火封堵的方法也不尽相同,电缆穿墙的阻火封堵,如图 2.1.13－1 所示。

Ⅲ　质量标准

2.1.14　主控项目

1　金属电缆支架、电缆导管必须接地(PE)或接零(PEN)可靠

2　电缆敷设严禁有绞拧、铠装压扁、护层断裂和表面严重划伤等缺陷。

2.1.15　一般项目

1　电缆支架安装应符合下列规定:

(1) 当设计无要求时，电缆支架最上层至电缆沟顶部的距离不小于150~200mm；电缆支架最下层至沟底的距离不小于50~100mm。

(2) 当设计无要求时，电缆支架层间最小允许距离符合表2.1.15-1的规定。

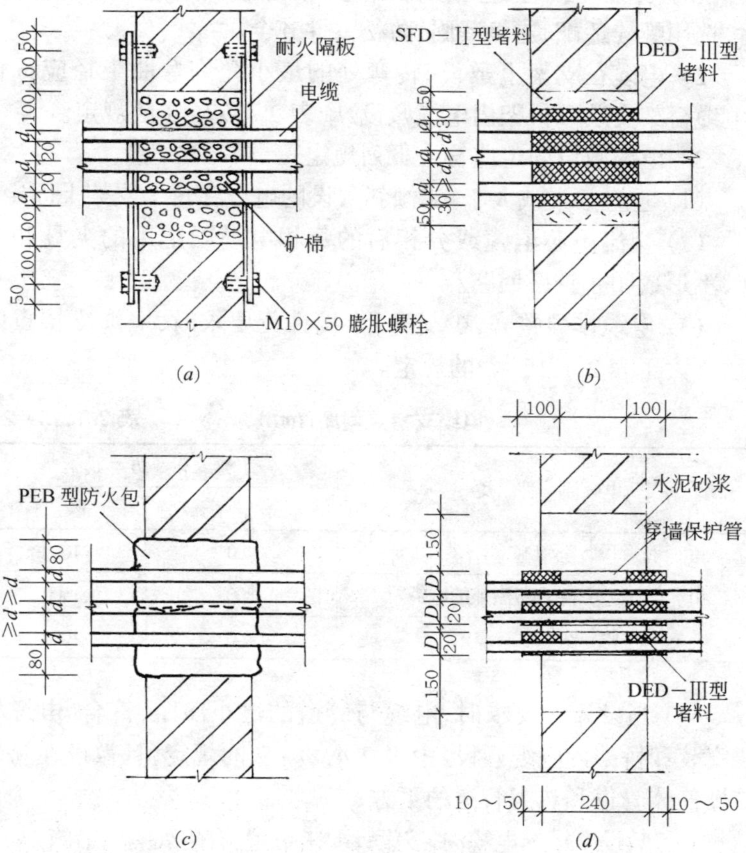

图 2.1.13-1 电缆穿墙孔洞阻火封堵做法

(a)耐火隔板及矿棉封堵；(b)速固型堵料封堵；

(c)防火包封堵；(d)穿墙保护管封堵

d—电缆直径；D—保护管直径

电缆支架层间最小允许距离(mm)　　表 2.1.15－1

电缆种类	支架层间最小距离
控制电缆	120
10kV 及以下电力电缆	150～200

(3) 支架与预埋件焊接固定时,焊缝饱满;用膨胀螺栓固定时,选用螺栓适配,连接紧固,防松零件齐全。

2　电缆在支架上敷设,转弯处的最小允许弯曲半径应符合《电缆桥架安装和桥架内电缆敷设》中表 2.4.27－1 的规定。

3　电缆敷设固定应符合下列规定:

(1) 垂直敷设或大于 45°倾斜敷设的电缆在每个支架上固定;

(2) 交流单芯电缆或分相后的每相电缆固定用的夹具和支架,不形成闭合铁磁回路。

(3) 电缆排列整齐,少交叉;当设计无要求时,电缆支持点间距,不大于表 2.1.15－2 的规定。

电缆支持点间距(mm)　　表 2.1.15－2

电缆种类		敷设方式	
		水平	垂直
电力电缆	全塑型	400	1000
	除全塑型外的电缆	800	1500
控制电缆		800	1000

(4) 当设计无要求时,电缆与管道的最小净距,符合《电缆桥架安装和桥架内电缆敷设》中表 2.4.27－2 的规定,且敷设在易燃易爆气体管道和热力管道的下方;

(5) 敷设电缆的电缆沟,按设计要求位置,有防火隔堵措施。

4　电缆的首端、末端和分支处应设标志牌。

Ⅳ　成品保护

2.1.16　电缆在运输过程中,不应使电缆及电缆盘受到损伤,禁止将电缆盘直接由车上扒下。电缆盘不应平放运输;平行储存。

2.1.17 运输或滚动电缆盘前,必须检查电缆盘的牢固性。充油电缆至压力箱间的油管应妥善固定及保护。

2.1.18 装卸电缆时,不允许将吊绳直接穿电缆轴孔吊装,以防止孔处损坏。

2.1.19 滚动电缆时,应以使电缆卷紧的方法进行。

Ⅴ 安全注意事项

2.1.20 敷设电缆时,处于电缆转向拐角的人员,必须站在电缆弯曲弧的外侧,切不可站在弯曲弧内侧,防止挤伤。

2.1.21 人力拉电缆时,用力要均匀,速度应平稳,不可猛拉猛跑,看护人员不可站在电缆盘的前方。

2.1.22 电缆穿过保护管时,送电缆手不可离管口太近,防止挤手。

2.1.23 在交通道路附近或较繁华地点施工时,电缆沟要设栏杆和标志牌,夜间要设置红色标志灯。

Ⅵ 质量通病及其防治

2.1.24 电缆的排列顺序混乱。电缆敷设应根据设计图纸绘制的"电缆敷设图"进行,合理的安排好电缆的放置顺序,避免交叉和混乱现象。

2.1.25 电缆标志牌挂装不整齐或遗漏。在电缆支架上敷设电缆,在放电缆时,当每放一根电缆,即应把标志牌挂好,并应有专人负责。

2.2 电缆竖井内电缆敷设

Ⅰ 施工准备

2.2.1 材　　料

1 各种规格型号的电力电缆、控制电缆。

2 各种型钢支架、电缆桥架、电缆卡子、标志牌等。

2.2.2 机　　具

1 电缆牵引机械、电缆敷设用支架、各种滚轮等。

2 钢锯弓、钢锯条、活扳手、电工刀、兆欧表等。

2.2.3 作业条件

1 与电缆竖井内电缆敷设有关的建筑工程质量,应符合现行的施工质量验收规范的有关规定。

2 预留洞、预埋件应符合设计要求,预埋件安装牢固。

3 电缆竖井处的地坪及抹面工作结束,杂物清理干净。

Ⅱ 施工工艺

2.2.4 施工程序

放线测量定位 → 支、吊架或轿架安装 → 电缆支、吊架或轿架接地 → 电缆敷设

2.2.5 电气竖井位置的选择

电气竖井也称电气间,是配电间与弱电间的总称,适用于多层和高层建筑物内垂直线路的敷设和设备安装。

电气竖井的数量和位置选择应保证系统的可靠性和减少电能损耗。应根据建筑物的规模、用电负荷性质、供电半径、建筑物的沉降缝和防火分区等因素确定。此外还应考虑:

1 电气竖井宜靠近用电负荷中心,应尽量减少干线电缆的长度。

2 为了保证竖井内电气线路及电气设备的运行安全,电气竖井不能与电梯井、管道井共用。

3 避免邻近烟道、热力管道及其他散热量大或潮湿的设施。

4 在条件允许时宜避免与电梯井及楼梯间相邻。

2.2.6 电缆选择和进场验收

电力电缆型号的选择,应根据环境条件、敷设方式,用电设备

的要求和产品技术数据等因素来确定，一般应按下列原则考虑：

1　在一般环境和场所内宜采用铝芯电缆；在振动剧烈和有特殊要求的场所，应采用铜芯电缆；规模较大的重要公共建筑宜采用铜芯电缆。

2　三相四线制系统中应采用四芯电力电缆，不应采用三芯电缆另加一根单芯电缆或以导线、电缆金属护套作中性线。

3　并联使用的电力电缆其长度、型号、规格宜相同。

4　明敷在室内的电缆，不应有黄麻或其他易延燃的外护层。

电缆竖井内电缆的进场验收，可参见《电缆沟内电缆敷设》中的相关内容。

2.2.7　电缆沿墙明敷设

小截面电缆在竖井内，可以沿墙垂直敷设，此时可使用管卡子或单边管卡子，用 $\phi6\times30$ 塑料胀管把电缆直接固定在墙上，如图 2.2.7－1 所示。

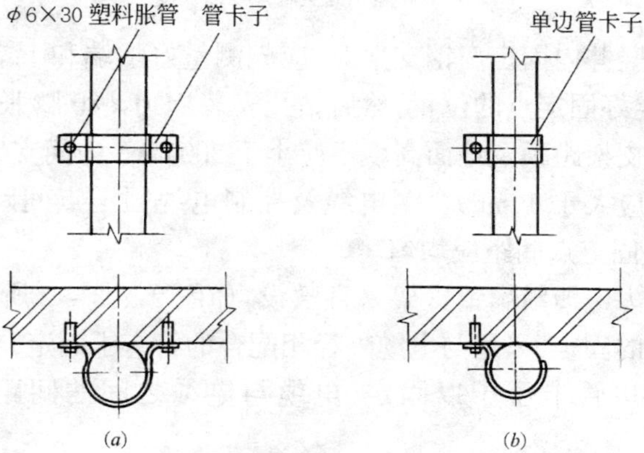

图 2.2.7－1　电缆沿墙垂直敷设固定

(*a*)用管卡子固定；(*b*)用单边管卡子固定

电缆上端固定点距竖井顶部和电缆下端固定点距竖井地面的距离，均不应小于 300mm；电缆中间固定点距离和电缆的种类有关，全塑型电力电缆固定点间距不应大于 1m，其他电力电缆固定点间距不应大于 1.5m，控制电缆中间固定点间距不应大于 1m。

2.2.8　电缆沿支架明敷设

电缆在竖井内沿支架垂直敷设，所采用的扁钢固定支架，如图 2.2.8－1 所示，扁钢支架的长度应根据电缆直径和敷设根数的多少而确定。

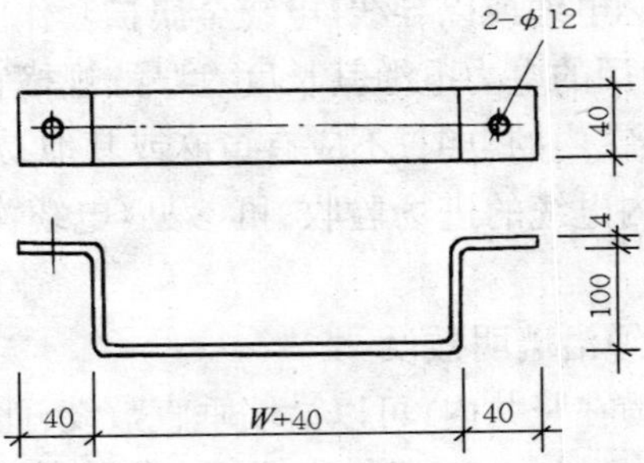

图 2.2.8－1　电缆固定用扁钢支架

W—扁钢固定电缆处的长度

在竖井内固定扁钢支架时，应先测量好上端和下端的支架位置，确定好固定点的位置，然后钻孔安装 M10×80 膨胀螺栓，上端及下端支架距顶及地面高度不应小于 300mm。中间支架固定点的间距不应大于 1.5m，全塑电缆及控制电缆固定点间距不应大于 1m。且固定点间距应均匀。

电力电缆沿扁钢支架垂直敷设，如图 2.2.8－2 所示，电缆在支架上的固定，采用与电缆外径相配合的管卡子固定，单芯电缆应使用单边管卡子予以固定，电缆与电缆之间的间距不应小于 50mm。

2.2.9　电缆明敷设的防火隔离

电缆在竖井内穿过楼板时，应穿在保护管内保护（保护管应露出楼板上、下各为 100mm），并应以防火隔板、防火堵料等做好密封隔离，电缆保护管两端管口空隙处也应做密封隔离。电缆在穿过楼板处也可以配合土建施工，在现浇混凝土楼板内预埋保护管，电缆敷设后，只需在保护管两端电缆周围和管口之间的缝隙处做密封隔离。

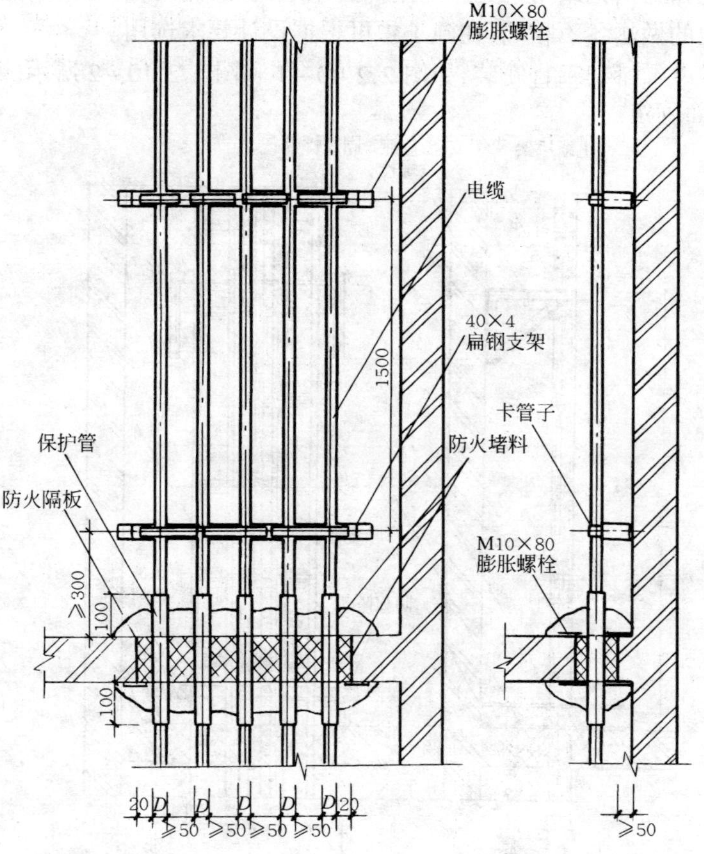

图 2.2.8－2　电缆沿扁钢支架垂直敷设

2.2.10　竖井内电缆沿桥架敷设

低压电缆由配电室引出后，可沿电缆桥架进入电缆竖井，然后再沿桥架垂直上升。

1　桥架的安装

在竖井内电缆敷设多使用梯架，梯架的固定方法很多，较常见的是用 M10×80 的膨胀螺栓固定设在墙上的三角支架及地面上的槽钢或角钢支架。在三角支架上用角钢或U型槽钢固定梯架，在地面上槽钢或角钢支架上附加角钢来固定梯架。上述固定电缆梯架的做法各不相同,在施工中可根据设计要求选用。

电缆桥架垂直安装,如图2.2.10－1和图2.2.10－2所示。

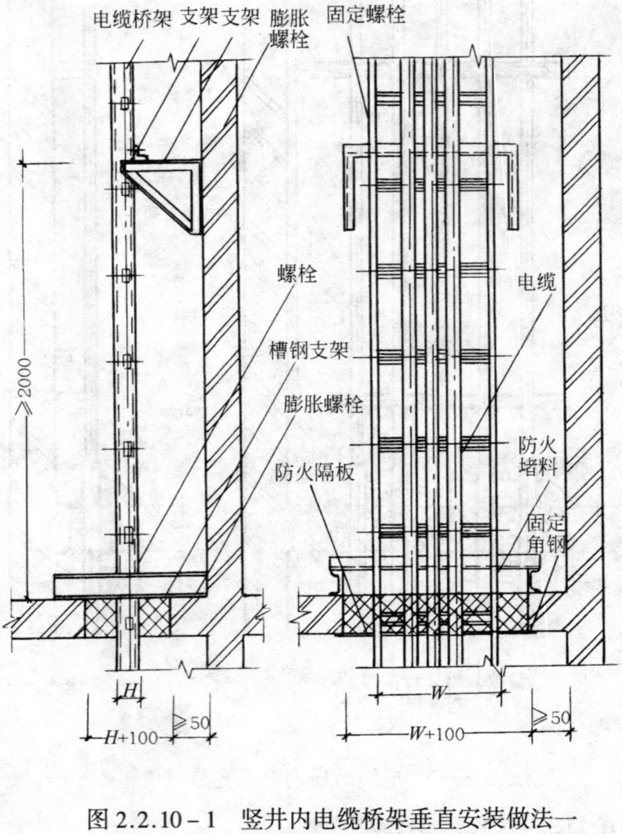

图2.2.10－1　竖井内电缆桥架垂直安装做法一

2　电缆沿梯架垂直敷设

电缆沿梯架垂直敷设时,宜由上至下施放电缆。敷设电缆严禁有绞拧、铠装压扁、护层断裂和表面严重划伤等缺陷。

在电缆梯架上可以无间距敷设电缆,电缆在梯架内不应交叉,并敷设一根、整齐一根、卡固一根。

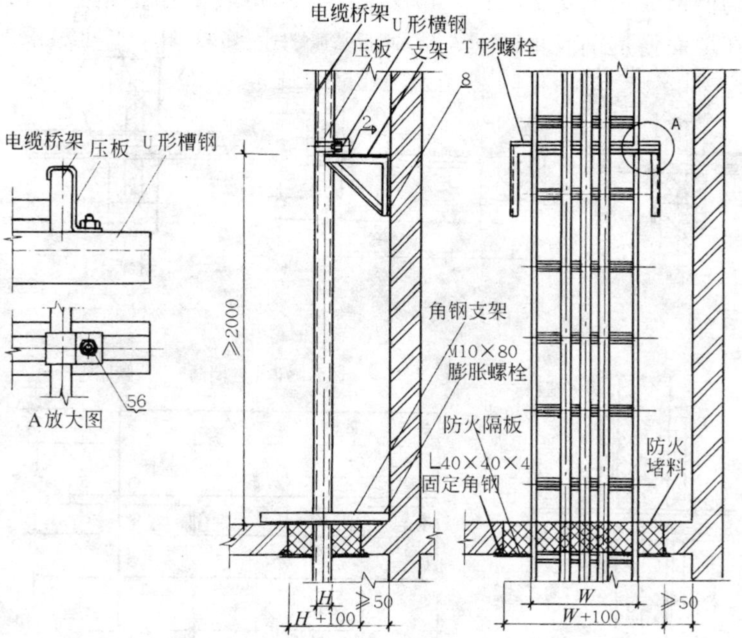

图 2.2.10－2　竖井内电缆桥架垂直安装做法二

全塑型电力电缆和控制电缆固定点间距不应大于 1m,其他电力电缆固定点间距不应大于 1.5m。

电缆固定可以用尼龙卡带绑扎或用塑料电缆卡子进行固定。

电缆在梯架内横断面的填充率:电力电缆不应大于 40%,控制电缆不应大于 50%。

电缆桥架内垂直敷设的电缆,应在电缆首端、尾端和每层竖井内设有电缆标记,标明干线编号、型号及用途等。

2.2.11　竖井桥架的防火隔离

电缆桥架在穿过竖井时,应在竖井的墙壁及楼板处预留洞口,电缆敷设后,洞口处应用防火隔板及防火堵料隔离,防火隔板可采用矿棉半硬板、Ef—85 型耐火隔板或厚 4mm 钢板,电缆桥架穿墙及竖井的不同做法,如图 2.2.11－1 所示。

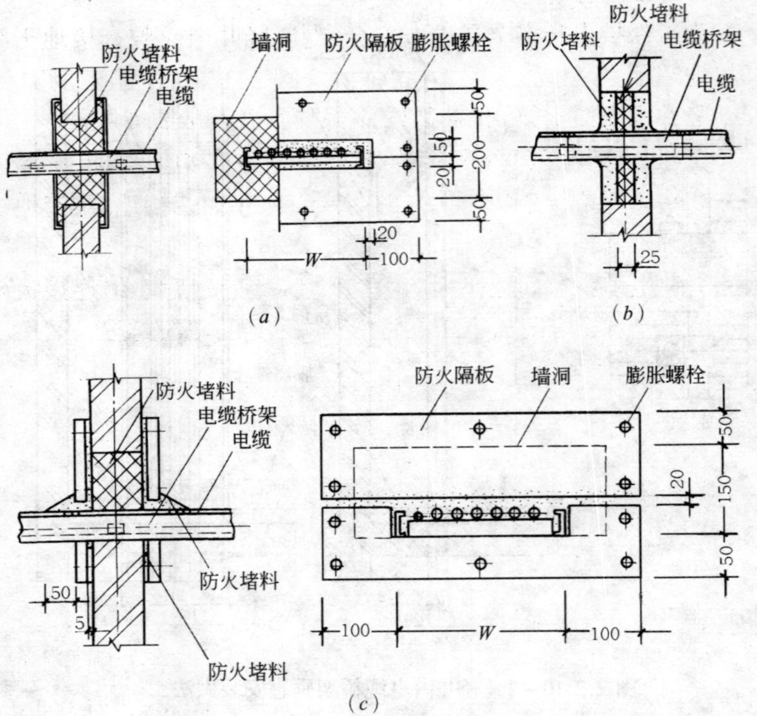

图 2.2.11－1　电缆桥架穿竖井做法

(*a*)用钢板及防火堵料封堵；(*b*)用防火堵料封堵；

(*c*)用 Ef—85 型隔板及防火堵料封堵

防火堵料应选用已经过国家鉴定的定型产品，使用中应首先检查产品是否过期，然后按照制造厂家的使用方法进行配制使用。常用几种防火堵料有：

1　DFD—Ⅱ型电线、电缆阻火堵料。

2　DMT—J_2 型电缆密封填料。

3　DMT—W 型无机电缆密封填料。

4　SFD 型速固封堵料。

5　AGO—Ⅰ型改性氨基膨胀防火涂料。

2.2.12　电气竖井内的接地

为了保护人身安全和供电安全，电气竖井内应敷有接地干线和接地端子。

竖井内电缆支架、电缆支架、电缆导管必须接地可靠。

金属电缆桥架及其支架全长不应少于2处与接地干线相连接。

非镀锌电缆桥架间连接板的两端应跨接铜芯接地线，接地线最小允许截面积不应小于$4mm^2$。

镀锌电缆桥架间连接板的两端可不跨接接地线，但连接板两端不应少于2个有防松螺帽或防松垫圈的连接固定螺栓。

Ⅲ　质量标准

2.2.13　主控项目

1　金属电缆支架、电缆导管必须接地(PE)或接零(PEN)可靠。

2　电缆敷设严禁有绞拧、铠装压扁、护层断裂和表面严重划伤等缺陷。

2.2.14　一般项目

1　支架用膨胀螺栓固定时，选用螺栓适配，连接紧固，防松零件齐全。

2　电缆敷设固定应符合下列规定：

(1) 交流单芯电缆或分相后的每相电缆固定用的夹具和支架，不形成闭合铁磁回路；

(2) 电缆排列整齐，少交叉；当设计无要求时，电缆支持点间距，不大于表2.2.14-1的规定；

电缆支持点间距(mm)　　表2.2.14-1

电缆种类		敷设方式	
		水平	垂直
电力电缆	全塑型	400	1000
	除全塑型外的电缆	800	1500
控制电缆		800	1000

(3) 敷设电缆的电缆沟和竖井，按设计要求位置，有防火隔堵措施。

3 电缆的首端、末端和分支处应设标志牌。

Ⅳ 成品保护

2.2.15 竖井内电缆展放过程中，在通过保护管或预留洞处，不应使电缆绝缘层受损。

2.2.16 当竖井内无人时，应注意关好竖井门并上锁，以防设备或材料损坏或损失。

Ⅴ 安全注意事项

2.2.17 竖井内电缆敷设时，场地应清理干净，防止落到下方伤人，进入竖井内工作应戴好安全帽。

2.2.18 安装电缆支架打眼时，要戴好防护眼镜，工作地点下方不得站人。

2.2.19 使用电气设备或电动工具时，要有可靠的保护线。

Ⅵ 质量通病及其防治

2.2.20 竖井内电缆排列出现交叉现象。在电缆敷设前须画出排列图表，按图表进行施工。电缆敷设时，应边敷设、边整理、边卡固。

2.2.21 单芯电缆沿扁钢支架用金属管卡子固定。单芯电缆用金属管卡子固定，在其周围会形成闭合铁磁回路，应使用单边管卡子固定。

2.3 预制分支电力电缆在竖井内敷设

Ⅰ 施工准备

2.3.1 材 料

1 各种规格的预制分支电力电缆、吊钩、吊悬或悬挂装置、吊钩横担、U型吊环、钢丝吊具等。

2 U型槽钢支架、U型槽管卡、支持夹具、底座、M6×L螺栓、电缆支架、电缆夹子等。

3 扎带、捆扎带、防火堵料、矿棉或玻璃纤维。

2.3.2 机 具

1 卷扬机、电绞盘、滑轮等。

2 冲击钻、手电钻、手锤等。

3 活扳手、克丝钳、电工刀、钢卷尺等。

2.3.3 作业条件

1 与竖井有关的建筑工程质量应符合现行的施工质量验收规范的有关规定。

2 预埋吊钩、预留洞应符合设计要求。

Ⅱ 施工工艺

2.3.4 施工程序

支架安装 → 接地线敷设 → 电缆敷设 → 试运行

2.3.5 预制分支电力电缆及其选择

预制分支电力电缆是在主干线电缆规定的尺寸部位,预制出规定截面的分支电缆。预制分支电缆是由主干线电缆、分支接头、分支电缆三部分组成,主干线电缆与分支电缆之间采用模压分支连接,电缆的分支连接件采用PVC合成材料气密模压而成,电缆的PVC外套和模压的PVC连接件接合在一起,而形成气密和防水,如图2.3.5-1所示。

预制分支电力电缆适用于交流额定电压为≤0.6/1kV,电流≤1600A的线路中使用,其主干电缆截面与分支电缆截面可根据设计要求任意组合,选用灵活。

预制分支电力电缆的主干电缆规格,可以是多芯或单芯铜导体全塑电力电缆,分支电缆为单芯铜导线。其中主干电缆为多芯电缆,分有:单相二线、单相三线、三相三线、三相四线和三相五线等多种规格。

预制分支电力电缆在订货选型时，除向生产厂家提供主干电缆和分支电缆的规格和长度等资料外，还要提供建筑工程楼层高度，分支接头距楼(地)面高度，以及分支电缆进入照明配电箱的进线方式(上进线或下进线)。

2.3.6 预制分支电力电缆的进场验收

1 按批查验合格证，合格证上应有生产许可证编号，在电缆上应有“CCC”安全认证标志。

2 外观检查时，电缆应无压扁、扭曲。耐热、阻燃的电缆外护层应有明显标识和制造厂标。

3 按制造标准，现场抽样检测绝缘层厚度和圆形线芯的直径；线芯直径误差不应大于标称直径的1%。

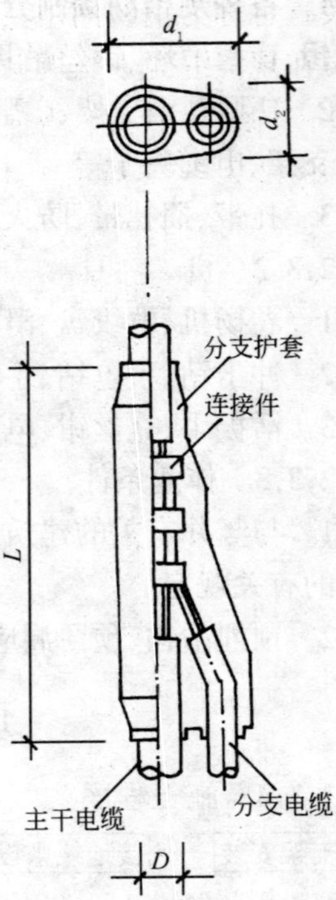

图 2.3.5-1 分支接头构造图

4 对电缆的绝缘性能、导电性能和阻燃性能有异议时，应按批抽样送有资质的试验室检测。

2.3.7 预制分支电力电缆附件安装

预制分支电力电缆生产厂家有与其配套供应的，如吊挂装置和支架等各种安装附件，均需要在电缆吊装前安装好。在安装支架时，应先根据设计要求或产品说明上的要求位置测量定位，然后在竖井的墙体上打孔安装膨胀螺栓并装好各种附件。

1 吊挂装置安装

预制分支电力电缆装置的顶端支承的方式有电缆夹紧装置和悬吊绝缘装置两种。悬吊绝缘装置也称为吊具或吊挂装置；电缆夹紧装置也称为钢丝网吊具。采用吊挂装置时,应由土建专业施工人员在现浇混凝土楼板上预埋好吊钩;采用钢丝网吊具时,需要在竖井内的墙体上安装槽钢吊钩横担。预制分支电力电缆吊具的安装如图 2.3.7-1 所示。

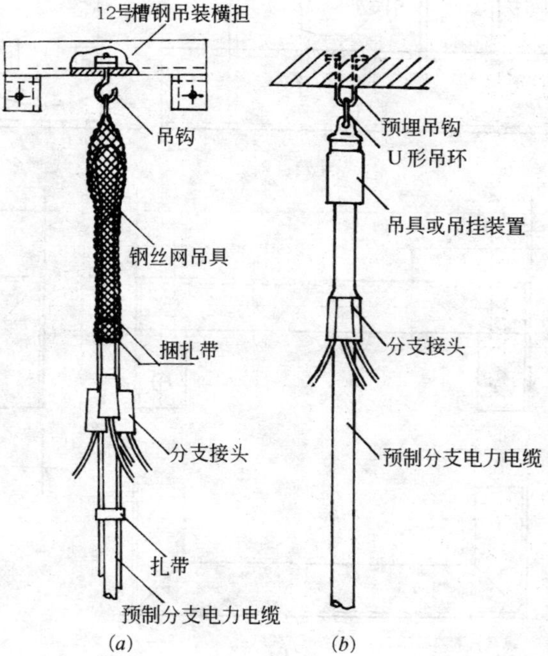

图 2.3.7-1　吊具安装

(*a*)主干电缆为单芯电缆;(*b*)主干电缆为多芯电缆

2　支架安装

预制分支电力电缆,固定电缆的支架种类很多,均可由厂家配套供应,有吊装固定单回路及多回路的主干线电缆和分支电缆的 U 型槽钢支架,用 U 型槽管卡固定电缆;还有的用角钢支架使用尼龙制作的电缆夹子(也称固定夹具)来夹紧固定电缆。电缆支架如图 2.3.7-2 所示。也有的用扁钢做支架用固定夹具夹紧固定主干电缆和分支电缆。

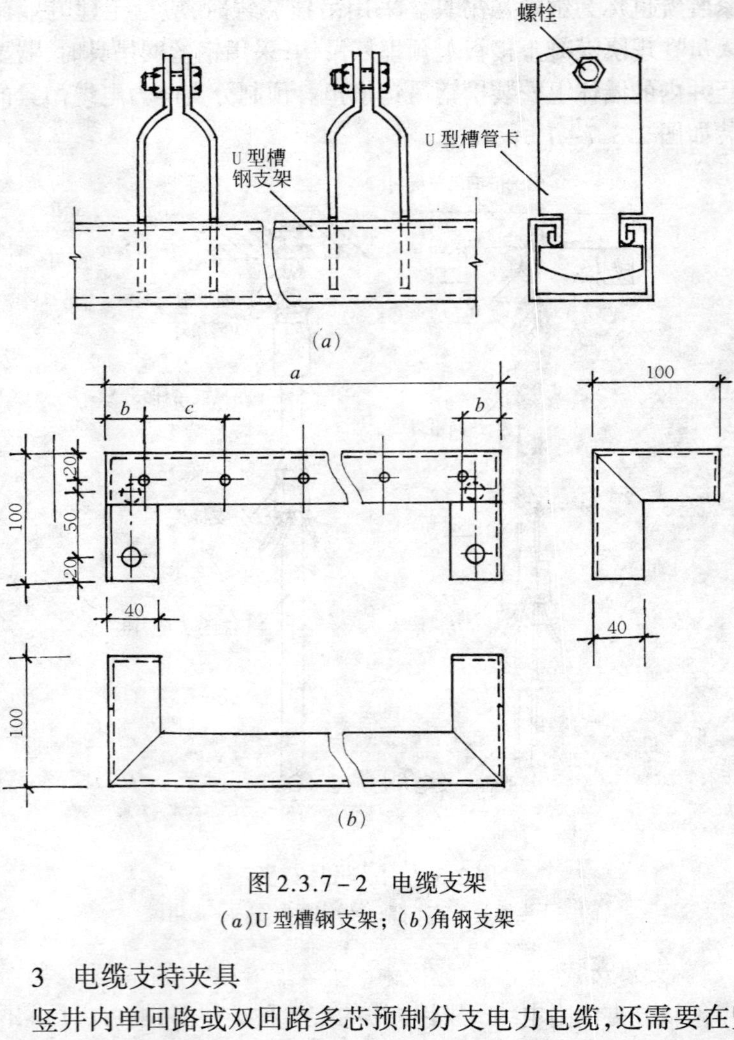

图 2.3.7-2　电缆支架

(a)U 型槽钢支架；(b)角钢支架

3　电缆支持夹具

竖井内单回路或双回路多芯预制分支电力电缆，还需要在竖井的每层楼板的预留孔处地面上，安装支持夹具，用以固定电缆。

2.3.8　预制分支电力电缆垂直明敷设

预制分支电力电缆垂直明敷设时，可以由上向下施放电缆，也可以从竖井顶部至地面起从下向上吊装电缆。

1　电缆吊装

当预制分支电力电缆供货长度较小时,电缆系成圈绑扎供货,可以在竖井顶层由上向下人工放电缆。在电缆穿过预留孔处更应注意不应出现致使表面严重划伤等缺陷。

当预制分支电力电缆系绑扎在电缆盘上供货时,电缆盘可在竖井顶部放置,通过滑轮向下放置电缆,但电缆盘必须要有制动装置。

当电缆盘重量大搬运不十分方便时,也可以在底层地面处设置电缆盘,用卷扬机在竖井顶层通过滑轮由下向上牵引起吊电缆,如图 2.3.8-1 所示。

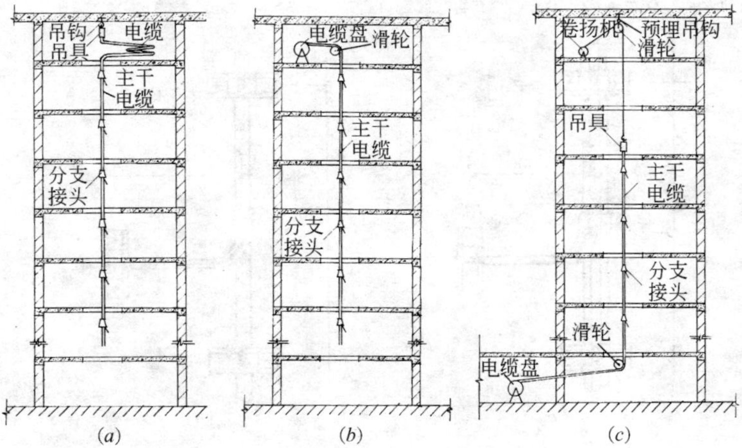

图 2.3.8-1　预制分支电力电缆吊装示意图

(*a*)人工放电缆;(*b*)用机具由上向下放电缆;(*c*)用机具由下向上牵引电缆

预制分支电力电缆的分支电缆是紧紧地绑扎在主干电缆上,待电缆顶端支承安装完成和主干电缆固定好一部分后,才可将分支电缆绑扎解开,在安装时不应过分强拉分支电缆。

2　电缆固定

预制分支电力电缆的顶端支承(也称悬吊装置)只是在垂直敷设情况下起吊悬挂电缆时使用,完成吊装工作后应立刻把电缆的主干电缆固定在已安装好在墙面上的支架上,最长间隔时间不应超过 24h。吊环就不应再承受预制分支电力电缆的整体总重负荷。

(1) 主干电缆固定,应在每个分支接头的上、下侧边缘 300mm 处加以固定。

(2) 分支电缆的起端支架,应在距主干电缆中心 300mm 处固定,终端支架应在距分支电缆转弯处的弯头中点 300mm 处固定。分支电缆较长时,中间应增设支架固定电缆,中间支架之间的距离不宜大于 400mm,固定点应间距均匀。

预制分支电力电缆,主干电缆为单芯或多芯电缆用支架安装,如图 2.3.8-2 所示。

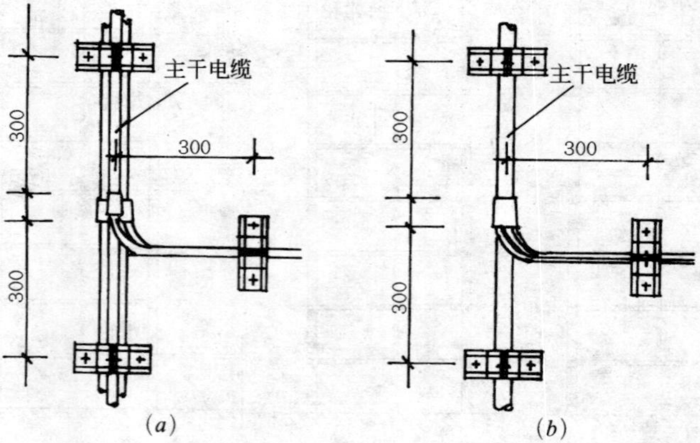

图 2.3.8-2 电缆支架安装

(a)主干电缆为单芯电缆;(b)主干电缆为多芯电缆

预制分支电力电缆的主干电缆采用单芯电缆时,应考虑防止涡流效应,禁止使用导磁金属夹具和管卡安装固定。

3 电缆的弯曲

预制分支电力电缆固定后,分支电缆即需要进行弯曲,在分支电缆进入配电箱处也需要进行弯曲。单芯电缆的最小弯曲半径,不应小于电缆外径的 20 倍;多芯电缆的最小弯曲半径不应小于电缆外径的 15 倍。

预制分支电力电缆在电气竖井内的安装，如图 2.3.8－3 所示。

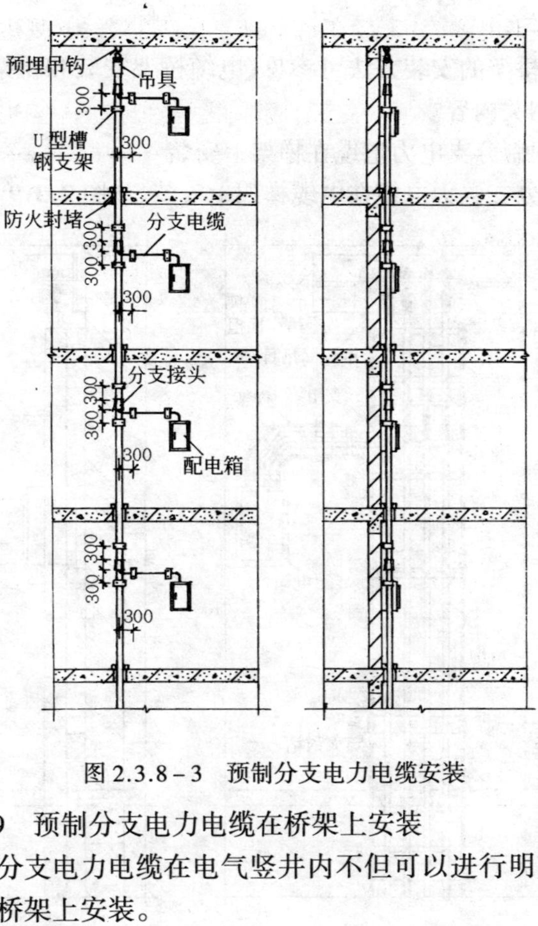

图 2.3.8－3　预制分支电力电缆安装

2.3.9　预制分支电力电缆在桥架上安装

预制分支电力电缆在电气竖井内不但可以进行明敷设，还可以在电缆桥架上安装。

1　桥架安装

预制分支电力电缆在电缆桥架上安装，所选用的桥架的结构类型应为梯架。

竖井内垂直安装梯架应采用直线段梯架，在需要分支处可以使用等宽或变宽水平三通，在分支电缆的转角部分使用 90°下弯通。

梯架可以使用门型支架或扁钢支架在竖井墙体上固定，除端部固定外距端部固定支架400mm处以及距楼板上、下侧400mm处均应用支架加以固定，梯架的中间固定支架的距离不应大于1m，间距应均匀。

电缆桥架的安装方法可参见《电缆桥架安装和桥架内电缆敷设》中的相关内容。

2　预制分支电力电缆在梯架上安装

预制分支电力电缆在电缆梯架上安装，如图2.3.9－1所示。

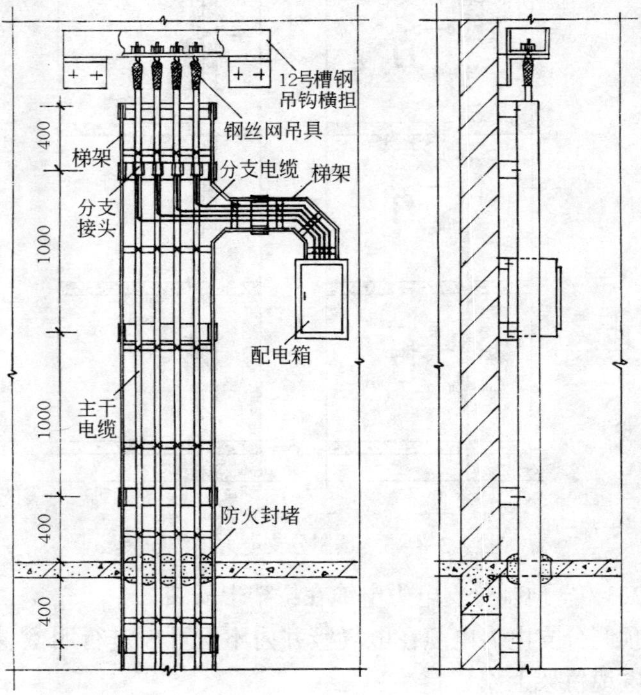

图2.3.9－1　预制分支电力电缆在电缆梯架上安装示意图

预制分支电力电缆在电缆梯架上安装，使用固定在墙体上的12号槽钢的吊钩横担悬吊安装。

主干电缆在梯架上的绑扎固定间距不应大于1m；分支电缆应在每个梯架横挡上加以绑扎固定。固定点间距应均匀，绑扎牢固无松动。电缆相互间应间距均匀、排列整齐。

预制分支电力电缆的分支电缆弯曲处,弯曲半径符合前述要求,多根电缆应弯曲一致。

预制分支电力电缆敷设,严禁有绞拧、压扁、护层断裂和表面严重划伤等缺陷。

2.3.10 电缆的防火封堵

电气竖井间各楼层之间应做防火密封隔离,即防火封堵。预制分支电力电缆在竖井内敷设完毕,应先做电气交接试验,合格后再按设计要求做防火封堵。

单根预制分支电缆在通过楼板预留孔处应用 SDF—Ⅱ型防火堵料和矿棉或玻璃纤维进行封堵,如图 2.3.10-1(*a*)所示。多根预制分支电力电缆在通过楼板预留孔处应使用 SDF—Ⅱ型防火堵料封堵,封堵的厚度应与楼板相平,上、下两侧再用 SDF—Ⅲ(A)型防火堵料封堵,如图 2.3.10-1(*b*)所示。

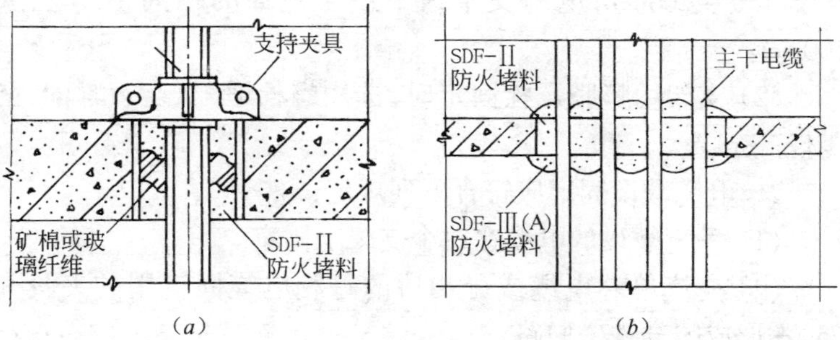

图 2.3.10-1 电缆穿过楼板防火封堵做法

(*a*)单根电缆;(*b*)多根电缆

预制分支电力电缆在竖井电缆梯架上安装,电缆梯架在通过楼板预留孔时,主干电缆垂直通过处周围也应进行防火封堵,其防火封堵的位置可见图 2.3.9-1,防火封堵的材料和方法与多根电缆的封堵相同。

2.3.11 电气竖井内的接地

电气竖井内应敷有接地干线和接地端子。

敷设在电气竖井内的电缆梯架和金属电缆支架、照明配电箱必须与接地干线连接可靠。为避免电缆发生故障时危及人身安全。

竖井内金属电缆梯架的接地做法，可见《电缆桥架安装和桥架内电缆敷设》中的相关内容。

Ⅲ 质量标准

2.3.12 主控项目

1 金属电缆桥架、金属电缆支架必须接地（PE）或接零（PEN）可靠。

2 电缆敷设严禁有绞拧、铠装压扁、护层断裂和表面严重划伤等缺陷。

2.3.13 一般项目

1 电缆支架安装应符合下列规定：

(1) 当设计无要求时，电缆支架最上层至竖井顶部的距离不小于 150 ~ 200mm；电缆支架最下层至地面的距离不小于 50 ~ 100mm。

(2) 支架用膨胀螺栓固定时，选用螺栓适配，连接紧固，防松零件齐全。

2 电缆敷设固定应符合下列规定：

(1) 垂直敷设的电缆在每个支架上固定。

(2) 交流单芯电缆或分相后的每相电缆固定用的夹具和支架，不形成闭合铁磁回路。

(3) 电缆敷设排列整齐，敷设于垂直电缆桥架内的电缆和沿支架敷设的电缆，电缆支持点的间距，不应大于表 2.3.13－1 的规定。

电缆固定点的间距(mm) 表 2.3.13－1

电缆种类		固定点的间距
电力电缆	全塑型	1000
	除全塑型外的电缆	1500
控制电缆		1000

（4）敷设电缆的竖井，按设计要求位置，有防火隔堵措施。

3　电缆的首端、末端和分支处应设标志牌。

Ⅳ　成品保护

2.3.14　电气竖井间内不应有与其无关的管道和线路通过。

2.3.15　在预制分支电力电缆敷设期间内，竖井内无人工作时，竖井每层的维护检修门应关门上锁，防止已安装好的部位损坏。

Ⅴ　安全注意事项

2.3.16　竖井内电缆支架安装时，每层楼板上的预留孔应遮盖严密，防止在立体作业时掉东西击伤人员。

2.3.17　使用电气设备、电动工具时要有可靠的接地措施。在墙体上钻眼时，要戴好防护眼镜，工作地点下方不得站人。

Ⅵ　质量通病及其防治

2.3.18　预制分支电力电缆分支电缆弯曲处出现缺陷。分支电缆弯曲时，应在主干电缆固定牢固以后进行，在弯曲部位处应用手缓慢地进行弯曲，弯曲半径应满足要求。

2.3.19　竖井内无接地干线。应按规定安装好竖井内的接地干线，在每层竖井间均应设置接地端子，竖井内需接地之处应无遗漏。

2.4　电缆桥架安装和桥架内电缆敷设

Ⅰ　施工准备

2.4.1　材　　料

1　各种规格电缆桥架的直线段、弯通、桥架附件及支、吊架等。

2 各种规格、型号的电力电缆、控制电缆等。

3 桥架附件的连接、紧固螺栓，各种电缆卡子、电缆标志牌等。

2.4.2 机　　具

经纬仪、水平仪、电锤、电钻、活搬手、卷尺、绝缘电阻测试仪。

2.4.3 作业条件

1 土建工程应全部结束且预留孔洞、预埋件符合设计要求，预埋件安装牢固，强度合格。

2 桥架安装沿线模板等设施已拆除完毕，场地清理干净，道路畅通。

3 室内电缆桥架的安装宜在管道及空调工程基本施工完毕后进行。

4 电缆敷设时，电缆桥架应全部安装结束，并经检查合格。

Ⅱ 施工工艺

2.4.4 施工程序

桥架选择 → 外观检查 → 支、吊架安装 → 桥架组装 → 桥架接地 → 电缆敷设

2.4.5 电缆桥架及结构类型和品种

桥架是由托盘、梯架的直线段、弯通、附件从及支、吊架等构成，用以支承电缆的具有连续的刚性结构系统的总称。

1 桥架的结构类型

目前电缆桥架行业仍无统一归口机构，产品型号命名系各生产厂家自定，产品结构形式多样化，技术数据、外形尺寸、标准符号字样也不一致，设计、施工选用中应注意差别。

电缆桥架一般由直线段和弯通，支、吊架以及桥架附件组成，如图 2.4.5－1 和图 2.4.5－2 所示。

桥架的结构类型可分为：有孔托盘、无孔托盘、梯架和组装式托盘。

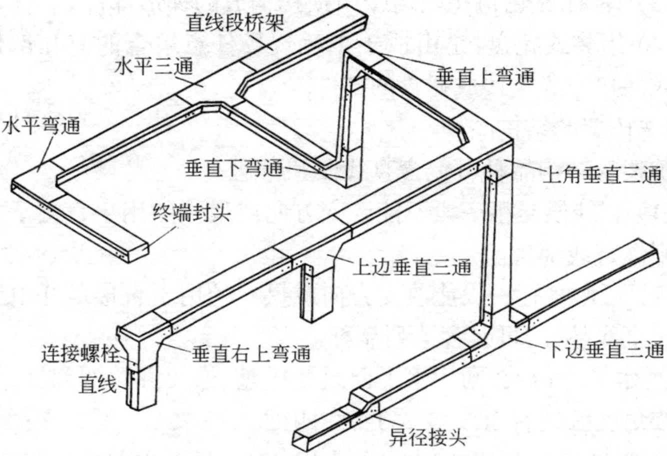

图 2.4.5－1　无孔托盘结构示意图

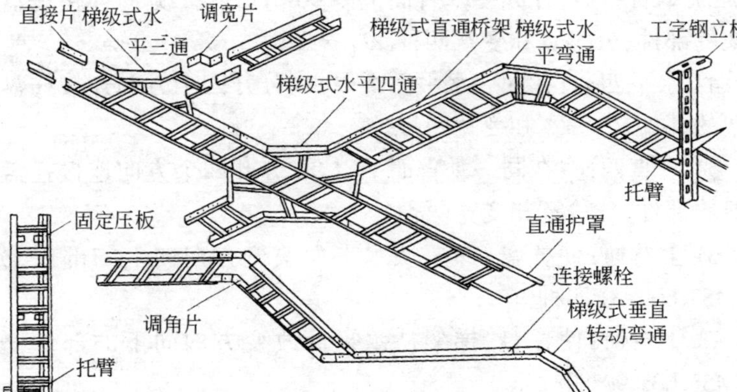

图 2.4.5－2　梯架结构示意图

（1）有孔托盘：是由带孔眼的底板和侧边所构成的槽形部件，或由整块钢板冲孔后弯制成的部件。

（2）无孔托盘；是由底板与侧边构成的或由整块钢板制成的槽形部件。

(3) 梯架:是由侧边与若干个横档构成的梯形部件。

(4) 组装式托盘:是由适于工程现场任意组合的有孔部件用螺栓或插接方式连接成托盘的部件。

2　桥架的结构品种

桥架的结构品种可包含直线段和弯通。

(1) 直线段是指一段不能改变方向或尺寸的用于直接承托电缆的刚性直线部件。

(2) 弯通是指一段能改变方向或尺寸的用于直接承托电缆的刚性非直线部件,可包含下列品种:

1) 水平弯通:在同一水平面改变托盘、梯架方向的部件,水平弯通按角度区别有30°、45°、60°、90°四种。

2) 水平三通:在同一水平面上以90°分开三个方向连接托盘、梯架的部件,分等宽和变宽两种。

3) 垂直三通:在同一垂直面上以90°分开三个方向连接托盘、梯架的部件,分等宽和变宽两种。

4) 水平四通:在同一水平面上以90°分开四个方向连接托盘、梯架的部件,分等宽和变宽两种。

5) 垂直四通:在同一垂直面上以90°分开四个方向连接托盘、梯架的部件,分等宽和变宽两种。

6) 上弯通:使托盘、梯架从水平面改变方向向上的部件,分30°、45°、60°、90°四种。

7) 下弯通:使托盘、梯架从水平面改变方向向下的部件,分30°、45°、60°、90°四种。

8) 变径直通:在同一水平面上连接不同宽度或高度的托盘、梯架的部件。

3　桥架的附件

桥架附件是用于直线段之间、直线段与弯通之间的连接以构成连续性刚性的桥架系统所必需的连接固定或补充直线段、弯通功能的部件,可包括:

(1) 直线连接板(直接板)。

(2) 铰链连接板(铰接板),分水平、垂直两种。

(3) 连续铰连板(软接板)。

(4) 变宽连接板(变宽板)。

(5) 变高连接板(变高板)。

(6) 伸缩连接板(伸缩板)。

(7) 转弯连接板(转弯板)。

(8) 上下连接板(上下接板),分30°、45°、60°、90°四种。

(9) 盖板。

(10) 隔板。

(11) 压板。

(12) 终端板。

(13) 引下件。

(14) 竖井。

(15) 紧固件。

4　桥架的支吊架

支、吊架是指直接支承托盘、梯架的部件,可包括:

(1) 托臂:直接支承托盘、梯架且单端固定的刚性部件,分卡板式、螺栓固定式。

(2) 立柱:直接支承托臂的部件,分工字钢、槽钢、角钢、异型钢立柱。

(3) 吊架:悬吊托盘、梯架的刚性部件,分圆钢单、双杆式;角杆单、双杆式;工字钢单、双杆式;槽钢单、双杆式;异型钢单、双杆式。

(4) 其他固定支架:如垂直、斜面等固定用支架。

2.4.6　电缆桥架的选择

电缆桥架有钢制品桥架、玻璃钢桥架和铝合金桥架等几种。建筑电气工程中的电缆桥架大多数为钢制产品,较少采用在工业工程中为了防腐蚀而使用的非金属桥架或铝合金桥架。

1　桥架按安装场所选择

需屏蔽电气干扰的电缆回路,或有防护外部影响如油、腐蚀性液体、易燃粉尘等环境的要求时，应选用有盖无孔型托盘；当需要因地制宜组装的场所，宜选用组装式托盘。除此之外可用有孔托盘或梯架。

在容易积灰和其他需遮盖的环境或户外场所，宜带有盖板。

在公共通道或户外跨越道路段使用梯架时，底层梯架上宜加垫板，或在该段使用托盘。

低压电力电缆与控制电缆共用同一托盘或梯架时，应选用中间设置隔板的托盘或梯架。在托盘、梯架分支、引上、引下处宜有适当的弯通；因受空间条件限制不便装设弯通或有特殊要求时，可选用软接板、铰接板；伸缩缝应设置伸缩板；连接两段不同宽度或高度的托盘、梯架可配置变宽或变高板。

支、吊架和其他所需附件，应按工程布置条件选择。

2　托盘、梯架规格选择

托盘、梯架的宽和高度，应按下列要求选择：

(1) 电缆在桥架内的填充率，电力电缆不应大于40%；控制电缆不应大于50%。并应留有一定的备用空位，以便今后为增添电缆用；

(2) 所选托盘、桥架规格的承载能力应满足规定。其工作均布荷载不应大于所选托盘、梯架荷载等级的额定均布荷载；

(3) 工作均布荷载下的相对挠度不宜大于1/200。

托盘、梯架直线段，可按单件标准长度选择。单件标准长度一般规定为2、3、4、6m。托盘、梯架的宽度与高度常用规格尺寸系列如表2.4.6－1所示。

钢制托盘、梯架常用规格表　　　　表2.4.6－1

宽度(mm) \ 高度(mm)	40	50	60	70	75	100	150	200
100	△	△	△	△				
200	△	△	△	△	△			

续表

宽度(mm) \ 高度(mm)	40	50	60	70	75	100	150	200
300	△	△	△	△	△	△		
400		△	△	△	△	△	△	
500			△	△	△	△	△	△
600				△	△	△	△	△
800					△	△	△	△
1000						△	△	△
1200							△	△

注:符合△表示常用规格。

各类弯通及附件规格,应适合工程布置条件,并与托盘、梯架配套。

支、吊架规格选择,应按托盘、梯架规格层数、跨距等条件配置,并应满足荷载的要求。

2.4.7　桥架的外观检查

桥架产品包装箱内应有装箱清单、产品合格证及出厂检验报告。托盘、梯架板材厚度应满足表 2.4.7-1 的规定。表面防腐层材料应符合国家现行有关标准的规定。

托盘、梯架允许最小板材厚度　　表 2.4.7-1

托盘、梯架宽度(mm)	允许最小厚度(mm)
<400	1.5
400~800	2.0
>800	2.5

热浸镀锌的托盘、梯架镀层表面应均匀,无毛刺、过烧、挂灰、伤痕、局部未镀锌(直径 2mm 以上)等缺陷,不得有影响安装的锌瘤。螺纹的镀层应光滑,螺栓连接件应能拧入。

电镀锌的锌层表面应光滑均匀，致密。不得有起皮、气泡、花斑、局部未镀、划伤等缺陷。

喷涂应平整、光滑、均匀、不起皮、无气泡水泡。

桥架焊缝表面均匀，不得有漏焊、裂纹、夹渣、烧穿、弧坑等缺陷。

桥架螺栓孔径，在螺杆直径不大于 M16 时，可比螺杆直径大 2mm。

螺栓连接孔的孔距允许偏差：

同一组内相邻两孔间距 ±0.7mm；同一组内任意两孔间距 ±1mm；相邻两组的端孔间距 ±1.2mm。

2.4.8　桥架的敷设位置

电缆桥架布线适用于电缆数量较多或较集中的室内外及电气竖井内等场所。

电缆桥架应尽可能在建筑物、构筑物（如墙、柱梁、楼板等）上安装，与土建专业密切配合。

电缆桥架的总平面布置应作到距离最短，经济合理，安全运行，并应满足施工安装、维修和敷设的要求。

梯架或托盘式桥架（有孔托盘）水平敷设时的距地高度一般不宜低于 2.5m，槽板桥架（无孔托盘）距地高度可降低到 2.2m。

桥架垂直敷设时，在距地 1.8m 以下易触及部位，为防止人直接接触或避免电缆遭受机械损伤，应加金属盖保护，但敷设在电气专用房间（如配电室、电气竖井、技术层等）内时除外。

电缆桥架多层敷设时，为了散热和维护及防止干扰的需要，桥架层间应留有一定的距离：

桥架上部距离棚或其他障碍物不应小于 0.3m；

弱电电缆与电力电缆间不应小于 0.5m，如有屏蔽盖板可减少到 0.3m；

控制电缆间不应小于 0.2m；

电力电缆间不应小于 0.3m。

几组电缆桥架在同一高度平行或交叉敷设时，各相邻电缆桥架间应考虑维护，检修距离，一般不宜小0.6m。

电缆桥架与各种管道平行敷设时，其净距应符合表2.4.8-1的规定。

电缆桥架与各种管道的最小净距(m)　　表2.4.8-1

管道类别		平行净距	交叉净距
一般工艺管道		0.4	0.3
具有腐蚀性液体(或气体)管道		0.5	0.5
热力管道	有保温层	0.5	0.5
	无保温层	1.0	1.0

2.4.9　支、吊架位位置的确定

电缆桥架水平敷设时，支撑跨距一般为1.5~3m，如图2.4.9-1所示。

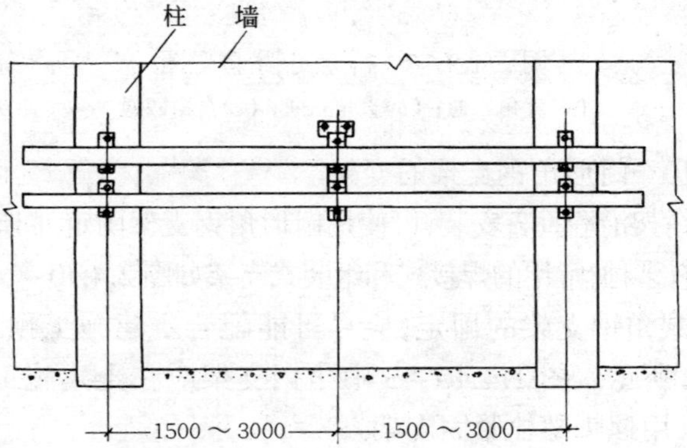

图2.4.9-1　桥架水平支架位置

电缆桥架垂直敷设时，固定点间距不宜大于2m。

非直线段的支、吊架位置如图2.4.9-2所示，桥架弯通弯曲半径不大于300mm时，应在距弯曲段与直线段接合处300~600mm

的直线段侧设置一个支吊架。当弯曲半径大于300mm时，还应在弯通中部增设一个支、吊架。

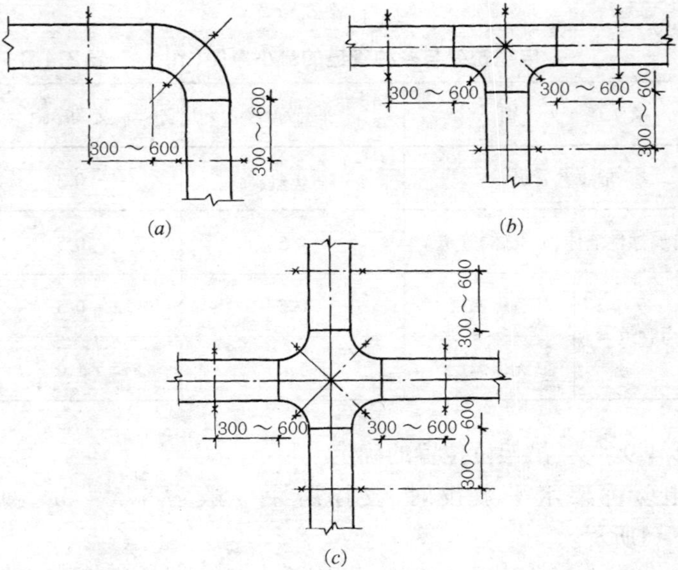

图2.4.9－2　桥架支、吊位置图

(a)直角二通；(b)直角三通；(c)直角四通

2.4.10　门形角钢支架的安架

梯形桥架沿墙垂直安装，可使用门形角钢支架固定，门形角钢支架的种类有多种，常用的焊接式和组装式支架如图2.4.10－1所示。

预埋式角钢支架的固定，应尽可能配合土建施工预埋，如图2.4.10－2所示。图2.4.10－3中角钢支架应在土建施工中预埋地脚螺栓，用地脚螺栓紧固支架。

2.4.11　梯形角钢支架的安装

桥架沿墙、柱水平安装时，托壁需安装在异型钢立柱上，而立柱要安装在梯形角钢支架上，使柱和墙上的桥架固定支架(或托臂)在同一条直线上，梯形角钢支架制作如图2.4.11－1和表2.4.11－1。焊接时，焊角高度为5mm。

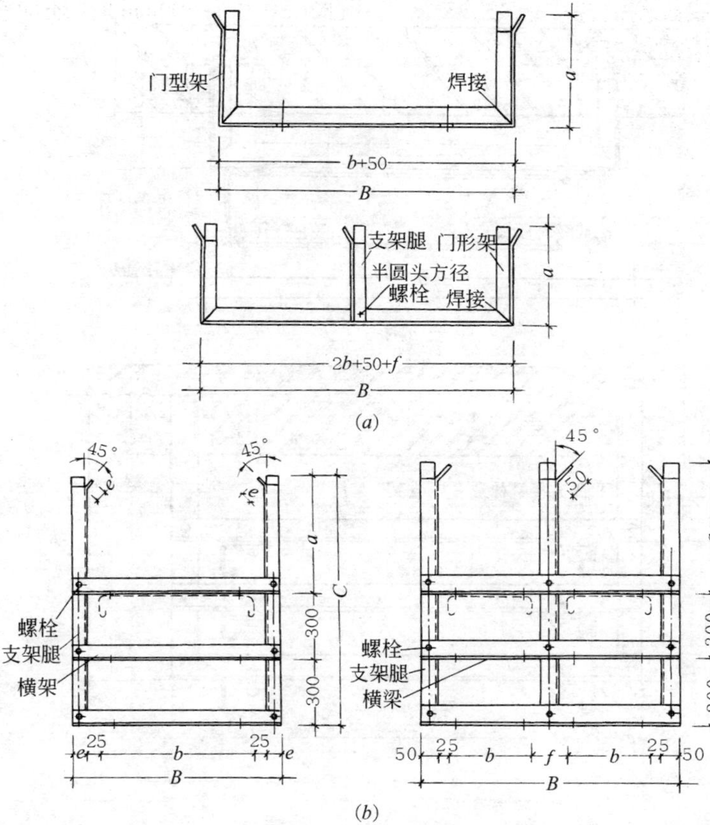

图 2.4.10-1 角钢支架装配图

(a)焊接式支架；(b)组装式支架

2.4.12 电缆桥架立柱侧壁式安装

立柱是直接支承托臂的部件，分工字钢、槽钢、角钢、异型钢、立柱。立柱可以在墙、柱上安装，也可以悬吊在梁、板上安装。

1 工字钢立柱侧壁式安装

工字钢立柱侧壁式安装可将预埋混凝土块随墙砌筑在适当位置处，如图 2.4.12-1 所示。工字钢立柱与墙体内的预制砌块内预埋件采用焊接固定，焊角高度为 6mm。

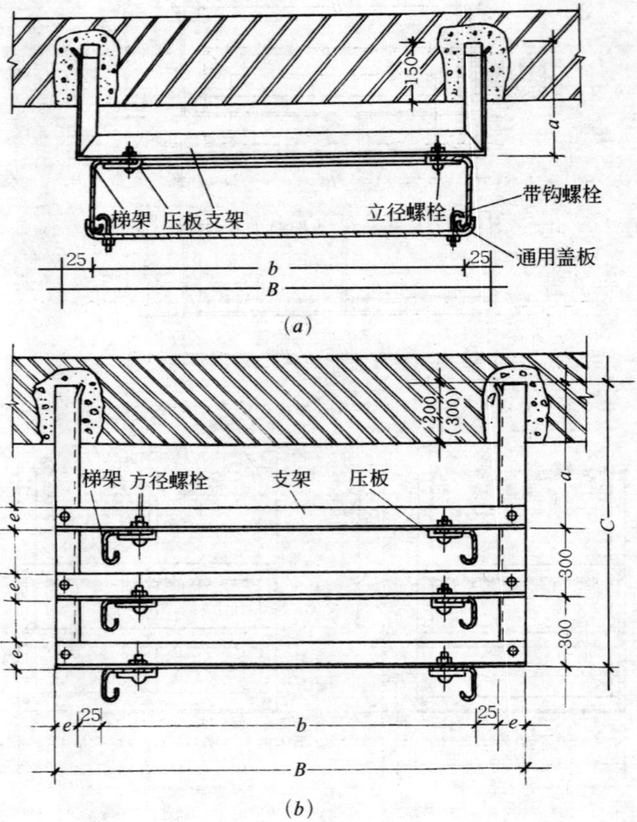

图 2.4.10-2　角钢支架预埋安装

(a)单层支架；(b)多层支架

2　工字钢立柱沿柱安装

工字钢立柱沿混凝土柱安装有两种安装方式：其一将预埋铁件与柱筋固定后一同浇筑在混凝土柱内，立柱与柱内铁件采用焊接固定，焊角高度为 6mm，如图 2.4.12-2(a)所示。其二当混凝土柱为独立柱时，也可采用抱箍焊接固定，工字钢立杆、焊角高度为 4mm。抱箍应使用 -40×4 镀锌扁钢制作，抱箍的长度可为混凝土柱的半周长增加 80mm，图 2.4.12-2(b)所示。

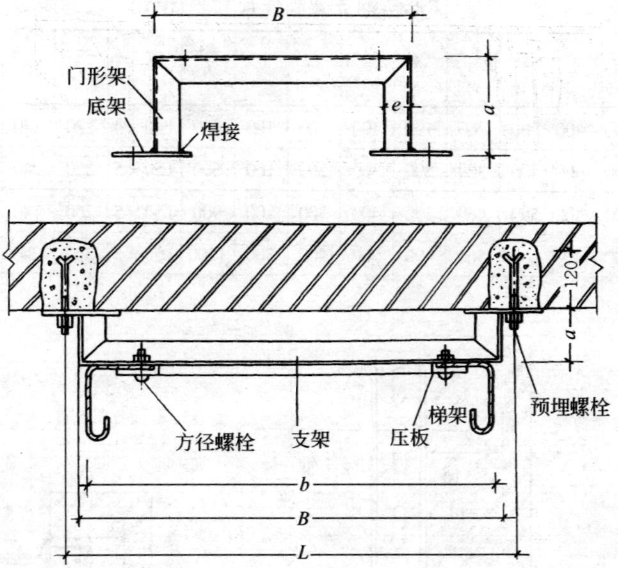

图 2.4.10-3　钢支架预埋地脚螺栓安装

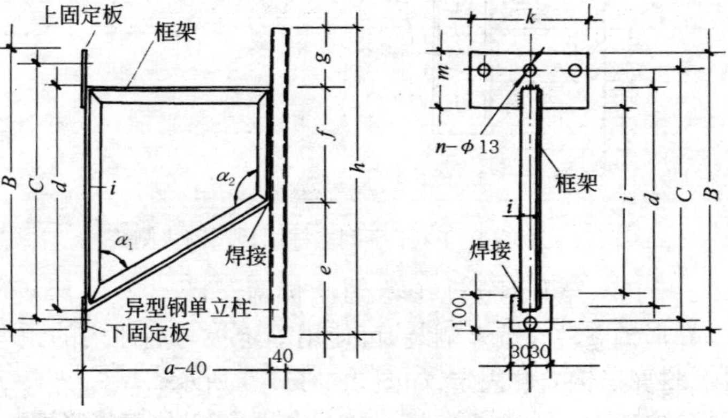

图 2.4.11-1　梯形角钢支架制作图

梯形角钢支架制作尺寸表(mm)　　　表 2.4.11-1

N (个)	*a*	*b*	*c*	*d*	*e*	*f*	*g*	*h*	*i*	*j*	*k*	*m*	*n* (个)
1	100~400	300	260	190	100	100	100	300	L40×4	120	140	80	3
2	100~400	400	360	290	300	200	100	600	L50×5	220	240	80	4
3	100~400	500	460	390	400	300	200	900	L50×5	260	140	140	5
4	100~400	600	560	490	500	400	300	1200	L56×5	360	240	140	6

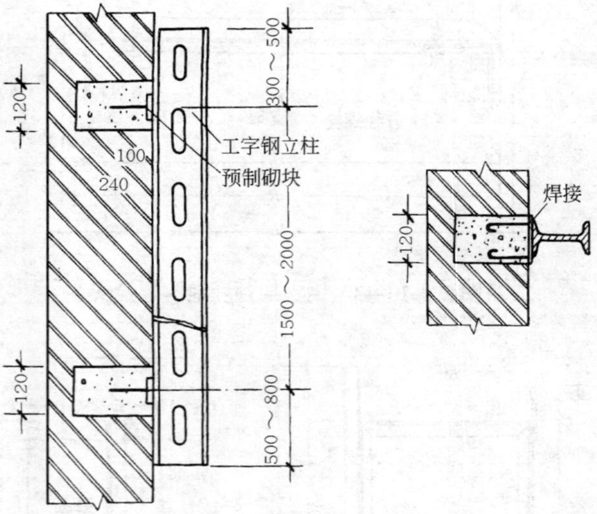

图 2.4.12-1　工字钢立柱用预制砌块侧装

2.4.13　异形钢立柱在墙、柱上侧壁安装

异形钢立柱在墙上侧装,可使用固定板与墙体内的预埋螺丝紧固,将异形钢立柱固定,如图 2.4.13-1 所示。

异形钢支柱在墙或混凝土柱上安装,可以使用膨胀螺栓固定,如图 2.4.13-2 所示。

2.4.14　工字钢立柱直立式安装

工字钢立柱直立式安装方式很多,可采用预埋钳形夹板或固定板进行连接固定,如图2.4.14-1所示。钳形夹板和固定板也可与墙体内预埋螺栓进行固定，带有底座的工字钢立柱，底座安装时，应在混凝土楼面内预埋 M10 × 200 地脚螺栓固定，如图 2.4.14－2所示。

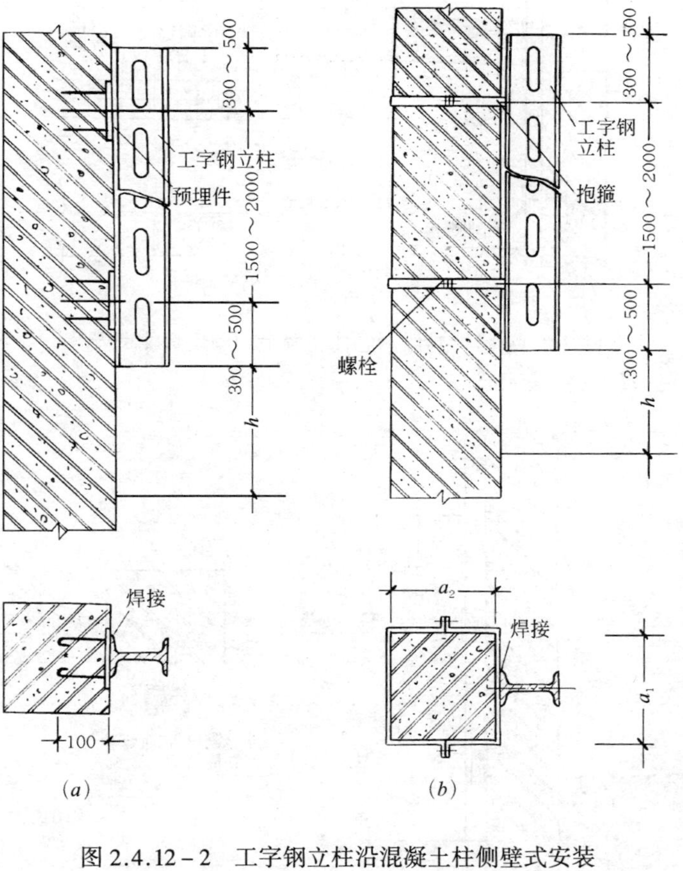

图 2.4.12－2　工字钢立柱沿混凝土柱侧壁式安装

(a)用预埋铁件固定；(b)用抱箍固定

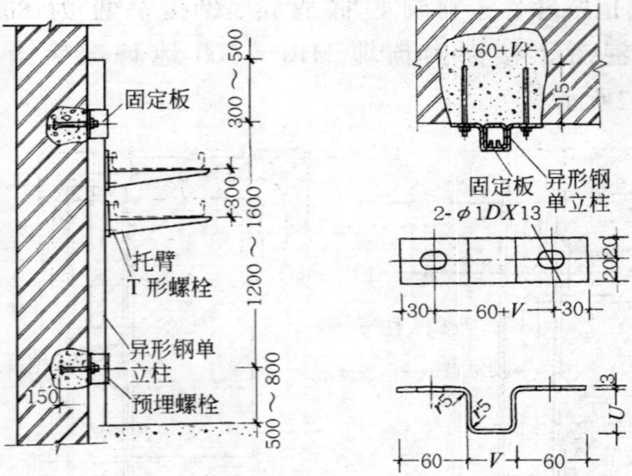

图 2.4.13－1　异形钢立柱在墙上用固定板侧壁安装

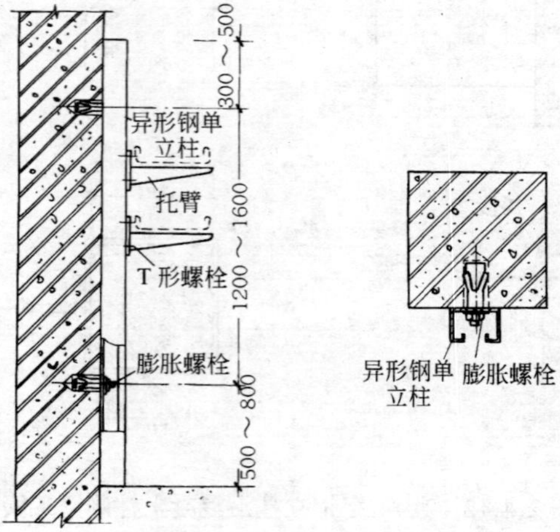

图 2.4.13－2　异形钢立柱在墙或柱上用膨胀螺栓侧壁安装

2.4.15　立柱悬吊式安装

工字钢立柱在预制楼板和现浇楼板(或梁)上悬吊安装，可采用 $\phi14$ 圆钢或 160mm × 160mm × 6mm 钢板制做的预埋件如图

2.4.15－1 所示，与立柱焊接固定，焊接高度为 8mm，如图 2.4.15－2所示。

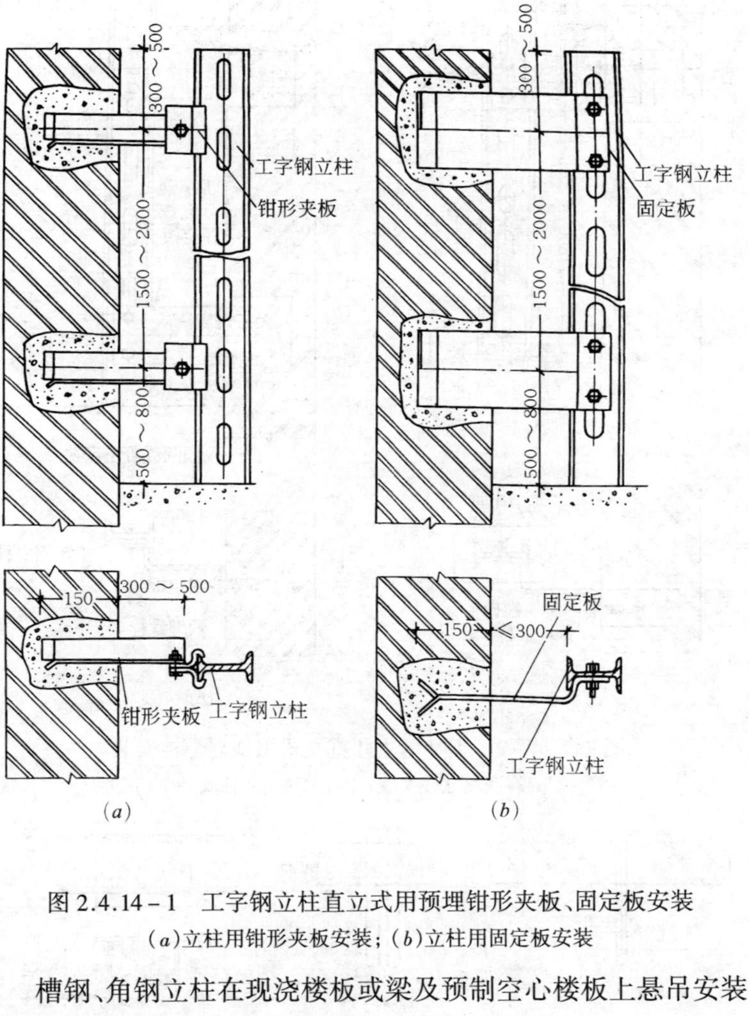

图 2.4.14－1　工字钢立柱直立式用预埋钳形夹板、固定板安装
(*a*)立柱用钳形夹板安装；(*b*)立柱用固定板安装

槽钢、角钢立柱在现浇楼板或梁及预制空心楼板上悬吊安装，可同工字钢悬吊安装的方法相同。

工字钢立柱沿现浇矩形梁悬吊安装，采用 470mmϕ8 圆钢与 120mm × 120mm × 6mm 钢板焊接做预埋件，焊接悬吊工字钢立柱，焊角高度为 8mm,如图 2.4.15－3 所示。

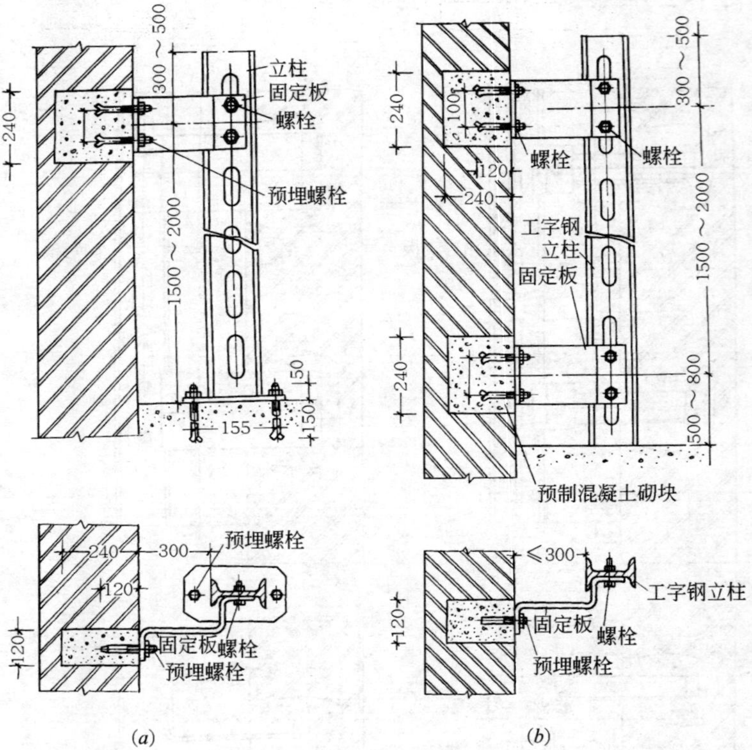

图 2.4.14－2　工字钢立柱直立式用预埋螺栓安装

(a)有底座立柱安装；(b)无底座立柱安装

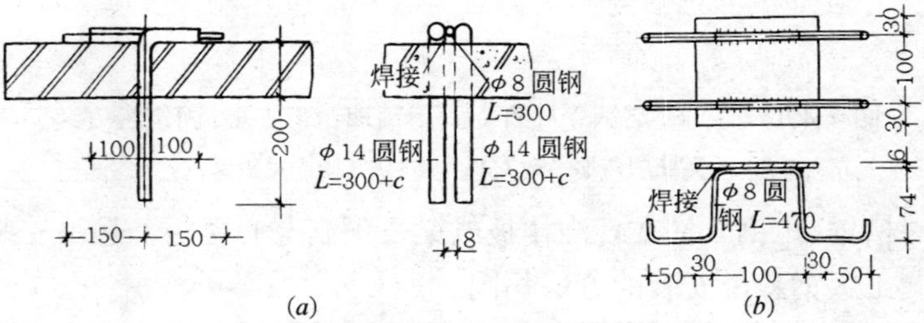

图 2.4.15－1　工字钢立柱悬吊安装预埋件

(a)圆钢预埋件；(b)钢板预埋件

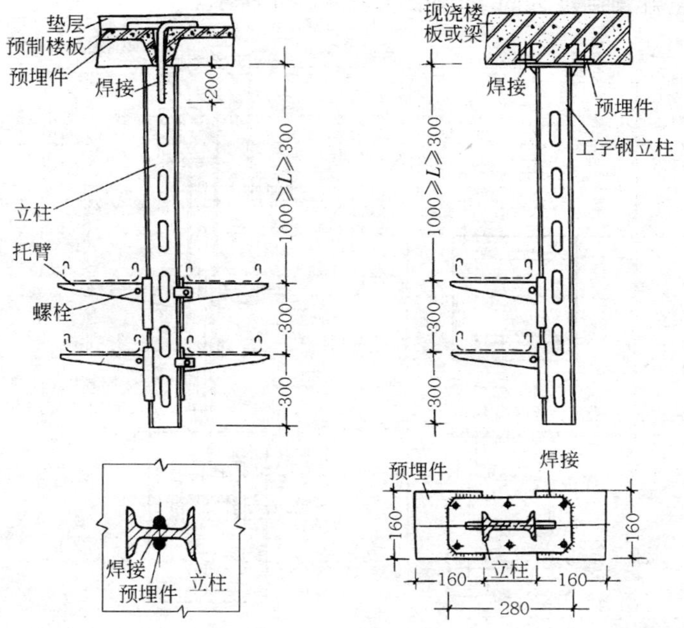

(a)　　　　　　　　　　　　(b)

图 2.4.15－2　工字钢立柱在楼板上悬吊式安装

(a)用圆钢预埋件悬吊；(b)用钢板预埋件悬吊

槽钢、角钢立柱在预制楼板或梁上安装时,可以用 M12 × 105 膨胀螺栓固定立柱底座,如图 2.4.15－4 所示。

异形钢立柱悬吊安装方式与支柱形式及托臂长度和托臂数量以及楼板或梁的结构不同,安装固定方式也不同。以预制混凝土梁上悬吊安装时,采用 M12 × 105 膨胀螺栓固定异形钢立柱底座,如图 2.4.15－5 所示。

异形钢立柱在现浇混凝土楼板或梁上悬吊安装,应配合土建施工阶段做好预埋件,待安装时将异形钢立柱与预埋件焊接,焊角高度为 4mm。如图 2.4.15－6 所示。

工字钢立柱沿现浇矩形梁侧面悬吊安装,采用长 390mmϕ8 圆钢与 120mm × 120mm × 6mm 钢板焊接作预埋件,焊接悬吊工字钢立柱，焊角高度为 8mm，如图 2.4.15 – 7 所示。

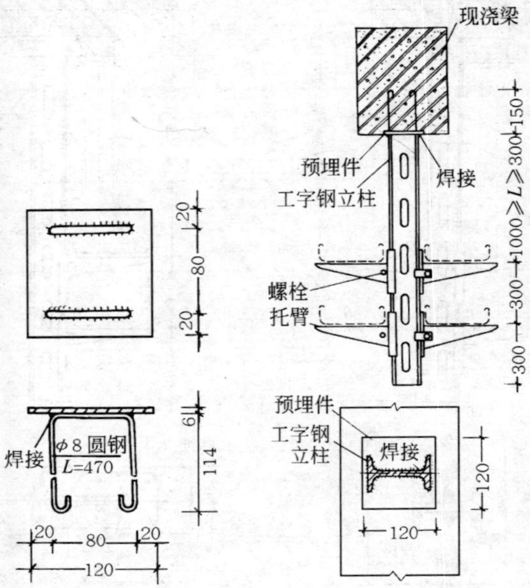

图 2.4.15 – 3　工字钢立柱在现浇梁下悬吊式安装

(a)预埋件；(b)立柱安装

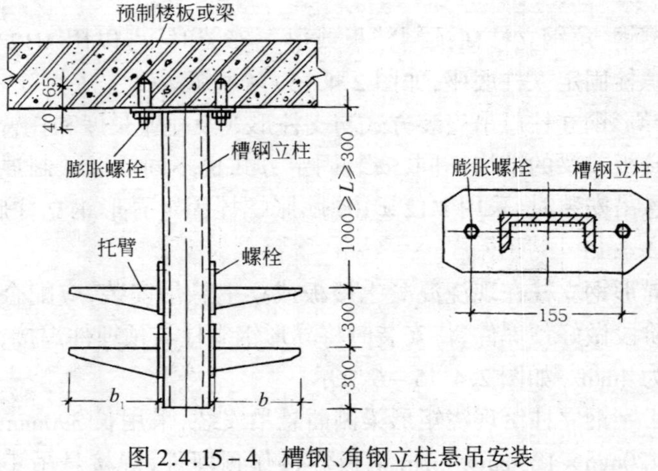

图 2.4.15 – 4　槽钢、角钢立柱悬吊安装

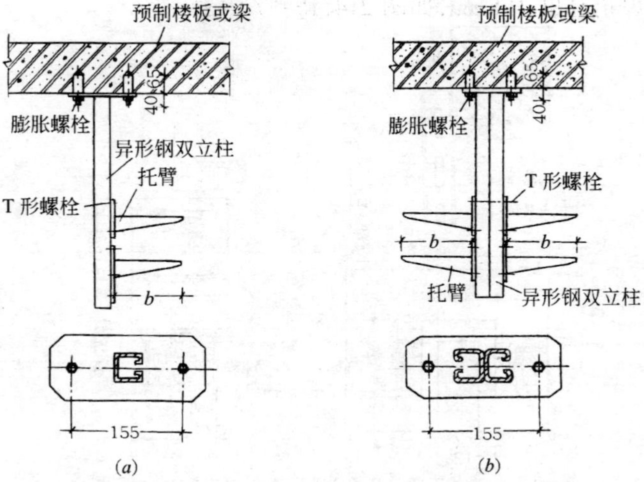

图 2.4.15－5　异形钢立柱在预制板(梁)上悬吊安装

(*a*)异形钢单立柱；(*b*)异形钢双立柱

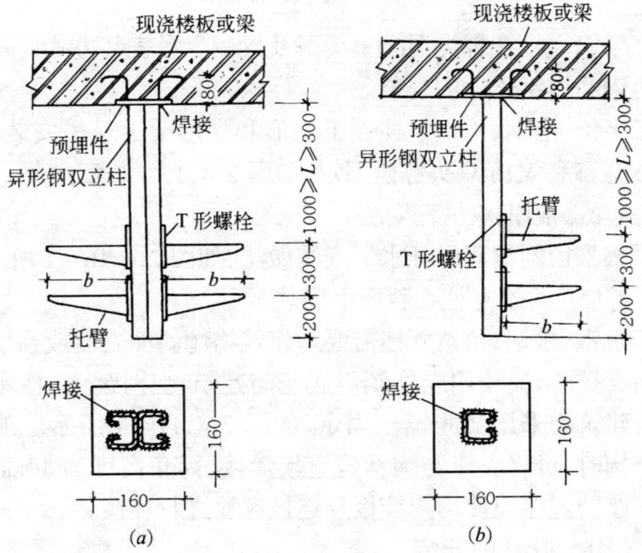

图 2.4.15－6　异形钢立柱在现浇板(梁)上悬吊安装

(*a*)异形钢双立柱；(*b*)异形钢单立柱

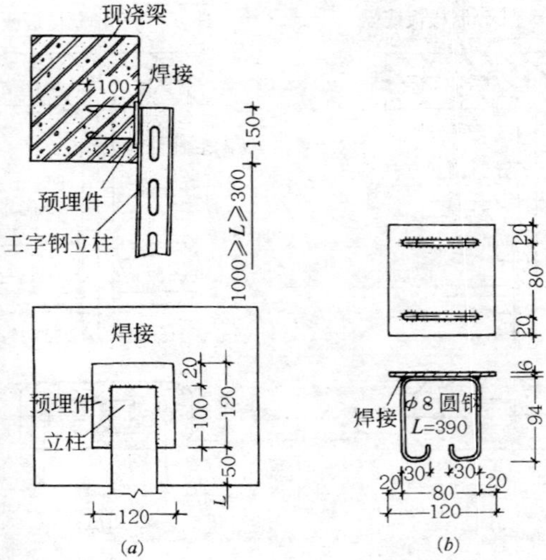

图 2.4.15－7　工字钢立柱在现浇梁侧悬吊安装

(*a*)立柱安装；(*b*)预埋件

工字钢立柱在现浇混凝土梁下及梁侧悬吊安装方式同样也适用于角钢和槽钢立柱的安装。

工字钢、槽钢、角钢立柱在工字形和梯形梁上悬吊安装，可采用 ϕ16 抱箍和 M16 双头螺栓固定，如图 2.4.15－8 所示。

2.4.16　圆钢双吊杆安装

桥架采用圆钢双吊杆水平安装做法，如图 2.4.16－1 所示。

2.4.17　桥架立柱在斜面上安装

工字钢、槽钢、角钢立柱需要与建筑物倾斜面安装或在墙壁上作倾斜支撑时，应使用立柱倾斜底座与建筑物连接。立柱倾斜底座可与建筑物采用膨胀螺栓固定，如图 2.4.17－1 所示。如斜面为钢结构时，可将底座与钢结构直接焊接，焊角高度为 10mm。主柱与底座的连接应使用连接板和连接螺栓进行连接。

2.4.18　托臂的安装

托臂是直接支承托盘、梯架且单独固定的刚性部件。托臂有螺栓固定式和卡接式等见图 2.4.18－1 所示。

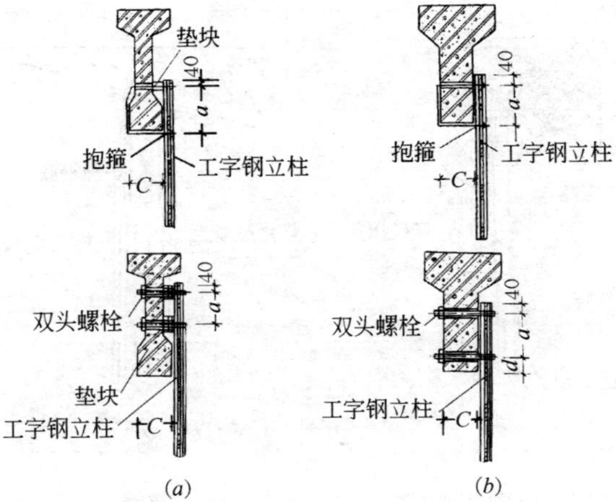

图 2.4.15－8　立柱在工字或梯形梁上悬吊安装

(a)立柱在工字梁上安装；(b)立柱在梯形梁上安装

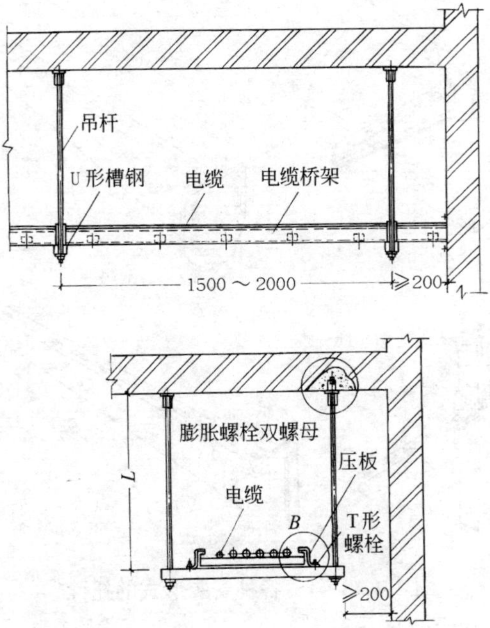

图 2.4.16－1　桥架用圆钢双吊杆水平吊装做法

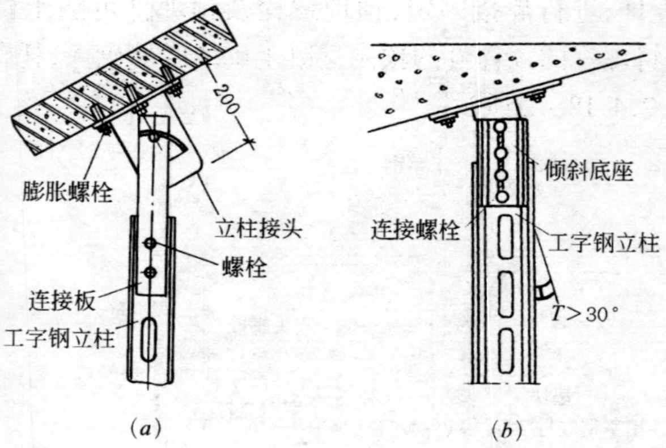

图 2.4.17－1　立柱在斜面上安装

(*a*)用立柱接头连接；(*b*)用倾斜底座连接

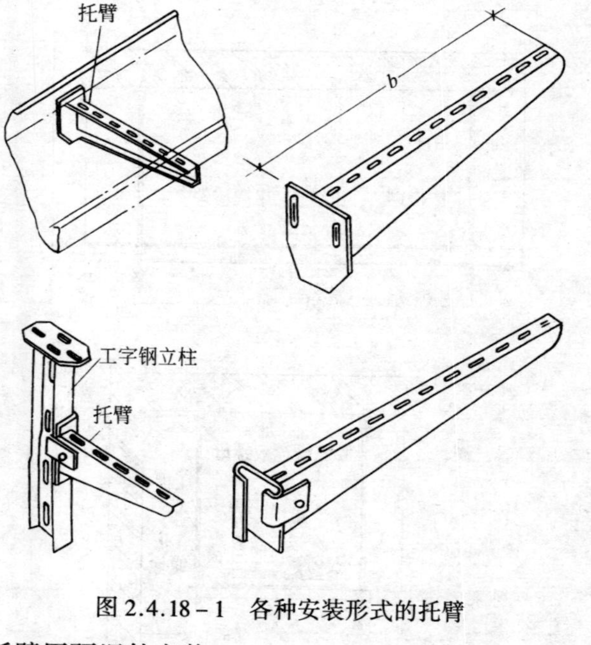

图 2.4.18－1　各种安装形式的托臂

1　托臂用预埋件安装

托臂在建筑物墙、柱上安装，可用预埋螺栓固定，也可与墙体内的预埋件，进行焊接固定，预埋螺栓及预埋件可随土建施工预埋，也可将埋好的预埋件的预制混凝土砌块随墙砌入，托臂安装方式，如图 2.4.18－2 所示。

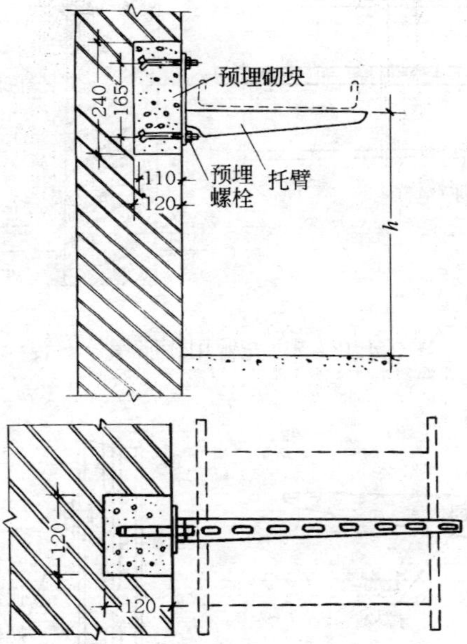

图 2.4.18－2　托臂用预埋件安装

2　托臂用膨胀螺栓安装

托臂如采用膨胀螺栓固定时，混凝土构件强度不应小于 C15，在相当于 C15 混凝土强度的砖墙上也允许使用，但不适宜在空心砖建筑物上使用。

膨胀螺栓钻孔时，钻孔直径误差不应超过 0.3～0.5mm；深度误差不超过 3mm。钻孔后，应将孔内残存碎屑清除干净。膨胀螺栓固定托臂做法，如图 2.4.18－3 所示，螺栓头部偏值差不大于 2mm。

3　托臂在立柱上安装

托臂在工字钢立柱上卡接固定，如图 2.4.18－4 所示。

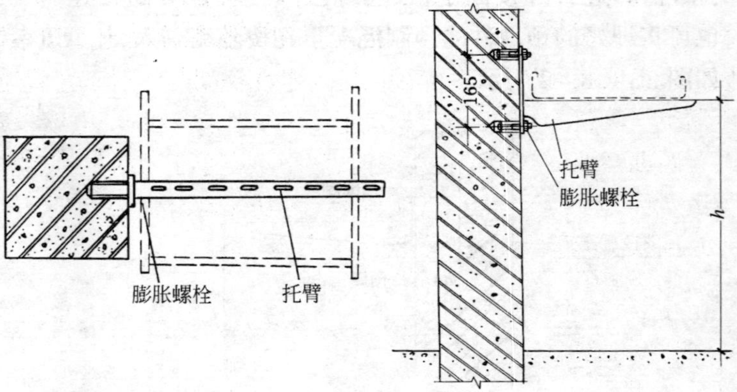

图 2.4.18 – 3　托臂用膨胀螺栓安装

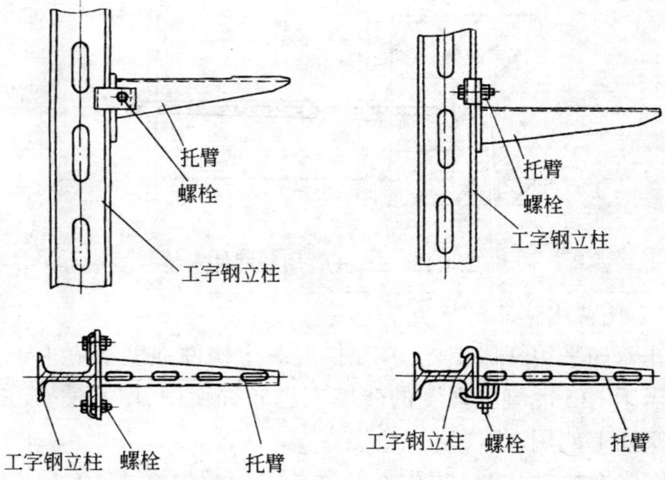

图 2.4.18 – 4　托臂在工字钢立柱上安装

托臂在槽钢、角钢立柱上安装用 M10 × 50 螺栓连接固定，如图 2.4.18 – 5 所示。

2.4.19　电缆桥架在工业管道上安装

电缆桥架与工业管架共架安装时，电缆桥架应布置在管架的一侧,在混凝土管架上,立柱与预埋件焊接,如图 2.4.19-1 所示,预埋件可见图 2.4.15-7(*b*),还可以用膨胀螺栓固定。如在钢结构管架上安装时,可直接焊接固定。电缆桥架与一般工艺管道(如压缩空气管道等)平行架设时,间距不应小于 400mm;电缆桥架与具有腐蚀性液体管道平行架设时,间距不应小于 500mm;电缆桥架与热力管道平行架设时,其间距当热力管道有保温层时不小于 500mm,无保温层时,不应小于 1000mm。

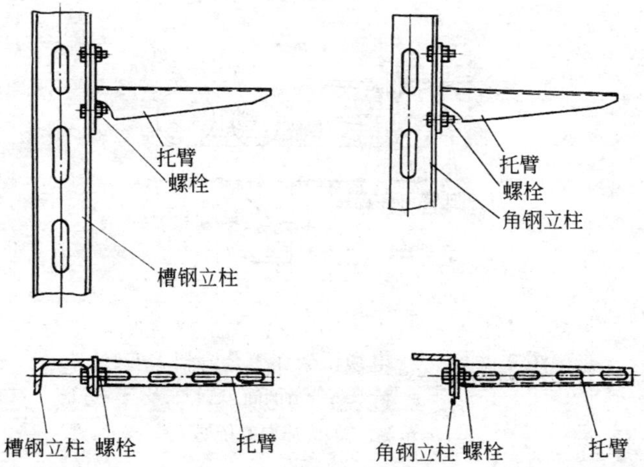

图 2.4.18-5　托臂在槽钢、角钢立柱上安装

电缆桥架与一般工艺管道交叉时,净距不应小于 300mm,桥架在管道下方安装时,应使用隔热板保护,如图 2.4.19-2 所示。电缆桥架不宜在热力管道的上方平行安装,当无法避免需在热力管道上方平行安装时,间距不应小于 1000mm,其间应采取有效的隔热措施;电缆桥架与热力管道交叉时,而热力管道有保温层时,交叉距离不应小于 500mm,无保温层时,交叉距离不应小于 1000mm,且有交叉处应用隔热板(例如石棉板)将电缆桥架保护起来,隔热板长度不应小于热力管保温层外径加 2000mm,如图 2.4.19-3 所示。

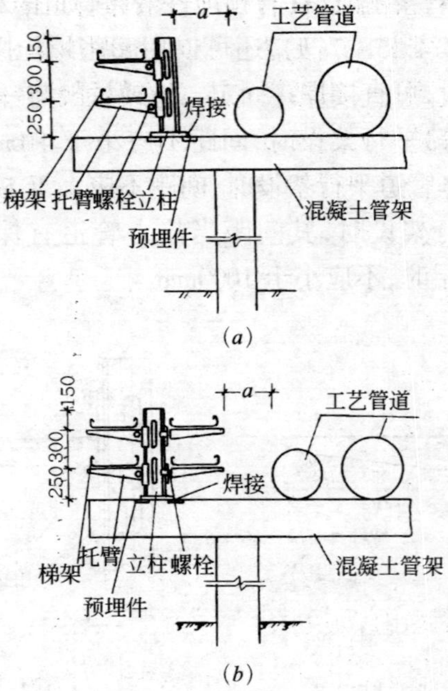

图 2.4.19-1　电缆桥架在工艺管架上安装

a—桥架与管道的间距

(*a*)单侧桥架；(*b*)双侧桥架

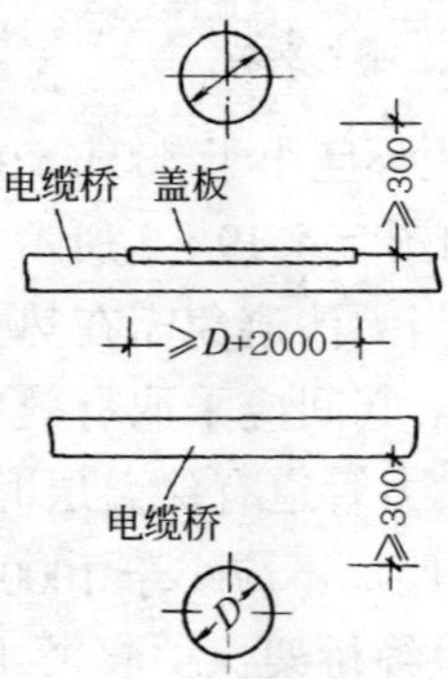

图 2.4.19-2　电缆桥架与一般工艺管道交叉做法

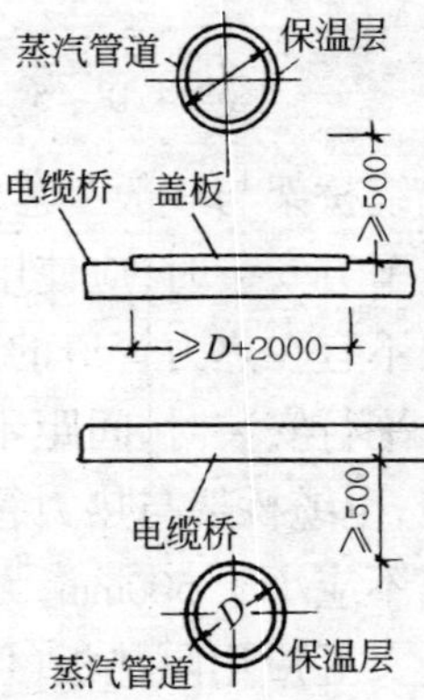

图 2.4.19-3　电缆桥架与蒸汽管道交叉做法

电缆桥架不宜在输送具有腐蚀性液体管道的下方或具有腐蚀性气体上方平行安装。当无法避免时,间距应不小于500mm,且其间应用防腐隔板隔开。电缆桥架与具有腐蚀性液体管道下方或具有腐蚀性气体管道上方交叉安装时,应不小于500mm,在交叉处应用防腐盖板将电缆桥架保护起来,其盖板长度不应小于管道外径加2000mm,如图2.4.19-4所示。

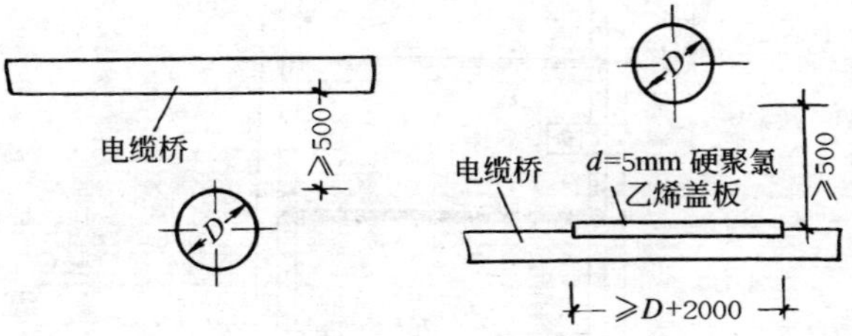

图2.4.19-4 电缆桥架与腐蚀性管道交叉做法

2.4.20 梯架用压板安装

梯架在门形角钢支架上沿墙垂直安装,应使用压板连接固定,安装使用的压板如图2.4.20-1所示。梯架用压板固定安装方法可见图2.4.10-2和图2.4.10-3。

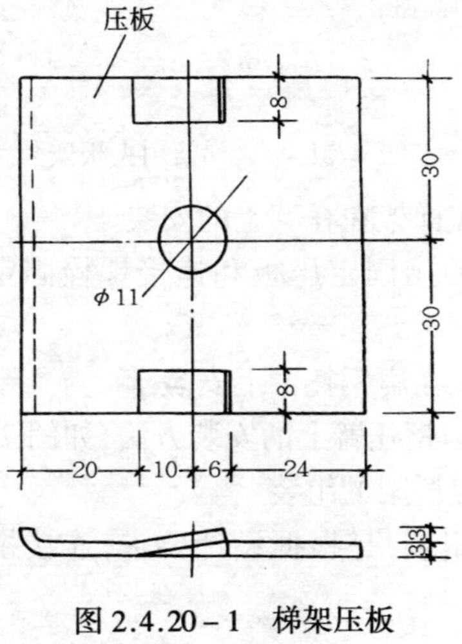

图2.4.20-1 梯架压板

2.4.21　梯架用夹板安装

梯架沿墙垂直安装可使用膨胀螺栓与夹板直接固定，如图 2.4.21－1 所示。

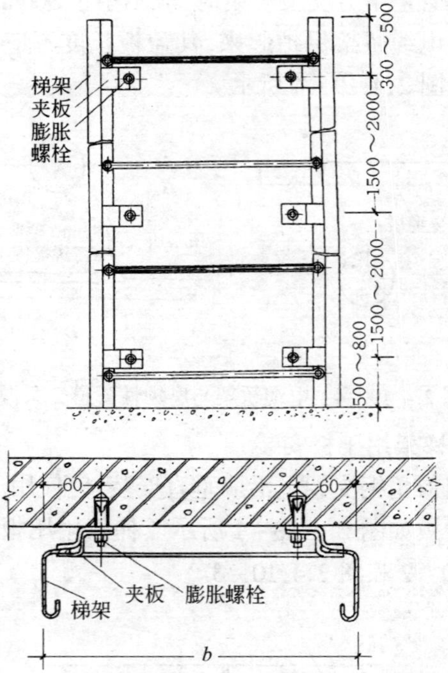

图 2.4.21－1　梯架用夹板安装

2.4.22　电缆梯架在托臂上的安装

梯架与托臂使用固定压板和连接螺栓固定，如图 2.4.22－1 所示。

2.4.23　桥架在扁钢托臂上安装

电缆桥架在扁钢托臂上的安装方法，如图 2.4.23－1 所示。

2.4.24　电缆桥架的组装

电缆桥架的组装，是根据设计要求，连接桥架的直线段和弯通。

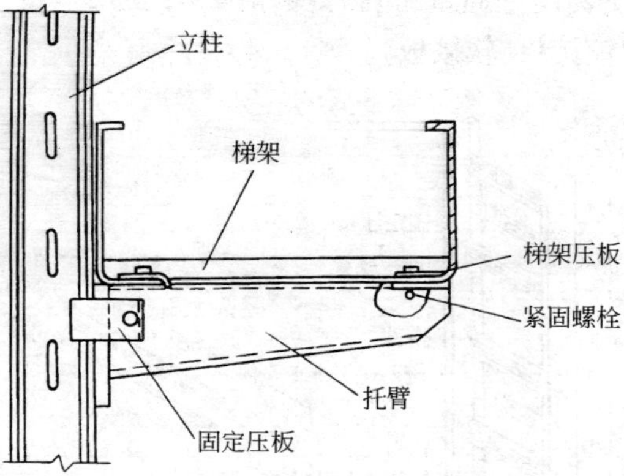

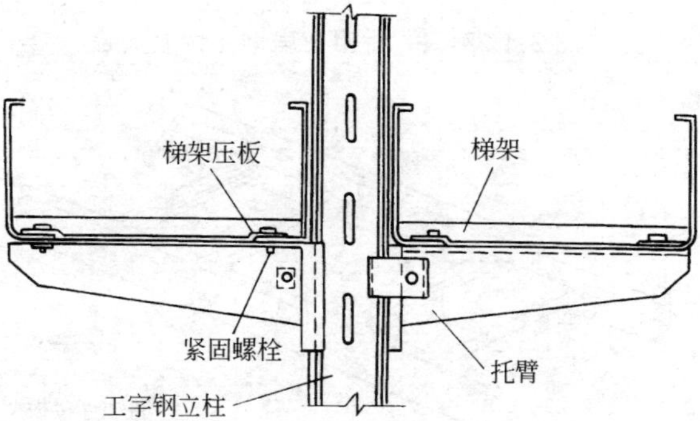

图 2.4.22－1　梯架在托臂上安装

电缆桥架直线段和弯通的侧边均有螺栓连接孔。当桥架的直线段之间，直线段与弯通之间需要连接时，可用直线连接板（直接板）进行连接，有的桥架直线段之间连接时在侧边内侧使用内衬板，如图 2.4.24－1 所示。

托盘、梯架连接板的螺栓应紧固，螺母应位于托盘、梯架的外侧。

连接两段不同宽度或高度的托盘，梯架可配置变宽连接板（变宽板）或变高连接板（变高板），如图 2.4.24－2 所示。

托盘、梯架分支、引上、引下处宜有适当的弯通。因受空间条件限制不便装设弯通或有特殊要求时，可使用铰链连接板(铰接板)和连续铰接板(软接板)。

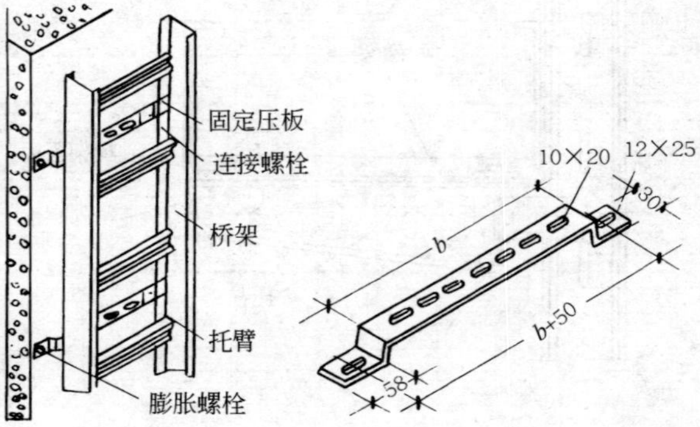

图 2.4.23－1　桥架在扁钢托臂上安装

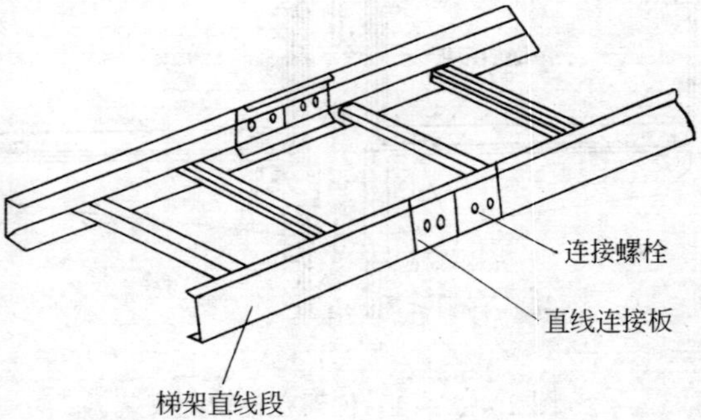

图 2.4.24－1　桥架直线段连接示意图

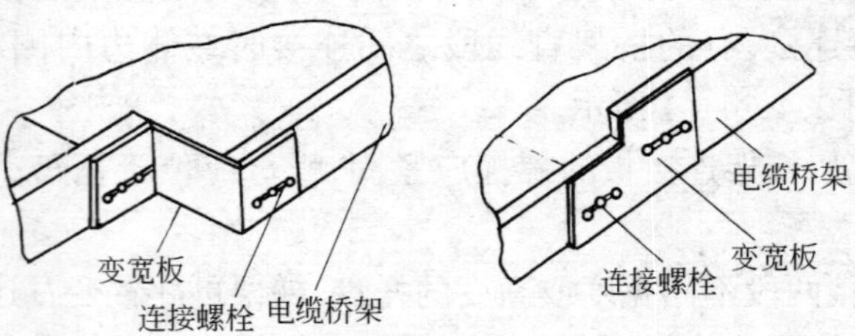

图 2.4.24－2　变宽、变高板安装示意图

低压电力电缆与控制电缆共用同一托盘或梯架时,相互间宜设置隔板,如图 2.4.24-3 所示。

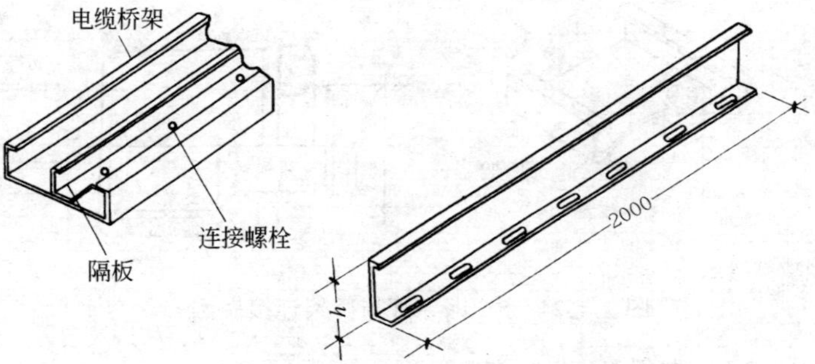

图 2.4.24-3　桥架隔板安装示意图

电缆桥架的末端,应使用终端板,如图 2.4.24-4 所示。

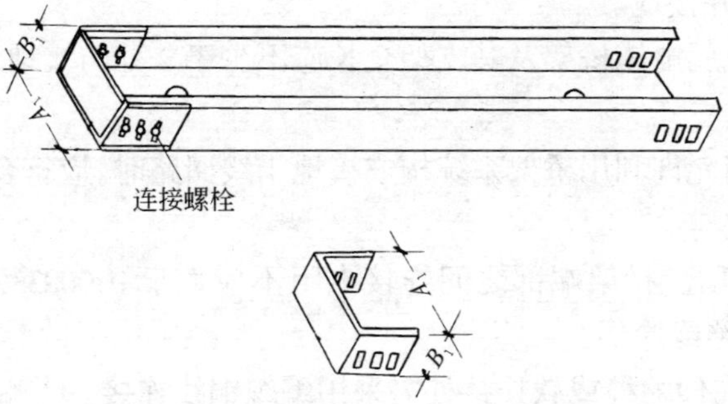

图 2.4.24-4　桥架终端板安装示意图

由托盘、梯架引出的配管应使用钢导管,当托盘需要开孔时,应用开孔机开孔,开孔处应切口整齐,管孔径吻合,严禁用气、电焊割孔。钢导管与桥架连接时,应使用管接头固定,如图 2.4.24-5 所示。

桥架的支、吊架沿桥架走向左右的偏差不应大于 10mm。

2.4.25　电缆桥架的补偿装置

当直线段钢制电缆桥架超过 30m,铝合金或玻璃钢电缆桥架超过 15m 时,应有伸缩缝,其连接宜采用伸缩连接板(伸缩板);电缆桥架跨越建筑物伸缩缝处应设置伸缩缝，桥架在伸缩缝处可以断开敷设，断开的距离不宜小于 100mm。

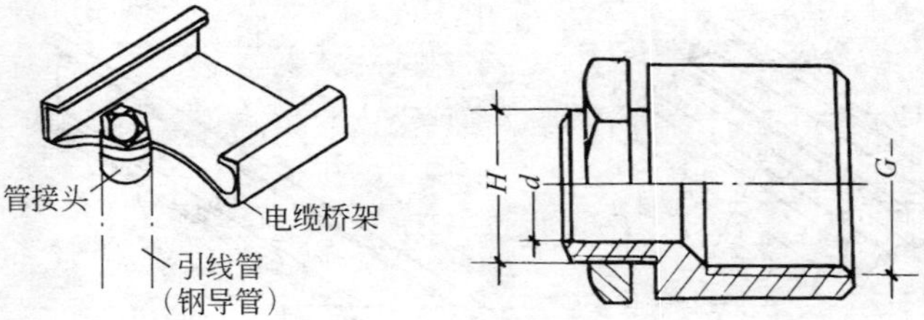

图 2.4.24－5　钢导管与桥架连接做法

2.4.26　电缆桥架的接地

为避免电缆发生故障时危及人身安全，电缆桥架系统的金属电缆桥架及其支架和引入或引出的金属电缆导管必须具有可靠的电气连接并接地。

1　金属电缆桥架及其支架全长应不少于 2 处与接地干线（PE 线）连接。

2　当允许利用桥架系统构成接地干线回路时，应符合下列要求：

(1) 托盘、梯架端部之间连接电阻不应大于 0.00033Ω。接地孔应清除绝缘涂层；

(2) 在伸缩缝或软连接处需采用编织铜线连接。

3　用金属电缆桥架作为接地线（PE 线）时，为防止连接处净电阻过大，造成导电不良。非镀锌电缆桥架每段连接板上的两端，应跨接铜芯接地线，接地线最小允许截面积小于 $4mm^2$；镀锌电缆桥架间连接板的两端可不跨接接地线，但连接板两端应有不少于 2 人有防松螺帽或防松垫圈的连接固定螺栓。

4　沿桥架全长另敷设接地干线时，每段（包括非直线段）托盘、梯架应至少有一点与接地干线可靠连接。

5　对于振动场所，在接地部位的连接处应装置弹簧垫圈。

2.4.27　桥架内电缆敷设

电缆敷设前应对电缆进行详细检查:规格型号、截面、电压等级均应符合设计要求。外观应无扭曲、损坏及漏油现象。

室内电缆桥架布线时,宜选用带外护套不带铠装的电缆。为了防止发生火灾时火焰蔓延,电缆不应有黄麻或其他易燃材料外护层。在有腐蚀或特别潮湿的场所采用电缆桥架布线时,宜选用塑料护套电缆。

高压电缆敷设前应进行耐压和泄漏电流试验,试验标准应符合国家和当地供电部门规定。

对1kV以下电缆,用1kV摇表摇测线间及对地的绝缘电阻应不低于10MΩ。

电缆沿桥架敷设前,应防止电缆排列不整齐,交叉严重,须事先将电缆排列好,划出排列图表,按图表进行施工。

施放电缆时,对于单端固定的托臂可以在地面上设置滑轮施放,放好后拿到托盘或梯架内;在双吊杆固定的托盘或梯架内敷设电缆,应将电缆直接在托盘或梯架内安放滑轮施放,电缆不得直接在托盘或梯架内拖拉。

电缆沿桥架敷设时,应单层敷设,并敷设一根整理一根、卡固一根。垂直敷设的电缆固定点间距不应大于表2.4.27-1的规定;水平敷设的电缆,在电缆的首尾两端,转弯两侧及每隔5m~10m处进行固定;大于45°倾斜敷设的电缆应每隔2m处设固定点。

电缆固定点的间距表(mm) 表2.4.27-1

电缆种类		固定点的间距
电力电缆	全塑型	1000
	除全塑型外的电缆	1500
控制电缆		1000

电缆桥架内的电缆应在首端、尾端、转弯和分支及每隔50m处,设有编号、型号及起止点等标记。标记应清晰齐全,挂装整齐,无遗漏。

电缆在桥架上可以无间距敷设,排列应整齐,不应交叉。在桥架内电力电缆的总截面(包括外护层)不应大于桥架横断面的40%,控制电缆不应大于50%。但应考虑电缆载流量的校正系数。拐弯处电缆的弯曲半径应以最大截面电缆允许弯曲半径为准。电缆的弯曲半径规定可见《电缆沟内电缆敷设》中表2.1.7的规定数值。

为了保障线路运行安全和避免相互间的干扰和影响,下列不同电压,不同用途的电缆不宜敷设在同一层桥架上:

1 1kV以上和1kV以下的电缆。

2 同一路径向一级负荷供电的双路电源电缆。

3 应急照明和其他照明的电缆。

4 强电和弱电电缆。

如受条件限制需安装在同一层桥架上时,应用隔板隔开。

电缆敷设完毕后,应及时清除杂物,有盖板的盖好盖板,并进行最后调整。

托盘、梯架在承受额定均布荷载时的相对挠度不应大于1/200。

吊架横档或侧壁固定的托臂在承受托盘、梯架额定荷载时的最大挠度值与其长度之比,不应大于1/100。

2.4.28 电缆桥架的防火隔离措施

电缆桥架在穿过防火墙及防火楼板时,应采取防火隔离措施,防止火灾沿线路延燃。

防火隔离段施工中,应配合土建施工预留洞口,在洞口处预埋好护边角钢。施工时根据电缆敷设的根数和层数用∟50×50×5角钢制作固定框,同时将固定框焊在护边角钢上。电缆过墙处应尽量水平敷设,电缆穿墙时,放一层电缆就垫一层厚60mm的泡沫石棉毡,同时用泡沫石棉毡把洞堵严,再有些小洞就用电缆防火堵料堵塞。墙洞两侧应用隔板将泡沫石棉毡保护起来。在防火墙两侧1m以内对塑料、橡胶电缆直接涂改性氨基膨胀防火涂料3~5次达到厚度0.5~1mm。对铠装油浸纸绝缘电缆,先包一层玻璃丝布,再涂涂料厚度0.5~1mm或直接涂涂料1~1.5mm,如图2.4.28-1所示。

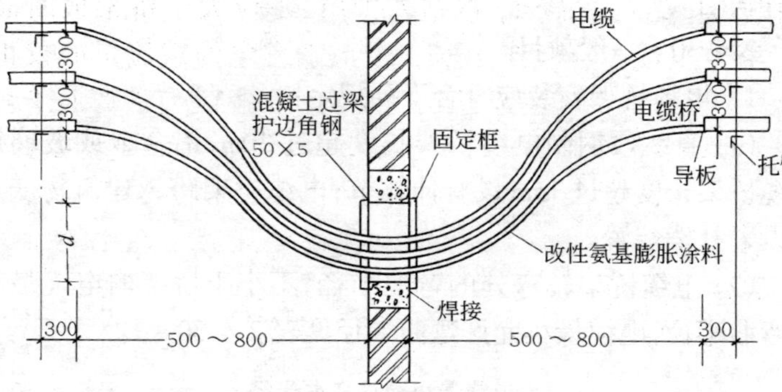

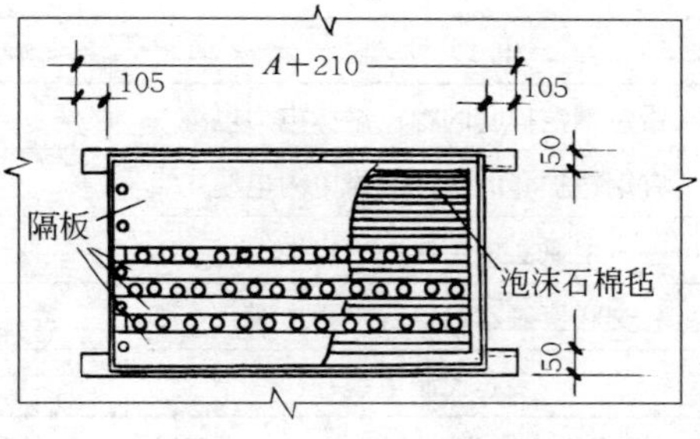

图 2.4.28－1　防火隔离段安装图

Ⅲ　质量标准

2.4.29　主控项目

金属电缆桥架及其支架和引入或引出的金属电缆导管必须接地(PE)或接零(PEN)可靠，且必须符合下列规定：

(1) 金属电缆桥架及其支架全长应不少于 2 处与接地(PE)或接零(PEN)干线相连接。

(2) 非镀锌电缆桥架间连接板的两端跨接铜芯接地线，接地线最小允许截面积不小于 $4mm^2$。

(3) 镀锌电缆桥架间连接板的两端不跨接接地线，但连接板两端不少于 2 个有防松螺帽或防松垫圈的连接固定螺栓。

2　电缆敷设严禁有绞拧、铠装压扁、护层断裂和表面严重划伤等缺陷。

2.4.30 一般项目

1 电缆桥架安装应符合下列规定:

(1) 直线段钢制电缆桥架长度超过 30m、铝合金或玻璃钢制电缆桥架长度超过 15m 设有伸缩节;电缆桥架跨越建筑物变形缝处设置补偿装置。

(2) 电缆桥架转弯处的弯曲半径,不小于桥架内电缆最小允许弯曲半径,电缆最小允许弯曲半径见表 2.4.30-1。

电缆最小允许弯曲半径 表 2.4.30-1

序号	电缆种类	最小允许弯曲半径
1	无铅包钢铠护套的橡皮绝缘电力电缆	$10D$
2	有钢铠护套的橡皮绝缘电力电缆	$20D$
3	聚氯乙烯绝缘电力电缆	$10D$
4	交联聚氯乙烯绝缘电力电缆	$15D$
5	多芯控制电缆	$10D$

注:D 为电缆外径。

(3) 当设计无要求时,电缆桥架水平安装的支架间距为 1.5~3m;垂直安装的支架间距不大于 2m。

(4) 桥架与支架间螺栓、桥架连接板螺栓固定紧固无遗漏,螺母位于桥架外侧;当铝合金桥架与钢支架固定时,有相互间绝缘的防电化腐蚀措施。

(5) 电缆桥架敷设在易燃易爆气体管道和热力管道的下方,当设计无要求时,与管道的最小净距,符合表 2.4.30-2 的规定。

与管道的最小净距(m) 表 2.4.30-2

管道类别		平行净距	交叉净距
一般工艺管道		0.4	0.3
易燃易爆气体管道		0.5	0.5
热力管道	有保温层	0.5	0.3
	无保温层	1.0	0.5

(6) 敷设在竖井内和穿越不同防火区的桥架,按设计要求位置,有防火隔堵措施。

(7) 支架与预埋件焊接固定时,焊缝饱满;膨胀螺栓固定时,选用螺栓适配,连接紧固,防松零件齐全。

2 桥架内电缆敷设应符合下列规定:

(1) 大于45°倾斜敷设的电缆每隔2m处设固定点;

(2) 电缆出入电缆沟、竖井、建筑物、柜(盘)、台处以及管子管口处等做密封处理。

Ⅳ 成品保护

2.4.31 室内沿桥架或托盘敷设电缆,宜在管道及空调工程基本施工完毕后进行,防止其他专业施工时损伤电缆。

2.4.32 电缆两端头处的门窗装好,并加锁,防止电缆丢失或损毁。

Ⅴ 安全注意事项

2.4.33 电缆桥架安装时,其下方不应有人停留。进入现场应戴好安全帽。

2.4.34 使用人字梯必须坚固,距梯脚40~60cm处要设拉绳,防止劈开。使用单梯上端要绑牢,下端应有人扶持。

2.4.35 使用电气设备、电动工具要有可靠的保护接地(接零)措施。打眼时,要戴好防护眼镜,工作地点下方不得站人。

Ⅵ 质量通病及其防治

2.4.36 电缆排列沿桥架敷设电缆时,应防止电缆排列混乱,不整齐,交叉严重。在电缆敷设前须将电缆事先排列好,划出排列图表,按图表进行施工。电缆敷设时,应敷设一根整理一根、卡固一根。

2.4.37 电缆弯曲半径不符合要求。在电缆桥架施工时,应事先考虑好电缆路径,满足桥架上敷设的最大截面电缆的弯曲半径的要求，并考虑好电缆的排列位置。

2.5 电缆头制作、接线和线路绝缘测试

Ⅰ 施工准备

2.5.1 材 料

1 各种型号的电力电缆终端接线盒、电力电缆中间接线盒、电力电缆辐射交联热缩附件，各种型号规格的辐射交联热缩管、控制电缆接头附件等。

2 各种规格铜、铝接线端子和铜、铝连接管等。

3 接地编织铜线、绑扎铜线、焊锡丝、各种绝缘材料及绝缘包扎带、袋装涂料及填料等。

2.5.2 机 具

1 喷灯、电烙铁、压接钳、剖铅刀、胀铅楔等。

2 钢锯弓、钢锯条、钢卷尺、电工刀、克丝钳、螺丝刀等。

3 兆欧表等。

2.5.3 作业条件

1 电缆敷设就位后，电缆的连接位置、连接长度和绝缘测试符合要求后，才能制作电缆头。

2 控制电缆绝缘电阻测试和校线合格，电力电缆交接试验和相位核对合格，才能接线。

Ⅱ 施工工艺

2.5.4 施工程序

电缆头的品种和形式较多，结构、材料不同，要求的操作技术和施工程序也各有特点。通常要经过下列程序。

材料开箱检验 → 剥切绝缘层 → 做接地线 → 电缆连接 → 绝缘处理 → 电缆头安装 → 核对相位 → 与设备连接 → 送电运行

2.5.5　电缆头部件及接线端子进场验收

1　对电缆头部件及接线端子应按批查验合格证。

2　外观检查时，部件要齐全，表面无裂纹和气孔，随带的袋装涂料或填料不泄漏。

2.5.6　电缆头制作

电缆敷设完后，其两端要剥出一定长度的线芯，以便分相与设备接线端子连接，需要做终端头。在电缆施工中，往往会由于电缆长度不够，需要将两根电缆的两端连接起来，需要做中间接头。

1　电缆头制作的准备工作

电缆头一般是在电缆敷设就位后现场制作，由于新材料、新结构发展迅速，技术日益更新，电缆头要由经过培训的熟悉工艺的人员进行制作，确保安装质量。

制作电缆终端和接头前，应熟悉安装工艺资料，做好检查，并符合下列要求：

(1) 电缆绝缘状况良好，无受潮；塑料电缆内不得进水。如果塑料绝缘电缆内部有水，运行时将导致绝缘内部产生水树，会严重地影响使用寿命，因此要尽量避免，特别是要防止从电缆端部进水。对端部有水的电缆段应酌情采取措施，可能时应割除受潮电缆段。

(2) 附件规格应与电缆一致；零部件应齐全无损伤；绝缘材料不得受潮；密封材料不得失效。壳体结构附件应预先组装，清洁内壁；试验密封，结构尺寸符合要求。

(3) 施工用机具齐全，便于操作，状况清洁，消耗材料齐备，清洁塑料绝缘表面的溶剂宜遵循工艺导则准备。

(4) 必要时进行试装配。

35kV 及以下电缆终端与接头时应符合下列要求：

(1) 形式、规格应与电缆类型如电压、芯数截面、护层结构和环境要求一致；

(2) 结构应简单、紧凑、便于安装；

(3) 所用材料、部件应符合技术要求；

（4）主要性能应符合现行国家标准《额定电压 26/35kV 及以下电力电缆附件基本性能要求》的规定。

在室外制作 6kV 及以上电缆终端与接头时其空气相对湿度宜为 70%及以下；当湿度大时，可提高环境温度或加热电缆。

严禁在雾或雨中制作电缆终端头和电缆中间接头。

2 电缆头的制作要求

电缆终端和接头的制作，是电缆施工中最重要的一道工序，制作质量的好坏，对电气设备的安全运行具有十分密切的关系。

（1）制作电缆终端与接头，从剥切电缆开始应连续操作直至完成，尽量缩短绝缘暴露时间。剥切电缆时不应损伤线芯和保留的绝缘层。

尤其是塑料绝缘电缆，由于材料密实、硬度大，有时半导电屏蔽层与绝缘层粘附紧密，在剥切时易损伤线芯和保留的绝缘层外表面，施工中应特别注意。

制作电缆头附加绝缘的包绕、装配、热缩等应清洁。

（2）电缆终端和接头应采取加强绝缘、密封防潮、机械保护等措施。6kV 及以上电力电缆在屏蔽或金属护套端部电场集中，场强较高，对其终端和接头在制作时，尚应有改善电缆屏蔽端部电场集中的有效措施，常用的方法有胀铅、制作应力锥，施加应力带、应力管等来减缓电场集中。同时应确保外绝缘相间和对地距离。

（3）35kV 及以下电缆在剥切线芯绝缘、屏蔽、金属护套时，线芯沿绝缘表面至最近接地点（屏蔽或金属护套端部）关键剥切尺寸的最小距离应符合表 2.5.6-1 中的要求。

电缆终端和接头中最小距离　　　　表 2.5.6-1

额定电压（kV）	最小距离（mm）
1	50
6	100
10	125
35	250

(4) 塑料绝缘电缆在制作终端头和接头时,应彻底清除半导电屏蔽层。对包带石墨屏蔽层,应使用溶剂擦去碳迹,溶剂为丙酮、三氯乙烯等,擦抹时应从高压部位往接地方向单向擦抹,不要往复进行,避免把导电粉末带向高电位;对挤出屏蔽层,剥除时不得损伤绝缘表面,屏蔽端部应平整。

(5) 三芯油浸纸绝缘电缆终端和接头的制作关键是部分保留统包绝缘,在剥切时应保留统包绝缘 25mm,不得损伤。剥除屏蔽碳黑纸,端部应平整。在弯曲线芯时应均匀用力,不应损伤绝缘纸,线芯弯曲半径不应小于其直径的 10 倍。包缠附加绝缘、灌注填充绝缘材料时,应尽量消除线芯分支处的气隙。

(6) 电缆线芯连接时,应除去线芯和连接管内壁油污及氧化层,压接模具与金具应配合恰当。压缩比应符合要求。电缆线芯连接金具,应采用符合标准的连接管和接线端子,其内径应与电缆线芯紧密配合,间隙不应过大,截面宜为线芯截面的 1.2~1.5 倍。

如果用大规格金具、端子与小规格电缆线芯连接,当采用焊接时要多用焊料,不经济,当采用压接时就更不可取,压接不到位也会压不紧,电阻大,运行时要过热而出现故障;反之用小规格金具、端子与大规格线芯连接,必然要截去部分芯线,同样也不能保证连接质量,而在使用中易引发电气故障,所以金具与线芯两者必须适配。

电缆线芯连接金具,采用压接时,压接后应将端子或连接管上的凸痕修理光滑,不得残留毛刺。采用锡焊连接铜线芯,应使用中性焊锡膏,不得烧伤绝缘。

电缆头制作时线芯不应采用开口接线端子,开口端子一般用于实验室或调试用的临时线路上,以便拆装,不应用在永久性连接的线路上,否则可靠性就无法保证。

(7) 电力电缆终端处的金属护层必须接地良好;塑料电缆其铜带屏蔽和钢铠在塑料护套之内,端部每相铜屏蔽和钢铠应锡焊接地线,必须接地良好。

电力电缆的接地线应采用铜绞线或镀锡铜编织线,橡塑绝缘电缆的接地线，为便于锡焊和引出，应使用镀锡编织线。

接地线的截面应按电缆线路的接地电流大小而定，在实际工程中往往缺乏设计提供的这方面的资料，在建筑电气工程中电力电缆头的接地线截面积不应小于表 2.5.6-2 的规定。

电缆线芯和接地线截面积(mm^2)　　表 2.5.6-2

电缆线芯截面	接地线截面
120 及以下	16
150 及以上	25

注：电缆线芯截面积在 $16mm^2$ 及以下，接地线截面积与电缆线芯截面积相等。

电缆通过零序电流互感器时，电缆金属护层和接地线应对地绝缘，电缆接地点在互感器以下时，接地线应直接接地；接地点在互感器上时，接地线应穿过互感器接地。

(8) 三芯电力电缆接头两侧电缆的金属屏蔽层(或金属套)，铠装层应分别连接良好，不得中断，避免非正常运行时产生感应电势而发生放电的危险。跨接线的截面不应小于表 2.5.6-2 中接地线截面的规定。直埋电缆接头的金属外壳及电缆的金属护层应做防腐处理。

(9) 装配、组合电缆终端和接头时，各部件间的配合或搭接处必须采取堵漏、防潮和密封措施。铅包电缆铅封时，应擦去表面氧化物；搪铅时间不宜过长，铅封必须密实无气孔。

电缆运行中，中、低压电缆终端和接头故障大部分是由于密封不良、潮气侵入绝缘造成，电缆终端和接头的堵漏密封是确保质量的一大关键。

塑料电缆宜采用自粘带、粘胶带、胶粘剂(热熔胶)等方式密封；塑料护套表面应打毛，粘接表面应用溶剂除去油污，粘接应良好；塑料电缆的密封处理最好同时采用两种以上方法，效果最佳，如用胶粘剂密封后再外包自粘橡胶带绑扎包紧。

(10) 电缆终端上应有明显的相色标志，且应与系统的相位一致。由于电缆生产中的线芯绝缘层的相色与塑料电线相色差别很大，故应在电缆终端头制作后，在线芯的绝缘保护层外用不同颜色的粘胶带包缠，作为相色标志。其中黄、绿、红色分别为 L_1 相、L_2 相、L_3 相；淡蓝色为 N 线；黄绿相间色为 PE 线。

（11）控制电缆的线芯为单股线，连接后牢固性较差，应尽量避免中间接头。但在下列情况下可有接头，但必须连接牢固，并不应受到机械拉力。

1）当电缆敷设的长度超过其制造长度时。

2）必须延长已经敷设竣工的控制电缆时。

3）当消除已使用中的电缆故障时。

控制电缆的终端头可采用控制电缆头套，也可以采用一般包扎，接头应有防潮措施。

3　10kV 交联聚乙烯绝缘电缆户内、外热缩终端头制作

热收缩型终端头，是由一种具有“弹性记忆效应”的橡塑材料制成，是一种经加工后遇热收缩的高分子材料。终端头主要由热收缩应力控制管、无泄痕耐气候管、密封胶、导电漆、手套、防雨罩等组成。厂家有操作工艺可按厂家工艺操作。否则应按下列程序制作：

（1）剥塑料护套、锯钢甲

按图 2.5.6－1 所示，剥除塑料护套，在距剖塑口 30mm 处扎绑线一道(3～4)匝将钢甲锯除。在距钢甲末端 20mm 处将内护套及填料剥除。

（2）焊接地线

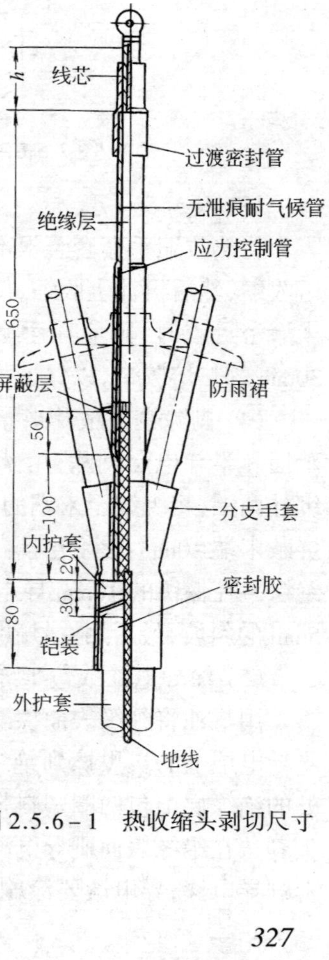

图 2.5.6－1　热收缩头剥切尺寸

用截面不小于 $25mm^2$ 的镀锡铜辫按图 2.5.6-2 所示的方法在三相线芯根部的铜屏蔽上各绕一圈，并用锡焊点焊在铜屏蔽上，然后用镀锡铜线绑在钢甲上，并用焊锡焊牢。在铜辫的下端(从塑料护套切断处开始)用焊锡填满铜辫，形成一个 30mm 的防潮层。

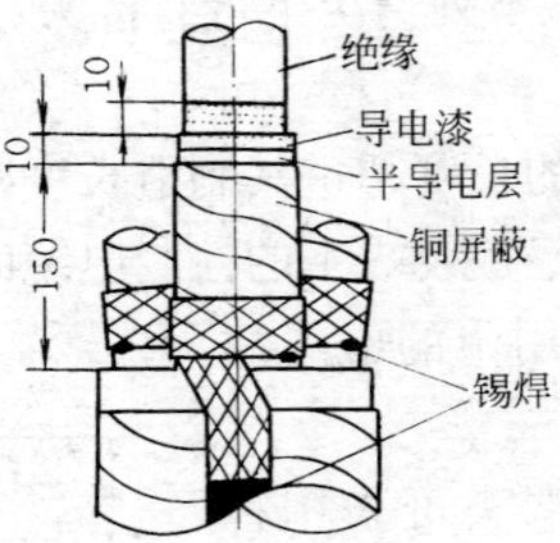

图 2.5.6-2　接地线的连接方法

(3) 套分支手套

将热收缩手套套至根部然后用喷灯开始加热，从中部开始往下收缩，然后再往上收缩，使手套均匀地收缩在电缆上。当手套内未涂密封胶时，则应在手套根部的塑料护套上及接地铜辫上缠 30mm 的热熔胶带，以保证手套处有良好的密封。

(4) 剥除铜屏蔽及半导电屏蔽层按图 2.5.6-1 的尺寸将铜屏蔽层和半导电层剥除；用 $\phi1.0$mm 镀锡铜丝在距内护套 150mm 处绑扎两圈，将绑线至末端的铜屏蔽剥除(不应伤半导电层)，在距铜屏蔽末端 10mm 处将至末端的半导电屏蔽层剥除。剥时不应损伤绝缘。在保留的 10mm 导电层上，在靠绝缘一端用玻璃片刮 1 个 5mm 的斜坡，最后用 0 号砂纸将绝缘表面打磨光滑、平整。

(5) 涂导电漆或包半导电胶

用汽油将绝缘表面擦净，擦时应保持从末端往根部擦，防止将半导电层上的炭黑擦到绝缘表面。然后在距半导电层末端 10mm 处的绝缘层上包两圈塑料带(其目地是为了使导电漆刷得平整、无尖刺)，在绝缘表面刷导电漆 10mm 和在半导电层末端的 5mm 斜坡上刷导电漆，导电漆要涂刷整齐。当不用导电漆而采用半导电胶带时,则应在此 15mm 处包半导电胶带一层,再把临时包的两圈塑料带拆除。

(6) 套应力控制管

当绝缘表面不光滑时则应在绝缘表面套应力管部分涂上一层薄薄的硅脂。而后将应力控制管套至屏蔽上(压铜屏蔽层 50mm)从下至上进行收缩。

(7) 套无泄痕耐气候管

用清洁剂将绝缘表面、应力控制管和手套的手指表面擦净,在手指上缠一层密封胶带,分别将三只无泄痕耐气候管至手指根部。从手指与应力控制管接口处开始加热收缩,先向下收缩完后再向上收缩。

(8) 压接线鼻子及套过渡密封管

按线鼻子孔深加 5mm 将末端绝缘剥除,然后套上线鼻子进行压接。用密封胶填满空隙,套上过渡密封管从中部向两端加热收缩。加热收缩前应先对接线鼻子加热以使密封胶充分溶化粘合。

户内终端头到此工序结束。室外终端头还加以下工序。

(9) 热缩防雨罩

热手套的手指末端向上测量 200mm,用热收缩安装一个防雨罩,再往上每隔 60mm 加一个防雨罩,10kV 户外终端头应加三个防雨罩,如图 2.5.6-3 所示。

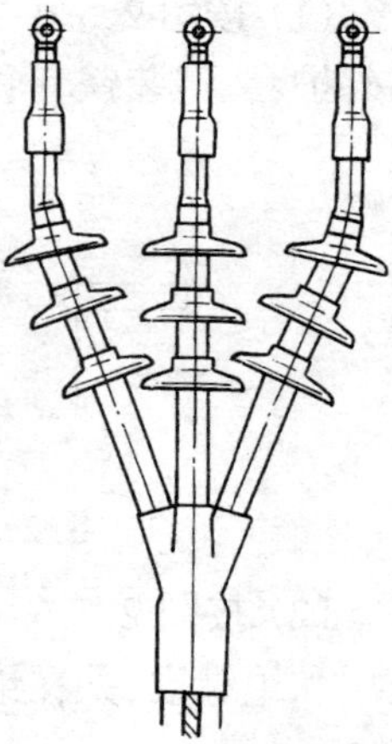

图 2.5.6-3 户外型热收缩电缆头

4 电缆头的热收缩工艺

(1) 热收缩时的热源,尽量用液化气,因其烟尘较少,绝缘表面不易积炭;使用时应将焊枪的火焰调到发黄的柔和的蓝色火焰,避免蓝色尖状火焰。用汽油喷灯加热收缩时,应用高标号烟量少的汽油。禁止使用煤油喷灯作热源。

(2) 在收缩时火焰应不停地移动，避免烧焦管材；火焰应沿电缆周围烘烤，而且火焰应朝向热缩的方向以预热管材；只有在加热部分充分收缩后才能将火焰向预热方向移动。

(3) 收缩后的管子表面，应光滑、无皱纹、无气泡，并能清晰地看到内部结构轮廓。

(4) 较大的电缆和金属器件，在热缩前应预先加热，以保证有良好的粘合。

(5) 应除去和清洗所有将与粘合剂接触的表面上的油。

5　热收缩型中间接头的安装

热收缩型中间接头的基本安装工艺和终端头类同，下面以 10kV240mm^2 的铠装电缆为例，对接头的工艺作一介绍。

(1) 按图 2.5.6-4 的尺寸进行剖塑和锯钢甲，然后将接头盒的外护套、铠装铁套和内护套套至接头两端的电缆上。

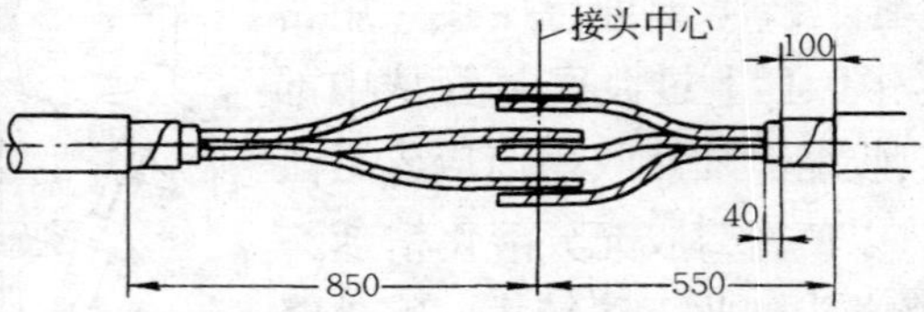

图 2.5.6-4　热收缩型接头剥削尺寸

(2) 按图 2.5.6-5 尺寸剥切各相线芯的铜屏蔽层、半导电屏蔽层和绝缘层；并在绝缘上刷导电漆 10mm，半导电屏蔽上刷导电漆 5mm。

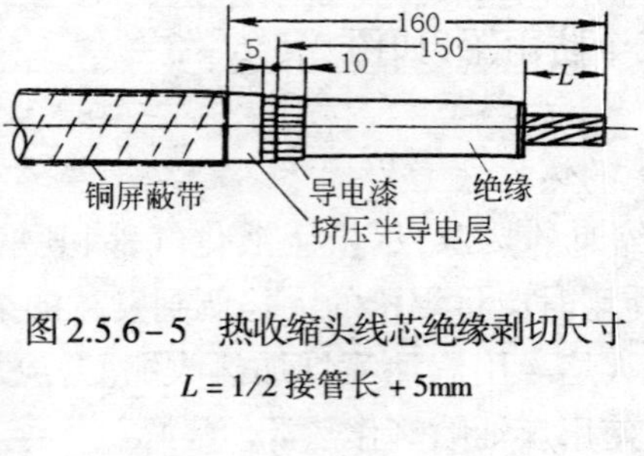

图 2.5.6-5　热收缩头线芯绝缘剥切尺寸

L = 1/2 接管长 + 5mm

(3) 压接线芯及包半导电带。压接后在压接管表面包半导电带一层,并将接管的两端的空隙填平。密封胶带除起填充作用外,还可以改善电场分布。

(4) 按图2.5.6－6,先后套上应力控制管、绝缘管、屏蔽管,分别进行加热收缩。收缩时应先从中间开始向两端收缩,并在每收缩完一层管后,立即趁热进行外层管子的收缩。三相线芯可同时进行热缩。

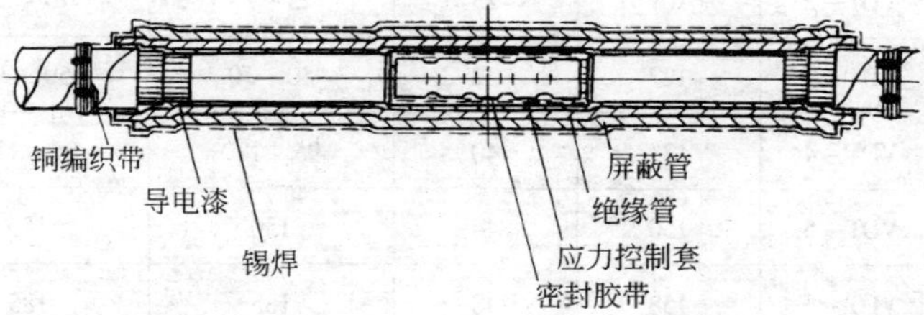

图2.5.6－6　接头绝缘结构

在收缩应力控制管前,应在线芯绝缘上涂硅脂,将表面空隙填平。然后按图2.5.6－6中所示在屏蔽管上包铜编织带,在两端用镀锡铜绑线扎紧并用焊锡焊牢。

(5) 将三芯并拢收紧,用白布带将线芯扎紧。在电缆的内护套上包缠密封胶带,将内护套套至电缆接头上进行加热收缩密封。各接口部位均应加密封胶。

(6) 将铠装铁套套至电缆接头上,分五点用油麻带扎紧。

(7) 将外护套套至铁套上(在各接口部位均应所缠密封胶带),分段进行加热收缩。

6　低压电缆头套制作安装

室内聚氯乙烯绝缘、聚氯乙烯护套、电力电缆终端头套的制作安装,应按下列程序进行:

(1) 剥电缆铠甲、打卡子

1) 根据电缆与设备连接的具体尺寸,量电缆并做好标记。锯掉多余电缆,根据电缆头套型号尺寸要求,剥除外护套。电缆头套型号尺寸见表2.5.6－3和图2.5.6－7。

电缆头套型号尺寸 表2.5.6－3

序号	型号	规定尺寸		通用范围	
		L(mm)	D(mm)	VV, VLV四芯(mm^2)	VV20, VLV29四芯(mm^2)
1	VDT－1	86	20	10～16	10～16
2	VDT－2	101	25	25～35	25～35
3	VDT－3	122	32	50～70	50～70
4	VDT－4	138	40	95～120	95～120
5	VDT－5	150	44	150	150
6	VDT－6	158	48	185	185

2）将地线的焊接部位用钢锉处理，以备焊接。

3）在打钢带卡子的同时，将$10mm^2$多股铜线排列整齐后卡在卡子里。

4）利用电缆本身钢带宽的二分之一做卡子，采用咬口的方法将卡子打牢，必须打两道，防止钢带松开，两道卡子的间距为15mm，如图2.5.6－8所示。

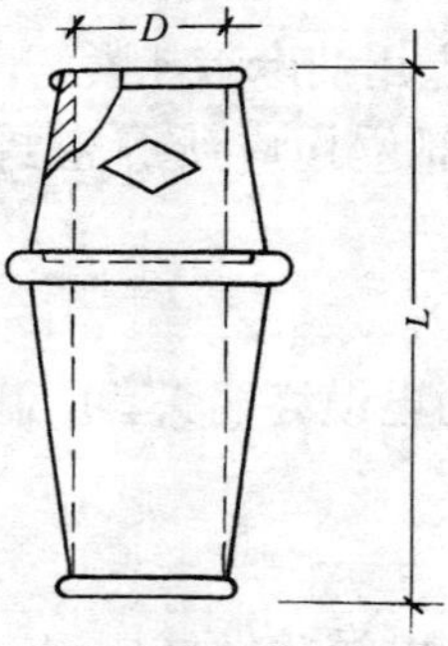

图2.5.6－7 电缆头套型号尺寸

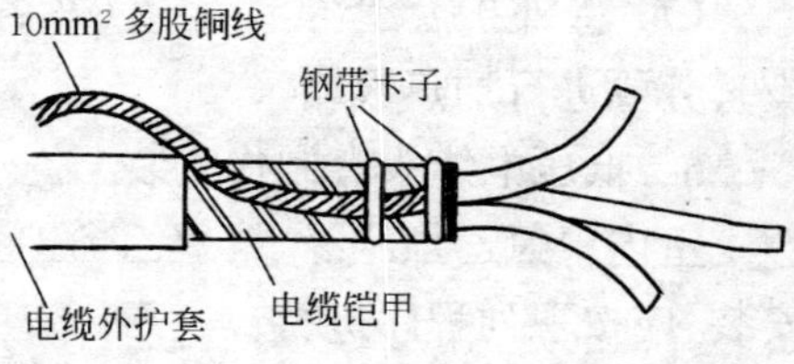

图2.5.6－8 打卡子

5）剥电缆铠甲，用钢锯在第一道卡子向上 3～5mm 处，锯一环形深痕，深度为钢带厚度的 2/3，不得锯透。

6）用螺丝刀在锯痕尖角处将钢带挑起，用钳子将钢带撕掉，随后将钢带锯口处用钢锉修理钢带毛刺，使其光滑。

（2）焊接地线

地线采用焊锡焊接于电缆钢带上，焊接应牢固，不应有虚焊现象，应注意不要将电缆烫伤。

（3）包缠电缆，套电缆终端头套

1）剥去电缆统包绝缘层，将电缆头套下部先套入电缆。

2）根据电缆头的型号尺寸，按照电缆头套长度和内径，用塑料带采用半叠法包缠电缆。塑料带包缠应紧密，形状呈枣核状如图 2.5.6－9 所示。

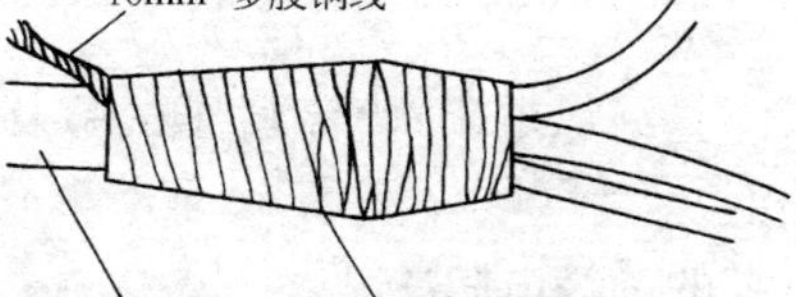

图 2.5.6－9　包缠塑料带

3）将电缆头套上部套上，与下部对接套严，如图 2.5.6－10 所示。

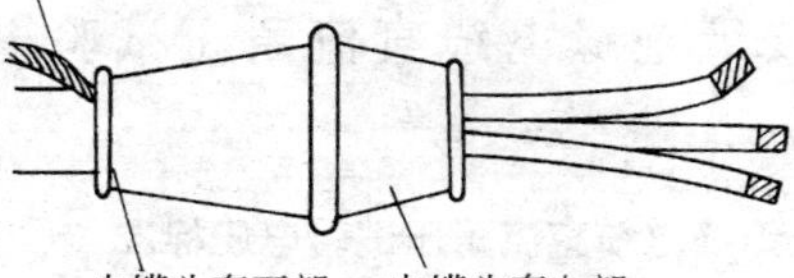

图 2.5.6－10　电缆头套做法

（4）压电缆芯线接线鼻子

1）从芯线端头量出长度为线鼻子的深度，另加 5mm，剥去电

缆芯线绝缘,并在芯线上涂上凡士林;

2) 将芯线插入接线鼻子内,用压线钳子压紧接线鼻子,压接应在两道以上;

3) 根据不同的相位,使用黄、绿、红、黑四色塑料带,分别包缠电缆各芯线至接线鼻子的压接部件;

4) 将作好终端头的电缆,固定在预先做好的电缆头支架上,并将芯线分开;

5) 根据接线端子的型号,选用螺栓将电缆接线端子压接在设备上,注意应使螺栓由上向下或从内向外穿,平垫和弹簧垫应安装齐全。

2.5.7 电力电缆的交接试验

电力电缆敷设及电缆头制作完成后,应按《电气装置安装工程电气设备交接试验标准》GB 50150—91 进行交接试验,合格后方能通电运行。

试验项目有:测量绝缘电阻;直流耐压试验及泄漏电流测量;检查电缆线路的相位。

1 测量各电缆的绝缘电阻

电缆的绝缘电阻值与其结构、长度以及测量时的温度等因素有关,要规定一个数值则比较困难。低压电缆,线间和线对地间的绝缘电阻值必须大于 0.5MΩ。

2 直流耐压试验及泄漏电流测量

(1) 直流耐压试验电压标准:

1) 粘性油浸纸绝缘电缆直流耐压试验电压,应符合表 2.5.7-1的规定。

粘性油浸纸绝缘电缆直流耐压试验电压标准 表 2.5.7-1

电缆额定电压 U_0/U(kV)	0.6/1	6/6	8.7/10	21/35
直流试验电压(kV)	$6U$	$6U$	$6U$	$6U$
试验时间(min)	10	10	10	10

2) 不滴流油浸纸绝缘电缆直流耐压试验电压,应符合表

2.5.7－2 的规定。

不滴流油浸纸绝缘电缆直流耐压试验标准　　表 2.5.7－2

电缆额定电压 U_0/U(kV)	0.6/1	6/6	8.7/10	21/35
直流试验电压(kV)	6.7	20	37	80
试验时间(min)	5	5	5	5

3）塑料绝缘电缆直流耐压试验电压，应符合表 2.5.7－3 的规定。

塑料绝缘电缆直流耐压试验电压标准　　表 2.5.7－3

电缆额定电压 U_0(kV)	0.6	1.8	3.6	6	8.7	12	18	21	26
直流试验电压(kV)	2.4	7.2	15	24	35	48	72	84	104
试验时间(min)	15	15	15	15	15	15	15	15	15

4）橡皮绝缘电力电缆直流耐压试验电压，应符合表 2.5.7－4 的规定。

橡皮绝缘电力电缆直流耐压试验电压标准　　表 2.5.7－4

电缆额定电压 U(kV)	6
直流试验电压(kV)	15
试验时间(min)	5

注：1. 上列各表中的 U 为电缆额定线电压；U_0 为电缆线芯对地或对金属屏蔽层间的额定电压。

2. 粘性油浸纸绝缘电力电缆的产品型号有 ZQ，ZLQ，ZL，ZLL 等。

   不滴流油浸纸绝缘电力电缆的产品型号有 ZQD，ZLQD 等。

   塑料绝缘电缆包括聚氯乙烯绝缘电缆，聚乙烯绝缘电缆及交联聚乙烯绝缘电缆。聚氯乙烯绝缘电缆的产品型号有 VV，VLV 等；聚乙烯绝缘及交联聚乙烯绝缘电缆的产品型号有 YJV 及 YJL 等。

   橡皮绝缘电缆的产品型号有 XQ，XLQ，XV 等。

3. 交流单芯电缆的护层绝缘试验标准，可按产品技术条件的规定进行。

（2）试验时，试验电压可分 4～6 阶段均匀升压，每阶段停留 1min，并读取泄漏电流值。测量时应消除杂散电流的影响。

(3) 粘性油浸纸绝缘及不滴流油浸纸绝缘电缆泄漏电流三相不平衡系数不应大于2；当10kV及以上电缆的泄漏电流小于20μA和6kV及以下电缆泄漏电流小于10μA时，其不平衡系数不作规定。

(4) 电缆的泄漏电流具有下列情况之一者，电缆绝缘可能有缺陷，应找出缺陷部位，并予以处理：

1）泄漏电流很不稳定。

2）泄漏电流随试验电压升高急剧上升。

3）泄漏电流随试验时间延长有上升现象。

3　检查电缆线路的两端相位

电缆敷设后两端的相位应一致，特别是并联运行的电缆更为重要，稍有疏忽，送电运行时即发生短路，造成事故。检查相位的方法很多。比较方便的方法是在电缆一端在2根线芯上对外壳和地接上2只不同阻值的任何电阻，另一端用万用表欧姆档对地测量即可。

2.5.8　电线、电缆接线

电线、电缆接线必须准确。接线准确，是指定位准确，不要错接开关的位号或编号，也不要把相位接错，以避免送电时造成失误而引发重大安全事故。

1　为日常巡视和方便维护检修需要，电线、电缆的回路标记应清晰，编号准确。

2　并联运行电线或电缆的型号、规格、长度、相位应一致。并联运行的线路设计通常采用同规格型号，使之处于最经济合理状态，而施工同样要使负荷电流平衡达到设计要求，所以要十分注意长度和连接方法。相位一致是并联运行的基本条件，也是必须经过检查的项目，如果相位不一致就不可能并联运行。

3　为保证导线与设备器具连接可靠，不致通电运行后发生过热效应，并诱发燃烧事故，芯线与电器设备的连接应符合下列规定：

(1) 截面积在10mm^{2}及以下的单股铜芯线和单股铝芯线直接

与设备、器具的端子连接。

(2) 截面积在 2.5mm^2 及以下的多股铜芯线拧紧搪锡或接续端子后与设备、器具的端子连接。

(3) 截面积大于 2.5mm^2 的多股铜芯线，除设备自带插接式端子外，接续端子后与设备或器具的端子连接；多股铜芯线与插接式端子连接前，端部拧紧搪锡。

(4) 多股铝芯线接续端子后与设备、器具的端子连接。

(5) 每个设备和器具的端子接线不多于 2 根电线。

上述提到的芯线的端子，即端部的接头，俗称铜接头、铝接头，也有称接线鼻子的；设备、器具的端子指设备、器具的接线柱、接线螺丝或其他形式的接线处，即俗称的接线桩头；而标示线路符号套在电线端部做标记用的零件称端子头；有些设备内、外部接线的接口零件称端子板。

2.5.9 线路绝缘测试

电气配线工程施工和电气照明装置安装后，应进行各回路的绝缘检查，绝缘电阻值应符合现行国家标准《电气装置安装工程电气设备交接试验标准》GB 50150—91 的规定，并应做好记录。

1 兆欧表的电压等级

(1) 100V 以下的电气设备或回路，采用 250V 兆欧表。

(2) 500V 以下至 100V 的电气设备或回路，采用 500V 兆欧表。

(3) 3000V 以下至 500V 的电气设备或回路，采用 1000V 兆欧表。

(4) 10000V 以下至 3000V 的电气设备或回路，采用 2500V 兆欧表。

(5) 10000V 及以上的电气设备或回路，采用 2500V 或 5000V 兆欧表。

2 线路绝缘电阻测试

低压电线的线间和线对地间的绝缘电阻值必须大于 0.5MΩ。

测试绝缘电阻的仪表型号、规格很多，目前较常用的依然是 ZC—25 型 500V 兆欧表。

兆欧表的接线柱有三个,一个为“线路”(L),另一个为“接地”(E),还有一个为“屏蔽”(G),这三个接线柱按照不同的测量对象来选用,在测试照明线路的绝缘电阻时,选用(L)与(E)两个接线柱。

仪表测试线用绝缘良好的多股软线,两根线不能绞合在一起,否则造成测试数据不准确。

(1) 仪表使用前,应检查是否工作正常,把表水平放置,转动摇把,试验表的指针是否指在“∞”处,再慢慢地转动摇把,短接两个测试棒(线),看指针是否指在“0”处,若能指在“0”处,说明表是好的,否则不能使用。

(2) 在测试时,按顺时针转动摇表的发电机摇把,摇把的转数应由慢而快,待调速器发生滑动后,要保持转速均匀稳定,不要时慢时快,一般来讲转速每分钟120转左右,发电机应达到额定输出电压。当发电机转速稳定后,表盘上的指针也稳定下来,这时表针指示的数值,就是所测得的绝缘电阻值。

(3) 测试线路绝缘电阻时,需要断电源,所测的线路上应无人工作,并需卸下电路里所有的用电器,合上各用电器的开关(也可保留用电器,断开用电器开关)。然后用兆欧表两根测试棒(线),接触在分回路或总回路开关负荷侧接线桩头上,若接触在两相线接线桩头上,量出的是相线与相线间的绝缘电阻,即L_1、L_2;L_2、L_3;L_3、L_1之间的绝缘电阻。如果接触在某相线与中性线的接线桩头上,量出的是相线对中性线间的绝缘电阻,即L_1、N;L_2、N;L_3、N之间的绝缘电阻。若一测试棒(线)接触在相线接线桩头上,另一测试棒(线)接触在接地体(线)(或与接地体连接的用电器的金属外壳)上,量出的是相线对地的绝缘电阻。

在TN—C—S系统和TN—S系统中,不但要测量相线之间和相线对中性线之间以及相间和中性线分别对地的绝缘电阻值;还应测量出相线、中性线分别对PE线以及中性线对PE线和PE线对地之间的绝缘电阻值。

(4) 测试时要注意、测试棒(线)与测试点要保持良好的接触,否则测出的是接触电阻和绝缘电阻之和,不能真实反映线路绝缘电阻的情况。

(5) 当测试线路的绝缘电阻值,不能满足要求时,应需要寻找原因,查找影响绝缘电阻的原因不是一件容易的事,所以在安装时就应注意防患于未然。

Ⅲ 质量标准

2.5.10 主控项目

1 高压电力电缆直流耐压试验必须按《建筑电气工程施工质量验收规范》第 3.1.8 条的规定交接试验合格。

2 低压电线和电缆,线间和线对地间的绝缘电阻值必须大于 0.5MΩ。

3 铠装电力电缆头的接地线应采用铜绞线或镀锡铜编织线,截面积不应小于表 2.5.6-2 的规定。

4 电线、电缆接线必须准确,并联运行电线或电缆的型号、规格、长度、相位应一致。

2.5.11 一般项目

1 芯线与电器设备的连接应符合下列规定:

(1) 截面积在 $10mm^2$ 及以下的单股铜芯线和单股铝芯线直接与设备、器具的端子连接。

(2) 截面积在 $2.5mm^2$ 及以下的多股铜芯线拧紧搪锡或接续端子后与设备、器具的端子连接。

(3) 截面积大于 $2.5mm^2$ 的多股铜芯线,除设备自带插接式端子外,接续端子后与设备或器具的端子连接;多股铜芯线与插接式端子连接前,端部拧紧搪锡。

(4) 多股铝芯线接续端子后与设备、器具的端子连接。

(5) 每个设备和器具的端子接线不多于 2 根电线。

2 电线、电缆的芯线连接金具(连接管和端子),规格应与芯线的规格适配,且不得采用开口端子。

3 电线、电缆的回路标记应清晰,编号准确。

Ⅳ 成品保护

2.5.12 直埋电缆中间接头制作完成后，应立即填土埋实。暂时无法填土时，要设法局部加以保护，防止砸、碰损伤。

2.5.13 电缆沟中间接头制作完成后，应立即安装固定，并安装好盖板加以保护。

2.5.14 塑料制品电缆头，应更加注意，不使其遭受机械碰撞损伤。

2.5.15 电缆头制作完成后，应立即通知有关人员进行试验、检查，合格后安装固定，与设备进行连接送电试运行。如暂时不能送电或有其他作业时，对电缆头处应采取防护措施，防止外力损伤。

Ⅴ 安全注意事项

2.5.16 电缆头制作时，操作人员要穿好长袖上衣和长裤，戴好手套和防护眼镜。

2.5.17 使用喷灯时须注意，喷灯附近不得有易燃物品；不可在火焰附近加油、放油或拆卸喷灯零件；喷灯使用时间不宜过长，筒体放烫时应停止使用；喷焊时，下面不准站人。

Ⅵ 质量通病及其防治

2.5.18 电缆的中间接头位置安排的不恰当。电缆敷设时，要弄清每盘的电缆长度，确定好中间接头的位置。不要把电缆接头放在道路交叉处，建筑物的大门口以及与其他管道交叉的地方。在同一电缆沟内电缆并列敷设时，电缆接头应相互错开。

2.5.19 电缆头制作时受潮。从开始剥切到制作完毕，必须连续进行，中间不应停顿，以免受潮。

2.5.20 热缩型电缆头，热缩管加热收缩时出现气泡。在加热时要按一定方向转圈，不停进行加热收缩。

2.5.21 分支手套，绝缘管加热收缩时局部烧伤或无光泽。

在加热时应调整加热火焰呈黄色,加热火焰不能停留在一个位置上。

2.5.22　绝缘管端部加热收缩时,出现开裂。在切割绝缘管时,端面要平整,防止加热收缩时,端部开裂。

3 母线装置

3.1 裸母线安装

Ⅰ 施工准备

3.1.1 设备、材料

1 铜、铝母线、拉线绝缘子、电车绝缘子、高压穿墙套管等。

2 母线卡具、花篮螺栓、型钢及螺栓、铜、铝焊条、焊粉、各种颜色调合漆、樟丹油等。

3.1.2 机　　具

1 砂轮切割机、电、汽焊工具、铜、锯、电锤、手电钻、母线煨弯机(器)、力矩扳手、木锤、板锉等。

2 皮尺、钢卷尺、钢板尺、水平、线坠、铁线、小线等。

3.1.3 作业条件

母线装置安装前,基础、构架符合电气设备设计的要求,达到允许安装的强度。

1 屋顶、楼板施工完毕,不得渗漏,门窗安装完毕,施工用道路畅通。

2 室内地面基层施工完毕,并在墙上标出抹平标高。

3 有可能损坏已安装母线装置或安装后不能再进行的装饰工程全部结束。

4 母线装置的预留孔、预埋铁件应符合设计的要求。

5 变电所和高、低压配电室内硬母线安装,应在设备安装就位调整后进行。

Ⅱ 施工工艺

3.1.4 施工程序

测　量 → 支架制作安装 → 绝缘子安装 → 母线矫正 → 下　料 → 母线加工 → 母线安装 → 母线涂色刷油 → 检查送电

3.1.5 裸母线选择

裸母线又称汇流排，是高低压配电装置常用的配电母线。裸母线有铜、铝母线和铝合金管母线。LMY 型铝母线规格见表3.1.5－1，TMY 型铜母线规格见表 3.1.5－2。目前，较多用的是铝母线，高压配电装置的母线和引下线不宜采用铜母线。

LMY 矩形铝母线常用规格表　　表 3.1.5－1

母线规格宽×厚 (mm)	每米重量 (kg)	母线规格宽×厚 (mm)	每米重量 (kg)
40×4	0.43	80×6.3	1.3
40×5	0.54	100×6.3	1.62
50×5	0.68	80×8	1.72
50×6.3	0.81	100×8	2.16
63×6.3	0.97	100×10	2.7

TMY 矩形铜母线规格表　　表 3.1.5－2

母线规格宽×厚 (mm)	每米重量 (kg)	母线规格宽×厚 (mm)	每米重量 (kg)
40×4	1.42	80×6.3	4.48
40×5	1.78	100×6.3	5.60
50×5	2.22	80×8	5.68
50×6.3	2.80	100×8	7.11
63×6.3	3.52	100×10	8.89

3.1.6 母线的检验

母线加工前应对母线材料进行检查，以防不合格材料用到工程中。首先检查母线材料有无出厂合格证，当无出厂合格证件或资料不全时，以及对材料有怀疑时，应对母线进行抗拉强度、伸长率及电阻率的检验，检验结果应符合表3.1.6-1的规定。

母线的机械性能和电阻率 　　表3.1.6-1

母线名称	母线型号	最小抗拉强度 (N/mm^2)	最小伸长率 (%)	20℃时最大电阻率 ($\Omega \cdot mm^2/m$)
铜母线	TMY	225	6	0.01777
铝母线	LMY	115	3	0.0290
铝合金管母线	$LF_{21}Y$	137	—	0.0373

母线外观检查表面应光洁平整，不应有裂纹、折皱、夹杂物及变形和扭曲现象。用千分尺或卡尺测量母线的厚度和宽度是否符合标准截面的要求。

按制造长度供应的铝合金管母线，其弯曲度不应超过表3.1.6-2的规定。

铝合金管允许弯曲度值 　　表3.1.6-2

管子规格(mm)	单位长度(m)内的弯度(mm)	全长(L)内的弯度(mm)
直径为150以下冷拔管	<2.0	$<2.0\times L$
直径为150以下热挤压管	<3.0	$<3.0\times L$
直径为150~250热挤压管	<4.0	$<4.0\times L$

注：L—管子的制造长度(m)。

3.1.7 母线安装的测量

进入安装现场后应核对沿母线敷设全长方向有无障碍物，有无与建筑结构或设备管道、通风等安装部件交叉现象。

根据母线及支架敷设的不同情况，检查预留孔洞、预埋铁件的尺寸、标高位置，核对是否与图纸相等。

配电柜安装母线，其安全距离是否符合规定。

在设计图纸上，一般不标出母线加工尺寸，在母线下料前，应到现场实测，测量出各段母线加工尺寸、支架尺寸，并测划出支架和支持件安装位置和距离。

3.1.8　支架制作

按图纸尺寸加工各式支架，支架要采用L 50×50 的角钢制作，角钢断口必须锯断(或冲压断)，不得采用电、气焊切割。

支架上的螺孔宜加工成长孔，以便于调整。螺孔中心距离偏差不小于 2mm。螺孔应用电钻钻孔，不应用气焊割孔或电焊吹孔。

支架埋入墙内部分必须开叉成燕尾状。

在有盐雾、空气相对湿度接近 10% 及含腐蚀性气体的场所，室外金属支架应采用热镀锌。

黑色支架除锈应彻底，防腐漆应涂刷均匀，粘合牢固，不得有起层、皱皮等缺陷。

3.1.9　支架架设

支架架设应符合设计规定。

裸母线安装前，应将母线的支架埋设在墙上或固定在建筑物的构件上。装设支架时，应横平竖直，先用水平尺找正找平。支架埋入深度要大于 150mm，采用螺栓固定时，要使用 M12×150 开叉燕尾螺栓。孔洞要用混凝土填实、灌注牢固。

遇有混凝土墙、梁、柱、屋架等无预留孔洞时，采用膨胀螺栓架设固定支架。

支架跨柱、沿梁或屋架安装时所用抱箍、螺栓、撑架等要紧固。应避免将支架直接焊接在建筑物结构上。

支架架设之间距离当母线水平敷设时，不超过 3m，垂直敷设时，不超过 2m。成排支架的安装应排列整齐，间距应均匀一致，两支架之间的距离偏差不大于 5cm。车间低压母线的终端或中间拉紧的固定支架，宜装有调节螺栓的拉线，拉线的固定点应能承受拉线张力。

3.1.10　绝缘子和穿墙套管及穿墙板安装

固定母线的绝缘子和穿墙套管有高压和低压两种。绝缘子和套管安装前应测量绝缘电阻值,绝缘子和套管可在母线安装后一起进行交流耐压实验。

对绝缘子和套管在安装前应进行外观检查,瓷件、法兰应完整无裂纹、缺损现象,胶合外填料完整,灌注螺栓、螺母等结合牢固。

1　绝缘子安装

室内用绝缘子种类很多,且有高、低压之分,较常用的有支柱绝缘子和电车绝缘子,如图 3.1.10－1 所示。

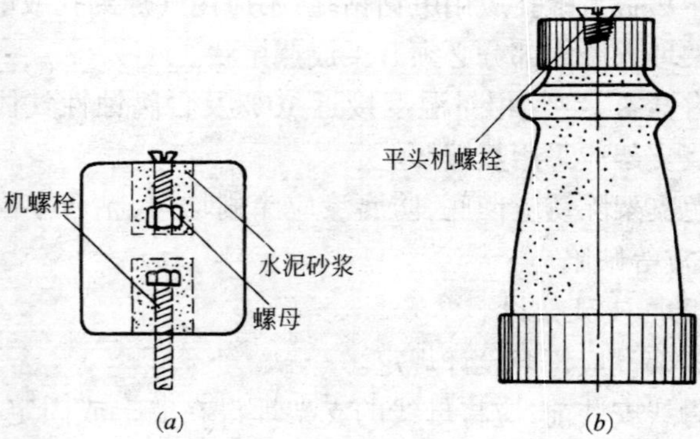

图 3.1.10－1　常用绝缘子外型图

(a)WX－01 型电车绝缘子;(b)ZA－10Y 支柱绝缘子

母线支架安装好后,用螺栓将绝缘子固定在支架上,如果在直线段上有许多支架时,为使绝缘子安装整齐,可先安装好两端支架上的绝缘子,并拉一根铁线,再将绝缘子按铁线为准固定在每个支架上。母线直线段的支持绝缘子的中心应在同一直线上。

无底座和顶帽的内胶装式的低压支柱绝缘子,上下应垫厚度不小于 1.5mm 的橡胶垫或石棉纸起缓冲作用。

支柱绝缘子如安装在同一水平或垂直面上时,其顶面应位于同一平面上,中心线位置应符合设计要求。

支柱绝缘子叠装时，中心线应一致，固定应牢固，紧固件应齐全。

2　穿墙套管安装

穿墙套管的结构主要部件是瓷件，瓷件外面有一法兰盘，用来固定套管。瓷件里面有铝排或铜导体的导电体。

穿墙套管的安装方法一般有两种，安装在混凝土板上和安装固定在钢板上。安装在混凝土板上时，安装板的最大厚度不超过50mm。在混凝土板上，预留三个套管圆孔，如图3.1.10－2所示。套管安装在钢板上，是在土建施工时，在墙体上留一方孔，在方孔上装一角铁框，以固定钢板，套管固定在钢板上，如图3.1.10－3所示。

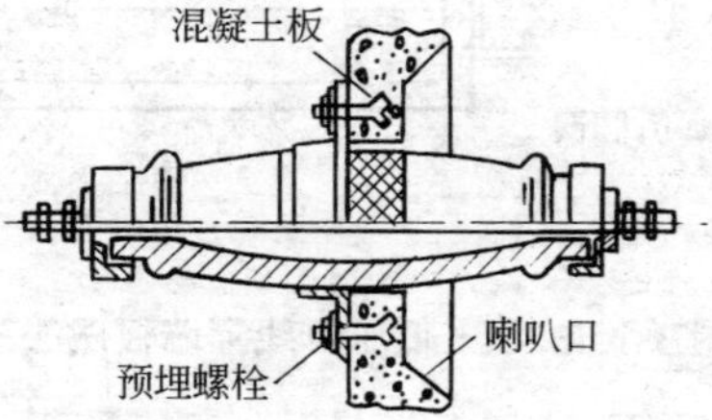

图3.1.10－2　穿墙套管在混凝土板上固定

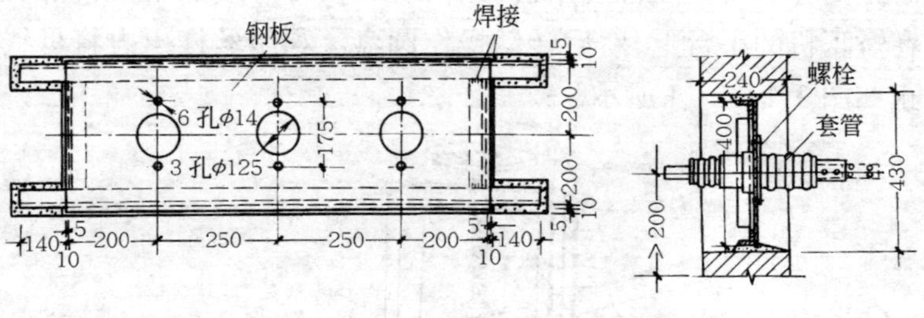

图3.1.10－3　穿墙套管固定在钢板上

穿墙套管的孔径应比套管嵌入部分大5mm以上。

套管安装拧紧法兰盘固定螺栓时，应将各个螺栓轮流均匀地拧紧，以防底座因受力不均而损坏。

安装在同一平面或垂直面上的穿墙套管的顶面应位于同一平面上;其中心线位置应符合设计要求。

穿墙套管垂直安装时,法兰应向上,水平安装时,法兰应在外。

穿墙套管在混凝土板上安装时,法兰盘不得埋入混凝土抹灰层内。

3 低压母线穿墙板安装

低压母线穿墙板安装做法,如图 3.1.10-4 所示。穿墙绝缘夹板宜采用硬聚氯乙烯板,板的厚度应大于 7mm。

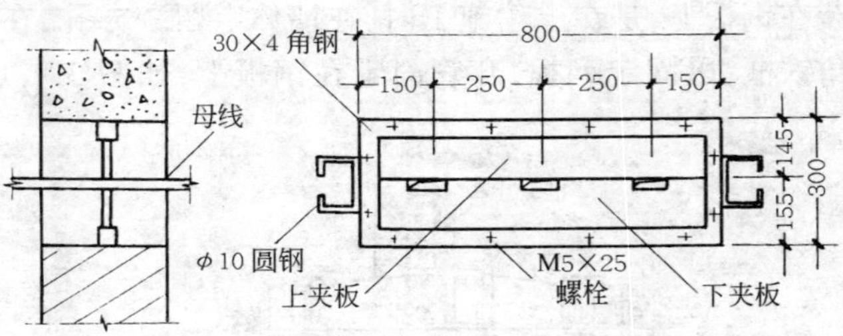

图 3.1.10-4 低压母线穿墙板做法

3.1.11 母线矫正

母线在安装前应进行矫正平直,矫正的方法有机械矫正和手工矫正两种。大截面母线用机械矫正平直,将母线的不平整部分放在矫正机的平台上,然后转动操作圆盘。利用丝杠压力将母线矫正如图 3.1.11-1 所示。

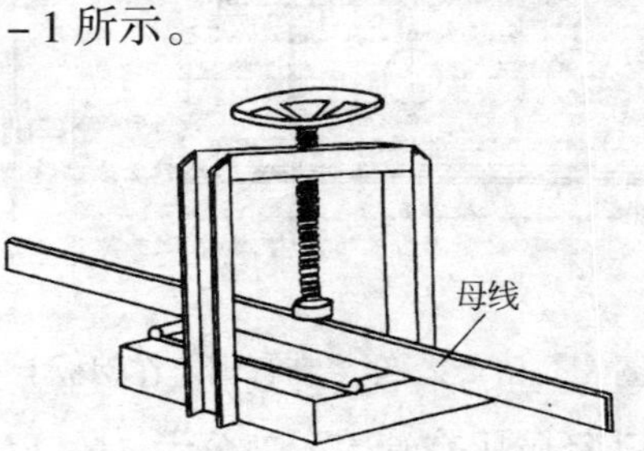

图 3.1.11-1 母线矫正机

手工矫正时,将母线放在平台或平直的型钢上,用硬质木锤直接敲打平直。不能用铁锤直接敲打。如母线弯曲过大,可用木锤或垫块(铜、铝木板)垫在母线上,用铁锤间接敲打平直。敲打时用力要适当,不能过猛,否则会引起母线变形。

3.1.12 母线切断

母线切断前,应按预先测量的尺寸,在母线上划线,然后再进行切断。母线切断可用钢锯或型钢切割机(无齿锯),如图3.1.12-1所示。切断时,将母线置于锯床的托架上,然后合闸接通电源,使电动机转动,慢慢压下操作手柄,一直到锯断为止。母线切断面应平整。不得用电弧或乙炔进行切断。

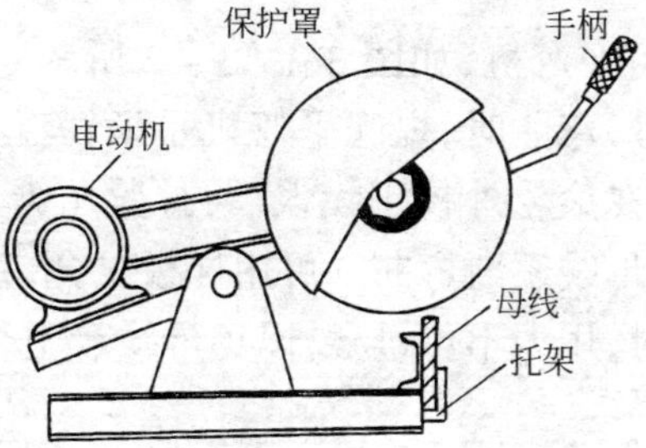

图 3.1.12-1 型钢切割机

母线下料切断时,要留有适当余量,避免弯曲时产生误差,造成整根母线报废。需弯曲的母线,最好弯曲后再进行切断,以达到准确的尺寸。

3.1.13 母线弯曲

母线的弯曲宜采用专用工具,进行冷煨,不得进行热煨。矩形母线应减少直角弯曲,母线的弯曲处不得有裂纹及显著的折皱。

1 矩形母线的弯曲方法

矩形母线的弯曲,通常有平弯、立弯和扭弯(麻花弯),如图3.1.13-1所示。为使母线弯曲角度准确,弯曲前可先用8号线或簿铁皮按实际情况弯制一个模板,并在母线弯曲的地方划上记号,然后再按样板弯曲母线。

(1) 平弯

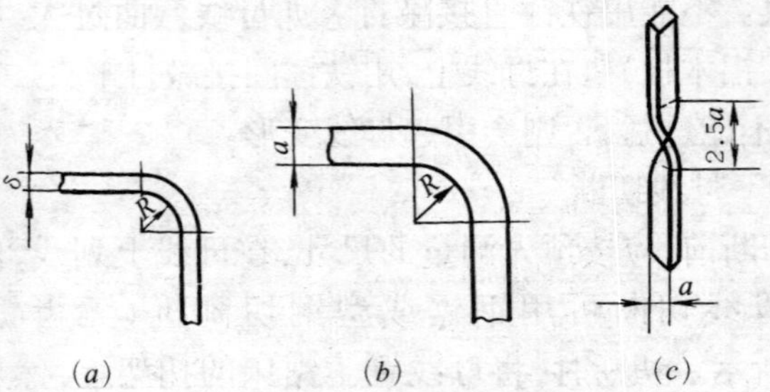

图 3.1.13－1　矩形母线的弯曲形式

(a)平弯；(b)立弯；(c)扭弯

母线平弯可用平弯机，如图 3.1.13－2 所示。先在母线要弯曲的部位划上记号，弯曲时，提起平弯机手柄，将母线插入两个滚轮之间，弯曲部分在滚轮外校正无误后，拧紧压力丝杠，然后压下平弯机的手柄，使母线逐渐弯曲。可用样板复合，直至达到所需要的弯曲度。操作时，用力不可过猛，以免母线产生裂缝。

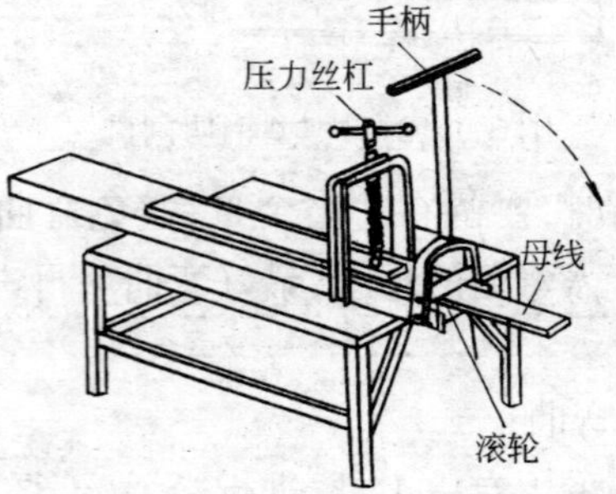

图 3.1.13－2　母线平弯机

小型母线的平弯可用台虎钳弯曲。弯曲时，将母线置于钳口中，钳口上应垫上铝板或硬木，以免伤母线，然后用手板动母线，使其弯曲至合适的角度。

(2) 立弯

母线立弯可用立弯机，如图 3.1.13－3 所示。弯曲时，先将母线需要弯曲部位套在立弯机的夹板上，再装上弯头，拧紧夹板螺栓，校正无误后，操作千斤顶，使母线弯曲。

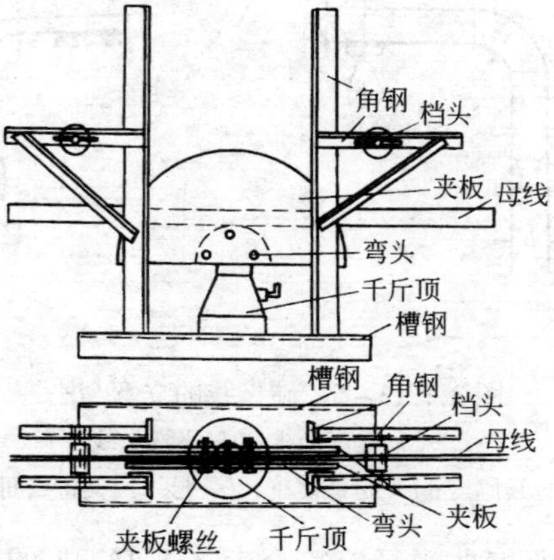

图 3.1.13－3　母线立弯机

(3) 扭弯

母线扭弯可用扭弯器，如图 3.1.13－4 所示。将母线需要扭弯部位的一端夹在台虎钳上，钳口部分应垫上簿铝皮或硬木片，防止虎钳口损伤母线。在距虎钳口为母线宽度 2.5～5 倍处，用母线扭弯器夹紧母线，然后双手用力扭动扭弯器的手柄，使母线扭转到所需要的扭弯角度为止。

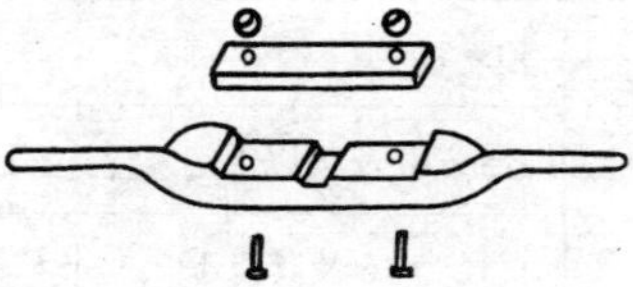

图 3.1.13－4　母线扭弯器

2　母线的弯曲要求

母线的弯曲要求如图 3.1.13－5 所示。

母线弯制时，开始的弯曲处距最近绝缘子的母线支持夹板边缘不应大于母线两支持点间的 25%，但不得小于 50mm。

母线开始弯曲处距母线连接位置，不应小于 50mm。

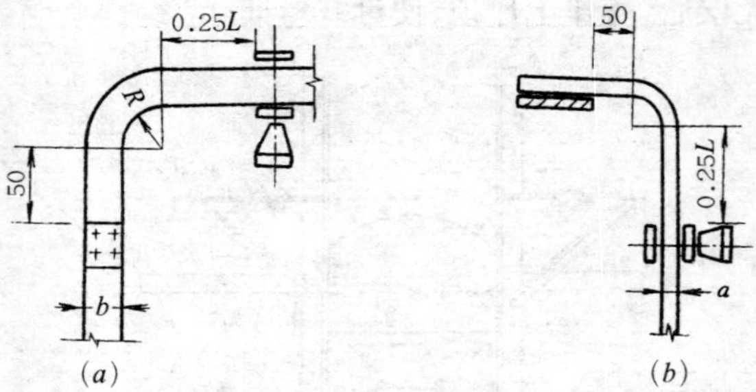

图 3.1.13－5　硬母线的立弯与平弯

(a)立弯母线；(b)平弯母线

a—母线厚度；b—母线宽度；L—母线两支持点间的距离

母线的最小弯曲半径应符合表 3.1.13－1 的规定。多片母线的弯曲度应一致。

母线最小弯曲半径(R)值　　表 3.1.13－1

母线种类	弯曲方式	母线断面尺寸(mm)	最小弯曲半径(mm)		
			铜	铝	钢
矫形母线	平弯	50×5 及其以下	2a	2a	2a
		125×10 及其以下	2a	2.5a	2a
	立弯	50×5 及其以下	1b	1.5b	0.5b
		125×10 及其以下	1.5b	2b	1b
棒形母线		直径为 16 及其以下	50	70	50
		直径为 30 及其以下	150	150	150

注：a—母线的宽度；b—母线的厚度。

母线扭弯扭转 90°时，其扭转部分的长度应为母线宽度的 2.5～5倍，如图 3.1.13－6 所示。

当母线采用螺栓搭接时，上片母线端头与下片母线平弯开始处的距离，不应小于 50mm，可见图 3.1.13－7。

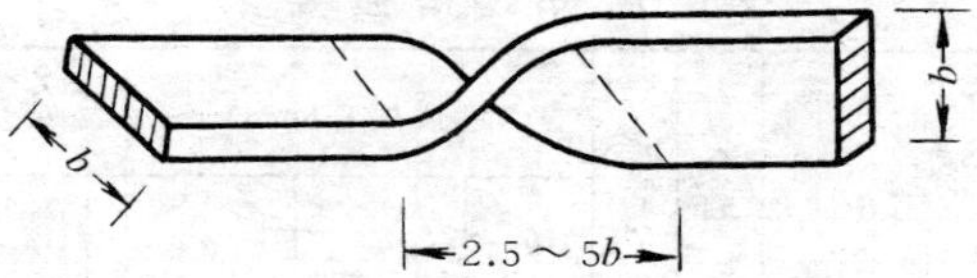

图 3.1.13－6　母线扭转 90°

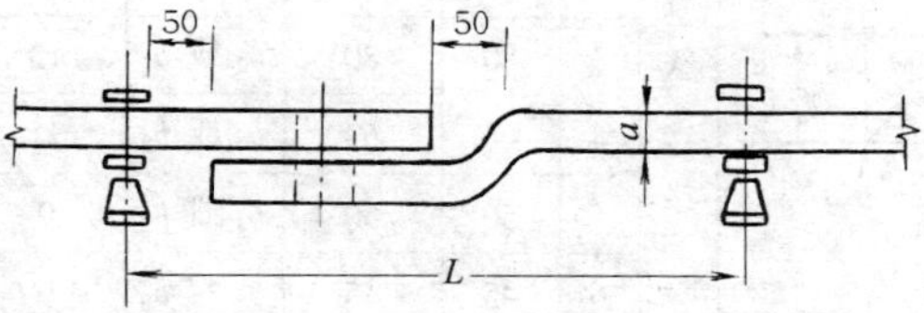

图 3.1.13－7　矩形母线搭接

L—母线两支持点之间的距离

3.1.14　裸母线的连接

母线与电气设备连接或母线本身连接即为母线连接。裸母线的连接应采用焊接、贯穿螺栓搭接连接。

矩形母线采用螺栓固定搭接时，连接处距支柱绝缘子的边缘不应小 50mm，如图 3.1.13－7 所示。

1　贯穿螺栓连接

凡是用贯穿螺栓连接的母线接头，应首先在母线上钻好孔，然后再用螺栓将两根母线连接起来。各种规格的母线用螺栓连接时，母线的连接尺寸及钻孔要求和螺栓规格见表 3.1.14－1。

当母线与设备接线端子连接时，应符合现行国家标准《变压器、高压电器和套管的接线端子》的要求。

(1) 母线钻孔

母线钻孔前，可根据表 3.1.14－1 所规定的钻孔要求，在母线上划出钻孔位置，并在孔中心用冲子冲眼，用电钻或台钻钻孔。螺孔的直径宜大于螺栓直径 1mm，钻孔应垂直，不歪斜，螺孔间中心距离的误差为 ±0.5mm。

矩形母线搭接要求　　表3.1.14-1

搭接形式	类型	序号	连接尺寸(mm) b_1	b_2	a	钻孔要求 ϕ(mm)	个数	螺栓规格
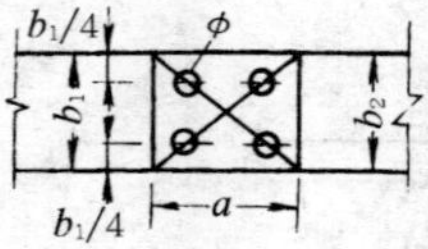	直线连接	1	125	125	b_1或b_2	21	4	M20
		2	100	100	b_1或b_2	17	4	M16
		3	80	80	b_1或b_2	13	4	M12
		4	63	63	b_1或b_2	11	4	M10
		5	50	50	b_1或b_2	9	4	M8
		6	45	45	b_1或b_2	9	4	M8
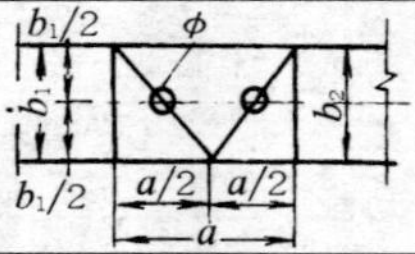	直线连接	7	40	40	80	13	2	M12
		8	31.5	31.5	63	11	2	M10
		9	25	25	50	9	2	M8
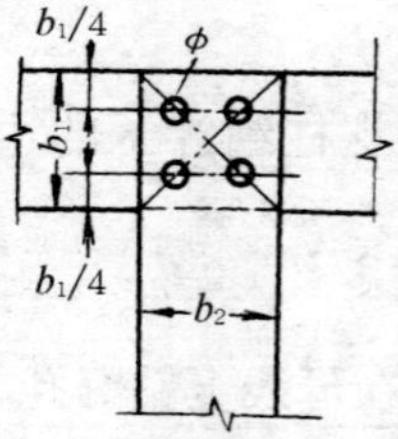	垂直连接	10	125	125		21	4	M20
		11	125	100～80		17	4	M16
		12	125	63		13	4	M12
		13	100	100～80		17	4	M16
		14	80	80～63		13	4	M12
		15	63	63～50		11	4	M10
		16	50	50		9	4	M8
		17	45	45		9	4	M8
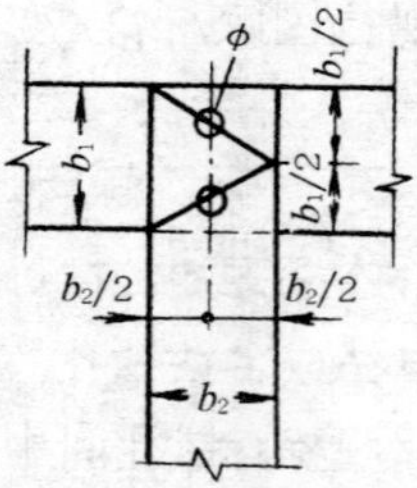	垂直连接	18	125	50～40		17	2	M16
		19	100	63～40		17	2	M16
		20	80	63～40		15	2	M14
		21	63	50～40		13	2	M12
		22	50	45～40		11	2	M10
		23	63	31.5～25		11	2	M10
		24	50	31.5～25		9	2	M18

续表

搭接形式	类型	序号	连接尺寸(mm)			钻孔要求		螺栓规格
			b_1	b_2	a	ϕ(mm)	个数	
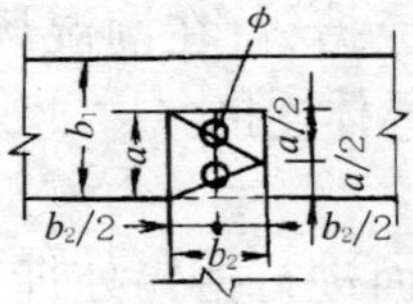	垂直连接	25	125	31.5～25	60	11	2	M10
		26	100	31.5～25	50	9	2	M8
		27	80	31.5～25	50	9	2	M8
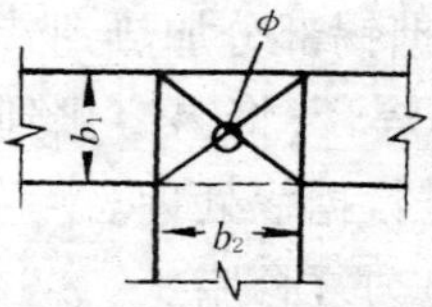	垂直连接	28	40	40～31.5		13	1	M12
		29	40	25		11	1	M10
		30	31.5	31.5～25		11	1	M10
		31	25	22		9	1	M10

母线钻好孔后,应将孔口的毛刺除去,使其保持光洁。

(2) 母线接触面加工

对母线与母线及母线与设备端子连接时接触部分的接触面应进行加工。母线接触面加工是母线安装保证质量的关键。接触面加工的主要作用,是消除母线表面的氧化膜、折皱和隆起部分,使接触面平整而略呈粗糙。接触面加工方法有手工锉削和使用机械铣、刨和冲压三种方法。母线的接触面加工必须平整,无氧化膜。经加工后的截面减少值,铜母线不应超过原截面的3%,铝母线不应超过原截面的5%。

具有镀银层的母线搭接面,不得任意锉磨。

铝母线不可用砂布来清除接触面,以免砂布上的玻璃屑及砂子嵌入金属内,增加接触电阻。

(3) 接触面防腐处理

母线接触面加工以后,还应对母线与母线、母线与电器接线端子的搭接接触面进行防腐蚀处理。以降低连接部位的接触电阻,减少其发热的机会。

对母线接触面,可根据连接不同材质进行:

1）铜与铜：室外、高温且潮湿的室内，搭接面应搪锡；干燥的室内，不搪锡可以直接连接。

2）铝与铝：搭接面不做涂层处理直接连接。

3）钢与钢：搭接面搪锡或镀锌。

4）铜与铝：在干燥的室内，铜导体搭接面应搪锡；在潮湿场所，铜导体搭接面搪锡，且采用铜铝过渡板与铝导体连接。

5）钢与铜或铝：钢搭接面必须搪锡。

母线接触面经加工后，对铜母线应对接触面进行搪锡处理。对于少量的铜线搪锡可用喷灯火焰直接在母线搪锡部分加热到紫铜发兰色时，用细钢丝刷掉表面氧化层、涂上锡焊膏，将锡溶化到母线上，再用抹布擦去表面浮渣。也可用锡锅进行搪锡处理。

母线接触面加工后必须保持清洁，并涂以电力复合脂。

2　裸母线焊接连接

母线用螺栓连接，接触电阻比较大，接头容易发热，采用焊接可以消除这些缺陷。常用的母线焊接有气焊和氩弧焊等几种方法。

母线施焊前，焊工必须经过考试合格，并符合下列要求：

（1）考试用试样的焊接材质，接头形式、焊接位置、工艺等应与实际施工时相同。

（2）在其所焊试样中，管形母线取二件，其他母线取一件，按下列项目进行检验，当其中有一项不合格时，应加倍取样重复试验，如仍不合格，测试为考试不合格。

1）表面及断口检验：焊缝表面不应有凹陷、裂纹、未熔合、未焊透等缺陷；

2）焊缝应采用X光无损控伤，其质量检验应按有关标准的规定；

3）焊缝抗拉强度试验：铝及铝合金母线，其焊接接头的平均最小抗拉强度不得低于原材料的75%；

4）直流电阻测定：焊缝处直流电阻应不大于同截面、同长度的原金属的电阻值。

母线焊接所用的焊条、焊丝应符合现行国家标准,其表面应无氧化膜、水分和油污等杂物。

母线宜减少对接焊缝。对接焊缝的部位离支持绝缘子母线夹板边缘不应小于 50mm。同一相如有多片母线对接焊缝,其相互错开距离不应小于 50mm。

母线焊接前应将母线加工成坡口,坡口加工面应无毛刺和飞边。并应将坡口两侧表面各 50mm 范围内清也干净,不得有氧化膜、水分和油污。铜母线可用钢丝刷清除母线坡口两侧的氧化膜,铝母线可用 5%荷性钠(火碱)溶液作表面清洗,直到露出银白色的干净表面再用清水冲洗、擦干。

将清理后的母线摆平对齐,防止错位,母线焊口处应根据表 3.1.14－2 的规定,留出一定的间隙。焊接前对口应平直,其弯折偏移不应大于 0.2%,如图 3.1.14－2 所示。中心线偏移不应大于 0.5mm,如图 3.1.14－3 所示。

对口焊接焊口尺寸(mm)　　　　表 3.1.14－2

母线类别	焊口形式	母线厚度 a	间隙 c	钝边厚度 b	坡口角度 α(°)
矩形母线	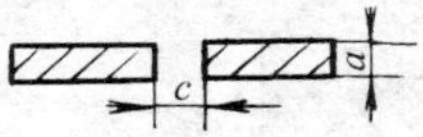	<5	<2		
	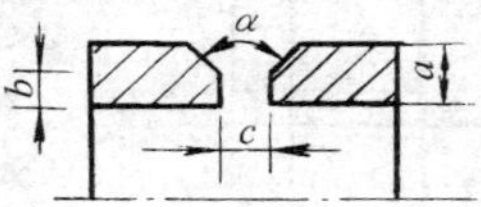	5	1~2	1.5	65~75
		6.3~12.5	2~4	1.5~2	65~75
管形母线	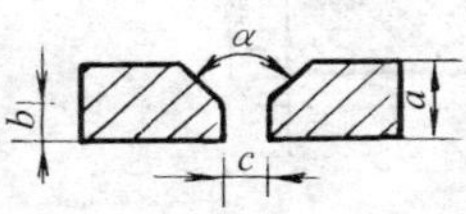	3~6.3	1.5~2	1	60~65
		6.3~10	2~3	1.5	60~75

连接母线的对口处对好后,焊口才可以施焊,必须双面焊接。焊接焊缝处应凸起呈弧形,有 2~4mm 的加强高度。每个焊缝应一次焊完,除瞬间断弧外不得停焊,母线焊完未冷却前,不得移动

或受力。母线焊完应趁余热用足够的水清洗掉焊药。焊缝处除允许个别剔掉多余的焊瘤外，焊缝不得锤平。

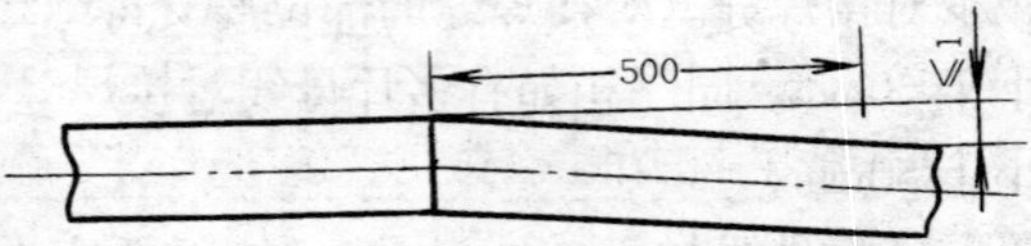

图 3.1.14－2　对口允许弯折偏移

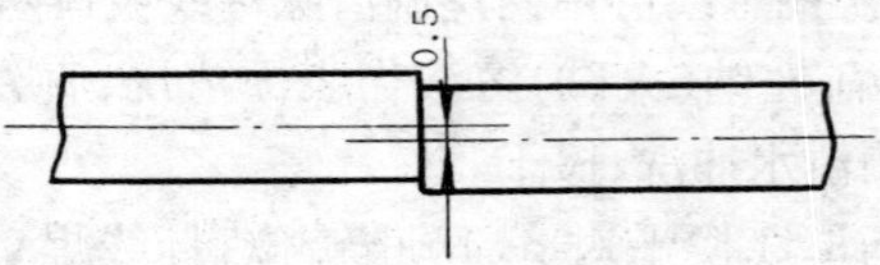

图 3.1.14－3　对口中心线允许偏移

引下线母线采用搭接焊时，焊缝的长度不应小于母线宽度的 2 倍；角焊缝的加强高度应为 4mm。

铝及铝合金的管形母线，应采用氩弧焊。管形母线的补强衬管的纵向轴线应位于焊口中央，衬管与母线的间隙应小于 0.5mm，如图 3.1.14－4 所示。

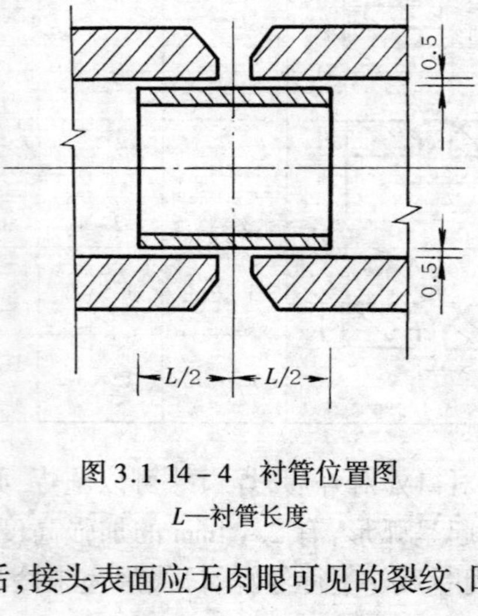

图 3.1.14－4　衬管位置图

L—衬管长度

母线焊接后，接头表面应无肉眼可见的裂纹、凹陷、缺肉、未焊透、气孔、夹渣等缺陷。

咬边深度不得超过母线厚度(管形母线为壁厚)的10%,且总长度不得超过焊缝总长度的20%。

3.1.15 母线安装

当母线支架安装好后,用螺栓将支持绝缘子固定在支架上,并调整好后即可以安装母线了。

母线安装应平整美观,水平安装时二支持点间高度误差不宜大于3mm,全长不宜大于10mm。垂直安装时,二支持点间垂直误差不宜大于2mm,全长不大于5mm,母线排列间距应均匀一致,误差不大于5mm。

室内母线安装时,配电装置的安全净距应符合表3.1.15-1和图3.1.15-1、图3.1.15-2的规定。

室内配电装置的安全净距(mm)　　表3.1.15-1

符号	适用范围	图号	额定电压(kV)										
			0.4	1~3	6	10	15	20	35	60	110J	110	220J
A_1	1. 带电部分至接地部分之间 2. 网状和板状遮拦向上延伸线距地2.3m处与遮栏上方带电部分之间	3.1.15-1	20	75	100	125	150	180	300	550	850	950	1800
A_2	1. 不同相的带电部分之间 2. 断路器和隔离开关的断口两侧带电之间	3.1.15-1	20	75	100	125	150	180	300	550	900	1000	2000
B_1	1. 栅状遮拦至带电部分之间 2. 交叉的不同时停电检修的无遮拦带电部分之间	3.1.15-1 3.1.15-2	800	825	850	875	900	930	1050	1300	1600	1700	2550

续表

符号	适用范围	图号	额定电压（kV）										
			0.4	1~2	6	10	15	20	35	60	110J	110	220J
B_2	网状遮拦至带电部分之间	3.1.15-1	100	175	200	225	250	280	400	650	950	1050	1900
C	无遮拦裸导体至地（楼）面之间	3.1.15-1	2300	2375	2400	2425	2450	2480	2600	2850	3150	3250	4100
D	平行的不同时停电检修的无遮拦裸导体之间	3.1.15-1	1875	1875	1900	1925	1950	1980	2100	2350	2650	2750	3600
E	通向室外的出线套管至室外通道的路面	3.1.15-2	3650	4000	4000	4000	4000	4000	4000	4500	5000	5000	5500

注：1. 110J、220J 系指中性点直接接地电网。

2. 网状遮拦至带电部分之间当为板状遮拦时，其 B 值可取 A_1+30mm。

3. 通向室外的出线套管至室外通道的路面，当出线套管外侧为室外配电装置时，其至室外地面的距离不应小于室外配电装置的安全净距的有关规定。

4. 海拔超过 1000m 时，A 值应按有关图示修正。

5. 本表所列各值不适用于制造厂生产的成套配电装置。

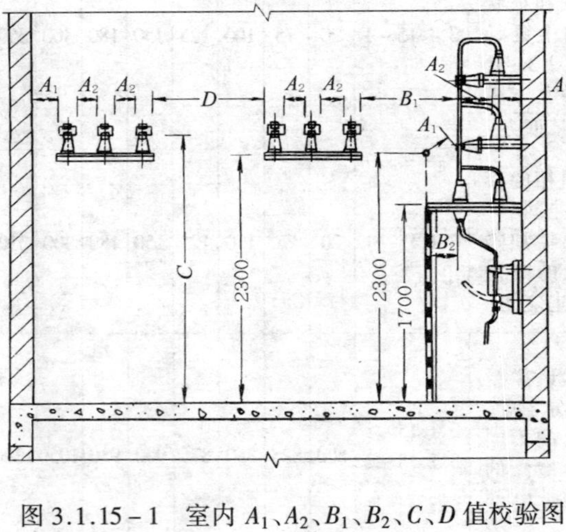

图 3.1.15-1 室内 A_1、A_2、B_1、B_2、C、D 值校验图

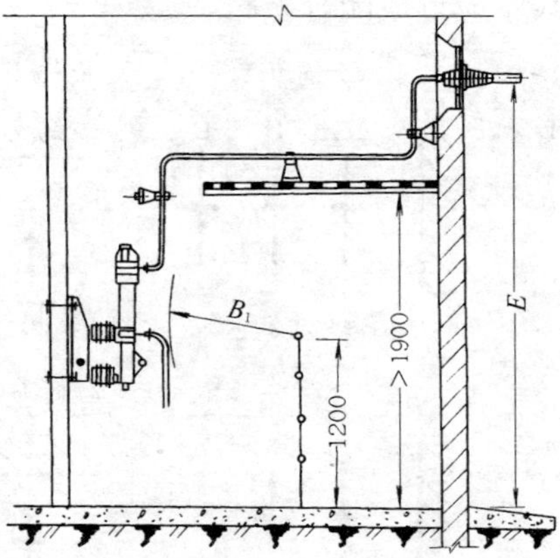

图 3.1.15－2　室内 B_1、E 值校验图

1　母线的排列

母线在排列时应按一定的相序进行，当无设计规定时，应符合下列规定：

(1) 交流母线上、下布置时，由上至下排列为 L_1、L_2、L_3、相。直流母线正极在上，负极在下。

(2) 交流母线水平布置时，由后至前排列为 L_1、L_2、L_3、相，直流母线正极在后，负极在前。

(3) 引下线的交流母线由左至右排列为 L_1、L_2、L_3、相，直流母线正极在左，负极在右。

母线的相序排列，如图 3.1.15－3 所示。

相同布置的主母线、分支母线、引下线及设备连接线应对称一致，横平竖直，整齐美观。

2　母线的固定

母线在支持绝缘子上常用的固定方法有两种，一种是使用夹板，只要把母线穿过夹板两边用螺栓固定即可；另一种方法是用卡板固定，这种方法只要把母线放入卡板内待连接调整后将卡板扭转一定角度卡住母线即可。母线的固定如图 3.1.15－4 所示。

母线固定装置应无棱角和毛刺。母线固定的支持铁件及支持夹板对交流母线不应形成闭合磁路。

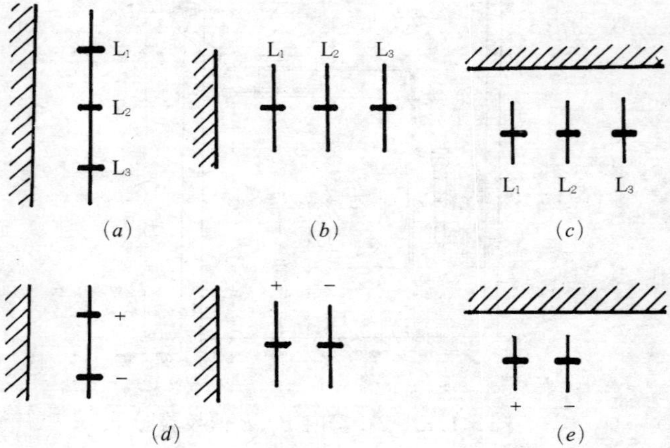

图 3.1.15－3　母线的相序排列

(*a*)交流上下布置；(*b*)交流水平布置；(*c*)引下线交流母线；

(*d*)直流上下布置；(*e*)直流水平布置

在支持绝缘子上固定母线用的金具与支持绝缘子间的固定应平整牢固，不应使所支持的母线受到额外压力。

母线固定在支持绝缘子上，可以平放，也可以立放，应根据需要决定。当母线平行放置，使用夹板固定时，母线支持夹板上部压板与母线间有 1～1.5mm 的间隙，当母线立放时，下部压板应与母线之间保持有 1.5～2mm 的间隙。应保证母线能够自由伸缩，不致损坏绝缘子。

母线在支持绝缘子上，每一段应设置一个固定死点，并宜位于全长或两母线伸缩节中点的位置上。

多片矩形母线应采用特殊的夹板固定，使母线间保持不小于母线厚度的间隙；相邻的间隙隔板边缘间距离应大于 5mm，如图 3.1.15－5 所示。

3　母线的连接

母线安装进行螺栓连接时，母线两外侧均应有平垫圈，相邻螺栓垫圈间应有 3mm 以上的净距,螺母一侧应装有弹簧垫圈或锁紧螺母。

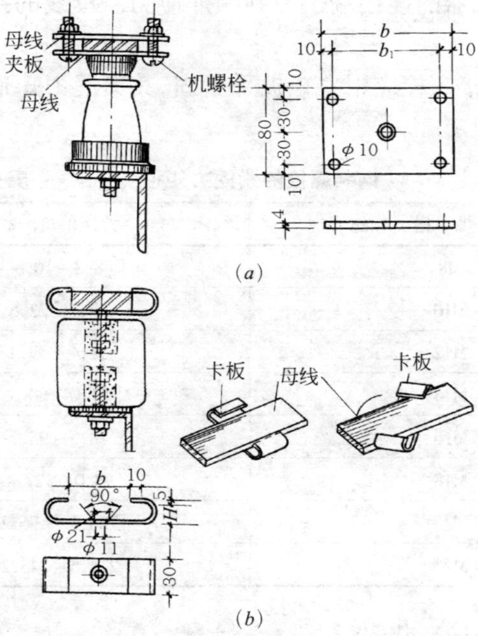

图 3.1.15-4　母线在支持绝缘子上的固定方法

(a)用夹板固定;(b)用卡板固定

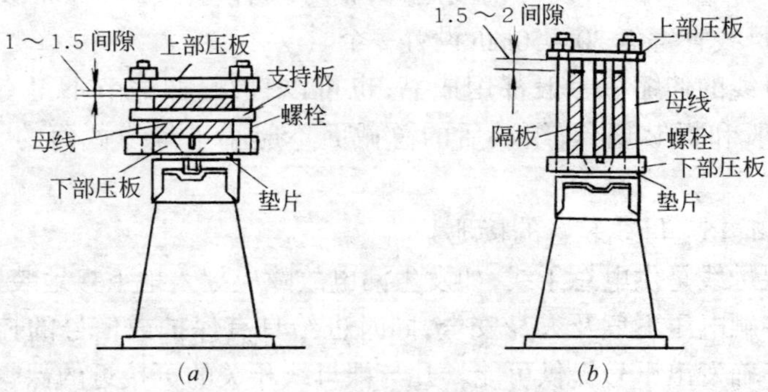

图 3.1.15-5　多片矩形母线安装方式

(a)母线平放;(b)母线立放

当连接母线水平放置时，连接螺栓应由下往上穿，其余情况下螺母应置于维护侧，螺栓长度宜露出螺母2~3扣。螺栓的受力应均匀，不应使电器的连接端子受到额外应力。母线的接触面应连接紧密。

母线的连接螺栓应用力矩扳手紧固，其紧固力矩值应符合表3.1.15－2的规定。

钢制螺栓的紧固力矩值　　　　**表3.1.15－2**

螺 栓 规 格 (mm)	力矩值(N·m)
M8	8.8~10.8
M10	17.7~22.6
M12	31.4~39.2
M14	51.0~60.8
M16	78.5~98.1
M18	98.0~127.4
M20	156.9~196.2
M24	274.6~343.2

4　母线的伸缩装置

母线安装时，为使母线温度变化时有伸缩的自由，应安装设计规定设母线伸缩节，设计没规定时，铝母线宜每隔20~30m设一个，铜母线宜每隔30~50mm设置一个。

母线的伸缩节一般都用成品，也可以自制，伸缩节不得有裂纹、断股和折皱现象，组装后的总截面不应小于母线截面的1.2倍。

3.1.16　母线装置的接地

裸母线是供电总干线，如发生漏电故障应导入地下接地装置，确保接触电压不危及人身安全，同时也给具有保护或信号的控制回路正确发出讯号提供可能。凡与裸母线相关的可接近的裸露导体均应接地。

裸母线绝缘子的底座、套管的法兰、保护网(罩)及母线支架等应接地可靠。为防止保护支线线间的串接,不得在一个接地线中串接几个需要接地的电气装置。

接地线宜排列整齐,方向一致,色标正确。

3.1.17 母线涂漆

母线安装完后,为了表示带电体及便于识别相序,提高母线散热系数和改善母线冷却条件以及防止腐蚀延长使用寿命,母线要涂漆。漆要事先调好,不可过稀或过稠,刷漆应均匀,无起层、皱皮等缺陷,并应整齐一致。

交流母线涂漆的颜色应为 L_1 相为黄色、L_2 相为绿色、L_3 相为红色、N(中性线)为淡蓝色、PE(保护线)为黄绿相间色。单相交流母线应与引出相的相色相同。

直流母线涂漆的颜色正极为赭色,负极为蓝色。

单片母线的所有面及多片母线的可见面均应刷相色漆。母线的螺栓连接处及支持连接处,母线与电器的连接处以及距所有连接处 10mm 以内的地方不应刷相色漆,供携带式接地线连接用的接触面上,不刷漆部分的长度应为母线的宽度或直径,且不应小于 50mm。

3.1.18 检查送电

裸母线安装工作完成后,要全面的进行检查,清理好工作现场的工具、杂物。

母线送电前应进行交流耐压试验,对高压套管和绝缘子的耐压试验可与母线耐压试验一起进行,试验电压应符合表 3.1.18－1 的规定。

对 500V 以下母线试验电压为 1000V,当绝缘电阻值大于 10MΩ 时,可采用 2500V 兆欧表代替,试验持续时间为 1min。

相间和相对地间绝缘电阻值测试,可用 500V 兆欧表摇测,绝缘电阻值不应小于 0.5MΩ。

经测试符合规定后可进行试运行,正式送电前应先挂好有电标志牌,并通知有关单位。

穿墙套管、支柱绝缘子工频耐压试验电压标准

表 3.1.18－1

额定电压(kV)	最高工作电压(kV)	1min 工频耐受电压(kV)有效值					
		穿墙套管				支持绝缘子	
		纯瓷和纯瓷充油绝缘		固体有机绝缘			
		出厂	交接	出厂	交接	出厂	交接
3	3.5	18	18	18	16	25	25
6	6.9	23	23	23	21	32	32
10	11.5	30	30	30	27	42	42
15	17.5	40	40	40	36	57	57
20	23.0	50	50	50	45	68	68
35	40.5	80	80	80	72	100	100
63	69.0	140	140	140	126	165	165
110	126.0	185	185	185	180	265	265
220	252.0	360	360	360	356	450	450
330	363.0	460	460	460	459		
500	550.0	630	630	630	612		

Ⅲ 质量标准

3.1.19 主控项目

1 绝缘子的底座、套管的法兰、保护网(罩)及母线支架等可接近裸露导体应接地(PE)或接零(PEN)可靠。不应作为接地(PE)或接零(PEN)的接续导体。

2 母线与母线或母线与电器接线端子，当采用螺栓搭连接时，应符合下列规定：

(1) 母线的各类搭接连接的钻孔直径和搭接长度符合表3.1.15－1的规定，用力矩扳手拧紧钢制连接螺栓的力矩值符合表3.1.15－2的规定。

(2) 母线接触面保持清洁，涂电力复合脂，螺栓孔周边无毛刺。

(3) 连接螺栓两侧有平垫圈,相邻垫圈间有大于3mm的间隙,螺母侧装有弹簧垫圈或锁紧螺母。

(4) 螺栓受力均匀,不使电器的接线端子受额外应力。

3　封闭、插接式母线安装应符合下列规定:

(1) 母线与外壳同心,允许偏差为 ±5mm。

(2) 当段与段连接时,两相邻段母线及外壳对准,连接后不使母线及外壳受额外应力。

(3) 母线的连接方法符合产品技术文件要求。

4　室内裸母线的最小安全净距应符合《建筑电气工程施工质量验收规范》附录E的规定。

5　高压母线交流工频耐压试验必须符合《建筑电气工程施工质量验收规范》GB 50303—2002中第3.1.8条的规定交接试验合格。

6　低压母线交接试验应符合《建筑电气工程施工质量验收规范》GB 50303—2002中的第4.1.5条的规定。

3.1.20　一般项目

1　母线的支架与预埋铁件采用焊接固定时,焊缝应饱满;采用膨胀螺栓固定时,选用的螺栓应适配,连接应牢固。

2　母线与母线、母线与电器连接端子搭接,搭接面的处理应符合下列规定:

(1) 铜与铜:室外、高温且潮湿的室内,搭接面搪锡;干燥的室内,不搪锡。

(2) 铝与铝:搭接面不做涂层处理。

(3) 钢与钢:搭接面搪锡或镀锌。

(4) 铜与铝:在干燥的室内,铜导体搭接面搪锡;在潮湿场所,铜导体搭接面搭锡,且采用铜铝过渡板与铝导体连接。

(5) 钢与铜或铝:钢搭接面搪锡。

3　母线的相序排列及涂色,当设计无要求时应符合下列规定:

(1) 上、下布置的交流母线,由上至下排列为A、B、C相;直流母线正极在上,负极在下;

(2) 水平布置的交流母线,由盘后向盘前排列为 A、B、C 相;直流母线正极在后,负极在前;

(3) 面对引下线的交流母线,由左至右排列为 A、B、C 相;直流母线正极在左,负极在右;

(4) 母线的涂色:交流,A 相为黄色、B 相为绿色、C 相为红色;直流,正极为赭色、负极为蓝色;在连接处或支持件边缘两侧 10mm 以内不涂色。

4 母线在绝缘子上安装应符合下列规定:

(1) 金具与绝缘子间的固定平整牢固,不使母线受额外应力。

(2) 交流母线的固定金具或其他支持金具不形成闭合铁磁回路。

(3) 除固定点外,当母线平置时,母线支持夹板的上部压板与母线间有 1~1.5mm 的间隙;当母线立置时,上部压板与母线间有 1.5~2mm 的间隙。

(4) 母线的固定点,每段设置 1 个,设置于全长或两母线伸缩节的中点。

(5) 母线采用螺栓搭接时,连接处距绝缘子的支持夹板边缘不小于 50mm。

5 封闭、插接式母线组装和固定位置应正确,外壳与底座间、外壳各连接部位和母线的连接螺栓应按产品技术文件要求选择正确,连接紧固。

Ⅳ 成品保护

3.1.21 母线装置所采用的设备和器材,在运输与保管中应采用防腐蚀性气体侵蚀及机械损伤的包装。

3.1.22 绝缘瓷件在安装中应妥善处理,防止碰伤,已安装后的瓷件不应承受其他压力以防损坏。

3.1.23 已加工调整平直的母线半成品应妥善保管,不得乱堆乱放。安装好的母线应注意保护,不得碰撞,更不得利用母线吊、挂和放置其他物件。

3.1.24　母线在刷相色漆时,要采取措施,避免污染其他母线、支架及建筑物。

3.1.25　母线安装场所土建需二次喷涂时,应将母线用塑料布遮盖好,防止被污染。

3.1.26　母线安装处下班或中断工作时,应将场地的门窗关好并上锁,防止设备损坏。

Ⅴ　安全注意事项

3.1.27　脚手架搭设必须牢固可靠,便于工作。经检查合格后方可施工。

3.1.28　使用人字梯必须坚固,距梯脚 40 ~ 60cm 处要设拉绳,防止劈开,不准站在梯子最上一层工作,梯凳上禁止放工具、材料。

3.1.29　使用单梯顶端应绑扎牢固,在光滑坚硬地面上使用时,须考虑防滑措施,必要时,需设人扶持保护。

3.1.30　进入现场应戴好安全帽,高空作业要系好安全带。

3.1.31　母线送电后,不得在母线附近工作或走动,以免造成触电事故。

3.1.32　使用单位在未经正式交工验收前,不得使母线投入运行。

Ⅵ　质量通病及其防治

3.1.33　各种型钢等金属材料,除锈不净,刷漆不均匀,且有漏刷现象。金属构件除锈应彻底,防腐漆应涂刷均匀,粘合牢固,不得有起层、皱皮等缺陷。

3.1.34　各种型钢、母线及开孔处有毛刺或不规则。对型钢、母线钻孔前,先在连接部位,按规定划好孔位中心线并冲眼。钻孔应垂直,不歪斜,螺孔间中心距离应防止误差过大,不得用电、气焊开孔。钻孔后应将孔边的毛刺打磨干净。

3.1.35　母线搭接处间隙过大,不能满足规定。母线搭接处接触面应处理正确，母线连接处垫圈应符合规定要求。

3.2 封闭式母线安装

Ⅰ 施工准备

3.2.1 设备、材料

1 各种系列的密集绝缘型母线槽、空气绝缘型母线槽。

2 各种规格的型钢、卡件，各种支架、吊架，各种螺栓、垫圈等均应是镀锌制品。

3 樟丹、油漆、电焊条等。

3.2.2 机　　具

1 台虎钳、钢锯、手锤、油压煨弯器、电钻、电锤、电焊机、扳手等。

2 钢角尺、钢卷尺、水平尺、兆欧表等。

3.2.3 作业条件

1 封闭式母线适用于干燥和无腐蚀性气体的室内和电气竖井内等场所安装。

2 设备及附件应存放在干燥有锁的房间保管。

3 封闭式母线安装部位的建筑装饰工程应全部结束，门窗齐全。室内封闭式母线的安装宜在管道及空调工程基本施工完毕后进行，防止其他专业施工时损伤母线。

4 高空作业脚手架搭设完毕，安全技术部门验收合格。

Ⅱ 施工工艺

3.2.4 施工工序

设备开箱检查调整 → 支架制作安装 → 母线安装 → 通电测试检验

3.2.5 母线选择

封闭式母线分空气绝缘型、密集绝缘型两种。封闭母线是把铜或铝裸母线用绝缘夹板夹在一起(用空气绝缘或缠包绝缘带绝缘)置于优质钢板或铝板的外壳内。密集绝缘型母线内部简易结构,如图 3.2.5-1 所示。

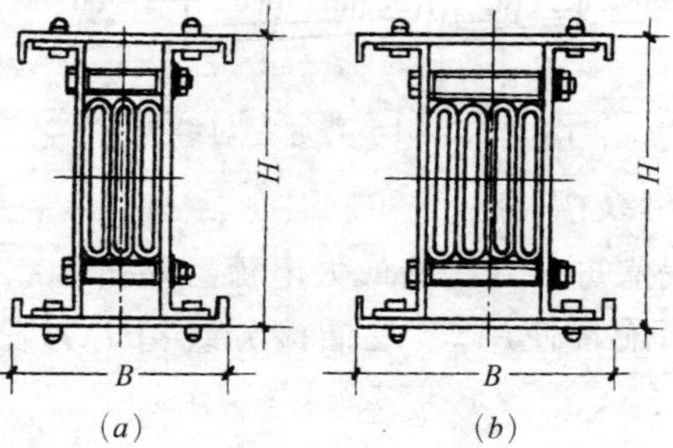

图 3.2.5-1　封闭式母线(密集绝缘型)简易结构
(a)3 线式断面;(b)4 线式断面

封闭母线有单相二线、单相三线、三相三线、三相四线及三相五线式等,可根据需要选用。封闭母线本身结构紧凑,可以借助于增加母线槽的数量延伸线路,通过各种连接件与变压器、配电箱等连接十分方便。还便于中间分支,适用于大电流的配电干线,可以缩短施工工期,有替代电缆和高层建筑穿管导线的趋势。但是由于封闭式母线造价很高,因此需要进行技术经济比较,合理时方可采用。

由于国内封闭式母线生产厂家很多,不但母线的名称各异,就连其型号含义及功能单元代号、标准长度代号表示方法也不尽相同,同时又有各自的安装方式和安装附件,在选用时应多加注意。

3.2.6　封闭式母线的功能单元

母线槽功能单元作用如下:

1　普通型母线槽

普通型母线槽即直线式母线槽,一般长度在 0.5~3m,通过绝缘螺栓能方便地连接成母线干线系统,如图 3.2.6-1 所示。

母线槽还有带插口母线槽,带插口母线槽与插接分线箱配合能方便的引出电源，由此向用电设备供电。

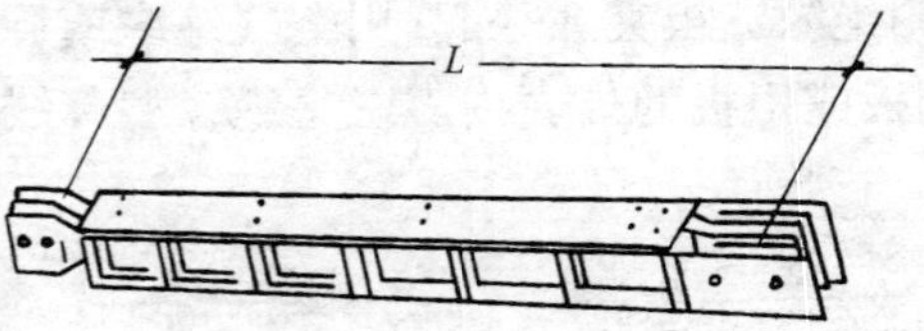

图 3.2.6－1　普通型母线槽

2　分岔式母线槽

分岔式母线槽每个分岔的最大电流容量为 800A，分岔式母线槽与螺栓连接箱配合使用，较之插接分线箱更为安全可靠，如图 3.2.6－2 所示。

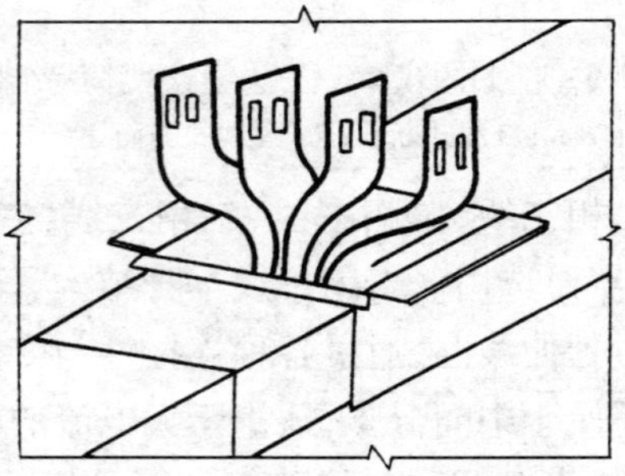

图 3.2.6－2　分岔式母线槽示意图

3　始端母线槽

母线槽在与变压器、配电柜或电缆连接时，采用始端母线槽。始端母线槽净长度 L_1 一般为 0.5m、1m 两种，如选用其他尺寸可由用户根据需要确定，如图 3.2.6－3 所示。

4　L 形水平弯头

L 形水平弯头能使母线干线在水平位置上呈直角拐弯，其长度一般为 0.5m、1m，如图 3.2.6－4(a)所示。

5　L 形垂直弯头

L 形垂直弯头用于母线干线垂直变向处，能方便地解决母线干线的方向及标高的变换。如图 3.2.6－4(b)所示。

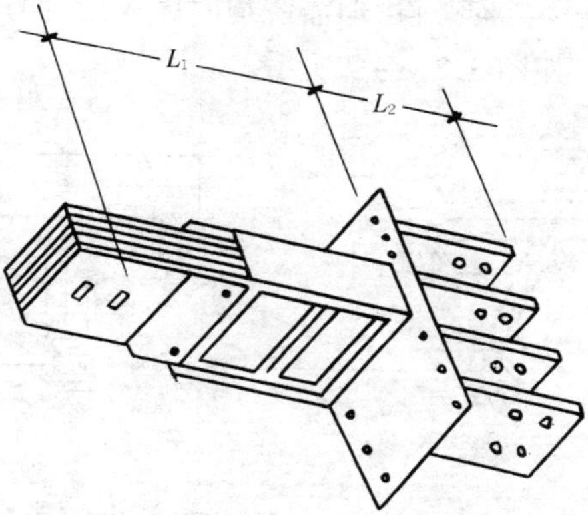

图 3.2.6－3　始端母线槽示意图

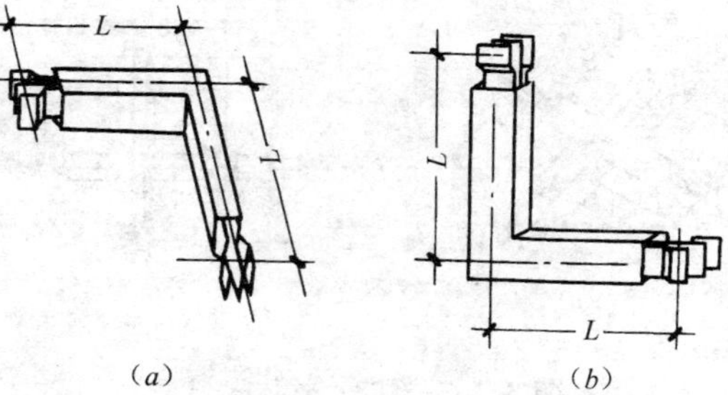

图 3.2.6－4　L形水平、垂直弯头
(a)水平弯头；(b)垂直弯头

6　T形弯头

T形弯头分为T形垂直弯头和T形水平弯头，如图 3.2.6－5 所示，T形弯头在封闭插接母线干线需要分支时采用。长度有 0.5m 和 1m 两种。

7　十字形弯头

十字形弯头有水平弯头和垂直弯头，当母线干线需要水平分支或垂直分支时使用，如图 3.2.6－6 所示。

8　Z形弯头

Z形弯头分为Z形水平弯头和Z形垂直弯头两种。Z形弯头在干线单元向一个方向敷设，但需绕道时而采用，而这种绕道路线通常在1m之内，如图3.2.6-7所示。

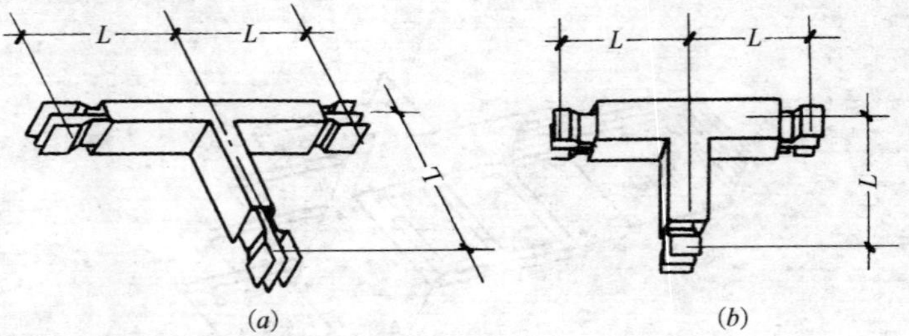

图3.2.6-5　T形弯头

(a)T形水平弯头；(b)T形垂直弯头

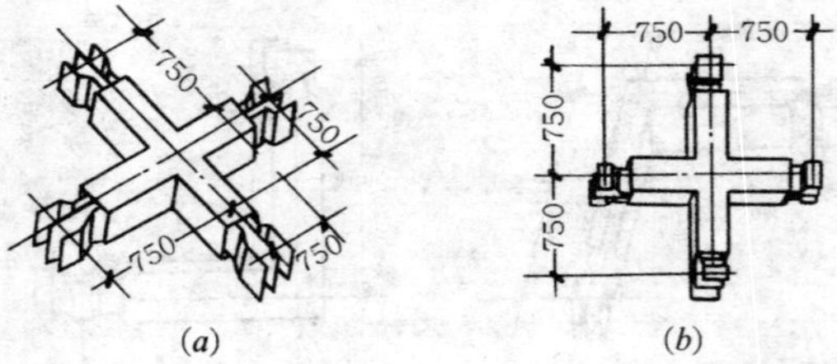

图3.2.6-6　十字形弯头

(a)十字形水平弯头；(b)十字形垂直弯头

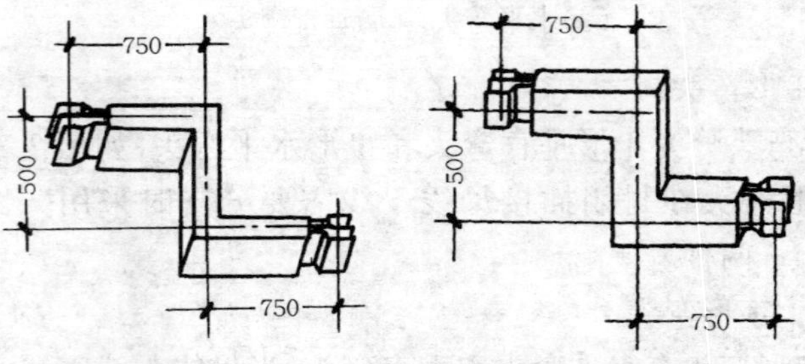

图3.2.6-7　Z形弯头

(a)Z形水平弯头；(b)Z形垂直弯头

9　变容量接头

封闭插接母线槽电流容量从始端至终端逐步变小，可使用变容量接头，顺利地对母线槽减容，以节约投资，如图 3.2.6－8 所示。变容量接头标准长度为 1.5m。其改变容量数量额见表 3.2.6－1。

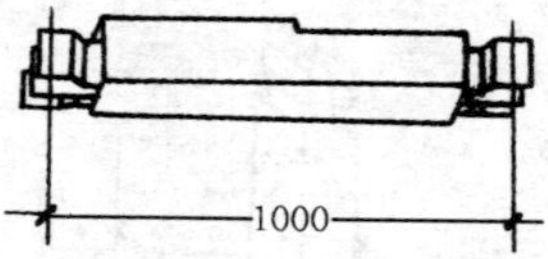

图 3.2.6－8　变容量接头

变容量数额值(A)　　表 3.2.6－1

2500/2000	2000/1600	1600/1200	1200/1000
1000/800	800/600	600/400	400/200

10　膨胀节母线槽

当封闭母线运行时，母线导体会随着温度的上升而沿长度方向膨胀，膨胀的多少与总的负荷，分支线的大小和位置以及变动负荷的大小和持续时间等因素有关。为适应其膨胀，在直线敷设长度超过一定数值时，应设置伸缩节（即膨胀节母线槽），如图 3.2.6－9所示。

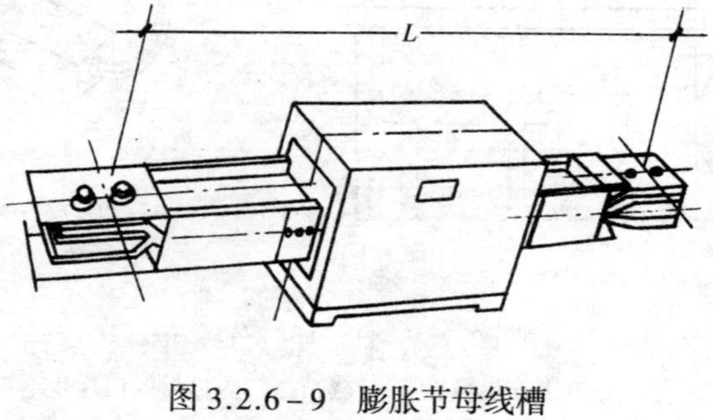

图 3.2.6－9　膨胀节母线槽

母线在水平跨越建筑物的伸缩缝或沉降缝处，也宜采取适当措施。

11　始端进线箱

始端母线槽与变压器、配电柜之间的连接，应采用始端进线箱进行连接，其安装尺寸如图 3.2.6－10 所示。

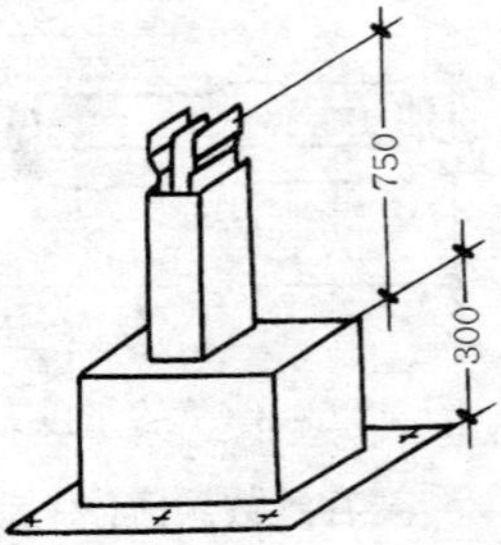

图 3.2.6－10　始端进线箱

12　插接分线箱

插接分线箱应与带插孔母线槽匹配使用，可方便地引出电源，向用电设备供电，且插接分线箱均配有接地线，以保证母线槽可靠接地。

插接分线箱内可不安装其他电器元件，使母线支持与电缆连接如图 3.2.6－11 所示。

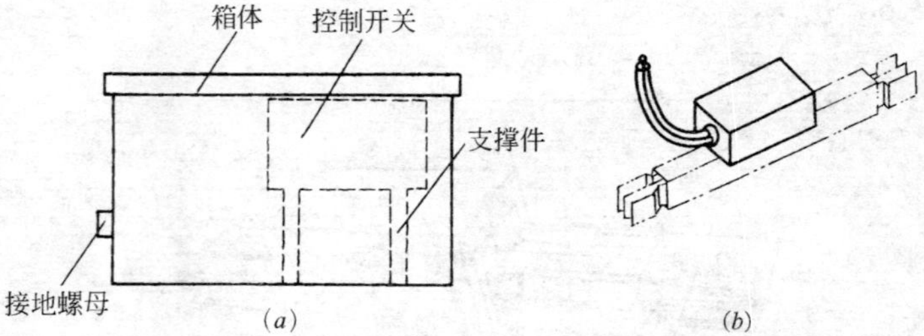

图 3.2.6－11　插接分线箱

(a)插接分线箱；(b)分线箱与带插口母线槽连接

插接分线箱内部也可安装空气开关、闸刀开关或熔断器、按钮或其他电器元件，并可以自由进行选择。

13　分岔螺栓连接箱

分岔螺栓连接箱为装有自动空气开关或熔断开关且能与分岔式母线槽配合连接引出电源之装置。箱内空气开关(或熔断开关)可通过非固定铜排与分岔式母线槽通过螺栓直接连接。

3.2.7　母线开箱检查

1　封闭式母线应有出厂合格证、安装技术文件。技术文件应包括额定电压、额定容量、试验报告等技术数据。

2　包装及封闭应良好。母线规格应符合要求,各种型钢、卡具各种螺栓、垫圈等附件、配件应齐全。

3　成套供应的封闭母线的各段应标志清晰,附件齐全,外壳无变形,内部无损伤。

4　封闭母线螺栓固定搭接面应镀锡。搭接面应平整,其镀锡层不应有麻面,起皮及未覆盖部分。

5　封闭式母线的母线外表面及外壳内表面涂无光泽黑漆,外壳外表面涂浅色漆。

3.2.8　母线支、吊架制作安装

封闭式母线的固定形式有垂直和水平安装两种,其中水平悬吊式分为平卧式和侧卧式两种。垂直安装有弹簧支架固定以及母线槽沿墙支架固定两种。

1　支、吊架制作

支、吊架可以根据用户要求由厂家配套供应也可以自制。支、吊架的制作安装,应按设计和产品技术文件的规定进行,如设计和技术文件无规定时,可按下述要求制作。

制作支、吊架应根据施工现场结构类型,采用角钢和槽钢制作,宜采用"一"字形、"U"形、"L"形和"T"字形四种形式。

支、吊架加工应按选好的型号、测量好的尺寸下料制作,角钢、槽钢的断口必须锯断或冲压,严禁使用电、气焊切割,加工尺寸最大误差不应大于5mm。

支、吊架的煨弯可使用台虎钳用手锤打制,也可使用油压煨弯器用模具压制。

支、吊架钻孔应使用台钻或手电钻钻孔，孔径不应大于固定螺栓直径2mm。严禁用电、气焊割孔。

吊杆套扣应使用套丝机或套丝板加工，不许乱丝和断丝。

2 支、吊架安装

封闭式母线支、吊架的安装位置，应根据母线敷设的需要确定。

(1) 支架位置确定

封闭母线水平敷设时，应使用吊架固定，固定点的间距应符合设计要求和产品技术文件的规定，一般为2~3m，额定电流在1000A以2m为宜。母线的固定点不应设在每段母线的连接处。

封闭母线沿墙垂直敷设时，应使用支架固定，垂直固定支架可在距地高度1.5~2m处设置。

在建筑物楼板上封闭式母线垂直安装，应使用厂家配套供应的弹簧支架支承。

在封闭式母线的拐弯处及与箱(盘)连接处必须加支架。垂直敷设的封闭式母线，当进线盒(箱)及末端悬空时，应采用支架固定。

(2) 支、吊架安装

安装支架前应根据母线路径的走向测量出较准确的支架位置，在已确定的位置上钻孔，先固定好安装支架的膨胀螺栓。

1) 膨胀螺栓安装

设置膨胀螺栓套管钻孔时，采用钻头外径与套管外径相同，钻成的孔径与套管外径相同，钻成的孔径与套管外径的差值不大于1mm，钻孔深度略大于套管。膨胀螺栓及套管如图3.2.8-1所示。螺栓及钻孔规格见表3.2.8-1。

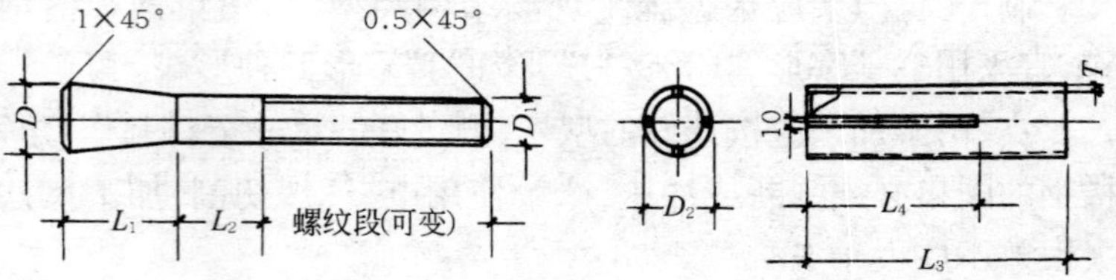

图3.2.8-1 膨胀螺栓及套管

膨胀螺栓及其钻孔规格表(mm)　　　　表 3.2.8－1

螺栓规格	螺栓				套管				钻孔	
	D_1	D	L_1	L_2	D_2	T	L_3	L_4	深度	直径
M6	6	10	15	10	10	1.2	35	20	40	10.5
M8	8	12	20	15	12	1.4	45	30	50	12.5
M10	10	14	25	20	14	1.6	55	35	60	14.5
M12	12	18	30	25	18	2.0	65	40	70	19
M16	16	22	40	40	22	2.0	90	55	100	23

钻孔后清理干净，轻轻打入套管（连同膨胀螺栓），等待安装支、吊架。

2）支架安装

L形和三角形角钢支架，可用于封闭式母线沿墙、柱水平或垂直安装，使用 M10×80 金属膨胀螺栓固定。L形角钢支架在墙体上安装，如图 3.2.8－2 所示。

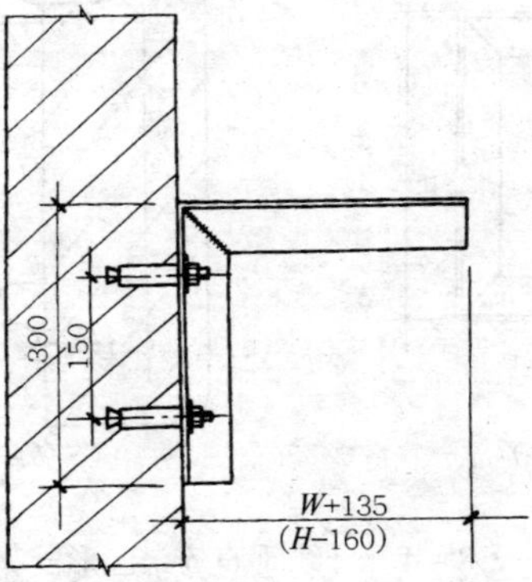

图 3.2.8－2　L形角钢支架在墙上安装

W—母线宽度；H—母线高度

封闭式母线在楼板下水平安装，可使用吊架，吊架有单吊杆和双吊杆等几种形式，母线沿楼板下水平安装的双吊杆吊架，如图 3.2.8－3 所示。吊杆头部在楼板内的安装方式多种多样，使用金属膨胀螺栓和连接螺母来连接吊杆只是其中的一种,在安装时可视情况自由选用。吊杆下端应用双螺母紧固支架。

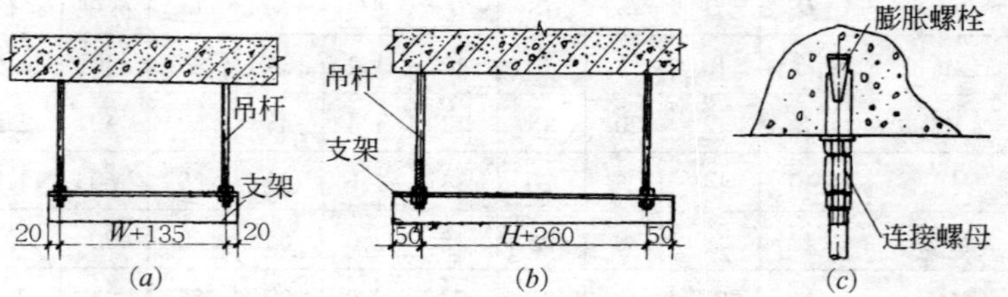

图 3.2.8-3　双吊杆吊架

(*a*)母线平卧安装吊架;(*b*)母线侧卧安装吊架;(*c*)吊杆与膨胀螺栓连接

封闭式母线沿墙垂直安装,可用角钢制成的⊔形支架预制固定或用膨胀螺栓固定,如图 3.2.8-4 所示,图中 *K* 的尺寸由设计选定。

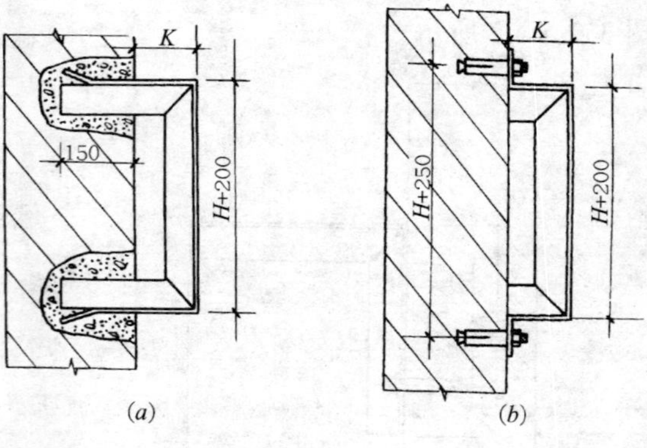

图 3.2.8-4　母线垂直安装⊔形支架

(*a*)预埋固定支架;(*b*)用膨胀螺栓固定支架

3.2.9　母线安装预留孔设置

封闭式母线在通过建筑物楼板和墙壁处应与土建专业配合施工设置预留孔。预留孔没有特殊要求时,预留孔的尺寸应根据所选用的电流等级的母线外型尺寸加 70mm,并放置预埋件,为防止楼板上的水进入母线,预留孔四周围应高于楼板或平台板 50~

100mm,如图 3.2.9－1 所示,图中预留孔至墙的距离为最小安装距离。

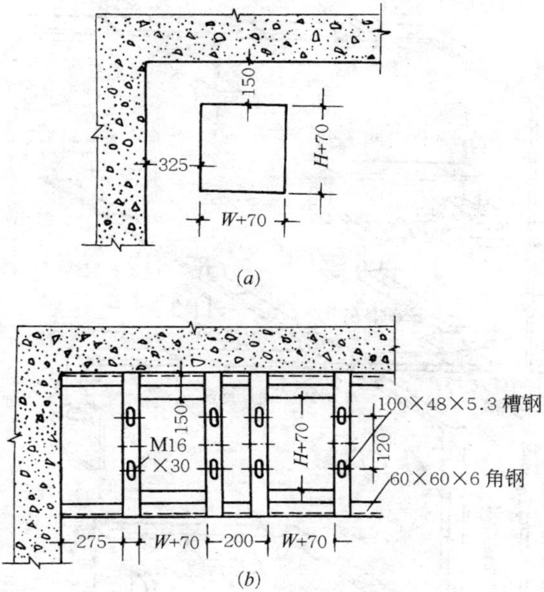

图 3.2.9－1　母线安装预留孔

(a)单母线槽安装预留孔;(b)双母线槽安装预留孔

3.2.10　封闭式母线安装

封闭式母线安装示意图,如图 3.2.10－1 所示。

封闭式母线水平敷设时,至地面的距离不应小于 2.2m,垂直敷设时,距地面 1.8m。以下部分应采取防止机械损伤措施,但敷设在电气专用房间内(如配电室、电气竖井、技术层等)时除外。

母线应按设计和产品技术规定组装,组装前应逐段进行绝缘测试,其绝缘电阻值不得小于 0.5MΩ。

封闭式母线应按分段图、相序、编号、方向和标志正确放置。

在封闭式母线现场安装前,母线不得任意堆放和在地面上拖拉,外壳上不得进行其他作业。

在起吊母线时不应用裸钢丝绳起吊和绑扎。

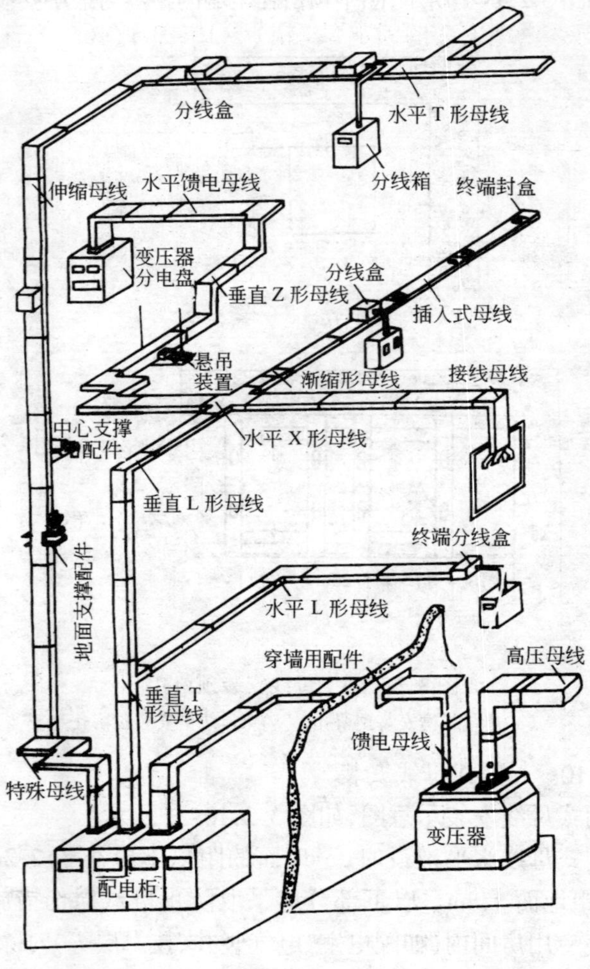

图 3.2.10－1　封闭式母线安装示意图

封闭式母线在吊架上水平安装，有平卧式安装和侧卧式安装两种，平卧式水平安装使用平卧压板固定母线，侧卧式水平安装使用侧卧压板固定母线，如图 3.2.10－2 所示。吊杆在楼板上的安装，如图 3.2.8－3(*c*)所示。

封闭式母线沿墙垂直安装时，也有平卧式和侧卧式两种安装方法，可以采用抱箍和平卧及侧卧式压板固定，不同固定形式的垂直安装母线沿墙安装的固定，如图 3.2.10－3 所示。

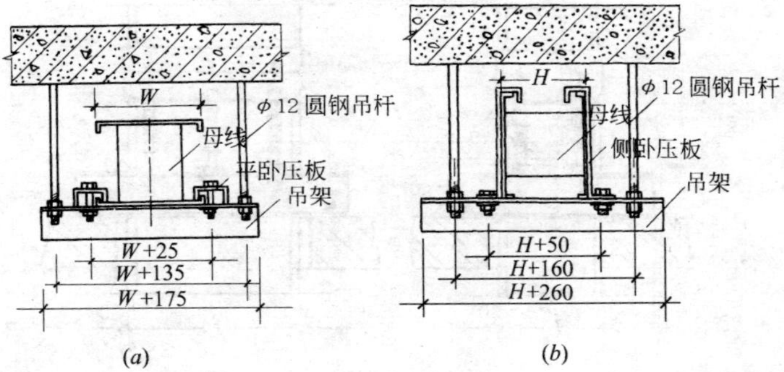

图 3.2.10－2　母线在吊架上水平安装

(a)母线平卧安装；(b)母线侧卧安装

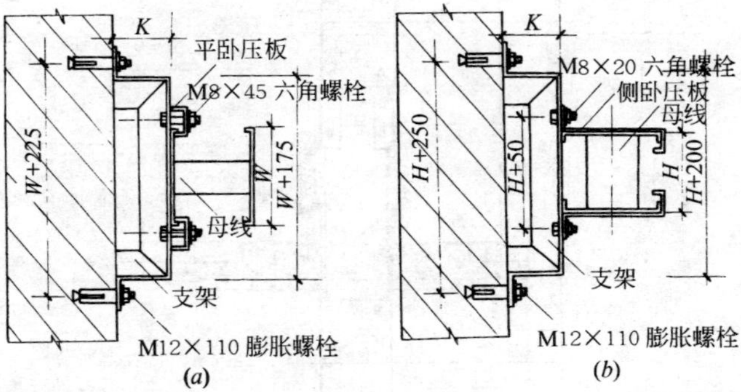

图 3.2.10－3　母线沿墙垂直安装

(a)用三角形支架和抱箍固定；(b)用L形支架和侧卧压板固定

在建筑物楼板上封闭式母线垂直安装，应使用弹簧支架支承，如图 3.2.10－4 所示。对于容量较小(400A 及以下)的封闭式母线可以隔层在楼板上面支承，容量 400A 以上时，则需要每层进行支承。

封闭式母线的连接不应在穿过楼板或墙壁处进行。当母线穿过楼板垂直安装，其弹簧支架安装时，须保证母线的接头中心高于楼板面700mm，如图3.2.10－5所示。

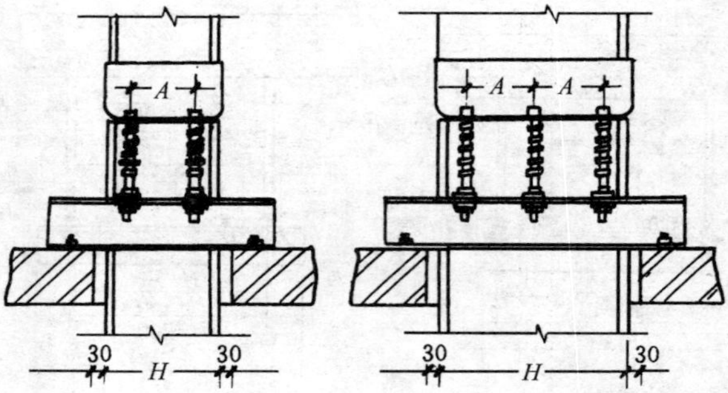

图3.2.10－4　母线垂直安装支承架

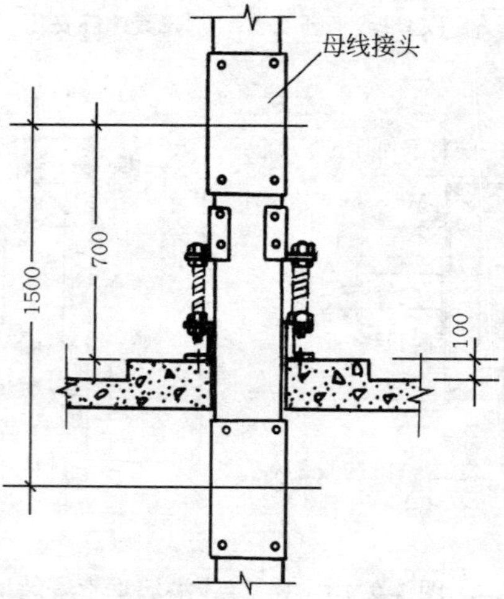

图3.2.10－5　母线接头与楼（地）面关系示意图

在封闭式母线安装中，应将插接分线箱设在安全、便于操作和维护的地方，分线箱底边距地面1.4～1.6m处为宜。分线箱与配电箱同封闭母线的安装如图3.2.10－6所示。

封闭母线的插接分支点，应设在安全及安装方便的地方。封闭母线的终端无引出、引入线时，端头应使用终端盖进行封闭或加装终端盒。

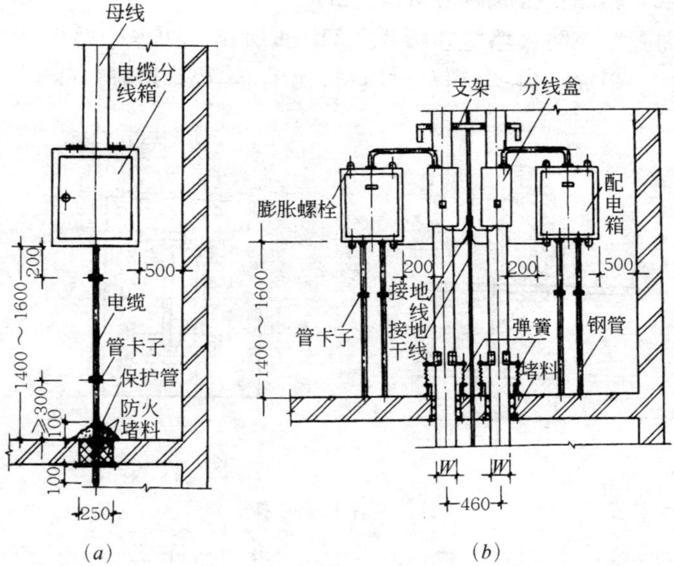

图 3.2.10－6　母线与分线箱、配电箱安装图
(a)电缆分线箱安装；(b)配电箱安装

母线的连接是采用具有高绝缘、耐电弧、高强度的绝缘板 8 块隔开各导电排以完成母线的插接，然后用覆盖环氧树脂的绝缘螺栓紧固，从而确保母线连接处的绝缘可靠。

母线段与段连接时，两相邻段的母线及外壳应对准，母线与外壳间应同心，并且误差不应超过 5mm，连接后不应使母线及外壳受到机械应力。

拧紧接头螺栓是母线槽稳定运行的可靠保证，母线接头和母线外壳均应用力矩扳手紧固，各结合面应连接紧密，紧固力矩值应符合产品要求。

母线连接处检验时，可用 0.05mm 塞尺塞入深度应不超过 10mm。

3.2.11　封闭式母线的防火封堵

母线在穿过墙及防火楼板时，应采取防火隔离措施，防火隔板可采用δ=4钢板、矿棉半硬板、泡沫石棉板、Ef-85耐火隔板。在母线周围填充防火堵料如图3.2.11-1所示。防火堵料可采用电线、电缆、阻火堵料；电缆密封填料；无机电缆密封堵料等。

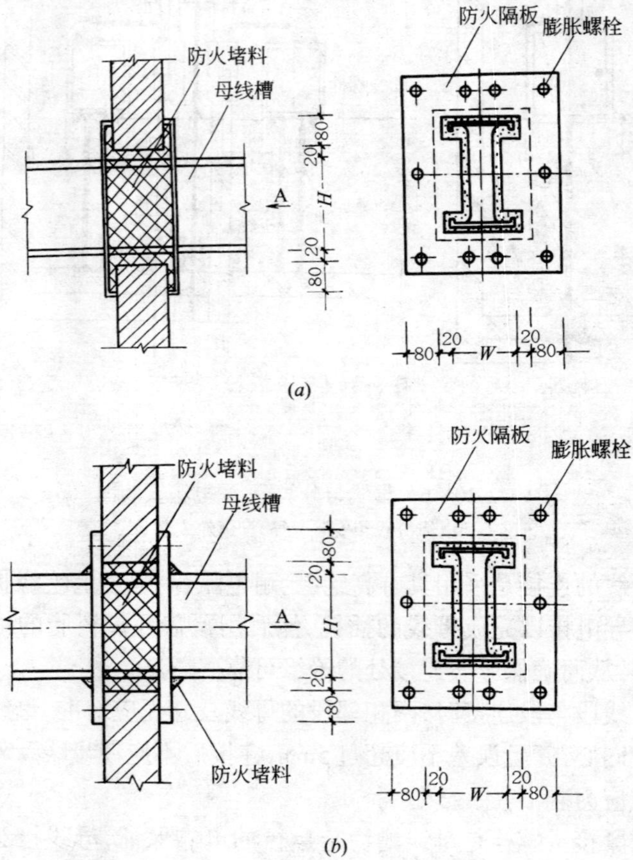

图3.2.11-1 封闭式母线穿墙防火做法

(*a*)做法一；(*b*)做法二

3.2.12 封闭式母线的接地

封闭式母线外壳的接地形式各有不同。有的利用壳体本身做接地线，即当母线连接安装后，外壳已连通成一个接地干线，外壳处焊有接地铜垫圈供接地用。

也有的带有附加接地装置，即在外壳上附加 3×25 裸铜带，如图 3.2.12－1 所示。每个母线槽间的接地带通过连接组成整体接地带。插接箱通过其底部的接地接触器，自动与接地带接触。还有一种半总体接地装置，如图 3.2.12－2 所示。连接各母线槽时，相邻槽的接地铜带自动紧密结合。当插接箱各插座与铜排触及时，通过自身的接地插座先与接地带牢靠接触，确保可靠接地。

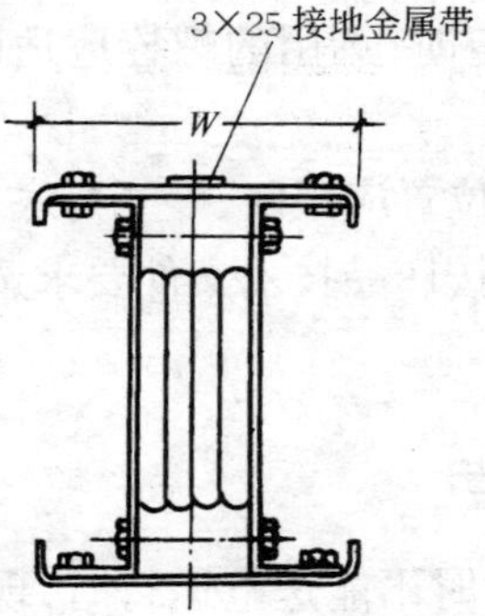

图 3.2.12－1　附加接地装置

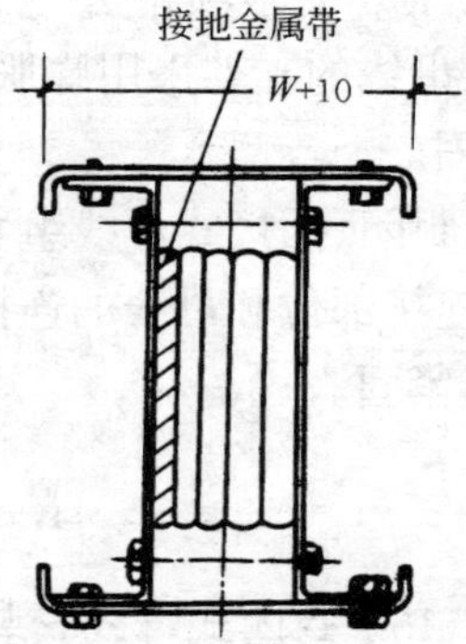

图 3.2.12－2　半总体接地装置

无论采用什么形式接地，均应接地牢固，防止松动，且严禁焊接。封闭式母线外壳及支、吊架应与专用保护线连接，外壳之间应有跨接线。

3.2.13　试运行验收

1　封闭式母线安装完毕后，应整理、清扫干净，用摇表测试相间、相对地的绝缘电阻值并作好记录。

2　经检查和测试符合规定后，送电空载运行 24h 无异常现象，交建设单位办理验收手续，同时提交验收资料。

Ⅲ　质量标准

3.2.14　主控项目

1 绝缘子的底座、套管的法兰、保护网(罩)及母线支架等可接近裸露导体应接地(PE)或接零(PEN)可靠。不应作为接地(PE)或接零(PEN)的接续导体。

2 封闭、插接式母线安装应符合下列规定:

(1) 母线与外壳同心,允许偏差为±5mm。

(2) 当段与段连接时,两相邻段母线及外壳对准,连接后不使母线及外壳受额外应力。

(3) 母线的连接方法符合产品技术文件要求。

3.2.15 一般项目

1 母线的支架采用膨胀螺栓固定时,选用的螺栓应适配,连接应牢固。

2 封闭、插接式母线组装和固定位置应正确,外壳与底座间、外壳各连接部位和母线的连接螺栓应按产品技术文件要求选择正确,连接紧固。

Ⅳ 成品保护

3.2.16 封闭式母线安装完毕,暂时不能送电运行时,现场应设置明显标志牌,以防损坏。

3.2.17 封闭式母线安装后,如有其他工种作业应对封闭式母线加以保护,以防损伤。

Ⅴ 安全注意事项要求

3.2.18 脚手架搭设必须牢固,便于工作。检查合格后方可施工。

3.2.19 使用人字梯必须牢固,距梯脚40~60cm处要设好拉绳,防止劈开,下脚要支稳,并有防滑措施。使用单梯上端要绑牢,必要时需要有人扶持保护。

3.2.20 进入现场要戴好安全帽,高空作业要系好安全带。工具要随手放入工具袋内,上下传递物件禁止抛掷。

3.2.21 使用电气设备、电动工具要有可靠的安全接地(接零)保护。

3.2.22 使用单位未验收交工前,不得使用母线投入运行。

Ⅵ 质量通病及其预防

3.2.23 零部件缺少、损坏。开箱检查清点要仔细,将缺件、破损件列好清单,同供货单位协商解决,加强保管。

3.2.24 成套供应的封闭式母线的各段缺少标志,外壳变形。应加强开箱清点,工作要仔细,再搬运及保管过程中应避免母线段损伤、碰撞。

3.2.25 封闭式母线安装完成后,被土建工程施工污染。封闭式母线安装,应在室内装饰工程完工后进行,防止安装后被室内装饰粉刷工程污染。

4 电气设备、器具

4.1 变压器安装

Ⅰ 施工准备

4.1.1 设备、材料

1 各种型号、规格的油浸变压器、干式变压器及其附件等。

2 各种规格型钢、地脚螺栓等。

3 变压器油、电焊条、镀锌铁丝、调合漆、防锈漆、钢板垫板等。

4.1.2 机　　具

1 汽车式起重机、叉车、汽车、卷扬机、钢丝绳等。

2 台钻、砂轮、交流电焊机、台虎钳、活扳手、手锤等。

3 钢卷尺、钢板尺、水平尺、兆欧表等。

4.1.3 作业条件

1 与变压器安装有关的室内地面的基层应施工完毕，并在墙内已标出地面标高。

2 混凝土基础及构架达到允许安装的强度，焊接构件的质量符合要求。

3 预埋件及预留孔符合设计，预埋件牢固可靠。

4 模板及施工设施拆除，场地清理干净。

Ⅱ 施工工艺

4.1.4 施工程序

开箱检查 → 器身检查 → 本体就位 → 垫铁止轮器制作安装 →

附件安装 → 接线 → 接地 → 配合电气试验

4.1.5　变压器检查

变压器到达现场后，应及时的检查，以便发现设备存在的缺陷和问题，并及时处理，为安装工程顺利进行创造条件。

对变压器不但要对随带的技术资料和外观进行检查，对有的变压器还要进行器身检查。

1　技术资料的检查

变压器应查验合格证和随带技术文件，变压器应有出厂试验报告。出厂试验记录至关重要，变压器安装的交接试验的结果要与出厂试验记录相对比，用以判断在运输、保管、安装各环节中是否失当，而导致变压器内部结构遇到损坏或变异。

2　变压器外观检查

变压器外观不得有机械损伤，涂层应完整，应有铭牌，附件齐全，各组合部件无松动和脱落。绝缘件无缺损、裂纹，油浸式变压器密封处应良好，充油部分不渗漏，充气高压设备气压指示正常。

3　变压器器身检查

变压器应按产品技术文件要求进行检查器身，当满足下列条件之一时，可不检查器身。

(1) 制造厂规格不检查器身者。

(2) 容量为 1000kVA 及以下，运输过程中无异常情况者。

(3) 就地生产仅做短途运输的变压器，且在运输过程中有效监督，无紧急制动、剧烈振动、冲撞或严重颠簸等异常情况者。

对于普通油箱的电力变压器，需要把器身从油箱中吊出来，即所谓“吊芯”检查。对于钟罩式油箱的电力变压器，需要把油箱吊离“芯”部。

器身检查时，器身的温度应高于周围空气温度，场地四周应清洁和有防尘措施；雨雪天或雾天，不应在室外进行。

有的大型变压器，其导油总管与上节油箱和闸阀相连，在钟罩起吊前，应拆除所有与其相连的部件。

器身或钟罩起吊时，应该平衡起吊，吊索与铅垂线的夹角不宜大于 30°,必要时可以采用控制吊梁,也可以用加木撑的方法,使吊环只承受垂直方向的力。在起吊过程中,速度应缓慢,防止器身碰触油箱。

4 变压器铁芯检查

进行铁芯检查时,应满足以下要求:

(1) 所有螺栓应紧固,并有防松措施,绝缘螺栓应无损坏,防松绑扎完好。

(2) 铁芯应无变形,应注意铁芯有无多点接地。

(3) 绕组绝缘层应完整,无缺损、变位现象。

(4) 绕组引出线绝缘包扎牢固,无破损、拧弯现象;应校核引出线的绝缘距离是否合格,防止局部放电试验时出现故障;引出线与套管的连接应牢靠,接线正确。

4.1.6 变压器安装

电力变压器分为油浸式和干式两种。中小型油浸变压器的典型结构如图 4.1.6－1 所示。

干式电力变压器如图 4.1.6－2 所示。

变压器的安装是在作了安装前的全面检查后进行的。大型电力变压器由于本体和附件一般都是分开运抵现场的,有的需要重新组装,故其安装工艺较为复杂。中小型电力变压器多为整体组装运输的,安装工作相对简单些。

1 变压器的起吊

油浸变压器在起吊时,吊装变压器的绳索必须挂在箱壁吊勾上;吊装干式变压器,可利用变压器上部钢横梁主吊环吊装;禁止把绳索挂在油浸变压器的箱盖吊环上,也不得使瓷套管、散热器、呼吸器及储油柜等受到外界应力,并应防止变压器受到强烈振动。

钟罩式变压器整体起吊时,应将钢丝绳系在下节油箱专供起吊整体的吊耳上,并必须经钟罩上节相对应的吊耳导向。

2 变压器的设置

变压器在室内的布置方式有多种。室内设置的油浸变压器应安装在单独的隔间内;无防护外壳的干式变压器,宜安装在单独的变压器室内。

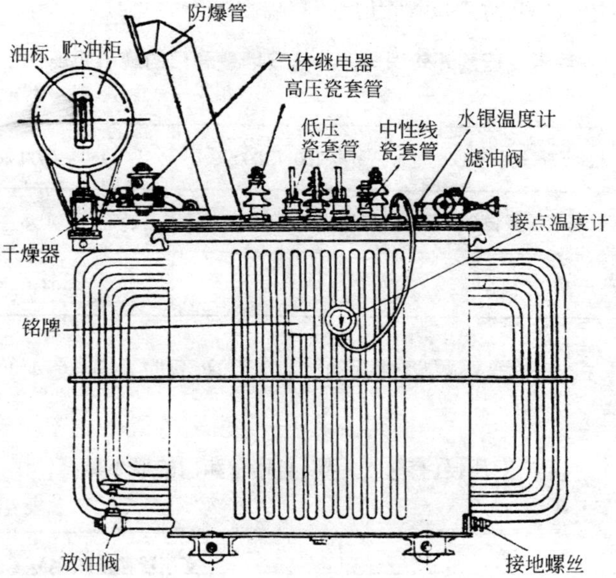

图 4.1.6-1　中小型油浸式电力变压器

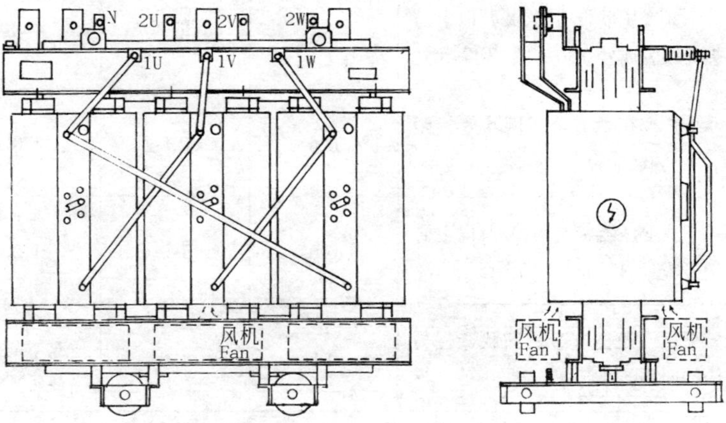

图 4.1.6-2　干式电力变压器

油浸变压器的外轮廓与变压器室墙壁和门的距离,应不小于表 4.1.6-1 中所列的数值。

油浸变压器外轮廓与变压器室墙壁和门的最小距离(m)

表 4.1.6-1

变压器容量(kVA)	100~1000	1250~1600 及以上
变压器与后墙及侧墙净距	0.6	0.8
变压器与门的净距	0.8	1.0

干式变压器外罩距墙及距门的距离不应小于表 4.1.6-2 所列数值。

干式变压器(有防护外罩)与墙壁和门的最小距离(m)

表 4.1.6-2

项　　目	变压器容量(kVA)		
	100~1000	1250~1600	2000~2500
干式变压器带有 IP2X 及以上防护等级金属外壳距后墙、侧墙净距	0.6	0.8	1.0
干式变压器有金属网状遮栏距后墙、侧墙净距	0.6	0.8	1.0
干式变压器带有 IP2X 及以上防护等级金属外壳与门净距	0.8	1.0	1.2
干式变压器有金属网状遮栏与门的净距	0.8	1.0	1.2

有防护外罩的干式变压器,允许多台安装在同一房间内,如图 4.1.6-3 所示。其防护外壳间的最小间距见表 4.1.6-3。

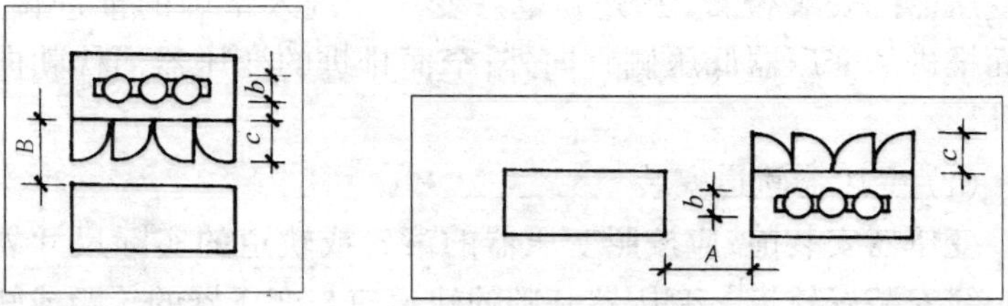

图 4.1.6-3　变压器防护外罩(IP2X)的间距

A—变压器间距；*B*—变压器间距；*b*—变压器宽度；*c*—门扇宽度

变压器防护外罩间的最小距离(m)　　　表 4.1.6-3

项　　目	界线	变压器容量(kVA)		
		100～1000	1250～1600	2000～2500
变压器具有 IP2X 防护等级及以上的金属外壳	*A*	0.6	0.8	1.0
变压器具有 IP4X 防护等级及以上的金属外壳	*A*	可以贴邻布置		
考虑变压器外壳之间有一台变压器拉出防护外壳	*B*	$b+0.6$	$b+0.6$	$b+0.8$
不考虑变压器外壳之间有一台变压器拉出防护外壳	*B*	1.0	1.2	1.4

注:变压器外壳门可以拆卸时,$B=b+0.6$m。当变压器外壳门不可拆卸时,B 值应是门扇宽度加变压器宽度再加 0.3m,即 $B=c+b+0.3$。

当变压器与低压开关柜组合安装时,变压器防护外壳等级 IP2X 时,变压器防护外壳距低压柜的间距不宜小于 0.8m;当变压器防护外壳为 IP4X 时,则变压器与低压开关柜可以贴邻安装。

3　变压器的就位安装

变压器的安装位置很重要,位置正确是指中心线和标高符合设计要求,特别是采用定尺寸的封闭母线做引入、引出线时,则更应控制好变压器的安装定位位置。

电力变压器均放置在金属轨道上,在轨道基础施工前,应确定好变压器的安装位置，并先确定好变压器进入室内的推进位置。宽面推进的变压器低压侧宜向外；窄面排进的变压器油枕朝向宜向外。

(1) 变压器轨道安装

变压器安装前，应按照变压器的滚轮或轨道的实际尺寸划好中心线安装好轨道。变压器基础的轨道应与变压器的轮距或轨距相吻合，装有气体继电器的油浸变压器的轨道，应沿变压器油枕的方向有 1% ~1.5%的水平升高坡度(制造厂规定不需安装坡度者除外)。

(2) 变压器就位

变压器的基础施工完成后，经复查确认各施工项目与设计相符后，即可进行变压器的就位了。

变压器的就位方法有很多种，可以使用汽车式起重机吊装，也可以使用三角架和吊链起吊变压器，对中小型变压器用叉车就位的方法最简便。

1) 在叉车的两个叉子上先各垫一块木板，然后伸到变压器的底座下，同时在变压器与车身之间垫上木方，以防叉子提升时损伤变压器。

2) 缓慢的提升将变压器移至到变压器的基础轨道处，将变压器的滚轮对正轨道，如无滚轮时可将变压器的底座槽钢与基础轨道对正，然后放下叉子，把变压器放在轨道上，再退车叉子。

3) 可用叉车的叉子前端顶在变压器的底座上。将其推动到预定的位置。

4) 当变压器还需进行少许调整时，可用撬棍轻轻的撬动，将变压器按纵横中心线调整到规定位置上。

4　变压器固定安装

变压器在轨道上就位后，需要再进一步的固定安装。

装有滚轮的变压器，可将其滚轮拆除；也可将滚轮用能拆卸的制动装置进行固定，而不拆除滚轮，便于变压器日后退出吊芯和维修。

干式变压器允许直接摆放在设有金属轨道的室内混凝土地面上;变压器的安装应采取抗震措施,一般采用的变压器抗震的固定方法,如图 4.1.6-4 所示。

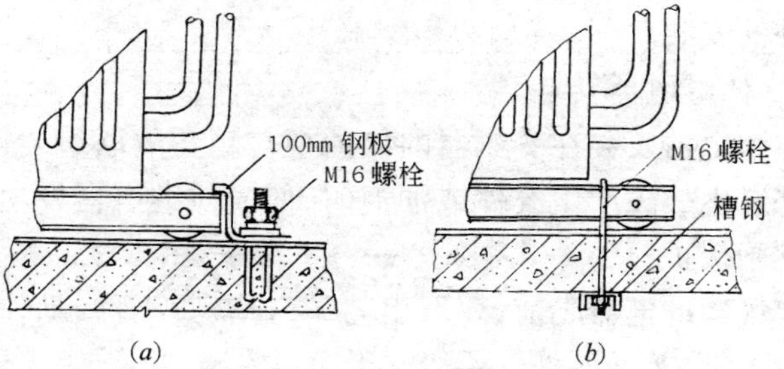

图 4.1.6-4　变压器抗震的固定方法
(a)在混凝土地面上安装;(b)在混凝土轨道梁上安装

气体继电器是油浸变压器保护继电器之一,装在变压器箱体与油枕的连通管水平段中间。对装有气体继电器的变压器,在安装固定时应找好箱盖的升高坡度,可放置水平尺测量,应沿继电器的气流方向有 1%~1.5%的升高坡度(制造厂规定不需安装坡度者除外),如变压器的基础水平不好,可用钢板垫板调整使变压器处于所要求的水平位置上,如图 4.1.6-5 所示。

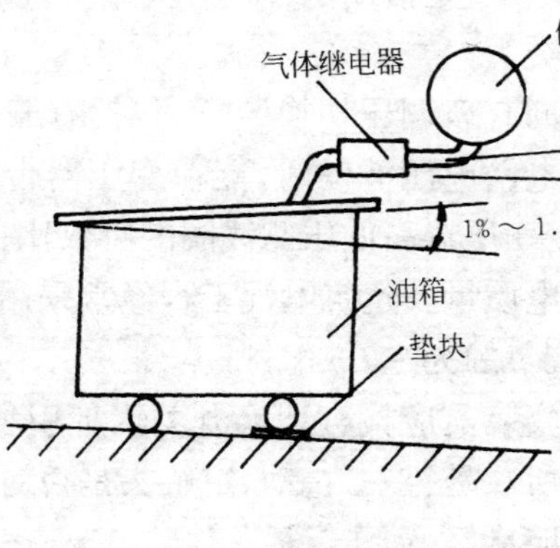

图 4.1.6-5　变压器箱盖的升高坡度

4.1.7 油浸变压器附件安装

大型变压器安装是一项工作量较大的工作。不带油或带油运输的大型变压器，由于重量和体积较大，对度压器进行本体和附件解体运输，待进入施工现场后再进行本体的检查安装，然后进行变压器附件的安装。

1 气体继电器安装

气体继电器安装在变压器的储油柜与箱盖的联管之间，当变压器内部发生故障产生气体或油流时，使气体继电器发出信号或动作于跳闸保护。

安装气体继电器之前，要取出芯子，检查紧固件、动作元件和引线是否正常，芯子和外壳要清洗干净再安装。

气体继电器与储油柜连管之间的连接通过蝶阀连接。安装时气体继电器外壳上的红色箭头应指向储油柜。继电器和蝶阀间应密封良好，继电器本身的密封垫要放正、紧固，不能有渗漏现象。

气体继电器上有4个端子，为信号和跳闸的连接线端，在继电器二次接线时，要注意直流电源的极性是否正确，正常位置时，水银接点的极性应接在正极上，否则水银接点会损坏，引起气体继电器误动作。

2 有载调压切换装置安装

电力变压器调整电压，是借助于分接开关来实现的，包括有载调压和无载调压两大类。

有载调压变压器的有载调压切换装置，包括有载分接开关和有载调压控制器。当电网电压波动时，能在变压器带负荷运行条件下，自动或手动改变变压器高低压侧线圈的匝数比，保证输出电压的稳定从而保证供电质量。建筑电气工程经常采用有载调压变压器，而且是以自动调节的为主。

有载分接开关在安装前应检查切换开关内部引线有无松动，分接位置和铭牌图上所标是否一致，动、定触头是否对正、对齐等。开关的传动部分润滑应良好，动作灵活。

安装分接开关时，有载分接开关本体装在变压器油箱内，分接开关的操动机构装在变压器油箱壁上，可以电动和手动操动。当操作操动机构时，有载分接开关便可自动进行调压。分接开关安装一定要将密封法兰均匀地对角拧好、密封好，进一步检查操纵箱内位置有无变动，和出厂文件资料上规定是否一致。

试验时切换装置的工作顺序要符合要求。要在点动试验确认符合要求后，才能切换到自动的位置上。

有载分接开关能对变压器进行电压调整，是通过有载调压控制器控制分接开关的电动机构来实现的，有载控制器和有载分接开关主体不在一起，有载控制器一般安装在值班室或操作台上，二者之间采用电缆及插头连接，控制器的电源也采用电缆接入。控制器分自动和手动两种。安装控制器时，应根据说明书做好接地，以便使用时安全可靠。

3　吸湿器安装

油浸变压器吸湿器通常有座式吸湿器和吊式吸湿器两种。吸湿器内装硅胶作吸湿剂。

吸湿器的作用是使进入储油柜的空气先通过变压器油室中过滤，然后再经过硅胶吸收空气中的水分，使进入储油柜的空气既无杂质又是干燥的清洁气体，从而延长变压器油劣化速度。

硅胶是吸潮性强的白色结晶物，多孔性，有较大活性表面，吸嘲后不变色。为了显示硅胶受潮情况，一般将硅胶与二氯化钴配合一起，成为变色硅胶。正常时吸湿器应干燥，当吸湿器中的硅胶吸收水分失效后，从蓝色变成粉红色，这时可更换新硅胶或者将失效的硅胶烘干，烘干时温度由120℃均匀升温到420℃，烘5~6h，烘干中应搅拌1~2次，使其由粉红色变成天蓝色继续使用。

吸湿器安装在储油柜连接管端部。安装吸湿器前要先检查一下里面的硅胶是否受潮，察看其颜色，还要看硅胶数量的多少及颗粒大小，量少应补充足，颗粒一般为2~7mm。安装时要注意，不要把吸湿器的玻璃圆管碰裂或撞碎。安装时应先将端部罩子拧下，拆下运输密封垫后再装好罩子，同时罩子内注入清洁的油至标记的油面线，以防止空气直接进入吸湿器。安装在隔膜式储油柜上的吸湿器在罩内可不注油，以保证储油柜呼吸畅通。

4　温度计的安装

温度计有水银温度计、信号温度计和电阻温度计。

小型变压器只装设水银温度计即可，水银温度计的温度计座焊接在变压器箱盖的温度计孔中，管内注油，然后插入水银温度计，如图 4.1.7－1 所示。

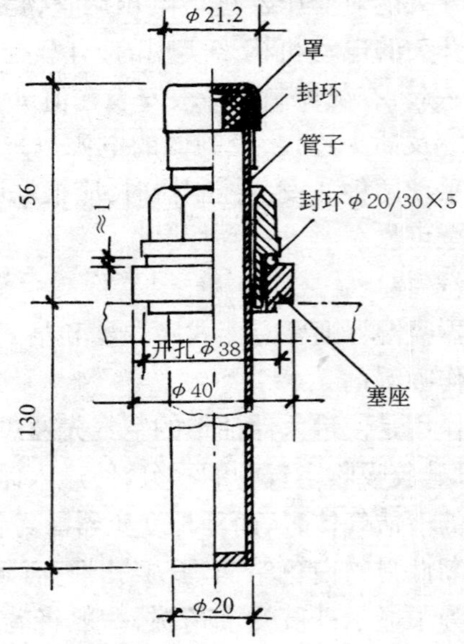

图 4.1.7－1　水银温度计座

大中型变压器上常装信号温度计。信号温度计（又称扇形温度计），是带有电触点装置的气压计式遥控温度计。当变压器油温变化时，其金属毛细管内密封的氯甲烷饱合，气体压力增加，此压力传给气压弹簧管，使其弹性变形，从而使温度计的指针产生偏转，如图 4.1.7－2 所示。

信号温度计安装前应对温度计进行校验，与标准温度计进行比较，温度计经校验应符合所规定的准确等级。对于拉杆和齿轮传动机构应转动灵活。另外要用兆欧表测量电触点的绝缘电阻值。信号接点应动作正确，导通良好；安装时不要把温包碰坏，不要把外罩上的玻璃打破，在箱盖上安装温度计安装座时要正不应歪斜。压力计安装在箱壁的安装板上。细金属软管不得有压扁或急剧扭曲，其弯曲半径不得小于 50mm。温度计的结线要正确。

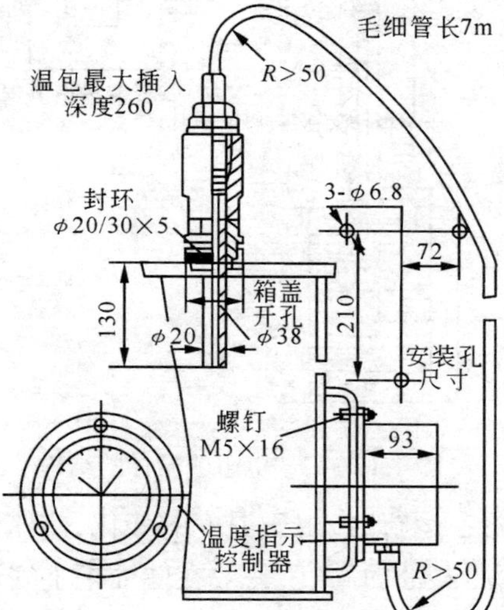

图 4.1.7－2　信号温度计安装图

为了能遥控和观察变压器顶层油温，一般采用电阻温度计（又称遥控温度计），如图 4.1.7－3 所示。这种温度计的铜电阻元件装在注有变压器油的安装座中，温度指示调节仪装在远离变压器的控制室内。铜电阻的电阻随油温变化时，温度指示调节仪的电桥不平衡，指针偏转而显示油温。

电阻温度计安装时，将调节仪后面的扇形铁片向左旋转，解除锁固使指针灵活转动。然后将电阻温度计短路，拆除校正电阻的短路片，接通电源，观察调节仪指针，应位于表面上的红线处。

温度计座密封应良好，无渗油现象。闲置的温度计座也应密封，不得进水。

5　变压器油位计安装

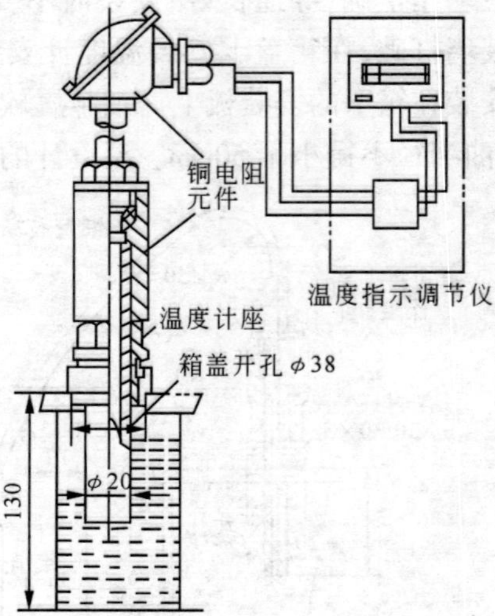

图 4.1.7－3　电阻测温计的结构

油浸变压器在运行时，由于温度的变化，使储油柜内的油面起浮，为了监视变压器油面高度，一般在储油柜上安装油位计。

油位计分板式、管式和铁磁式三种。板式油位计由于观察不十分清楚，有机玻璃易开裂，目前已不再使用。

小型变压器储油柜直径小于 310mm 时，都是选用小型管式油位计，它是将玻璃管用螺栓直接安装在储油柜的端盖上，如图 4.1.7－4(*a*)所示。

储油柜直径在 440mm 及以上的大中型变压器，是采用大型管式油位计，它是采用带孔的座来安装玻璃管，并且管中放一红色塑料球来显示油位，如图 4.1.7－4(*b*)所示。

铁磁式油位计是安装在变压器隔膜式储油柜上的油位计，常用的有 UZB 型油位计，如图 4.1.7－5 所示。

铁磁式油位计以隔膜为感受元件，其连杆与隔膜上支板铰链连接，连杆另一端与表体的转动机构相连，把油面的上下线位移变成连杆绕固定轴的角位移，再通过一对磁铁等传动机构使指针转动，间接显示出油位。

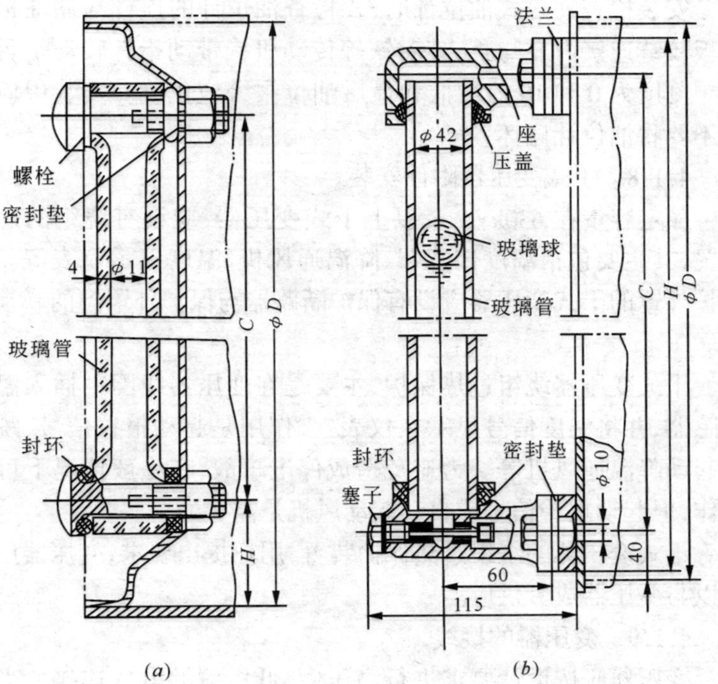

图 4.1.7-4　油浸变压器管式油位计

(*a*)小型管式油位计；(*b*)大型管式油位计

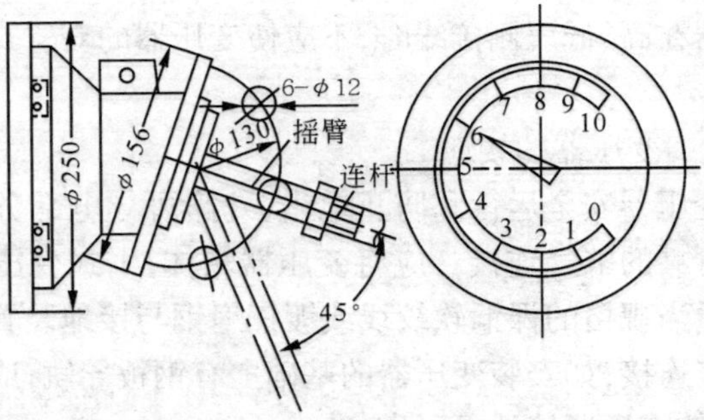

图 4.1.7-5　UZB—250 型铁磁式油位计

安装检查铁磁式油位计时,要检查油位计的连杆与储油柜上支板铰链连接可靠与否,其磁铁等传动机构带动指针转动是否灵活。刻度为0和10的最低和最后油位报警应正确。安装中应注意不要将油位计碰坏。

4.1.8　干式变压器附件安装

额定容量在630kVA及以上干式变压器,应设有绕组的过热装置,其主要包括温度传感器、降温通风机、温度显示仪表等。有防护外罩的干式变压器应设有保护断路器与保护外罩门的联锁装置。

干式变压器绕组过热保护,主要是在变压器线圈中插入温度传感器,并将温度信号显示在仪表上,作用是起动报警信号、跳闸或起动降温通风机等。为避免造成停电事故,在一般情况下可不动作,但起动报警信号或自动起动风机是需要的。

干式变压器的绕组过热保护装置,用户提出要求,变压器厂家可以与变压器成套供应。

4.1.9　变压器的接线

变压器应按设计要求进行高压侧、低压侧的电气连接。当采用裸母线连接时,应按裸母线制作技术要求安装;当采用封闭式母线连接时,应按封闭式母线的技术要求安装;当采用电缆连接时,应按电缆终端头制作技术要求进行安装。

变压器在高、低压侧接线时,不应使变压器的套管直接承受应力。

4.1.10　变压器的接地

为了变压器安全运行和防止电击,外露可导电部分必须与接地装置有可靠的电气连接。应将变压器箱体、干式变压器的支架或外壳用适当规格的裸铜软绞线或镀锌扁钢与接地装置引出的接地干线直接连接;如安装变压器的基础上有钢板导轨,应与接地干线相焊接,使变压器接地更可靠。

在TN和TT变压器中性点直接接地系统中,变压器中性线与中性点接地线,应分别敷设。不仅需要从中性点端子引出中性线

(N),还需从中性点引出中性点接地线与接地装置或接地干线连接。

在变压器中性点的接地回路中,为了接线和测试的方便,在靠近变压器处宜设一个可以拆卸的连接点。TN—S 系统中的 PE 线应从该点引出,以达到与变压器中性点接地共用同一接地装置的要求。

TN—S 系统和 TN—C—S 系统变压器的接地安装,如图 4.1.10-1 和图 4.1.10-2 所示。

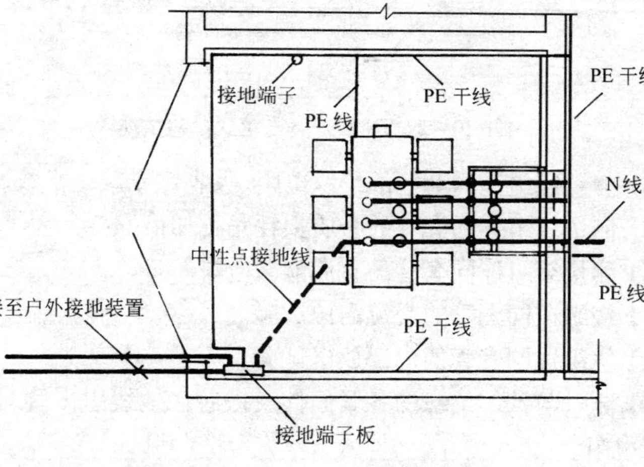

图 4.1.10-1 TN—S 系统变压器接地

4.1.11 变压器的交接试验

变压器安装好后,必须经交流试验合格,并出具试验报告后,才具备通电条件。变压器交接试验的内容和要求,即合格的判定条件应符合《电气装置安装工程电气设备交接试验标准》GB 50150—91 的规定。

1 1600kVA 以上油浸式电力变压器试验项目

(1) 测量绕组连同套管的直流电阻。

(2) 检查所有分接头的变压比。

(3) 检查变压器的三相结线组别和单相变压器引出线的极性。

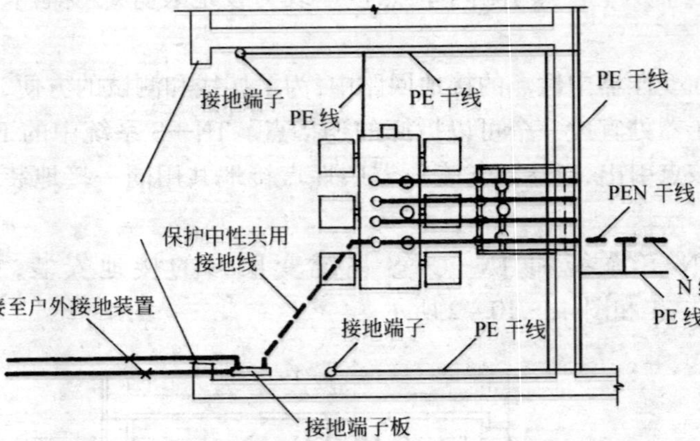

图 4.1.10－2　TN—C—S 系统变压器接地

(4) 测量绕组连同套管的绝缘电阻、吸收比或极化指数。

(5) 测量绕组连同套管的介质损耗角正切值 $tg\delta$。

(6) 测量绕组连同套管的直流泄漏电流。

(7) 绕组连同套管的交流耐压试验。

(8) 绕组连同套管的局部放电试验。

(9) 测量与铁芯绝缘的各紧固件及铁芯接地线引出管对外壳的绝缘电阻。

(10) 非纯瓷套管的试验。

(11) 绝缘油试验。

(12) 有载调压切换装置的检查和试验。

(13) 额定电压下的冲击合闸试验。

(14) 检查相位。

(15) 测量噪声。

2　1600kVA 及以下油浸式电力变压器试验项目

(1) 测量绕组连同套管的直流电阻。

(2) 检查所有分接头的变压比。

(3) 检查变压器的三相结线组别和单相变压器引出线的极性。

（4）测量绕组连同套管的绝缘电阻、吸收比或极化指数。

（5）绕组连同套管的交流耐压试验。

（6）测量与铁芯绝缘的各紧固件及铁芯接地线引出套管对外壳的绝缘电阻。

（7）非纯瓷套管的试验。

（8）绝缘油试验。

（9）有载调压切换装置的检查和试验。

（10）检查相位。

3　干式变压器的试验项目

（1）测量绕组连同套管的直流电阻。

（2）检查所有分接头的变压比。

（3）检查变压器的三相结线组别和单相变压器引出线的极性。

（4）测量绕组连同套管的绝缘电阻、吸收比或极化指数。

（5）绕组连同套管的交流耐压试验。

（6）测量与铁芯绝缘的各紧固件及铁芯接地线引出套管对外壳的绝缘电阻。

（7）有载调压切换装置的检查和试验。

（8）额定电压下的冲击合闸试验。

（9）检查相位。

Ⅲ　质量标准

4.1.12　主控项目

1　变压器安装应位置正确，附件齐全，油浸变压器油位正常，无渗油现象。

2　接地装置引出的接地干线与变压器的低压侧中性点直接连接；变压器箱体应接地(PE)。所有连接应可靠，紧固件及防松零件齐全。

3　变压器必须按《建筑电气工程施工质量验收规范》GB 50303—2002中第3.1.8条的规定交接试验合格。

4.1.13　一般项目

1 有载调压开关的传动部分润滑应良好,动作灵活,点动给定位置与开关实际位置一致,自动调节符合产品的技术文件要求。

2 绝缘件应无裂纹、缺损和瓷件瓷釉损坏等缺陷,外表清洁,测温仪表指示准确。

3 装有滚轮的变压器就位后,应将滚轮用能拆卸的制动部件固定。

4 变压器应按产品技术文件要求进行检查器身,当满足下列条件之一时,可不检查器身。

(1) 制造厂规定不检查器身者;

(2) 就地生产仅做短途运输的变压器,且在运输过程中有效监督,无紧急制动、剧烈振动、冲撞或严重颠簸等异常情况者。

5 装有气体继电器的变压器顶盖,沿气体继电器的气流方向有1.0%~1.5%的升高坡度。

Ⅳ 成品保护

4.1.14 对就位后的变压器高、低压套管和无防护外壳的干式变压器,应有防碰撞的措施。

4.1.15 在变压器上方进行作业,不得蹬踩变压器,并不得携带工具袋,以防工具、材料下落损伤变压器。

4.1.16 干式变压器就位后,要采取保护措施,防止铁件掉入线圈内。

4.1.17 在变压器上方进行电焊时,应对变压器进行全方位保护,防止焊渣损伤设备。

4.1.18 变压器室房门应加锁,未经许可,外人不得随意入内。

Ⅴ 安全注意事项

4.1.19 变压器进行吊装作业前,钢丝绳、索具应先仔细检查,不合格者不应勉强使用。

4.1.20 在进行变压器干燥或变压器油过滤时,应慎重作业并备好消防器材。

4.1.21 发现变压器渗油、漏油应及时处理，防止出现事故。

Ⅵ 质量通病及其防治

4.1.22 变压器瓷套管损坏。从变压器运输至通电运行之间，特别是安装过程中，都应注意加强套管的保护。

4.1.23 变压器中性线和 PE 线接线位置有误。变压器中性线和中性点接地线均应由二次 N 套管 N 引出，其中性点接地线应接至接地装置接地干线处，PE 线应由中性点接地处连接引出。

4.2 箱式变电所安装

Ⅰ 施工准备

4.2.1 设备、材料

1 各种型号、规格的箱式变电所及其附件。

2 钢板垫板、镀锌扁钢、镀锌螺栓等。

3 电焊条、焊锡丝、焊锡膏、电力复合脂等。

4 棉纱头、白布、汽油、调合漆、防锈漆等。

4.2.2 机具

1 汽车、汽车起重机、交流电焊机等。

2 手锤、活扳手、钢板尺、水平尺、兆欧表等。

4.2.3 作业条件

1 箱式变电所基础验收合格，对埋入基础的电线、电缆导管和进、出线预留孔及相关预埋件检查验收后，才能进行箱式变电所的安装。

2 箱式变电所及接地装置交接试验合格后才能通电。

Ⅱ 施工工艺

4.2.4 施工程序

开箱检查 → 安装固定 → 接线 → 接地

4.2.5　箱式变电所检查

箱式变电所进入现场后，应及时的检查，以便发现设备存在的缺陷，为安装顺利进行创造有利的条件。

1　技术资料的检查

查验合格证和随带技术文件，变压器应有出厂试验报告。合格证表示制造商已做有关试验检测并符合标准，可以出厂进入市场，同时也表明制造商对产品质量的承诺和负有相关质量法律责任。

2　外观检查

箱式变电所要有铭牌，附件齐全，绝缘件无缺损、裂纹，充油部分不渗漏。

箱式变电所内外涂层完整、无损伤，有通风口的风口防护网完好。

箱式变电所的高低压柜内部接线完整、低压每个输出回路标记清晰，回路名称准确。

4.2.6　箱式变电所的安装

箱式变电所，又称组合式变电所或箱式变电站和成套变电所(站)等。

箱式变电所是由高压、低压开关设备，变压器组合成一体的户内、外箱壳式的供配电设备。箱式变电所没有统一的型号、规格，多数厂家系仿国外欧式或美式箱变制造的。

箱式变电所按结构可分为，组合式和共箱式两种，其中共箱式又被称作紧凑型；按造形(或内部结构)又分为，目字形、品字形、任意形，其中目字形也有称为一字形的；按内部布置分有带走廊和不带走廊的两种。ZB41 型组合变电站的外形和内部结构，如图 4.2.6－1 所示。

1　箱式变电所的基础

箱式变电所在建筑电气工程中，是以住宅小区室外设置为主要形式，宜设置在安全、隐蔽的地方，除考虑负荷中心及进出线的方便外，还应考虑对周围环境的影响。距人行道边不小于 1m，距主体建筑不小于 1.5m。

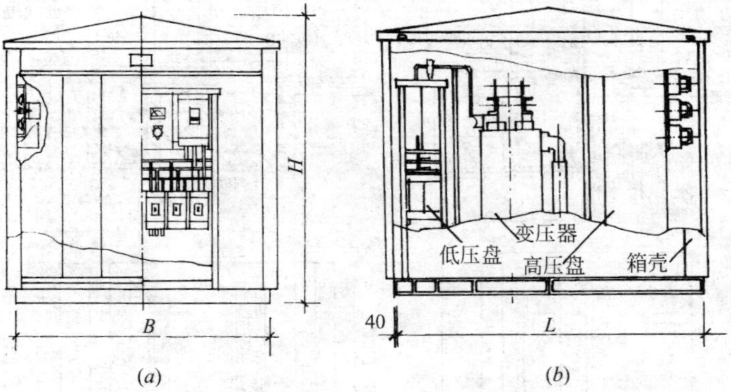

图 4.2.6-1　ZB41 型组合变电站

(a)外形图;(b)内部结构图

箱式变电所是安装在基础上的,箱式变电所的基础应高于室外地坪,周围排水应通畅。在满足箱式变电所的基本技术条件下,各地方可根据当地的气候条件设计适合当地使用的基础结构,箱式变电所宜采用带电缆沟室的混凝土结构;电缆沟室深度净高不低于 1.5~1.8m,并宜设有人孔,电缆沟室应设有渗水管孔,进出沟室的电缆套管宜设有挡水板;电缆沟室应有通风口,并应采取防止小动物进入箱变内的良好措施。

ZGS10 型组合变电所基础如图 4.2.6-2 所示。

2　箱式变电所的安装

箱式变电所在基础上的固定形式有两种,一种是用地脚螺栓固定的,另一种是自由安放式的。

箱式变电所就位过程中的吊装应吊底座的吊装孔,用地脚螺栓固定的,在就位后,可在底座安装定位孔的基础预留洞处,安放好螺栓待二次灌浆混凝土强度达到要求后,再紧固地脚螺栓。

3　箱式变电所的接线

箱式变电所应按设计要求进行高压侧、低压侧的电气连接。

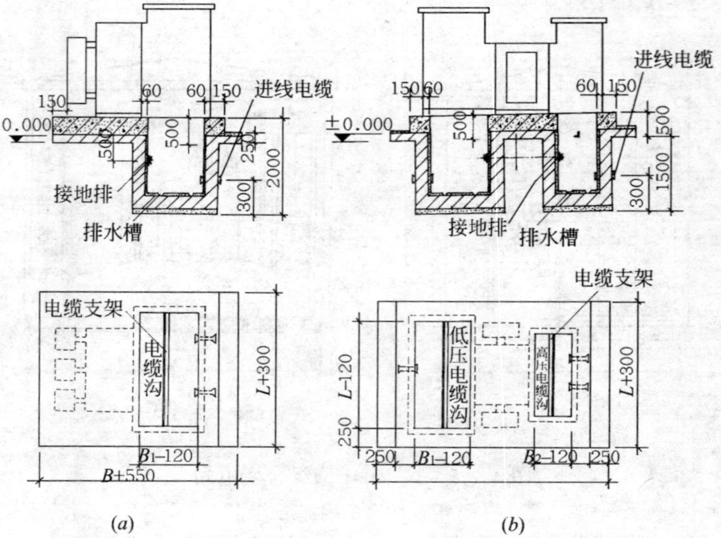

图 4.2.6－2　ZGS10 型组合变电所基础图

(a)单面产品基础图；(b)双面产品基础图

L—产品的宽度；B—产品的长度；B_1—低压室宽度；B_2—高压室的宽度

箱式变电所的一次高压主接线可以是专用回路，也可以是双路干线方式或环网供电方式。

箱式变电所的进出线宜采用电缆方式。进出电缆由电缆保护管引至箱体底部基础内，并由箱体底部进线孔引至高、低压室内。进出线电缆应按电缆终端头制作技术要求，与相应的元件连接。

电缆芯线的连接宜采用压接方式，压接面应满足电气和机械强度要求。

箱式变电所内低压每个输出回路应标记清晰，回路明称准确。

4　箱式变电所的接地

为了确保安全运行，箱式变电所电气设备的可导电金属外壳(即可接近裸露导体)应与接地装置有可靠的电气连接。

箱式变电所的接地装置，可按常规的做法施工。接地干线从电缆沟引出后，可沿箱变基础四周布置接地体，也可从一方延伸布置接地体，接地电阻值不应大于4Ω。箱式变电所接地装置的接地干线，应不少于2处并在不同的位置上与箱式变电所的框架底座的接地端子进行连接，在连接接地处并应标明接地符号。

箱式变电所低压配电采用TT、TN接地系统时，其变压器的中性点(N)均应与接地装置引来的接地干线相连接，即为工作(或系统)接地。当采用TT接地系统时，由中性点应引出(N线)向配电系统需求侧供电；当采用TN—C—S系统时，应由中性点引出PEN线向系统需求侧供电；当采用TN—S系统时，应分别引出N线和PE线向配电系统需求侧供电，其中PE线应在接近中性线接地点处进行连接。

4.2.7 箱式变电所送电投运前检查

为确保安全使用，箱式变电所在安装完毕后，送电投入运行前应进行检查：

1 箱内各元件表面应清洁、干燥、无异物。

2 操作机构、开关等可动元器件应灵活、可靠、准确。对装有温度显示、温度控制、风机、凝露控制等装置的设备，应根据电气性能要求和安装使用说明书进行检查。

3 所有主回路、接地回路及辅助回路接点应牢固，并应符合电气原理图的要求。

4 变压器、高低压开关柜及所有的电器元件设备安装螺栓应紧固。

5 辅助回路的电器整定值应准确，仪表与互感器的变比及接线极性应正确，所有电器元件应无异常。

4.2.8 箱式变电所的交接试验

目前国内箱式变电所主要有两种产品，前者为高压柜、低压柜、变压器三个独立的单元组合而成，后者为引进技术生产的高压开关设备和变压器设在一个油箱内的箱式变电所。根据产品的技术要求不同，试验的内容和具体的规定也不一样。

1 箱式变电所中油浸或干式电力变压器，必须经交接试验，交接试验的内容和要求，即合格的判定条件，可参见《变压器安装》

中有关试验内容。

2　箱式变电所内高压电气设备部分，在投入运行前必须做交接试验，交接试验内容主要包括绝缘电阻测试和交流耐压试验。

绝缘电阻测试时，应采用2500V或5000V兆欧表，测得的绝缘电阻值，不应低于1200MΩ。

交流耐压试验时，试验电压应为高压开关设备出厂试验电压的90%，试验时间应为1min。

3　高压开关、熔断器等与变压器组合在同一个密闭油箱内的箱式变电所，由于产品的技术要求不同，对其试验的内容和具体的规定也不相同，故交接试验应按产品提供的技术文件要求执行。

4　低压成套配电柜的交接试验，应符合下列规定：

(1) 每路配电开关及保护装置的规格、型号应符合设计要求。

(2) 相间和相对地间的绝缘电阻值应大于0.5MΩ。

(3) 电气装置的交流工频耐压试验电压为1kV，当绝缘电阻值大于10MΩ时，可采用2500C兆欧表摇测替代，试验持续时间1min，无击穿闪络现象。

Ⅲ　质量标准

4.2.9　主控项目

1　接地装置引出的接地干线与箱式变电所的N母线和PE母线直接连接，所有连接应可靠，紧固件及防松零件齐全。

2　箱式变电所及落地式配电箱的基础应高于室外地坪，周围排水通畅。用地脚螺栓固定的螺帽齐全，拧紧牢固；自由安放的应垫平放正。金属箱式变电所及落地式配电箱，箱体应接地(PE)或接零(PEN)可靠，且有标识。

3　箱式变电所的交接试验，必须符合下列规定：

(1) 由高压成套开关柜、低压成套开关柜和变压器三个独立单元组合成的箱式变电所高压电气设备部分，按《建筑电气工程施工质量验收规范》GB 50303—2002中第3.1.8的规定交接试验合格。

(2) 高压开关、熔断器等与变压器组合在同一个密闭油箱内的箱式变电所，交接试验按产品提供的技术文件要求执行。

(3) 低压成套配电柜交接试验符合《建筑电气工程施工质量验收规范》GB 50303—2002 中第 4.1.5 条的规定。

4.2.10 一般项目

1 箱式变电所内外涂层完整、无损伤，有通风口的风口防护网完好。

2 箱式变电所的高低压柜内部接线完整、低压每个输出回路标记清晰，回路名称准确。

Ⅳ 成品保护

4.2.11 箱式变电所的安装地点和周围环境及使用条件，均应满足规范和产品的规定要求。

4.2.12 箱变基础周围应保护排水通畅，应注意防止在底部积水入浸。

Ⅴ 安全注意事项

4.2.13 箱式变电所在起吊就位前，应严格检查吊钩、吊索和起吊工具是否牢固可靠，并应有专人指挥。

4.2.14 对箱式变电所接地装置的接地电阻值，N 线、PE 线、PEN 线的规格应认真核对，要求连接可靠、标识明显，以确定运行时安全。

4.2.15 在箱式变电所通电试运行时，无关人员应严禁接近；在无人工作时各门均人锁好，防止他人进入。

Ⅵ 质量通病及其防治

4.2.16 通电试运行时，发现电气设备紧固螺栓松动。为了确保安全使用在安装过程中或在投入运行前应按规定进行全面检查。

4.2.17 箱式变电所的外壳只有一处与接地干线连接。规范规定利用外引式接地装置时，其接地引入线不少于两根，并在不同位置与接地网连接。

4.3 柴油发电机组安装

Ⅰ 施工准备

4.3.1 设备、材料

1 各种型号、规格的柴油发电机组。

2 各种规格的型钢、镀锌螺栓等。

3 各种规格的电线、电缆。

4 电焊条、红丹防锈漆、油漆、润滑油等。

4.3.2 机 具

1 汽车吊、卷扬机、钢丝绳、滚杠等。

2 台钻、手电钻、台虎钳、电焊机、活扳手、手锤、钢板尺等。

3 转速表、兆欧表、万用表、钳型电流表、相序表等。

4.3.3 作业条件

1 柴油发电机组机土建工程应基本完成，机房的房门应满足机组运输与就位要求。

2 柴油发电机组外轮廓距墙和屋顶的距离应满足设备搬运、就地操作、维护检修的需要。

3 机组除应满足防水、防潮及现代消防要求外，还应满足柴油发电机组的空气需要量、废气排量及隔射热量要求。

Ⅱ 施工工艺

4.3.4 施工程序

混凝土基础施工 → 机组安装、检查 → 接地线安装 → 安装机组附属设备 → 发电机组接线 → 柴油机加油 → 柴油发电机组检测 → 柴油发电机组盘车 → 柴油发电机组试运行

4.3.5 柴油发电机组的进场验收

1 柴油发电机组供货时,零部件较多,要依据装箱单逐一对照清点,核对主机、附件、专用工具、备品备件和随带技术文件,查验合格证和出厂试运行记录,发电机及其控制柜有出厂试验记录。

通常发电机是由柴油机厂向电机厂订货后,统一组装成发电机组,有电机制造厂的出厂试验记录,可在交接试验时作对比用。

2 柴油发电机组外观检查要有铭牌,机身无缺件,涂层完整。

4.3.6 柴油发电机组的布置

柴油发电机组机房主要设备除柴油发电机组以外,还有控制屏、操作台、配电柜、起动蓄电池组、燃油供给、冷却、进排风及排烟等。机房的布置,根据机组的容量大小而定,小容量机组一般是机电一体,不设控制室;大容量机组和控制分室布置。

柴油发电机组的机房净高度和机组外轮廓距墙的距离的具体尺寸不应小于表 4.3.6-1 所列数值,柴油发电机房的布置,如图 4.3.6-1 所示。当机组的控制屏和配电屏布置在发电机房时,应布置在发电机端部或发电机侧面,其操作通道不应小于下列数值:

1 屏前距发电机端为 2m。

2 屏前距发电机侧为 1.5m。

机房外轮廓距墙的距离(m)　　　　表 4.3.6-1

项目 \ 容量(kW)	64 以下	75~150	200~400	500~1000
机组操作面 A	1.60	1.70	1.80	2.20
机组背面 B	1.50	1.60	1.70	2.00
柴油机端 C	1.00	1.00	1.20	1.50
机组间距 D	1.70	2.00	2.30	2.60
发电机端 E	1.60	1.80	2.00	2.40
机房净高 H	3.50	3.50	4.00~4.30	4.30~5.00

柴油发电机组的发电机配电(控制)柜、屏(箱)是同步发电机

的配套设备，主要是控制发电机送电及调压。小容量发电机的控制箱一般(经减震器)直接安装在机组上，大容量发电机的控制柜(屏)，则固定在机房的地面上或分室布置安装在与机组隔离的控制室内。

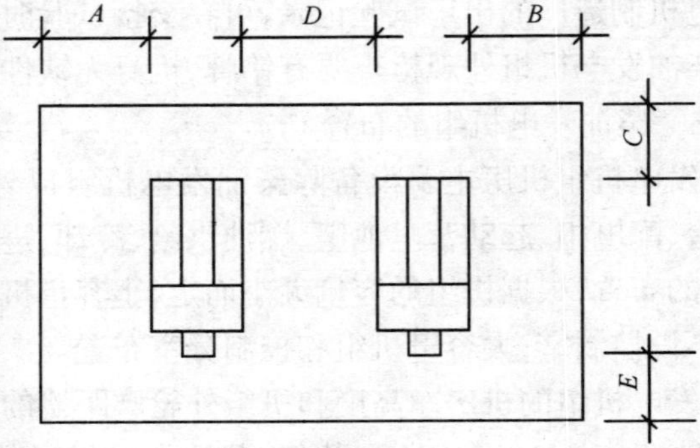

图 4.3.6-1　机组布置图

4.3.7　柴油发电机组基础施工

柴油发电机组的型号很多，DG 型康明斯发电机组外形，如图 4.3.7-1 所示。

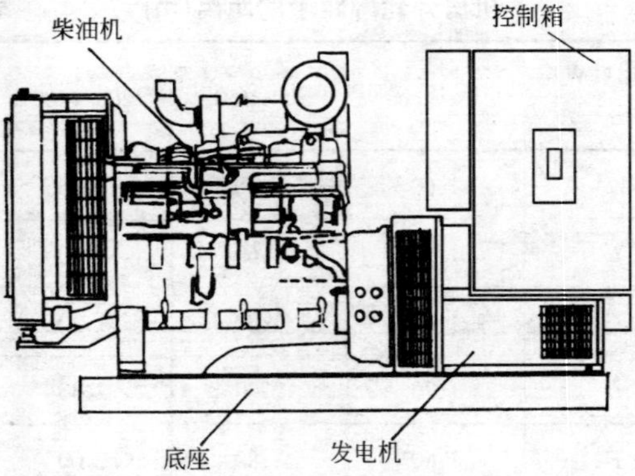

图 4.3.7-1　DG 型康明斯发电机组外形图

柴油发电机组的基础，主要用于支撑柴油发电机组及底座的全部重量。底座位于基础之上,机组安装于底座上。通过基础与底座,保持机组各部分相对位置稳定,同时也使机组振动与周围结构隔离。

柴油发电机组的混凝土基础应符合柴油发电机组制造厂家的要求,按照厂家提供的基础尺寸,可按土质承压能力大小,其尺寸可以加大。

柴油发电机组底座采用地脚螺栓固定时,在基础上要预埋地脚螺栓或预留安装地脚螺栓的孔洞,采用二次灌浆的方法施工,地脚螺栓的孔距尺寸应按厂家提供的机组外形安装图确定。

4.3.8　柴油发电机组的检查

成套供应的柴油发电机组,经过运输保管,为防止可能的随机各柜的紧固件发生松动移位,所以要在安装就位前进行认真检查,以确保安全运行。

发电机组随带的控制柜、屏(箱)接线应正确,紧固件紧固状态良好,无遗漏脱落情况。开关、保护装置的型号、规格正确,验证出厂试验的锁定标记应无位移,有位移的应重新按制造厂要求试验标定。

4.3.9　柴油发电机组的安装

柴油发电机组系由柴油机、同步发电机、控制柜(屏、箱)和机组的附属设备组成。

柴油发电机组的安装可根据生产厂家提供的详细资料(内容包括结构介绍、安装、使用维护保养说明等)进行,并应符合生产厂家技术文件的要求。

某柴油机组的机房及其机组的标准安装,如图 4.3.9－1 所示。

在机组本体就位前应根据设计图纸、产品样本或实物核对柴油发电机组基础进行全面检查,是否符合安装尺寸要求。

在安装机组时,如果施工现场允许吊车作业时,可用吊车将机组整体起吊,安放就位;如果现场无法进行吊车起吊时,可将机组放置在滚杠上,滚至机组的基础上。

机组的固定方式系用地脚螺栓固定时,在找准机组位置后,摆放好地脚螺栓,对预留的地脚孔浇筑混凝土后达到要求强度时,可以拧紧地脚螺栓，柴油发电机组的水平度一般不应超过0.05‰。在安放机组的同时，应在机组的底座下安装好随机配带的减震器。

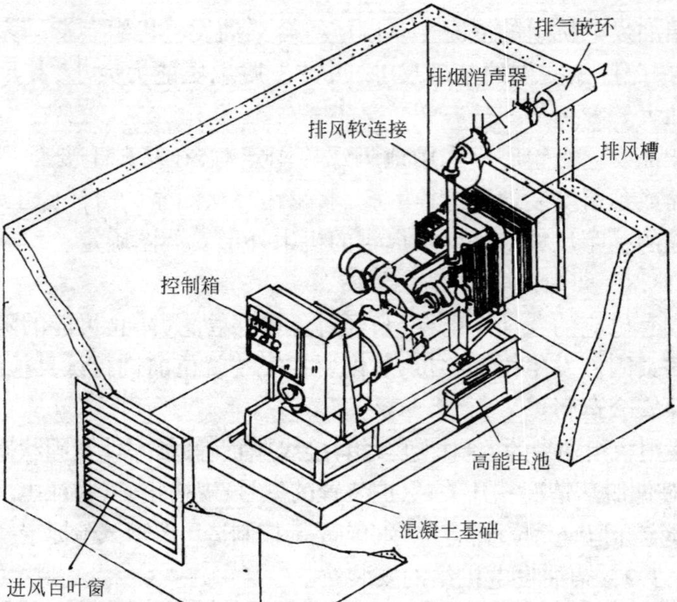

图4.3.9－1　柴油发电机组的安装示意图

在柴油发电机组安装时，应检查主轴承盖、连杆、气缸体、贯穿螺栓、气缸盖等处的螺栓与螺母的紧固情况，不应松动。

柴油机与发电机用联轴节连接时，其不同轴度应参考表4.3.9－1的要求。

整体安装的柴油机联轴节两轴的不同轴度　表4.3.9－1

联轴节类型	联轴节外形最大直径（mm）	两轴的最大不同轴度	
		径向位移(mm)	倾　斜
弹性联轴节	＜300	0.05	0.20/1000
	≥300	0.10	

续表

联轴节类型	联轴节外形最大直径（mm）	两轴的最大不同轴度	
		径向位移(mm)	倾　斜
刚性联轴节		0.03	0.04/1000

发电机、发电机的励磁系统、发电机控制箱的技术要求，除应符合相应的技术要求外，尚应满足生产厂家的具体规定。发电机定子绕绝缘不应低于 0.5MΩ。

此外柴油发电机组属于设备安装专业的还有：燃料系统的安装、排烟和排风系统的安装和冷却水等系统的安装。

柴油发电机组的电气系统，为了敷设线路的方便及美观，在大容量机房，在发电机出线口、配电(控制)柜、屏(箱)及引出室外部位等各处之间要有电缆沟贯通。电缆要敷设在支架上，沟盖用花纹钢板；对于小容量的机组，可预埋电线导管或电缆导管。电气系统线路敷设方法可参见《线路敷设》中相关内容施工。

4.3.10　机组的接线和接地

柴油发电机组均为三相四线制，额定电压为 400V/230V，频率 50HZ，功率因数 0.8(滞后)转速 1500r/min。柴油发电机组有普通型机组和自动型机组等。普通型机组的起动、停机、供电投入均为手动操作，具有过流、过载、过压、短路等保护报警功能；自动化机组均采用高质量的可编程序控制器"PC"为控制核心，实行自动控制。

柴油发电机组的电源自动切换柜，一般系由机组供货商提供配套产品，保证在市电断电后 15s 内起动并供电。并具有 3 次自起动功能，其总计时间不大于 30s。市电恢复后，延时自动停机。

机组的各外部接线，应按厂家随机所带的安装接线的资料和图纸进行。

柴油发电机馈电线路连接后，两端的相序必须与原供电系统的相序一致。

柴油发电机的接线和接地方法，应根据柴油发电机系统的接地形式进行。柴油发电机在TT、TN—C和TN—S系统中的接线和接地,如图4.3.10-1所示。

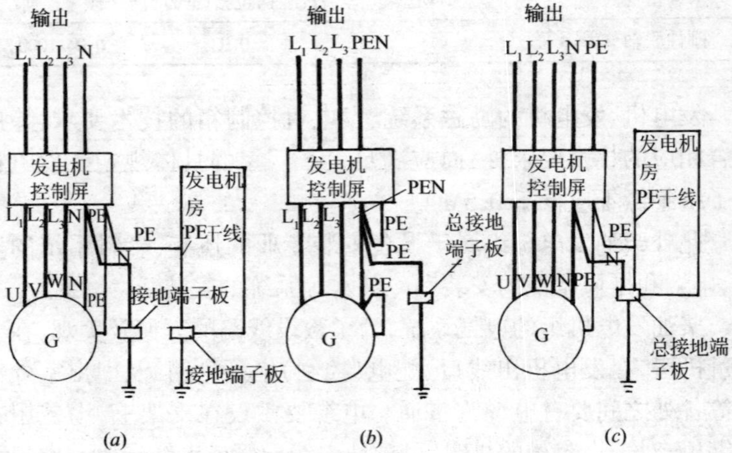

图4.3.10-1　柴油发电机系统接地形式示意图
(a)TT系统;(b)TN—C系统;(c)TN—S系统

柴油发电机组的发电机中性线(N)应与接地装置引来的接地干线采用螺栓直接连接,连接螺栓的防松零件应齐全,且有标识。

发电机本机和机械部分的可接近裸露导体应接地,应通过PE或PEN线与接地装置连接可靠,在接地点处且应有标识。

4.3.11　柴油发电机组的试验

在建筑电气工程中,作为自备电源的柴油发电机组的发电机在制造厂中均已做过出厂试验,在试验合格以后才与柴油发动机组装成套供货。柴油发电机组在施工现场安装后,应做馈电线路绝缘电阻测试及交接试验和进行带负荷运转试验。

1　馈电线路绝缘电阻测试

发电机组至低压配电柜馈电线路的导线间、导线对地间的绝缘电阻值应大于0.5MΩ;塑料绝缘电缆馈电线路直流耐压试验为2.4kV,时间15min,泄漏电流应稳定,无击穿现象。

2　发电机的交接试验

发电机的交接试验是在空载情况下对发电机性能的考核。交接试验包括发电机的静态试验和发电机的运转试验，试验内容和试验结果必须符合表 4.3.11－1 的规定。

发电机交接试验 表 4.3.11－1

序号	部位		试验内容	试验结果
1	静态试验	定子电路	测量定子绕组的绝缘电阻和吸收比	绝缘电阻值大于 0.5MΩ 沥青浸胶及烘卷云母绝缘吸收比大于 1.3 环氧粉云母绝缘吸收比大于 1.6
2	静态试验	定子电路	在常温下，绕组表面温度与空气温度差在 ±3℃范围内测量各相直流电阻	各相直流电阻值相互间差值不大于最小值 2%，与出厂值在同温度下比差值不大于 2%
3	静态试验	定子电路	交流工频耐压试验 1min	试验电压为 1.5Un + 750V，无闪络击穿现象，Un 为发电机额定电压
4	静态试验	转子电路	用 1000V 兆欧表测量转子绝缘电阻	绝缘电阻值大于 0.5MΩ
5	静态试验	转子电路	在常温下，绕组表面温度与空气温度差在 ±3℃范围内测量绕组直流电阻	数值与出厂值在同温度下比差值不大于 2%
6	静态试验	转子电路	交流工频耐压试验 1min	用 2500V 摇表测量绝缘电阻替代
7	静态试验	励磁电路	退出励磁电路电子器件后，测量励磁电路的线路设备的绝缘电阻	绝缘电阻值大于 0.5MΩ
8	静态试验	励磁电路	退出励磁电路电子器件后，进行交流工频耐压试验 1min	试验电压 1000V，无击穿闪络现象

续表

序号	部位＼内容		试验内容	试验结果
9	静态试验	其他	有绝缘轴承的用 1000V 兆欧表测量轴承绝缘电阻	绝缘电阻值大于 0.5MΩ
10			测量检温计(埋入式)绝缘电阻,校验检温计精度	用 250V 兆欧表检测不短路,精度符合出厂规定
11			测量灭磁电阻,自同步电阻器的直流电阻	与铭牌相比较,其差值为 ±10%
12		运转试验	发电机空载特性试验	按设备说明书比对,符合要求
13			测量相序	相序与出线标识相符
14			测量空载和负荷后轴电压	按设备说明书比对,符合要求

3　带负荷运转试验

柴油发电机组在与柴油发电机馈电有关的电气线路及受电侧低压配电柜的开关设备、自动或手动切换装置和保护装置等的试验和发电机静态和空载试运转试验均合格后,才具备有作为备用电源的可能性。而其可靠性检验是在建筑物内电气安装工程施工已基本完成,建筑物尚未正式投入使用,按设计预案,使柴油发电机组带上预定负荷,经 12h 连续运转,无机械和电气故障,无漏油、漏水、漏气等不正常现象,方可认为带负荷试运转合格,备用电源才可交付使用。

在带负荷试运转时,应切断负荷侧"市电"电源,按动"机组加载"按钮,由发电机组直接向负荷侧供电,检查发电机运行是否稳定、频率、电压、电流、功率是否保持在正常范围之内。当一切正常后,可停机进行自动状态的试验,将控制柜(屏)的控制开关设置在

"自动"状态上进行试验。

机组带负荷试运转,应经 12h 连续进行,并将试验情况做好记录,在各种试验时最好有厂家人员在场或直接由厂家来完成。

Ⅲ 质量标准

4.3.12 主控项目

1 发电机的试验必须符合表 4.3.11-1 的规定。

2 发电机组至低压配电柜馈电线路的相间、相对地间的绝缘电阻值应大于 0.5MΩ;塑料绝缘电缆馈电线路直流耐压试验为 2.4kV,时间 15min,泄漏电流稳定,无击穿现象。

3 柴油发电机馈电线路连接后,两端的相序必须与原供电系统的相序一致。

4 发电机中性线(工作零线)应与接地干线直接连接,螺栓防松零件齐全,且有标识。

4.3.13 一般项目

1 发电机组随带的控制柜接线应正确,紧固件紧固状态良好,无遗漏脱落。开关、保护装置的型号、规格正确,验证出厂试验的锁定标记应无位移,有位移应重新按制造厂要求试验标定。

2 发电机本体和机械部分的可接近裸露导体应接地(PE)或接零(PEN)可靠,且有标识。

3 受电侧低压配电柜的开关设备、自动或手动切换装置和保护装置等试验合格,应按设计的自备电源使用分配预案进行负荷试验,机组连续运行 12h 无故障。

Ⅳ 成品保护

4.3.14 柴油发电机机房和控制室门均应加锁,非安装人员不得随意入内。

4.3.15 柴油发电机组在安装工作中,各专业工种之间应配合施工,保护好设备,防止损伤。

4.3.16 机房内应保持通风良好,环境气温应在 20℃左右,相对湿度在50%,应保持机组清洁,防备设备锈蚀。

Ⅴ 安全注意事项

4.3.17 吊装作业时,机具、吊索必须先经过仔细检查,不合格者不得使用,防止事故伤人。

4.3.18 使用滚杠滚动机组时,应在地面上垫好木板,在移动时要有专人指挥,用撬棍拨动时,不得使物件倾斜,以免伤人。

4.3.19 试运行时的安全保护用品未准备好时,不得进行试运行。试运行中应严格服从指挥,应按预案进行操作,操作人及监护人均不得随意改变操作指令。

4.3.20 柴油发电机组试运转应在机房安装工作全部完成的情况下进行,防止发生意外。

4.3.21 在柴油发电机组日用油箱及大贮油箱注入燃料油后,不允许有明烟、明火、火星或其他易燃物接近柴油发电机组和油箱。

Ⅵ 质量通病及其防治

4.3.22 发电机组至低压配电柜馈电线路,不测试绝缘电阻。由于认为线路较短忽视了绝缘电阻的测试,这是不正确的。当使用绝缘电线或电缆时应进行导线间及导线对地间的绝缘电阻值。

4.3.23 对核相缺少认识,认为自备电源不核相也不能发生事故。核相是两个电源向同一供电系统的必经手续,相序一致才能确保用电设备的性能和安全。核相工作除了使用相序表以外,还有很多简单的方法可以利用。

4.3.24 柴油发电机机房内设备接地不完全。对柴油发电机本体和机械部分的可接近裸露导体进行接地,即包括了“外露可导电部分和装置外可导体部分”。柴油发电机组中的发电机本体必须接地外,其机械部分还应包括日用油箱支架及其他金属管道也均应接地良好。

4.4 不间断电源安装

Ⅰ 施工准备

4.4.1 设备、材料

1 不间断电源(UPS)所包括的各功能单元柜、蓄电池等。

2 型钢、镀锌螺栓、螺母、垫圈、弹簧垫、地脚螺栓等。

3 各种型号、规格的导管等。

4 电线、电缆和控制电线、电缆等。

4.4.2 机 具

1 汽车、汽车吊、叉车、卷扬机、倒链、钢丝绳、索具等。

2 台钻、手电钻、电焊机、砂轮、台虎钳、扳手、锉刀、钢据、手锤、克丝钳、电工刀、螺丝刀、卷尺等。

3 水准仪、兆欧表、万用表、水平尺、靠尺板、试电笔、线坠等。

4.4.3 作业条件

1 与不间断电源各功能单元柜安装有关的建筑物的土建工程施工标高、尺寸、结构及工程质量均应符合设计要求。

2 墙面、顶棚喷浆完毕、无漏水,门窗玻璃安装完、门已上锁。

3 室内地面工程结束,预埋件及预留孔符合设计要求,预埋件应牢固,安装场地干净,道路畅通。

4 设备、材料齐全,并运至现场。

Ⅱ 施工工艺

4.4.4 施工程序

设备开箱检查 → 基础型钢制作、安装 → 柜机安装 → 柜机接地 → 柜机接线 → 不间断电源试验

4.4.5 不间断电源的选择

交流不间断电源设备是一种高质量、高稳定性和高可靠性的

独立电源设备(简称不间断电源,英文简称 UPS)。不间断电源在供电系统突然停电时,UPS 能快速切换将蓄电池的直流电逆变成交流电,即刻供给负载系统保证交流电源不间断的供电,UPS 可持续 15min 甚至更长供电的时间。

不间断电源由晶闸管整流器、逆变器、交流静态开关和蓄电池组等组成。

不间断电源是为电力计算中心、自动控制中心、卫星通信及现代化通信设施等重要负载提供不间断供电的交流电源设备。不间断电源输出交流 50Hz、电源电压 380V/220V,三相四线制。

不间断电源装置生产厂家很多,无统一的型号,技术数据也各有差别,在选用时应视用电设备容量、电压、频率、连续运行时间等因素而定。同时考虑不间断电源装置的维护检修,和使用旁路电源时,交流输入扰动对负荷的影响等。

4.4.6 不间断电源柜进场验收

不间断电源柜、蓄电池柜(组)应符合下列规定:

1 查验合格证和随带技术文件,实行生产许可证和安全认证制度的产品,有许可证编号和安全认证标志。为了交接试验时做好对比用,不间断电源柜有出厂试验记录。

2 外观检查应有铭牌,柜内元器件无损坏丢失、接线无脱落脱焊,蓄电池柜内电池壳体无碎裂、漏液,涂层完整,无明显碰撞凹陷。

4.4.7 不间断电源安装

小容量的不间断电源,由整流器、逆变器、交流静态开关、蓄电池等组合在一起,由制造厂家以柜式出厂供货;大容量的不间断电源的整流器、蓄电池、逆变器、交流静态开关等各功能单元分柜组装出厂供货,则有的厂家对蓄电池根据用户容量需求单独供货。

蓄电池组单独设置时,其施工主要包括电池组支架制作、安装、电池安装接线等。

安放不间断电源的机架组装应横平竖直,水平度、垂直度允许偏差不应大于 1.5‰,紧固件应齐全。

对于额定容量为 2kVA 及以下的不间断电源(UPS)可直接安

放在办公场所内；对于 5kVA 以上的则需要一个专门场所；小于 20kVA 的 UPS 安装场所的面积应不小于 $10m^2$（电池组如放在同一室内，可适当增加 $5\sim10m^2$）；20～60kVA 的 UPS，一般不应小于 $20m^2$；100～250kVA 的一般需要 $40m^2$ 以上。

房间位置宜选用较低的楼层，室内宜装有活动地板，以便引线。蓄电池室应保证通风良好，防止阳光直接照射到电池上。

对以柜式出厂的不间断电源装置的安装，基本上与成套配电柜、控制柜（屏、台）的安装要求相同，其施工程序为基础型钢制作安装、柜体二次搬运和检查、柜体组立、接地和内部清扫等项目。

不间断电源柜体安装垂直度允许偏差为 1.5‰，相互间接缝不应大于 2mm，成列柜体应在同一垂直面上，偏差不应大于 5mm。

4.4.8　不间断电源的检查和接线

不间断电源的供电质量和其他技术指标是由设计根据负荷性质对产品提出特殊要求的，不间断电源的整流装置、逆变装置和静态开关装置的型号、规格要进行核对，必须符合设计要求。

不间断电源装置的内部线路结线应连接正确，紧固件齐全，可靠不松动，焊接连接应牢固，无松脱现象。

不间断电源（UPS）的引线最好是选用多股铜芯软电线。输入输出电线截面选用，一般可按 $4\sim6A/mm^2$ 计算，电池引线可按 $2A/mm^2$ 计算。

引入或引出不间断电源装置的主回路电线、电缆和控制电线、电缆应分别穿保护导管敷设。

电线、电缆在支架上平行敷设时，相互间应保持不小于 150mm 的距离。

不间断电源各柜的接线应按施工图纸和产品安装说明书，连接各电线、电缆。电线、电缆与装置间连接应牢固、可靠。

蓄电池组接线应注意正负电极的一致性，电池组与机柜的接线应牢固可靠。

电线、电缆与各柜设备及电池组的连接，应符合《建筑电气工程施工质量验收规范》GB 50303—2002 中，电缆头制作、接线和线路绝缘测试分项工程的芯线与电器设备连接的有关规定。

4.4.9 不间断电源的接地

不间断电源输出端的中性线(N),必须与接地装置直接引来的接地干线相连接,做重复接地。

引入或引出不间断电源的电线、电缆的屏蔽护套应接地连接可靠,与接地干线就近连接,紧固件应齐全。

不间断电源装置的可接近裸露导体应与PE或PEN线连接可靠,且有标识。

4.4.10 不间断电源的试验

线路敷设完成后,应使用500V兆欧表进行线路的绝缘测试,不间断电源装置间连接的线间、线对地间的绝缘电阻值应大于0.5MΩ。

整个不间断电源试验,应在整流、逆变、静态开关各功能单元试验合格后进行。不间断电源的输入、输出各级保护系统和输出的电压稳定性、波形畸变系统、频率、相位、静态开关的动作等各项技术性能指标的试验调整结果都必须符合工程设计文件和产品技术条件的要求。

不间断电源首次使用时,应根据产品技术文件的使用说明进行充电,在满足使用前不得带负载运行。

大型不间断电源的系统调试应以生产厂家技术人员为主,施工安装人员为辅进行。

在正常运行时,应对不间断电源用传声器进行噪声检验,所产生的A声级噪声,不应大于45dB;输出额定电流为5A及以下的小型不间断电源噪声,不应大于30dB。

Ⅲ 质量要求

4.4.11 主控项目

1 不间断电源的整流装置、逆变装置和静态开关装置的规格、型号必须符合设计要求。内部结线连接正确,紧固件齐全,可靠不松动,焊接连接无脱落现象。

2　不间断电源的输入、输出各级保护系统和输出的电压稳定性、波形畸变系数、频率、相位、静态开关的动作等各项技术性能指标试验调整必须符合产品技术文件要求，且符合设计文件要求。

3　不间断电源装置间连线的线间、线对地间绝缘电阻值应大于0.5MΩ。

4　不间断电源输出端的中性线(N极)，必须与由接地装置直接引来的接地干线相连接，做重复接地。

4.4.12　一般项目

1　安放不间断电源的机架组装应横平竖直，水平度、垂直度允许偏差不应大于1.5‰，紧固件齐全。

2　引入或引出不间断电源装置的主回路电线、电缆和控制电线、电缆应分别穿保护管敷设，在电缆支架上平行敷设应保持150mm的距离；电线、电缆的屏蔽护套接地连接可靠，与接地干线就近连接，紧固件齐全。

3　不间断电源装置的可接近裸露导体应接地(PE)或接零(PEN)可靠，且有标识。

4　不间断电源正常运行时生产的A声级噪声，不应大于45dB；输出额定电流为5A及以下的小型不间断电源噪声，不应大于30dB。

Ⅳ　成品保护

4.4.13　不间断电源柜在搬运和安装时，应采取防振、防潮、防止框体碰撞凹陷和漆面受损。

4.4.14　在安装过程中，要注意保护地面、墙面不应污染和损坏。

4.4.15　设备安装完成后，安装场所门、窗要封闭，并应设置专人进行管理或看守。

Ⅴ　安全注意事项

4.4.16　不间断电源柜的二次搬运要注意安全，防止伤人。

4.4.17 不间断电源蓄电池组安装,要防止电池液泄漏污染环境。

4.4.18 不间断电源在试运行中必须严格服从指挥,按试运行条件操作,操作及监护人员不得随意改变操作指令。

Ⅵ 质量通病及其防治

4.4.19 引入或引出不间断电源装置的电缆敷设方法不当,电缆屏蔽护套无接地。不间断电源装置的主回路电线、电缆和控制电线、电缆应分别穿管敷设,在电缆支架上平行敷设应保持150mm距离;电缆的屏蔽护套应接地可靠,可以防止相护干扰,确保屏蔽可靠。

4.4.20 不间断电源输出端的N线即中性线接地点不正确,输出端的中性线必须与从接地装置引来的接地(干)线相连接。当不间断电源供电侧的中性线意外断线时,可确保输出端不会引起电压升高而损坏由其供电的用电设备,以保证建筑物的安全使用。

4.4.21 不间断电源运行中产生噪声超标。规定A声机噪声不应大于45dB,为了维护环境质量,保护值班人员的身体健康,应继续对设备进行调试,直至满足规定标准为准。

4.5 成套配电柜、控制柜(屏、台)和电力配电箱(盘)安装

Ⅰ 施工准备

4.5.1 设备、材料

1 各种型号、规格的成套配电柜、控制柜(屏、台)、电力配电箱(盘)等。

2 型钢、镀锌螺栓、螺母、垫圈、弹簧垫、地脚螺栓等。

3 塑料软管、异型塑料管、尼龙卡带、小白线、绝缘胶垫、标志牌、氧气、乙炔气、锯条等。

4.5.2 机　　具

1 汽车、汽车吊、手推车、券扬机、倒链、钢丝绳、麻绳索锯等。

2 台钻、手电钻、电焊机、砂轮、气割工具、台虎钳、扳手、锉刀、钢锯、手锤、克丝钳、电工刀、螺丝刀、卷尺等。

3 水准仪、兆欧表、万用表、水平尺、靠尺板、高压检测仪器、试电笔、塞尺、线坠等。

4.5.3 作业条件

1 与柜(屏、台)安装有关的建筑物的土建工程施工标高、尺寸、结构及工程质量均应符合设计要求。

2 墙面、顶棚喷浆完毕、无漏水,门窗玻璃安装完、门已上锁。

3 室内地面工程结束,预埋件及预留孔符合设计要求,预埋件应牢固,安装场地干净,道路畅通。

4 设备、材料齐全,并运至现场。

Ⅱ 施工工艺

4.5.4 施工程序

设备开箱检查 → 二次搬运 → 基础型钢制作安装 → 柜(屏、台)安装 → 柜(屏、台)母线配制 → 柜(屏、台)二次回路结线 → 试验调整 → 送电运行验收

4.5.5 柜(屏、台)选择

1 高压开关柜

高压开关柜是成套配电装置,柜内可装高压电器、测量仪器、保护装置和辅助装置等。适用于发电厂、变电所、工矿企业变配电站,可接受和分配电力,用于大型交流电机的起动、保护。一般一个柜构成一个单元,使用时可按设计的主电路方案选用开关柜。

2 低压配电柜

低压配电柜适用于三相交流系统中,额定电压 500V 及其以下,额定电流 1500A 及其以下低压配电室;电力及照明配电之用。低压配电柜装有刀开关、熔断器、自动开关、交流接触器、电流互感

器、电压互感器等,按需要可组成各种系统。

低压配电柜有离墙式和靠墙式及抽屉式三种类型。离墙式低压配电柜可以双面进行维护。所以检修方便,广受欢迎。但是不宜安装在有导电尘埃、腐蚀金属和破坏绝缘的气体场所,也不宜安装在有爆炸危险的场所。

靠墙式低压配电柜,由于维修不方便,只适用于场地较小的地方。

抽屉式低压配电柜的主要设备均装在抽屉或手车上,通过备用抽屉或手车可立即更换故障的回路单元,保证迅速供电。

4.5.6 设备进场验收

设备和器材到达现场后,应存放在室内或能避雨、雪、风、沙的干燥场所。安装与建设单位应在规定期限内,共同进行开箱验收检查;包装及密封应良好。制造厂的技术文件应齐全,型号、规格应符合设计要求,附件备件齐全。实行生产许可证和安全认证制度的产品,应有许可证编号和安全认证"CCC"标志。成套柜应有出厂试验记录。

柜(屏、台)本体外观应无损伤及变形,油漆完整无损。柜(屏、台)内部电器装置及元件、绝缘瓷件齐全、无损伤及裂纹等缺陷。

4.5.7 柜(屏、台)二次搬运

应根据柜(屏、台)的重量及形体大小,结合现场施工条件决定采用运输设备。

柜(屏、台)吊装时,柜体上有吊环时,吊索应穿过吊环;无吊环时,吊索应挂在四角主要承力结构处,不得将吊索挂在设备部件上吊装。吊索的绳长度应一致,以防受力不均,柜(屏、台)体变形或损坏部件。

在搬运过程中要固定牢靠,防止磕碰,避免元件、仪表及油漆的损坏。

4.5.8 基础型钢制作安装

柜(屏、台)在室内的位置原则上是按图施工,如图纸无明确标注时,应按下列位置施工:

高压配电柜离墙安装时，距墙面不应小于1000mm；高压配电柜靠墙安装时距墙面不应小于250mm；低压配电屏离墙安装时距墙体不应小于800mm，低压柜靠墙安装时距墙不应小于50mm；巡视通道宽不应小于1500mm。

1　基础型钢制作

配电柜（屏、台）需要安装在基础型钢上，型钢可根据配电盘的尺寸及钢材规格大小而定，一般型钢可选用5～10号槽钢或∟50×5角钢制作。制作时先将有弯的型钢矫平矫直，再按图纸要求预制加工好基础型钢，并进行除锈。

2　基础型钢安装

基础型钢制作好后，应按图纸所标位置或有关规定，配合土建工程进行预埋，埋设方法有下列两种：

(1) 随土建施工时在基础上根据型钢固定尺寸，先预埋好地脚螺栓，待基础强度符合要求后再安放型钢。也可在基础施工时留置方洞，基础型钢与地脚螺栓同时配合土建施工进行安装。

(2) 随土建施工时预先埋设固定基础型钢的底板，待安装基础型钢时与底板进行焊接。基础型钢安装如图4.5.8－1所示。

安装基础型钢时，应用水平尺找正、找平。基础型钢安装的不直度及水平度，每m长时应小于1mm，全长时应小于5mm；基础型钢的不平行度在全长时，应小于5mm。

基础型钢顶部宜高出室内抹平地面10mm，手车式成套柜应按产品技术要求执行，一般应与抹平地面相平。

4.5.9　柜、屏、台、箱、盘组立

组立柜、屏、台、箱、盘应在稳固基础型钢的混凝土达到规定强度后进行。立柜、屏、台、箱、盘前，先按图纸规定的顺序将柜、屏、台、箱、盘作好标记，然后放置到安装位置上。

柜、屏、台、箱、盘单独安装时，应找好柜、屏、台、箱、盘正面和侧面的垂直度。

成列柜、屏、台、箱、盘安装时，可先把每个柜、屏、台、箱、盘调整到大致的位置上，就位后再精确地调整第一面柜、屏、台、箱、盘，再以第一面柜、屏、台、箱、盘的柜、屏、台、箱、盘面为标准逐台进行调整。调整次序既可以从左至右，也可以由右至左，还可以先调整好中间的一面柜、屏、台、箱、盘，然后左右分开调整。

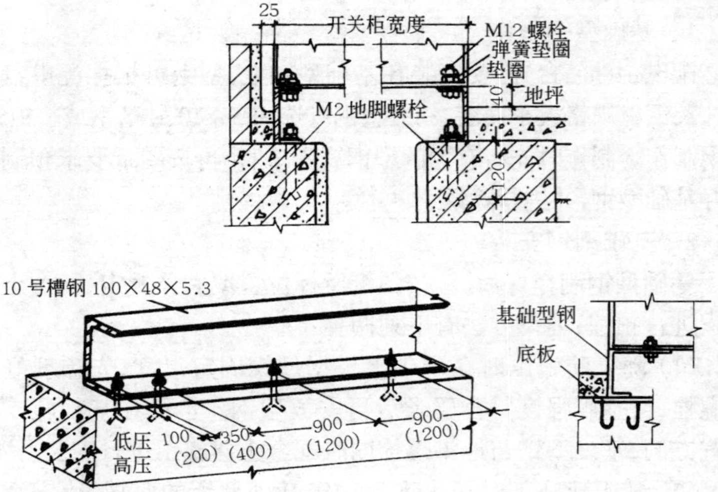

图 4.5.8－1　基础型钢安装

柜、屏、台、箱、盘找正时，柜、屏、台、箱、盘与型钢之间采用 0.5mm 铁片进行调整，但每处垫片最多不能超过 3 片。找平找正后，应盘面一致，排列整齐，柜与柜之间及柜体与侧档板均应用螺栓拧紧，柜、屏、台、箱、盘之间接缝处的缝隙不应大于 2mm。

在基础型钢上安装柜体，应采用螺栓连接，紧固件应是镀锌制品，并宜采用标准件，且防松零件齐全。应根据柜底固定螺孔尺寸，在基础型钢上用手电钻钻孔。在无要求时，低压柜钻 ϕ12.5mm 孔，高压柜钻 ϕ16.5mm 孔，分别用 M12、M16 镀锌螺栓固定。

不应采用电焊固定柜、屏、台、箱、盘，焊接固定将造成柜体涂层防腐损坏、使用寿命缩短。

如果图纸说明是采用电焊固定柜、屏、台、箱、盘时，可按图纸制作，但主控制盘、继电保护盘和自动装置盘等不宜与基础型钢焊死。如用电焊，每个柜的焊缝不应少于四处，每处焊缝长约100mm左右，为了美观，焊缝应在柜体内侧，焊接时应把垫在柜下的垫片也焊在基础型钢上。

柜、屏、台、箱、盘组立安装后，柜、屏、台、箱、盘安装的垂直度应小于1.5mm，相邻两盘顶部的水平偏差应小于2mm；成列安装时，盘顶部水平偏差应小于5mm。

柜、屏、台、箱、盘安装在震动场所，应按设计要求采取防震措施。柜、屏、台、箱盘固定好后，应进行内部清扫，用抹布将各种设备擦干净。柜内不应有杂物，同时应检查机械活动部分是否灵活，导线连接是否紧固。

4.5.10 柜(屏、台)及基础型钢的接地

配电柜(屏、台)的金属框架及基础型钢必须与系统中的PE或PEN线连接可靠。

基础型钢应有明显的可靠接地，一般用40×4镀锌扁钢在基础型钢的两端，分别与接地装置引出的干线进行焊接，焊接面应为扁钢宽度的2倍。

型钢埋设及接地线焊接好后，外露部分应刷好樟丹油，并刷两遍油漆，

柜(屏)的接地应牢固良好。每台柜(屏)宜单独与基础型钢做接地连接，每台柜(屏)从后面左下部的基础型钢侧面焊上鼻子，用铜导线与柜上的接地端子连接牢固。

柜(屏)上装有电器的可开启的柜(盘)门，应以裸铜软线与接地的金属构架可靠地连接。

成套柜(屏)应装有供检修用的接地装置。

低压成套配电柜、控制柜(屏、台)和电力配电箱应有可靠的电击保护。柜(屏、台、箱)内保护导体应有裸露的连接外部保护导体的端子，当设计无要求时，柜(屏、台、箱)内保护导体最小截面积S_P不应小于表4.5.10-1的规定。

保护导体的截面积　　表 4.5.10-1

相线的截面积 S(mm^2)	相应保护导体的最小截面积 S_P(mm^2)
$S \leqslant 16$	S
$16 < S \leqslant 35$	16
$35 < S \leqslant 400$	$S/2$
$400 < S \leqslant 800$	200
$S > 800$	$S/4$

注：S 指柜(屏、台、箱)电源进线相线截面积，且两者(S、S_P)材质相同。

4.5.11　成套配电柜的安装要求

成套柜、抽屉式配电柜、手车式柜的安装要求，是在产品制造时就要确保达到的，也是在施工安装后必须要进行检查验收的项目。

1　成套柜的安装

(1) 机械闭锁、电气闭锁应动作准确、可靠。

(2) 动触头与静触头的中心线应一致，触头接触紧密。

(3) 二次回路辅助开关的切换接点应动作准确，接触可靠。

(4) 柜内照明齐全。

2　抽屉式配电柜安装

(1) 抽屉推拉应灵活轻便，无卡阻、碰撞现象，抽屉应能互换。

(2) 抽屉的机械联锁或电气联锁装置应动作正确可靠，断路器分闸后，隔离触头才能分开。

(3) 抽屉与柜体间的二次回路连接插件应接触良好。

(4) 抽屉与柜体间的接触及柜体、框架的接地应良好。

3　手车式柜的安装

(1) 手车式柜应具有防止带负荷拉合刀闸、防止带地线合闸、防止带电挂地线、防止误入带电间隔、防止误拉合开关的"五防"装置齐全,并动作灵活可靠。

(2) 手车推拉应灵活轻便,无卡阻、碰撞现象,相同型号的手车应能互换。

(3) 手车推入工作位置后,动触头顶部与静触头底部的间隙应符合产品要求。

(4) 手车和柜体间的二次回路连接插件应接触良好。

(5) 安全隔离板应开启灵活,随手车的进出而相应动作。

(6) 柜内控制电缆的位置不应妨碍手车的进出,并应牢固。

(7) 手车与柜体间的接地触头应接触紧密,当手车推入柜内时,其接地触头应比主触头先接触,拉出时接地触头比主触头后断开。

4.5.12 电器的组合安装要求

电器的组合安装,要确保通电运行正常,安全保护可靠,给日后的操作和维护带来方便。

1 电器安装

(1) 电器元件质量良好、型号规格应符合设计要求,外观应完好且附件齐全,排列整齐。固定牢固,密封良好。

(2) 各电器应能单独拆装更换而不影响其他电器及导线束的固定。

(3) 发热元件宜安装在散热良好的地方,但不宜安装在柜顶;两个发热元件之间的连接线应采用耐热导线或裸铜线套瓷管。

(4) 熔断器的熔体规格、自动开关的整定值应符合设计要求。

(5) 切换压板应接触良好,相邻压板间应有足够安全距离,切换时不应碰及相邻的压板;对于一端带电的切换压板,应使在压板断开情况下,活动端不带电。

(6) 信号回路的信号灯、光字牌、电铃、电笛、事故电钟等应显示准确,工作可靠。

(7) 盘上装有装置性设备或其他有接地要求的电器,其外壳应可靠接地,以防干扰,并保证弱电元件正常工作。

(8) 带有照明的封闭式盘、柜应保证照明良好。

2　端子排安装

(1) 端子排应无损坏、固定牢固、绝缘良好。

(2) 端子应有序号，端子排应便于更换且接线方便；离地高度宜大于350mm。

(3) 回路电压超过400V者，端子板应有足够的绝缘并涂以红色标志。

(4) 为防止强电对弱电的干扰，强、弱电端子宜分开布置，当有困难时，应有明显标志并设空端子隔开或设加强绝缘的隔板。

(5) 正、负电源之间以及经常带电的正电源与合闸或跳闸回路之间，宜以一个空端子隔开。

(6) 电流回路应经过试验端子，其他需要断开的回路宜经特殊端子或试验端子。试验端子应接触良好。

(7) 为防止室外及潮湿环境端子受潮宜采用防潮端子。

(8) 接线端子应与导线截面匹配，不应使用小端子配大截面导线，如受条件限制，可用两根小截面的导线代替大截面的导线。

3　二次回路及小母线安装

(1) 二次回路的连接件以防锈蚀，均应采用铜质制品，在利用螺丝连接时，应使用垫片和垫圈；绝缘件应采用自熄性阻燃材料，以满足防水要求。

(2) 盘、柜的正面及背面各电器、端子牌等应标明编号、名称、用途及操作位置，其标明的字迹应清晰、工整，且不宜脱色。

(3) 柜、盘上的小母线应采用直径不小于6mm的铜棒或铜管，小母线两侧应有标明其代号或名称的绝缘标志牌，字迹应清晰、工整，且不易脱色。

(4) 屏顶上小母线不同相或不同极的裸露载流部分之间，裸露载流部分与未经绝缘的金属体之间，电气间隙不得小于12mm；爬电距离不得小于20mm。

(5) 盘、柜内两导体间，导电体与裸露的不带电的导体间的电气间隙及爬电距离应符合表4.5.12－1的要求。

允许最小电气间隙及爬电距离(mm)　　表 4.5.12-1

额定电压 V	电气间隙额定工作电流		爬电距离额定工作电流	
	<63A	>63A	<63A	>63A
<60	3.0	5.0	3.0	5.0
$60<V<300$	5.0	6.0	6.0	8.0
$300<V<500$	8.0	10.0	10.0	12.0

4.5.13　柜(屏)母线配制

柜(屏)母线配制,可见《裸母线安装》中的相关内容。

4.5.14　柜(屏)二次回路结线

1　柜(屏)内的配线电流回路应采用电压不低于 500V 截面不小于 $2.5mm^2$ 的铜芯绝缘导线,其他回路导线截面不应小于 $1.5mm^2$,对电子元件回路、弱电回路采用锡焊连接时,在满足载流量和电压降及有足够机械强度的情况下,可采用截面不小于 $0.5mm^2$ 的绝缘铜导线。在油污环境,应采用耐油的绝缘导线,在日光直射环境,橡胶或塑料绝缘导线应采取防护措施。

2　柜(屏)之间的连接导线必须经过端子板,按照接线图将足够数量的线理顺,绑扎整齐,套好线号后接到端子板上。布线方法应尽量与柜(屏)本身的布线方法一致。二次回路结线应符合下列要求:

(1) 按图施工,接线正确。

(2) 导线与电气元件间采用螺栓连接,插接、焊接或压接等,均应牢固可靠。

(3) 柜(屏)内的导线芯线应无损伤,导线中间不应有接头。

(4) 控制电缆芯线和所配导线的端部均应标明其回路编号,编号应正确,字迹清楚且不宜脱色。

(5) 配线应整齐、清晰、美观。

(6) 将每个芯线端部煨成圆圈后与端子连接,且每个端子上接线宜为 1 根,最多不能超过 2 根。如连接 2 根线时,中间应加平垫片。

插接式端子,不同截面的两根导线不得接在同一端子上。

(7) 二次回路接地应设专用螺栓。

3　连接柜(屏)上的可动部位的导线,应使用多股软导线,长度应有适当余量,线束应外套塑料管等加强绝缘,在可动部位的两侧应用卡子固定。

4　柜(屏、台)内的电缆芯线,应按垂直或水平有规律地配置,不得任意歪斜交叉连接。备用芯线应留有适当余量。

4.5.15　引入柜(屏、台)电缆接线

1　铠装电缆在进入柜(屏)后,应将钢带切断,钢带端部应扎紧,并将钢带接地。

2　引入柜(屏)内的电缆应排列整齐,编号清晰,避免交叉,并应固定牢固,不得使端子排受力。

3　用于静态保护,控制等逻辑回路的控制电缆,应采用屏蔽电缆,屏蔽层应按设计要求的方式接地。

4　强弱电回路不应使用同一根电缆,并应分别成束分开排列。

5　工程中如使用橡胶绝缘电缆做控制电缆时,芯线应外套绝缘管保护。

4.5.16　柜(屏)面装饰

柜(屏)的漆层应完整,无损伤。固定电器的支架等应刷漆。安装在同一室内且经常监视的柜(盘),盘面颜色宜和谐一致。

如漆层破坏或成列的柜(屏)面颜色不一致时,应重新喷漆,使成列配电柜(屏)整齐,漆面不能出现反光眩目现象。

主控制柜面应有模拟母线。模拟母线的标志颜色,应符合表4.5.16-1中的规定。

模拟母线的标志颜色　　　　**表 4.5.16-1**

电压(kV)	颜色	电压(kV)	颜色
交流 0.23	深灰	交流 110	朱红
交流 0.40	黄褐	交流 154	天蓝
交流 3	深绿	交流 220	紫
交流 6	深蓝	交流 330	白

续表

电压(kV)	颜色	电压(kV)	颜色
交流 10	绛红	交流 500	淡黄
交流 13.8—20	浅绿	直流	褐
交流 65	浅黄	直流 500	深紫
交流 60	橙黄		

4.5.17 柜(屏)试验调整

1 高压试验

高压试验应由当地供电部门许可的试验单位进行。试验应符合“电气装置安装工程电气设备交接试验标准”“GB 50150—91”的有关规定。

(1) 试验内容:高压柜框架、母线、避雷器、电流互感器、高压瓷瓶、电压互感器、高压开关等;

(2) 调整内容:过电流继电器调整,时间继电器、信号继电器调整以及机械连锁调整。

2 二次控制回路试验调整

(1) 绝缘电阻测试:

1) 小母线在断开所有其他并联支路时,不应小于 10MΩ;

2) 二次回路的每一支路和断路器、隔离开关的操动机构的电源回路等,均不应小于 1MΩ。在比较潮湿的地方,可不小于 0.5MΩ。

(2) 交流耐压试验:

1) 试验电压为 1000V。当回路绝缘电阻值在 10MΩ 以上时,可采用 2500V 兆欧表代替,试验持续时间为 1min;

2) 48V 及以下回路可不做交流耐压试验;

3) 回路中有电子元器件设备的,试验时应将插件拔出或将两端短接。

(3) 模拟试验:

按图纸要求,接通临时控制和操作电源,分别模拟试验控制、连锁、操作继电保护和信号动作,应正确无误、灵敏可靠。

4.5.18　送电、验收

柜(屏、台)经试验调整后,并经有关部门检查后,即可送电试运行。当送电空载运行 24h,无异常现象,办理验收手续,交建设单位使用。在验收时,应提交下列资料和文件:

(1) 工程竣工图;

(2) 设计变更的证明文件;

(3) 制造厂提供的产品说明书,调试大纲、试验方法、试验记录、合格证件及安装图纸等技术文件;

(4) 根据合同提供的备品备件清单;

(5) 安装技术记录;

(6) 调整试验记录。

Ⅲ　质量标准

4.5.19　主控项目

1　柜、屏、台、箱、盘的金属框架及基础型钢必须接地(PE)或接零(PEN)可靠;装有电器的可开启门,门和框架的接地端子间应用裸编织铜线连接,且有标识。

2　低压成套配电柜、控制柜(屏、台)和动力、照明配电箱(盘)应有可靠的电击保护。柜(屏、台、箱、盘)内保护导体应有裸露的连接外部保护导体的端子,当设计无要求时,柜(屏、台、箱、盘)内保护导体最小截面积 S_P 不应小于表 4.5.19-1 的规定。

保护导体的截面积　　　　表 4.5.19-1

相线的截面积 S(mm^2)	相应保护导体的最小截面积 S_P(mm^2)
$S \leqslant 16$	S
$16 < S \leqslant 35$	16
$35 < S \leqslant 400$	$S/2$
$400 < S \leqslant 800$	200
$S > 800$	$S/4$

注:S 指柜(屏、台、箱、盘)电源进线相线截面积,且两者(S、S_P)材质相同。

3 手车、抽出式成套配电柜推拉应灵活，无卡阻碰撞现象。动触头与静触头的中心线应一致，且触头接触紧密，投入时，接地触头先于主触头接触；退出时，接地触头后于主触头脱开。

4 高压成套配电柜必须按《建筑电气工程施工质量验收规范》第3.1.8条的规定交接试验合格，且应符合下列规定：

(1) 继电保护元器件、逻辑元件、变送器和控制用计算机等单体校验合格，整组试验动作正确，整定参数符合设计要求；

(2) 凡经法定程序批准，进入市场投入使用的新高压电气设备和继电保护装置，按产品技术文件要求交接试验。

5 低压成套配电柜交接试验，必须符合《建筑电气工程施工质量验收规范》第4.1.5条的规定。

6 柜、屏、台、箱、盘间线路的线间和线对地间绝缘电阻值，馈电线路必须大于0.5MΩ；二次回路必须大于1MΩ。

7 柜、屏、台、箱、盘间二次回路交流工频耐压试验，当绝缘电阻值大于10MΩ时，用2500V兆欧表摇测1min，应无闪络击穿现象；当绝缘电阻值在1～10MΩ时，做1000V交流工频耐压试验，时间1min，应无闪络击穿现象。

8 直流屏试验，应将屏内电子器件从线路上退出，检测主回路线间和线对地间绝缘电阻值应大于0.5MΩ，直流屏所附蓄电池组的充、放电应符合产品技术文件要求；整流器的控制调整和输出特性试验应符合产品技术文件要求。

4.5.20 一般项目

1 基础型钢安装应符合表4.5.20－1的规定。

基础型钢安装允许偏差 表4.5.20－1

项目	允许偏差	
	(mm/m)	(mm/全长)
不直度	1	5
水平度	1	5
不平行度	/	5

2 柜、屏、台、箱、盘相互间或与基础型钢应用镀锌螺栓连接，且防松零件齐全。

3 柜、屏、台、箱、盘安装垂直度允许偏差为1.5‰，相互间接缝不应大于2mm，成列盘面偏差不应大于5mm。

4 柜、屏、台、箱、盘内检查试验应符合下列规定：

(1) 控制开关及保护装置的规格、型号符合设计要求；

(2) 闭锁装置动作准确、可靠；

(3) 主开关的辅助开关切换动作与主开关动作一致；

(4) 柜、屏、台、箱、盘上的标识器件标明被控设备编号及名称，或操作位置，接线端子有编号，且清晰、工整、不易脱色；

(5) 回路中的电子元件不应参加交流工频耐压试验；48V及以下回路可不做交流工频耐压试验。

5 低压电器组合应符合下列规定：

(1) 发热元件安装在散热良好的位置；

(2) 熔断器的熔体规格、自动开关的整定值符合设计要求；

(3) 切换压板接触良好，相邻压板间安全有距离，切换时，不触及相邻的压板；

(4) 信号回路的信号灯、按钮、光字牌、电铃、电笛、事故电钟等动作和信号显示准确；

(5) 外壳需接地(PE)或接零(PEN)的，连接可靠；

(6) 端子排安装牢固，端子有序号，强电、弱电端子隔离布置，端子规格与芯线截面积大小适配。

6 柜、屏、台、箱、盘间配线：电流回路应采用额定电压不低于750V、芯线截面积不小于$2.5mm^2$的铜芯绝缘电线或电缆；除电子元件回路或类似回路外，其他回路的电线应采用额定电压不低于750V、芯线截面不小于$1.5mm^2$的铜芯绝缘电线或电缆。

二次回路连线应成束绑扎，不同电压等级、交流、直流线路及计算机控制线路应分别绑扎，且有标识；固定后不应妨碍手车开关或抽出式部件的拉出或推入。

7 连接柜、屏、台、箱、盘面板上的电器及控制台、板等可动部位的电线应符合下列规定：

(1) 采用多股铜芯软电线，敷设长度留有适当裕量；

(2) 线束有外套塑料管等加强绝缘保护层；

(3) 与电器连接时，端部绞紧，且有不开口的终端端子或搪锡，不松散、断股；

(4) 可转动部位的两端用卡子固定。

Ⅳ 成品保护

4.5.21 柜(屏、台)等在搬运和安装时，应采取防震、防潮、防止框架变形和漆面受损等措施，必要时可将易损元件卸下。

4.5.22 柜(屏、台)应存放在室内，或放在干燥的能避雨、雪、风沙的场所，对有特殊保管要求的电气元件，应按规定妥善保管。

4.5.23 安装过程中，要注意对已完工程项目及配件的成品保护，防止损坏，未经批准不得随意拆卸，对不应拆卸的设备零件及仪表等防止损坏，不得利用开关柜支承脚手架或跳板、梯子等。

4.5.24 安装过程中，要注意保护建筑物地面、顶板、门窗及油漆、装饰等防止碰坏。

4.5.25 设备安装完毕后，暂时不能送电运行时，安装场所门、窗要封闭，并设专人看守。

Ⅴ 安全注意事项

4.5.26 吊装作业时，机具、吊索必须先经过仔细检查，不合格者不得使用，防止事故伤人。

4.5.27 搬运沉重的配电柜时，应在地面垫木板用滚杠移动之，并要有专人统一指挥，用撬杠拨动时，不得使物件倾斜，以免伤人。

4.5.28 在基础型钢上调整柜(屏、台)体时，动作应协调一致，防止挤伤手脚。当柜内有人时，柜外的工作人员均须听从柜内人员的口号进行。

4.5.29 使用手电钻钻孔时，电钻外壳不得漏电，电源线不得破皮漏电,电钻应按规定接地保护。

4.5.30 试运行的安全保护用品未准备好时,不得进行试运行。试运行中必须严格服从指挥,按试运行方案操作,操作及监护人员不得随意改变操作指令。

Ⅵ 质量通病及其防治

4.5.31 基础型钢焊接处焊渣清理不净,除锈不净,油漆不均匀,有漏刷现象。应提高质量意识,加强作业者责任心,做好工序搭接和自互检检查。

4.5.32 基础型钢的不平直度及水平度,超差过大。埋设前应将型钢调直,在埋设的位置先找出钢型中心线,再用水平尺放在两型钢顶面上测量。待水平调整好后,再配合土建埋设好型钢,混凝土浇筑后再及时检查型钢的安装尺寸和水平度。

4.5.33 柜(屏、台)内,电器元件、瓷件油漆损坏。应加强责任心,防止安装过程中损坏柜(屏、台)内器件。

4.5.34 柜(屏、台)内控制线压接不牢,接线错误。必须通过技术学习,提高技术水平,才能保证不造成出现接线错误。

4.5.35 手车式柜二次小线回路辅助开关切换失灵,机械性能差。反复进行试验调整,达不到要求的部件要求厂方更换。

4.6 照明配电箱(盘)安装

Ⅰ 施工准备

4.6.1 材　　料

1 成套配电箱,自制木制配电箱用红、白松板材、三合板等。

2 合页、多种规格木螺钉、红丹防锈漆、油漆、沥青漆、白乳胶等。

4.6.2 机　　具

1 木钻、克丝钳子、电工刀、螺丝刀、毛刷等。

2　托线板、铁板尺、卷尺等。

4.6.3　作业条件

暗装配电箱需配合土建主体施工进行箱体预埋，土建主体工程施工中要在配电箱安装部位，由放线员给出建筑标高线。安装开关箱门（贴脸）前抹灰或粉刷工程应结束。

Ⅱ　施工工艺

4.6.4　施工程序

配电箱选择 → 配电箱位置确定 → 配合土建预埋箱体 → 管与箱连接 → 安装盘面 → 配电箱接线 → 安装贴脸及箱门 → 通电试验

4.6.5　照明配电箱的选择

照明配电箱根据安装方式可分为明装（悬挂式）和暗装（嵌入式），根据制作材质可分铁制、木制及塑料制品配电箱。

照明配电箱还有标准箱与非标准箱之分，标准箱系由工厂成套生产组装的，非标准箱是根据实际需要自行设计制作或定制而成。

由于国家只对照明配电箱用统一的技术标准进行审查和鉴定，而不做统一设计，且国内生产厂家繁多，故而规格、型号很多，选用标准照明配电箱时，应查阅有关的产品目录和电气设计手册等书籍。

照明配电箱应根据使用要求、进户线制式、用电负荷大小以及分支回路数等以及设计要求，选用符合标准的配电箱。

标准照明配电箱铁制箱体，应用厚度不小于 2mm 的钢板制成，应除锈后涂防锈漆一道、油漆两道。

配电箱箱体与配管的连接孔，应是进出线在箱体上、下部有压制的标准敲落孔，敲落孔不应留长孔，也不应在侧面开孔。

照明配电箱箱门（箱盖）应是可拆装的，箱体上应有不小于 M8 的专用接地螺栓，位置应设在明显处，配件应齐全。

配电箱内设有保护线(N)端子板的应与箱体连通,中性线端子板应与箱体绝缘(用做总配电箱的除外),耐压不低于2kV。端子板应用大于箱内最大导线截面2倍的矩型母线制做(但最小截面应不小于60mm^2,厚度不小于3mm),端子板所用材料,使用铜芯导线时应为铜制品,使用铝芯导线时应为铝制品,端子板上用以紧固的机螺栓应不小于M5。

带电体之间的电气间隙不应小于10mm,漏电距离不应小于15mm。计量箱内的母线应涂有黄(L_1)、绿(L_2)、红(L_3)、淡蓝(N)和黄绿相间(PE)等颜色。

计量与开关共用的配电箱应使用符合省内地方标准的标准箱,电能表和总开关应设间隔并加锁。

住宅用电表箱内的所有开关必须使用经过国家有关部门检定合格的具有过载和短路保护的自动空气断路器。

在建筑电气工程施工中,不可采用木制品和塑料制品等可燃材料制作的照明配电箱(盘)。

4.6.6 配电箱制作

非标准自制照明配电箱可根据实际需要由施工单位自制。

先确定盘面尺寸,根据盘面尺寸决定箱体尺寸。

盘面尺寸的确定要根据所装置的电器元件的型号、规格、数量按电气要求,合理的布置在配电箱盘面上,并保护电器元件之间的安全距离。

盘面上的各种电气器具最小允许净距不得小于表4.6.6-1的规定。

照明配电箱盘面电器间最小距离(mm) 表4.6.6-1

电器名称		最小净距
并列电度表间		60
并列开关或单极保险间		30
进出线管头至开关上下沿	10~15A	30
	20~30A	50
	60A	80

续表

电　器　名　称	最小净距
电度表接线管头至表下沿	60
上下排电器管头间	25
管头至盘边	40
开关至盘边	40
电度表至盘边	60

配电箱及盘面板应横平竖直,其对角线长度差不得大于10mm宽度超过600mm的配电箱应做成双扇门。配电箱箱门应能向外开启180°,开关多的配电箱,可以做成前、后开门,两面盘面板应有一面能活动。用于室外的配电箱要做成防水坡式,门要严密,防止雨水进入。盘面板四周与箱体之间应有适当的缝隙,一般箱体内尺寸应大于盘面每边尺寸10mm,盘面板与箱体底板之间间距,应能保证配管的需要,且不应小于50mm。箱体上应开圆孔方便管与箱体进行一孔一管连接。

配电箱的制作,如无设计规定时,可按《全国通用电气装置标准图》"非标准电力配电箱(盘)"进行制作。

铁制配电箱应先除锈再涂红丹防锈漆一遍,油漆两遍。

4.6.7　住宅配电系统及计量方式

确定多层住宅的低压配电系统及计量方式时,应与当地供电部门协商,可采用以下几种方式:

1　单元总配电箱设于首层,内设总计量表,层配电箱内设分户表,由总配电箱至层配电箱宜采用树干式配电,层配电箱至各户采用放射式配电。

2　单元不设总计算表,只在分层配电箱内设分户表,其配电干线、支线的配电方式同第1种方式。

3　分户计量表全部集中于首层(或中间某层)电表间(或箱)内,配电支线以放射式配电至各(层)户。

4.6.8　配电箱位置的确定

配电箱设置应根据设计图纸要求确定，当设计图纸无明确要求时，可在审核图纸时共同确定。一般应遵循下述原则进行：

1　配电箱应安装在靠近电源的进口处，使电源进户线尽量短些，并应在尽量接近负荷中心的位置上，一般讲配电箱的供电半径为 30mm 左右。

2　配电箱应装在干燥、明亮、不易受损、不易受震、无尘埃、无腐蚀气体和便于抄表、维护和操作的地方。

3　配电箱一般设在过道内，但对于公共建筑场所，应设在管理区域内。多层建筑各层配电箱应尽量设在同一垂直位置上，以便于干线立管敷设和供电。住宅楼总配电箱和单元及梯间配电箱，一般应安装在梯间过道的墙壁上，以便支线立管的敷设。

4　照明配电箱底边距地高度一般为 1.5m，照明配电板底边距地不应小于 1.8m。

5　为了保证使用安全，配电箱与采暖管道距离不应小于 300mm；与给排水管道不应小于 200mm；与煤气管、表不应小于 300mm。

6　配电箱不应设在散热器上方，也不应安装在水池或水门的上、下侧，如果必须安装在水池、水门的两侧时，其垂直距离应保持在 1m 以上，水平距离不得小于 0.7m。

7　配电箱不宜设在建筑物外墙内侧，防止室内、外温差变化大，箱体内结露产生不安全因素。

8　配电箱不应设在楼梯踏步的侧墙上，如图 4.6.8－1 所示，既不利于操作和维修，也不安全。

配电箱如安装在墙角处时，其位置应能保证箱门向外开启 180°，以利方便维修和操作。配电箱也不宜设在建筑物的纵横墙交接外，箱体及引上管将影响墙体砌筑的接茬，减弱墙体的拉结强度，如图 4.6.8－2 所示。

普通砖砌体墙，在门、窗、洞口旁设置配电箱时，箱体边缘距门、窗框或洞口边缘不宜小于 0.37m，否则将减少门、窗过梁支座的断面，即影响建筑结构强度，又使箱体受压。当条件受限制时，过梁支座的长度不应小于墙体厚度，否则应与土建专业配合，在箱体周围设置混凝土框或适当加长箱体上方的门窗过梁长度，即门、窗过梁与箱过梁结合为一体，如图 4.6.8-3 所示。

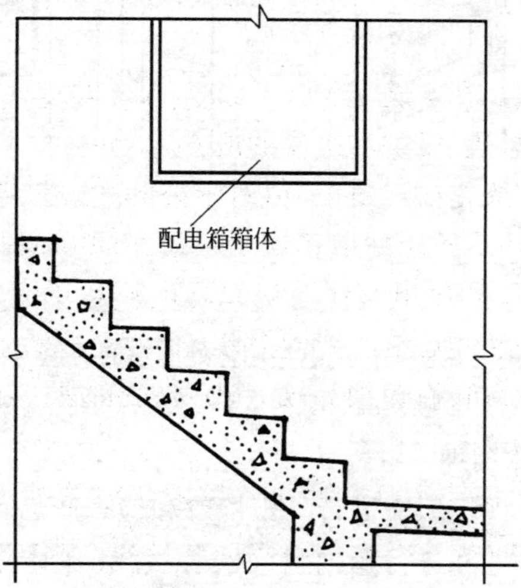

图 4.6.8-1　配电箱不应设在楼梯踏步的侧墙上

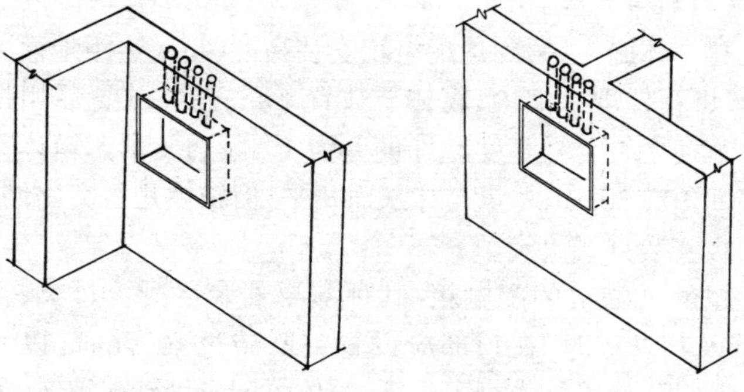

图 4.6.8-2　配电箱的不正确位置

(*a*)配电箱近墙角处过近；(*b*)配电箱不宜在纵横墙交接处

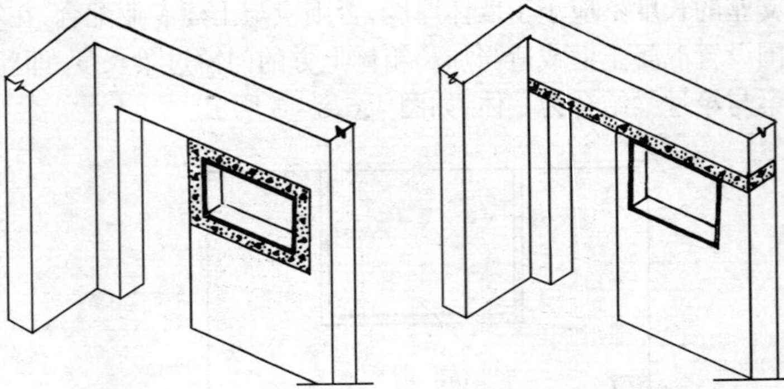

(a)　　　　　　　　　　(b)

图 4.6.8－3　配电箱箱体处土建的处理
(a)箱体周围的混凝土框；(b)箱体上方的通长混凝土过梁

4.6.9　箱体预埋

配电箱运到现场后应进行外观检查和检查产品合格证。

由于箱体预埋和进行箱内盘面安装接线的间隔周期较长，箱体和箱盖(门)和盘面应解体后，并做好标记，以防盘内电器元件及箱盖(门)损坏或油漆剥落，并按其安装位置和先后顺序分别存放好，待安装时对号入座。

在土建主体施工中，到达配电箱安装高度(箱底边距地面一般为 1.5m)，将箱体埋入墙内，箱体要放置平正，箱体放置后用托线板找好垂直使之符合垂直度允许偏差为 1.5‰的要求。箱体一般宜突出墙面 10～20mm，尽量与抹灰面相平，但箱体是否突出墙面，应根据面板安装方式决定。

宽度超过 500mm 的配电箱，其顶部要安装混凝土过梁；箱宽度 300mm 及其以上时，在顶部应设置钢筋砖过梁，ϕ6mm 以上钢筋，不小于 3 根，使箱体本身不受压，箱体周围应用砂浆填实，如图 4.6.9－1 所示。

在 240mm 墙上安装配电箱时，要将箱后背凹进墙内不小于 20mm，后壁要用 10mm 厚石棉板或钢丝直径为 2mm 孔洞为 10mm×10mm的钢丝网钉牢，再用 1:2 水泥砂浆抹好，以防墙面开裂,如图 4.6.9－2 所示。

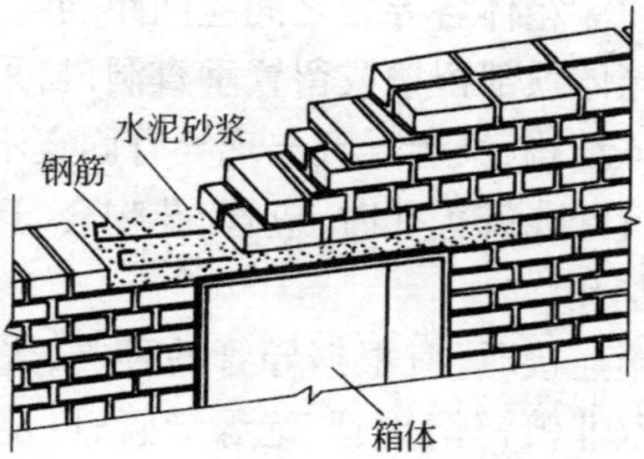

图 4.6.9－1 箱体上方的钢筋砖过梁

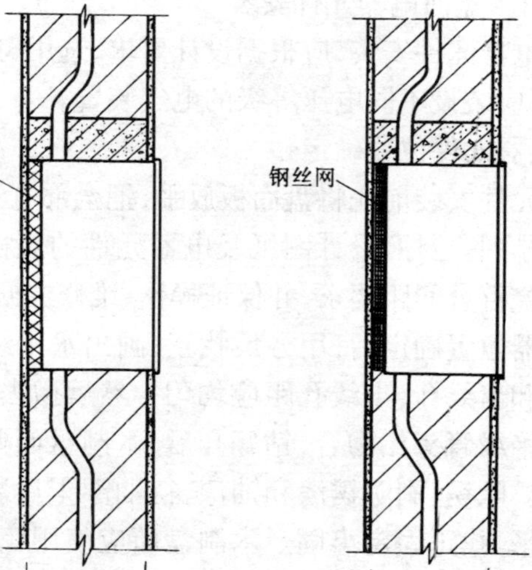

图 4.6.9－2 在 240 厚墙体上安装配电箱

4.6.10 导管管路与配电箱连接

配电箱箱体埋设后,随着土建工程的进展,电工进行管路与配电箱的连接。

1 导管进入配电箱箱体时,应一管一孔,且应与孔径吻合。

2 导管与箱体连接时,电源、负荷管应该由左至右按顺序排列,并宜和各回路编号对应;住宅各户导管位置应与住户位置对应排列,并形成规律。箱体各导管之间应间距均匀、排列整齐。

3 不应在箱体顶部留槽或留置垂直洞口,采用后敷设导管的做法,即影响墙体结构,又会导致出现导管固定不牢的蔽病。

4 箱体自行开孔或扩孔时,应管、孔吻合,且不应开长孔。严禁使用电、气焊割孔。

5 导管与箱连接时,应根据导管的种类,采取不同的连接方法。镀锌钢导管、非镀锌钢导管、绝缘导管、可挠金属电线保护管等各导管与箱体的连接及其跨接接地线的做法,均可见各相关章节中的"导管与盒(箱)连接"的内容。

4.6.11 盘面电器元件安装

盘面电器元件安装,应根据设计要求,选用符合标准的电器元件,箱内不应装设不同电压等级的电气装置。

1 电器元件位置确定

电器元件安装前先将盘面板放平,把全部电器元件置于其上,进行实物排列。对照设计图纸及电器元件的规格和数量,选择最佳位置使之符合间距要求,并保证操作、维修方便及外型美观。

当电器位置确定后,用方尺找正,画出水平线,定出每种电器的安装孔和出线孔,出线孔距应均匀。然后撤去元件,进行钻孔,孔径应与绝缘管头相吻合,钻好孔后,木制盘面要刷好油漆;对铁制盘面还要除锈,刷防锈漆和油漆,待油漆干后装上管头,并将全部电器摆平、找正固定牢固。木制盘面应使用瓷(或塑料)管头保护导线,铁制盘面要用橡胶压铸套管保护。

2 元件安装

盘上开关应垂直安装,总开关应装在盘面板的左面。电度表应安装牢固、垂直,不可出现纵向或横向的倾斜,否则要影响计量的准确性。当计算负荷电流在 30A 及以上时应装电流互感器,其精度应为 0.5 级。

当有漏电保护回路时,箱(盘)内安装的漏电保护装置动作电流应不大于 30mA,动作时间不应大于 0.1s。

盘面上电器控制回路的下方，要设好标志牌，标明所控制的回路名称编号。住宅楼配电箱内安装的开关及电度表，应与用户位置对应，在无法对应的情况下，也要设好编号。

塑料配电箱盘面板上安装电器时，先钻出一个 $\phi3$ 小孔，再用木螺钉拧紧元件。

4.6.12　盘内配线

盘内配线应在盘面上电器元件安装后进行，配线时应根据电器元件规格、容量和所在位置及设计要求和有关规定，选好导线的截面和长度，剪断后进行配线。

盘前盘后配线应成把成束，排列整齐、美观，安全可靠，必要时采用线卡固定。压头时，将导线剥出线芯逐个压牢。

电流互感器的二次线应采用单股铜导线，电流回路的导线截面不应小于 $2.5mm^2$；电压回路的导线截面不应小于 $1.5mm^2$。

电能计量用的二次回路的连接导线中间不应有接头，导线与电器元件的压接螺丝必须牢固，压线方向应正确。所有二次线必须排列整齐，导线两端应穿有带有明显标记和编号的标号头。导线的色别按相序依次为黄、绿、红色，保护线为黄绿相间色，中性线为淡蓝色。

4.6.13　配电箱内盘面板安装

室内电气照明器具安装完毕后，把组装好的盘面板拿到现场，即可以进行配电箱盘面板的安装。

1　安装前的检查

安装前，应对箱体的预埋质量，线管配制情况进行检验，确定符合设计要求及施工验收规范规定后，再进行安装。

安装前必须清除箱内杂物，检查盘面安装的各种元件是否齐全、牢固，并整理好配管内的电源和负荷导线。引入引出线应有适当余量，以便检修，管内导线引入盘面时应理顺整齐，盘后的导线应成把成束中间不应有接头，多回路之间的导线不能有交叉错乱现象。

2　导线与器具的连接

整理好的导线应一线一孔穿过盘面一一对应与器具或端子等连接，盘面上接线应整齐美观，安全可靠，同一端子上，导线不应超过两根，螺钉固定应有平垫圈、弹簧垫圈。工作零线应经过汇流排（或零线端子板）采用螺栓连接，不应做成鸡爪线连接。零线端子板上，分支回路排列位置应与开关或熔断器位置对应。

凡多股铝导线和截面超过 2.5mm^2 的多股铜芯线，与电气器具的端子连接，应焊或压接端子后再连接，严禁盘圆做线鼻子连接。

开关、互感器等应上端进电源，下端接负荷或左侧电源左侧负荷。相序应一致，面对开关从左侧起为 L_1、L_2、L_3、或 L_1（L_2、L_3）N。开关及其他元件的导线连接处，牢固压紧，不损伤芯线。

根据额定电流适当选择保险丝，在安全开关上摆保险要把保险丝中部压在沟槽内，不能拉直，防止产生弧光短路。

熔断器安装时，对磁插式熔断器应上端接电源，下端接负荷，横装时左侧接电源，右侧接负荷。磁插式熔断器底座中心明露螺丝孔应有填充绝缘物，以防止对地放电，磁插件不得裸露金属螺丝，应填充火漆。螺旋式熔断器电源线应接在底座中心触头的端子上，负荷线接在螺纹的端子上。

电能表接线时，单相电能表的电源线圈必须与相线连接。三相电能表的电压线圈不准装熔丝。

漏电保护开关是用来对有致命危险的人身触电进行保护，以及防止因电气设备或线路漏电而引起的事故。

漏电开关应按产品说明书安装接线，漏电开关前端 *N* 线上不应设有熔断器，防止 N 线保险丝熔断后，而相线漏电时，开关会拒绝动作。

3　盘面的固定

当配电箱盘板面导线连接完成后，应再次清理箱内杂物，然后再固定盘板，固定盘板时，不能挤压盘后导线，也不能把导线压在盘面板的四周边缘上。

4.6.14　配电系统及导体选择

三相四线制供电的照明工程，其各项负荷应均匀分配。照明系统中的每一单相回路,不宜超过15A,灯具为单独回路时数量不宜超过25个,大型组合灯具每一单相回路不宜超过25A,光源数量不超过60个。当灯具和插座混为一回路时,其中插座数量不宜超过5个(组),当灯具和插座为单独回路时,数量不宜超过10个(组)。住宅可不受限制。

电气安装工程单相回路中的中性线应与相线等截面。

在三相四线或二相三线的配电线路中,当用电负荷大部分为单相用电设备时,其N线或PEN线的截面不宜小于相线截面。以气体放电灯为主要负荷的回路中,N线截面不应小于相线截面。

PE线或PEN线的最小截面积不应小于表4.6.14-1的规定。

保护线的最小截面积(mm^2) 表4.6.14-1

装置的相线截面积 S	PE线或PEN线最小截面积
$S \leqslant 16$	S
$16 < S \leqslant 35$	16
$S > 35$	$S/2$

4.6.15 配电箱的接地

照明配电箱(盘)的金属箱体应通过PE或PEN线与接地装置连接可靠。使人身、设备在通电运行中确保安全。

配电箱(盘)装有电器的可开启的门,门与箱体的接地端子间应用裸编织铜线连接,且有标识。

4.6.16 配电箱面板箱盖(贴脸)的安装

配电箱面板四周边缘应紧贴墙面,不能缩进抹灰层内,也不得突出抹灰层。

箱门油漆颜色除施工图中有特殊要求外,一般与工程中门窗的颜色相同。刷油后的质量应与工程中木制门、窗的油漆质量相同。铁制配电箱应油漆完整,无掉漆返锈等现象。

Ⅲ 质量标准

4.6.17 主控项目

1 箱、盘的金属箱必须接地(PE)或接零(PEN)可靠;装有电器的可开启门,门和箱体的接地端子间应用裸编织铜线连接,且有标识。

2 照明配电箱(盘)应有可靠的电击保护。照明配电箱(盘)内保护导体应有裸露的连接外部保护导体的端子,当设计无要求时,配电箱(盘)内保护导体最小截面积 S_P 不应小于表 4.5.10-1 的规定。

3 照明配电箱(盘)安装应符合下列规定:

(1) 箱(盘)内配线整齐,无绞接现象。导线连接紧密,不伤芯线,不断股。垫圈下螺丝两侧压的导线截面积相同,同一端子上导线连接不多于 2 根,防松垫圈等零件齐全;

(2) 箱(盘)内开关动作灵活可靠,带有漏电保护的回路,漏电保护装置动作电流不大于 30mA,动作时间不大于 0.1s。

(3) 照明箱(盘)内,分别设置零线(N)和保护地线(PE 线)汇流排,零线和保护地线经汇流排配出。

4.6.18 一般项目

照明配电箱(盘)安装应符合下列规定:

1 位置正确,部件齐全,箱体开孔与导管管径适配,暗装配电箱箱盖紧贴墙面,箱(盘)涂层完整。

2 箱(盘)内接线整齐,回路编号齐全,标识正确。

3 箱(盘)不采用可燃材料制作。

4 箱(盘)安装牢固,垂直度允许偏差为 1.5‰;底边距地面为 1.5m,照明配电板底边距地面不小于 1.8m。

Ⅳ 成品保护

4.6.19 配电箱应防止在运输和保管过程中,受潮或挤压变形。

4.6.20 在刷油过程中,应注意不污染建筑物墙面和地面。

4.6.21 配电箱安装后为防止箱内电气元器件受损,箱门应加锁。

Ⅴ 安全注意事项

4.6.22 安装配电箱、盘面和器具时,应防止倾倒和坠落伤人。

4.6.23 开关上的保险丝必须按规定选用,不得用铜、铝丝代用,摆放方法要正确合理。

4.6.24 送电试亮前,要通知现场有关施工人员,非电气工作人员禁止乱动电气器具。

Ⅵ 质量通病及其防治

4.6.25 配电箱箱体不方正,箱体在运输过程中变形。木制箱体在制作时,不能用钉子钉,应按标准做铆榫。生产厂家制作的配电箱要进一步加强制作质量,施工购买者要严格检查,运输与保管时要妥善。

4.6.26 箱体预埋后,顶部受压变形。箱体预埋后,顶部应正确设置过梁。

4.6.27 铁制配电箱箱体用电、气焊割大孔。在配电箱制作时应开圆孔。铁箱开孔数量不能少于配线回路,箱体要配合土建施工预埋,不能先留墙洞后安装配电箱。往往会造成管与箱体敲落孔无法对正。不可用电、气焊割孔,应用开孔器开孔,或者用钻扩孔后再用锉刀锉圆。

4.6.28 同一工程中箱高度不一致,垂直度超差。预埋箱体时要按建筑标高线找好高度,不能查砖行放箱体,安装箱体时同时用线锤吊好,直至垂直度符合要求。

4.6.29 配电箱后部墙体开裂、空鼓、在240mm墙上安装配电箱,后部缩进墙内,正确的设置钢丝网或石棉板,防止直接抹灰致使墙体开裂。

4.6.30 管插入箱内长短不一,不顺直,硬塑管入箱过长,穿线前打断,有的断在箱外。钢管入箱时要先拧好根母再插入箱内使其长度一致,做焊接连接时长度不应超过5mm;入箱管路较多时要把管路固定好防止倾斜，管入箱时最好能利用自制平档板，使其管口入箱长度一致，用砖或木板在箱内把管顶平也可以。

4.6.31　配电箱面板四周边缘，突出或缩进抹灰层内，箱门不能开启 180°。自制木配电箱预埋时应先安箱体，抹灰安成后再钉贴脸；箱体突出抹灰面时，突出部位应砍或刨去，使贴脸背部与抹灰面一平。

铁制配电箱要选择活面板的产品，待抹灰完成后再安装。

箱门安装方法应合理，使之能开启 180°，图纸会审应加强，在不合乎要求的位置上，不能安装配电箱。

4.6.32　保护线在配电箱（盘）内位置不当。保护线，必须连接牢固、可靠，不能压在盘面的固定螺栓上，防止拆盘时断开。

4.6.33　安全开关保护盖及固定钮丢失或损坏。安装安全开关时，要防止其丢失或损坏，要先把开关保护盖和固定钮保管好，待交工前一并拧好，或在配电箱上锁时再拧好。

4.7　低压电动机、电加热器及电动执行机构检查接线

Ⅰ　施工准备

4.7.1　设备、材料

1　各种型号规格的电动机、电加热器、电动执行机构。

2　各种规格的型钢、地脚螺栓、镀锌螺栓等。

3　各种规格的电线、电缆等。

4　电焊条、绝缘带、润滑脂等。

4.7.2　机　　具

1　三角架、吊链、绳扣、台钻、砂轮。

2　钢板尺、活扳手、电工工具、转速表、兆欧表、万用表、钳型电流表、测电笔等。

4.7.3　作业条件

1 施工图纸及技术资料齐全。

2 建筑工程应结束楼(地)面工程,且不得有渗漏现象。

3 电动机混凝土基础应达到设备安装的强度。

4 现场模板及杂物清理干净。

5 低压电动机、电加热器、电动执行机构应与机械设备完成连接,绝缘电阻测试合格,经手动操作符合工艺要求,才能接线。

Ⅱ 施工工艺

4.7.4 施工程序

设备进场验收 → 设备检查、安装 → 设备接线 → 交接试验 → 试运转

4.7.5 设备的进场验收

电动机、电加热器、电动执行机构应符合下列规定:

1 查验合格证和随带技术文件,实行生产许可证和安全认证制度的产品,有许可证编号和安全认证标志。

2 外观检查应有铭牌,附件齐全,电气接线端子完好,设备器件无缺损,涂层完整。

4.7.6 电动机的检查

电动机在安装时,应对转子的转动情况、润滑状况,定子、转子之间的空气间隙,电源引出线的连接及电刷提升装置等进行检查,把好安装时的质量关,尤其是裸露带电部分的电气间隙,更应满足产品标准的规定,这是电机安全运行必须具备的条件之一。

1 电动机的检查要求

电动机安装时,电机的检查应符合下列要求:

(1) 盘动转子应灵活,不得有碰卡声。

(2) 润滑脂的情况正常,无变色、变质及变硬等现象。其性能应符合电机的工作条件。

(3) 可测量空气间隙的电机,其间隙的不平均度应符合产品技术条件的规定,当无规定时,各点空气间隙之差与平均空气间隙

之比宜为±0.5%。

(4) 电机的引出线鼻子焊接或压接应良好,编号齐全,裸露带电部分的电气间隙应符合产品标准的规定。

(5) 绕线式电机应检查电刷的提升装置,提升装置应有“起动”、“运行”的标志,动作顺序应是先短路集电环,后提起电刷。

2 电动机的抽芯检查

低压电动机用在380V/220V线路中,是应用比较广泛的一种电动机。电动机是将电能转变为机械能,用来作为生产机械的动力。

异步电动机也叫感应电动机,根据电机转子的结构形式又分为鼠笼式和绕线式异步电动机,其外形如图4.7.6-1和图4.7.6-2所示。

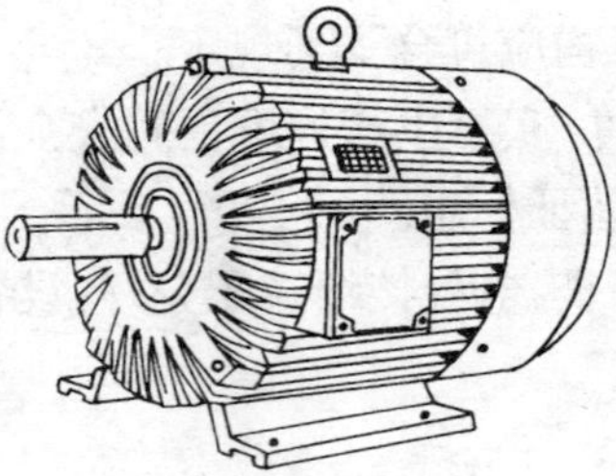

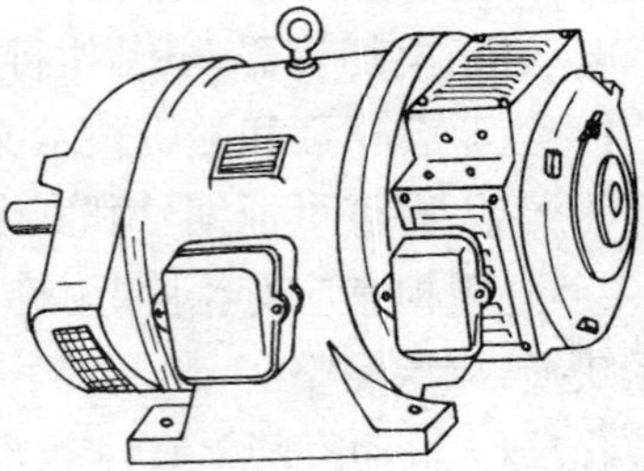

图4.7.6-1 鼠笼式电动机外形图　图4.7.6-2 绕线式电动机外形图

异步电动机是由定子和转子两大部分组成,如图4.7.6-3所示。

除了电动机随带技术文件说明不允许在施工现场抽芯检查外,有下列情况之一的电动机,应作抽芯检查:

(1) 出厂日期超过制造厂保证期限。

(2) 当制造厂无保证期限时,出厂日期已超过一年。

(3) 经外观检查或电气试验,质量可疑者。

(4) 开启式电机经端部检查可疑时。

(5) 手动盘车和试运转时有异常情况。

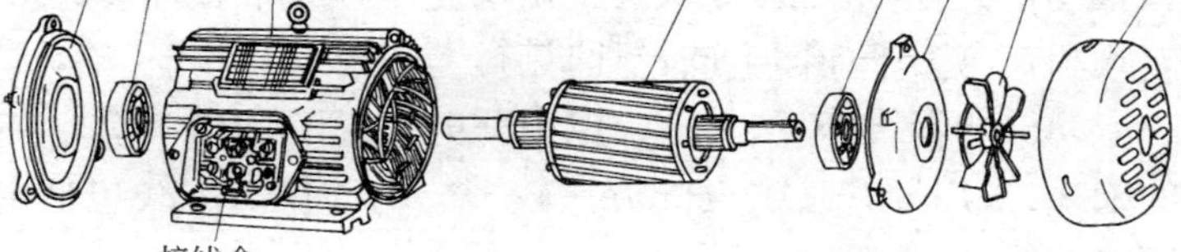

图 4.7.6－3　三相鼠笼式异步电动机的结构

电动机抽芯检查应符合下列要求：

(1) 电机内部清洁无杂物。

(2) 电机的铁芯、轴颈、集电环和换向器应清洁，无伤痕和锈蚀现象；通风孔无阻塞。

(3) 绕组绝缘层应完好，绑线无松动现象。

(4) 定子槽楔应无断裂、凸出和松动现象，每根槽楔的空响长度不得超过其 1/3，端部槽楔必须牢固。

(5) 转子的平衡块及平衡螺丝应紧固锁牢，风扇方向应正确，叶片无裂纹。

(6) 鼠笼式电机转子铜导电条和端环应无裂纹，焊接应良好；浇铸的转子表面应光滑平整；导电条和端环不应有气孔、缩孔、夹渣、裂纹、细条、断条和浇注不满等现象。

(7) 电机绕组应连接正确，焊接良好。

(8) 检查电机的滚动轴承，应符合下列要求：

1) 轴承工作应光滑清洁，无麻点、裂纹或锈蚀，并记录轴承型号；

2) 轴承的滚动体与内外圈接触良好，无松动，转动灵活无卡涩，其间隙符合产品技术条件的规定；

3) 加入轴承内的润滑脂应填满其内部空隙的 2/3；同一轴承内不得填入不同品种的润滑脂。

(9) 其他技术指标应符合产品技术文件的特有要求。

4.7.7　电动机的配线和接线

在建筑电气工程施工中,电动机选定以后,还要合理的选择配电设备,对电力设备进行配线要根据设计中所确定的配线系统、配线方式和在电力平面图上的设计,进行安装施工。

电动机的配线施工,是指由电力配电柜(盘、箱)至电动机这部分的配线,采用导管暗敷设的方法较多。电动机的配线包括电机主回路配线和控制回路的配线。

1 低压电动机的主回路

在电动机配线中,凡是流过电气设备负荷电流的电路,称为主回路。主回路上流过的电流一般都比较大。

主回路的电压等级,通常采用380V或220V。主回路一般由隔离电器、短路保护电器、控制电器、过载保护电器、附加保护器件、导线等组成。

电动机主回路电线、电缆(导线)的选择应符合以下规定:

(1) 电动机主回路电线、电缆的载流量不应小于电动机的额定电流。当电动机经常接近满载工作时,导线载流量宜有适当的裕量。

当电动机为短时工作或断续工作时,应使导线在短时负载下或断续负载下的载流量不小于电动机的短时工作电流或额定负载持续率下的额定电流。

(2) 电动机主回路导线应满足机械强度、电压损失、短路时的热稳定、间接接触保护配合等要求。

(3) 绕线式转子电动机,转子回路导线的载流量,应符合下列规定:

1) 起动后电刷不短接时,不应小于转子额定电流。当电动机为断续工作时,应采用导线在断续负载下的载流量。

2) 起动后电刷短接,当机械的起动静阻转矩不超过电动机额定转矩的50%时,不宜小于转子额定电流的35%;当机械的起动静阻转矩超过电动机额定转矩的50%时,不宜小于转子额定电流的50%。

2 低压交流电动机的控制回路

在电动机配线中，凡是控制主回路通断或监视和保护主回路正常工作的电路，称为控制回路也称辅助回路或二次回路。

（1）电动机的控制回路应装设隔离电器和短路保护电器。

（2）电动机控制回路由主回路供电时，主回路短路保护电器的额定电流不超过20A时，或控制回路接线简单、线路很短且有可靠的机械防护时，以及控制回路断电会造成严重后果时，控制回路可不装设隔离电器和短路保护电器。

（3）电动机控制按钮或控制开关，宜装设在电动机附近便于操作和观察的地点。

（4）自动控制、联锁或远方控制的电动机，宜有就地控制和解除远方控制的措施，当突然起动可能危及周围人员时，应在机旁装设起动预告信号和应急断电开关或自锁式按钮。

（5）在操作频繁的可逆线路中，正转接触器和反转接触器之间除应有电气联锁外，还应有机械联锁。

（6）控制回路的电源和接线应安全、可靠。TN和TT系统中的控制回路发生接地故障时，控制线路的接线方式应能防止电动机意外起动和不能停车。

电动机控制回路应采用额定电压不低于750V、芯线截面不小于1.5mm^2的铜芯绝缘导线；电流回路应采用额定电压不低于750V、芯线截面不小于2.5mm^2的铜芯绝缘导线。

3　电动机的接线

电动机接线前应查对电机铭牌上的说明或电机接线盒上接线端子的数量及符号，然后根据接线图接线。如电机没有铭牌或端子标号不清楚，则需要用仪表或其他方法检查，然后再确定接线方法。

三相交流感应电动机共有三个绕组，三相绕组共有6个引出端，各相绕组的首端用U_1、V_1、W_1表示，终端用U_1、V_2、W_2表示。标号U_1、U_2为第一相绕组，V_1、V_2为第二相绕组，W_1、W_2为第三相绕组。电动机3个绕组内部接线和6个端子的排列，如图4.7.7-1所示。

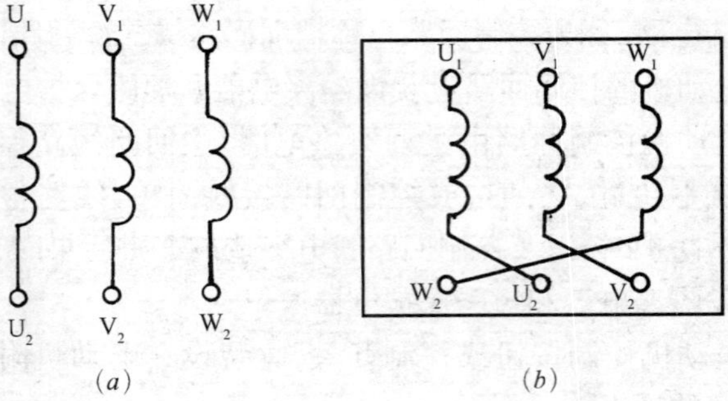

图 4.7.7-1 电动机绕组和端子在接线盒中的排列

(a)绕组和端子；(b)端子在接线盒中的排列

三相异步感应电动机有两种接线方法,星形(Y)接线和三角形(△)接线,接线时一定要按照铭牌上的额定电压和线路使用电压及铭牌上规定的接法连接。

(1) 电动机的星形(Y)接线

电动机星形(Y)接线时,只需把三个绕组的尾端(或首端)连接起来作为中性点,余下的出线端分别与电源 L_1、L_2、L_3 相连作进线端即可,如图 4.7.7-2 所示。

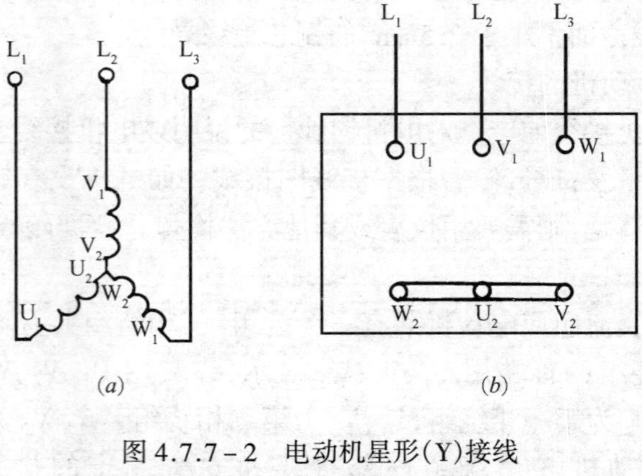

图 4.7.7-2 电动机星形(Y)接线

(a)电动机星形联接；(b)电机接线盒内接线

(2) 电动机三角形(△)接线

电动机三角形(△)接线时,只是把电机三个绕组的首尾端依次连接成闭合的三角形,再分别与电源相线相连,如图4.7.7－3所示。

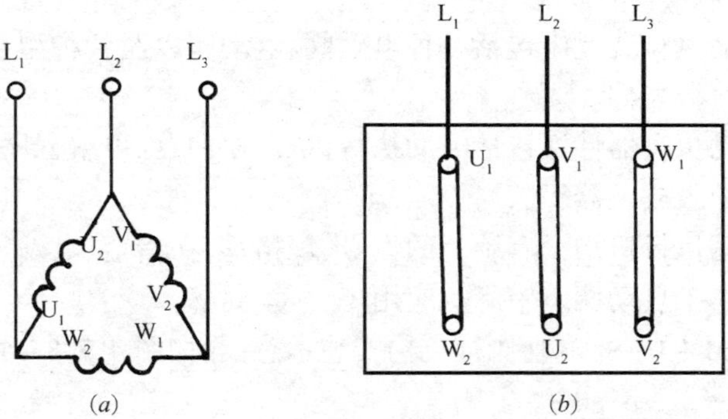

图 4.7.7－3　电动机三角形(△)接线

(a)电动机角形联接; (b)电机接线盒内接线

4.7.8　电加热器、电动执行机构

电加热器、电动执行机构的安装,在建筑电气工程中,通常是由电钳工或安装钳工承担,有时也由电工和钳工配合安装,电工负责设备接线并参与试运行等工作。

1　电加热器

用电能转化为热能的原理所制成的器件被称为电加热器。电加热器种种很多,用途也非常广泛,有日用和工业用的。

电加热器有电阻加热器、工频电感应加热器、电弧加热器、介质加热设备、等离子加热、红外加热和高红外加热器等。

建筑电气工程通常接触到的电加热器,是属于专用电气范畴中的保温换气扇、暖风机、热风幕机等,以及通风与空调设备安装净化空调系统中的电加热器的安装。

PTC 热风幕机属高新技术产品,用贯流式风机,由 220V 单相电机驱动,加热器为 380V 三相四线电源,采用 PTC 半导体陶瓷元件为发热源,具有冷暖兼用的功能,安装于门楣上方,使室内外空气彼此隔绝。

PTC 热风幕机广泛应用于一些工业企业以及餐饮、宾馆、影剧院、会议厅、银行、营业厅、候车(机)厅等公共场所。

2　电动执行机构

电动执行装置中包括各种电磁阀、电动阀以及各种型号、规格的电动执行器件。

电动执行器件又包括电动执行机构、换向器、可编程序控制器和电动伺服放大器等。

电动执行机构没有统一的型号、规格,多在冶金、电站、轻工等部门的热工自动调节中广泛应用。

MAM393—S_1 电动执行机构安装示意图,如图 4.7.8－1 所示。

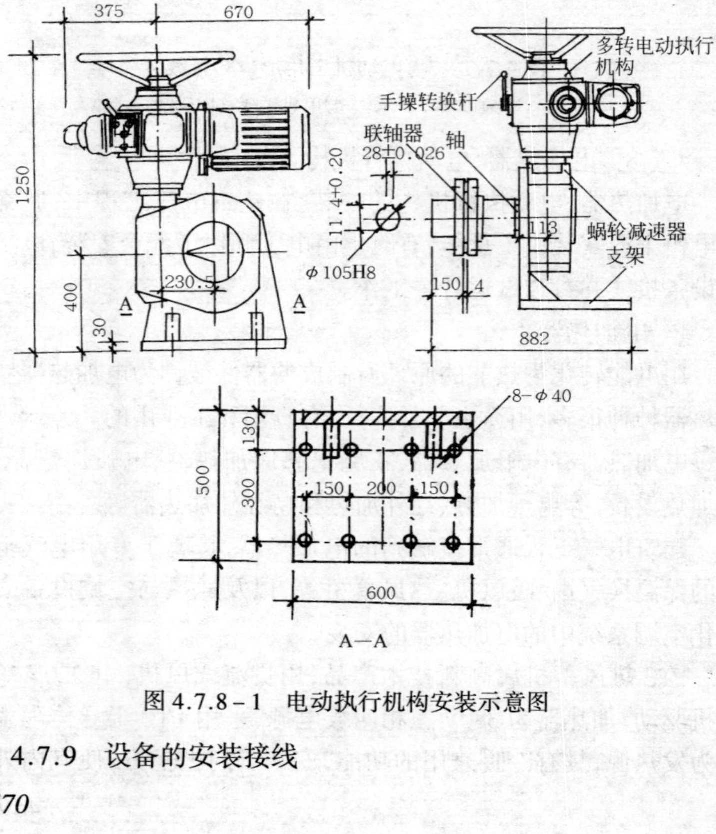

图 4.7.8－1　电动执行机构安装示意图

4.7.9　设备的安装接线

低压电动机、电加热器及电动执行机械应绝缘电阻测试合格再与机械设备完成连接，经手动操作符合工艺要求，才能接线。在进行这些操作工序时，要十分注意电气设备的动作方向符合机械设备的工艺要求。如电动机正转打开阀门，反转关闭阀门；温度控制器接通，电加热器通电加温，反之断电停止加温。若于工艺要求不一致，轻则不能达到预期功能要求，重则损坏电气设备或其他机械设备，也可能给智能化系统联动调校带来麻烦。

1 建筑电气的低压电力工程采用何种供电系统，由设计选定，但电动机、电加热器及电动执行机构的可接近裸露导体必须通过 PE 线或 PEN 线，与接地装置连接，以确保使用安全。

2 电气设备安装应牢固，螺栓及防松零件齐全，不松动。防水防潮电气设备的接线入口及接线盒盖等应做密封处理。电加热器接线柱外露的应加设安全防护。

3 在设备接线盒内裸露的不同相导线间和导线对地间最小距离应大于 8mm，否则应采取绝缘防护措施。防止操作过电压引起放电，避免发生事故。

4.7.10 电气设备的试验

建筑电气工程中电动机容量一般不大，其启动控制也不甚复杂，所以交接试验内容也不多，主要是绝缘电阻检测和大电机的直流电阻检测。

1 电动机、电加热器及电动执行机构绝缘电阻值应大于 0.5MΩ。

2 100kW 以上的电动机，应测量各相直流电阻值，相互差不应大于最小值的 2%；无中性点引出的电动机，测量线间直流电阻值，相互差不应大于最小值的 1%。

Ⅲ 质量标准

4.7.11 主控项目

1 电动机、电加热器及电动执行机构的可接近裸露导体必须接地(PE)或接零(PEN)。

2 电动机、电加热器及电动执行机构绝缘电阻值应大于0.5MΩ。

3 100kW 以上的电动机，应测量各相直流电阻值，相互差不应大于最小值的 2%；无中性点引出的电动机，测量线间直流电阻值，相互差不应大于最小值 1%。

4.7.12 一般项目

1 电气设备安装应牢固，螺栓及防松零件齐全，不松动。防水防潮电气设备的接线入口及接线盒盖等应做密封处理。

2 除电动机随带技术文件说明不允许在施工现场抽芯检查外，有下列情况之一的电动机，应抽芯检查：

(1) 出厂时间已超过制造厂保证期限，无保证期限的已超过出厂时间一年以上；

(2) 外观检查、电气试验、手动盘转和试运转，有异常情况。

3 电动机抽芯检查应符合下列规定：

(1) 线圈绝缘层完好、无伤痕，端部绑线不松动，槽楔固定、无断裂，引线焊接饱满，内部清洁，通风孔道无堵塞；

(2) 轴承无锈斑，注油(脂)的型号、规格和数量正确，转子平衡块紧固，平衡螺丝锁紧，风扇叶片无裂纹；

(3) 连接用紧固件的防松零件齐全完整；

(4) 其他指标符合产品技术文件的特有要求。

4 在设备接线盒内裸露的不同相导线间和导线对地间最小距离应大于 8mm，否则应采取绝缘防护措施。

Ⅳ 成品保护

4.7.13 设备安装接线时，应保持机房干燥，以防设备锈蚀。机房门应能加锁，未经有关人员允许，非安装人员不准入内。

4.7.14 设备安装时，各施工工种之间要互相配合，协调作业，保护设备不受意外损伤。

4.7.15 设备安装后，应保持清洁，防止污染。

Ⅴ　安全注意事项

4.7.16　电机抽芯检查过程中，要有专人指挥，防止损坏设备和损伤人员。

4.7.17　各种设备试运转时，非工作人员一律不得进入施工现场，防止发生意外事故。

Ⅵ　质量通病及其防治

4.7.18　设备接线盒内裸露导线间及导线对地间距离不足。接线应整齐，导线与端子应连接正确，必要时应加强绝缘保护。

4.7.19　设备外壳接地时，接线位置不正确，导线截面选用不正确。连接设备可接近裸露导体的 PE 或 PEN 线，应根据与相线的截面关系选择，PE 或 PEN 线应与设备专用的接线端子相连接。

4.7.20　小容量的设备在安装前，不重视测试绝缘电阻值。在安装前应做好技术交底工作，并落实到责任人，提高测试绝缘电阻重要性的认识，防止返工现象出现。

4.7.21　接线不正确。设备接线前应熟悉图纸和技术文件，应特别注意设备使用电压和接线位置，以达到正确接线，确保安全运行。

4.8　普通灯具安装

Ⅰ　施工准备

4.8.1　材　　料

1　各种型号、规格灯具各种吊扇、壁扇等。

2　各种绝缘台、各种螺丝、各种规格型号绝缘导线、焊锡及焊锡膏、压线帽、绝缘带等。

4.8.2　机　　具

1　克丝钳子、电工刀、螺丝刀、电烙铁及焊锡锅等。

2 500V 兆欧表。

4.8.3 作业条件

1 建筑物内、顶棚、墙面等的抹灰及表面装饰工作需完成,并结束场地清理工作,在房门可以关锁的情况下安装。

2 对吊扇、壁扇安装有妨碍的模板、脚手架应拆除。

Ⅱ 施工工艺

4.8.4 施工程序

灯具位置确定 → 灯具检查 → 灯具组装 → 灯具安装、接线

4.8.5 灯具质量检查

1 平灯座

灯座一般分为平座式、吊式和管接式三种。平座式和吊式灯座用普通的平座灯和吊线灯,管接式灯座用于吸顶灯、吊链灯、吊杆灯和壁灯等成套灯具内,悬吊式铝壳可用于室外吊灯。

根据 JB 844—66 的规定:灯座的绝缘应能承受 2000V(50Hz)试验电压历时 1min 而不发生击穿和闪络;螺口灯座在 E27/27—1 灯泡旋入时,人手应触不到灯头和灯座的带电部分;插口灯座、两弹性触头被压缩在使用位置时的总弹力为 15~25N;灯座通过 125%的工作电流时,导电部分的温升不应超过 40℃;胶木件表面应无气泡、裂纹、缺粉、肿胀,明显的擦伤和毛刺,并具有良好的光泽。

平座式灯座的接线端子应能可靠连接一根与两根截面为 0.5~2.5mm^2 的导线,其他灯座能连接一根截面为 0.5~2.5mm^2 的导线,悬吊式灯座的接线端子当连接截面为 0.5~2.5mm^2(E40 用灯口为 1~4mm^2)导线后,应能承受 4kg 的拉力;金属之间的连接螺纹的有效连接圈数不应小于 2 圈,胶木之间的连接螺纹的有效连接圈数不应少于 1.5 圈。

2 灯具外观检查

在灯具安装前,应对灯具进行外观检查,完好无损的灯具方可使用到工程中,普通灯具应具有产品合格证和安全认证标志。

安装灯具的型号、规格必须符合设计设计和国家标准的规定。各种灯具的型号、规格等均可由生产厂家的灯具样本中查找或到商店查询。

3 灯具配件

灯具的配件应齐全，无机械损伤、变形、油漆剥落、灯罩破裂、灯箱歪翘等现象。

4 灯具配线

灯具内配线应符合施工验收规范的规定。照明灯具使用的导线，为保证灯具能承受一定的机械力和可靠的安全运行。其工作电压等级不应低于交流250V，最小线芯截面应符合表4.8.5-1的规定。

线芯最小允许截面 表4.8.5-1

灯具安装场所及用途		线芯最小截面(mm^2)		
		铜芯软线	铜线	铝线
照明用灯头线	民用建筑室内	0.5	0.5	1.5
	工业建筑室内	0.5	1.0	2.5
	室外	1.0	1.0	2.5

5 灯具接线

灯具内导线应绝缘良好，无漏电现象，灯具内配线应严禁外露，穿入灯箱的导线在分支连接处不得承受额外应力和磨损，多股软线的端头需盘圈、挂锡。灯箱内的导线不应过于靠近热源，并应采取措施。

使用螺口灯头时，相线必须压在中心接点的端子上。

4.8.6 照明灯具位置的确定

照明灯具安装位置，要根据房间的用途、室内采光的方向、及门的位置和楼板的结构等因素确定。

照明灯具安装除板孔穿线和板孔内配管，需在板孔处打洞安装灯具外，其他暗配管施工均需设置灯位盒即(90mm×90mm×45mm)八角盒。

1　楼(屋)面板上灯位盒位置的确定

楼板上设置照明灯灯位盒,应根据建筑格局和楼板的结构形式及管子敷设的部位等因素确定。

现浇混凝土楼板,当室内只有一盏灯时,其灯位盒应设在纵横轴线中心的交叉处。有两盏灯时,灯位盒应设在短轴线中心与长轴线1/4的交叉处如图4.8.6-1所示。

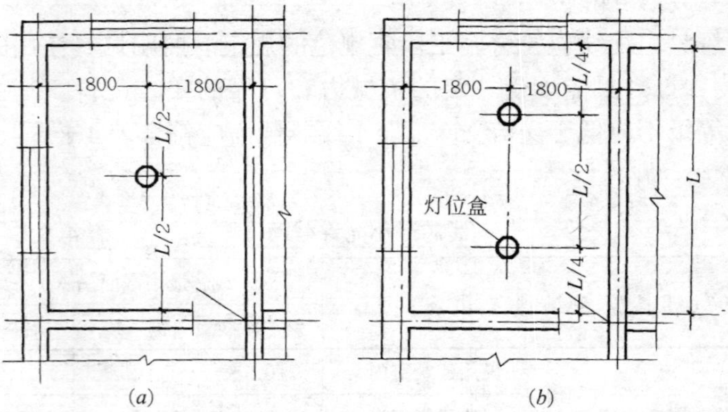

图4.8.6-1　现浇混凝土楼板灯位盒位置图
(a)室内有一盏灯;(b)室内有两盏灯

现浇混凝土楼板上设置按几何图形组成的灯位,灯位盒的位置应相互对称。

预制空心楼板,电线导管沿板缝敷设时,特别是同一房间使用不同宽度的楼板时,为了在合理的位置上安装导管及灯具,电工要配合安排好楼板的排列次序,以利导管敷设方便和电气器具安装对称。

预制空心楼板,室内只有一盏灯时,灯位盒应尽量设在屋中心的板缝内。由于楼板宽度的限制,灯位无法在中心时,应设在略偏向窗户一侧的板缝内。如果室内设有两盏(排)灯时,两灯位之间的距离,应尽量等于灯位盒与墙距离的2倍,如图4.8.6-2所示。如室内有梁时灯位盒距梁侧面的距离,应与距墙的距离相同。

楼(屋)面板上,设置三个及以上成排灯位盒时,应沿灯位盒中心处拉通线定灯位，成排的灯位盒应在同一条直线上，允许偏差不应大于 5mm。

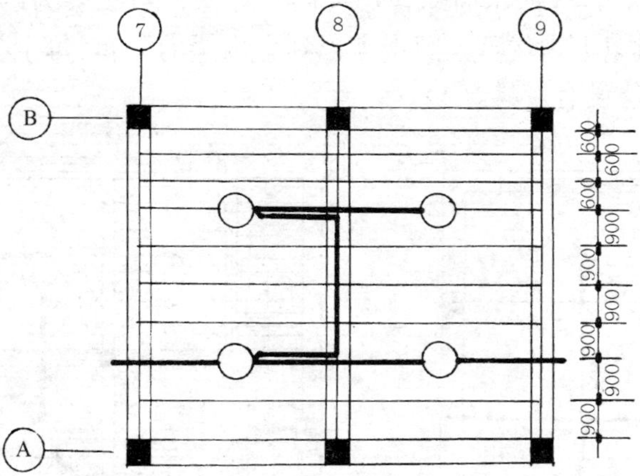

图 4.8.6－2　预制楼板与灯位排列

公共建筑走廊照明灯，应按其顶部建筑结构不同，来合理地布置灯位盒的位置，当走廊顶部无凸出楼板下部的梁时，除考虑好楼梯对应处的灯位盒外，其他灯位盒宜均匀分布；如有凸出楼板下部的梁，确定灯位盒时，应考虑到灯位与梁的位置关系，灯位与梁之间的距离应协调，均匀一致，力求实用美观，如图 4.8.6－3 所示。

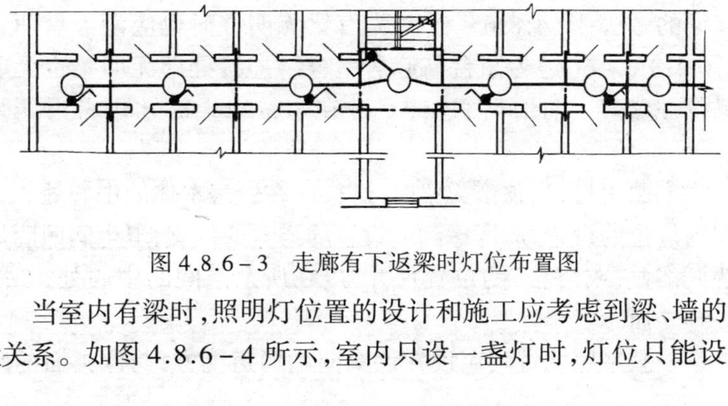

图 4.8.6－3　走廊有下返梁时灯位布置图

当室内有梁时，照明灯位置的设计和施工应考虑到梁、墙的位置关系。如图 4.8.6－4 所示，室内只设一盏灯时，灯位只能设在梁旁边的屋中心处,位置不雅,如按梁、墙净尺寸的分格中心布置两盏灯,看起来就协调了。

图 4.8.6-5 所示为综合楼首层布灯图,一、二层为越层门市房,三层及以上为住宅。图中考虑到室内梁的分布,每个梁、墙的分格中心均设有灯具。

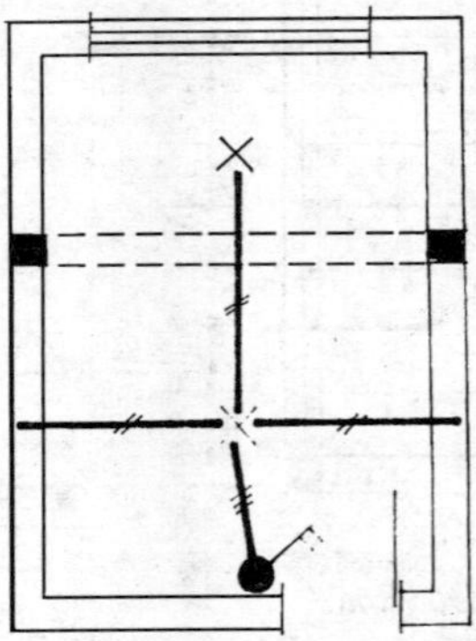

图 4.8.6-4　室内有梁时灯位布置

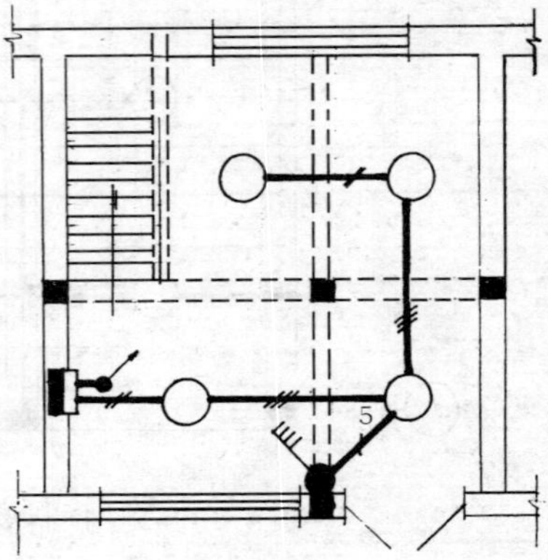

图 4.8.6-5　按梁墙分格布灯图

确定灯位时,不但要考虑梁、墙的位置,还应考虑到柱子的位置,如图 4.8.6-6 所示,为住宅连有阳台的起居室(厅)中灯的数量和位置。图 4.8.6-6(a)为有明梁和明柱时灯位的设置;图 4.8.6-6(b)有柱无梁时两盏灯的设置,此处先考虑到阳台会增设装修梁的做法;图 4.8.6-6(c)为有梁无明柱时也应考虑设两盏灯;图 4.8.6-6(d)为阳台与起居室(厅)连接处即无明梁也无明柱只设一盏灯,当此间内进伸尺寸在 10m 以上时才可考虑两盏灯。

住宅厨房灯,当顶部无梁时,灯位应在厨房本体的中心处。卫生间内灯位的设置,应考虑到所设置的浴盆的位置,卫生间照明灯应躲开浴盆(或浴箱)的位置尺寸,应在所余空间的中心处,如图 4.8.6-7 所示。

学校教室照明灯具应设在课桌间的通道上方,与课桌面的垂直距离不宜小于 1.7m，特别应注意荧光灯的长轴应平行于学生的主视线，并与黑板垂直。

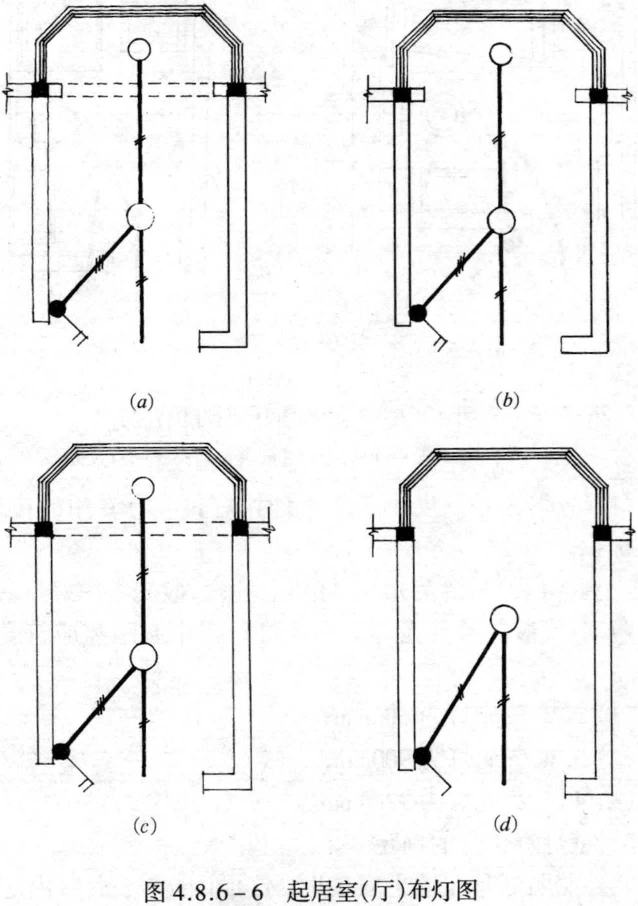

图 4.8.6－6　起居室(厅)布灯图

(a)有明梁明柱；(b)有柱无梁；(c)有梁无明柱；(d)无梁无明柱

办公房间的一般照明宜设在工作区的两侧，采用荧光灯时宜使灯具纵轴与水平视线平行。大开间办公室宜采用与外窗平行的布灯方式。

在变电所内，高低压配电设备及裸母线的正上方不应安装灯具。

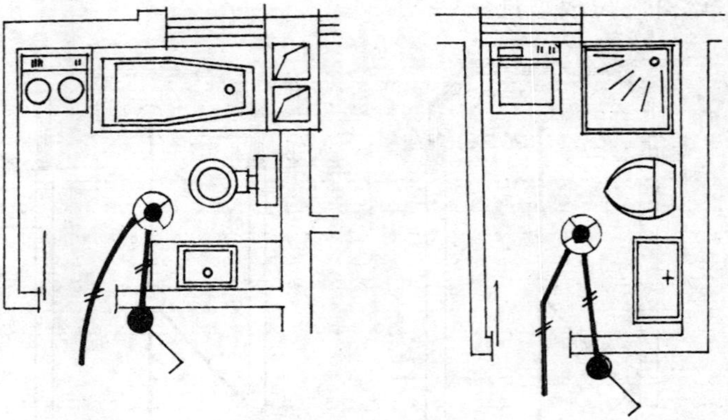

(a) (b)

图 4.8.6－7　卫生间照明灯位置图

(a)带浴盆卫生间灯位布置；(b)有浴箱卫生间灯位分布

灯具安装距地高度小于 2.4m 时，灯具应有专用的接地螺栓，且有标识。

成套(组装)吊链荧光灯，灯位盒埋设，应先考虑好灯具吊链开档的距离；安装简易荧光灯的两个灯位盒中心距离应符合下列要求：

(1) 20W 荧光灯为 600mm；

(2) 30W 荧光灯为 900mm；

(3) 40W 荧光灯为 1200mm。

2　壁灯灯位盒的确定

室外照明灯具在墙上安装时，不可低于 2.5m；室内灯具一般不应低于 2.4m；住宅壁灯(或起夜灯)由于楼层高度的限制，灯具安装高度可以适当降低，但不宜低于 2.2m，旅馆床头灯不宜低于 1.5m。

壁灯灯具的安装高度系指灯具中心对地而言，故在确定灯位盒时，应根据所采用灯具的式样及灯具高度，准确确定灯位盒的预埋高度。

壁灯如在柱上安装;灯位盒应设在柱中心位置上。

壁灯灯位盒在窗间墙上设置时,应预先考虑好采暖立管的位置,防止灯位盒被采暖管挡在后面。

住宅蹲便厕所(卫生间)一般宜设置壁灯,坐便厕所在有条件时也宜设壁灯,其壁灯灯位盒应躲开给、排水管及高位水箱的位置。

成排埋设安装壁灯的灯位盒,应在同一条直线上,高低差不应大于5mm。可防止安装灯具后超差。

4.8.7 照明装置绝缘台的安装

安装绝缘台或灯具前,应检查导线回路各种线头是否正确,选用的绝缘台是否合适。

绝缘台与照明装置的配备应适当,不宜过大,一般情况绝缘台应比灯具法兰或吊线盒、平灯座的直径或长、宽大400mm。

灯具安装时,应选用合格的绝缘台,安装照明灯具使用的木绝缘台,其厚度不应小于20mm,木绝缘台应完整无节裂及翘曲变形,油漆完美。用于室外或室内潮湿场所的木绝缘台与建筑物相接触的表面应刷防腐漆。

塑料台应无老化、无脆裂,并应有足够的强度,受力后无弯翘、变形等现象。

木绝缘台的安装时间和方法,与照明线路敷设方式及灯种不同有所区别,但在安装木绝缘台前,应先用电钻将木绝缘台的出线孔钻好,木绝缘台钻孔时,二孔不宜顺木纹。塑料台不需钻孔可直接固定灯具。

固定直径100mm及以上的绝缘台的螺丝不能少于两根;绝缘台直径在75mm及以下时,可用一个螺钉或螺栓固定。绝缘台安装应牢固,紧贴建筑物表面无缝隙。安装绝缘台时,不能把导线压在绝缘台的边缘上。

混凝土屋面暗配线路,灯具绝缘台应固定在灯位盒的缩口盖上。安装在铁制灯位盒上的绝缘台,应用机械螺栓固定。

混凝土屋面明配线路,应预埋木砖或打洞,使用木螺栓或塑料胀管固定绝缘台。

空心板板孔穿线或板孔配管工程，应在板孔处打洞，放置铁板或塑料横杆或T形螺栓、伞形螺栓，固定绝缘台见图4.8.7-1。

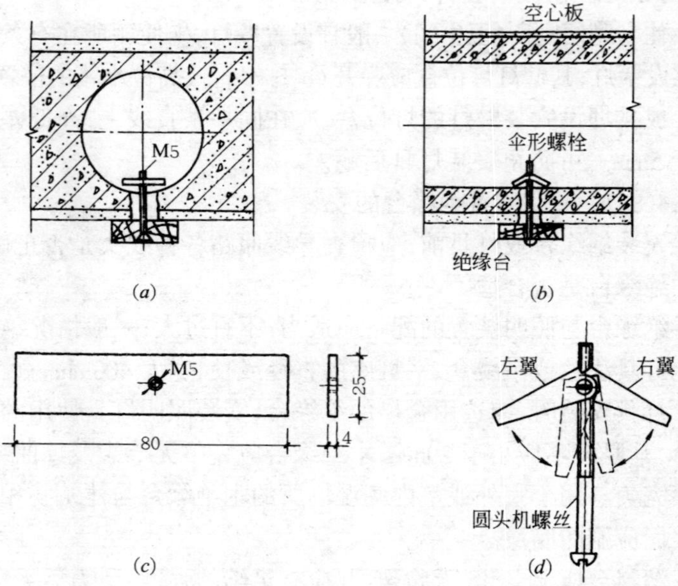

图4.8.7-1　空心板板孔绝缘台固定
(a)绝缘台用铁板固定；(b)用伞形螺栓固定绝缘台；(c)铁板；(d)伞形螺栓

在木梁或木结构的顶棚上，可用木螺钉直接把绝缘台拧在木头上。较重的灯具必须固定在楞方上，如不在楞木位置，必须在顶棚内加固。

瓷(塑料)夹板配线安装绝缘台时，不得压线装设，电线应在其表面引进吊线盒、插座、平灯座等内。

塑料护套线直敷配线的绝缘台，按护套线的粗度挖槽，将护套线压在绝缘台下面，在绝缘台内不得剥去护套绝缘层。

槽板配线工程，应使用厚32mm的高桩木绝缘台，并应按槽板的宽度和厚度将木绝缘台边挖槽，底板应伸进绝缘台，且绝缘台应压入盖板头不小于10mm，如图4.8.7-2所示。

暗配灯位盒，在绝缘台安装前，还应检查盒周围的抹灰情况，灯位盒周围不应有孔洞。

潮湿场所除要安装防水、防潮灯外，还要在木绝缘台与建筑物表面安装橡胶垫，橡胶垫的出线孔不应挖大孔，应一线一孔，孔径与线径相吻合，木绝缘台四周应刷一道防水漆，再刷两道白漆，保持木质干燥。

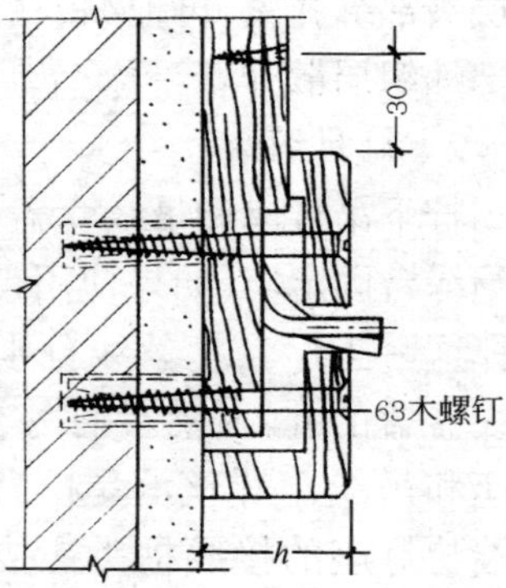

图 4.8.7－2　槽板配线木台做法

4.8.8　白炽平灯座安装

平灯座在安装前可先把瓷（胶木）平灯座与绝缘台固定在一起，根据使用场所，如用胶木平灯座时，最好使用带台座灯头。

1　灯座接线

把相线（即来自开关的电源线），接到与平灯座中心触点相连的接线桩上，把中性线接在与灯座螺口触点相连接的接线桩上。应注意在接线时防止螺口及中心触点固定螺丝松动，以免发生短路故障。

2　灯座安装

导线接好后把绝缘台固定在灯位盒的缩口盖上。

如果平灯座安装在潮湿场所，应使用瓷质平灯座，且绝缘台与建筑物墙面或天棚之间，要垫橡胶垫防潮，胶垫应选择厚 2～3mm，且应比绝缘台大 5mm。

4.8.9　白炽软线吊灯安装

软线吊灯由吊线盒、软线、灯座组成。灯具重量只限于 0.5kg 及以下。

1　软线加工

截取所需长度的塑料软线或花线一般为 2m，两端剥出线芯拧紧（或制成羊眼圈状）挂锡。如使用花编织层破开约 30～40mm 长，留下 2～3 根，余者剪齐，将编织层向里撸；用留下的长线把编织层头部绑扎紧，再把编织层向外撸，将绑扎部位裹在里面，防止端部编织层散开。

2　灯具组装

拧下吊灯座和吊线盒盖，将吊线盒底与绝缘台固定牢（如果使用带台吊线盒可省掉这一工序），把软线分别穿过灯座和吊线盒盖的孔洞，然后打好保险扣，防止灯座和吊线盒螺丝承受拉力。将软线的一端与灯座的接线桩头连接，（如使用分色塑料软线或紫花色时，要把此线接在灯座上与中心触点的接线桩上），另一端与吊线盒的邻近隔脊的两个接线桩相连接，并紧好灯座螺口及中心触点的固定螺丝，防止松动，再将灯座盖拧好准备到现场安装。保险扣如图 4.8.9－1 所示。

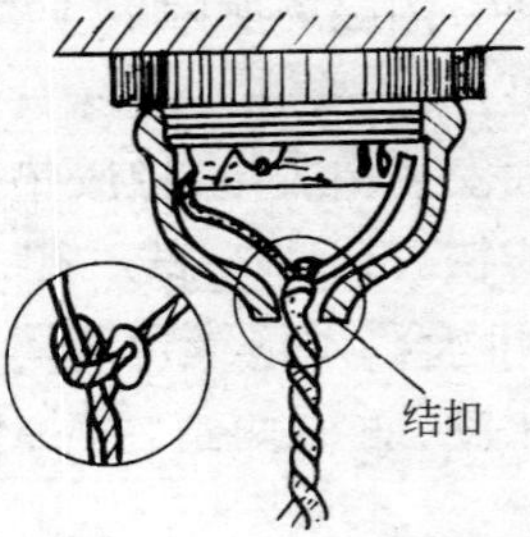

图 4.8.9－1　吊线盒软线打保险扣方法

3　灯具安装

把灯位盒内导线由木台穿线孔穿入吊线盒内，分别与底座穿线孔邻近的接线桩上连接，应把相线（即来自开关的电源线），接在与灯座中心触点相连接的接线桩上，把中性线接在与灯座螺口触点相连接的接线桩上。导线接好后用木螺钉把绝缘台（连同灯具）固定在灯位盒的缩口盖上。

4.8.10　防水软线白炽灯安装

灯具由瓷质或胶木吊线盒、瓷质或胶木防水软线灯座、绝缘台及橡胶垫等组成。

1　瓷质吊线盒灯具安装

使用瓷质吊线盒时，把吊线盒与绝缘台固定好，把防水软线灯线直接接在吊线盒接线桩上，相线（即来自开关的电源线）接在与软线灯中心触点连接的桩头上，中性线接在与螺口连接的接线桩上，然后将橡胶垫木绝缘台与灯具固定在灯位盒上。

2　胶木吊线盒灯具安装

使用胶木吊线盒时，把吊线盒与绝缘台先固定好，把电源线通过绝缘台与吊线盒穿线孔穿出吊线盒盖，将盒盖拧上。把绝缘台连同吊线盒固定到灯位盒上，绝缘台与建筑物表面按上述要求垫好橡胶垫把电源线与防水灯软线直接连接，两个接头应错开30～40mm。应注意相线(即来自开关的电源线)连接在与防水软线灯座相连接的中心触点的软白线上，中性线连接在与螺口相连的软线上)。

4.8.11 吊链白炽灯安装

吊链白炽灯在一般情况下灯具的吊链、法兰、灯座已是组装好的成品。

1 软线加工

截取所需长度的软线如前述方法加工，软线两端不需打结。

2 灯具组装

拧下灯座将软线的一端与灯座的接线桩进行连接，把软线由灯具下法兰穿出，拧好灯座。将软线相对交叉编入链孔内，最后穿入上法兰，准备现场安装。

3 灯具安装

把灯具线与电源线进行连接包扎后，将灯具上法兰固定在绝缘台上。注意软线不能绷紧，以免承受灯具重量。

4.8.12 简易吊链荧光灯安装

简易吊链荧光灯灯具由荧光灯管、绝缘台与吊线盒(或带台中吊线盒)荧光灯吊链、吊环、起辉器和软线等组成，镇流器按另行安装考虑。

1 软线加工

根据不同需要截取不同长度的塑料软线(不宜使用花线，因在链孔内叉编困难)，各连接的线端均应挂锡。

2 灯具组装

把两个吊线盒分别与绝缘台固定牢(用带台吊线盒可省掉这一工序)，将吊链与吊环安装一体，把软线与吊链编花，并将吊链上端与吊线盒盖用U形铁丝挂牢，将软线分别与吊线盒接线桩和起辉器接线桩连接好，准备到现场安装。

3　灯具安装

把电源相线(即与开关相连的镇流器的出线端)接在起辉器的吊线盒接线桩上,把中性线接在另一个吊线盒接线桩上,然后把绝缘台固定到接线盒上。

4　灯具接线

安装卡牢荧光灯管以后,进行管脚接线,用 $4mm^2$ 塑料线的绝缘管,把导线与灯脚连接。宜把起辉器与双金属片相连的接线柱接在与镇流器相连的一侧灯脚上,另一接线柱接在与中性线相连的一侧灯脚上,这样接线可以迅速点燃并可延长灯管寿命。

4.8.13　组装式吊链荧光灯安装

灯具除灯管、起辉器和镇流器外,还有灯架、管座和起辉器座等附件。一般根据供电部门要求还需安装荧光灯电容器。

1　灯具安装

先把管座、镇流器和起辉器座安装在灯架的相应位置上,安装好吊链。连接镇流器到一侧管座的接线,再连接起辉器座到两侧管座的接线,用软线再连接好镇流器及管座另一接线端,并由灯架出线孔穿出灯架,与吊链叉编在一起穿入上法兰,应注意这两根导线中间不应有接头,导线连接处均应挂锡。

组装式荧光灯应在安装前集中加工,经通电试验后再进行现场安装。

2　灯具安装

此种灯具法兰有大小之分,法兰小的应先将电源线接头放在灯头盒内而后固定绝缘台及灯具法兰。法兰大的可以先固定绝缘台接线后,再固定灯具法兰。需要安装电容器时,把电容器两接点,分别接在经灯具开关控制后的电源相线和电源中性线上。应注意吊链灯双链平行,不使之出现梯形。

4.8.14　吊杆灯安装

灯具由吊杆、法兰、灯座或灯架组成,白炽灯出厂前已是组装好的成品,而荧光吊杆灯需进行组装。采用钢管做灯具的吊杆时,钢管内径一般不小于 10mm。

1　灯具组装

白炽灯软线加工后，与灯座连接好(荧光灯接线同上述有关内容)，将另一端穿入吊杆内，由法兰(或管口)穿出(导线露出吊杆管口的长度不应小于150mm)，准备到现场安装。

2　灯具安装

先固定绝缘台，然后把灯具用木螺钉固定在绝缘台上。也可以把灯具吊杆与绝缘台固定后再一并安装。超过3kg的灯具，吊杆应吊挂在预埋的吊钩上。灯具固定牢固后再拧好法兰顶丝，应使法兰在绝缘台中心，偏差不应大于2mm，安装好后吊杆应垂直。双杆吊杆荧光灯安装后双杆应平行。

4.8.15　壁灯安装

壁灯是一种安装在墙壁、柱及其他立面上的灯具。壁灯的作用是补充室内一般照明，美丽的壁灯还可以给人一种美的享受，点缀人们的生活。

1　壁灯绝缘台设置

安装壁灯如需要设置绝缘台时，应根据灯具底座的外形选择或制作合适的绝缘台，把灯具底座摆放在上面，四周留出的余量要对称，确定好出线孔和安装孔的位置，再用电钻在绝缘台上钻孔。当安装壁灯数量较多时，可按底座形状及出线孔和安装孔的位置，预先做一个样板，集中在绝缘台上定好好眼位，再统一钻孔。

如果壁灯装在柱上，将绝缘台固定在预埋柱内的螺栓上，也可打眼用膨胀螺丝固定灯具绝缘台。

壁灯装在砖墙上时，不能用木楔代替木砖。

2　壁灯安装

安装壁灯时，应将灯具导线一线一孔由绝缘台出线孔引出，在灯位盒内与电源线相连接，将接头处理好后塞入灯位盒内，把绝缘台对正灯位盒将其固定牢固，并使绝缘台不歪斜，紧贴建筑物表面，再将灯具底座用木螺钉直接固定在绝缘台上。

如果灯具底座固定方式是钥匙孔式，则需在绝缘台适当位置上先拧好木螺钉，螺丝头部留出绝缘台的长度应适当，防止灯具松动。

当灯具底座固定方式是插板式的，应将底板先与绝缘台固定，将灯具底座与底板插接牢即可。

同一工程中成排安装的壁灯，安装高度应一致，高底差不应大于5mm。

4.8.16 普通白炽吸顶灯安装

普通白炽吸顶灯，是直接安装在室内顶棚上的一种固定灯具，形状有圆形或半扁圆及尖扁圆形、长方形和方形等多种。灯罩也有用乳白玻璃、喷砂玻璃或彩色玻璃等制成各种不同形状的封闭体。

1 灯具组装

较小的吸顶灯一般常用绝缘台组合安装，可直接到现场先安装绝缘台，再根据灯具的结构将其与绝缘台安装为一体。

较大些的方形或长方形吸顶灯，要先进行组装，然后再到施工现场安装，当然也可以在现场边安装边组装。

由于建筑物顶棚表面平整度较差时，灯具的安装质量将会受到影响，造成灯具与建筑物表面有缝隙，因此可以不使用绝缘台直接安装，还可以使用空心绝缘台，使绝缘台四周与建筑物顶棚接触，易达到灯具紧贴建筑物表面无缝隙的标准。

2 灯具安装

3kg以下的吸顶灯，应先把绝缘台固定在预埋木砖上，也可用膨胀螺栓固定。超过3kg的吸顶灯，应把灯具（或绝缘台）直接固定预埋螺栓上，或用膨胀螺栓固定。

在灯位盒上安装吸顶灯，其灯具或绝缘台应完全遮盖住灯位盒。

安装有绝缘台的吸顶灯，在确定好的灯位处，应先将导线由绝缘台的出线孔穿出，再根据结构的不同，采用不同的方法安装。绝缘台固定好后，将灯具底板与绝缘台进行固定，无绝缘台时可直接把灯具底板与建筑物表面固定，灯具的接线应按上述有关内容进行。若灯泡与绝缘台接近时（如半扁圆罩灯），要在灯泡与绝缘台中间铺垫3mm厚的石棉板或石棉布隔热。

4.8.17　荧光吸顶灯安装

荧光吸顶灯多种多样，既有装饰性又有实用性，使灯具显得造型大方、清晰明亮。

1　灯具组装

环型管圆形吸顶灯可直接到现场安装，较大的荧光吸顶灯（方形、长方形），要先进行组装，通电试验无误后再到施工现场安装。灯具的接线应按前述有关内容进行。

2　灯具安装

根据已敷设好的灯位盒（或灯位引出线）位置，确定出荧光灯的安装位置，找好灯位盒安装孔的位置（荧光灯灯箱应完全遮盖住灯位盒），在灯箱的底板上用电钻打好安装孔，并在灯箱上对着灯位盒（或灯位引出线）的位置同时打好进线孔。

长方形吸顶灯且只有一端设置灯位盒时，在灯箱的另一端适当位置处，打好膨胀管孔（当无灯位盒时，应两端打孔），使用膨胀螺栓固定灯箱。

安装时，在进行孔处套上软塑料管保护导线，将电源线引入灯箱内，固定好灯箱，使其紧贴在建筑物表面上，并将灯箱调整顺直。

3　灯具接线

吸顶灯灯箱固定后，将电源线压入灯箱的端子板（或瓷接头）上，无端子板（或瓷接头）的灯箱，应把导线连接好，把灯具的反光板固定在灯箱上，最后把荧光灯管装好。

4.8.18　组合式吸顶灯安装

组合式吸顶灯是将几只形状相同的灯具组装在一起，而成为一个较大的吸顶灯。组装的方式有多种，有的将各灯具绕某一轴对称安装，有的将各灯具对称安装在同一平面上，也有的还采用不对称的方式组装，多灯组装一起显得气派大、照度高。

1　灯具组装

组合式吸顶灯组装时，首先将灯具的托板放平，如为多块拼装托板，就要将所有的边框对齐，并用螺丝固定，将其连成一体，然后按照产品样本或示意图把多个灯座安装好。

确定出线和走线的位置，量取各段导线的长度，剪断并剥出线芯，盘好圈后挂锡。然后连接好各个灯座，理顺好各灯座的相线和中性线，用线卡子分别固定，并按要求分别压入端子板（或瓷接头）。

2　灯具安装

安装灯具时，可根据预埋的螺栓和灯位盒的位置，在灯具的托板上用电钻开好安装孔和出线孔，如没有预埋螺栓可以根据灯具托板上的安装孔，并考虑预埋灯位盒的位置，采用射钉螺栓固定灯具托板。

准备工作就绪后，将灯具托板托起，把盒内电源线和从灯具出线孔甩出的导线连接并包扎严密，并尽可能的把导线塞入到灯位盒内，然后把托板的安装孔对准预埋螺栓（或射钉螺栓），使托板四周和顶棚贴紧，用螺母将其拧紧。

调整好各个灯座，悬挂好灯具的各种装饰物，并安装好灯泡或灯管。

组合吸顶花灯的安装要特别注意灯具与屋顶安装面连接的可靠性，连接处必须能承受相当于灯具 2 倍重量的悬挂而不变形。

4.8.19　吊式花灯安装

吊式花灯的造型千姿百态，风格众多。一般用于大厅、会堂的中央。灯具讲究造型，灯具本身就是建筑物中最引人注目的装饰品。

花灯均应固定在预埋原吊钩上，其制作吊钩的圆钢直径，不应小于灯具吊挂销钉的直径，且不得小于 6mm。大型花灯的固定及悬吊装置，应按灯具重量的 2 倍做过载试验，以达到安全使用的目的。

1　大（重）型灯具预埋件设置

电气照明安装工程除了吊扇需要预埋吊钩外，有些大（重）型灯具也需要预埋吊钩。吊钩圆钢的直径不应小于灯具吊挂销钉的直径，且不应小于 6mm。固定灯具的吊钩的安装方法，可见《开关、插座、风扇安装》中的相关内容。

固定大(重)型灯具除了有的需要预埋吊钩外,还有的需要预埋螺栓,在不同结构的楼板上预埋固定灯具螺栓,如图 4.8.19 – 1 所示。

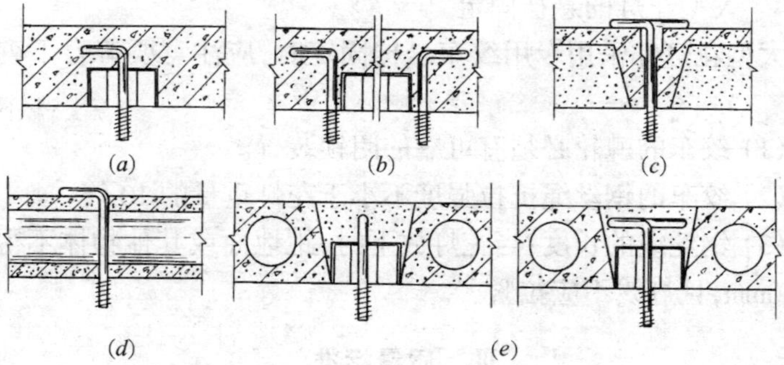

图 4.8.19 – 1　预埋螺栓做法

(*a*)现浇板预埋螺栓；(*b*)现浇板预埋双螺栓；(*c*)槽型板吊挂螺栓；(*d*)空心板板孔处吊挂螺栓；(*e*)空心板板缝处纵、横向吊挂螺栓

2　灯具组装和接线

花灯要根据灯具的设计要求和灯具说明书和样本清点各部件数量后进行组装,花灯内的接线一般使用单路或双路瓷接头进行连接。

首先将导线根据适当长度一端剥出线芯,盘圈挂锡后与各个灯座连接好,另一端导线从各灯座处穿入到灯具本身的接线盒里,理顺各个灯座的相线和工作零线,根据相序或控制回路方式分别用瓷接头连接,并甩出电源引入线,最后把电源引入线从吊杆穿出或由吊链内交叉编花由灯具上部法兰引出。

3　灯具安装

安装时,将在现场内拼装好的成品或半成品灯具托(或吊)起,并把预埋好的吊钩与灯具的吊杆或吊链连接好,连接好导线并应将绝缘层包扎严密,理顺后向上推起灯具上部的法兰,将导线的接头扣于其内,并将上法兰紧贴顶棚或木(塑料)台表面,拧紧固定螺栓,调整好各个灯座,上好灯泡,最后再配上灯罩并挂好装饰部件。

安装在重要场所的大型灯具,应有为了防止玻璃罩破碎向下溅落的措施。除设计另有要求外,可采用透明尼龙丝编织的保护网,网孔的规格应根据实际情况确定。

4 大型花灯的悬挂固定

大型花灯如采用专用绞车悬挂固定时,应注意要符合下列要求:

(1) 绞车的棘轮必须有可靠的闭锁装置。

(2) 绞车的钢丝绳抗拉强度不小于花灯重量的10倍。

(3) 钢丝绳的长度:当花灯放下时,距地面或其他物体不得少于250mm,且灯线不应拉紧。

Ⅲ 质量标准

4.8.20 主控项目

1 灯具的固定应符合下列规定:

(1) 灯具重量大于3kg时,固定在螺栓或预埋吊钩上。

(2) 软线吊灯,灯具重量在0.5kg及以下时,采用软电线自身吊装;大于0.5kg的灯具采用吊链,且软电线编叉在吊链内,使电线不受力。

(3) 灯具固定牢固可靠,不使用木楔。每个灯具固定用螺钉或螺栓不少于2个;当绝缘台直径在75mm及以下时,采用1个螺钉或螺栓固定。

2 花灯吊钩圆钢直径不应小于灯具挂销直径,且不应小于6mm。大型花灯的固定及悬吊装置,应按灯具重量的2倍做过载试验。

3 当钢管做灯杆时,钢管内径不应小于10mm,钢管厚度不应小于1.5mm。

4 固定灯具带电部件的绝缘材料以及提供防触电保护的绝缘材料,应耐燃烧和防明火。

5 当设计无要求时,灯具的安装高度和使用电压等级应符合下列规定：

(1) 一般敞开式灯具，灯头对地面距离不小于下列数值(采用安装电压时除外)：

1) 室外：2.5m(室外墙上安装)；

2) 厂房：2.5m；

3) 室内：2m；

4) 软吊线带升降器的灯具在吊线展开后：0.8m。

(2) 危险性较大及特殊危险场所，当灯具距地面高度小于2.4m时，使用额定电压为36V及以下的照明灯具，或有专用保护措施。

6 当灯具距地面高度小于2.4m时，灯具的可接近裸露导体必须接地(PE)或接零(PEN)可靠，并应有专用接地螺栓，且有标识。

4.8.21 一般项目

1 引向每个灯具的导线线芯最小截面积应符合表4.8.5－1的规定。

2 灯具的外形、灯头及其接线应符合下列规定：

(1) 灯具及其配件齐全，无机械损伤、变形、涂层剥落和灯罩破裂等缺陷。

(2) 软线吊灯的软线两端做保护扣，两端芯线搪锡；当装升降器时，套塑料软管，采用安全灯头。

(3) 除敞开式灯具外，其他各类灯具灯泡容量在100W及以上者采用瓷质灯头。

(4) 连接灯具的软线盘扣、搪锡压线，当采用螺口灯头时，相线接于螺口灯头中间的端子上。

(5) 灯头的绝缘外壳不破损和漏电；带有开关的灯头，开关手柄无裸露的金属部分。

3 变电所内，高低压配电设备及裸母线的正上方不应安装灯具。

4 装有白炽灯泡的吸顶灯具，灯泡不应紧贴灯罩；当灯泡与绝缘台间距离小于5mm时，灯泡与绝缘台间应采取隔热措施。

5　安装在重要场所的大型灯具的玻璃罩，应采取防止玻璃罩碎裂后向下溅落的措施。

6　投光灯的底座及支架应固定牢固，枢轴应沿需要的光轴方向拧紧固定。

7　安装在室外的壁灯应有泄水孔，绝缘台与墙面之间应有防止措施。

Ⅳ　成品保护

4.8.22　为保证安装质量，照明灯具安装后，油漆工需要补刷顶棚和墙壁时，应注意不能污染灯具。

4.8.23　照明灯具在运输及保管中，要防止变形和损坏，影响质量。

Ⅴ　安全注意事项

4.8.24　安装较重大的灯具，必须搭设脚手架操作。安装在重要场所的大型灯具的玻璃罩，应有防止其碎裂后向下溅落的措施。

4.8.25　使用梯子靠在柱子上工作，顶端应绑牢固。在光滑坚硬的地面上使用梯凳时，须考虑防滑措施。

4.8.26　使用人字梯必须坚固，距梯脚 40 ~ 60cm 处要设拉绳，防止劈开；不准站在梯子最上一层工作，梯凳上禁止放工具、材料。

Ⅵ　质量通病及防治

4.8.27　软线吊链灯保险扣不起作用。塑料线线径细，应将线双股并列打保险扣。

4.8.28　吊链荧光灯双链出现梯形。应在预埋灯位盒时先测好灯具固定吊链的距离。

4.8.29　吊链荧光灯导线不通过吊链编花。使用花线时，因线径较粗，编花不方便，应用塑料软线，叉编在吊链内。

4.8.30　成套吊链荧光灯吊链处出现导线接头。灯具导线中间不应有接头,应使用整根导线。

4.8.31　成套吊链荧光灯一侧,用木砖固定灯具、绝缘台用一根木螺钉固定,造成灯具脱落。应该用两根木螺钉固定灯具绝缘台。

4.8.32　灯具与绝缘台配置不合理。灯具绝缘台应适当选择尺寸应协调。

4.8.33　吸顶灯绝缘台被烤焦。在灯泡与绝缘台中间铺垫石棉板或石棉布隔热。

4.8.34　用射钉枪射钉固定吸顶灯绝缘台。应射准螺栓,用螺栓固定绝缘台,便于维修。

4.8.35　厨房防水灯软线与铝线连接时不做处理。应将防水灯头软线先挂锡再与铝线连接。

4.8.36　成排器具安装时偏差过大。安装灯具前应先放线定灯位,应使其安装后偏差不大于 5mm。

4.8.37　灯具绝缘台粉刷时被污染。多由于土建油工造成,应在粉刷完成后安装器具。

4.8.38　灯具周围抹灰质量不良,造成绝缘台,灯具不严或不平。与土建人员多加联系,一次性抹好,且灯位八角盒在抹灰前应安好缩口盖,如图 4.8.38－1 所示。

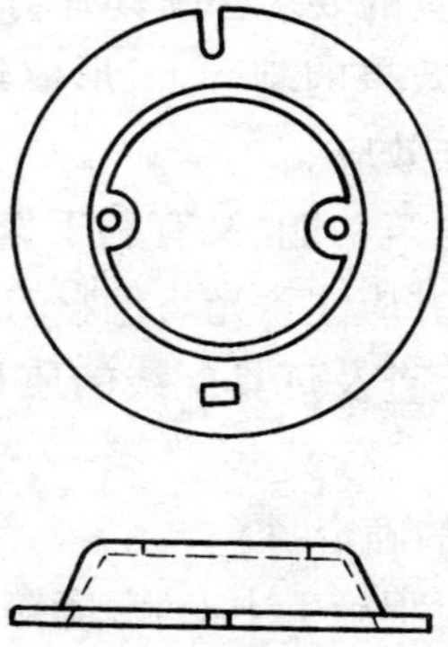

图 4.8.38－1　八角盒缩口盖

4.9 装饰灯具安装

Ⅰ 施工准备

4.9.1 材　料

各种规格、型号的装饰灯具及其附件等。

4.9.2 工　具

1 克丝钳子、电工刀、螺丝刀、电烙铁等。

2 电钻、电锤、射钉枪及射钉或射钉螺丝等。

4.9.3 作业条件

1 在建筑结构施工中应做好大(重)型灯具的预埋工作。

2 在建筑物吊顶内安装灯具应配合建筑吊顶施工交叉进行。

Ⅱ 施工工艺

4.9.4 装饰灯具的选择

装饰灯具是照明的集中反映,它应是建筑功能创造视觉条件的工具之一,又是建筑装饰的一个部分,是照明技术与建筑艺术的统一体。因此,对于灯具的要求必须具有功能性,经济性和艺术性的统一,应在改善照明效果的基础上,形成建筑物所特有的风格,取得良好的照明及装饰效应。

为体现出即符合建筑功能、又有利工作、学习、文化活动建筑空间和建筑艺术效果,并应注意光与色彩的相互配合。

装饰灯具的外观检查及灯具配线的质量,可参见《普通灯具》安装的有关内容进行。

4.9.5 灯具位置的确定

装饰灯具在吊顶工程施工中安装,应在吊顶施工时,先在顶棚或地面上进行定位弹线,以便准确的确定好灯具在吊顶上的位置。当吊顶有分格块线条时,灯位必须按吊顶分格块分部均匀,如图4.9.5－1所示。

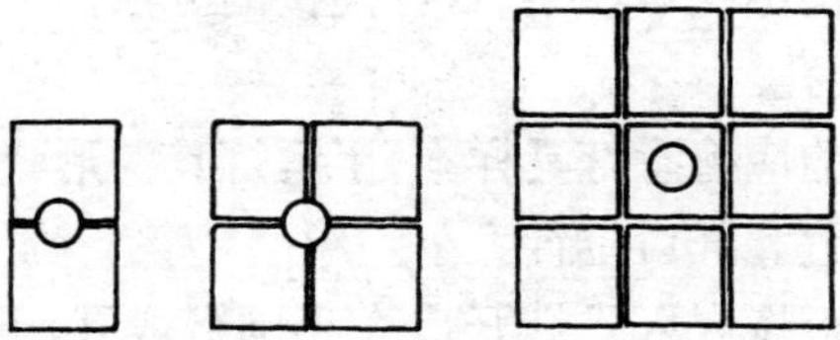

图 4.9.5－1　灯位在吊顶格块上的分布

按几何图形组成的灯位应相互对称布置。

4.9.6　荧光吸顶灯在吊顶上安装

当荧光吸顶灯是安装在吊顶上，轻型灯具应用自攻螺丝将灯箱固定在龙骨上。

灯具重量超过 3kg 时，不应将灯箱与吊顶龙骨直接相连接，应使用吊杆螺栓与设置在吊顶龙骨上的固定灯具的专用龙骨连接，如图 4.9.6－1 所示。再大(重)型的灯具专用龙骨应使用吊杆与建筑结构相连接。

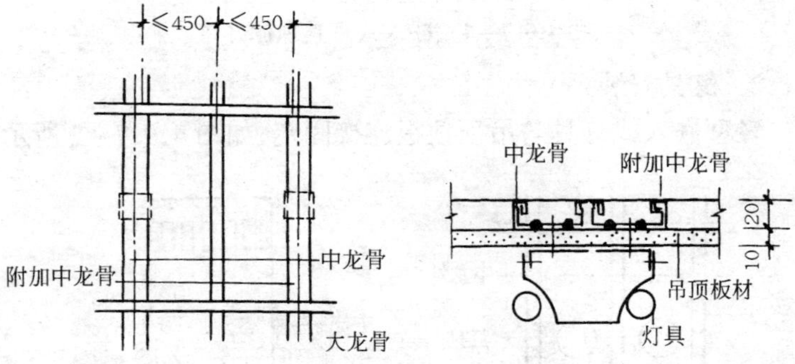

图 4.9.6－1　荧光吸顶灯在轻钢龙骨上安装

4.9.7　嵌入式灯具安装

嵌入式灯具镶嵌在顶棚中，嵌入筒灯一般应安装在吊顶的罩面板上。

嵌入式灯具应采用曲线锯挖孔，灯具与吊顶面板保持一致。其他小型灯具可安装在龙骨上，大型嵌入式灯具安装时则应采用在混凝土板中伸出支承铁架、铁件连接的方法。

1　顶棚开孔

灯具安装前应熟悉灯具样本，了解灯具的形式及连接构造，以便确定埋件位置和开口位置大小。

先以罩面板按嵌入式灯开口大小围台成孔洞边框，此边框即为灯具提供连接点，边框一般为矩形，大的吸顶灯可在龙骨上需补强部位增加附加龙骨，做成圆开口或方开口，如图 4.9.7－1 所示。

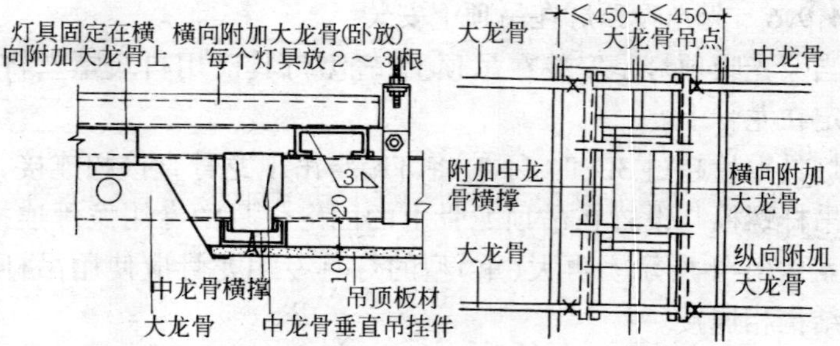

图 4.9.7－1　嵌入式灯具顶棚开口

2　灯具安装

轻型嵌入式灯具与吊顶顶板连接固定，如图 4.9.7－2 所示。

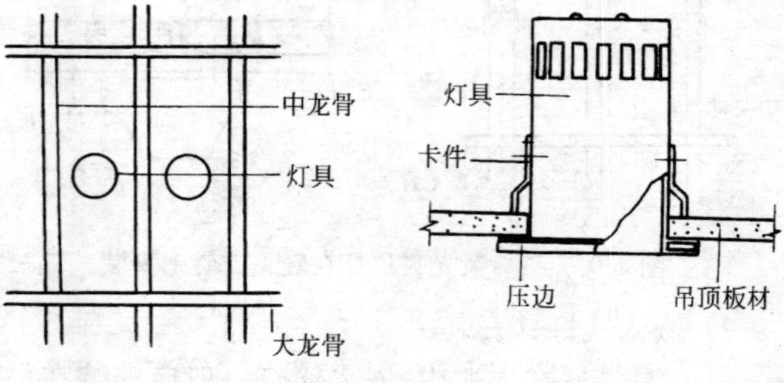

图 4.9.7－2　嵌入式灯具安装图

大(重)型嵌入式灯具，应根据灯具的外型尺寸，确定其支架的支撑点，再根据灯具的具体重量经过认真核算，选用合适的型材制作支架，做好后根据灯具的安装位置，用预埋件或用胀管螺栓在楼板上把支架固定牢固。

重量超过 8kg 的大(重)型灯具在楼(屋)面板施工时就应把预埋件埋设好，而埋设的位置要求准确，如施工中出现误差，为使灯具安装位置准确，在与灯具上支架相同的位置上另吊龙骨。此龙骨上面与预埋件相连接的吊筋连接，下面与灯具上的支架连接，这样既可保证灯具牢固安全，又可保证位置准确。

灯具支架固定好后，将灯具的灯箱用机螺栓固定在支架上，再将电源线引入灯箱与灯具的导线连接并包扎紧密。调整各个灯座或灯脚，装上灯泡或灯管，上好灯罩，最后调整好灯具，灯具电源线不应贴近灯具外壳，接灯线长度要适当留有余量。

嵌入顶棚内的灯具，灯罩的边框应压住罩面板或遮盖面板的板缝，并应与顶棚面板贴紧。矩型灯具的边框边缘应与顶棚面的装修直线平行，如灯具对称安装时，其纵横中心轴线应在同一条直线上，偏差不应大于 5mm。

多支荧光灯组合的开启式嵌入灯具，灯管排列应整齐，灯内隔片或隔栅安装排列整齐，不应有弯曲、扭、斜等缺陷。

4.9.8 吊灯在吊顶上安装

吊灯可根据灯具的重量选择不同的安装方法。小型吊灯通常可安装在龙骨或附加龙骨上；大(重)型吊灯需要安装在建筑的结构层上。

单体吊灯可直接安装，组合吊灯可在组合后安装或安装时组合。

1 轻型吊灯在吊顶上安装

吊灯重量在 1kg 及以下时，在吊顶上安装，应使用两个机螺栓固定在吊顶龙骨上，如图 4.9.8－1 所示。

2 大型吊灯在吊顶上安装

大型重量在 8kg 及以下的吊灯，在装饰吊顶龙骨安装时，应在吊顶的大龙骨上边增设一个附加大龙骨，此龙骨横卧固定在吊顶大龙骨的上边，灯具的吊杆就固定在附加大龙骨上，灯具的底座与吊杆底座用2个M5×30螺栓与中龙骨横撑连接，如图4.9.8-2所示。

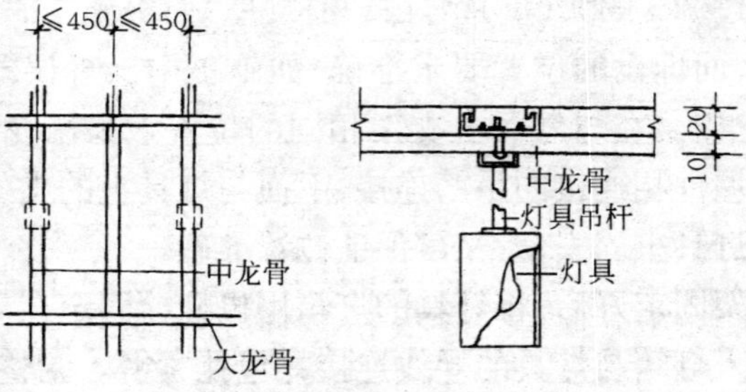

图4.9.8-1　吊杆灯在龙骨上安装

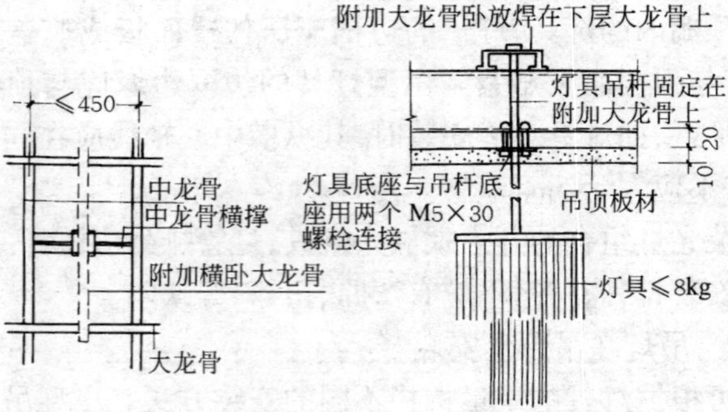

图4.9.8-2　吊灯在龙骨上安装做法

3　重型吊灯在吊顶上安装

重量超过8kg的吊灯在安装时，需要直接吊挂在混凝土梁或混凝土楼(屋)面板上，不应与吊顶龙骨发生任何受力关系。吊挂灯具的吊杆由土建专业预留，吊钩根据工程要求现场制作，吊杆及吊钩的长度及弯钩的形状也由现场确定。

当土建预留吊钩位置不够十分准确时，应在预埋吊杆上设置过渡连接件，以便调整预埋件误差，连接件可与埋件焊牢。

重型吊灯的安装，如图4.9.8-3所示。

4.9.9　光带、光梁和发光顶棚

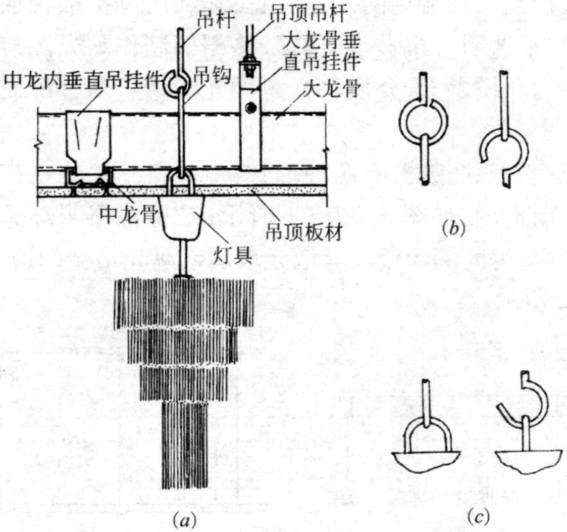

图 4.9.8－3　重型吊灯在吊顶工程中安装

(*a*)灯具安装示意图；(*b*)灯具吊杆；(*c*)灯具吊钩

灯具嵌入顶棚内，外面罩以半透明反射材料，与顶棚相平连续组成一条带状式照明装置，可称为光带。若带状照明装置，且突出顶棚下成梁状时称为光梁。光带和光梁的光源主要是组合荧光灯，光带和光梁与嵌入式荧光灯的主要区别在于其面积大，由多个定型灯具与建筑构件组合而成。

1　光带、光梁

光带、光梁的灯具安装施工方法，基本上同嵌入式灯具安装。光带、光梁可以做成在天棚下维护或在天棚之上维护的不同形式，在天棚上维护时，反射罩应做成可揭开的，灯座和透光面则固定安装。当从无棚下维护时，应将透光面做成可拆卸的，以便维修灯具更换灯管或其他元件。

布置光带或光梁一般与建筑物外墙平行，外侧的光带、光梁紧靠窗子，并行的光带、光梁的间距应均匀一致。

2　发光天棚

发光天棚是一种常见的发光装置,它利用有扩散特征的介质如磨砂玻璃,半透明有机玻璃、棱镜、格栅等制作。光源装设在这些大片安装的介质之上,介质将光源的光通量重新分配而照亮房间。

发光天棚的照明装置有两种形式:一是将光源装在带有散光玻璃或遮光栅格内,如图 4.9.9－1 所示;二是将照明灯具悬挂在房间的顶棚内,房间的天棚装有散光玻璃或遮光格栅的透光面,如图 4.9.9－2 所示。

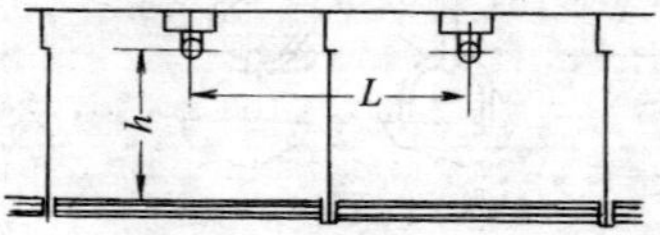

图 4.9.9－1　吊顶发光天棚

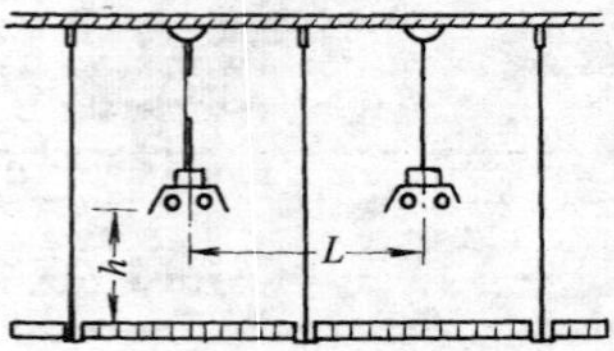

图 4.9.9－2　光盒式发光天棚

在发光天棚内照明灯具的安装同吸顶灯及吊杆灯做法。灯具或灯泡至透光面的距离,对于吊顶式不应小于 0.8～1.5m;对于光盒式 100mm(磨砂玻璃为 300mm)。为了使无棚亮度均匀,安装在天棚上夹层中的光源之间的距离 L 与光源距透光平面的距离 h 之比要恰当。比值不合适时,发光天棚看上去会存在令人注目的光斑。对于玻璃或有机玻璃天棚,取 $L/h \leqslant 1.5 \sim 2$,如果是采用筒式荧光灯,L/h 不大于 1.5。

4.9.10　光檐照明安装

光檐是在房间内的上部沿建筑檐边,在檐内装设光源,光线从檐口射向天棚并经天棚反射而照亮房间,如图 4.9.10－1 所示。

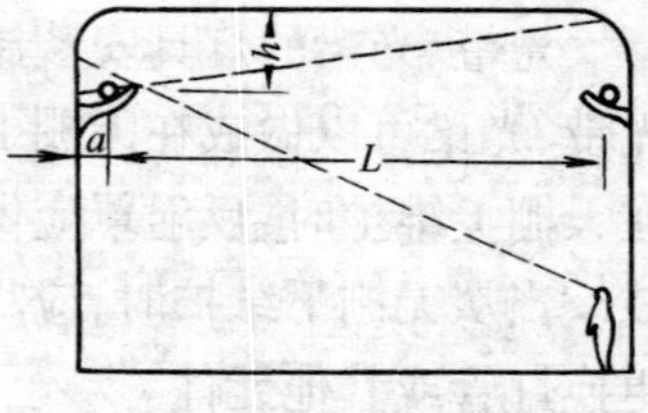

图 4.9.10－1　光檐照明示意图

为了将光源隐蔽,光檐要有一定的高度,但又不应挡住光线射向天棚的最近部分,这样才能得到较均匀的天棚亮度。

光檐可以做成单面、双面或环型等几种形式。光檐是建筑结构的一部分，在施工中要特别注意需要与土建人员共同配合。

为了使顶棚的亮度均匀，光檐离反光顶面的高度 h 不能太小，应与反光顶棚的宽度 L 成一定比例，如表 4.9.10－1 所示。

光檐的 L/h 适宜比值表　　表 4.9.10－1

光檐形式	灯的类型		
	无反光罩	扩散反光罩	镜面灯
单边光檐	1.7～2.5	2.5～4.0	4.0～6.0
双边光檐	4.0～6.0	6.0～9.0	9.0～15.0
四边光檐	6.0～9.0	9.0～12.0	15.0～20.0

灯泡在光檐槽内的位置，应保证站在室内最远端的人看不见檐内的灯泡(图 4.9.10－1)。灯泡离墙的距离 a 过小会在墙上出现亮斑，影响美观，一般 a 值不小于 10～15cm。灯泡间的距离不宜过大，白炽灯应保持在(1.5～1.9)a 的距离范围之内，荧光灯最好首尾相接。

4.9.11　舞厅灯安装

舞厅是一种公共娱乐场所，应该使之环境优雅，气氛热烈，照明系统应是多层次的。在舞厅内一般作为座席的低调照明和舞池的背景照明，设置筒形嵌入灯具作点式布置。舞厅的舞区内顶棚上设置各种宇宙灯、旋转效果灯、频闪灯等现代舞用灯光，中间部位上通常还设有镜面反射球。有的舞池地板还安装由彩灯组成的图案，借助于程控或音控而变换图形。

舞厅或舞池灯的线路应采用铜芯导线穿钢导管、金属柔性导管或可挠金属电线保护管或使用护套为难燃材料的铜芯电缆配线。

1　旋转彩灯安装

当前较流行的旋转彩灯品种很多：

WM—101 10 头蘑菇型旋转彩灯

WY—302 30 头宇宙型旋转彩灯

WW—521 卫星宇宙舞台灯

WL—210 20 头立式滚筒式旋转彩灯

旋转彩灯的构造各有不同，但总的可分为底座和灯箱两大部分，WM—101　10 头蘑菇型旋转彩灯电气原理图，如图 4.9.11－1 所示。交流 220V 电源通过底座插口，由电刷过渡到导电环，再通过插头过渡到灯箱内，使灯箱内的灯泡得到电源。

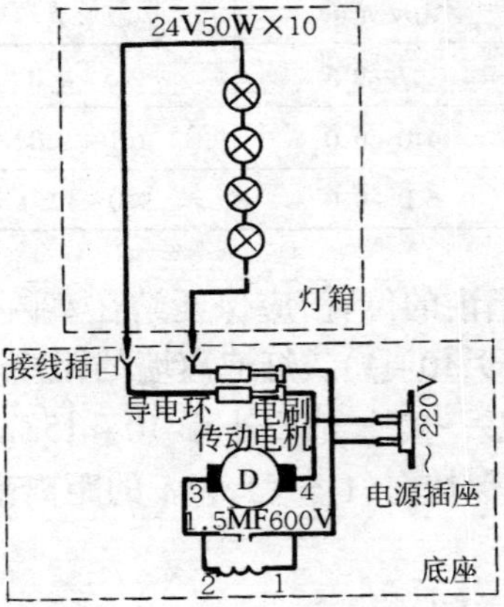

图 4.9.11－1　WM—101 旋转彩灯电气原理图

旋转彩灯在安装前应熟悉说明书，开箱后应检查彩灯是否因运输有明显损坏及附件是否齐全。安装好后只要将灯箱电源线插入底座插口内，接通电源后彩灯就能正常工作。

2　地板灯光设置

舞池地板上安装彩灯时，先在舞池地板下安装许多小方格，方格采用优质木材制成，内壁四周银以玻璃镜面，以增加反光，增大亮度。

地板小方格中每一种方格图案表示一种彩灯的颜色。每一个方格内装设一个或几个彩灯（视需要而定），如图 4.9.11－2 所示。

在地板小方格上面再铺以厚度大于 20mm 的高强度有机玻璃板作为舞池的地板。

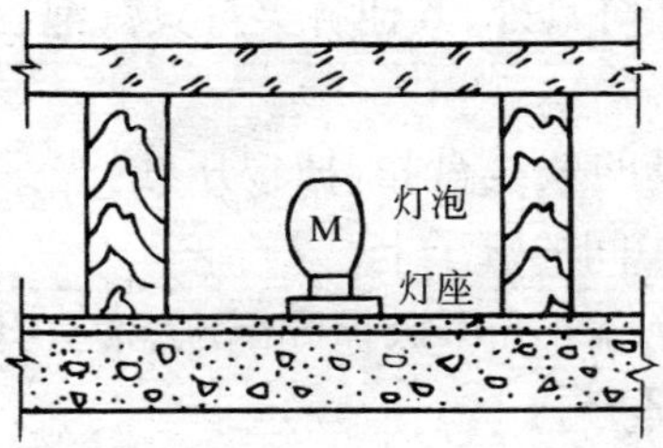

图 4.9.11－2　地板方格剖面图

Ⅲ　质量标准

4.9.12　主控项目

1　花灯吊钩圆钢直径不应小于灯具挂销直径，且不应小于 6mm。大型花灯的固定及悬吊装置，应按灯具重量的 2 倍做过载试验。

2　光钢管做灯杆时，钢管内径不应小于 10mm，钢管厚度不应小于 1.5mm。

3　固定灯具带电部件的绝缘材料以及提供防触电保护的绝缘材料，应耐燃烧和防明火。

4.9.13　一般项目

1　引向每个灯具的导线线芯最小截面积应符合表 4.9.13－1 的规定。

导线线芯最小截面积(mm^2)　　表 4.9.13－1

灯具安装的场所及用途		线芯最小截面积		
		铜芯软线	铜　线	铝　线
灯头线	民用建筑室内	0.5	0.5	2.5
	工业建筑室内	0.5	1.0	2.5
	室　　外	1.0	1.0	2.5

2　灯具的外形、灯头及其接线应符合下列规定：

(1) 灯具及其配件齐全，无机械损伤、变形、涂层剥落和灯罩破裂等缺陷；

(2) 除敞开式灯具外，其他各类灯具灯泡容量在 100W 及以上者采用瓷质灯头；

(3) 连接灯具的软线盘扣、搪锡压线，当采用螺口灯头时，相线接于螺口灯头中间的端子上；

(4) 灯头的绝缘外壳不破损和漏电；带有开关的灯头，开关手柄无裸露的金属部分。

3 变电所内，高低压配电设备及裸母线的正上方不应安装灯具。

4 装有白炽灯泡的吸顶灯具，灯泡不应紧贴灯罩；当灯泡与绝缘台间距离小于 5mm 时，灯泡与绝缘台间应采取隔热措施。

5 安装在重要场所的大型灯具的玻璃罩，应采取防止玻璃罩碎裂后向下溅落的措施。

Ⅳ 成品保护

4.9.14 装饰灯具在运输及保管中，要防止变形和损坏，影响安装质量。

4.9.15 装饰灯具在配合吊顶工程施工安装过程中，不能损坏已完成的吊顶部位。

Ⅴ 安全注意事项

4.9.16 电气工程技术人员应根据工程具体情况，向安装人员作安全交底，安装人员必须认真领会交底要求，严格按着安全操作规程施工。

4.9.17 工作前，应先检查脚手架是否牢固安全，确认无误后，方可进行工作。

4.9.18 使用高凳、架梯时，下脚应绑麻布或垫胶皮，并加拉绳，防滑。凳、梯上搭板时，板不得搭在最高一档，板两端搭接长度不应小于 200mm，板上不得同时站两人操作。

4.9.19 高空作业，无防护设施时，必须系安全带并拴在牢固部位上。

4.9.20 在吊顶房间工作时，现场严禁吸烟和用火。顶棚内如有暗灯,灯位四周应加防火材料,防止起火。

Ⅵ 质量通病及其防治

4.9.21 装饰灯金属外壳带电。高级花灯灯具,灯头数量多、照度大、温度高,在使用中易使绝缘老化,导致绝缘损坏,使金属外壳带电。

在安装灯具时应根据灯具的要求做好保护线。且选择灯具导线芯线截面应正确,选择合适的保险丝或自动开关,防止事故范围扩大。

大型组合灯具每一单相回路不宜超过 25A,光源数量不宜超过 60 个。

4.9.22 吊顶房间内灯位不在分格中心或不对称。要配合装修吊顶施工,并核实好图纸中具体尺寸和分格中心,定好灯位,准确安装吊钩。

4.9.23 灯具法兰盖不住孔洞,影响厅堂整齐美观。在吊顶板上预留灯位孔洞时不准确或土建施工时,灯位开孔过大,而造成的。应仔细认真对照灯具确定孔洞位置,在吊顶板上开孔时,应先钻小孔,小孔对准灯位或灯位盒处,再根据灯具法兰盘大小扩孔。

4.9.24 花灯安装不牢固甚至掉下。花灯吊钩应能承受灯具 2 倍的重量。特别重要的场所和大厅中的花灯吊钩,安装前应请结构设计人员对其牢固程度作出技术鉴定,做到绝对安全可靠。

花灯因吊钩腐蚀而掉下的,必须凿出结构钢筋,用不小于 ϕ12mm 镀锌圆钢重新做吊钩挂于结构主筋上。

4.10 专用灯具安装

Ⅰ 施工准备

4.10.1 材 料

1 行灯、行灯变压器、水下灯及防水灯具、手术台无影灯、各种应急照明灯具、防爆灯具及开关等。

2　行灯橡套软线、软电缆、水下接线盒及绝缘导管等。

4.10.2　机　　具

1　手电钻、压接帽专用压钳、电工工具等。

2　人字梯、万用表、兆欧表等。

4.10.3　作业条件

1　建筑物内顶棚、墙面等的抹灰及表面装饰工作需完成，并结束场地清理工作，在房门可以关锁的情况下安装。

2　水下灯安装需在场所中其他措施即将完成后开始安装。

Ⅱ　施工工艺

4.10.4　施工程序

由于灯具种类不同，因此灯具安装施工程序也不尽相同。一般需要先通电试亮，然后到施工现场进行安装。

4.10.5　照明灯具及附件进场验收

1　查验合格证，新型气体放电灯具有随带技术文件。

2　外观检查，灯具涂层完整，无损伤，附件齐全。防爆灯具铭牌上有防爆标志和防爆合格证号，普通灯具有安全认证标志。

3　对成套灯具的绝缘电阻、内部接线等性能进行现场抽样验测。灯具的绝缘电阻值不小于 2MΩ，内部接线为铜芯绝缘电线，芯线截面积不小于 $0.5mm^2$，橡胶或聚氯乙烯(PVC)绝缘电线的绝缘层厚度不小于 0.6mm。

4　对游泳池和类似场所灯具(水下灯及防水灯具)的密封和绝缘性能有异议时，按批抽样送有资质的试验室检测。

4.10.6　行灯和行灯变压器安装

行灯即是临时移动照明灯，也称手提灯。在建筑电气工程中，低压照明电源，除在有些特殊场所(如电梯井道底坑、技术层)的某些部位为检修安全而固定设置外，大都是作为工具用的移动便携式低压电源和灯具。

1　行灯变压器安装

行灯电压不应大于36V,在特殊潮湿场所或导电良好的地面上以及工作地点狭窄、行动不便的场所行灯电压不应大于12V。

行灯电源必须用专用照明变压器供电,要安全可靠的提供电源,行灯变压器必须是双绕组的,不应使用自耦变压器进行降压。

行灯变压器的固定支架应牢固,油漆完整。

行灯变压器的外壳、铁芯和金属固定支架和变压器低压侧的任意一端,均应接地良好,应与系统的PE或PEN线连接可靠。

行灯变压器的电源侧和负荷侧均应有熔断器保护,熔断器内的熔丝额定电流不应大于变压器一次、二次侧的额定电流;变压器电源侧还应有开关或断路器控制,停止使用时不使变压器空载运行。

对移动使用的行灯照明变压器的初级电源引线,长度不宜超过3m,应使用三芯橡套软线,相线、中性线、PE线应在同一护套内。

2 行灯的安装

行灯通常选用GC30胶柄手提灯。

行灯的灯体及手柄必须用坚固的耐热及耐湿的绝缘材料制成。

行灯灯座应牢固的安装在灯体上,在拧装灯泡时,不应使灯座转动,灯座应无开关。灯座嵌入到灯体的深度,应使拧入灯泡之后,不能触及到灯泡的金属部分。

为了防止机械损伤,行灯灯泡应有可靠的机械保护。灯泡外部应有金属保护网、反光罩及悬挂用的吊钩,应固定在灯具的绝缘手柄上。保护网只能用工具方可取下。

为了使用安全可靠,行灯用的电线,应采用绝缘强度高、耐潮湿、耐磨的橡套软线。在安装灯体接线时,灯体引入线不能过于拉紧,同时应避免使用时,电线在引入处被损伤。行灯电源线宜使用插座和插头控制,但应注意插座和插头的额定电流。

4.10.7 游泳池和类似场所灯具安装

游泳池和类似场所灯具安装,通常包括建筑工程中的体育场馆的室内游泳池，宾馆、饭店、办公大厦及住宅小区的庭院和广场上的水中照明灯和灯光喷水池以及水景照明等的水中灯及防水灯具的安装。

常用的水中照明灯每只300W有额定电压12V和220V两种，220V电压用于喷水照明，12V电压用于水下照明。水下照明灯的滤色片分为红、黄、绿、蓝、透明等五种。

1　水中照明灯具选择

水中照明光源以金属卤化物灯、白炽灯为最佳。在水下的颜色中黄色、蓝色容易看出，水下的视觉也较大。

在水中展望塔之类的以观赏水中景物为目的的照明中，需要水色显得美观，采用金属卤化物灯或白炽灯作为光源。

水中电视摄像机的摄像用照明，一般使用金属卤化物灯、白炽灯、氙灯等。

水中照明无论采用什么方式，照明用灯具都要具有抗蚀性和耐水构造。由于在水中设置灯具时会受到波浪或风的机械冲击，因此还必须具有一定的机械强度。

2　水中照明灯具安装

灯具的设置位置有三种方式，如图4.10.7－1所示。

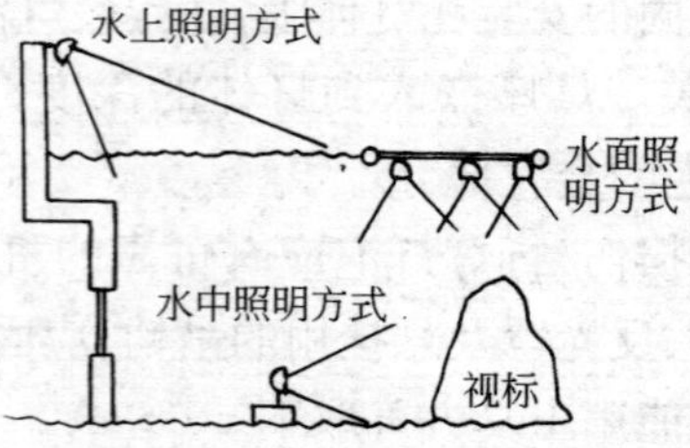

图4.10.7－1　各种水中照明方式

当游泳池内设置水下照明灯时，照明灯上口距水面宜在0.3～0.5m，在浅水部分灯具间距宜为2.5～3m；在深水部分灯具间距宜为3.5～4.5m。

在水中使用的灯具上常有微生物附着或浮游物堆积情况，为了易于清扫和检查,宜使用水下接线盒进行连接。

当游泳池内设置水下照明时,其照明灯的电源及灯具、接线盒应设有安全接地等保护措施。

游泳池和类似场所灯具(水下灯及防水灯具)的等电位联结应可靠,且有明显标识,其电源的专用漏电保护装置应全部检测合格。

自电源引入灯具的导管必须采用绝缘导管,严禁采用金属或有金属护层的导管。

3　喷水照明装置安装

水下照明灯用于喷水池中作为水面、水柱、水花的彩色灯光照明。使人工喷泉景在各色灯光的交相辉映下比白天更为壮观,绚丽多姿,光彩夺目。

(1) 灯具选择

喷水照明一般选用白炽灯,并且宜采用可调光方式,当喷水高度高并且不需要调光时,可采用高压汞灯或金属卤化物灯。喷水高度与光源功率的关系可参见表4.10.7-1。

喷水高度与光源功率的关系　　　　表4.10.7-1

光源类别	白炽灯					高压汞灯	金属卤化物灯
光源功率(W)	100	150	200	300	500	400	400
适宜喷水高度(m)	1.5~3	2~3	2~6	3~8	5~8	>7	>10

(2) 灯具安装

灯光喷水系统由喷嘴、压力泵及水下照明灯组成。

喷水照明灯,在水面以下设置时,白天看上去应难于发现隐藏在水中的灯具,但是由于水深会引起光线减少,要适当控制高度,一般安装在水面以下30~100mm为宜。安装后灯具不得露出水面,以免灯具玻璃冷热突变使玻璃灯泡碎裂。

水下照明灯灯具是具有防水措施的投光灯,投光灯下是固定用的三角支架,根据需要可以随意调整灯具投光角度、位置,使之处于最佳投光位置,达到最满意的照明效果。

安装喷水照明灯，需要设置水下接线盒，水下接线盒为铸铝合金结构，密封可靠。进线孔在接线盒的底部，可与预埋在喷水池中的电源配管相连接，接线盒的出线孔在接线盒的侧面，分为二通、三通、四通几种，各个灯的电源引入线由水下接线盒引出，用软电缆连接。喷水照明灯平面布置图和剖面图，如图 4.10.7－2 所示和图 4.10.7－3 所示。

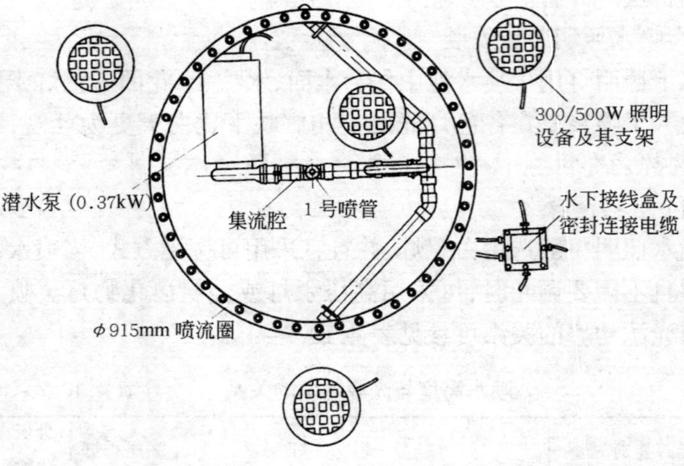

图 4.10.7－2　喷水照明平面布置图

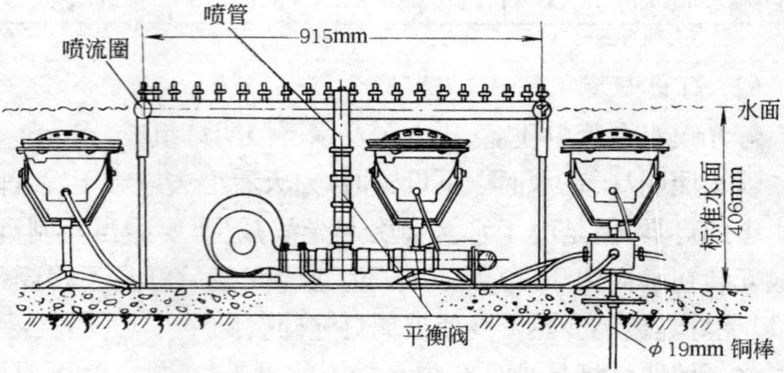

图 4.10.7－3　喷水照明剖面图

喷水照明灯电源的专用漏电保护装置，应全部检验合格；喷水装置及照明装置的可接近的裸露导体应接地可靠。

调换灯泡时，应先提出灯具，待干后，方可松开螺钉，以免漏入水滴造成短路及漏电。待换好装实后，才能放入水中工作。

(3) 喷水照明的控制

喷水照明的控制方式很多，应根据需要选择。

为使喷水的形态有所变化，可与背景音乐结合而形成“声控喷水”方式或采用“时控喷水”方式。时控是由彩灯闪烁控制器按预先设定的程序自动循环，按时变换各种灯光色彩。较先进的声控方式是由一台小型专用计算机和一整套开关元件和音响设备组成的，灯光的变化与音乐同步，使喷出的水柱随音乐的节奏而变化，灯光的色彩和亮灯数量也作相应的变化。

彩色音乐喷泉控制系统原理见图 4.10.7－4。利用音频信号控制水流变化，以随机控制或微机控制高压潜水泵、水下电磁阀、水下彩灯的工作情况。随机控制是根据操作人员对音乐的理解，随时对喷泉开动时的图案、色彩进行交换；微机控制是对特定的乐曲预先编程，对喷泉开动时的图案、色彩自动控制。

音乐喷泉控制系统原理图如图 4.10.7－4 所示。

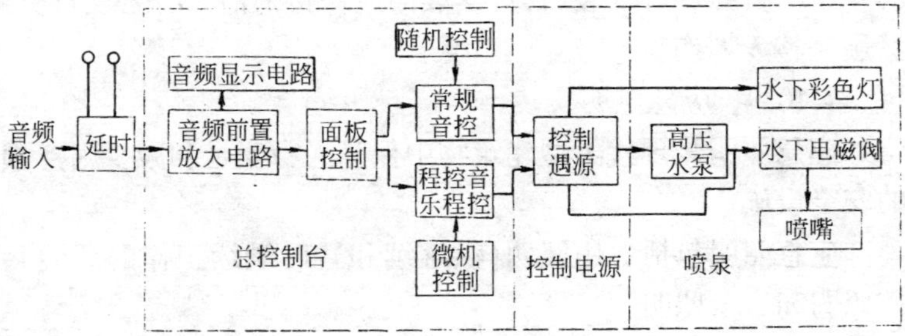

图 4.10.7－4　音乐喷泉控制系统原理图

4.10.8　手术台无影灯安装

手术台无影灯系医院电气照明中，手术室内的手术专用照明灯。

医院手术照明主要采用成套无影手术灯，安装在手术台上方1.5m处。手术台上无影灯重量较大，使用中根据需要经常调节移动和转动。所以固定和防松是关键。

1　手术台无影灯安装

手术台无影灯固定灯具底座的螺栓数量，不应少于灯具法兰底座上的固定孔数，且螺栓直径与底座的孔径应相适配。

固定手术台无影灯底座的螺栓应根据产品提供的尺寸预埋，其螺栓可与楼板结构主筋焊接或将螺栓末端弯曲与主筋绑扎锚固。

手术台无影灯底座的固定螺栓，应采用双螺母锁固。灯具底座固定好以后，底座应紧贴建筑物顶板表面，周围无缝隙。

2　手术台无影灯的接线

手术台无影灯的供电方式由设计选定的，一般每个手术室都有独立的电源配电箱，由多个电源供电。手术台无影灯有专用的控制箱，箱内装有总开关和分路开关，从控制箱由双回路引向灯具，以确保供电绝对可靠。在施工中应注意多电源的识别和连接。

开关至手术台无影灯的电线应采用额定电压不低于750V的铜芯多股绝缘电线。

手术台无影灯安装后，灯具表面应保持清洁、无污染、灯具镀、涂层完整无划伤。

4.10.9　应急照明安装

应急照明是现代大型建筑物中保障人身安全和减少财产损失的安全设施。

应急照明包括备用照明（供继续和暂时继续工作的照明）、疏散照明和安全照明。

1　应急照明要求和安装

应急照明应由两个电源供电，应急照明灯的电源除正常电源外，另有一路电源供电。另一路电源也可是由独立于正常电源的柴油发电机组供电，或由蓄电池柜供电或选用自带电源型的应急灯具。

应急照明是在特殊情况起关键作用的照明，有争分夺秒的含义，只要通电需瞬时发光，故其灯源不能用延时点燃的高汞灯泡等。

应急照明如果作为正常照明的一部分同时使用时，应有单独的控制开关，且控制开关面板宜与一般照明开关面板相区别或选用带指示灯型开关。

应急照明不作为正常照明的一部分，而仅在事故情况下使用时，在正常照明因故停电后，应急照明电源宜自动投入。

应急照明在正常照明断电后，电源转换时间为：备用照明≤15s（金融商店交易所≤1.5s）；疏散照明≤15s；安全照明0.5s。

消防控制室、消防水泵房、防排烟机房、配电室、自备发电机房、电话总机房以及发生火灾仍需坚持工作的其他房间的应急照明，仍应保证正常照明。

应急照明采用蓄电池作备用电源时，连续供电时间不应少于20min。高度超过100m的高层建筑及人防工程连续供电时间不应少于30min。

应急照明灯，由于至今未建立统一的国家标准，当前名词术语混乱，产品不够标准，数据不全，质量参差不齐。

目前应急照明灯具厂家提供的灯具数据有：名称、型号、规格、光源功率（含平时使用及应急使用）、电压及应急照明时间等，有的厂家还给出接线方法及灯内导线色彩，为用户提供使用指南，在安装应急照明灯时，可根据不同的灯具进行安装、接线。

应急照明线路在每个防火分区应有独立的应急照明回路，穿越不同防火分区的线路应有防火隔堵措施。

应急照明在运行中温度大于60℃的灯具，当靠近可燃物时，应采取隔热、散热等防火措施。当采用白炽灯、卤钨灯等光源时，不可直接安装在可燃装修材料或可燃物件上。

2　备用照明安装

备用照明除安全理由以外，正常照明出现故障而工作和活动仍需继续进行时而设置的应急照明。备用照明的照度往往利用部分或全部正常照明灯具来提供。备用照明宜安装在墙面或顶棚部位。

备用照明(不包括消防控制室、消防水泵房、配电室、自备发动机房等场所)的照度不宜低于一般照明照度的10%。

3　疏散照明安装

疏散照明是当建筑物处于特殊情况下,如火灾、空袭、市电供电中断等,使建筑物的某些关键位置的照明器具仍能持续工作,并有效指导人群安全撤离,所以是至关重要的。

疏散照明由安全出口标志灯和疏散标志灯组成。安全出口标志灯和疏散标志灯应装有玻璃或非燃材料的保护罩,面板亮度均匀度为1:10(最低:最高),保护罩应完整、无裂纹。

疏散照明按安装的位置又分为:应急出口(安全出口)照明和疏散走道照明。

安全出口标志灯宜安装在疏散门口的上方,在首层的疏散楼梯应安装于楼梯口的里侧上方。安全出口标志灯距地高度宜不低于2m。

疏散走道上的安全出口标志灯可明装,而厅室内宜采用暗装。安全出口标志灯应有图形和文字符号,在有无障碍设计要求时,宜同时设有音响指示信号。

可调光型安全出口标志灯宜用于影剧院的观众厅。在正常情况下减光使用,火灾事故时应自动接通至全亮状态。

疏散照明要求沿走道提供足够的照明,能看见所有的障碍物,清晰无误地沿指明的疏散路线,迅速找到应急出口,并能容易地找到沿疏散路线设的消防报警按钮、消防设备和配电箱。

疏散照明的地面水平照度不应低于0.5lx,人防工程为1lx。疏散照明可采用荧光灯或白炽灯。

疏散标志灯的设置,不应影响正常通行,并且不在其周围设置容易混同疏散标志灯的其他标志牌等。

疏散照明宜设在安全出口的顶部、疏散走道及其转角处距地1m以下的墙面上,当交叉口处墙面下侧安装难以明确表示疏散方向时也可将疏散标志灯安装在顶部。疏散走道上的标志灯应有指示疏散方向的箭头标志。疏散走道上的标志灯间距不宜大于 20m（人防工程不宜大于 10m，距地高度为 1～1.2m）。

楼梯间内的疏散标志灯宜安装在休息平台板上方的墙角处或壁装，并应用箭头及阿拉伯数字清楚标明上、下层层号。疏散标志灯的设置原则见图 4.10.9－1。

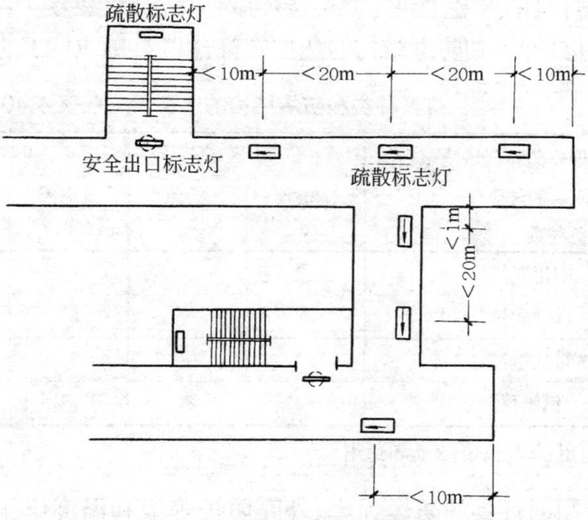

图 4.10.9－1　疏散标志灯设置原则示例

疏散照明线路应采用耐火电线、电缆，穿导管明敷设或在非燃烧体内穿刚性导管暗敷设，暗敷设时保护层厚度不应小于 30mm。电线采用额定电压不低于 750V 的铜芯绝缘电线。

疏散指示标志，可采用蓄电池做备用电源，且连续供电时间不应少于 20min。高度超过 100m 的高层建筑及人防工程连续供电时间不应少于 30min。

安全照明在正常照明故障时，能使操作人员或其他人员处于危险之中确保安全而设的应急照明。这种场合一般还需设疏散应急照明。

凡在火灾时因正常电源突然中断将导致人员伤亡的潜在危险场所(如医院内的重要手术室、急救室等),应设安全照明。

安全照明应采用卤钨灯或采用能瞬时可靠点燃的荧光灯。

4.10.10　防爆灯具安装

防爆灯属于特殊照明灯具。防爆灯具应用在易燃易爆物资的场所。防爆灯具可分为隔爆型和增安型两种。

防爆灯具的安装主要是严格按图纸选用规格、型号。当设计无要求时,灯具种类和防爆结构的选型应符合表4.10.10-1的规定。

灯具种类和防爆结构的选型　　表4.10.10-1

爆炸危险区域防爆结构 照明设备种类	Ⅰ区		Ⅱ区	
	隔爆型 d	增安型 e	隔爆型 d	增安型 e
固定式灯	○	×	○	○
移动式灯	△	—	○	—
携带式电池灯	○	—	○	—
镇流器	○	△	○	○

注:○为适用;△为慎用;×为不适用。

所选用的灯具的防爆标志、外壳防护等级和温度组别与爆炸危险环境要相适配。

1　防爆灯具安装

防爆灯具应配套齐全,不能用非防爆零件替代灯具配件(如金属护网、灯罩、接线盒等)。

防爆灯具的安装位置应离开释放源,且不在各种管道的泄放口及排放口上、下方安装灯具。

2　防爆灯具及开关安装

防爆灯具及开关的外壳应完整,无损伤、无凹陷或沟槽,灯罩无裂纹,金属护网无扭曲变形,防爆标志应清晰。

防爆灯具及开关安装应牢固可靠,灯具吊管及开关与接线盒螺纹啮合扣数不少于5扣,螺纹加工应光滑完整、无锈蚀,并在螺纹上涂以电力复合脂或导电性防锈酯。

灯具及开关的紧固螺栓无松动、锈蚀,密封垫圈应完好。

开关安装位置应便于操作,安装高度为1.3m。

Ⅲ 质量标准

4.10.11 主控项目

1 36V及以下行灯变压器和行灯安装必须符合下列规定:

(1) 行灯电压不大于36V,在特殊潮湿场所或导电良好的地面上以及工作地点狭窄、行动不便的场所行灯电压不大于12V;

(2) 变压器外壳、铁芯和低压侧的任意一端或中性点,接地(PE)或接零(PEN)可靠;

(3) 行灯变压器为双圈变压器,其电源侧和负荷侧有熔断器保护,熔丝额定电流分别不应大于变压器一次、二次的额定电流;

(4) 行灯灯体及手柄绝缘良好,坚固耐热耐潮湿;灯头与灯体结合紧固,灯头无开关,灯泡外部有金属保护网、反光罩及悬吊挂钩,挂钩固定在灯具的绝缘手柄上。

2 游泳池和类似场所灯具(水下灯及防水灯具)的等电位联结应可靠,且有明显标识,其电源的专用漏电保护装置应全部检测合格。自电源引入灯具的导管必须采用绝缘导管,严禁采用金属或有金属护层的导管。

3 手术台无影灯安装应符合下列规定:

(1) 固定灯座的螺栓数量不少于灯具法兰底座上的固定孔数,且螺栓直径与底座孔径相适配;螺栓采用双螺母锁固;

(2) 在混凝土结构上螺栓与主筋相焊接或将螺栓末端弯曲与主筋绑扎锚固;

(3) 配电箱内装有专用的总开关及分路开关,电源分别接在两条专用的回路上,开关至灯具的电线采用额定电压不低于750V的铜芯多股绝缘电线。

4 应急照明灯具安装应符合下列规定:

(1) 应急照明灯的电源除正常电源外,另有一路电源供电;或者是独立于正常电源的柴油发电机组供电；或由蓄电池柜供电或选用自带电源型应急灯具；

(2) 应急照明在正常电源断电后，电源转换时间为：疏散照明≤15s；备用照明≤15s(金融商店交易所≤1.5s)；安全照明≤0.5s；

(3) 疏散照明由安全出口标志灯和疏散标志灯组成。安全出口标志灯距地高度不低于2m，且安装在疏散出口和楼梯口里侧的上方；

(4) 疏散标志灯安装在安全出口的顶部，楼梯间、疏散走道及其转角处应安装在1m以下的墙面上。不易安装的部位可安装在上部。疏散通道上的标志灯间距不大于20m(人防工程不大于10m)；

(5) 疏散标志灯的设置，不影响正常通行，且不在其周围设置容易混同疏散标志灯的其他标志牌等；

(6) 应急照明灯具、运行中温度大于60℃的灯具，当靠近可燃物时，采取隔热、散热等防火措施。当采用白炽灯，卤钨灯等光源时，不直接安装在可燃装修材料或可燃物件上；

(7) 应急照明线路在每个防火分区有独立的应急照明回路，穿越不同防火分区的线路有防火隔堵措施；

(8) 疏散照明线路采用耐火电线、电缆，穿管明敷或在非燃烧体内穿刚性导管暗敷，暗敷保护层厚度不小于30mm。电线采用额定电压不低于750V的铜芯绝缘电线。

5 防爆灯具安装应符合下列规定：

(1) 灯具的防爆标志、外壳防护等级和温度组别与爆炸危险环境相适配。当设计无要求时，灯具种类和防爆结构的选型应符合表4.10.10-1的规定；

(2) 灯具配套齐全，不用非防爆零件替代灯具配件(金属护网、灯罩、接线盒等)；

(3) 灯具的安装位置离开释放源，且不在各种管道的泄压口及排放口上下方安装灯具；

(4) 灯具及开关安装牢固可靠，灯具吊管及开关与接线盒螺

纹啮合扣数不少于5扣,螺纹加工光滑、完整、无锈蚀,并在螺纹上涂以电力复合脂或导电性防锈酯;

(5) 开关安装位置便于操作,安装高度1.3m

4.10.12 一般项目

1 36V及以下行灯变压器和行灯安装应符合下列规定:

(1) 行灯变压器的固定支架牢固,油漆完整;

(2) 携带式局部照明灯电线采用橡套软线。

2 手术台无影灯安装应符合下列规定:

(1) 底座紧贴顶板,四周无缝隙;

(2) 表面保持整洁、无污染,灯具镀、涂层完整无划伤。

3 应急照明灯具安装应符合下列规定:

(1) 疏散照明采用荧光灯或白炽灯;安全照明采用卤钨灯,或采用瞬时可靠点燃的荧光灯;

(2) 安全出口标志灯和疏散标志灯装有玻璃或非燃材料的保护罩,面板亮度均匀度为1:10(最低:最高),保护罩应完整、无裂纹。

4 防爆灯具安装应符合下列规定:

(1) 灯具及开关的外壳完整,无损伤、无凹陷或沟槽,灯罩无裂纹,金属护网无扭曲变形,防爆标志清晰;

(2) 灯具及开关的紧固螺栓无松动、锈蚀,密封垫圈完好。

Ⅳ 成品保护

4.10.13 为保证安装质量,照明器具安装后,房门应关门上锁,以防安装后的灯具损坏或丢失。油漆工需要补刷顶棚和墙壁时,应注意不能污染灯具。

4.10.14 照明器具在运输及保管中,要防止变形和损坏,影响质量。

Ⅴ 安全注意事项

4.10.15 安装较重大的灯具,必须搭设脚手架操作。

4.10.16　使用梯子靠在柱子上工作，顶端应绑牢固。在光滑坚硬的地面上使用梯凳时，须考虑防滑措施。

4.10.17　使用人字梯必须坚固，距梯脚 40～60cm 处要设拉绳，防止劈开；不准站在梯子最上一层工作，梯凳上禁止放工具、材料。

Ⅵ　质量通病及其防治

4.10.18　行灯灯具使用软线或花线安装。行灯使用软线或花灯是不安全的，为了安全可靠，行灯用的电线，应采用绝缘强度高、耐潮温、耐磨的橡套软线。

4.10.19　游泳池和类似场所灯具，使用钢导管和不做等电位联结。对游泳池和类似场所灯具，应有安全防护措施，为了确保安全运行，应按设计做好局部等电位联结，自电源引入灯具的导管必须采用绝缘导管，严禁采用金属或有金属护层的导管。

4.10.20　手术台无影灯接线采用单股铜线。手术台无影灯开关至灯具的电线应采用额定电压不低于 750V 的铜芯多股绝缘电线。用单股铜电线会使手术台无影灯在移动时易松动和断裂，不但会影响工作还有可能造成事故。

4.11　建筑物景观照明灯、航空障碍标志灯和庭院灯安装

Ⅰ施工准备

4.11.1　材　　料

1　各种彩灯、霓虹灯、景观照明灯、航空障碍标志灯、庭院灯等灯具。

2　各种灯具附件、各种螺丝、各种规格型号绝缘电线、焊锡及焊锡膏等。

4.11.2　机　　具

1　克丝钳子、电工刀、螺丝刀、电烙铁及焊锡锅等。

2　500V兆欧表。

4.11.3　作业条件

1　建筑物内顶棚、墙面等的抹灰及表面装饰工作需完成，并结束场地清理工作，在房门可以关锁的情况下安装。

2　对灯具安装有妨碍的模板、脚手架应拆除。

3　成排或对称的灯具，安装前应进行测位划线。

Ⅱ　施工工艺

4.11.4　施工程序

由于灯具种类不同，因此灯具安装施工程序也不尽相同。一般来讲需先进行灯具检查和组装，然后到施工现场进行安装。

4.11.5　照明灯具及附件的进场验收

照明灯具及附件应符合下列规定：

1　查验合格证，新型气体放电灯具有随带技术文件。

2　外观检查时灯具涂层完整，无损伤，附件齐全。

3　对成套灯具的绝缘电阻、内部接线等性能进行现场抽样验测。灯具的绝缘电阻应使用500兆欧表测试，绝缘电阻值不应小于2MΩ；灯具内部接线为铜芯绝缘电线，芯线截面积不小于$0.5mm^2$，橡胶或聚氯乙烯（PVC）绝缘电线的绝缘层厚度不小于0.6mm。

4.11.6　建筑物彩灯安装

在临街的大型建筑物上，沿其建筑物轮廓装设彩灯，以便晚上或节日期间使建筑物显得更为壮观，供人们欣赏，增添节日气氛。

彩灯装置有固定式和悬挂式两种。

1　固定式彩灯安装

固定安装的彩灯装置，采用定型的彩灯灯具，灯具的底座有溢水孔，雨水可自然排出，彩灯装置的习惯做法如图4.11.6-1所示。其灯间距离一般为600mm，每个灯泡的功率不宜超过15W，节日彩灯每一单相回路不宜超过100个。

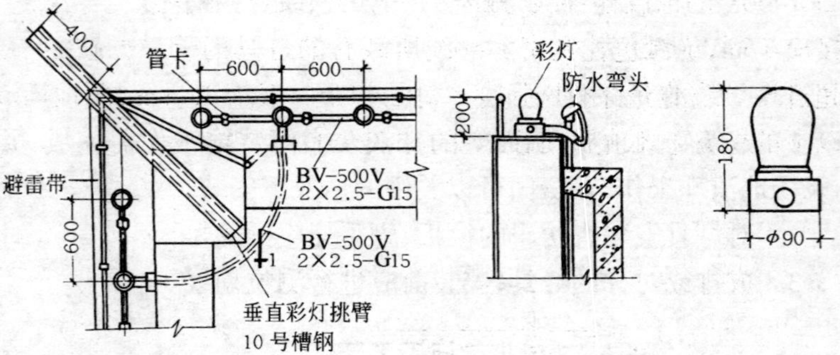

图 4.11.6-1　固定式彩灯装置做法图

安装彩灯装置时，应使用镀锌或非镀锌钢导管明敷设，使用非金属管是非常危险的，管路之间及管路与灯头盒之间应采用螺纹连接。连接彩灯灯具的每段管路应用管卡子及塑料膨胀螺栓固定，管路之间（即灯具两旁）镀锌钢导管应用专用接地卡跨接不小于 $4mm^2$ 铜芯软导线；非镀锌钢导管应用不小于 φ6mm 的镀锌圆钢进行跨接连接。

彩灯装置的配管本身也可以不进行固定，而固定彩灯灯具底座。在彩灯灯座的底部原有圆孔部位的两侧，顺线路的方向开一长孔，以便安装时进行固定位置的调整和管路热胀冷缩时有自然调整的余地。

在彩灯安装部位，土建施工完成后，顺线路的敷设方向拉通线定位。根据灯具位置及间距要求，沿线打孔埋入塑料胀管。把组装好的灯底座及连接钢管一起放到安装位置（也可边固定边组装），用膨胀螺丝将灯座固定。

寒冷地区彩灯穿管导线应使用橡胶铜导线敷设。当选用塑料电线时应选用耐寒型塑料铜电线。

2　悬挂式彩灯安装

悬挂式彩灯多用于建筑物的四角无法装设固定式的部位。采用防水吊线灯头连同线路一起垂直悬挂于钢丝绳上，悬挂钢丝绳直径不应小于 4.5mm。悬挂式彩灯导线应采用绝缘强度不低于

450/750V 的橡胶铜导线，截面不应小于 $4mm^2$。灯头线与干线的连接应牢固，绝缘包扎紧密。导线所载有的灯具的重量的拉力不应超过该导线的允许机械强度。灯的间距一般为 700mm，距地面 3m 以下的位置上不允许装设灯头，如图 4.11.6－2 所示。

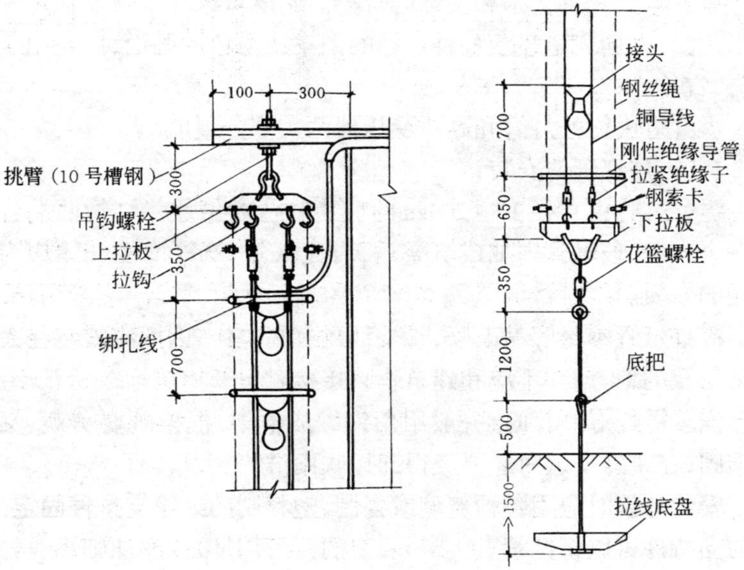

图 4.11.6－2　垂直彩灯安装做法

垂直彩灯悬挂挑臂应采用不小于 10 号槽钢，顶部吊挂钢索用的吊钩螺栓直径不应小于 10mm，螺栓在槽钢上固定，两侧各带有螺帽，且加平垫及弹簧垫圈紧固。

固定垂直彩灯下部用的底把应采用直径不小于 16mm 的圆钢，底把应固定在架空线路拉线用的拉线底盘，拉线底盘埋设深度应大于 1.5m。

3　建筑物彩灯的接地

建筑物彩灯的金属导管及彩灯的构架、钢索等可接近裸露导线均应与系统的 PE 或 PEN 线连接可靠。

彩灯灯具两旁的钢导管之间，按前述方法做跨接地线以外，从配电盘引出的线路钢管的一端应与配电箱金属箱体相连，另一端与用电设备的金属外壳、保护网罩相连，并就近与屋顶防雷装置相连。钢管中间断开时，应设跨接接地线。

4.11.7 霓虹灯安装

霓虹灯是一种艺术和装饰的灯光。它既可以在夜空显示多种字形，又可在橱窗里显示各种各样的图案或彩色的画面，广泛用于广告、宣传。

霓虹灯由霓虹灯管和高压变压器两大部分组成。

1 霓虹灯管的安装

霓虹灯管由直径 10~20mm 的玻璃管弯制做成。灯管两端各装一个电极，玻璃管内抽成真空后，再充入氖、氦等惰性气体作为发光的介质。

霓虹灯管本身容易破碎，管端部还有高电压，因此应安装在人不易触及的地方，并不应和建筑物直接接触。

安装霓虹灯灯管时，一般用角铁做成框架，框架既要美观、又要牢固，在室外安装时还要经得起风吹雨淋。

安装灯管时应用各种玻璃或瓷制、塑料制的绝缘支持件固定。有的支持件可以将灯管直接卡入，有的则可用 $\phi0.5$ 的裸细铜线扎紧，如图 4.11.7-1 所示。安装灯管时切不可用力过猛，再用螺钉将灯管支持件固定在木板或塑料板上。

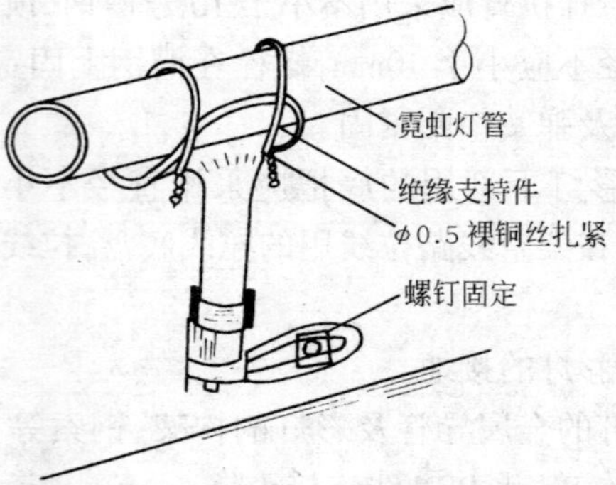

图 4.11.7-1 霓虹灯管支持件固定

室内或橱窗里的小型霓虹灯管安装时，在框架上拉紧已套上透明玻璃管的镀锌钢丝，组成200～300mm间距的网格，然后将霓虹灯管用 $\phi0.5$ 的裸铜丝或弦线等与玻璃管绞紧即可，如图4.11.7－2所示。

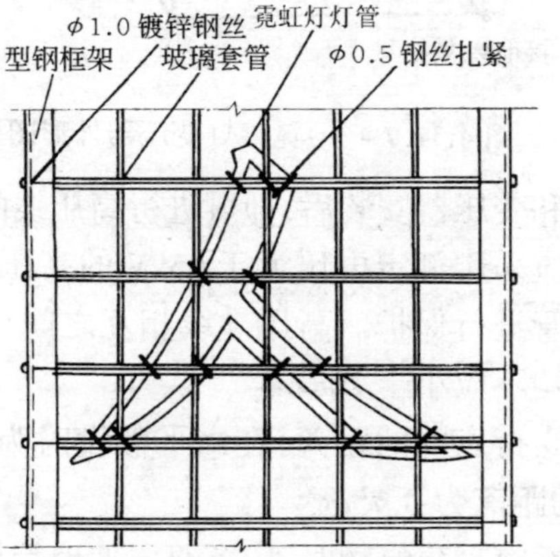

图 4.11.7－2　霓虹灯管绑扎固定

霓虹灯灯管固定后，与建筑（构筑）物表面的距离不应小于20mm。

2　霓虹灯变压器的安装

霓虹灯变压器是一种漏磁很大的单相双圈式干式变压器，霓虹灯变压器必须放在金属箱子内，箱子两侧应开百叶窗孔通风散热。变压器所供灯管的长度不应大于允许负载长度。常用的霓虹灯变压器外形，如图4.11.7－3所示。霓虹灯变压器应紧靠灯管安装，一般隐蔽在霓虹灯板之后，可以减短高压接线，但要注意切不可安装在易燃品周围。安装在室外的变压器，离地高度不宜低于3m，当小于3m时应采取防护措施。霓虹灯变压器离阳台、架空线路等距离不应小于1m。

霓虹灯变压器的铁芯、金属外壳、输出端的一端以及保护箱等均应进行可靠的接地。

霓虹灯变压器在室外露天安装时，应采取防雨措施。

3　高压线的连接

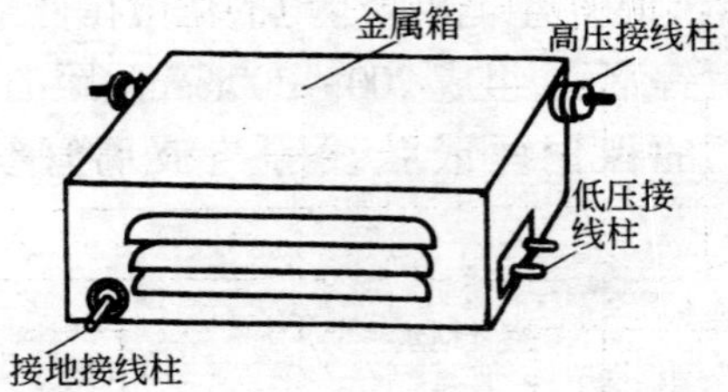

图 4.11.7－3　霓虹灯变压器外形图

霓虹灯管和变压器安装后,即可进行高压线的连接,霓虹灯高压回路的导线应采用额定电压大于 15kV 的高压绝缘电线。可以采用外套玻璃管进行保护。高压导线相互之间,高压导线与敷设面之间的距离均不应小于 20mm。

高压导线支持点间的距离,在水平敷设时为 0.5m;垂直敷设时,支持点间的距离为 0.75m。

高压导线在穿越建筑物时,应穿双层玻璃管加强绝缘,玻璃管两端须露出建筑物两侧,长度各为 50～80mm。

4　低压电路的安装

对于容量不超过 4kW 的霓虹灯,可采用单相供电,对超过 4kW 的大型霓虹灯,需要提供三相电源,霓虹灯变压器要均匀分配在各相上。

在霓虹灯控制箱内一般装设有电源开关、定时开关和控制接触器。电源开关采用塑壳自动开关,定时开关有电子式及钟表式两种,图 4.11.7－4 为钟表式定时开关的接线系统图,定时开关有两个时间固定插销,一个作接通用,另一个作断开用。在同步电机 D 通电后,经过减速机构使转盘随着时间而转动,当经过盘面微动开关时,碰触微动开关,使接触器接通或断开,控制霓虹灯时通时断,闪烁发光。图 4.11.7－5 是定时开关的外形图。

控制箱一般装设在邻近霓虹灯的房间内。为防止在检修霓虹灯时触及高压,在霓虹灯与控制箱之间应加装电源控制开关和熔断器,在检修灯管时,先断开控制箱开关再断开现场的控制开关,以防止造成误合闸而使霓虹灯管带电的危险。

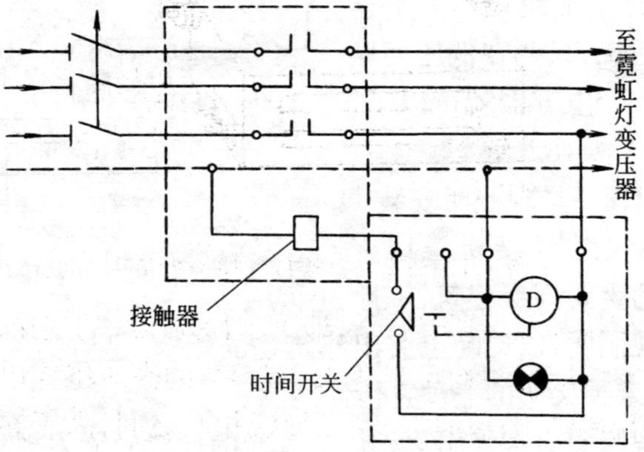

图 4.11.7-4　霓虹灯控制箱接线系统图

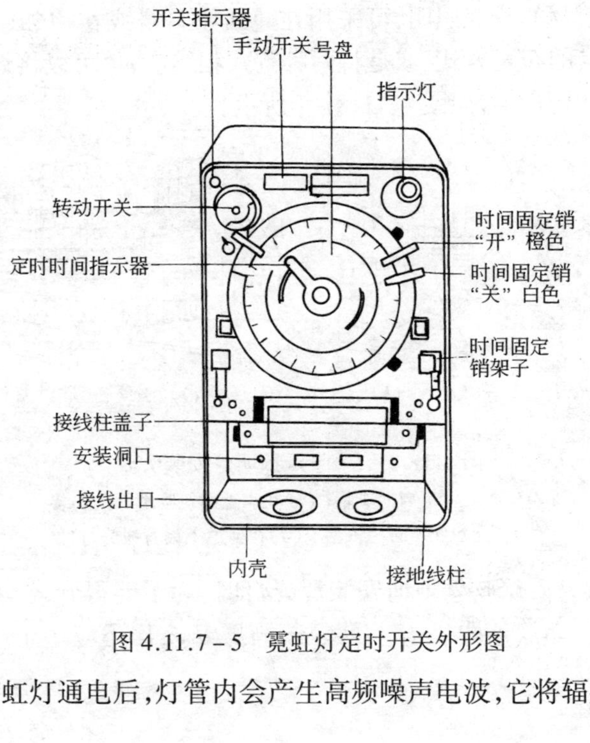

图 4.11.7-5　霓虹灯定时开关外形图

霓虹灯通电后,灯管内会产生高频噪声电波,它将辐射到霓虹灯的周围，严重干扰电视机和收音机的正常使用。为了避免这种情况，只要在低压回路上接装一个电容器就可以了，如图 4.11.7－6 所示。

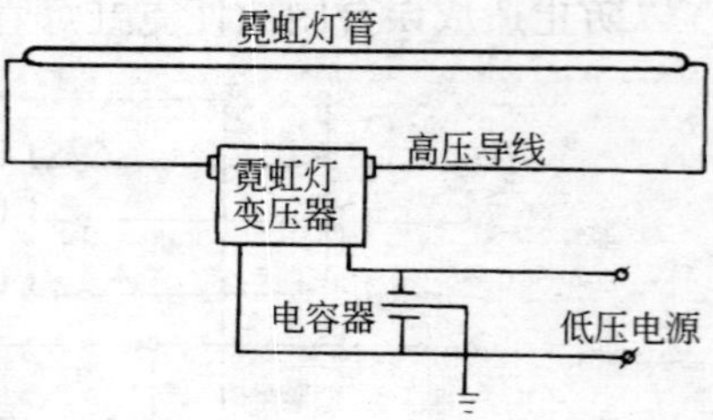

图 4.11.7－6　低压回路接装电容器图

4.11.8　景观照明安装

对耸立在主要街道或广场附近的重要高层建筑，一般采用景观照明，以便晚上突出建筑物的轮廓，是渲染气氛、美化城市、标志人类文明的一种宣传性照明。

景观照明通常采用泛光灯。投光的设置应能表现建筑物或构筑物的特征，并能显示出建筑艺术立体感。

1　景观照明的设置

建筑物的景观照明，可采用在建筑物自身或在相邻建筑物上设置灯具的布置方式，或是将两种方式相结合，也可以将灯具设置在地面绿化带中，如图 4.11.8－1 所示。

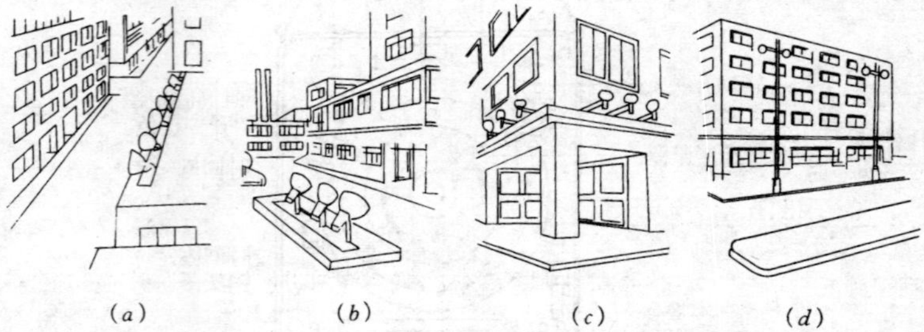

图 4.11.8－1　景观照明灯安装方式
(*a*)在邻近建筑物上安装；(*b*)在靠近建筑物地面上安装；
(*c*)在建筑物本体上安装；(*d*)在街道上设置投光灯柱

在离开建筑物处地面安装泛光灯时，为了能得到较均匀的亮度，灯与建筑物的距离 D 与建筑物高度 H 之比不应小于 1/10，即

$\frac{D}{H} > \frac{1}{10}$。

在建筑物本体上安装泛光灯时，投光灯凸出建筑物的长度应在0.7～1m处。应使窗墙形成均匀的光幕效果。

安装景观照明时，应使整个建筑物或构筑物受照面的上半部的平均亮度宜为下半部的2～4倍。

设置景观照明尽量不要在顶层设立向下的投光照明，因为投光灯要伸出墙一段距离，不但难安装、难维护，而且有碍建筑物外表美观。

对于顶层有旋转餐厅的高层建筑，如果旋转餐厅外墙与主体建筑外墙不在一个面内，就很难从下部往上照到整个轮廓，因此宜在顶层加辅助立面照明，增设节日彩灯。

2 景观照明灯的安装

在人行道和在人员来往密集的场所或易被人接触的位置，安装落地式景观照明灯具，无围栏防护时，安装高度距地面应在2.5m以上。

建筑物景观照明灯安装，每套灯具的导电部分对地绝缘电阻值应大于2MΩ。

景观照明灯的金属构架和灯具的可接近裸露导体（外露可导电部分）及金属软管应与系统的PE或PEN线连接可靠，在金属构架及灯具的接地处应有标识。

景观照明灯控制电源箱可安装在所在楼层竖井内的配电小间内，控制启闭宜由控制室或中央电脑统一管理。

4.11.9 航空障碍标志灯安装

一般高层建筑物应根据建筑物的地理位置、建筑高度及当地航空部门的要求，考虑是否设置航空障碍标志灯的问题。

1 灯具的设置

障碍标志灯应装设在建筑物或构筑物的最高部位。当至高点平面面积较大或为建筑群时，除在最高端装设障碍标志灯外，还应在其外侧转角的顶端分别装设，最高端装设的障碍标志灯光源不宜少于2个。障碍标志灯的水平、垂直距离不宜大于45m。

在烟囱顶上设置障碍标志灯时宜将其安装在低于烟囱口1.5~3m的部位并成三角形水平排列。

在距地面60m以上装设标志灯时，应采用恒定光强的红色低光强障碍标志灯。距地面90m以上装设时，应采用红色光的中光强障碍标志灯，其有效光强应大于1600cd。距地面150m以上应为白色光的高光强障碍标志灯，其有效光强随背景亮度而定。

2 灯具的安装

航空障碍标志灯由于安装位置高，检修不方便，要在安装前调试好灯具，符合要求后再就位安装。

灯具应安装牢固可靠，应设置维修和更换光源的措施，如预留悬梯的挂件或可以活动的专用平台等。

障碍标志灯电源应按主体建筑中最高负荷等级要求供电，且宜采用自动通断其电源的控制装置。

障碍标志灯的启闭一般可使用露天安放的光电自动控制器进行控制，它以室外自然环境照度为参量来控制光电元件的动作启闭障碍标志灯，也可以通过建筑物的管理电脑，以时间程序来启闭障碍标志灯。为了有可靠的供电电源，两路电源的切换最好在障碍标志灯控制盘处进行。

图4.11.9-1为航空障碍标志灯接线系统图，双电源供电，电源自动切换，每处装两只灯，由室外光电控制器控制灯的开闭。也可由大厦管理电脑按时间程序控制开闭。

图4.11.9-2为屋顶障碍标志灯安装大样，安装金属支架一定要与建筑物防雷装置焊接。

4.11.10 庭院灯安装

庭院灯用在庭院、公园、住宅小区及大型建筑物的周围，庭院中有树木、草坪、水池。因此各处的庭院灯的形状、性能也各不相同。

庭院灯形式多种，结构上高矮不一，造型上花样众多，材料上也有金属和非金属之分。

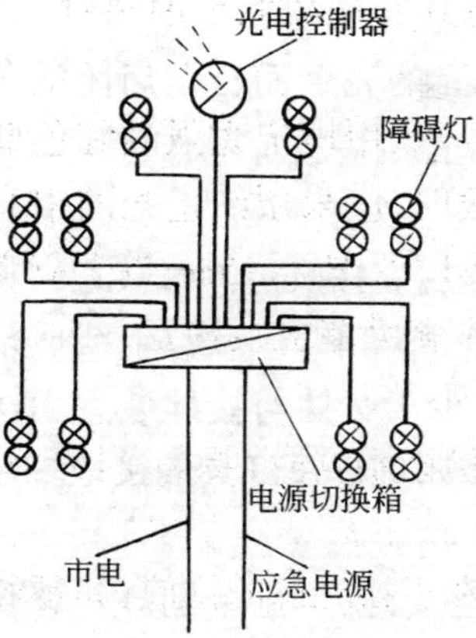

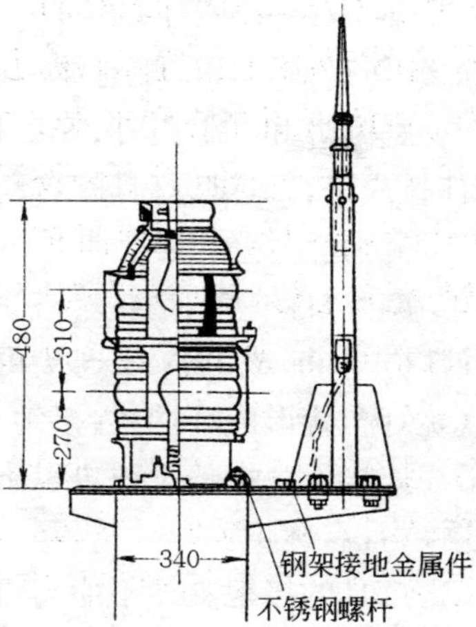

图 4.11.9－1　障碍标志照明系统图　图 4.11.9－2　障碍标志灯安装大样图

1　庭院灯的设置

庭院灯一般高 3～4m，竖在庭园的小路边，与树木、建筑相映。

庭院灯的安装高度应考虑道路的宽度（B），可按 $0.6B$（单侧布灯时）～$1.2B$（双侧对称布置时）选取，但不宜高于 3.5m。庭院灯灯杆间距可为 15～25m。

草坪灯的间距宜为 $3.5\sim5H$（H 为草坪灯距地高度）。

庭院路灯安装高度不宜低于 4.5m，一般路灯灯杆间距可为 30～45m，进入弯道处的灯杆间距应适当减小。

小区路灯的供电电源，宜由专用变压器或专用回路供电。

2　庭院灯的安装

庭院灯光源宜采用小功率高显色高压钠灯、金属卤化物灯、高压汞灯和白炽灯。

庭院灯每套灯具的导电部分对地的绝缘电阻值应大于 2MΩ。

庭院灯应垂直安装，立柱式路灯、落地式路灯、特种园艺灯等灯具应与基础固定可靠，地脚螺栓备帽应齐全。每套灯具熔断器盒内熔丝齐全，规格与灯具适配。灯具的接线盒或熔断器盒，盒盖的防水密封垫应安装完整。

架空线路电杆上的路灯,应灯位正确,固定可靠,紧固件齐全、拧紧,每套灯具均应配有熔断器保护。

庭院灯和杆上路灯,安有根据自然光的亮度而自动启闭的装置时,应进行调试,灯具的自动通断电源控制装置应动作准确。

3 庭院灯的接地

庭院灯的接地是要严格注意的。金属立柱及灯具可接近裸露导体应与 PE 或 PEN 线连接可靠。接地线应单设干线,干线应沿庭院灯布置形成环网状,接地干线应不少于 2 处与接地装置引出干线连接。由接地干线再引出支线与金属灯柱及灯具的接地端子连接,且有标识。

灯具的接地支线不能与灯具串联连接,以防止个别灯具移位或更换使其他灯具失去接地保护作用。

Ⅲ 质量标准

4.11.11 主控项目

1 建筑物彩灯安装应符合下列规定:

(1) 建筑物顶部彩灯采用有防雨性能的专用灯具,灯罩要拧紧;

(2) 彩灯配线管路按明配管敷设,且有防雨功能。管路间、管路与灯头盒间螺纹连接,金属导管及彩灯的构架、钢索等可接近裸露导体接地(PE)或接零(PEN)可靠;

(3) 垂直彩灯悬挂挑臂采用不小于 10 号的槽钢。端部吊挂钢索用的吊钩螺栓直径不小于 10mm,螺栓在槽钢上固定,两侧有螺帽,且加平垫及弹簧垫圈紧固;

(4) 悬挂钢丝绳直径不小于 4.5mm,底把圆钢直径不小于 16mm,地锚采用架空外线用拉线盘,埋设深度大于 1.5m;

(5) 垂直彩灯采用防水吊线灯头,下端灯头距离地面高于 3m。

2 霓虹灯安装应符合下列规定:

(1) 霓虹灯管完好,无破裂;

(2) 灯管采用专用的绝缘支架固定,且牢固可靠。灯管固定后,与建筑物、构筑物表面的距离不小于 20mm;

(3) 霓虹灯专用变压器采用双圈式,所供灯管长度不大于允许负载长度,露天安装的有防雨措施;

(4) 霓虹灯专用变压器的二次电线和灯管间的连接线采用额定电压大于15kV的高压绝缘电线。二次电线与建筑物、构筑物表面的距离不小于20mm。

3 建筑物景观照明灯具安装应符合下列规定:

(1) 每套灯具的导电部分对地绝缘电阻值大于2MΩ;

(2) 在人行道等人员来往密集场所安装的落地式灯具,无围栏防护,安装高度距地面2.5m以上;

(3) 金属构架和灯具的可接近裸露导体及金属软管的接地(PE)或接零(PEN)可靠,且有标识。

4 航空障碍标志灯安装应符合下列规定:

(1) 灯具装设在建筑物或构筑物的最高部位。当最高部位平面面积较大或为建筑群时,除在最高端装设外,还在其外侧转角的顶端分别装设灯具。

(2) 当灯具在烟囱顶上装设时,安装在低于烟囱口1.5~3m的部位且呈正三角形水平排列。

(3) 灯具的选型根据安装高度决定;中光强的(距地面90m以下装设时采用)为红色光,其有效光强大于1600cd。高光强的(距地面150m以上装设时采用)为白色光,有效光强随背景亮度而定。

(4) 灯具的电源按主体建筑中最高负荷等级要求供电。

(5) 灯具安装牢固可靠,且设置维修和更换光源的措施。

5 庭院灯安装应符合下列规定:

(1) 每套灯具的导电部分对地绝缘电阻值大于2MΩ。

(2) 立柱式路灯、落地式路灯、特种园艺灯等灯具与基础固定可靠,地脚螺栓备帽齐全。灯具的接线盒或熔断器盒,盒盖的防水密封垫完整。

(3) 金属立柱及灯具可接近裸露导体接地(PE)或接零(PEN)可靠。接地线单设干线,干线沿庭院灯布置位置形成环网状,且不少于2处与接地装置引出线连接。由干线引出支线与金属灯柱及灯具的接地端子连接，且有标识。

4.11.12 一般项目

1 建筑物彩灯安装应符合下列规定：

(1) 建筑物顶部彩灯灯罩完整，无碎裂；

(2) 彩灯电线导管防腐完好，敷设平整、顺直。

2 霓虹灯安装应符合下列规定：

(1) 当霓虹灯变压器明装时，高度不小于3m；低于3m采取防护措施；

(2) 霓虹灯变压器的安装位置方便检修，且隐蔽在不易被非检修人触及的场所，不装在吊平顶内；

(3) 当橱窗内装有霓虹灯时，橱窗门与霓虹灯变压器一次侧开关有连锁装置，确保开门不接通霓虹灯变压器的电源；

(4) 霓虹灯变压器二次侧的电线采用玻璃制品绝缘支持物固定，支持点距离不大于下列数值：

水平线段：0.5m；

垂直线段：0.75m。

3 建筑物景观照明灯具构架应固定可靠，地脚螺栓拧紧，备帽齐全，灯具的螺栓紧固、无遗漏。灯具外露的电线或电缆应有柔性金属导管保护。

4 航空障碍标志灯安装应符合下列规定：

(1) 同一建筑物或建筑群灯具间的水平、垂直距离不大于45m；

(2) 灯具的自动通、断电源控制装置动作准确。

5 庭院灯安装应符合下列规定：

(1) 灯具的自动通、断电源控制装置动作准确，每套灯具熔断器盒内熔丝齐全，规格与灯具适配；

(2) 架空线路电杆上的路灯，固定可靠，紧固件齐全、拧紧，灯位正确；每套灯具配有熔断器保护。

Ⅳ 成品保护

4.11.13 各种灯具在运输及保管中，要防止变形和损坏而影响安装质量。

4.11.14 在人员来往密集场所安装落地式灯具前，应先设置好围栏防护，以防灯具损坏。

Ⅴ 安全注意事项

4.11.15 需要进行接地保护的灯具等部位，在通电试运行前，应做好牢固可靠的接地，以防灯具等可接近裸露导体露电伤人。

4.11.16 安装航空障碍标志灯系高空作业，要有专门的措施。在使用悬梯时，应与预留挂件挂牢。使用可活动的专用平台，也应注意其牢固程度。

Ⅵ 质量通病及其防治

4.11.17 建筑物固定式彩灯安装，使用刚性绝缘敷设。为了彩灯防雷和接地的需要，彩灯导线应穿钢导管敷设。

4.11.18 庭院灯的金属立柱，接地不可靠。庭院灯应单设接地干线，且接地干线应和灯具立柱底座或立柱地脚螺栓焊接连接，如果接地干线与灯具立柱的基础钢筋在地下使用并沟线夹连接是不可靠的。

4.11.19 立柱式路灯不安装接线盒盖。很多立柱式路灯有的在安装接线后不安装盒盖，有的是盒盖丢失，既不美观又易使儿童接近触及导线接头处。应及时的安装好，丢失的应补齐全。

4.12 开关、插座、风扇安装

Ⅰ 施工准备

4.12.1 材 料

1 各种规格开关、插座、吊扇等。

2 各种绝缘台、各种螺丝、多种规格型号、分色绝缘导线、焊锡及焊锡膏等。

4.12.2 机　　具

1 克丝钳子、电工刀、螺丝刀、电烙铁或焊锡锅等。

2 500V兆欧表。

4.12.3 作业条件

1 建筑物项棚、墙面等抹灰及表面装饰工作需完成，并结束场地清理工作，在房门可以关锁的情况下安装。

2 成排或同一室内的开关、插座在安装前应进行测位、划线或拉通线。

Ⅱ 施工工艺

4.12.4 施工程序

1 暗装开关、插座

开关(插座)接线 → 安装开关(插座)芯或连同盖板 → 安装盖板

2 明装开关、插座

开关(插座)绝缘台安装 → 开关(插座)安装 → 接线

4.12.5 灯开关的选择

灯开关的品种、型号很多，适用范围也很广。开关按其安装方式可分为明装开关和暗装开关两种，按其开关的操作方式不同又可分为：拉线开关、扳把开关、跷板开关、床头开关等，按其控制方式有单控开关和双控开关。

选用开关时必须核算开关所控制灯具的工作电流及功率因数，不能超出开关的额定电流值。

暗装开关的面板形式及尺寸和型号标志如下：

1 开关质量的选择

各种灯开关的内部构造基本相似，都由导电部分动、静触头及操作机构和绝缘构件三个部件组成。无论选用哪种开关，都必须选择经过国家有关部门经过技术鉴定的正宗生产厂家的合格产品。

□□□□□□□□

Ⅰ：1 型平式；Ⅱ：2 型立式
B：英国 BS 标准

额定电源值

D：带指标灯；T：扁圆两用；R：带熔丝管
K：带开关；F：防溅；G：带锁定装置；
一：普通型；A：安全型（带保护门）

1：单控；2：双控或二极；3：三极；
4：三相四级；23：二极加三极

1：单联；2：双联；3：三联

K：开关；Z：插座；T：插头；ZD：电话出线座类；
ZM：明装插座；ZW：万能插座；KL：电铃开关；
ZX：刮须插座；H：钢质接线盒；B：调正板之类；
Y：圆形；HS：阻燃塑料接线盒；
HM：明装（电玉粉）接线盒

86：面板尺寸 86mm×86mm×7mm（安装孔距 60mm）
146：面板尺寸 146mm×86mm×7mm（安装孔距 121mm）
172：面板尺寸 172mm×86mm×7mm（安装孔距 146mm）

例： 146 K 4 1 D 6

6A
带指示灯
单控
四联
开关
面板尺寸为 146mm×86mm×7mm
即为四联单控带指标灯开关；规格为 6A250V

开关在通过额定电流时，其导电部分的温升不超过 50℃。开关的操作机构应灵活轻巧，开关的接线端子应能可靠地连接一根与两根 1～2.5mm^2 截面的导线。

开关的塑料零件表面应无气泡、裂纹、铁粉、肿胀、明显的擦伤和毛刺等缺陷，并应有良好的光泽等。

2　按安装地点选择开关

住宅（公寓）卫生间等潮湿场所开关装在室内时，应使用防潮防溅开关，防潮防溅开关在跷板上设置防溅罩，正面为一透明有弹性的薄膜，可隔着薄膜按动跷板，密封性能好，不怕水淋和潮气，如图 4.12.5－1 所示。

图 4.12.5－1
防潮防溅开关

高级住宅（公寓）中的方厅、通道和卫生间等，宜采用带有指示灯的跷板式开关。

旅馆客房的进门处宜设有面板上带有指示灯的开关。

带指示灯开关，指示灯在开关断开时可显示方位，辨清开关位置，方便操作；还有开关在接通位置时指示灯亮的指示电源接线形式，能够辨别线路是否有电，便于维修。

旅馆卫生间内如需要设置红外或远红外设施时，应配置 0～30min 定时开关。

医院护理单元的通道照明宜在深夜可关掉其中一部分或采用可调光开关。

书库通道照明应独立设置在通道两端可两处控制的开关。书库照明的控制宜用可调整延时时间的开关。

在同一工程中应尽量采用同一种类型的产品，以利维修和管理，民用住宅严禁设置床头开关。

在塑料管暗敷设工程中，不应使用带金属安装板的跷板开关。

4.12.6　插座的选择

插座根据线路的明敷设或暗敷设的需要，有明装式或暗装式两种。250V 单相插座分有二孔和三孔的多种，二孔插座专为外壳不需接地的移动电器供电源，三孔插座专为金属外壳需接地的移动电器供电源，它可以有利防止电器外壳带电，避免触电危险。

插座的型号标志可见灯开关的选择。插座规格、型号举例如下：

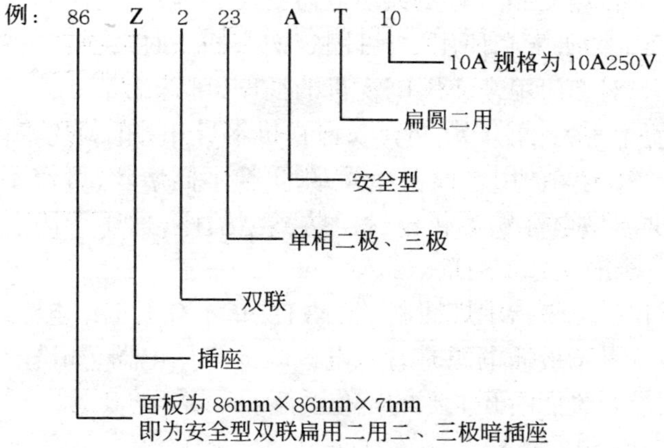

1　插座质量的选择

插座通过组合,使其品种、型号较多,而老式通用插座已很少采用。新系列插座除普通二孔、三孔插座外,还有二极连三极组合插座,一个面板上即可单独插入二极或三极插头,也可以同时插入一个二极插头,一个三极插头。还有双联二极、双连三极插座等多种形式。

工程中无论采用哪种插座,插座的形式基本参数与尺寸应符合 GB 1002—80、GB 1003—80 的规定。技术要求插座在通过 1.25 倍额定电流时,其导电部分的温升不应超过 40℃;插座的塑料零件表面无气泡、裂纹、铁粉、肿胀、明显的擦伤和毛刺等缺陷,并应具有良好的光泽;插座额定电流为 6、10A 时,接线端子上应能可靠的连接一根与两根 1 ~ 2.5mm^2 导线、额定电流 15A 时,接线端子上应能可靠的连接一根与两根 1.5 ~ 4mm^2 导线、插座额定电流为 25A 时,接线端子应能可靠的连接一根与两根 2.5 ~ 6mm^2 的导线;带接地的三极插座从其顶面看时,以接地极为起点,按顺直针方向,依次为“相”、“中”线极。

2　按安装地点选择插座

当插座需要降低安装高度时,应选用安全型(带保护门)插座。

医院理疗设备和理发部门等要移动电器具设备等,可选用固定型插座,与可固定插头配套使用,当可固定插头插入时,旋转一个角度即可固定。对专门用来使用电视机的插座,可选用带开关扁圆两用插座,使用时关、闭开关,可延长电视机本身开关的使用寿命。带熔丝管插座,能保护用电设备和线路,更换不同熔丝,可作不同插座用,可供用做电冰箱的供电源。防溅型插座,适用于潮湿场所,插座有一个防溅罩盖,插头插入后可放下罩盖,可防止潮气及水滴进入插孔内。带指示灯插座,指示灯能指示有无工作电流,使用比较方便。对于接插电源时有触电危险的家用电器(如洗衣机等),应采用带开关能断开电源的三孔插座。

4.12.7 吊扇的选择

吊扇是住宅、公共场所、工业建筑中常见的设备。吊扇有三叶吊扇及三叶带照明灯吊扇和四叶带照明灯吊扇等。吊扇其规格、型号必须符合设计要求并有产品合格证,各型号吊扇应符合 JB 829—78 等标准的规定。扇叶不得有变形的现象,有吊杆时应考虑吊杆长短、平直度问题。

4.12.8 开关、插座、风扇及其配件进场验收

1 查验合格证,防爆产品有防爆标志和防爆合格证号,实行安全认证制度的产品有安全认证"CCC"标志。

2 外观检查时,开关、插座的面板及接线盒盒体应完整、无碎裂、零件齐全;风扇无损坏,涂层完整,调速器等附件适配。

3 对开关、插座的电气和机械性能进行现场抽样检测。检测规定如下:

(1) 不同极性带电部件间的电气间隙和爬电距离不应小于3mm。

(2) 绝缘电阻值不应小于 5MΩ。

(3) 用自攻锁紧螺钉或自切螺钉安装的,螺钉与软塑固定件旋合长度不应小于 8mm,软塑固定件在经受 10 次拧紧退出试验后,无松动或掉渣,螺钉及螺纹无损坏现象。

(4) 金属间相旋合的螺钉螺母,拧紧后完全退出,反复 5 次仍

能正常使用。

4 对开关(插座)盒及其面板等塑料绝缘材料阻燃性能有异议时,应按批抽样送有资质的试验室检测。

4.12.9 开关安装位置的确定

照明开关是人们每日接触最频繁的电气器具,在建筑电气安装工程中,开关的设置位置应结合规范的规定,区别不同的使用场所,并根据建筑格局和建筑结构的不同,选择好恰当的安装地点,还应与其他管道保持一定的安全距离,以利美观协调且满足使用功能和保证安全运行。

1 门旁开关安装位置

开关的安装位置应便于操作,还应考虑门的开启方向,开关不应设在门后,否则很不方便使用。对住宅楼的进户门开关位置不但要考虑外开门的开启方向,还要考虑用户在装修时,后安装的内开门的开启方向,以防开关被挡在内开门的门后。

(1) 开关盒的设置

开关盒的设置位置是由开关的安装位置决定的。

《建筑电气工程施工质量验收规范》GB 50303—2002 规定:开关安装位置便于操作,开关边缘距门框边缘的距离 0.15~0.2m,开关距地面高度 1.3m,如图 4.12.9-1 所示。

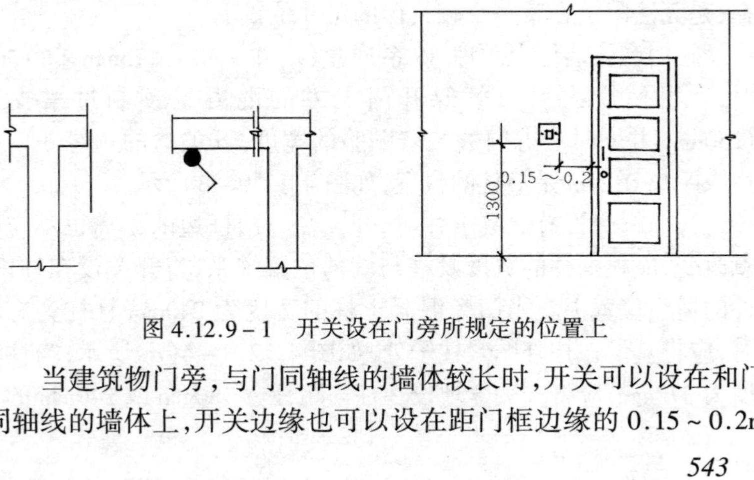

图 4.12.9-1 开关设在门旁所规定的位置上

当建筑物门旁,与门同轴线的墙体较长时,开关可以设在和门同轴线的墙体上,开关边缘也可以设在距门框边缘的 0.15~0.2m

处。在普通砖砌体墙上为了配合瓦工的砌筑，开关盒如果设在距门框边缘的 0.18m 处(普通砖的七分头)，开关也在规范规定的范围内，如图 4.12.9－2 所示。

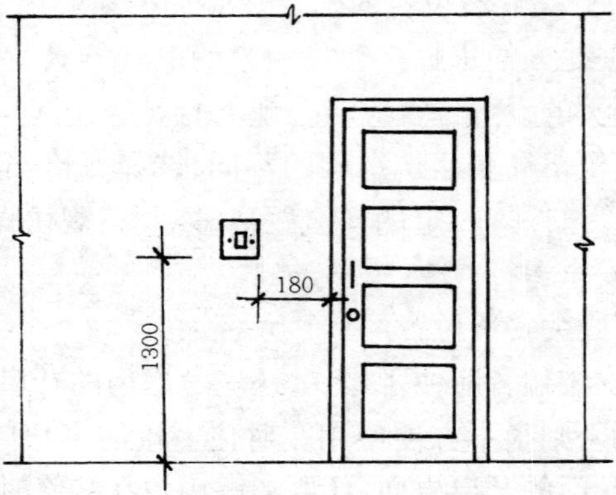

图 4.12.9－2　开关盒距门框边 0.18m

门旁开关盒的设置位置的确定，应在考虑门的开启方向的同时，还应考虑门旁墙体的结构和形状尺寸，并涉及开关规格及开关盒盒体的规格。

在民用建筑特别是住宅建筑中，由于门旁墙体的构造形式和墙体的尺寸形状各异，开关的位置应该根据多种因素作不同的选择，是无法限定在某一个较具体的尺寸位置上。

在门旁长墙体上预埋 86 系列盒(尺寸 75mm × 75mm × 60mm)时，为了使盒内引上管躲开门上方的混凝土预制过梁支座(250mm)并同时考虑门旁装修贴脸的宽度，开关盒的边缘距门框边缘距离 0.24m 是最佳的位置，如图 4.12.9－3 所示。

当门框旁设有混凝土柱时，开关盒与门框边的距离也不应随意改变，应根据柱的宽度及柱与墙的位置关系，将开关设在柱内、外的适当位置上。当门旁混凝土柱的宽度为 240mm 且柱旁有墙时，应将盒设在柱外贴紧柱子处，如图 4.12.9－4(a)所示；当柱宽度为 370mm，应将开关盒埋设在柱内距柱旁 180mm 或 240mm 的位置上，如图 4.12.9－4(*b*)所示；当柱旁无墙或柱与墙平面不在同一直线上时，应将开关盒(75mm×75mm×60mm)设在柱内中心的位置上，如图 4.12.9－4(*c*)所示。如果开关盒为 146 系列即 135mm×75mm×60mm 盒，就不一定都能埋设在柱内，应视情况将盒位改设在其他位置上。

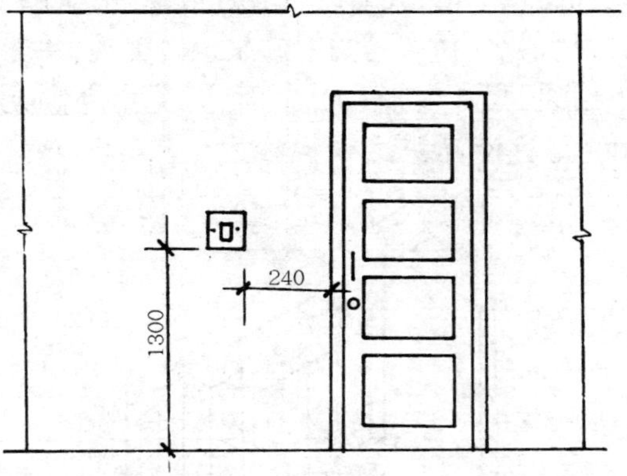

图 4.12.9－3　开关盒与门框边最佳位置图

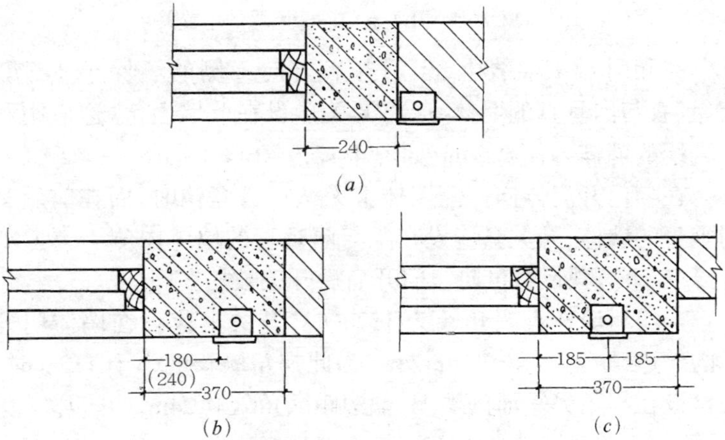

图 4.12.9－4　开关盒与门旁混凝土柱的位置关系

(*a*)开关盒设在柱外；(*b*)开关盒设在柱内 0.18m 或 0.24m 处；(*c*)开关盒在柱中心

当门口处设有装饰贴脸时，盒边距门框边的距离应适当增加贴脸宽度的尺寸，尽量与装饰贴脸协调、美观。

在确定门旁开关盒位时，除了门的开启方向外，还应考虑与门平行的墙垛的尺寸，最小应有 370mm 时，才能设置 75mm × 75mm 的 86 系列盒，且应设在墙垛中间，如图 4.12.9－5 所示。如果设置 135mm × 75mm 的 86 系列盒时，墙垛的尺寸不应小于 450mm，盒也应设在墙垛中心处，位置恰当看起来也较美观，并能满足规范的要求。如门旁墙垛尺寸大于 600mm 时，开关盒位就应在距门框边 180mm 或 240mm 处设置。

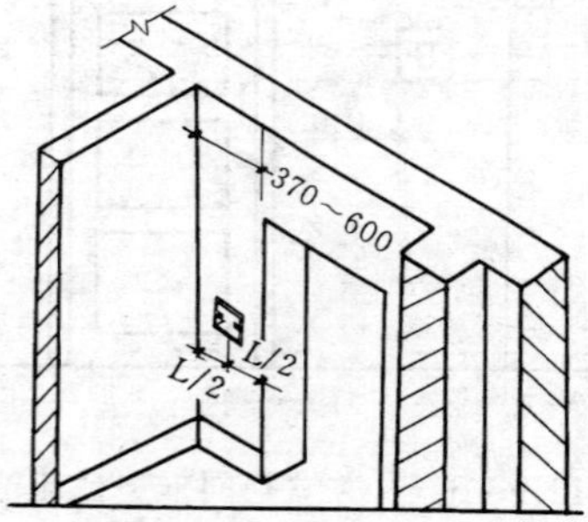

图 4.12.9－5　开关盒与门旁墙垛的位置关系

在和门同一轴线上，当门开启方向一侧的墙垛小于 370mm 时，且有与门垂直的墙体，应将开关盒设在此墙上，盒边应距和门同轴线的墙体内侧 0.24m，如图 4.12.9－6(*a*)所示。

在与门开启方向一侧墙体上无法设置盒位时，而在门后有与门垂直的墙体，开关盒应设在距与门垂直的墙体内侧 1m 处，如图 4.12.9－6(*b*)所示，可防止门开启后开关被挡在门后。

当门后墙体有拐角长为 1.2m 时，开关盒应设在墙体门开启后的外边，距墙拐角 0.24m 处。当此拐角墙长度小于 1.2m 时，开关盒设在拐角另一面的墙上，盒边距墙角处 0.24m，如图4.12.9－7 所示。

当建筑物两门中间墙体为 0.37～1.0m 范围内，且此墙处设有一个开关位置时，开关盒宜设在墙垛的中心处，如开关偏向一旁时会影响观展，当门中间墙体宽为 1.2m 及以上时，应设置两个开关，开关盒的设置如图 4.12.9－8 所示。

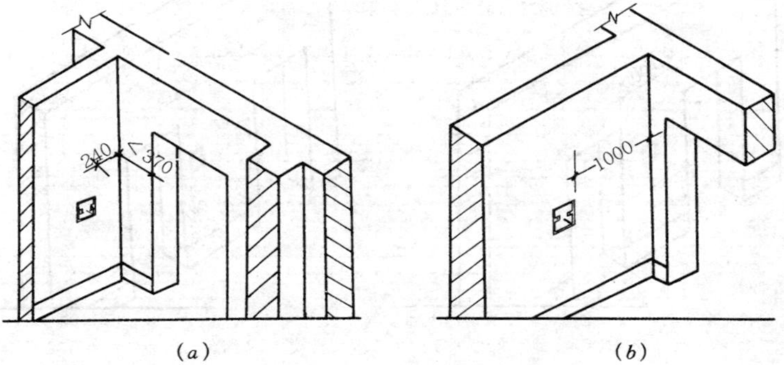

图 4.12.9－6　门旁垂直墙体上的开关盒位

(a)开关盒在和门同轴线相垂直的墙上；(b)开关盒在门后墙体 1m 的位置上

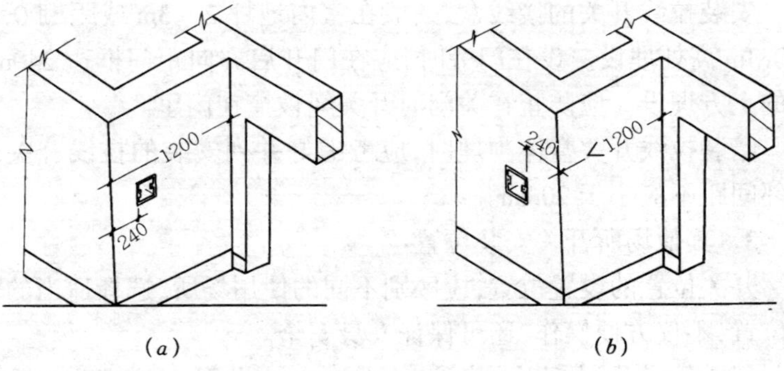

图 4.12.9－7　开关盒在门后拐角墙上的位置

(a)开关盒在门的开启处；(b)开关盒在拐角墙的另一侧

2　拉线开关安装位置

目前拉线开关，在一些工程中已被限制使用，住宅工程中严禁使用拉线开关。拉线开关有明装和暗装之分，暗装拉线开关，使用与拉线开关盖板相配套的开关盒，明装拉线开关则使用 95mm × 95mm × 45mm 的灯位盒(即八角盒)。

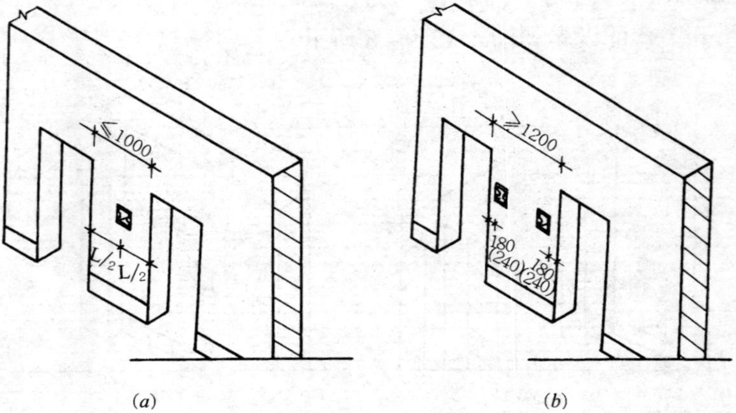

图 4.12.9-8　两门中间墙上的开关盒位
(a)门间墙 1m 以下时；(b)门间墙 1.2m 以上时

安装拉线开关的接线盒，一般在室内地坪 2～3m 或距棚 0.25～0.3m 高处埋设。设在门旁时，应在门开启方向距门框边 240mm 处的上方埋设。应防止在关门时开关绳被掩在门里。

暗装拉线开关盒体预埋时，应考虑好并列安装的拉线开关的相邻间距不应小于 20mm。

3　其他场所开关安装位置

开关位置的设置位置，应区别不同的使用场所，选择适当的安装位置，不仅方便操作，还可保证人身安全。

(1) 医院儿科门诊、病房灯开关盒的设置高度，不应低于 1.5m，距门框边也应在 0.24m 处。

(2) 楼梯间的照明灯控制开关，应设在方便使用和利于维修之处，不应设在楼梯踏步上方，开关可以设在楼梯侧墙的转角墙上，如图 4.12.9-9 所示。

当梯间开关受条件限制时，开关距地的高度应该以楼梯踏步表面为基准确定标高，如图 4.12.9-10 所示。

厨房、厕所(卫生间)、洗漱室等潮湿场所的开关盒应设在房间的外墙处。

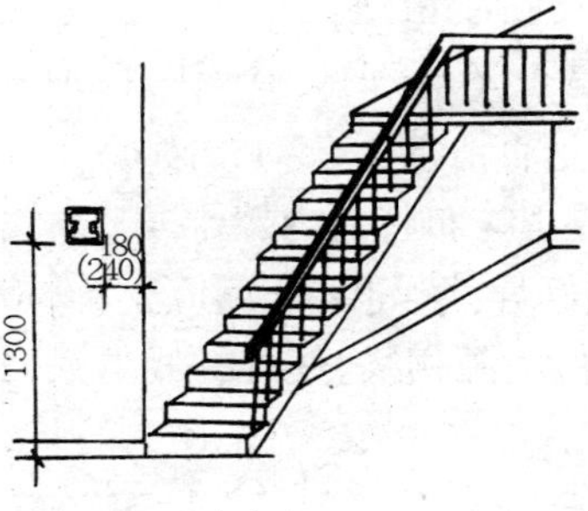

图 4.12.9－9　梯间开关设置位置
(a)开关正确位置；(b)开关不适宜位置

走廊灯的开关盒，应在距灯位较近处设置，当开关盒距门框（或洞口）旁不远处时，也应将盒边设在距门框（或洞口）边 180mm 或 240mm 处。

壁灯（或起夜灯）的开关盒，应设在灯位盒的正下方，并在同一条垂直线上。

室外门灯、雨棚灯的开关盒不宜设在外墙处，应设在建筑物的内墙上。

4.12.10　灯开关的安装

开关安装应在建筑物墙体表面装饰工程结束后进行。暗敷设工程中暗装开关安装前，应检查土建装饰工程配合质量是否完善，不能因土建工程质量缺陷，而影响开关本体的安装质量。

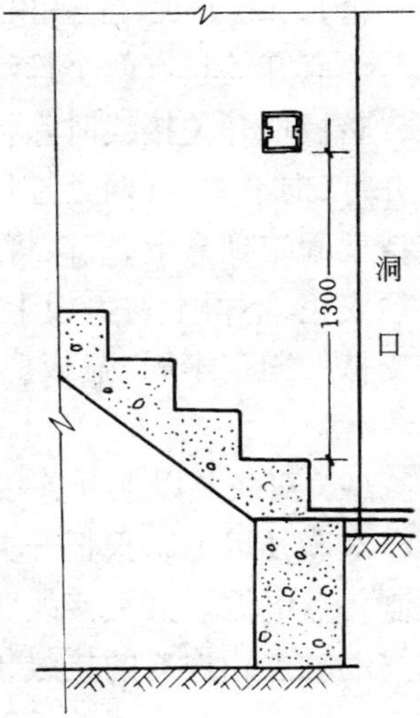

图 4.12.9－10　楼梯踏步上方开关盒位置图

暗装开关应有专用盒，严禁开关无盒安装。开关盒周围抹灰处应尺寸正确、阳角方正、边缘整齐、光滑；墙面裱糊工程在开关盒处应交接紧密、无缝隙、不糊盖盒盖;饰面板(砖)镶贴工程,开关盒处应用整砖套割吻合,不准用非整砖拼凑镶贴。

开关安装前应检查盒内管口是否光滑,钢导管或刚性绝缘导管敷设管口处护口有无遗漏,盒内是否清洁无杂物,否则应清理盒内杂物、尘土、可用软塑料管吹除或用抹布将盒内擦干净。

开关接线时,应仔细辨认识别好导线,导线分色应正确,应严格做到使开关控制(即分断或接通)电源相线,使开关断开后灯具上不带电。

1 暗扳把开关安装

暗扳把开关是一种胶木(或塑料)面板的老式通用暗装开关,暗开关有单联、双联、叁联等。暗开关应垂直安装,不允许水平安装。

(1) 单联开关接线和安装

单联开关具有两个静触点,分别连接两个接线桩。

暗扳把开关接线时除把相线接在开关上外,并应接成扳把向上开灯,向下关灯(两处控制一盏灯的除外)。然后把开关芯连同支持架固定到盒上,应该将扳把上的白点朝下面安装,开关的扳把必须安正,不得卡在盖板上,再盖好开关盖板,用机械螺栓将盖板与支持架固定牢固,盖板应紧贴建筑物表面,如图 4.12.10 - 1 所示。

(2) 双联及以上开关接线和安装

双联及以上暗扳把开关,每一联即是一只单独的开关,能分别控制一盏电灯。开关接线时,电源相线应接好并接头后再分别接到与动触点相连通的接线桩上,把开关线接在开关的静触点接线桩上。并接头分支线的长度不应小于 150mm。开关扳把的位置和安装方法均和单联开关大同小异。

(3) 双控开关的接线

由两个开关在不同地点上控制一盏或多盏灯时,应使用双控开关,此开关应具有三个接线桩,其中两个分别与两个静触点连通,另一个与动触点连通(称为共用桩),双控开关用来在线路中控制白炽灯，一个开关的共用桩(动触点)与电源的相线连接，另一个开关的共用桩与灯座的一个接线桩连接。采用螺口灯座时，应与灯座的中心触点接线桩相连接，灯座的另一个接线桩应与电源的中性线相连接。两个开关的静触点接线桩，用两根导线分别进行连接，如图 4.12.10-2 所示。

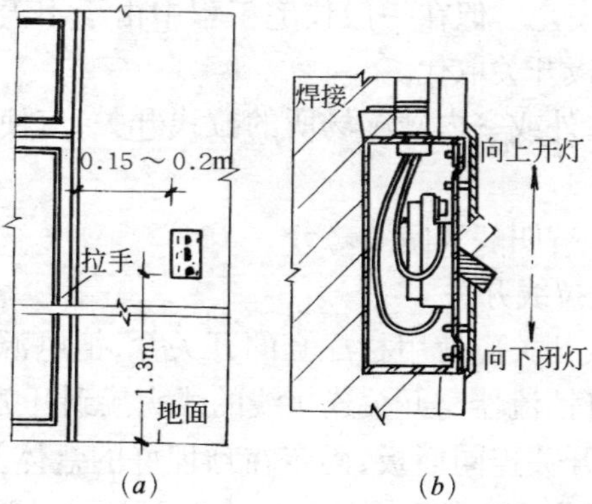

图 4.12.10-1　暗扳把开关安装
(a)扳把开关位置；(b)暗扳把开关

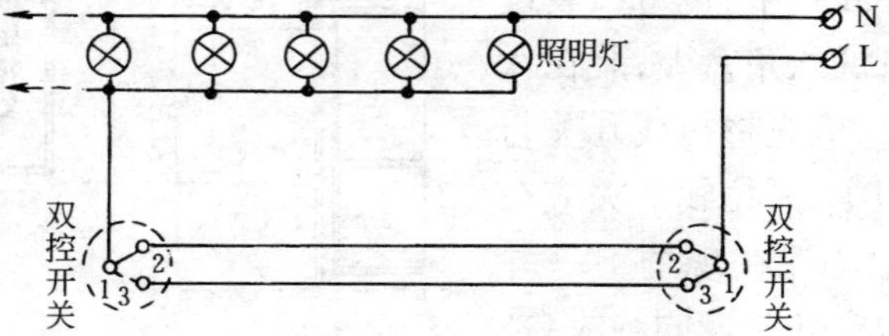

图 4.12.10-2　两处控制的开关线路图

两个开关同时控制一盏或多盏灯在接线时，不宜将电源相线与中性线均接于同一开关内，以免产生漏电和短路现象。

2　明扳把开关安装和接线

明配线路的场所，应安装明扳把开关，明开关需要先把绝缘台固定在墙上，将导线甩至木(塑料)台以外，在绝缘台上安装开关和接线，也接成扳把向上开灯、向下关灯。

明扳把开关，不允许横装，即不允许扳把手柄处于左右活动位置，因这样安装容易因衣物勾拉而发生开关误动作。

3 拉线开关安装和接线

拉线开关通过拉线的牵动来操作开关的分合，人体不直接触及开关，比较安全。但在一般住宅工程中由于不美观已不再提倡使用，将被跷板开关取代。

安装在室外或室内潮湿场所的拉线开关，应使用瓷质防水拉线开关。

拉线开关有明装和暗装之分。

(1) 暗装拉线开关

暗装拉线开关应使用相配套的开关盒，把电源的相线和白炽灯座或荧光灯镇流器与开关连接线的线头接到开关的两个接线桩上，然后再将开关连同面板，固定在预埋好的盒体上，应注意面板上的拉线出口应垂直朝下。

(2) 明装拉线开关

明装拉线开关，即可以装设在明配线路中，也可以装设在暗配管的八角盒上，装在八角盒上时，应先将拉线开关与绝缘台固定好，拉线开关应在绝缘台中心。在现场上一并接线及固定开关连同绝缘台。拉线开关的安装如图4.12.10-3所示。

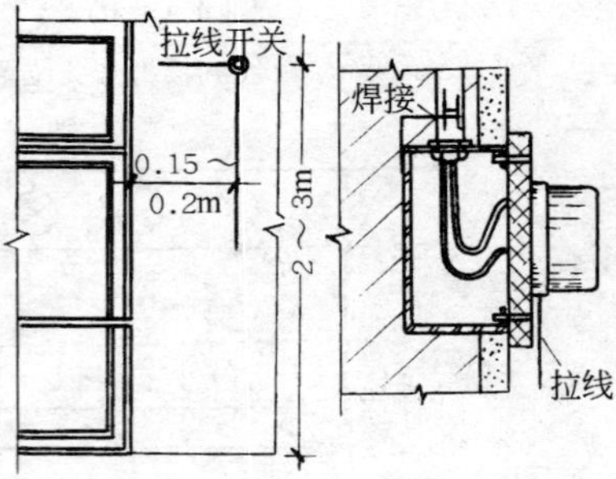

图 4.12.10-3 拉线开关安装
(a)拉线开关位置；(b)拉线开关

明配线路中安装拉线开关，应先固定好绝缘台，拧下拉线开关盖，把两个线头分别穿入开关底座的两个穿线孔内，用两枚直径≤20mm 木螺钉将开关底座固定在绝缘台上，把导线分别接到接线桩上，然后拧上开关盖。明装拉线开关拉线口应垂直向下不使拉线口发生磨擦，防止拉线磨损断裂。

双连及以上明装拉线开关并列安装时，应使用长方空心绝缘台，拉线开关相邻间距不应小于20mm。

4　跷板开关安装

跷板（或指甲式）开关均为暗装开关，开关与盖板连成一体，安装较方便一些。其中86系列较被广泛采用，开关面板尺寸为86mm×86mm，面板为磁白电玉粉压制而成，其弧型面板的开关被称为A86系列。

跷板开关的一块面板上，一般可装1～5个开关，称为单联、双联、3联开关；4联跷板开关面板尺寸则为86mm×146mm。指甲式开关则可装成面板尺寸86mm×86mm的4联或5联开关。

（1）跷板开关安装

跷板开关安装时，应根据跷板或面板上的标志确定面板的装置方向。面板上有指示灯的，指示灯应在上面；跷板上有红色标记的应朝下安装；面板上有产品标记或跷板上有英文字母的不能装反，更应注意带有ON字母的是开的标志，不应颠倒反装而成为NO；跷板上部顶端有压制条纹或红点的应朝上安装。当跷板或面板上无任何标志的，应装成跷板下部按下时，开关应处在合闸的位置，跷板上部按下时，应处在断开位置，即从侧面看跷板上部突出时灯亮，下部突出时灯熄，如图4.12.10－4所示。

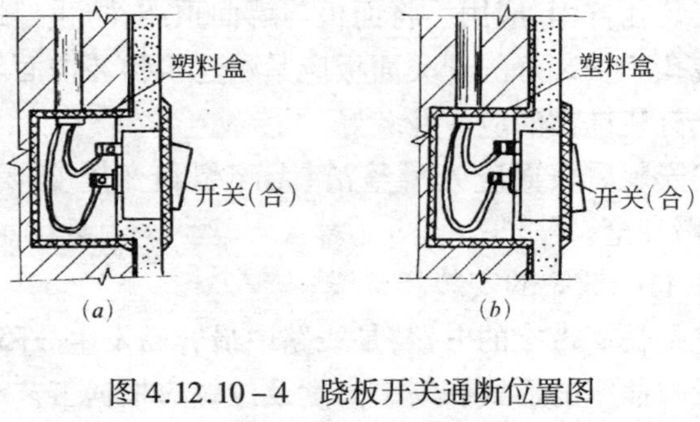

图4.12.10－4　跷板开关通断位置图

（a）灯亮；（b）灯熄

(2) 跷板开关接线

跷板开关同暗扳把开关相同,每一联即是一个单独的开关,能分别控制一盏电灯,每一联内接线桩数量不同,双线的为单控开关,三线的为双控开关,可根据需要进行组合。

凡几盏灯集中由一个地点控制的,不宜采用单联开关并列安装,应选用双联及以上开关,即可以节省配管和管内所穿导线。应在安装接线时,考虑好开关控制灯具的顺序其位置应与灯具相互对应,方便操作。

同一场所中开关的切断位置应一致,且操作灵活,接点接触可靠。

双联及以上开关接线时,如使用开关后罩为单元组合形式的,电源相线不应串接,如图 4.12.10-5 所示,应做好并接头。

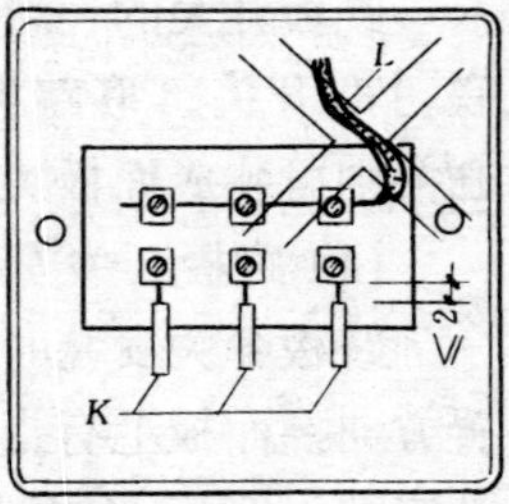

图 4.12.10-5 双联及以上开关错误接线

双联及以上开关如使用开关后罩为整体形式的,二联及三联的共用端(com)内部为一整体时,电源相线只要接入开关共用接线桩即可,方便安装省去并接头。

开关接线时,应将盒内导线理顺好,依次接线后,将盒内导线盘成圆圈,放置于开关盒内。在安装固定面板时,找平找正后再与开关盒安装孔拧固,应用手将面板与墙面顶严,防止拧螺丝时损坏面板安装孔。安装好的开关面板应紧贴建筑物装饰面。开关面板安装孔上有装饰帽的应一并装好。

开关安装后表面应光滑整洁、无碎裂和变翘变形现象,无划伤,装饰帽齐全。

4.12.11 插座的安装和接线

插座是长期带电的电器,是线路中最容易发生故障的地方,插座的数量与插座的形式和安装高度及位置应根据工艺和周围环境及使用功能确定,应保证安全方便、利于维修。

住宅内插座的安装数量,不应少于《住宅设计规范》GB

50096—1999 电源插座的设置数量，如表 4.12.11-1 的规定。

住宅插座设置数量 **表 4.12.11-1**

部　　位	设置数量
卧室、厨房	一个单相三线 和一个单相二线的组合插座两组
起居室(厅)	一个单相三线 和一个单相二线的组合插座三组
卫生间	防溅水型一个单相三线 和一个单相二线的组合插座一组
布置洗衣机、冰箱、排气机械和空调器等处	专用单相三线插座各一个

1　插座盒位置的确定

安装插座应使用开关盒，且与插座盖板配套。

插座盒的安装标高，是由插座的设计高度决定的。

插座盒一般应在距室内地坪 1.3m 处埋设，潮湿场所其安装高度不低于 1.5m。

托儿所、幼儿园及小学等儿童活动场所，应在距室内地坪不低于 1.8m 处埋设。

在车间及试验室安装插座盒，应在距地坪不低于 0.3m 处埋设；特殊场所一般不应低于 0.15m，但应首先考虑好与采暖管的距离。

住宅内插座盒距地 1.8m 及以上时，可采用普通型插座；如使用安全插座时，安装高度可不受限制。

住宅卧室内插座盒的设置要考虑床的摆放位置，插座盒要躲开床和床头柜的位置。距卧室门较近的墙体上的插座盒应在墙的中心处设置，另一侧插座盒应在远离外窗，且距内墙较近的长墙体上设置，如图 4.12.11-1(*a*)所示。对于卧室开间较大，当尺寸为 3.9m 及以上时，室内两个插座盒的设置位置，可如图 4.12.11-1(*b*)所示。

如果卧室内设有 3 个插座盒位置时，可在邻近卧室门的长墙体的中心处设置一个插座盒，另两个插座盒可以在邻近床头的长墙体上设置，且应考虑到床的常规摆放位置，应在床的两侧各设置

1 个插座盒，如图 4.12.11－2 所示。

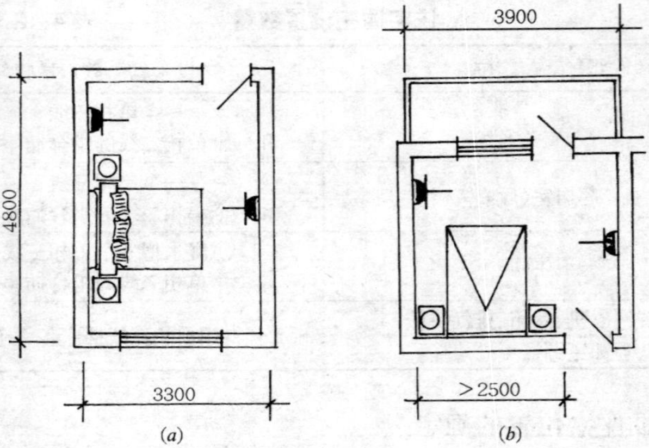

图 4.12.11－1　住宅卧室插座设置图
(a)居室插座常规位置；(b)大开间居室插座位置

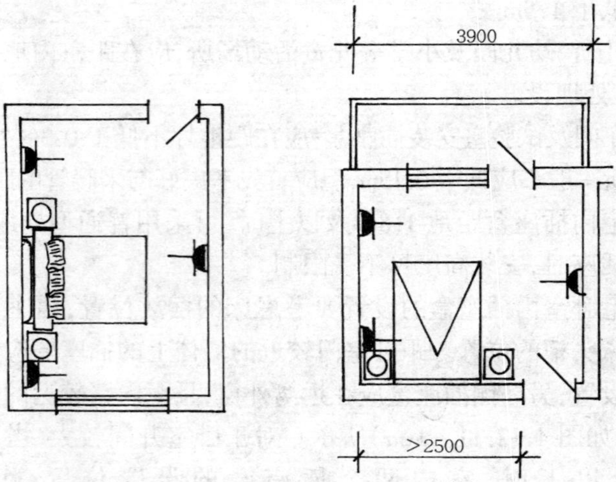

图 4.12.11－2　住宅卧室 3 个插座设置图
(a)普通居室；(b)大开间居室

住宅卧室空调器插座的位置，应在距空调室内机较近的墙体上。卧室内多设置壁挂式空调,插座高度宜在1.8~2.0m之间,设置插座盒时,应设在邻近室外空调台板的墙体上。当土建施工无空调台板时,插座盒位置应远墙床头,设在邻近卧室门一侧的长墙体上,当墙垛尺寸满足要求时,也可将插座盒设在外墙的窗间墙墙垛上,空调插座的设置位置如图4.12.11－3所示。

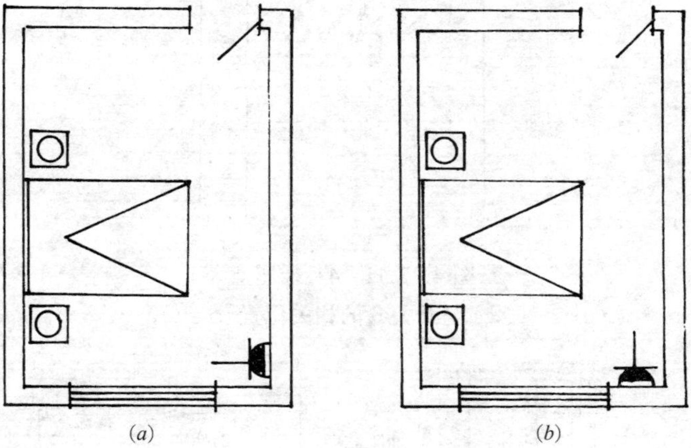

图4.12.11－3　卧室空调插座位置图

(*a*)插座在长墙体的一端；(*b*)插座在窗间墙墙垛上

住宅起居室(厅)设有空调插座时,应按落地式空调考虑,插座盒的安装高度可在距地0.5m处。当起居室(厅)内有采暖散热器及电视机插座时,空调插座盒宜设在相反的墙体上,空调插座盒的位置应尽量在邻近外墙处。

旅馆客房各种插座及床头控制板用接线盒,一般装在墙上,当隔声条件要求高且条件允许时,可安装在地面上。

为了方便插座的使用,在设置插座盒时应事先考虑好,插座不应被挡在门后,在跷板等开关的垂直上方或拉线开关的垂直下方,不应设置插座盒,插座盒与开关盒的水平距离不宜小于250mm,如图4.12.11－4所示。

插座不应设置在散热器的正上方,更不能被挡在散热器的背后。插座盒与散热器及采暖管的相互位置关系如图 4.12.11－5 所示。

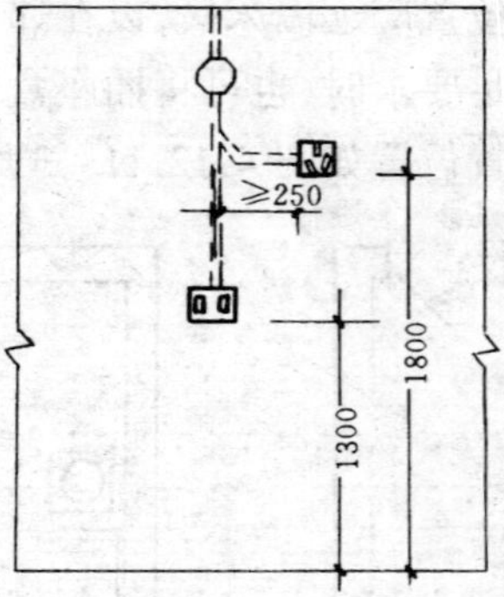

图 4.12.11－4 插座盒与开关盒的相关位置

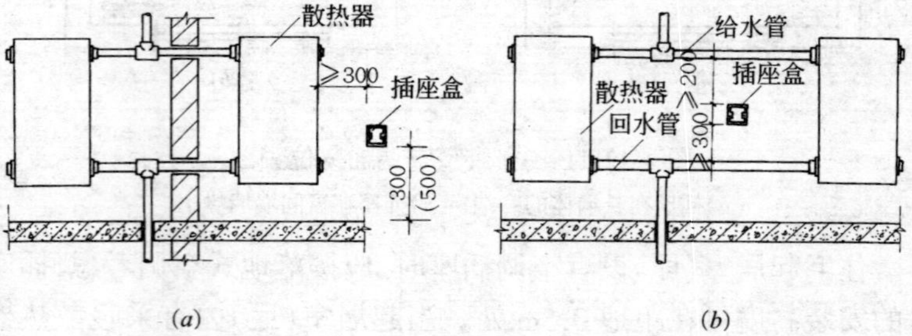

图 4.12.11－5 插座盒与采暖管、散热器的位置关系

(*a*)插座盒在散热器一侧；(*b*)插座盒在两散热器中间

插座如设在窗口两侧时，应对照采暖图，插座盒应设在与采暖立管相对应的窗口另一侧墙垛上。

插座盒不应设在室内墙裙或踢脚板的上皮线上，也不应设在室内最上皮瓷砖的上口线上。

插座盒也不宜设在小于 370mm 墙垛(或混凝土柱)上。如墙垛或柱为 370mm 时，应设在中心处，以求美观大方。

小面积住宅楼方厅或走道内设置插座时，应首先考虑在能放置电冰箱及其固定家电的位置处设置插座盒。

住宅厨房内设置供排油烟机使用的插座盒应设在煤气台板的侧上方如图 4.12.11－6 所示。

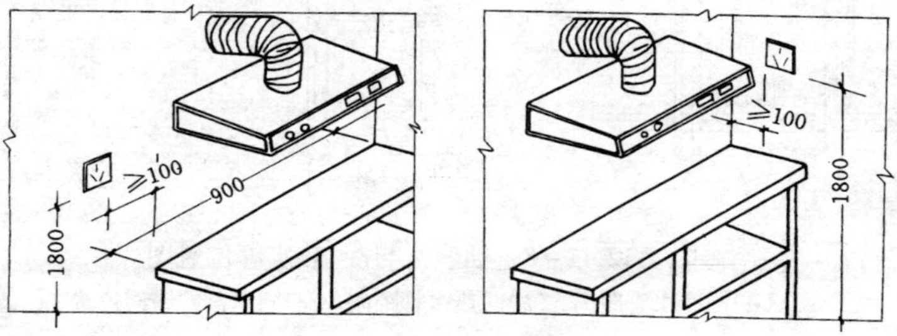

图 4.12.11－6　排油烟机插座位置图

插座盒的设置还应考虑躲开煤气管、表的位置，如图4.12.11－7所示，插座的边缘距煤气管、表边缘不应小于 0.15m。在煤气专业施工时，一般情况下煤气干管和煤气表非同期安装，在煤气干管安装后，在异径三通的小管径朝向侧即是煤气表的安装位置。

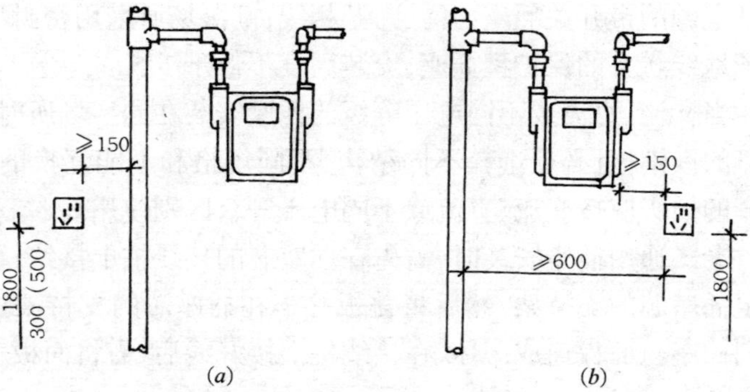

图 4.12.11－7　插座与煤气管、表位置图

（*a*）插座邻近煤气管；（*b*）插座邻近煤气表

插座盒的设置还应考虑到与给、排水专业中的给、排水管及卫生器具的位置关系。插座与给、排水管的距离不应小于 0.2m，插座与热水管的距离不应小于 0.3m，如图 4.12.11－8 所示。

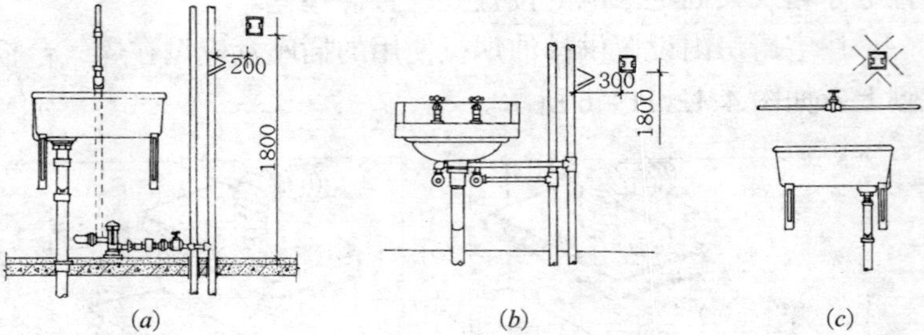

图 4.12.11-8　插座盒与冷、热水管位置图

(a)同冷水管距离；(b)同热水管距离；(c)同水盆的错误位置

为安全使用，插座盒(箱)不应设在水池、水槽(盆)的正上方。如安装在两侧时，水平距离不宜小于0.5m。

2　插座的安装

插座安装前对土建施工的配合，以及对电气管、盒的检查清理工作应同开关安装同样进行。暗装插座应有专用盒，严禁无盒安装。

在特殊情况下，当接插有触电危险家用电器的电源时，采用能断开电源的带开关插座，开关断开相线；潮湿场所采用密封型并带保护地线触头的保护型插座，安装高度不低于1.5m。

当交流、直流或不同电压等级的插座安装在同一场所时，应有明显的区别，且必须选择不同结构、不同规格和不能互换的插座；配套的插头应按交流、直流或不同电压等级区别使用。

老式通用插座安装时，需先在插座芯的接线桩上接线，再安装固定插座芯的支持架，然后将盖板拧牢在插座芯的支持架上。新系列插座与面板连成一体，在接线桩上接好线后，需将面板安装在插座盒上。

固定插座面板应选用统一的螺丝，并应凹进面板表面的安装孔内，以增加美观。插座面板安装孔上有装饰帽的应一并装好。

插座面板的安装不应倾斜，面板四周应紧贴建筑物表面无缝隙、孔洞。面板安装后表面应清洁。

地面插座面板应与地面齐平或紧贴地面，盖板固定牢固，密封良好。

在同一室内插座的安装高度应一致。插座的高度差不宜大于5mm;并列安装的相同型号的插座高度差不宜大于1mm;成排安装的插座不宜大于2mm。

3　插座的接线

插座是长期带电的电器,是线路中最容易发生故障的地方,插座的接线孔都有一定的排列位置,不能接错,尤其是带接地插孔的单相插座,一旦接错,就容易发生触电伤亡事故。暗装插座接线时,应仔细地辨认识别盒内分色导线,正确的与插座进行连接。

(1) 插座接线的线色应正确,管内导线出盒口不应小于150mm,盒内出线除末端外应做并接头,分支接至插座。不断线连接时,不应把线芯折回的前端夹扁损伤线芯;插座接线不允许拱头连接。

单相两孔插座,面对插座的右孔(或上孔)与相线(L)连接,左孔(或下孔)与中性线(N)连接,如图4.12.11-9所示。

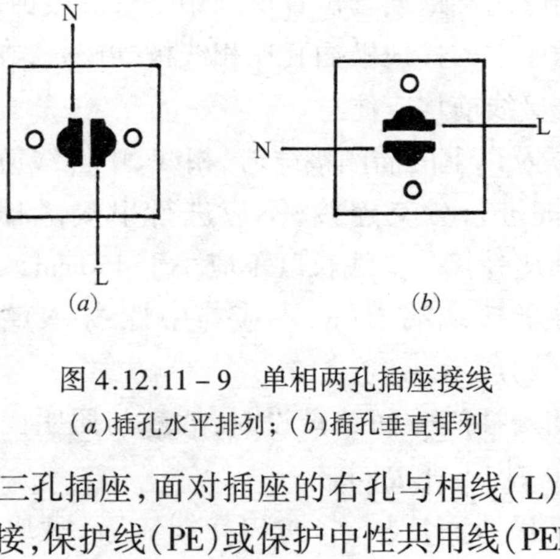

图4.12.11-9　单相两孔插座接线

(a)插孔水平排列;(b)插孔垂直排列

(2) 单相三孔插座,面对插座的右孔与相线(L)连接,左孔与中性线(N)连接,保护线(PE)或保护中性共用线(PEN)接在上孔,如图4.12.11-10(a)所示。

(3) 三相四孔插座,面对插座的上孔应根据系统的接地形式,接中性线或PE、PEN线,如图4.12.11-10(b)所示,下孔从左侧起

分别接在 L_1、L_2、L_3 相线上。

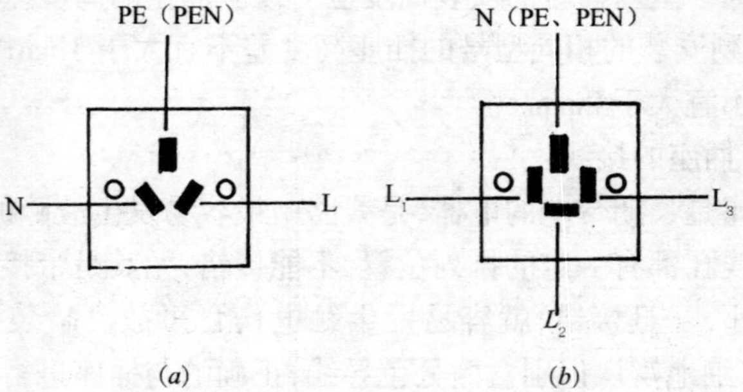

图 4.12.11－10　单相三孔和三相四孔插座接线

(*a*)单相三孔插座；(*b*)三相四孔插座

(4) 三相五孔插座的 PE 线接在上孔，同一场所的三相插座，接线相序应一致。

工业用的三相 5 极插座(3P + N + E)的接地极位置是按钟点数标志的，插座的接地插套位置最长用是选 6 点钟，在接线时不应接错，此外插座中的接地极插套比相线极插座长，在接线端还有各极的标志，在接线前均应注意。

(5) 双联及以上的插座接线时，相线、中性线应做并接头分别与插孔接线桩进行分支连接，不应进行串接，如图 4.12.11－11(*a*)所示。插座并接分支线长度不应小于 150mm。

(6) 插座的接地端子(E)不应与中性线(N)端子连接，如图 4.12.11－11(*b*)所示。

(7) 照明与插座分回路敷设时，插座与照明回路或插座与插座各回路之间，均不能混同。

(8) 插座接线完成后，将盒内导线顺直，盘成圆圈状塞入盒内。

4　插座的接地线

插座的接地线应采用铜芯导线，其截面不应小于相线的截面。

根据我国目前采用的 TN 系统接地形式，电力系统有一点直接接地，受电设备的外露可导电部分通过保护线与接地点连接。按照中性线(N)与保护线(PE)组合情况，又可分为三种形式，插座接地插孔的接线也有三种方式：

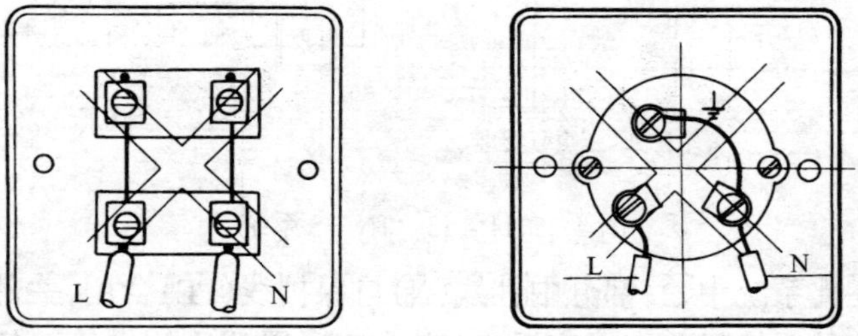

图 4.12.11－11　插座的错误接线
(a)串接连接；(b)N线与E端子连接

(1) TN—C 系统

整个系统中性线(N)与保护线(PE)是合一的，称为中性保护共用线(PEN)线。即三相四线制如图 4.12.11－12 所示。

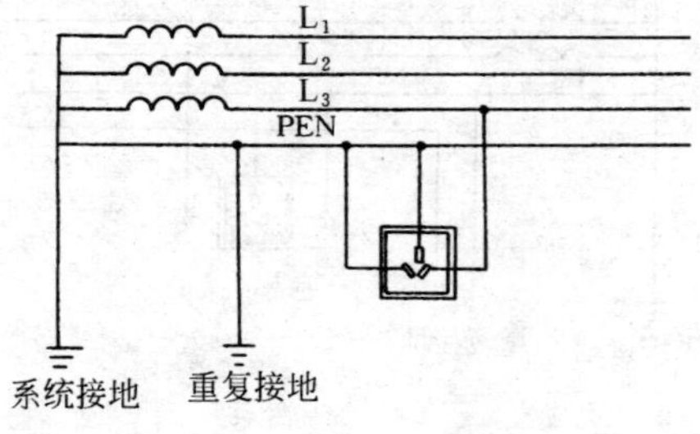

图 4.12.11－12　TN—C 系统

此种接线在正常情况下也是危险的，当系统中一旦 PEN 线断线，危险性就会更大。

(2) TN—S 系统

整个系统的中性线(N)与保护线(PE)是分开的，如图 4.12.11－13所示。

(3) TN—C—S 系统

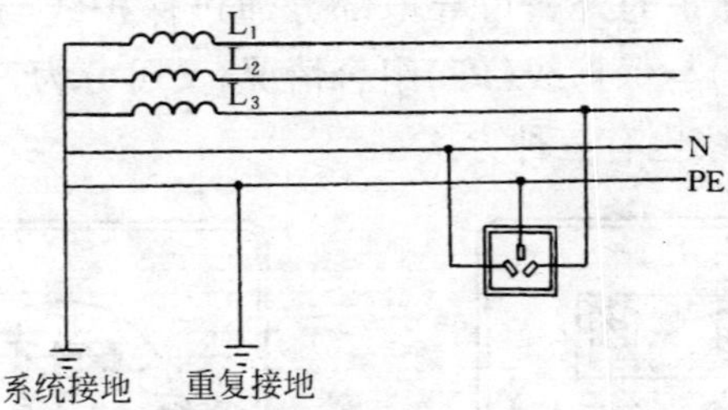

图 4.12.11－13　TN—S 系统

在此系统中,一部分中性线(N)与保护线(PE)合用,一部分分开。此种系统目前应用广泛,由市电变压器低压侧供给建筑物用电,系统中变压器中性点接地,但由中性点没有接出保护线(PE),而是 PEN 线,即中性保护共用线。而在建筑物处必须采用专用保护线(PE),PE 线接地装置应与工作 N 线的接地装置共用,在建筑物分出 PE 线和 N 线,导线分开后 N 线即不应再接地。如图 4.12.11－14 所示。

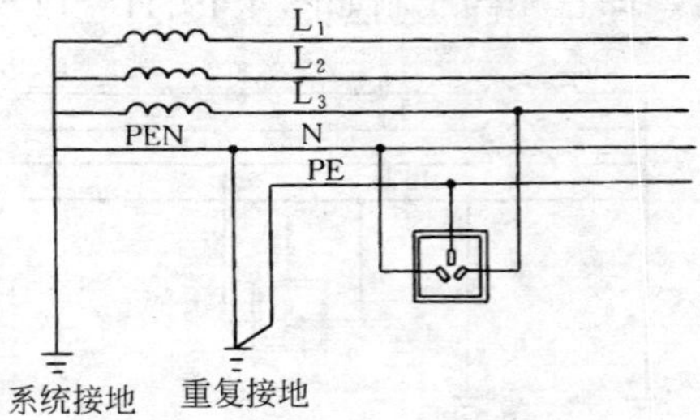

图 4.12.11－14　TN—C—S 系统

4.12.12　风扇安装

常用的风扇有吊扇和壁扇等。

在楼(屋)面板上安装吊扇时,应在楼板层管子敷设的同时,一并预埋悬挂吊扇的吊钩。

1　吊扇吊钩的制作安装

吊扇的吊钩应不小于悬挂销钉的直径,且应用不小于 8mm 的圆钢制作。吊扇的吊钩应弯成 T 字形或 ┏形,如图 4.12.12－1 所示。

暗配管时，吊扇电源出线盒，应使用与灯位盒相同的八角盒，吊扇吊钩应由盒中心穿下，严禁将预埋件下端在盒内预先煨成圆环，如图 4.12.12－2 所示。

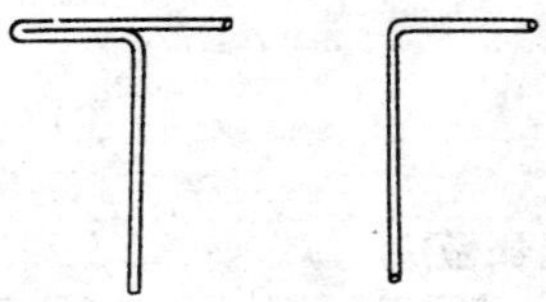

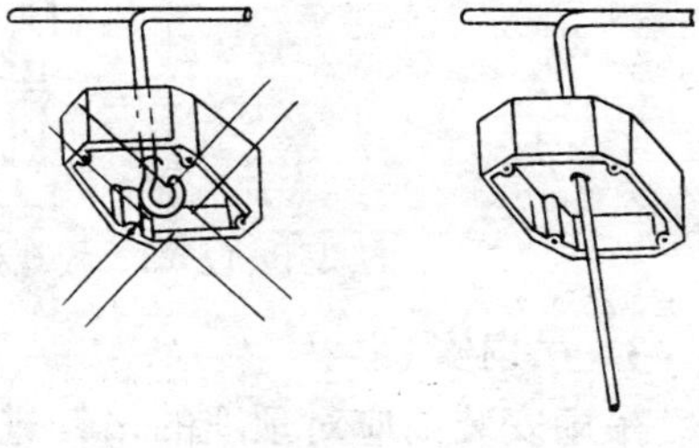

图 4.12.12－1　吊扇吊钩　　　　图 4.12.12－2　吊扇吊钩与出线盒做法

现浇混凝土楼板内预埋吊钩，应将┏形吊钩与混凝土中的钢筋相焊接，如无条件焊接时，应与主筋绑扎固定。

在预制空心板板缝处预埋吊钩，应将┏形吊钩与短钢筋焊接，或者使用 T 形吊钩，吊扇吊钩在板面上与楼板垂直布置，使用 T 形吊钩还可以与板缝内钢筋绑扎或焊接，固定在板缝细石混凝土内如图 4.12.12－3 所示。空心板板孔配管吊扇吊钩做法如图 4.12.12－4 所示。

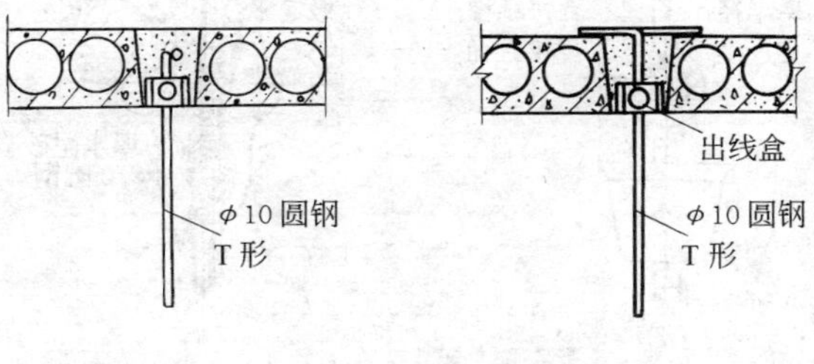

图 4.12.12－3　预制板板缝内吊钩

2　吊扇组装

吊扇组装应根据产品说明书进行，且应注意不能改变扇叶角度，扇叶的固定螺钉要有防松装置；吊杆之间，吊杆与电机之间，螺纹连接的啮合长度不得小于 20mm，并必须有防松装置。

吊杆上的悬挂销钉必须装设防振橡皮垫及防松装置。

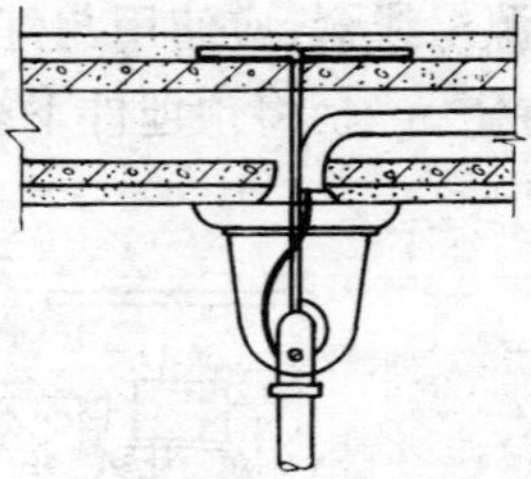

图 4.12.12－4　板孔处吊扇吊钩做法

3　吊扇安装

吊扇安装前应对预埋的吊钩进行检查，吊钩伸出建筑物的长度应以盖上叶扇吊杆护罩后，能将整个吊钩全部遮没为宜，如图 4.12.12－5(*a*)所示。

当用气焊弯曲预埋吊钩下部进行加热时，应用薄铁板与混凝土楼板或顶棚隔离，防止污染和烤坏楼板或顶棚；用钢筋扳子煨弯时，应防止损坏建筑装饰面。

吊钩弯好后，在挂上吊扇时，应使吊扇的重心和吊钩的直线部分处在同一条直线上，如图 4.12.12－5(*b*)所示。

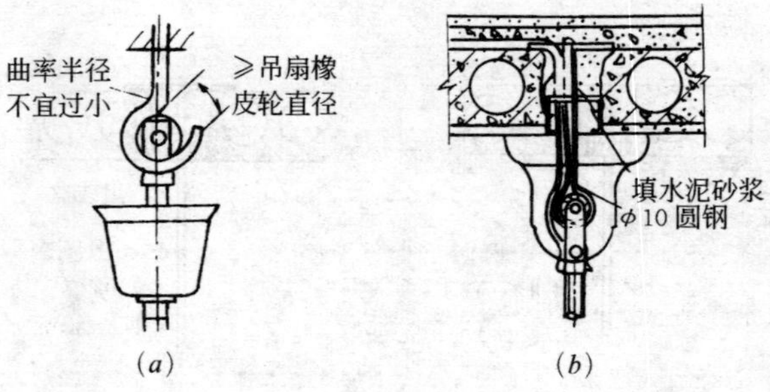

图 4.12.12－5　吊扇吊钩安装

(*a*)吊扇吊钩；(*b*)吊扇吊钩安装

吊扇安装时，将吊扇托起，并把预埋的吊钩将吊扇的耳环挂牢，扇叶距地面的高度不应低于 2.5m。然后按接线图接好电源接头，并包扎紧密。向上托起吊杆上的护罩，将接头扣于其内，护罩应紧贴建筑物或绝缘台表面,拧紧固定螺丝。

吊扇调速开关安装高度应为1.3m。吊扇运转时扇叶不应有显著的颤动。

4 壁扇安装

壁扇底座在墙上安装固定,通常在产品设计中已提出要求。壁扇底座采用尼龙塞或膨胀螺栓固定;尼龙塞或膨胀螺栓的数量不少于2个,且直径不小于8mm,固定牢固可靠。

(1) 壁扇下侧边缘距地面高度不少于1.8m;

(2) 壁扇防护罩扣紧,固定可靠,当运转时扇叶和防护罩无明显颤动和异常声响;

(3) 壁扇应涂层完整,表面无划痕、无污染,防护罩无变形。

Ⅲ 质量标准

4.12.13 主控项目

1 当交流、直流或不同电压等级的插座安装在同一场所时,应有明显的区别,且必须选择不同结构、不同规格和不能互换的插座;配套的插头应按交流、直流或不同电压等级区别使用。

2 插座接线应符合下列规定:

(1) 单相两孔插座,面对插座的右孔或上孔与相线连接,左孔或下孔与零线连接;单相三孔插座,面对插座的右孔与相线连接,左孔与零线连接;

(2) 单相三孔、三相四孔及三相五孔插座的接地(PE)或接零(PEN)线接在上孔。插座的接地端子不与零线端子连接。同一场所的三相插座,接线的相序一致;

(3) 接地(PE)或接零(PEN)线在插座间不串联连接。

3 特殊情况下插座安装应符合下列规定:

(1) 当接插有触电危险家用电器的电源时,采用能断开电源的带开关插座,开关断开相线;

(2) 潮湿场所采用密封型并带保护地线触头的保护型插座,安装高度不低于1.5m。

4　照明开关安装应符合下列规定：

(1) 同一建筑物、构筑物的开关采用同一系列的产品，开关的通断位置一致，操作灵活、接触可靠；

(2) 相线经开关控制；民用住宅无软线引至床边的床头开关。

5　吊扇安装应符合下列规定：

(1) 吊扇挂钩安装牢固，吊扇挂钩的直径不小于吊扇挂销直径，且不小于 8mm；有防振橡胶垫；挂销的防松零件齐全、可靠；

(2) 吊扇扇叶距地高度不小于 2.5m；

(3) 吊扇组装不改变扇叶角度，扇叶固定螺栓防松零件齐全；

(4) 吊杆间、吊杆与电机间螺纹连接，啮合长度不小于 20mm，且防松零件齐全紧固；

(5) 吊扇接线正确，当运转时扇叶无明显颤动和异常声响。

6　壁扇安装应符合下列规定：

(1) 壁扇底座采用尼龙塞或膨胀螺栓固定；尼龙塞膨胀螺栓的数量不少于 2 个，且直径不小于 8mm。固定牢固可靠；

(2) 壁扇防护罩扣紧，固定可靠，当运转时扇叶和防护罩无明显颤动和异常声响。

4.12.14　一般项目

1　插座安装应符合下列规定：

(1) 当不采用安全型插座时，托儿所、幼儿园及小学等儿童活动场所安装高度不小于 1.8m。

(2) 暗装的插座面板紧贴墙面，四周无缝隙，安装牢固，表面光滑整洁、无碎裂、划伤，装饰帽齐全。

(3) 车间及试(实)验室的插座安装高度距地面不小于 0.3m；特殊场所暗装的插座不小于 0.15mm；同一室内插座安装高度一致。

(4) 地插座面板与地面齐平或紧贴地面，盖板固定牢固，密封良好。

2　照明开关安装应符合下列规定：

(1) 开关安装位置便于操作，开关边缘距门框边缘的距离

0.15～0.2m，开关距地面高度1.3m；拉线开关距地面高度2～3m，层高小于3m时，拉线开关距顶板不小于100mm，拉线出口垂直向下。

（2）相同型号并列安装及同一室内开关安装高度一致，且控制有序不错位。并列安装的接线开关的相邻间距不小于20mm。

（3）暗装的开关面板应紧贴墙面，四周无缝隙，安装牢固，表面光滑整洁、无碎裂、划伤，装饰帽齐全。

3　吊扇安装应符合下列规定：

（1）涂层完整，表面无划痕、无污染，吊杆上下扣碗安装牢固到位；

（2）同一室内并列安装的吊扇开关高度一致，且控制有序不错位。

4　壁扇安装应符合下列规定：

（1）壁扇下侧边缘距地面高度不小于1.8m；

（2）涂层完整，表面无划痕、无污染，防护罩无变形。

Ⅳ　成品保护

4.12.15　为保证安装质量，器具安装后，油漆工需要补刷顶棚和墙壁时，应注意不能污染开关、插座面板。

4.12.16　器具在运输及保管中，要防止变形和损坏，影响质量。

Ⅴ　安装注意事项

4.12.17　使用梯子靠在柱子上工作，顶端应绑牢固。在光滑坚硬的地面上使用梯凳时，须考虑防滑措施。

4.12.18　使用人字梯必须坚固，距梯脚40～60cm处要设拉绳，防止劈开；不准站在梯子最上一层工作，梯凳上禁止放工具、材料。

Ⅵ 质量通病及其防治

4.12.19 吊扇与绝缘台配置不合理。吊扇绝缘台应适当选择尺寸应协调。

4.12.20 同一室内开关、插座高度差过大。为了低位插座安装高度一致,应改以往习惯的建筑标高线(500mm 线)为 200mm 线方便 0.3m 处预埋的插座盒确定标高。

4.12.21 开关、插座粉刷时被污染。多由于土建油工造成,应在粉刷完成后安装器具。

4.12.22 开关、插座盒周围抹灰质量不良,造成开关或插座盖板不严、不平或周围有孔洞。与土建人员多加联系,一次性抹好,开关、插座盒口处抹灰应阳角方正。也可以制做盒口抹灰胎具,如图 4.12.22-1 所示。在抹灰时把铁皮(或木制)胎具插入到盒体内,可使盒口周围抹灰尺寸正确、边缘整齐。

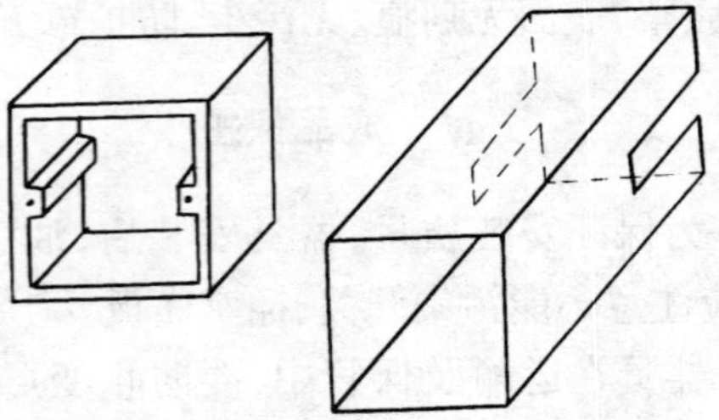

图 4.12.22-1 盒口抹灰胎具

4.12.23 建筑裱糊工程,器具盖板周围交接不严。在器具盒处应按盒的里口挖洞交接,在盒口处应交接紧密、无缝隙、无漏贴和补贴,待裱糊结束后,安装盖板。

4.12.24 墙体上器具盒部位饰面砖镶贴不整齐。镶贴饰面砖时,应配合土建把住质量关,饰面砖镶贴在器具盒处,应用整砖套割吻合,不应用非整砖拼凑镶贴,如图 4.12.24-1 所示。

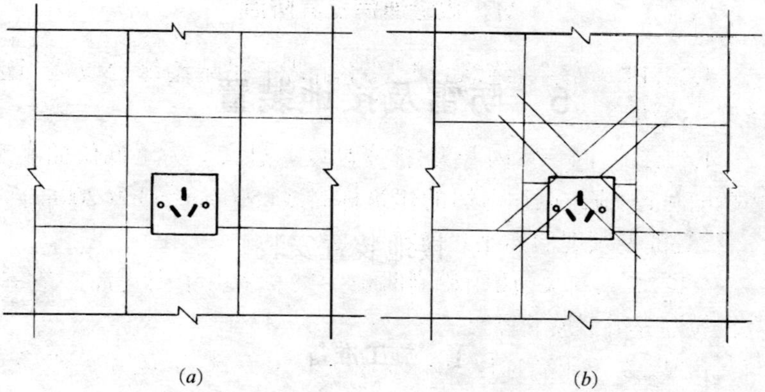

图 4.12.24-1　盒位处饰面砖镶贴方法
(*a*)用整砖套割镶贴；(*b*)非整砖拼凑

5 防雷及接地装置

5.1 接地装置安装

Ⅰ 施工准备

5.1.1 材 料

1 角钢、钢管、圆钢、扁钢、铜板、钢板、接地模块等。

2 绝缘导管、电焊条、钢锯条、沥青清漆等。

5.1.2 机 具

1 交流电焊机、钢筋调直机、钢锯、活扳手等。

2 大锤、接地电阻测试仪等。

5.1.3 作业条件

1 利用建筑物钢筋混凝土内的钢筋做接地装置，应在钢筋敷设完成后，按设计要求进行。

2 人工接地体埋设在建筑物基础内时，应在基础底坑清理后进行埋设。

3 人工接地体或接地模块在距墙和基础外埋设时，应在基础开挖时，在其外侧开挖接地体沟或接地模块坑。

Ⅱ 施工工艺

5.1.4 施工程序

挖接地体沟(坑) → 接地体制作安装 → 接地线敷设 → 接地电阻测试

5.1.5 材料选择

接地装置是接地体和接地线的总合。

接地装置应优先利用建筑物钢筋混凝土内的钢筋。

为了节约有色金属,人工接地装置宜采用钢材,经热浸镀锌处理。埋设于土壤中的人工垂直接地体宜采用角钢、钢管或圆钢;埋设于土壤中的人工水平接地体宜采用扁钢或圆钢。

接地体或接地线的圆钢直径不应小于 10mm,扁钢截面不应小于 $100mm^2$,厚度不应小于 4mm;接地体的角钢厚度不应小于 4mm,钢管壁厚不应小于 3.5mm。

在腐蚀性较强的土壤中的接地装置宜加大截面。

5.1.6 接地装置材料的进场验收

1 型钢和电焊条应符合下列规定:

(1) 按批查验合格证和材质证明书;有异议时,按批抽样送有资质的试验室检测。

(2) 外观检查:型钢表面无严重锈蚀,无过度扭曲、弯折变形;电焊条包装完整,拆包抽检,焊条尾部无锈斑。

2 镀锌制品(接地极)应符合下列规法:

(1) 按批查验合格证或镀锌厂出具的镀锌质量证明书;

(2) 外观检查:镀锌层覆盖完整、表面无锈斑,金具配件齐全,无砂眼;

(3) 对镀锌质量有异议时,按批抽样送有资质的试验室检测。

5.1.7 建筑物自然接地装置安装

接地装置应优先利用建筑物钢筋混凝土内的钢筋。有钢筋混凝土地梁时,宜将地梁内的钢筋连成环形接地装置;没有钢筋混凝土地梁时,可在建筑物周边无钢筋的闭合条形混凝土基础内,用 40×4 扁钢直接敷设在槽坑外沿,形成环形接地。

高层建筑的接地装置大多以建筑物的深基础作为接地装置。在土壤较好的地区,当建筑物基础采用以硅酸盐为基料的水泥(如矿渣水泥、波特兰水泥)和周围土壤当地历史上一年中最早发生雷闪时间以前的含水量不低于 4%以及基础的外表面无防腐层或有沥青质的防腐层时,钢筋混凝土基础内的钢筋都可以作为接地装置。

对于一些用防水水泥(铝酸盐水泥等)做成的钢筋混凝土基础,由于导电性能差,不宜独立作为接地装置。

利用钢筋混凝土基础内的钢筋作为接地装置时,敷设在钢筋混凝土中的单根钢筋或圆钢,其直径不应小于10mm。被利用作为防雷装置的混凝土构件内用于箍筋连接的钢筋,其截面积总和不应小于一根直径10mm钢筋的截面积。

利用建筑物基础内的钢筋作为接地装置时,应在与防雷引下线相对应的室外埋深0.8~1m处,由被利用作为引下线的钢筋上焊出一根ϕ12mm或40mm×4mm镀锌圆钢或扁钢,此导体伸向室外,距外墙皮的距离不宜小于1m。此圆钢或扁钢能起到摇测接地电阻和当整个建筑物的接地电阻值达不到规定要求时,给补打人工接地体创造条件。

为了防止反击,防雷接地装置宜和电气设备等接地装置共用。防雷接地装置宜与进出建筑物的埋地金属管道及不共用的电气设备的接地装置相连。

1　钢筋混凝土桩基础接地装置安装

高层建筑的基础桩基,不论是挖孔桩,钻孔桩,还是冲击桩,都是将钢筋混凝土柱子伸入地中,桩基顶端设承台,承台用承台梁连接起来,形成一座大型框架地梁,承台顶端设置混凝土柱、梁、剪力墙及现浇楼板等,空间和地下构成一个整体、墙、柱内的钢筋均与承台梁内的钢筋互相绑扎固定,它们互相之间的电气导通是完全可靠的。

桩基础接地体的构成,如图5.1.7-1所示。一般是在作为防雷引下线的柱子(或者剪力墙内钢筋做引下线)位置处,将桩基础的抛头钢筋与承台梁主筋焊接,并与上面作为引下线的柱(或剪力墙)中钢筋焊接。如果每一组桩基多于4根时,只须连接其四角桩基的钢筋作为防雷接地极。

2　独立基础、箱形基础接地装置安装

钢筋混凝土独立柱基础接地体,如图5.1.7-2所示。钢筋混凝土箱形基础接地体，如图 5.1.7－3 所示。

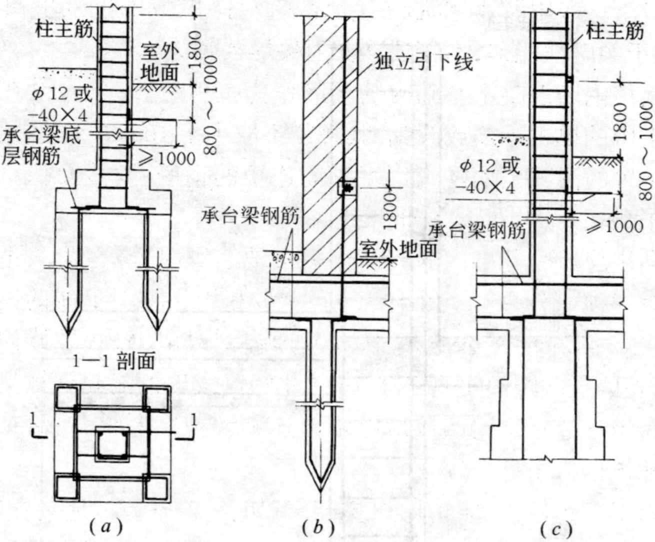

图 5.1.7－1　钢筋混凝土桩基础接地装置安装

(*a*)独立式桩基平面；(*b*)方桩基础；(*c*)挖孔桩基础

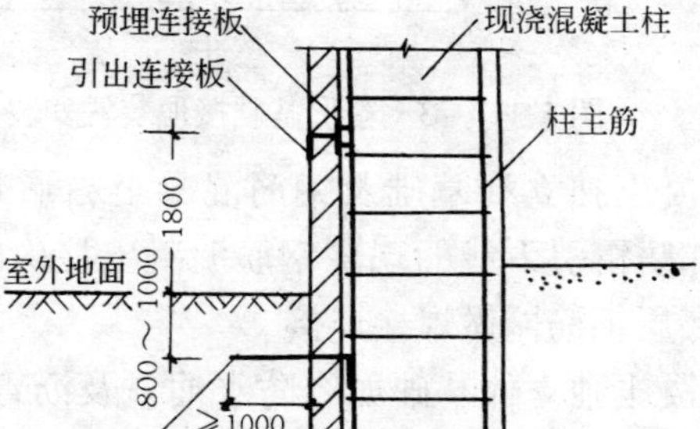

图 5.1.7－2　独立柱基础接地装置安装

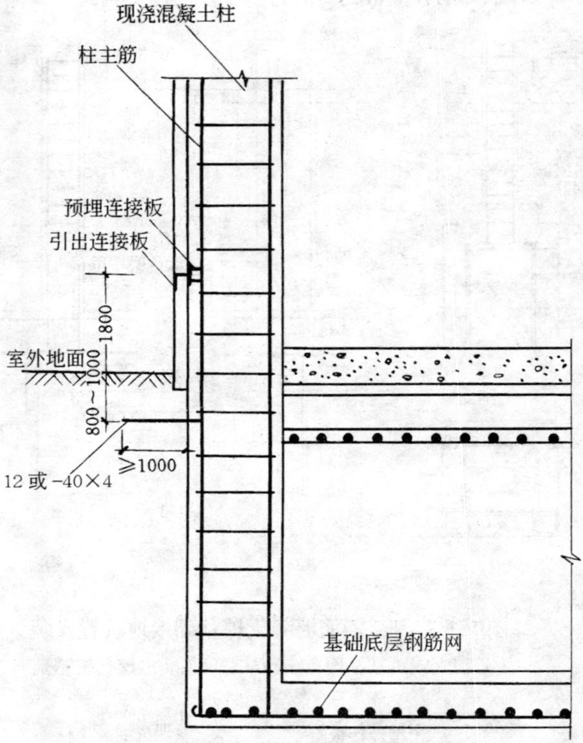

图 5.1.7－3　箱形基础接地装置安装

钢筋混凝土独立柱基础及钢筋混凝土箱形基础作为地接体时，应将用作防雷引下线的现浇钢筋混凝土柱内的符合要求的主筋，与基础底层钢筋网做焊接连接。

钢筋混凝土独立柱基础如有防水油毡及沥青包裹时，应通过预埋件和引下线，跨越防水油毡及沥青层，将柱内的引下线钢筋，垫层内的钢筋与接地柱相焊接，如图 5.1.7－4 所示，利用垫层钢筋和接地桩柱做接地装置。

3　钢筋混凝土板式基础接地装置安装

利用无防水层底板的钢筋混凝土板式基础做接地体，应将利用作为防雷引下线的符合规定的柱主筋与底板的钢筋进行焊接连接,如图 5.1.7-5 所示。

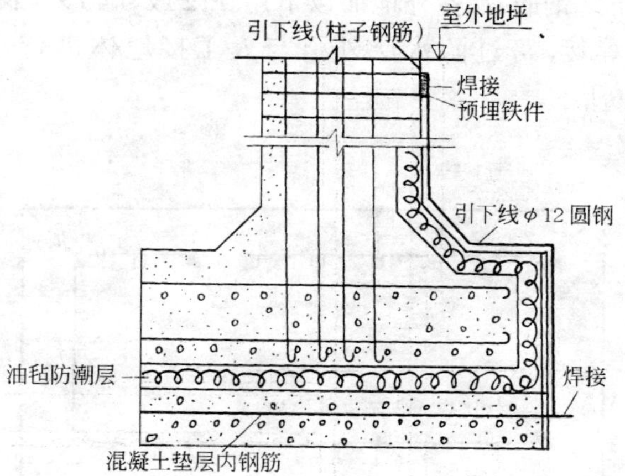

图 5.1.7-4　设有防潮层的基础接地装置安装

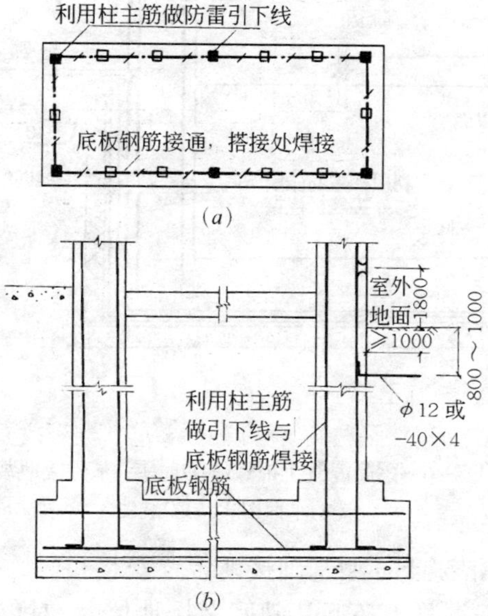

图 5.1.7-5　钢筋混凝土板式(无防水底板)基础接地装置安装

(a)平面图；(b)安装图

用有防水底板的钢筋混凝土板式基础作为接地体时，应将柱内的引下线钢筋，在室外地面以下用 $\phi12$ 或 -40×4 镀锌圆钢或扁钢相焊接，跨过防水层外引与人工接地体进行连接，如图5.1.7－6所示。

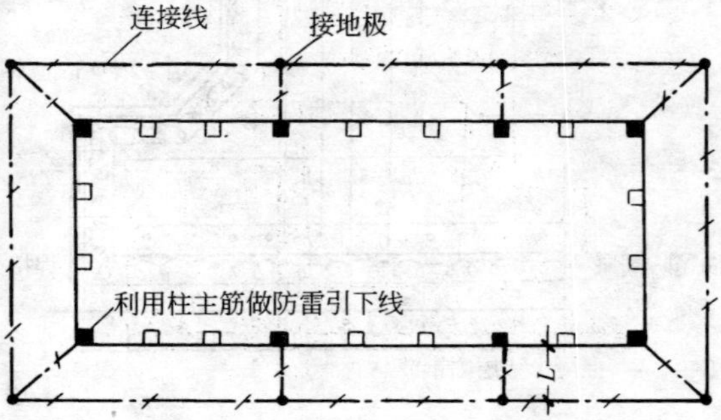

(*a*)

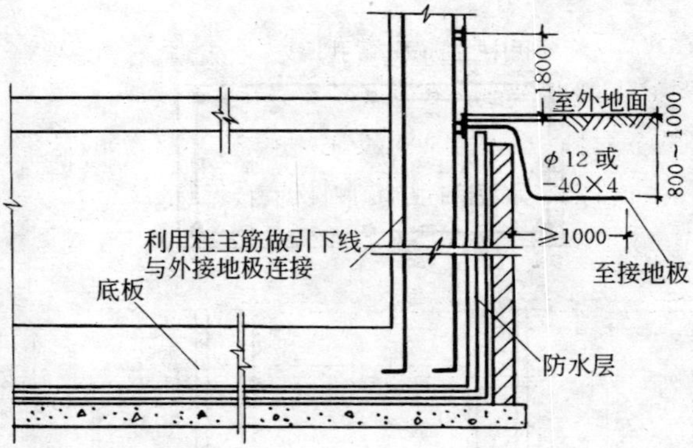

(*b*)

图5.1.7－6　钢筋混凝土板式(有防水层)基础接地装置安装

(*a*)平面图；(*b*)安装图

4　钢筋混凝土杯型基础接地装置安装

利用钢筋混凝土杯型基础网做接地体时，对仅有水平钢筋网的杯型基础，和即有垂直又有水平钢筋网的基础，两种的施工方法是有区别的。

(1) 仅有水平钢筋的杯型基础,如图 5.1.7－7 所示。连接导体(即连接基础内水平钢筋网与预制混凝土预埋连接板的钢筋或圆钢)引出位置是在杯口一角的附近,与预制混凝土柱上的预埋连接板位置相对应。

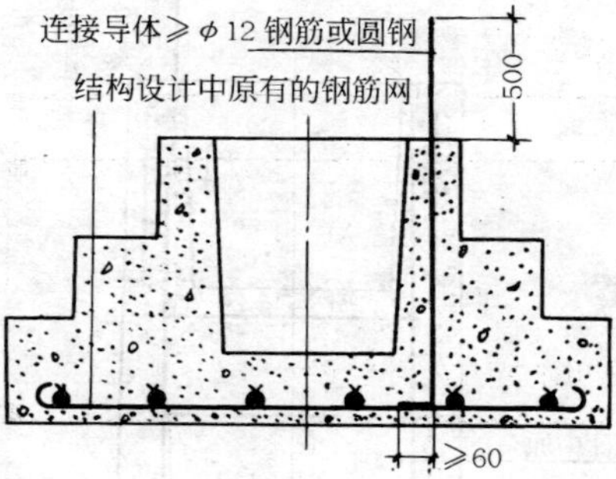

图 5.1.7－7　仅有水平钢筋网的杯形基础接地装置安装

连接导体与水平钢筋网应采用焊接,如在施工现场无条件焊接时,应预先在钢筋网加工场地焊好后,再运往施工现场。

连接导体与柱上预埋件连接也应焊接,立柱后,将连接导体与预埋件焊接后,将其与土壤接触的外露部分用 1:3 水泥砂浆保护,且保护层厚度不应小于 50mm,如图 5.1.7－8 所示。

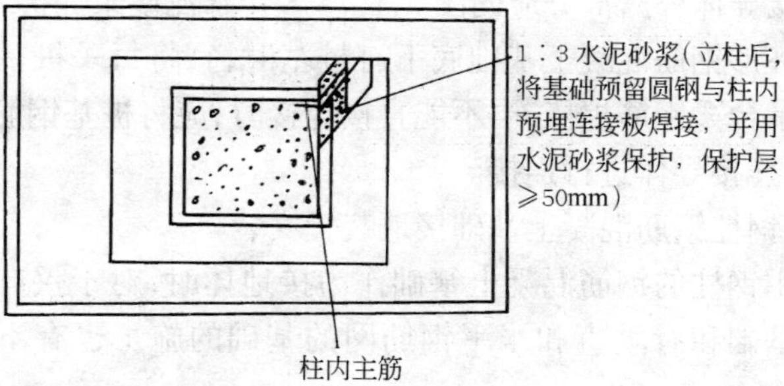

图 5.1.7－8　连接导体的保护层

(2) 有垂直和水平钢筋网的杯型基础,如图 5.1.7－9 所示。与连接导体相连接的垂直钢筋,应与水平钢筋相焊接,如不能直接焊接时,应采用一段≥ϕ10的钢筋或圆钢跨接焊。如果四根垂直主筋都能接触到水平钢筋网时,应将四根垂直主筋均与水平钢筋网绑扎连接。

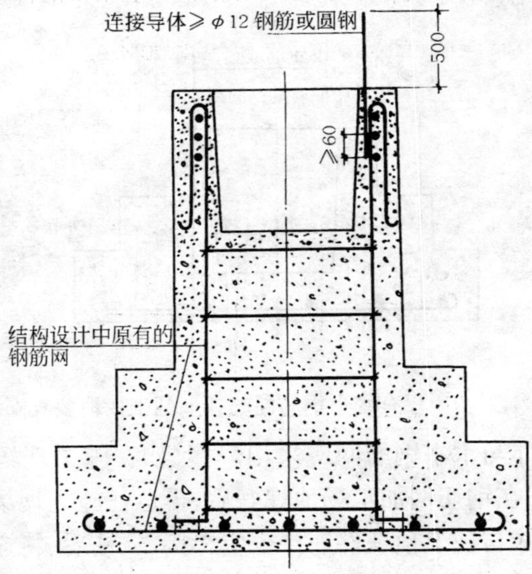

图 5.1.7-9 有垂直和水平钢筋网的基础接地装置安装

连接导体外露部分应同图 5.1.7-8 作水泥砂浆保护。

当杯形钢筋混凝土基础底下有桩基时,宜将每一桩基的一根主筋同承台梁钢筋焊接,当不能直接焊接时,应将桩基钢筋与承台钢筋,用连接导体进行连接。

5 钢柱钢筋混凝土基础接地装置安装

利用钢柱的钢筋混凝土基础作为接地体时,对于仅有水平钢筋网的基础和有垂直和水平钢筋网的基础的施工也有不同的区别。

(1) 仅有水平钢筋网的钢柱钢筋混凝土基础,如图 5.1.7-10 所示。

每个钢筋基础中应有一个地脚螺栓通过连接导体(≥ϕ10钢

筋或圆钢)与水平钢筋网进行焊接连接。在施工现场没有条件进行焊接时,应预先在钢筋网加工场地焊好后运往现场。地脚螺栓与连接导体及连接导体与水平钢筋网的搭接焊接长度不应小于60mm。并应在钢柱就位后,将地脚螺栓及螺母和钢柱焊为一体。

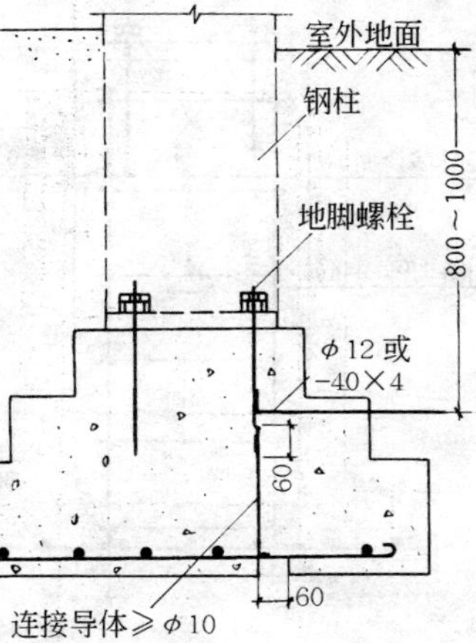

图 5.1.7-10　仅有水平钢筋网的基础接地装置安装

当无法利用钢柱的地脚螺栓时,应按钢筋混凝土杯型基础接地体的施工方法相同,将连接导体引至钢柱就位的边线外,并在钢柱就位后,焊到钢柱的底板上。

(2) 有垂直和水平钢筋网的钢筋混凝土基础,如图 5.1.7-11 所示。

有垂直和水平钢筋网的基础,垂直和水平钢筋网的连接,应将与地脚螺栓相连接的一根垂直钢筋焊接到水平钢筋网上,当不能直接焊接时,采用≥ϕ10 钢筋或圆钢跨接焊接。如果四根垂直主筋能接触到水平钢筋网时,可将垂直的四根钢筋与水平钢筋网进行绑扎连接。

当无法利用钢柱的地脚螺栓上时,也应按前述方法施工。

当钢柱钢筋混凝土基础底部有桩基时,宜将每一桩基的一根主筋同承台钢筋焊接。

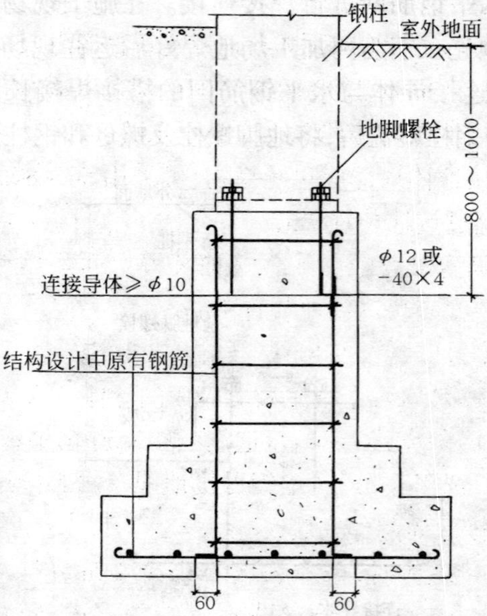

图 5.1.7-11　有垂直和水平钢筋网的基础接地装置安装

5.1.8　人工接地装置安装

装设接地体前，应沿着接地体的线路先挖沟，供打入接地体和敷设连接接地体的连接扁钢用。

1　挖接地体沟

挖接地体沟时，应根据设计要求标高，对接地装置的线路进行测量弹线，接地体应远离由于高温影响（如烟道等）使土壤电阻率升高的地方。在弹线的线路上从自然地面以下，挖掘上口宽 0.6m、下底宽 0.4m、深 0.9m 的沟，沟要挖得平直、深浅一致，沟底如有石子应清除干净。挖沟时如附近有建筑物或构筑物，沟的中心线与建筑物或构筑物的基础距离不宜小于 2m。

当采用的环形接地装置不能与基槽同时施工时，为避免影响基础安全，必须根据结构专业的要求，接地装置要与基础保持一定的距离。

独立避雷针的接地装置与重复接地之间距离不应小于 3m。

2　降低跨步电压的措施

防直击雷的人工接地体距人行道或建筑物的出入口处的距离不应小于3m,当小于3m时,为降低跨步电压,应采取下列措施之一:

(1) 水平接地体局部埋深不应小于1m;

(2) 水平接地体局部应包绝缘物,可采用50~80mm厚的沥青层,其宽度应超过接地装置2m;

(3) 采用沥青碎石地面或在接地装置上面敷设50~80mm厚的沥青层,其宽度应超过接地装置2m。

3　人工接地体制作安装

人工接地体是埋入土壤中做散流用的导体。人工接地体有垂直和水平安装两种方式,现场多选用∟50×50角钢或ϕ50钢管制作垂直接地体,选用-40×4扁钢做接地线及水平接地体。

(1) 垂直接地体制作安装

制作垂直接地体时,截取长度不小于2.5m的∟50×50的角钢、ϕ20圆钢或ϕ50钢管,圆钢或钢管端部锯成斜口或锻造成锥型,角钢的一端应加工成尖头形状,尖点应保持在角钢的角脊线上并使两斜边对称制成接地体,如图5.1.8-1所示。

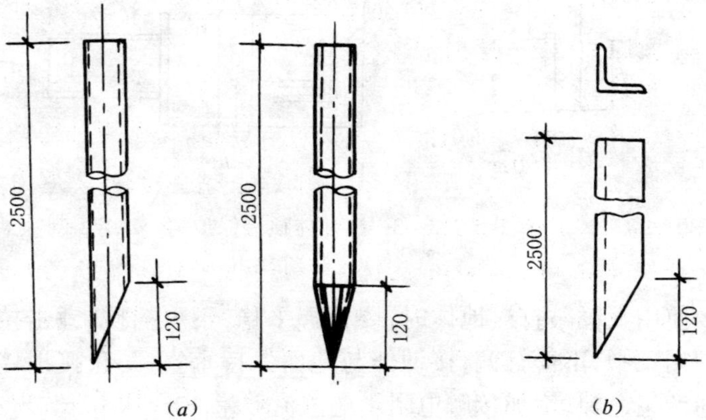

图5.1.8-1　垂直接地体制作图

(a)钢管接地体;(b)角钢接地体

接地体制作好后，在接地极沟内，放在沟的中心线上垂直打入地下，顶部距地面不小于0.6m，间距不小于二根接地体长度之和，如图5.1.8-2所示，即一般不应小于5m，当受地方限制时，可适当减少一些距离，但不应小于接地体的长度。

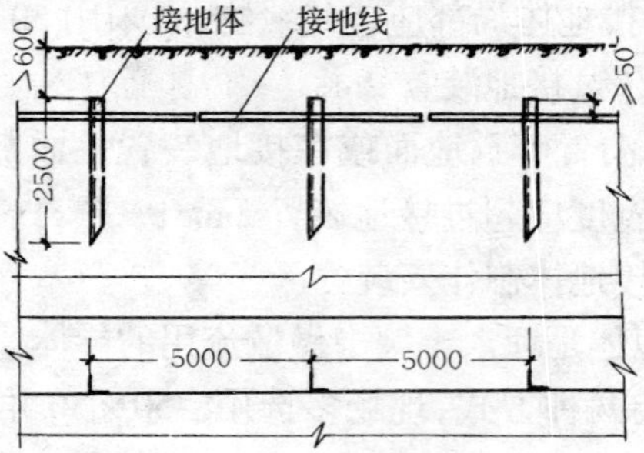

图5.1.8-2　垂直接地装置做法

采用大锤打入接地体时，应一人扶着接地体，一人用大锤敲打接地体顶部。为了防止将接地钢管或角钢顶端打劈，应按图5.1.8-3，制成保护帽套在接地体的顶部。

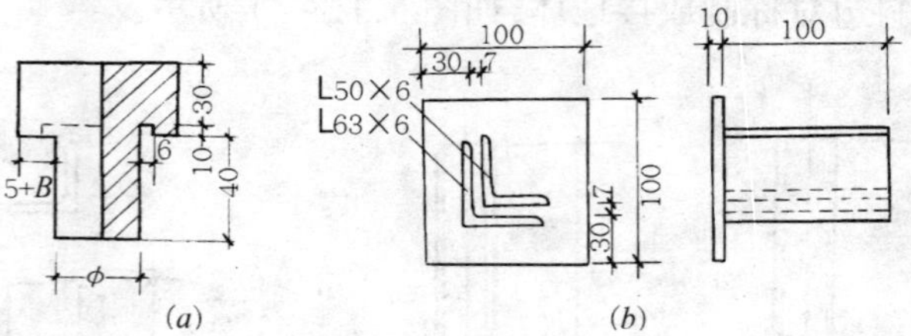

图5.1.8-3　接地体顶端保护帽

(*a*)钢管用；(*b*)角钢用

使用大锤敲打接地体时，要把握平稳，不可摇摆，锤击接地体保护帽正中，不得打偏，接地体与地面保持垂直，防止接地体与土壤间产生逢隙，增加接触电阻影响散流效果。

敷设在腐蚀性较强的场所或土壤电阻率大于100Ω·m的潮湿土壤中接地装置，应适当加大截面或热镀锌。

(2) 水平接地体安装

水平接地体常采用 -40×4mm 扁钢，沿水平方向垂直敷设在地沟内，顶部埋设深度距地面不小于 0.6m，如图 5.1.8-4 所示。水平接地体多根平行敷设时水平间距不于 5m。

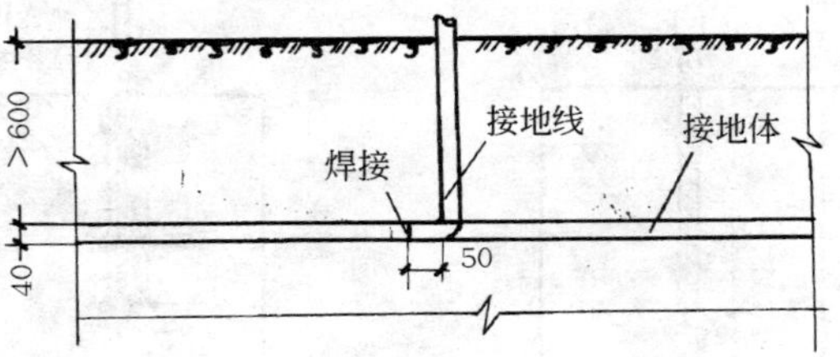

图 5.1.8-4　水平接地装置安装

沿建筑物外面四周敷设成闭合环状的水平接地体，可埋设在建筑物散水及灰土基础以外的基础槽边。

将水平接地体直接敷设在基础底坑与土壤接触是不合适的。由于接地体受土壤的腐蚀早晚是会损坏的，被建筑物基础压在下边，日后也无法维修。

(3) 铜板接地装置安装

铜接地体一般使用 900mm×900mm×1.5mm 的铜板，铜板接地体的安装，如图 5.1.8-5 所示。

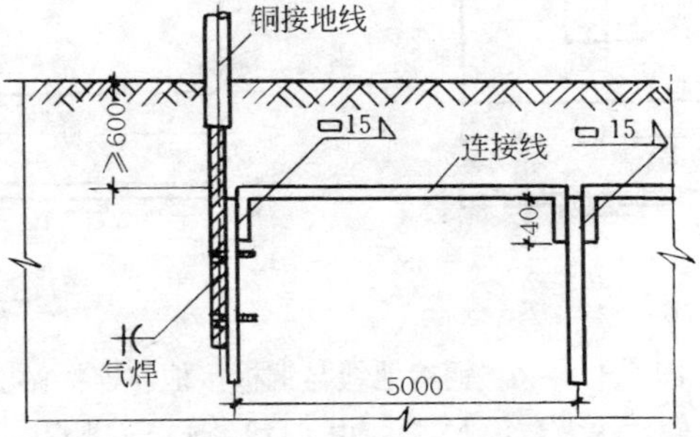

图 5.1.8-5　铜板接地体安装图

铜板接地体与接地线的连接，有四种形式：

1) 在接地铜板上打孔，用单股 $\phi1.3 \sim \phi2.5$ 铜线将铜接地线

(绞线)绑扎在铜板上,在铜绞线两侧用气焊焊接,如图5.1.8-6(a)所示。

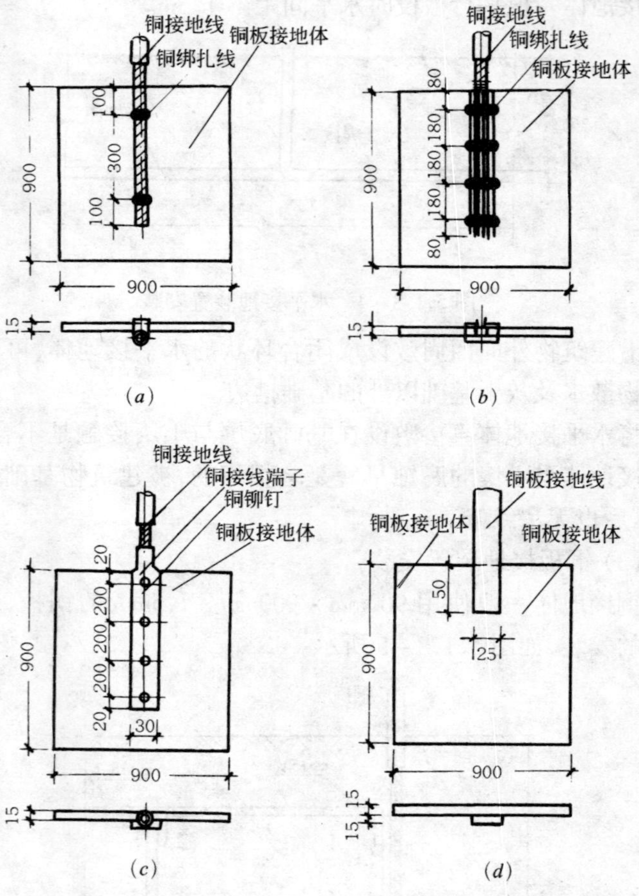

图5.1.8-6 铜接地线与铜板接地体连接做法

(a)气焊焊接;(b)绑扎固定;(c)铆接;(d)铜焊固定

2)在接地铜板上打孔,将铜接地绞线分开拉直,搪锡后分四处用单股$\phi1.3\sim\phi2.5$铜线绑扎在铜板上,用锡逐根与铜板焊好,如图5.1.8-6(b)所示。

3）在铜接地绞线端子连接，接线端部与铜端子与铜接地板的接触面处搪锡，用 $\phi5\times6$mm 的铜铆钉将端子与铜板铆紧，在接线端子周围进行锡焊，如图 5.1.8－6（c）所示。铜端子规格为 $-30\times1.5L=750$mm。

4）使用 -25×1.5mm 的扁铜板进行铜焊固定连接，如图 5.1.8－6（d）所示。

4　接地线敷设

接地线也被称为接地母线，即从引下线断线卡或换线处至接地体和连接垂直接地体之间的连接线。

接地母线，一般应使用 -40mm $\times$ 4mm 的镀锌扁钢。扁钢敷设前应调直，再将扁钢垂直放置于地沟内，依次将扁钢在距接地体顶端大于 50mm 处与接地体用电（气）焊焊接，焊接时应将扁钢拉直。

（1）扁钢与钢管（或角钢）搭接焊

扁钢与钢管（或角钢）接地极焊接时不应直接焊接，应采用以下两种方法搭接焊接。

1）直接将接地扁钢弯成弧形（或三角形）与接地钢管（或角钢）进行焊接，也可将扁钢在焊接过程中弯成弧形（或三角形），如图 5.1.8－7 所示，在扁钢紧贴 3/4 钢管表面上下两侧施焊；

2）先用扁钢另外煨制好弧形（或三角形）卡子，在扁钢与接地体相互接触部位表面两侧焊接后，再用卡子与接地体及扁钢进行焊接，增加接触面，如图 5.1.8－8 所示。

（2）扁钢与扁钢搭接焊

当接地母线的扁钢长度不足时，需要进行连接，扁钢与扁钢的连接，应采用搭接焊搭接长度不应小于扁钢宽度的 2 倍，应最少在三个棱边外进行焊接，并将接地母线引至墙体（或基础）处需要留有足够的连接长度，以待使用。

在接地母线的焊接处应使焊缝平整饱满并有足够的机械强度，不得有夹渣、咬肉、裂纹、虚焊、气孔等缺陷，焊好后应清除药皮，刷沥青进行防腐处理。

接地母线的引出线（需要通过地表下 0.6m 引至地面外的垂

直一段)也应刷沥青进行防腐处理,以延长其使用年限。

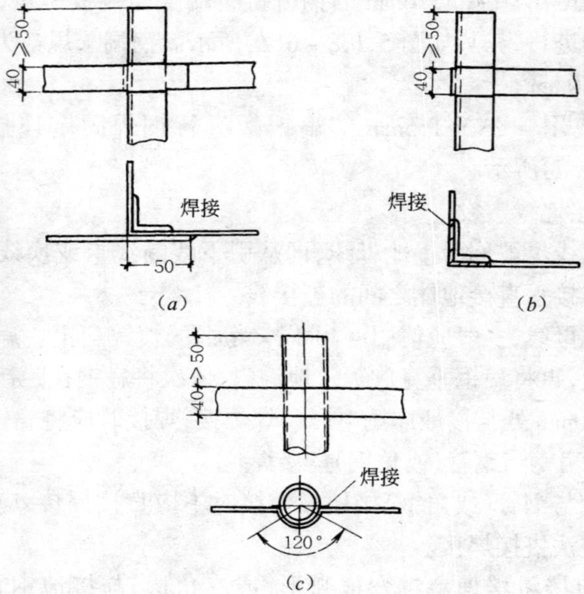

图 5.1.8-7　接地母线与接地体连接

(a)接地线 T 形焊接;(b)接地线三角形焊接;(c)接地线弧形焊接

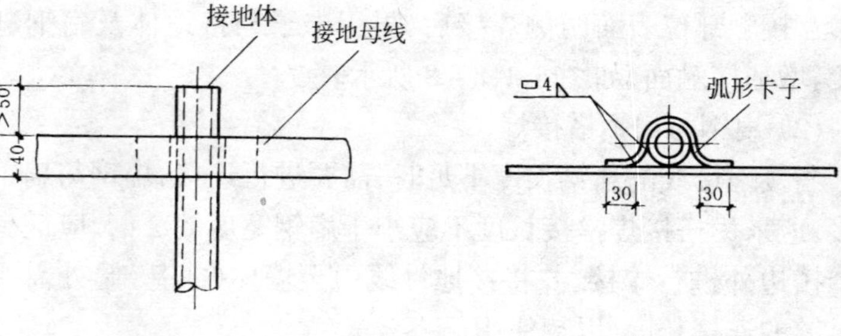

图 5.1.8-8　接地母线与接地体用弧形卡子连接

5.1.9　降低接地电阻的措施

人工接地装置施工完成后,应进行接地电阻摇测,如接地电阻值不符规定,应补加接地体或采取降低接地电阻值的措施。

1 换土

用电阻率较低的土壤(如黏土、黑土等)换电阻率较高的土壤。在接地体上部 1/3 处和周围 1m 处的范围内换土,如图 5.1.9-1 所示。

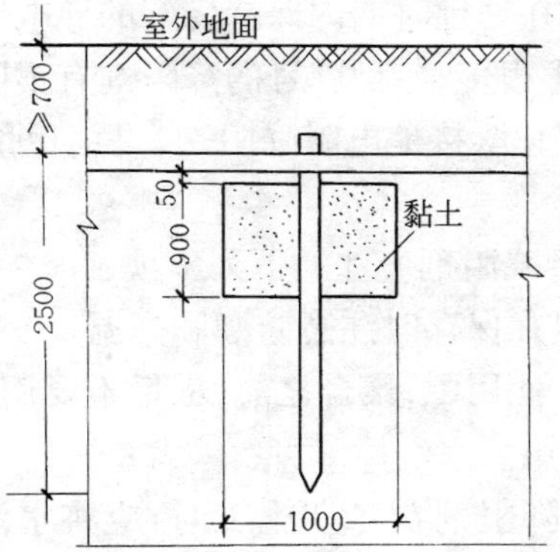

图 5.1.9-1 采用换土降低接地电阻

2 用深埋的方法

在含砂土壤中,含砂层一般都在表面层,地层深处土壤电阻率较低。应采用接地体深埋,一般应埋进地层深处 2~3m 以下,如图 5.1.9-2 所示。

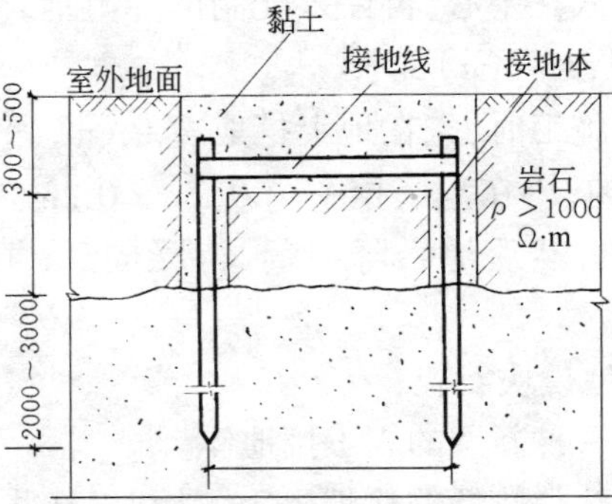

图 5.1.9-2 用深埋的方法降低接地电阻

3　使用化学降阻剂

在垂直接地体的周围充填一层适当厚度的低电阻系数的降阻剂来增加土壤的导电性能，从而降低接地电阻。

降阻剂是含有水和强电介质的硬化树脂，构成一种网状胶体，使它不易流失，可在一定时期内保持良好的导电性能。

降阻剂的种类很多，各种牌号的降阻剂有不同的使用方法。

BXXA 型长效化学接地电阻降阻剂，是由甲剂、丙剂、醇剂、氯剂、固剂水组成。

使用 BXXA 型降阻剂应注意下列事项：

(1) 粉状原料在保存时注意防潮和高温；

(2) 降阻剂在使用中，聚合之前，尽量不要用手直接接触水溶液。一旦接触了，用清水洗掉即可；

(3) BXXA 型降阻剂在冬期施工时，应将水溶液加温到 20℃～30℃时，再加引发剂搅拌。

垂直接地体施工时，用机械打孔，孔径在 ϕ150～200mm 左右，孔深按设计要求施工。孔打好后把接地体放入孔中心，然后注入按使用说明配制好的降剂，待凝固之后，填土夯实。

在无机械打孔时，可利用人工挖孔，再用直径 200mm 的钢管作模，垂直放入坑内，周围用湿土夯实后，拔出的钢管处形成地孔，然后把接地体放入孔中心，再注入配制的降阻剂，待凝固以后，填土夯实，如图 5.1.9－3(*a*)所示。

水平接地体施工时，先在地上挖成宽 0.6m，深 0.8～1.2m，长为 2.5～20m 的沟，再在沟底挖一个 0.2m×0.2m 的小沟，把接地体架于小沟中央，然后灌入降阻剂，待凝固后，填土夯实，如图 5.1.9－3(*b*)所示。

5.1.10　接地模块安装

接地模块是一种新型的人工接地体。

接地模块能获得较低的接地电阻，是利用某些非金属材料的吸湿、保湿性能和大地土壤中具有一定湿度的规律，发挥了电解质的导电作用，增大了结构尺寸以增大了接地体散流面积，利用颗粒成分的特点，减少层间接触电阻。

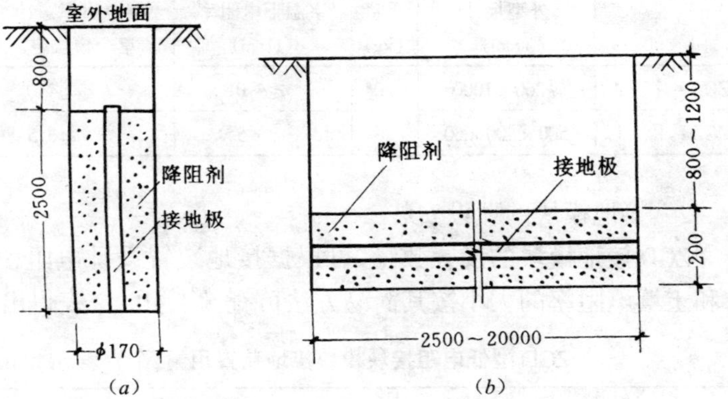

图 5.1.9－3 垂直、水平接地体做法图

(a)垂直接地体；(b)水平接地体

1 接地模块的构造

ZGD－Ⅰ－3 型和 ZGD－Ⅱ－1 型低电阻接地模块，如图 5.1.10－1 所示。接地模块是以非金属材料和电解物质为模块主体，中间以金属极芯制成的新型接地体。具有接地电阻低、稳定性好、抗腐蚀、无污染、无毒害，在高土壤率地区接地效果好等特点，能弥补金属人工接地体的不足。可作为工作(系统)接地、保护性接地、雷电保护接地、防静电接地和信息系统接地等接地装置的接地体。

接地模块的技术规格可见表 5.1.10－1 所示。

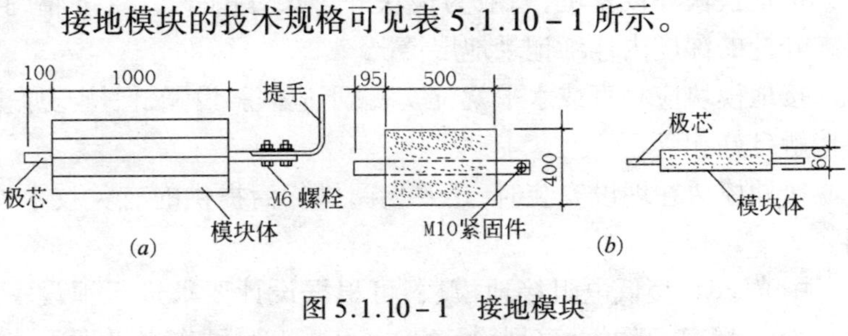

图 5.1.10－1 接地模块

(a)ZGD－Ⅰ－3 型；(b)ZGD－Ⅱ－1 型

接地模块技术规格表 表 5.1.10-1

型号	外型尺寸 (mm)	重量 (kg)	室温下电阻率 (Ω·m)	土壤电阻率≤100Ω·m时单个模块电阻(Ω)
ZGD-Ⅰ-3	ϕ260×1000	50	≤4.0	≤4.0
ZGD-Ⅱ-1	500×400×60	20	≤3.5	≤3.5

2 接地模块的埋设安装

ZGD接地模块的设置数量，可根据接地装置设计电阻值的要求和土壤电阻率的大小按其简易方法可查5.1.10-2表得出。

ZGD型低电阻接块模块接地装置用量(个) 表 5.1.10-2

型　号	设计要求 Ri 接地电阻(Ω)	土壤电阻率 ρ(Ω·m)						
		100	200	300	500	700	1000	2000
ZGD-Ⅰ-3	10	1	2	3	4	5	6	12
	4	2	3	4	7	10	14	30
	2	3	6	8	14	19	21	59
ZGD-Ⅱ-1	10	1	2	3	4	5	7	15
	4	2	4	5	9	12	17	37
	2	4	7	10	17	24	34	74

接地模块顶面埋设深度不应小于0.6m，接地模块之间的间距不宜小于4m。

接地模块埋设基坑，一般为模块外形尺寸的1.2~1.4倍，且要在开挖的深度内详细记录地层情况。

接地模块应垂直或水平就位安装，不应倾斜设置，保持与原土层接触良好。

接地模块在埋设安装时，还要参阅供货商提供的有关技术说明。

中光ZGD型低电阻接地模块，可根据设计要求进行埋设，一般ZGD-Ⅰ-3型可垂直埋设，ZGD-Ⅱ-1型可作水平埋设，如图5.1.10-2所示。

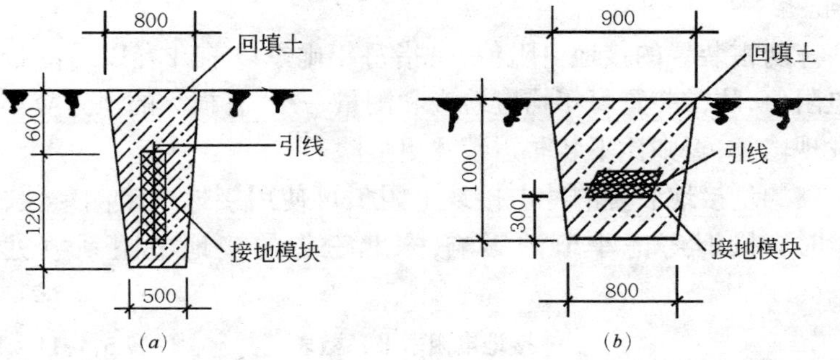

图 5.1.10 - 2　接地模块设置示意图

(a)ZGD - Ⅰ - 3 型垂直设置；(b)ZGD - Ⅱ - 1 型水平设置

ZGD 型低电阻接地模块为了减少接地模块间的相互影响，其埋设间距不宜小于 2.5 ~ 3m。

3　接地模块的连接

接地模块应集中引线，用接地线采用并连的方式将接地模块的极芯焊接成一个环路，引出线不应小于 2 处。接地线的材质应与接地模块极芯焊接点的材质相同。

接地装置中连接接地模块极芯的接地线，当使用钢材时，应用经热浸镀锌处理的 - 40 × 4 镀锌扁钢。

接地线与极芯的焊接必须符合工艺规定要求，要保证质量，且不应有虚焊、漏焊情况，焊接处应清除焊渣，并涂以沥青或防腐剂进行防腐。

4　接地模块坑槽回填

接地模块的坑槽在回填土时，应当采用细粒土作为填料，不得用碎砖、砾石、砂等作填料，在填土时应分层填设，每次添加填料约 30cm 厚，并适当洒水夯实，如此反复操作，直夯至与地表齐平。

在夯实时应注意即要使模块与埋设层间接触紧密、亲合良好，又不能损伤模块本身。最后再进行接地电阻的测量。

5.1.11　接地电阻测试

防雷装置的接地电阻应考虑在雷雨季节中土壤干燥状态的影

响。

防雷装置的接地电阻值,是指每年雨季以前开春以后测量的电阻值,防雷装置每年均应检查和测量一次,有损坏的地方应早日发现修复,否则比不装防雷装置更危险。

测量接地装置的冲击接地电阻值可使用接地电阻测量仪,测量时应同时考虑季节的影响,东北三省的接地电阻系数见表5.1.11－1。

接地电阻季节系数表　　　　表5.1.11－1

月　　份	1	2	3	4	5	6	7	8	9	10	11	12
季节系数	1.05		1	1.6	1.9	2	2.2	2.55	1.6	1.55		1.35

建筑物接地装置的接地电阻值应符合下列规定:

一级防雷建筑物其冲击接地电阻不应大于10Ω;二级防雷建筑物其冲击接地电阻不应大于20Ω;三级防雷建筑物其冲击接地电阻不应大于30Ω。

常用仪表为接地电阻测量仪(接地摇表)ZC－8型。测试前需要拧开断接卡子紧固螺栓。

沿被测接地极 E',将电位探测针 P'和电流探测针 C',依直线彼此相距20m插入地下,且电位探测针 P'系插于接地极E'和电流探测针 C'之间。用专用导线将 E'、P'和 C'联于仪表相应的端钮,如图5.1.11－1所示。

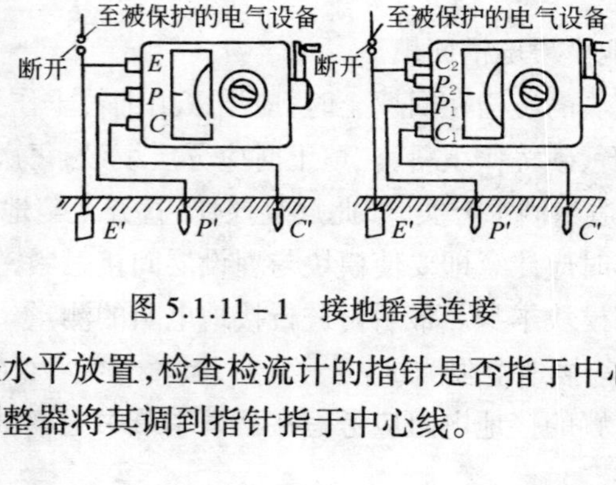

图5.1.11－1　接地摇表连接

将仪表水平放置,检查检流计的指针是否指于中心线上,否则可用零位调整器将其调到指针指于中心线。

将“倍率标度”置于最大倍数,慢慢地转动发电机的摇把,同时旋动“测量标度盘”使检流计的指针指于中心线。当检流计的指针接近平衡时,加快发电机摇把的转速,使其达到每分钟 120 转以上,调正“测量标度盘”使指针指于中心线上。

如“测量标度盘”的读数小于 1 时,应将倍率标度置于较小的倍数,再重新调正“测量标度盘”以得到正确读数。用“测量标度盘”的读数乘以倍率标度的倍数,即为所测的接地电阻值。

用所测的接地电阻值,乘以季节系数,所得结果即为实测接地电阻值。

接地电阻测试后应及时的填写好接地电阻测试记录。

Ⅲ 质量标准

5.1.12 主控项目

1 人工接地装置或利用建筑物基础钢筋的接地装置必须在地面以上按设计要求位置设测试点。

2 测试接地装置的接地电阻值必须符合设计要求。

3 防雷接地的人工接地装置的接地干线埋设,经人行通道处埋地深度不应小于1m,且应采取均压措施或在其上方铺设卵石或沥青地面。

4 接地模块顶面埋深不应小于 0.6m,接地模块间距不应小于模块长度的 3~5 倍。接地模块埋设基坑,一般为模块外形尺寸的 1.2~1.4 倍,且在开挖深度内详细记录地层情况。

5 接地模块应垂直或水平就位,不应倾斜设置,保持与原土层接触良好。

5.1.13 一般项目

1 当设计无要求时,接地装置顶面埋设深度不应小于 0.6m。圆钢、角钢及钢管接地极应垂直埋入地下,间距不应小于 5m。接地装置的焊接应采用搭接焊,搭接长度应符合下列规定:

(1) 扁钢与扁钢搭接为扁钢宽度的 2 倍,不少于三面施焊;

(2) 圆钢与圆钢搭接为圆钢直径的 6 倍,双面施焊;

(3) 圆钢与扁钢搭接为圆钢直径的6倍,双面施焊;

(4) 扁钢与钢管,扁钢与角钢焊接,紧贴角钢外侧两面,或紧贴3/4钢管表面,上下两侧施焊;

(5) 除埋设在混凝土中的焊接接头外,有防腐措施。

2 当设计无要求时,接地装置的材料采用为钢材,热浸镀锌处理,最小允许规格、尺寸应符合表5.1.13-1的规定:

最小允许规格、尺寸　　　表5.1.13-1

种类、规格及单位		敷设位置及使用类别			
		地上		地下	
		室内	室外	交流电流回路	直流电流回路
圆钢直径(mm)		6	8	10	12
扁钢	截面(mm^2)	60	100	100	100
	厚度(mm)	3	4	4	6
角钢厚度(mm)		2	2.5	4	6
钢管管壁厚度(mm)		2.5	2.5	3.5	4.5

3 接地模块应集中引线,用干线把接地模块并联焊接成一个环路,干线的材质与接地模块焊接点的材质应相同,钢制的采用热浸镀锌扁钢,引出线不小于2处。

Ⅳ 成品保护

5.1.14 接地装置安装,应配合土建施工同时进行,作好成品保护工作。如不能同步施工时,其他专业工种在挖土方时,注意不要损坏接地装置。

Ⅴ 安全注意事项

5.1.15 在接地装置安装时,应注意地基护坡防护情况,同时应注意高空坠物伤人。

5.1.16 在进行接地装置各部焊接时,应注意避免弧光伤害其他工作人员的眼睛,打药渣时要注意防止烫伤眼睛。

5.1.17 雨雪天气，禁止在室外进行电焊作业。

Ⅵ 质量通病及其防治

5.1.18 接地体之间间距不一，有的间距过小。在打接地体时不能随意找位置，应预先测定好位置和距离。

5.1.19 接地体地下长度不足2.5m。接地体在打入地下时，顶部被打劈造成实际长度不足。应在打入时，角钢或钢管接地体顶端要有保护帽，可防止接地体顶部受损。

5.1.20 接地线在接地体顶部焊接或在下部焊接长度不足，接地线应在角钢或钢管距顶部大于50mm处搭接焊接，接地线应煨制呈三角形或弧形（或增加弧形卡子）后与接地体焊接，才能满足要求。

5.2 变配电室接地干线敷设

Ⅰ 施工准备

5.2.1 材　　料

1 铜或铝裸母线、镀锌扁钢等。

2 穿墙保护套管、各种支持件、M8镀锌螺栓、蝶型螺母等。

3 电焊条、钢锯条、调合漆等。

5.2.2 机　　具

1 交流电焊机、无齿锯、电锤、冲击钻、手电钻等。

2 手锤、钢锯弓、钢卷尺等。

5.2.3 作业条件

1 保护套管和需要预埋的支持件，应该配合土建墙体施工进行预埋。

2 接地干线敷设应在建筑室内装饰工程结束后进行，且土建工程质量应满足施工验收规范的相关规定。

Ⅱ 施工工艺

5.2.4 施工程序

保护套管埋设 → 接地干线支持件固定 → 接地干线敷设 → 接地干线连接 → 接地干线涂色

5.2.5 接地干线材料选择

为了节约有色金属,室内接地干线宜采用钢材制品的热浸镀锌扁钢。利用扁钢作接地干线在室外敷设最小规格为 $100mm^2$ 厚度 4mm;室内敷设最小规格为 $60mm^2$ 厚度 3mm。

低压电气设备地面上外露的铜和铝接地线的最小截面应符合表 5.2.5-1 的规定。但不能将此作为施工中采用接地线截面的依据,实际施工中应根据设计选用接地线的截面进行实施。

低压电气设备地面上外露的铜和铝接地线的最小截面(mm^2)

表 5.2.5-1

名 称	铜(mm^2)	铝(mm^2)
明敷的裸导体	4	6
绝缘导体	1.5	2.5
电缆的接地芯或与相线包在同一保护外壳内的多芯导线的接地芯	1	1.5

在地下不得采用裸铝导体作为接地线。

不得利用蛇皮管、管道保温层的金属外皮或金属网以及电缆金属护层作保护线。

5.2.6 接地干线材料的进场验收

1 作为接地干线的镀锌或非镀锌扁钢,进场时均要查验合格证,当进场时为未镀锌的扁钢钢带,需要去镀锌厂镀锌后再使用的,还要查验镀锌厂出具的镀锌质量证明书。

2　镀锌扁钢外观检查时，镀锌层应覆盖完整、表面无锈斑，扁钢应无过度扭曲和弯折变形等现象。

3　对镀锌质量有异议时，应按批抽样送有资质的试验室检测。

5.2.7　保护套管埋设

接地干线在室内沿墙壁敷设时，有时要穿过墙体或楼板为了保护接地干线和便于检查，应在配合土建墙体及楼地面施工时，在设计要求的尺寸位置上，预埋保护套管或预留出接地干线保护套管的孔。

保护套管应用1mm厚钢板制作，套管的长度应比墙体或楼板的厚度长40mm，套管的宽度应比接地干线扁钢大10mm，厚度为15mm。在墙体拐角处设置保护套管时，套管距墙体表面应为15～20mm，以便敷设接地干线时整齐美观。

设置预留孔，可按比套管尺寸略大的木方预埋在墙壁或楼板内，当混凝土初凝时活动木方，以便待混凝土凝固后易于抽出木方，设置保护套管。接地干线保护套管的安装方式，如图5.2.7－1所示。穿过外墙的保护套管，应向外倾斜，内外高低差为10mm。穿过楼(地)面板的套管的纵向缝隙应焊接。

5.2.8　支持件固定

明敷设在室内墙体上的接地线应分段敷设，固定的方法是在墙体上先安装支持件，将接地扁钢固定在支持件上。图5.2.8－1为常用的支持件，图中的固定钩应随土建施工预埋，而使用卡板固定接地线时，应使用9mm×60mm的塑料胀管和8mm×70mm沉头木螺钉固定卡板。当用S形卡子固定接地线时，应用M8×35mm射钉螺栓固定S形卡子。

预埋固定钩时，应在土建施工前先用－25mm×4mm扁钢按图中所示尺寸将固定钩加工好。为了将固定钩预埋整齐，应先在墙体施工时，按设计要求或规范规定的位置先拉线或划线埋设好木方，木方的深度和宽度各为50mm。待墙体施工后剔除木方洒水湿润孔洞，然后在孔洞处用水泥砂浆埋设固定钩，待凝固后使用。

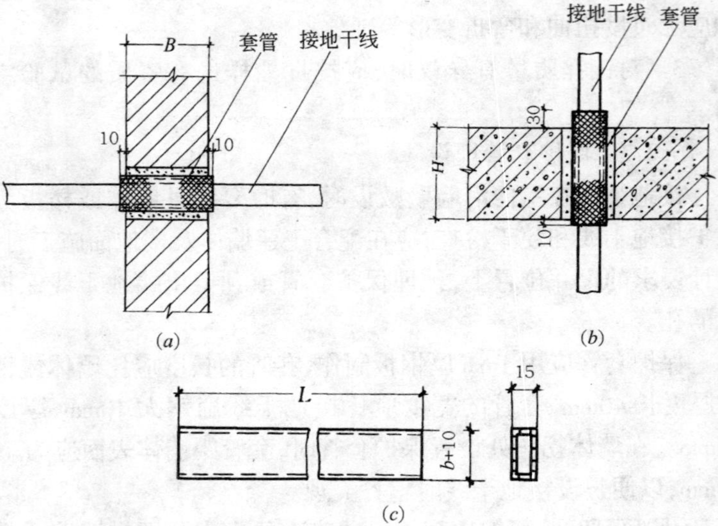

图 5.2.7-1 保护套管安装

(a)保护管穿墙;(b)保护管穿楼板;(c)方套管

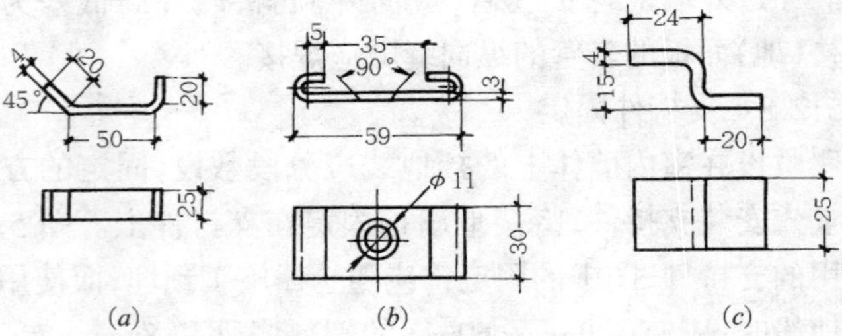

图 5.2.8-1 接地线支持件

(a)固定钩;(b)卡板;(c)S 形卡子

用螺丝及螺钉固定的支持件(卡板、S 形卡子)应在土建室内装饰工程完成后,在墙体上先确定好坐标轴线位置,弹线定位,钻孔(或射钉)固定好支持件,如图 5.2.8-2 所示。

接地干线距地面高度应为 250~300mm,支持件间的距离,在水平直线部分宜为 0.5～1.5m，垂直部分宜为 1.5～3m，转弯部分宜为 0.3～0.5m。

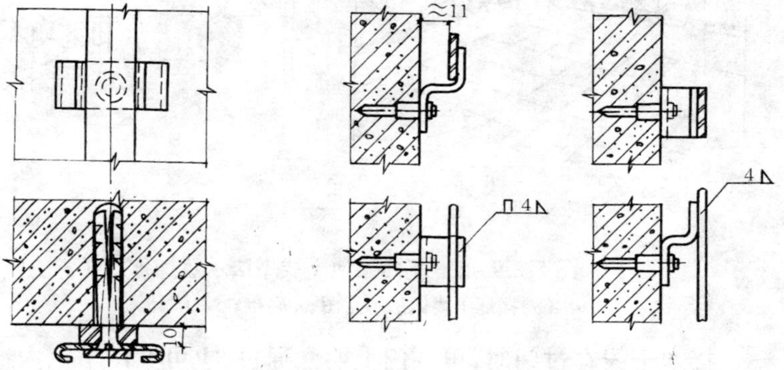

图 5.2.8－2　接地线支持件安装

(a)用卡板安装；(b)用 S 形卡子安装

5.2.9　接地干线敷设

室内接地线应水平或垂直敷设，当建筑物表面为倾斜形状时，也应沿其表面平行敷设。

对接地的镀锌扁钢应事先调直、打眼、煨弯加工后，将扁钢沿墙吊起，在支持件一端将扁钢固定住，接地线距墙面间隙应为 10～15mm，过墙时穿过保护套管，接地干线在连接处应进行搭接焊接，末端预留或连接符合设计规定。

在接地干线上应设有专供连接临时接地线使用的接地端子在变压器室、高压配电室的接地干线上，应设置不少于 2 个供临时接地用的接线柱或接地螺栓。

接地干线敷设如图 5.2.9－1 所示。

接地干线在室内水平或垂直敷设时，在转角处需弯曲时应弯曲 90°，弯曲半径不应小于扁钢宽度的 2 倍。

接地干线不应有高低起伏及弯曲现象，水平度及垂直度允许偏差为 2/1000，全长不应超过 10mm。

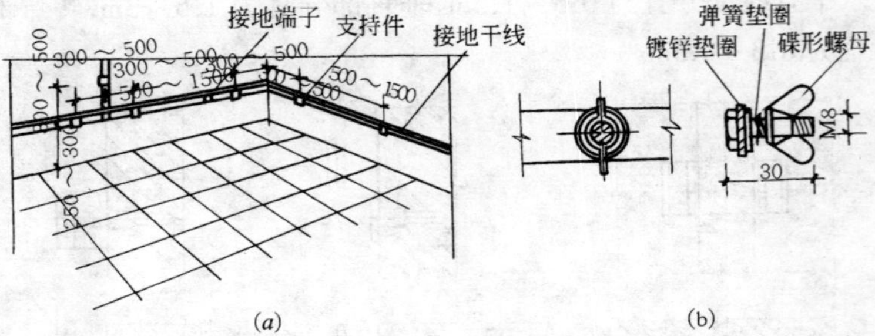

(*a*) (b)

图 5.2.9－1　室内接地干线做法示意图

(*a*)接地干线做法示意图；(*b*)接地端子

接地干线在过门时，可在门上明敷通过，也可在门下室内地面内暗敷设，如图 5.2.9－2 所示。

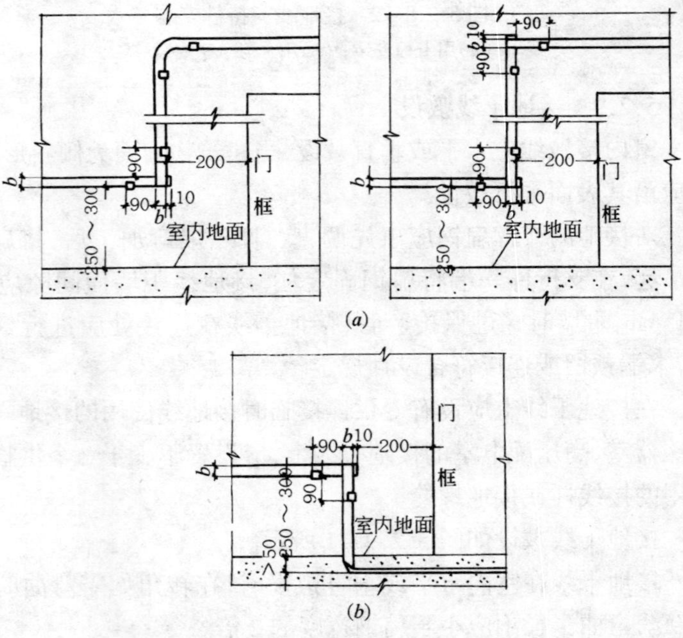

(*a*)

(*b*)

图 5.2.9－2　接地干线过门安装

(*a*)在门上方敷设；(*b*)在门下地面内敷设

接地干线在经过建筑物的伸缩(或沉降)缝时,如采用焊接固定,应将接地干线在通过伸缩(或沉降)缝的一段做成弧形,或有ϕ12 圆钢弯出弧形与扁钢焊接,也可在接地线断开处用裸铜软绞线连接,如图 5.2.9-3 所示。

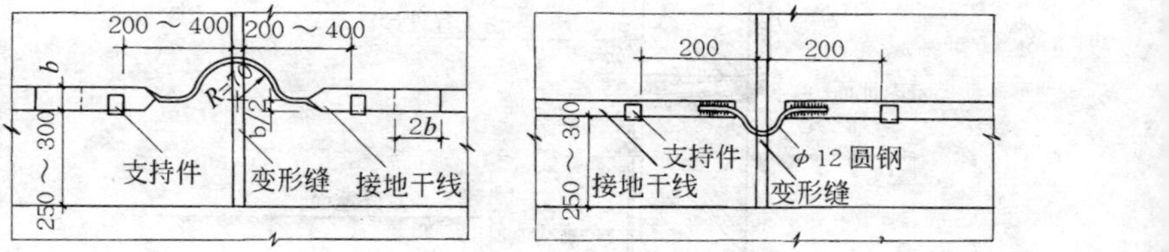

(*a*)

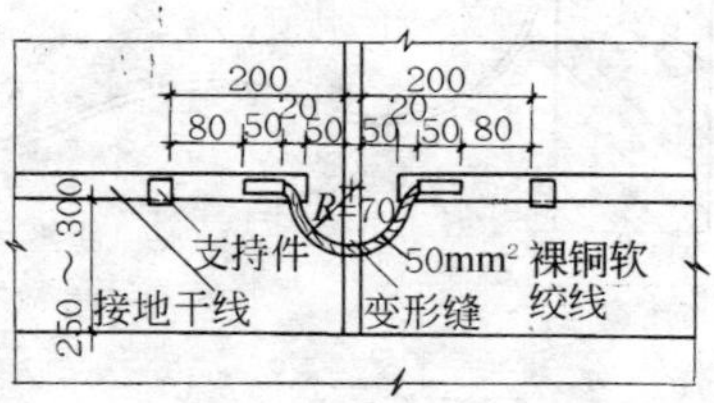

(*b*)

图 5.2.9-3 接地干线在伸缩、沉降缝处做法

(*a*)扁钢跨接线；(*b*)圆钢跨接线；(*c*)铜绞线跨接

接地干线由室内引向室外接地网时,接地干线应在不同的两点及以上与接地网相连接。室内接地干线与室外接地线的连接应使用螺栓连接便于检测。接地线穿过楼板或外墙时,套管管口处应用沥青丝麻或建筑密封膏堵死。接地干线与室外接地线连接做法,如图 5.2.9-4 所示。由接干线向需要接地的设备引接地支线的做法,如图 5.2.9-5 所示。

接地干线的连接应采用搭接焊,焊接必须牢固无虚焊。扁钢与扁钢搭接长度应为扁钢宽度的 2 倍,且至少在 3 个棱边焊接;圆钢与扁钢连接时,搭接长度为圆钢直径的 6 倍;圆钢与圆钢搭接时,长度为其直径的 6 倍。

接至电气设备上的接地线,应用镀锌螺栓连接;有色金属接地线不能采用焊接时，可用螺栓连接。

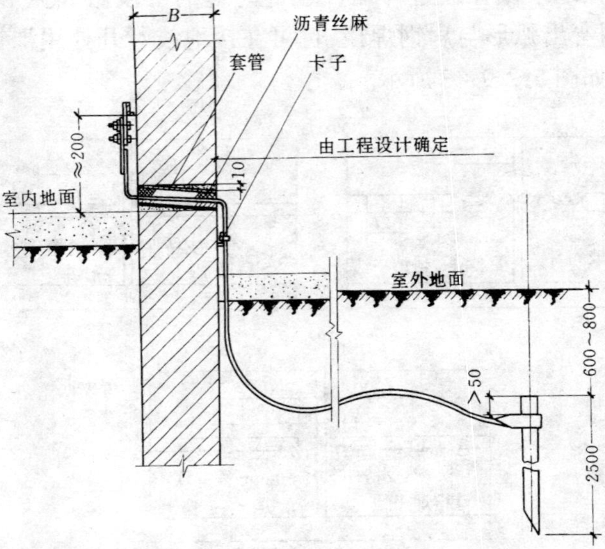

图 5.2.9－4　接地干线与室外接地线连接图

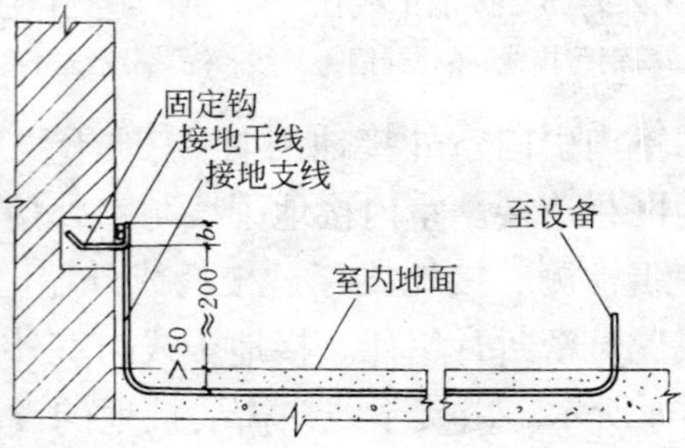

图 5.2.9－5　接地支线做法图

5.2.10　接地干线涂色

明敷接地线的表面应涂以用 15～100mm 宽度相等的绿色和黄色相间的条纹。在每个导体的全部长度上或只在每个区间或每个可接触到的部位上宜作出标志。当使用胶带时应使用双色胶带。

在接地线引向建筑物的入口处和在检修用临时接地点处，均应刷白色底漆并标以黑色记号,其代号为“⏚”。

5.2.11 变配电室其他设施的接地

1 为了牢固可靠的接地,避免有悬浮电位产生电火花危及人身安全,高压配电间隔和静止补偿装置的栅栏门及变配电室金属门铰链处的接地连接,应采用软编织铜线。

2 变配电室的避雷器应用最短的接地线与接地干线连接,可以防止在雷击时电感量减少,使其能迅速的散流。

3 变配电室内的零序电流互感器的安装,不应使构架或其他导磁体与互感器铁芯直接接触或与其构成分磁回路。

零序电流互感器与导磁体或其他无关的带电体不应太近。

4 为使零序电流互感器正确反映电缆的运行情况,并防止离散电流的影响而使零序电流互感器发出错误信号或误动作,当电缆穿过零序电流互感器时,电缆头上的接地线应按电缆穿入的相反方向通过零序电流互感器以后接地,如图 5.2.11－1 所示。由电缆头至穿过零序电流互感器的一段电缆金属护层和接地线应对地绝缘。

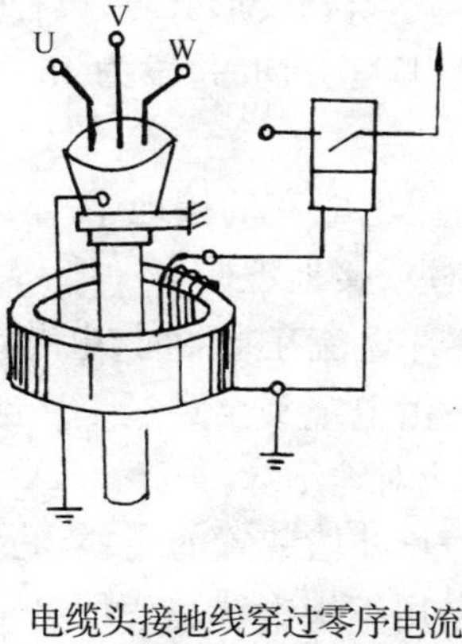

图 5.2.11－1 电缆头接地线穿过零序电流互感器做法

Ⅲ 质量标准

5.2.12 主控项目

1 变压器室、高低压开关室内的接地干线应有不少于2处与接地装置引出干线连接。

2 当利用金属构件、金属管道做接地线时，应在构件或管道与接地干线间焊接金属跨接线。

5.2.13 一般项目

1 钢制接地线的焊接连接应符合《建筑电气工程施工质量验收规范》第24.2.1条的规定，材料采用及最小允许规格、尺寸应符合《建筑电气工程施工质量验收规范》第24.2.2条的规定。

2 室内接地干线的支持件间距应均匀，水平直线部分0.5~1.5m；垂直直线部分1.5~3m；弯曲部分0.3~0.5m。

3 接地线在穿越墙壁、楼板和地坪处应加套钢管或其他坚固的保护套管，钢套管应与接地线做电气连通。

4 变配电室内明敷接地干线安装应符合下列规定：

(1) 便于检查，敷设位置不妨碍设备的拆卸与检修；

(2) 当沿建筑物墙壁水平敷设时，距地面高度250~300mm；与建筑物墙壁间的间隙10~15mm；

(3) 当接地线跨越建筑物变形缝时，设补偿装置；

(4) 接地线表面沿长度方向，每段为15~100mm，分别涂以黄色和绿色相间的条纹；

(5) 变压器室、高压配电室的接地干线上应设置不少于2个供临时接地用的接线柱或接地螺栓。

5 当电缆穿过零序电流互感器时，电缆头的接地线应通过零序电流互感器后接地；由电缆头至穿过零序电流互感器的一段电缆金属护层和接地线应对地绝缘。

6 配电间隔和静止补偿装置的栅栏门及变配电室金属门铰链处的接地连接，应采用编织铜线。变配电室的避雷器应用最短的接地线与接地干线连接。

Ⅳ 成品保护

5.2.14 室内接地干线安装时，应注意不要砸碰及污染墙面。

5.2.15 接地干线在焊接及涂色时,应有保护墙面不被污染的措施。

5.2.16 接地干线安装完成后,应注意不要被其他工程碰撞弯曲变形。

Ⅴ 安全注意事项

5.2.17 在平直接地干线镀锌扁钢时,要戴好手套,以防伤手。

5.2.18 接地干线焊接施工时,应采取保防护措施,避免受到弧光伤害。

5.2.19 在涂色时,应注意室内通风换气,防止有害气体的吸入。

Ⅵ 质量通病及其防治

5.2.20 接地装置引入室内干线数量不足。变压器室及高低压开关室内的接地干线,施工质量验收规范规定,应有不少于2处与接地装置的干线连接。

5.2.21 接地线与钢套管之间无保护措施。接地线在穿越墙壁、楼板等处,应加套坚固的保护套管,加套钢管时,钢套管应与接地线做电气连通。

5.3 防雷引下线敷设

Ⅰ 施工准备

5.3.1 材　料

1 镀锌圆钢、镀锌扁钢、保护管、支持件、各种螺栓等。

2 防锈漆、调合漆、电焊条、钢锯条等。

5.3.2 机　具

1 钢筋调直机、无齿锯、电焊机等。

2 活扳手、钢锯弓、钢卷尺、毛刷等。

5.3.3 作业条件

1　明敷引下线支持件应配合土建主体工程施工预埋，在外墙装饰工程结束后敷设引下线。

2　暗敷设引下线应在外墙体施工中配合土建预埋；在抹灰层内暗敷引下线应在主体工程结束后，抹灰前进行。

3　利用柱或剪力墙内钢筋做引下线时，应在钢筋绑扎完毕进行。

Ⅱ　施工工艺

5.3.4　施工程序

1　引下线明敷设

断接卡子以上支持件预埋 → 调直引下线 → 引下线敷设 → 保护管安装 → 断接卡子安装

2　引下线暗敷设

断接卡子箱预埋 → 配合主体施工由下至上敷设引下线 → 连接接闪器

3　利用建筑物柱内钢筋做引下线

确定引下线柱筋位置 → 接地连接板制作安装 → 配合钢筋专业搭接焊接或绑扎做引下线钢筋 → 顶端柱内钢筋焊接引出待连接接闪器

5.3.5　专用引下线材料选择

引下线宜采用镀锌圆钢或扁钢，宜优先采用镀锌圆钢。

圆钢直径不应小于 8mm。扁钢截面不应小于 $48mm^2$，其厚度不应小于 4mm。

当烟囱上的引下线采用圆钢时，其直径不应小于 12mm；采用扁钢时，其截面不应小于 $100mm^2$，厚度不应小于 4mm。

暗敷设引下线，其圆钢直径不应小于 10mm，扁钢截面不应小于 $80mm^2$。

5.3.6　防雷引下线材料的进场验收

1　按批查验合格证，镀锌制品要查验镀锌厂出具的镀锌质量证明书。

2　外观检查应无过度扭曲、弯折变形，镀锌层应覆盖完整、表面无锈斑。

3　若对镀锌质量有异议时，按批抽样送有资质的试验室检测。

5.3.7　利用建筑物内钢筋做防雷引下线

防雷引下线应优先利用建筑物钢筋混凝土柱或剪力墙中的主钢筋，还宜利用建筑物的钢柱、金属烟囱等作为引下线。

1　用钢筋做引下线的要求

利用建筑物钢筋混凝土中的钢筋作为防雷引下线时，当钢筋直径为16mm及以上时，应利用两根钢筋贯通作为一组引下线；当钢筋直径为10mm及以上时，应利用四根钢筋贯通作为一组引下线。

利用建筑物钢筋混凝土中的钢筋作为引下线时，引下线的数量不做具体规定。但一类防雷建筑物引下线间距不应大于12m，但建筑外廓各个角上的柱筋应被利用；二类防雷建筑物引下线间距不应大于18m，但建筑物外廓各个角上的柱筋应被利用；三类防雷建筑物引下线间距不应大于25m，建筑物外廓易受雷击的几个角上的柱子钢筋宜被利用。

2　引下线敷设

利用建筑物钢筋做引下线时，应配合土建施工按设计要求找出全部钢筋位置，用油漆做好标记，保证每层钢筋上、下进行贯通性连接（绑扎或焊接）。随着钢筋专业逐层串联焊接（或绑扎）至顶层。建筑物内作为引下线时，其上部（屋顶上）与接闪器相连的钢筋必须焊接，不应做绑扎连接，焊接长度不应小于钢筋直径的6倍，并应在两面进行焊接。

3　外引接地线敷设

当利用建筑物钢筋混凝土基础内钢筋做接地装置时，要在钢筋引下线下部距室外地坪下0.8～1m处焊出一根ϕ12mm或-40×4镀锌导体作为接地线，伸向室外距外墙的距离不宜小于1m，以便加接外附人工接地体。

4　接地测试点安装

当建筑物利用其钢筋做引下线，而利用其基础钢筋作为接地装置，是由上而下贯通一体的，因此无法设置断接卡子测试接地电阻值。而需要在柱或剪力墙内作为引下线的钢筋上，在室内、外高0.3~1.7m处的适当地点设若干个由角钢或扁钢制作的预埋连接板与做引下线的主钢筋进行焊接，再用引出连接板与预埋连接板相焊接，引至墙体的内、外表面，如图5.3.7-1所示，作为接地电阻测试点及供外接人工接地体和作等电位联结用。

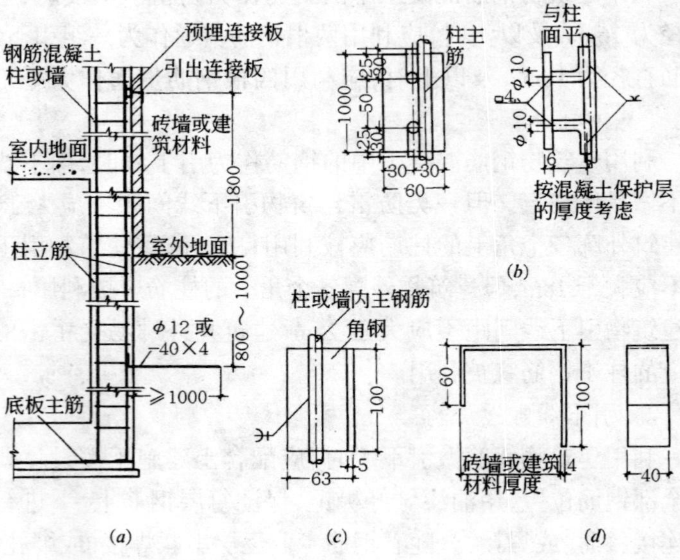

图5.3.7-1　利用柱内主筋做引下线及测试点安装图

(*a*)引下线安装；(*b*)扁钢预埋连接板；

(*c*)角钢预埋连接板；(*d*)引出连接板

5.3.8　专用引下线暗敷设

当采用专用引下线时，引下线数量不应小于两根。应沿建筑物四周均匀或对称布置。

第一类防雷建筑物引下线间距不应大于 12m。第二类防雷建筑物引下线间距不应大于 18m。第三类防雷建筑物引下线间距不应大于 25m。

1　引下线在墙体内暗敷设

在砖混结构建筑物外墙内暗敷设专用引下线时,可以暗敷在砌体墙内或构造柱内。

先将作为引下线的圆钢或扁钢与接地装置的接地线或断接卡子连接好,配合土建主体外墙或构造施工,由下至上展放或一段段连接作引下线的圆钢或扁钢,敷设的路径应尽量短而直,可直接通过挑檐板或女儿墙与避雷带(网)搭接焊接,如图 5.3.8-1 所示。

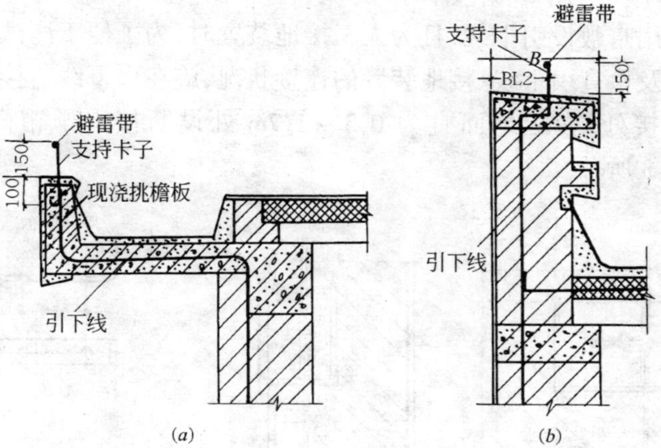

图 5.3.8-1　暗装引下线通过挑檐板、女儿墙做法
(a)引下线通过挑檐板;(b)引下线通过女儿墙

2　引下线在抹灰层内暗敷设

引下线沿建筑物外墙抹灰层内敷设,应在外墙装饰抹灰前把圆钢或扁钢引下线由上向下展放或由下向上牵引,用圆卡钉或方卡钉分段卡牢固钉好,如图 5.3.8-2 所示。

在安装和固定引下线时,应使其紧贴砌体表面,不能有大的起伏,否则会影响抹灰施工,也无法保证应有的抹灰层厚度。故此不宜提倡此种暗敷设引下线的施工方法。

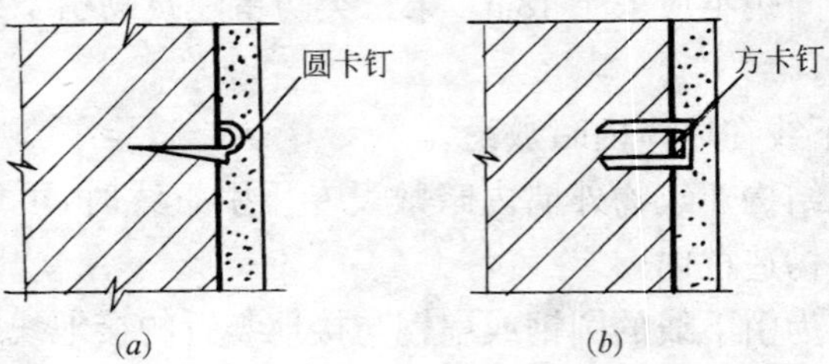

图 5.3.8-2 暗设引下线在抹灰层内安装
(a)用圆卡钉固定；(b)用方卡钉固定

3 暗敷引下线断接卡子箱安装

专用暗敷设引下线，且为人工接地装置时，为了便于测试接地电阻以及检查引下线、接地装置的连接状况，应在引下线与接地装置的交接处，在距地面宜为 0.3～1.7m 处设断接卡子箱，如图 5.3.8-3 所示。

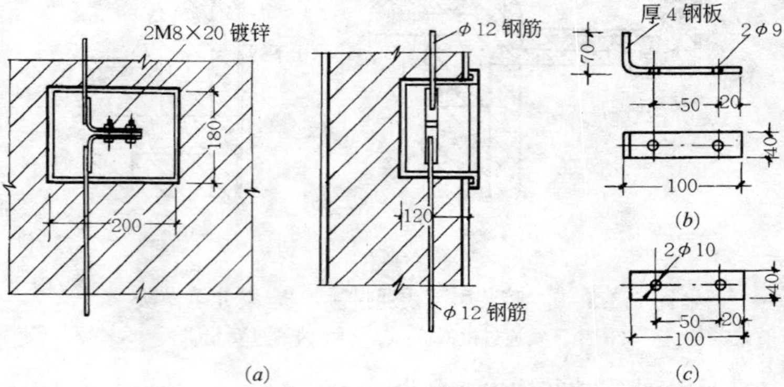

图 5.3.8-3 暗设断接卡子箱
(a)断接卡子箱；(b)断接卡子连接板；(c)断接卡子垫板

引下线沿构造柱内暗敷设或利用柱筋做引下线时，且引下线需连接人工接地装置，应由柱内引出暗敷引下线或由柱内主筋上焊接外引引下线，均应引至柱旁墙体上的断接卡子箱内。

在设置断接卡子箱箱体时,应注意箱体与门、窗框旁的距离不应过近。

5.3.9　专用引下线明敷设

明装引下线应沿建筑物外墙敷设,并经最近的路径接地。引下线不宜敷设在阳台附近及建筑物的出入口和人员较易接触到的地点。

建筑物明敷设引下线的数量及引下线之间的距离,可见专用引下线暗敷设的相关内容。

当引下线位置确定后,明装引下线应随着建筑物主体施工预埋支持卡子然后将圆钢或扁钢固定在支持卡子上,作为引下线。

1　引下线支持卡子预埋

一般在距护坡 2m 左右高处,预埋第一个支持卡子,随着主体施工,在距第一个卡子正上方 1.5 ~ 2m 处,用线坠吊直第一个卡子的中心点,埋设第二个卡子,依此向上逐个埋设,其间距应均匀相等,支持卡子应突出建筑外墙装饰面 15mm 以上,露出长度应一致。

2　引下线敷设

明敷设引下线必须调直后方可进行敷设。引下线材料如为扁钢时,可放在平板上用手锤调直。引下线如为圆钢时,可将圆钢一端固定在牢固地锤锚的机具上,另一端固定在绞磨或倒链的夹具上冷拉调直。也可以用钢筋调直机直行调直。

建筑物外墙装饰工程完成后,将调直的引下线材料运到安装地点,用绳子提拉到建筑物的最高点,由上而下逐点使其与埋设在墙体内的支持卡子进行卡固或焊接固定,如图 5.3.9 – 1 所示,直至断接卡子为止。

引下线路径尽可能短而直。当通过屋面挑檐板等处,在不能直线引下而要拐弯时,不应构成锐角转折,应做成弯曲半径较大的慢弯,弯曲部分线段的总长度,应小于拐弯开口处距离的 10 倍。引下线通过挑檐板和女儿墙做法,如图 5.3.9 – 2 所示。

明敷的引下线应平直、无急弯;引下线与支持卡子采用焊接固定时,在焊接处要刷油漆防腐,且无遗漏处。

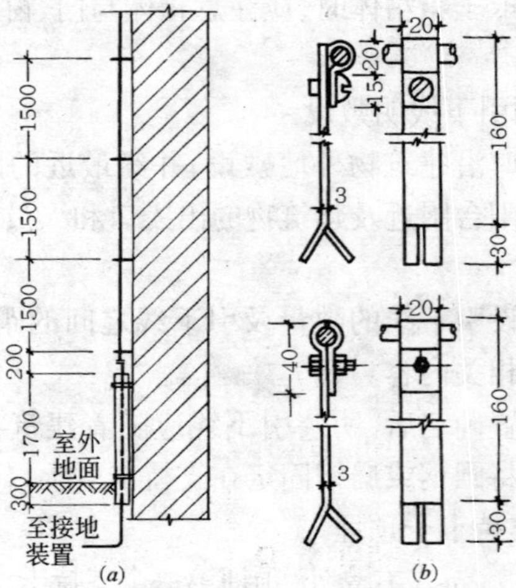

图 5.3.9-1 引下线明敷设做法

(a)明装引下线；(b)支持卡子

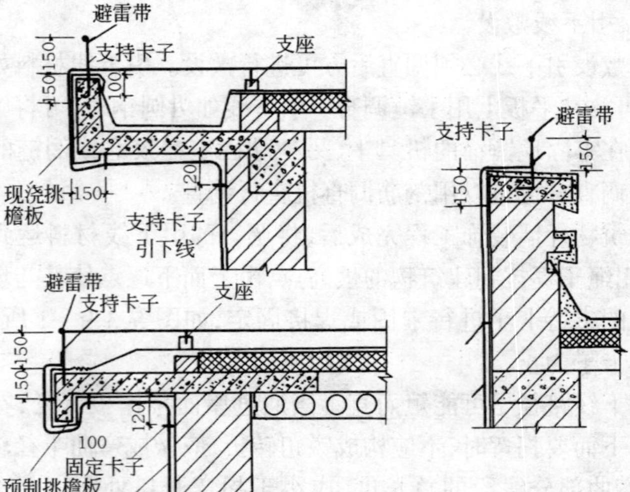

图 5.3.9-2 引下线经过挑檐板、女儿墙做法

(a)引下线沿挑檐板明敷；(b)引下线沿女儿墙明敷

3　引下线断接卡子制作安装

为了检测接地电阻以及引下线、接地线的连接状况，应在室外距护坡1.8m处，设置断接卡子。

避雷引下线断接卡子可利用 -40×4mm 的镀锌扁钢制作，断接卡子应用两根镀锌螺栓拧紧，如图5.3.9-3所示。引下线的圆钢与断接卡子的扁钢应采用搭接焊，搭接长度不应小于圆钢直径的6倍，且应在两面焊接。

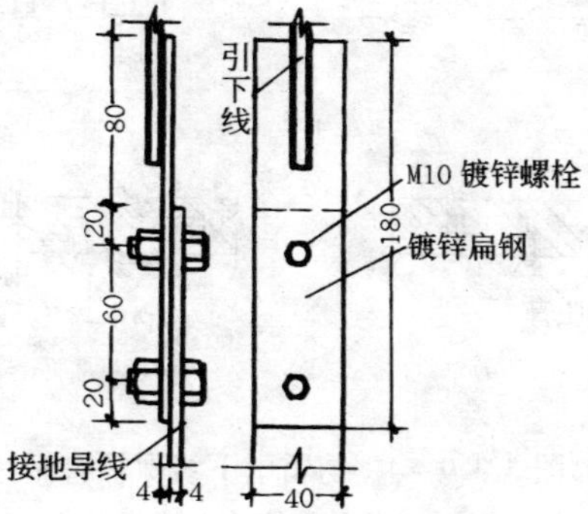

图5.3.9-3　明设引下线断接卡子制作

4　引下线保护管敷设

明装引下线在断接卡子下部，1.7m至地面下0.3m处一段应采用保护措施。可外套刚性绝缘导管、角钢或开口钢管保护，如图5.3.9-4所示。

如果用钢导管做保护管时，但必须在钢管上、下侧焊好跨接线与引下线连接成一导电体。

为了避免接触电压，对游人众多的建筑物，在明装引下线的外围要加装饰护栏。

5.3.10　防雷引下线的连接

当引下线长度不足，需要在中间接头时，引下线应进行搭接焊接，扁钢引下线搭接长度不应小于宽度的2倍，最少在三个棱边处焊接；引下线为圆钢时，搭接长度不应小于圆钢直径的6倍，且应在两面焊接。引下线的接头处应错开支持卡子。

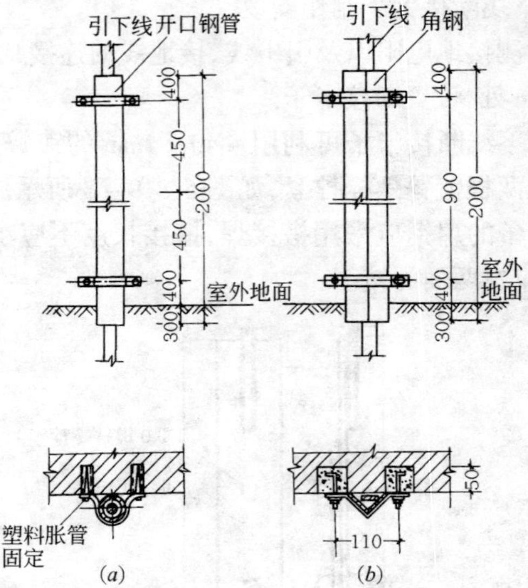

图 5.3.9－4　防雷引下线保护管做法

(*a*)开口钢管保护；(*b*)角钢保护

引下线的焊接处焊缝应饱满并有足够的机械强度，不得有夹渣、咬肉、裂纹、虚焊、气孔等缺陷，焊接处的药皮敲净后，应刷红丹防锈漆和银粉做防腐处理。

Ⅲ　质量标准

5.3.11　主控项目

暗敷在建筑物抹灰层内的引下线应有卡钉分段固定；明敷的引下线应平直、无急弯，与支架焊接处，油漆防腐，且无遗漏。

5.3.12　一般项目

1　钢制引下线的焊接连接应符合《建筑电气工程施工质量验收规范》第 24.2.1 条的规定，材料采用及最小允许规格、尺寸应符合《建筑电气工程施工质量验收规范》第 24.2.2 条的规定。

2　明敷引下线的支持件间距应均匀，垂直直线部分 1.5～3m；弯曲部分 0.3～0.5m。

Ⅳ 成品保护

5.3.13 明敷引下线安装时,应注意保护好建筑物墙面。

5.3.14 明敷引下线完成后,应注意不要被其他工程碰撞弯曲变形。

Ⅴ 安全注意事项

5.3.15 引下线敷设安装系属于高空作业,必须穿软底鞋,不得穿硬底塑料和带钉子鞋。

5.3.16 引下线敷设前,要检查架子、跳板及防护设施,如有损坏和变形要及时修理加固,不得迁就使用。

5.3.17 在六级以上的大风和暴雨、雷电影响施工安全时,应立即停止高空作业。

5.3.18 随身携带和使用的作业工具,应搁置在顺手稳妥的地方,防止坠落伤人。

5.3.19 引下线焊接时,焊条应妥善装好,焊条头要妥善处理,不要随意投扔,以防伤人。

Ⅵ 质量通病及其防治

5.3.20 明装引下线弯曲。引下线敷设前应进行冷拉调查。

5.3.21 明装引下线不垂直。确定引下线支持卡子位置,应用线锤吊直安放。

5.3.22 明装引下线与墙距离不一致。引下线支持卡子出墙长度应处理一致。

5.3.23 暗敷引下线断接卡子箱与门、窗框距离小。多数系由于门、窗之间墙垛小,造成无正确位置,此时可将箱体高度降低,设在窗下。

5.3.24 利用混凝土柱内钢筋做引下线时,而利用的主筋数量不足。应根据主筋的规格确定用做引下线钢筋的数量,柱内被利用的钢筋之间应用圆钢弯成 U 形进行焊接连接。

5.4 接闪器安装

Ⅰ 施工准备

5.4.1 材　　料

1 避雷针、圆钢、扁钢、钢管、支持件及各种螺栓等。

2 防锈漆、调合漆、电焊条、钢锯条、水泥、砾石、砂子等。

5.4.2 机　　具

1 钢筋调直机、无齿锯、电焊机等。

2 活扳手、钢锯弓、钢卷尺、毛刷等。

5.4.3 作业条件

1 避雷针安装应在其混凝土支座达到强度后进行。

2 明装避雷带(网)应在土建屋面工程施工完成后进行。

3 在女儿墙上安装避雷带(网),应在墙顶部留置好预留洞。

Ⅱ 施工工艺

5.4.4 施工程序

1 避雷针安装

避雷针制作 → 配合土建预埋地脚螺栓 → 避雷针安装 → 与引下线焊接

2 避雷带(网)安装

支座或支持件制作 → 支座安装 / 支持件预埋 → 避雷带(网)调直 → 避雷带(网)安装 → 与引下线焊接

5.4.5 接闪器材料选择

1 避雷针宜采用圆钢或焊接钢管制成,其直径不应小于下列数值:

(1) 针长在1m以下,圆钢为12mm;钢管为20mm。

(2) 针长 1 ~ 2m 时,圆钢为 16mm;钢管为 25mm。

(3) 烟囱顶上的避雷针,圆钢为 20mm;钢管为 40mm。

2 避雷带和避雷网宜采用镀锌圆钢和镀锌扁钢,应优先采用镀锌圆钢,圆钢直径不应小于 8mm。扁钢截面不应小于 $48mm^2$,其厚度不应小于 4mm。

3 当烟囱上采用避雷环时,其圆钢直径不应小于 12mm。扁钢截面不应小于 $100mm^2$,其厚度不应小于 4mm。

5.4.6 材料的进场验收

1 镀锌材料

(1) 按批查验合格证或镀锌厂出具的镀锌质量证明书。

(2) 外观检查镀锌层应覆盖完整、表面无锈斑。

2 电焊条

(1) 按批查验合格证和材质证明书,有异议时,应按批抽样送有资质的试验室检测。

(2) 外观检查电焊条应包装完整,拆包抽检,焊条尾部无锈斑。

5.4.7 避雷针在屋面上安装

避雷针在屋面上安装,电气专业应向土建专业提供地脚螺栓和混凝土支座的资料,在屋面施工中由土建人员浇灌好混凝土支座,与屋面成一体,并预埋好地脚螺栓,地脚螺栓预埋在支座内,最少有 2 根与屋面、墙体或梁内钢筋焊接。待混凝土强度符合要求后,再安装避雷针,连接引下线。

避雷针在屋面安装时,可先组装好避雷针,先在避雷针支座底板上相应的位置,焊上一块肋板,再将避雷针立起,找直、找正后进行点焊,然后加以校正,焊上其他三块肋板。

避雷针安装要牢固,并与引下线焊接牢固,如图 5.4.7 - 1 所示。

屋面上若有避雷带(网)及顶部外露的其他金属物体,还要与其连成一个整体。

避雷针安装后针体应垂直,其允许偏差不应大于顶端针杆的直径。设有标志灯的避雷针,灯具应完整,显示清晰。

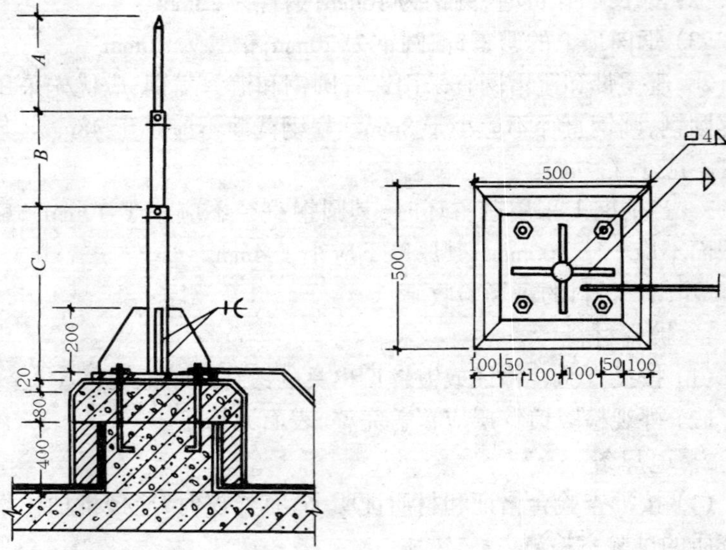

图 5.4.7-1　避雷针在屋面上安装

5.4.8　明敷避雷带(网)的安装

避雷带适用于建筑物的屋脊、屋檐(坡屋顶)或屋顶边缘及女儿墙上(平屋顶),对建筑物的易受雷击部位进行重点保护如图5.4.8-1所示。

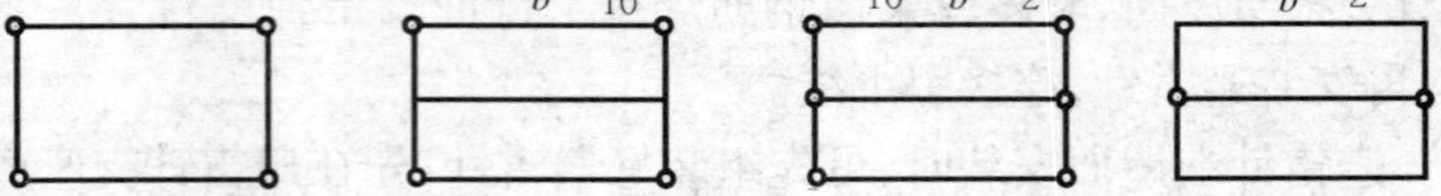

图 5.4.8-1　建筑物易受雷击部位

避雷网则是适用于较重要的防雷保护。明装避雷网是在屋顶上部以较疏的明装金属网格作为接闪器,沿外墙设引下线,接到地装置上。

建筑物避雷带和避雷网,如图 5.4.8-2 所示。

1　屋面支座安装

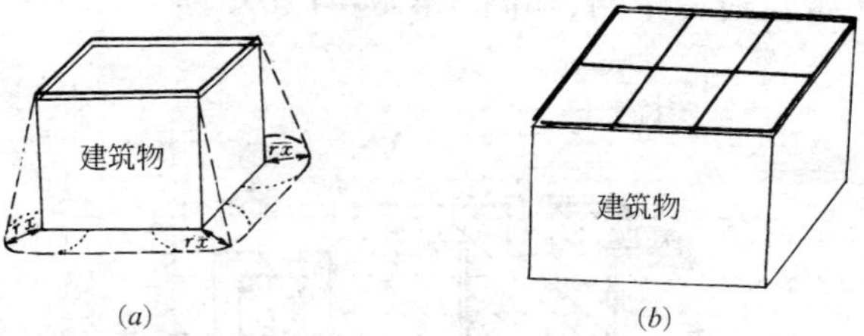

图 5.4.8－2　屋顶避雷带及避雷网示意图
(*a*)避雷带；(*b*)避雷网

避雷带(网)沿屋面安装时，应沿混凝土支座固定。应按图 5.4.8－3 所示，进行预制混凝土支座。

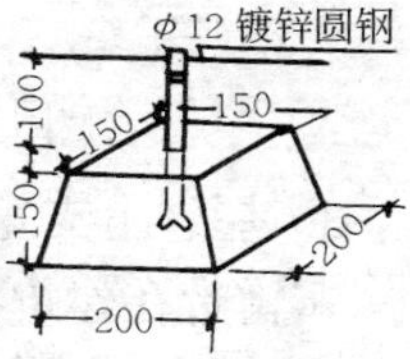

图 5.4.8－3　预制混凝土支座

当屋面防水工程结束后，将混凝土支座分档摆好，在直线段两端支座间拉通线，确定好中间支座位置，摆放支座距离为 1～1.5m，在弯曲处为 0.3～0.5m，支座间距应相等。

避雷带(网)距屋面的边缘距离不应大于 500mm。在避雷带(网)转角中心严禁设置避雷带(网)支座。

当支座位置确定后，在支座位置上烫好沥青，将支座与屋面固定牢固，待安装避雷带(网)。

2　女儿墙支架安装

避雷带(网)沿女儿墙安装时，应使用支架固定。并应尽量随结构施工预埋支架，当条件受限制时，应在墙体施工时预留不小于 100mm×100mm×100mm 的孔洞，洞口的大小应里外一致，首先埋设直线段两端的支架，然后拉通线埋设中间支架，其转弯处为 0.3～0.5m，直线段支架水平间距为 0.5～1.5m，垂直间距为 1.5～3m，且支架间距应平均分布。

女儿墙上设置的支架应与墙顶面垂直。

在顶留孔洞内埋设支架前，应先用素水泥浆湿润，放置好支架时，用水泥砂浆灌注牢，支架的支起高度不应小于 150mm，待达到强度后再敷设避雷带网，如图 5.4.8－4 所示。

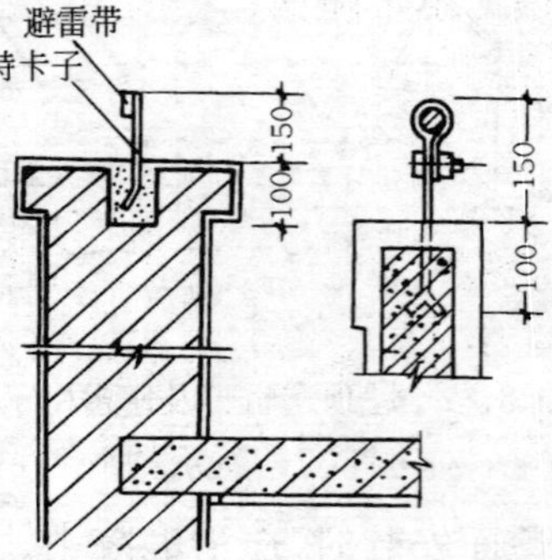

图 5.4.8－4　支持卡子在女儿墙上安装

3　屋脊上支座、支架安装

避雷带在建筑物屋脊上安装，可使用混凝土支座或支架固定。使用支座固定避雷带时，应配合土建施工，现场浇制支座，浇制时，先将脊瓦敲去一角，使支座与脊瓦内的砂浆连成一体，如使用支架固定避雷带时，需用电钻将脊瓦钻孔，再将支架插入孔内，用水泥砂浆填塞牢固，如图 5.4.8－5 所示。

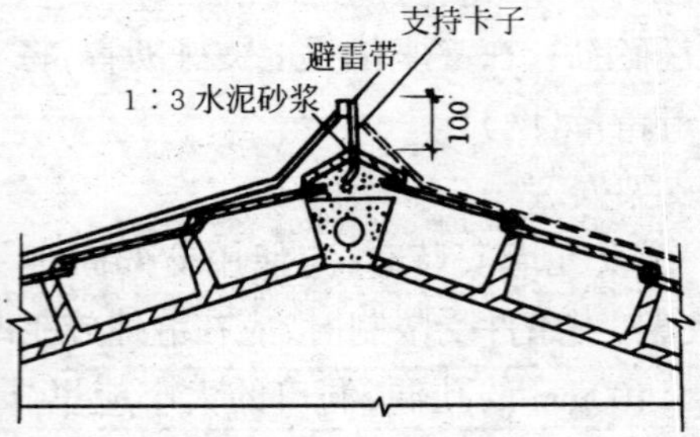

图 5.4.8－5　屋脊上支持卡子安装

4　避雷带(网)的安装

圆钢或扁钢避雷带(网)在使用前，均应同引下线一样进行调直加工。

将调直后的圆钢或扁钢，运到安装地点，提升到建筑物的顶部，顺直沿支座或支架的路径进行敷设，避雷带在转弯处不应弯成直角，弯曲半径一般不小于圆钢直径的 10 倍或扁钢宽度的 6 倍。如图 5.4.8－6 所示。

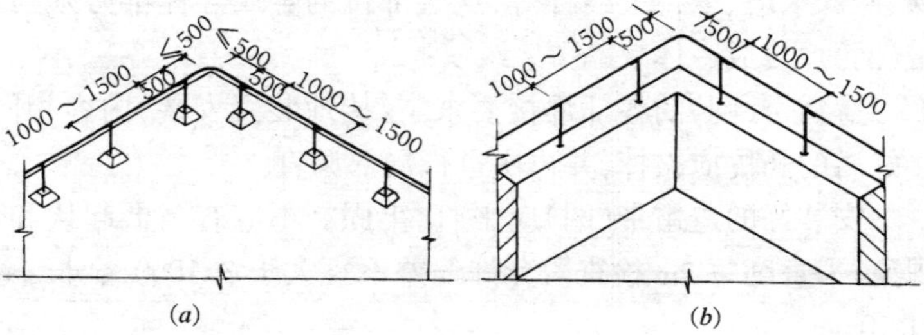

图 5.4.8－6　避雷带(网)在转弯处做法示意图
(a)平屋面上；(b)女儿墙上

避雷带(网)沿坡形屋面敷设时，应与屋面平行布置，如图 5.4.8－7 所示。

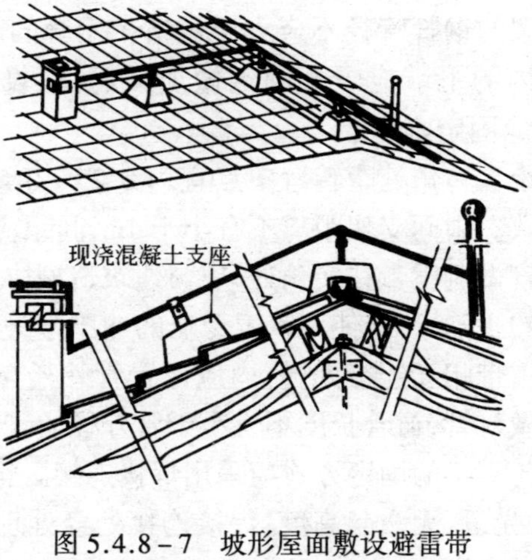

图 5.4.8－7　坡形屋面敷设避雷带

在避雷带(网)敷设的同时，应与支座或支架进行卡固或焊接连成一体，并同防雷引下线焊接好。其引下线的上端与避雷带(网)的交接处，应弯曲成弧形再与避雷带(网)并齐进行搭接焊接。

如避雷带沿女儿墙及电梯机房或水池顶部四周敷设时，不同平面的避雷带(网)应至少有两处互相连接，连接应采用焊接。

建筑物屋顶上的突出金属物体，如旗杆、透气管、铁栏杆、爬梯、冷却水塔、电视天线杆等，这些部位的金属导体都必须与避雷带(网)焊接成一体。

避雷带(网)的各部焊接要求与《接地装置安装》内容相同，焊接好后的药皮应敲掉，并再次进行局部调直。

安装好的避雷带(网)应平直、牢固。不应有高低起伏和弯曲现象，平直度每2m检查段允许偏差不宜大于3/1000，全长不宜超过10mm。

避雷带(网)在转角处应随建筑造型弯曲，一般不宜小于90°，弯曲半径不宜小于圆钢直径的10倍，或扁钢宽度的6倍，绝对不能弯成直角。

5　用钢管做明装避雷带

利用建筑物金属栏杆和另外敷设镀锌钢管作明装避雷带时，用做支持支架的钢管管径不应大于避雷带钢管的直径，其埋入混凝土或砌体内的下端应焊短圆钢做加强筋，埋设深度不应小于150mm，支架应固定牢固。

支架间距在转角处距转弯中点宜为0.25~0.5m，且相同弯曲处应距离一致。中间支架距离不宜小于1m，间距应均匀相等。

明装钢管做避雷带在转角处，应与建筑造型协调，弯曲半径不宜小于管径的4倍，严禁使用暖卫专业的冲压弯头进行管的连接。

钢管避雷带相互连接处，管内应设置管外径与连接管内径相吻合的钢管做衬管，衬管长度不宜小于管外径的4倍。

避雷带与支架的固定方式应采用焊接连接。钢管避雷带的焊接处，应打磨光滑，无凸起高度，焊接连接处经处理后应涂刷红丹防锈漆和银粉防腐。

6　避雷带通过伸缩沉降缝做法

避雷带在通过建筑物伸缩沉降缝处，可以将避雷带向下部弯曲，圆钢避雷带也可以加焊扁钢向下部弯曲，如图5.4.8-8所示。

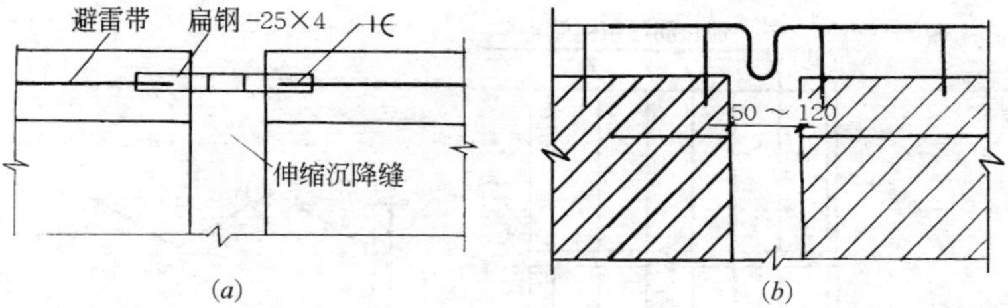

图 5.4.8－8　避雷带过伸缩沉降缝法

(a)平面图；(b)正视图

5.4.9　暗装避雷网的安装

暗装避雷网是利用建筑物内的钢筋做避雷网，暗装避雷网较明装时美观，越来越被广泛利用，尤其是在工业厂房和高层建筑中应用较多。

1　用 V 形折板内钢筋作防雷保护

建筑物有防雷要求时，可利用 V 形折板内钢筋作避雷网。折板插筋与吊环和网筋绑扎，通长筋应和插筋、吊环绑扎。折板接头部位的通长筋在端部预留钢筋头 100mm 长，便于与引下线连接。

等高多跨搭接处通长筋与通长筋应绑扎。不等高多跨交接处，通长筋之间应用 ϕ8 圆钢连接焊牢，绑扎或连接的间距为 6m。

V 形折板钢筋作防雷保护，如图 5.4.9－1 所示。

2　用女儿墙压顶钢筋作暗装避雷带

女儿墙压顶内通长钢筋可被利用作为暗装避雷带，其引下线可以采用 ϕ12 圆钢或利用女儿墙中两根相距 500mm 直径不小于 ϕ10 的主筋，如图 5.4.9－2 所示。

引下线与女儿墙压顶内通长钢筋的连接进行焊接连接，当女儿墙设有明装避雷带或铁栏杆时，要将引下线沿长至女儿墙顶，与明装避雷带或铁栏杆进行焊接连接。

土建设有抗震圈梁，且圈梁与压顶之间设有立筋时，可用立筋做引下线，被利用的立筋上端应与压顶内钢筋焊接连接，下端应与圈梁内主筋焊接。

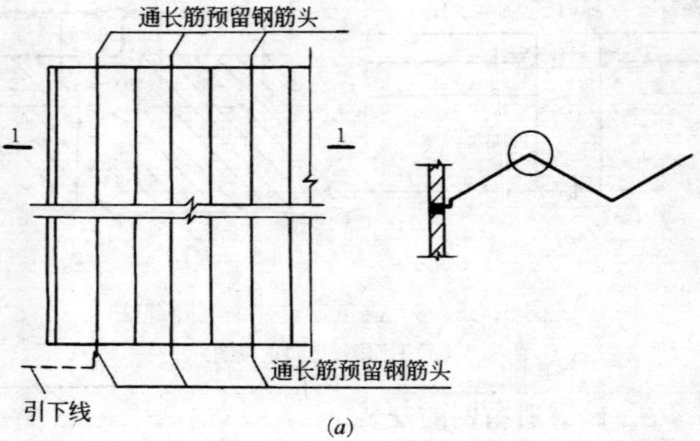

(a)

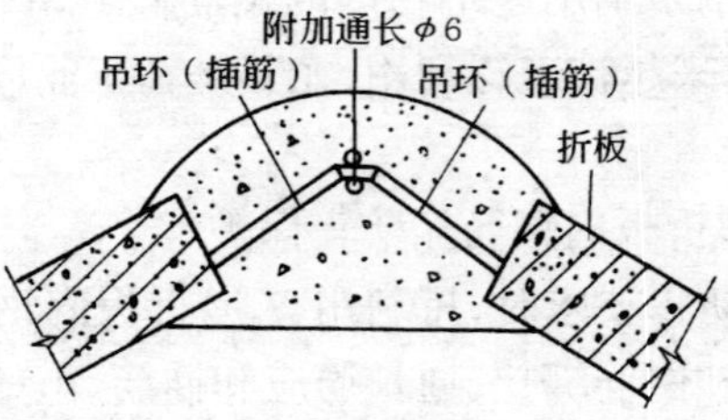

(b)

图 5.4.9－1　V 形折板钢筋作防雷保护示意图

(a)平面图；(b)节点图

当建筑物圈梁主筋能和柱主筋连接，可以利用柱主筋做引下线，则不必再专设引下线。当女儿墙内所有立筋上端均能与压顶钢筋网绑扎连接，下端能与圈梁钢筋网绑扎连接，女儿墙内可不必再设专用引下线。

当建筑物设有消防爬梯时，消防爬梯也应与女儿墙压顶内暗装避雷带连接，如图 5.4.9－3 所示。

3　高层建筑暗装避雷网的安装

高层建筑暗装避雷网是利用建筑物屋面板内钢筋作为接闪装置。而将避雷网、引下线和接地装置三部分组成一个整体较密的钢铁大网笼，也称作为笼式避雷网。

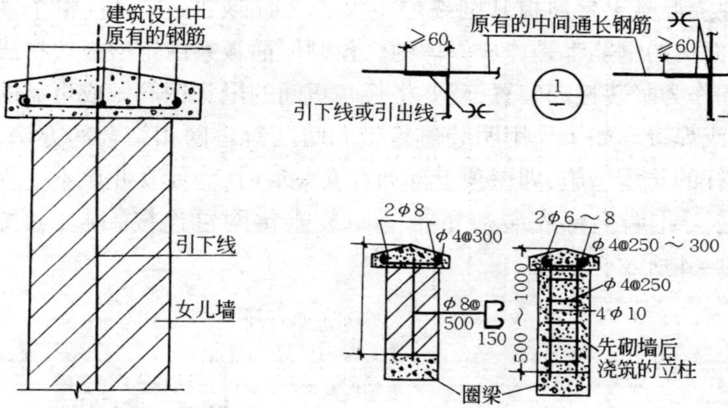

图 5.4.9－2　女儿墙暗装避雷带做法

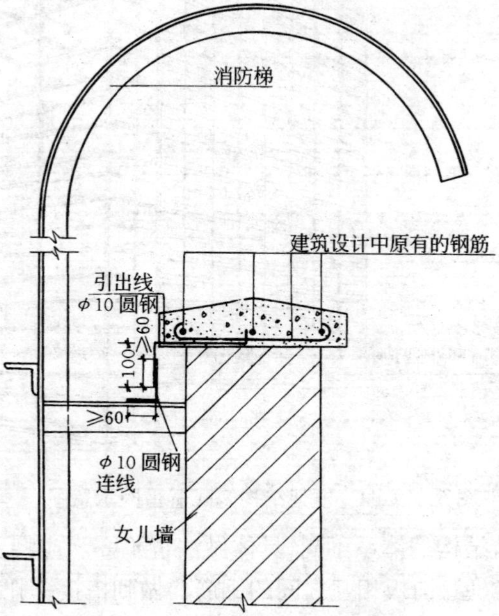

图 5.4.9－3　铁爬梯防雷连接做法图

由于土建施工做法和构件不同，屋面板上的网格大小也不一样，现浇混凝土屋面板其网格均不大于 30cm × 30cm，而且整个现浇屋面板的钢筋都是连成一体的。预制屋面板系由定型板块拼成的，如作为暗装接闪装置，就要将板与板间的甩头钢筋做成可靠的连接或焊接。如果采用明装避雷带和暗装避雷网相结合的方法，是最好的防雷措施，即屋顶上部如有女儿墙时，为使女儿墙不受损伤，在女儿墙上部安装避雷带与暗装避雷网再连接一起，如图 5.4.9－4 所示。

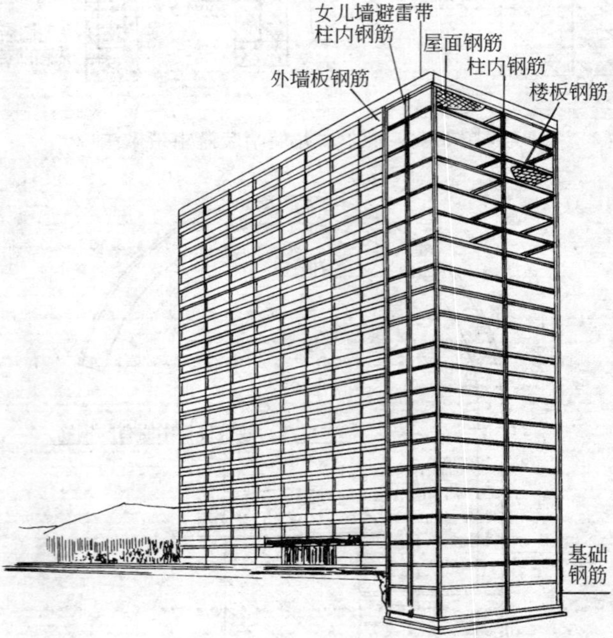

图 5.4.9－4　框架结构笼式避雷网示意图

由于建筑结构的体系不同，具体做法也不一。应特别注意各层梁、柱、墙及楼（屋）面板相互之间的钢筋要做到搭接绑扎或焊接。

建筑物屋面上部，往往有很多突出物，如金属旗杆、透气管、金属天沟、铁栏杆等，这些金属导体都必须与暗装避雷网焊接成一体作为接闪装置。

对高层建筑物，一定要注意防备侧向雷击和采取等电位措施。应在建筑物每三层设均压环一圈。当建筑物全部为钢筋混凝土结构，即可利用结构圈梁钢筋与柱内作为引下线的钢筋进行焊接作为均压环。当建筑物为砖混结构但有钢筋混凝土组合柱和圈梁时，均压环做法同钢筋混凝土结构。没有组合柱和圈梁的建筑物，应每三层在建筑物外墙内敷一圈 ϕ12mm 镀锌圆钢作为均压环，并与防雷装置的所有引下线连接，如图 5.4.9－5 所示。

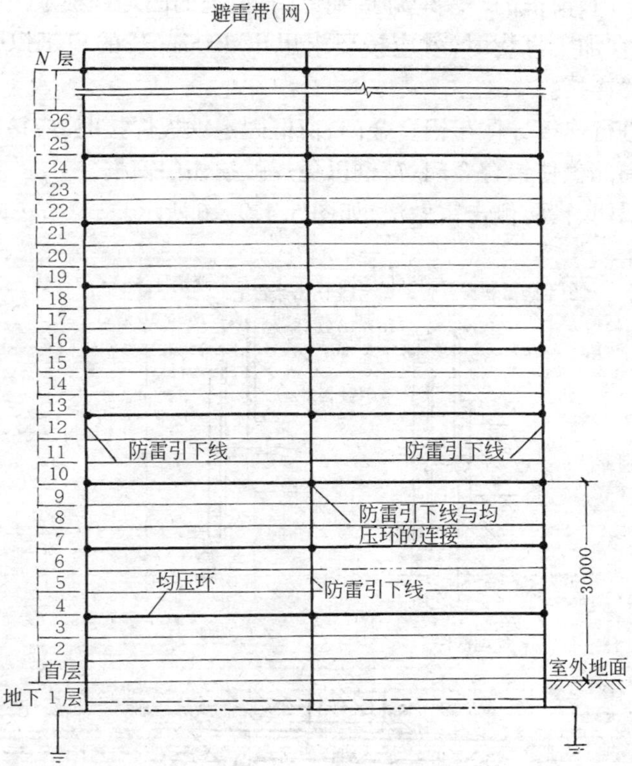

图 5.4.9－5　高层建筑物避雷带(网)、均压环、引下线连接示意图

建筑物高度超过 30m 时，30m 及以上部分应将外墙上的栏杆、金属门窗等较大金属物直接或通过金属门窗埋铁与防雷装置连

接，每樘金属门、窗至少应有两点与防雷装置连接。

钢门、窗与接地装置之间的连接导体应在钢门、窗框定位后，于墙面装饰层或抹灰层施工之前进行。连接导体应紧贴墙面敷设，当墙为砖墙时，可沿砖缝敷设，并焊接于钢门、窗框的边沿上。连接导体的另一端同建筑结构的圈梁或钢筋混凝土柱的预埋铁件焊接。当柱体采用钢柱时，将连接导体的一端可直接焊于钢柱上。

铝合金门、窗防侧击雷的施工方法与钢门、窗大体相同，连接导体引至门、窗框的一端应焊接到铝门、窗框的固定铁板上。铝合金门、窗在加工订货时，就应按要求甩出 300mm 长的扁钢以便与避雷装置连接。

在进行连接导体与铝合金门、窗框固定铁板焊接时，应该用耐火材料局部盖住铝合金门、窗框以免焊弧损伤门窗框。

金属门、窗防侧击雷做法，如图 5.4.9－6 所示。

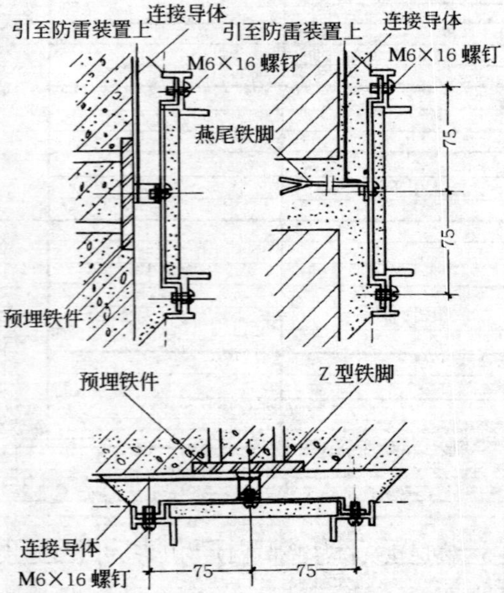

图 5.4.9－6　金属门、窗防侧击雷做法

建筑物为通长铝合金窗，为防止侧击雷，铝合金窗框应通过连接板、角钢过渡连接件、角钢预埋件与柱内主筋连通，如图5.4.9－7所示。当柱体采用钢柱时，应将角钢过渡连接件直接焊在钢柱上。

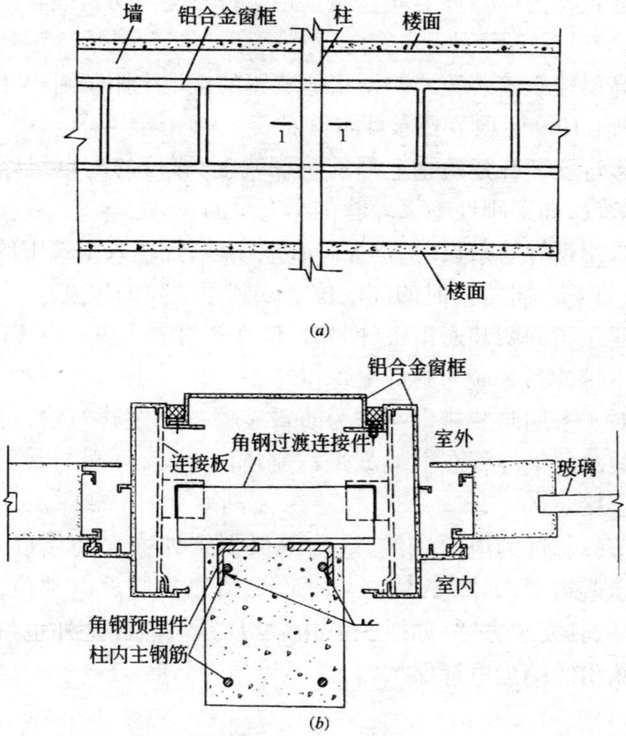

图5.4.9－7　通长铝合金窗防侧击雷做法

(*a*)通长铝合金窗框立视图；(*b*)Ⅰ—Ⅰ剖面图

通常铝合金窗防侧击雷使用的角钢预埋件，尺寸、位置和件数均由土建设计和制造厂决定，角钢过渡连接件和连接板由厂方供应。

高层建筑物防雷装置施工时，必须使建筑物内部的所有金属物体，构成统一的电气导通系统。因此，除建筑本身的梁、柱、墙及楼板内的钢筋要互相连接外，建筑物内部的金属机械设备、电气设备及其互相连通的金属管路等，都必须构成电气的连接。

各种金属管路或有与管路连通的设备，应由最下层管路入口处，连接到接地装置上或地面内的钢筋上。

建筑物内的各种竖向金属管路应每三层与防雷装置的均压环连接。

高层建筑暗装笼式防雷接地装置的接地电阻值可不予考虑。

5.4.10　屋顶节日彩灯防雷安装

彩灯安装在建筑物上部的轮廓线上，彩灯的配电线路应穿钢导管敷设，如穿刚性绝缘导管是不安全的。

采用钢导管敷设时，钢导管必须接地，且埋入土壤中的长度应在 10m 以上，将雷击时的高电位衰减到不危险的程度。

建筑物为明装避雷带(网)时，应在彩灯罩上方 10～15cm 处设置避雷带(网)并应与彩灯配管相连。

对于采用暗装避雷网作为防雷装置的高层建筑物，可将彩灯配电线路的钢导管在上端就近与避雷网连接，下端与共用的接地系统连接。

节日彩灯的电源相线，应与钢保护管外壁之间接以 FS—0.5 型低压避雷器，如图 5.4.10－1 所示，借以控制放电部位，减少线路损坏，其安装方法，如图 5.4.10－2 所示。除此之外也可采用在配电箱出线端加电涌保护器。

Ⅲ　质量标准

5.4.11　主控项目

建筑物顶部的避雷针、避雷带等必须与顶部外露的其他金属物体连成一个整体的电气通路，且与避雷引下线连接可靠。

5.4.12　一般项目

1　避雷针、避雷带应位置正确，焊接固定的焊缝饱满无遗漏，螺栓固定的应备帽等防松零件齐全，焊接部分补刷的防腐油漆完整。

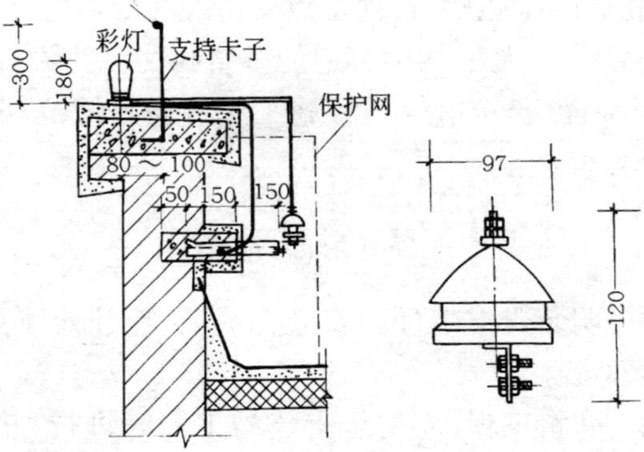

图 5.4.10－1　避雷器

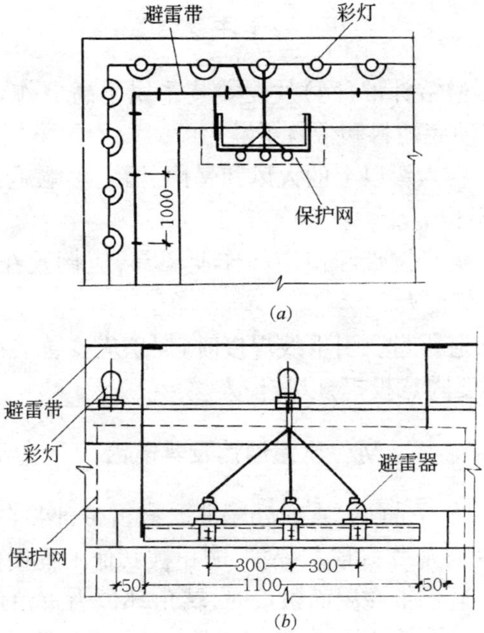

图 5.4.10－2　节日彩灯防雷做法

(*a*)平面图；(*b*)正视图

2　避雷带应平正顺直，固定点支持件间距均匀、固定可靠，每个支持件应能承受大于49N(5kg)的垂直拉力。当设计无要求时，支持件间距符合《建筑电气工程施工质量验收规范》第25.2.2条的规定。

Ⅳ　成品保护

5.4.13　明装避雷带(网)安装完成后，应注意不要被其他工程碰撞弯曲变形。

5.4.14　防雷工程，应配合土建施工同时进行，互相配合，作好成品保护工作。其隐蔽部分应在覆盖前及时会同有关单位作好中间检查验收。

Ⅴ　安全注意事项

5.4.15　避雷针带(网)敷设安装系属于高空作业，必须穿软底鞋，不得穿硬底塑料和带钉子鞋。

5.4.16　在六级以上的大风和暴雨、雷电影响施工安全时，应立即停止高空作业。

5.4.17　随身携带和使用的作业工具，应搁置在顺手稳妥的地方，防止坠落伤人。

5.4.18　避雷带及引下线焊接时，焊条应妥善装好，焊条头要妥善处理，不要随意投扔，以防伤人。

Ⅵ　质量通病及其防治

5.4.19　避雷带(网)直线处弯曲。避雷带(网)在敷设前应进行冷拉调直。且应作好成品保护，防止被其他工程损伤。

5.4.20　避雷带在屋面敷设时，转角部位为直角弯，且有支持卡子。避雷带在转角部位应弯成弧形，弯曲半径不小于圆钢直径10倍，支持卡子不应设在弯曲弧上。

5.4.21　女儿墙上避雷带支持卡子固定不牢。女儿墙上设支持卡子应预留洞，埋设支持卡子用混凝土筑牢，不能将圆钢用锤子打入。

5.4.22 平顶屋面避雷带支持卡子固定不牢。混凝土预制块底部应平整,使其与屋面接触面积加大,并应在混凝土块底部与屋面接触部位浇沥青粘牢。

5.4.23 支持卡子距离不均匀。支持卡子位置确定,应首先确定转角附近的位置,然后再确定中间位置,需平均分配。

5.4.24 避雷带与引下线圆钢搭接时,单面焊接。搭接处应与建筑物垂直设置,两面焊接,较容易掌握。

5.5 建筑物等电位联结

Ⅰ 施工准备

5.5.1 材 料

1 各种型号、规格的等电位联结端子箱(板)。

2 各种型号、规格的等电位联结线、等电位联结用金具、刚性绝缘导管、出线盒和出线面板等。

3 等电位联结预埋件、连接件、镀锌螺栓、垫圈、螺母等。

5.5.2 机 具

1 台钻、电钻、电焊机等。

2 钢板尺、卷尺、电工工具、接地摇表等。

5.5.3 作业条件

1 暗敷设的等电位联结端子箱、联结线和穿线导管,应配合土建主体工程预埋;等电位端子板墙上明装的应在土建室内装饰工程结束后进行。

2 等电位联结线与其他金属管道连接时,应待其他专业工种安装完成后进行。

Ⅱ 施工工艺

5.5.4 施工程序

总(局部)等电位端子箱安装 ⟶ 等电位联结线敷设 ⟶ 联结线连接 ⟶ 导通测试

5.5.5　等电位联结的分类

等电位联结是防止间接接触电击和防电磁干扰的一项重要措施。等电位联结是指为达到等电位目的而实施的使各个外露可导电部分(指在正常情况时不带电,但在故障情况下可能带电的电气设备外露可导电体)和装置外可导电部分(不属于电气装置组成部分的可导电部分,它可能引入电位,一般是地电位)的电位作实质上的导体连接。

等电位联结可分为:总等电位联结、辅助等电位联结、局部等电位联结。

1　总等电位联结(MEB)

总等电位联结作用于全建筑物,它在一定程度上可降低建筑物内间接接触电击的接触电压和不同金属部件间的电位差,并消除自建筑外经电气线路和各种金属管道引入的危险故障电压的危害。

2　辅助等电位联结(SEB)

在建筑物做了总等电位联结之后,在伸臂范围内的某些外露可导电部分与装置外可导电部分之间,再用导线附加连通;以使其间的电位相等或更接近,称为补助等电位联结。

3　局部等电位联结(LEB)

在一局部场所范围内将各外露可导电部分和装置外可导电部分连通,称作局部等电位联结。

局部等电位联结可看作在一局部场所范围内的多个辅助等电位联结。

总等电位联结、辅助等电位联结和局部等电位联结与接地的区别,如图 5.5.5－1 所示。

5.5.6　等电位联结材料选择

等电位联结线和等电位端子板宜选用导电性能及强度好的铜质材料。等电位联结线截面可见表 5.5.6－1。

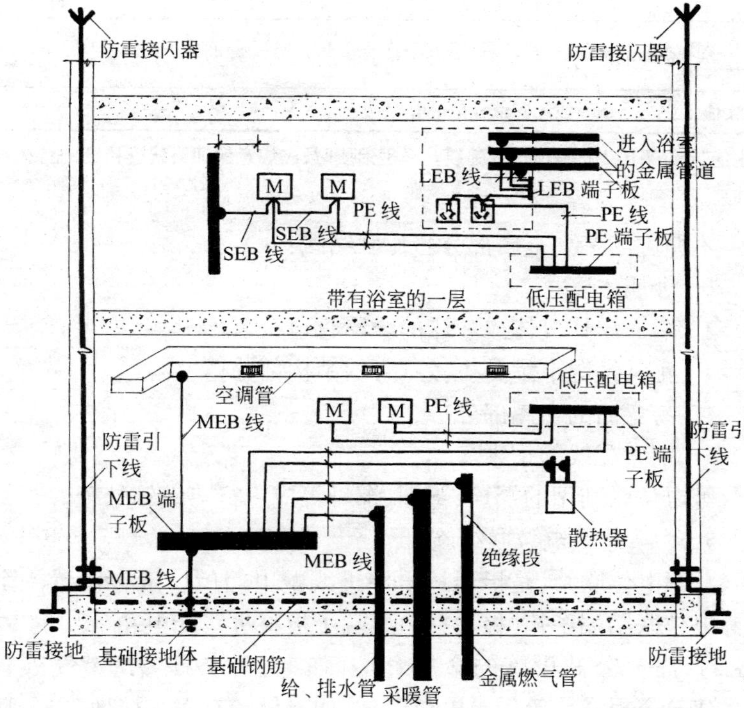

图 5.5.5－1　等电位联结和接地示意图

M—设备的外露可导电部分

等电位联结线截面表　　表 5.5.6－1

类别 / 取值	总等电位联结线	局部等电位联结线	辅助等电位联结线	
一般值	不小于 0.5×进线 PE 或 PEN 线截面	不小于 0.5×局部场所内最大 PE 线截面	两电气设备外露导电部分间	较小 PE 线截面
			电气设备与装置外可导电部分间	0.5×PE 线截面
最小值	$6mm^2$ 铜线	有机械保护时，$2.5mm^2$ 铜线或 $4mm^2$ 铝线		
	$16mm^2$ 铝线	无机械保护，$4mm^2$ 铜线		
	$50mm^2$ 钢	$16mm^2$ 钢		

续表

类别 取值	总等电位联结线	局部等电位联结线	辅助等电位联结线
最大值	$25mm^2$ 铜线或相同电导值的导线		——

注:不允许采用无机械保护的铝线。采用铝线时,应注意保证铝线连接处的持久导通性。

不允许用下列金属部分当作联结线:

1 金属水管;

2 输送爆炸气体或液体的金属管道;

3 正常情况下承受机械压力的结构部分;

4 易弯曲的金属部分;

5 钢索配线的钢索。

等电位联结用的螺栓、垫圈、螺母等应进行热镀锌处理。

5.5.7 总等电位联结施工

总等电位联结,是指通过电源进线配电箱(盘)近旁设置一个总等电位联结端子箱(板),并由此端子板将进线配电箱(盘)的 PE(PEN)母排、公共设施的金属管道(如上、下水、热力、燃气等管道),建筑金属结构等做等电位联结,如果设置有人工接地,也包括其接地装置的接地线。

建筑物每个进线电源都需作各自的总等电位联结,一处电源进线的总等电位联结,如图 5.5.7－1 所示,图中电源进线配电室设在首层,并设有水泵房和消防泵站、空调机房还有电梯。

当建筑物防雷设施利用建筑物金属体和基础钢筋做引下线和接地装置时,引下线应与等电位联结系统连通以实现等电位。图中等电位联结(MEB)线均采用 40mm × 4mm 镀锌扁钢或 $25mm^2$ 铜导线在墙内或地面内暗敷设。当建筑物为条形基础或桩基础时,可利用地梁内水平主钢筋作为等电位联结线,但主钢筋不应小于 ϕ16mm。

图 5.5.7－2 为总等电位联结系统图。总等电位联结(MEB)端子板,宜设置在电源进线或进线配电箱(盘)处,并应加防护罩或

设在端子箱内，应防止无关人员触动。相邻近管道及金属结构允许用一根总等电位联结(MEB)线连接。经实测总等电位联结内的水管、基础钢筋等自然接地体的接地电阻值已满足电气装置的接地电阻值的要求时，不再需要另外作人工接地体，保护接地与防雷接地宜直接短捷地连通。当利用建筑物金属体做防雷及接地时，等电位联结端子板宜直接短捷地与该建筑物用作防雷及接地的金属体连通。

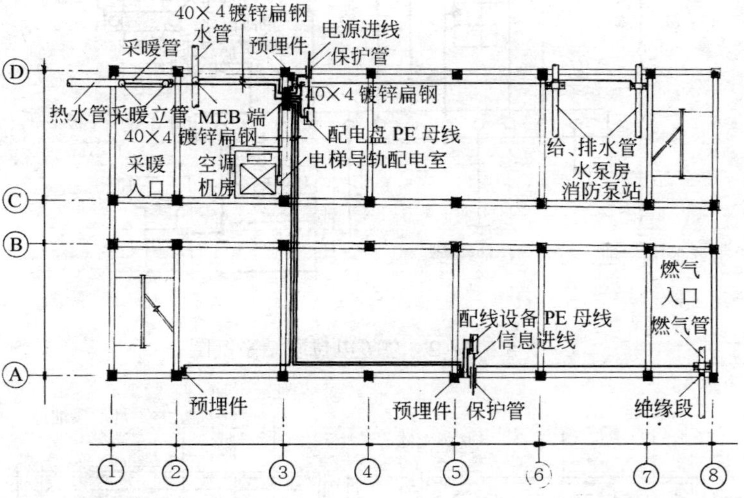

图 5.5.7－1 总等电位联结平面图

图中管道旁的箭头方向系表示水、气流动方向，当进、回水管相距较远时，也可用MEB端子板分别用一根MEB线连接。

建筑物多处电源进线总等电位联结平面示意图，如图5.5.7－3和图5.5.7－4所示。

图5.5.7－3适用于多处电源进线，采用室内环形接地体将各总等电位联结端子板互相连通，使其处在同一电位上；图5.5.7－4系当建筑物又有室外水平环形接地体时，各电源处的等电位联结端子板应沿最近的距离与室外的水平环形接地体连通，使其处在同一电位上。

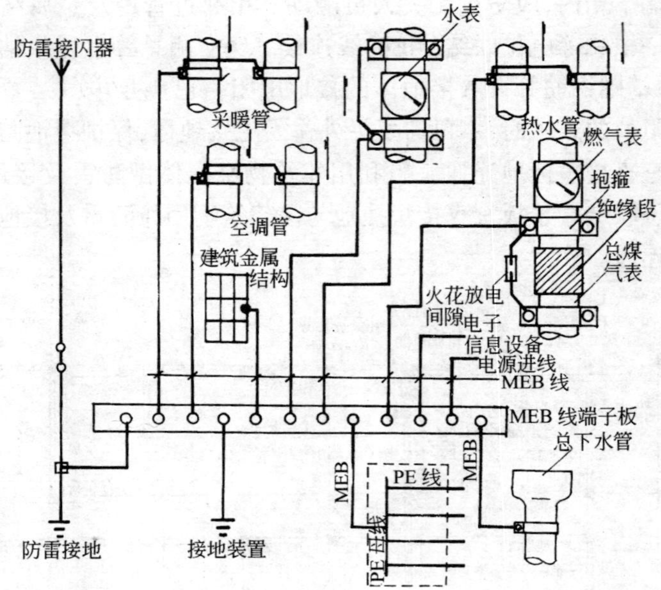

图 5.5.7－2　总等电位联结系统图

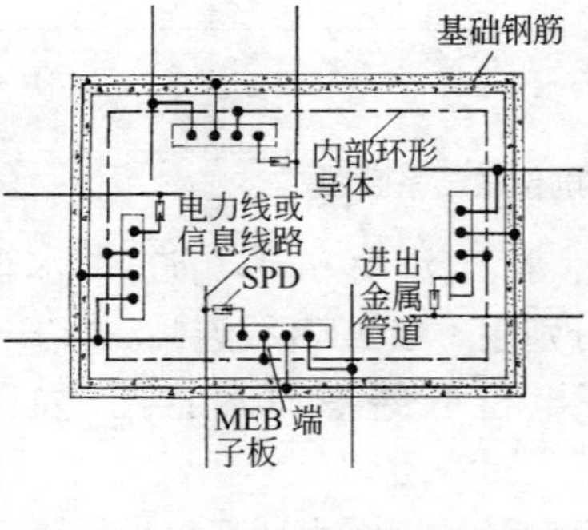

图 5.5.7－3　多处电源进线 MEB 平面示意图

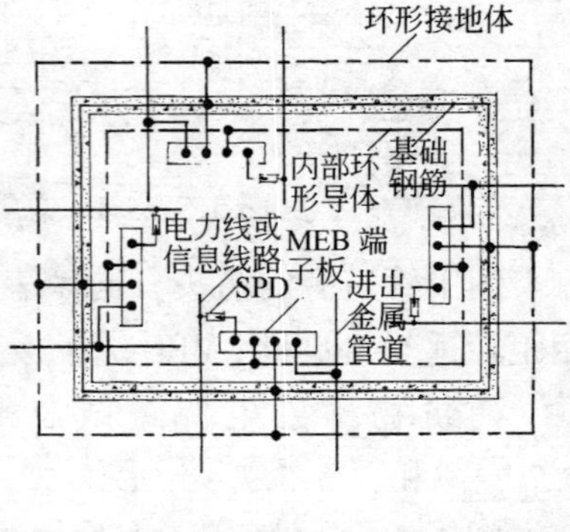

图 5.5.7－4　多处电源进线有室外水平环形接地体 MEB 平面示意图

图中的室内环形导体可采用 40mm × 4mm 镀锌扁钢或铜带，宜明敷设，在支撑点处或过墙处为了防腐蚀应有绝缘保护；室外的环形接地体可使用 40mm × 4mm 的镀锌扁钢。

建筑物电源进线、信息进线等电位联结，如图 5.5.7－5 所示。当进线采用屏蔽电缆时，应至少在两端并宜在防雷区交界处做等电位联结；当系统要求只在一端做等电位联结时，应采用两层屏蔽，外层屏蔽与等电位联结端子板连通。

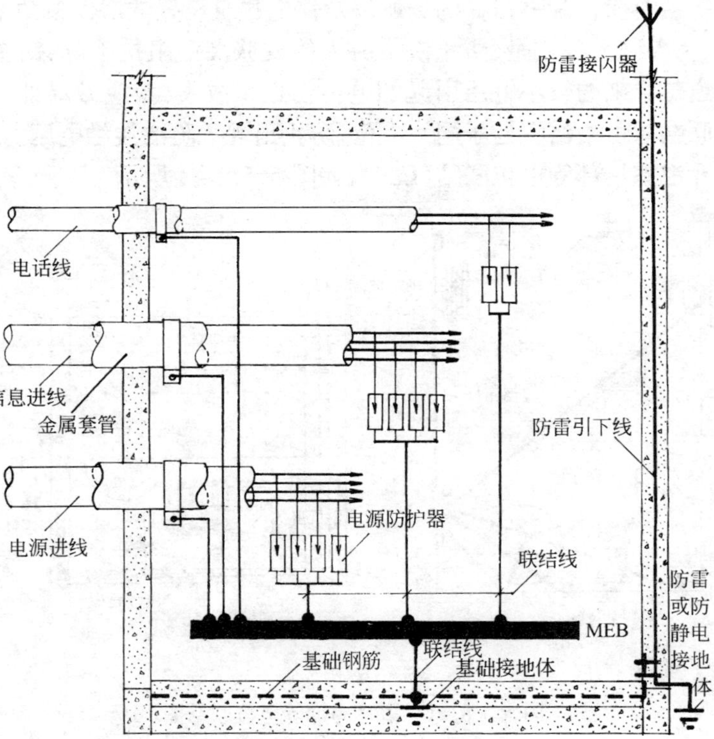

图 5.5.7－5　电源进线、信息进线等电位联结示意图

所有进入建筑物的金属套管应与总等电位联结端子板连接。

为使电涌防护器（SPD）两端引线最短，电涌防护器（SPD）宜安装在配电箱或信息系统的配线设备内，SPD 连接线全长不宜超过 0.5m。

5.5.8　局部等电位联结施工

局部等电位联结是指由分配电箱（盘）中的 PE 线作一个分等电位联结端子箱（板），并由此端子箱（板）将局部范围内的建筑物金属结构、公用设施的金属管道等作等电位联结。

1　浴室局部等电位联结

建筑物除采取总等电位联结外，在旅（宾）馆、商业性浴池、公寓等装有澡盆和淋浴盆的场所以及住宅建筑设置洗浴设备的卫生间，为保障人身安全，防止洗浴时人体皮肤潮湿阻抗下降，沿金属管道传导来的较小电压引起的电击伤亡事故发生，应做局部等电位联结。可使浴室处于同一电位，防止出现危险的接触电压。

浴室局部等电位联结（LEB），如图 5.5.8－1 所示。

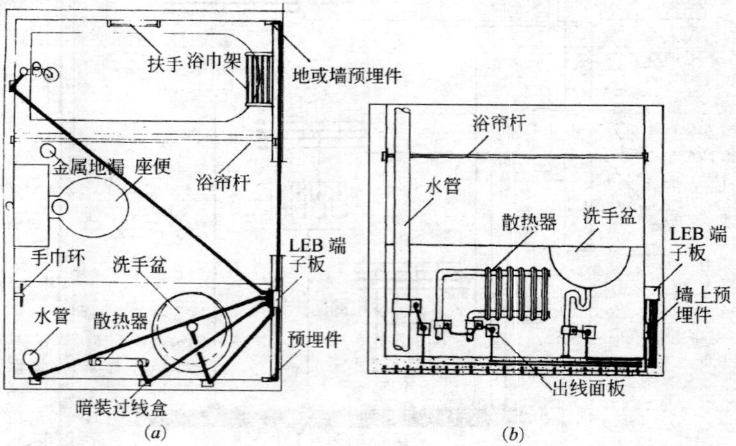

图 5.5.8－1　浴室局部等电位联结图

（*a*）平面图；（*b*）剖面示意图

浴室局部等电位联结，应包括浴室内金属给、排水管，金属浴盆、金属采暖管以及建筑物钢筋网。可不包括金属地漏、扶手、浴巾架、肥皂盒等孤立之物。浴室地面内钢筋网宜与等电位联结线连通，当建筑物为钢筋混凝土墙体时，墙内钢筋网也宜与等电位联结线连通。

浴室内局部等电位联结箱（板）的设置位置应方便检测和安

装。

局部等电位联结线，应采用 BVR—1×4mm² 黄绿相间色的铜芯聚氯乙烯绝缘软电缆，穿刚性绝缘导管暗敷设在地面或墙体内，导管端部与出线盒（86 系列盒）相连。由出线盒引至连接处的联结线应明敷设。

如果在浴室内原无 PE 线，浴室内的局部等电位联结（LEB）不得与浴室外的 PE 线相连接，防止因 PE 线有可能因别处的故障而带电位，反而能引入别处的电位。如果浴室内有 PE 线，浴室内的局部等电位联结必须与该 PE 线相连接。

2　游泳池局部等电位联结

对游泳池，应作局部等电位联结。游泳池局部等电位联结，如图 5.5.8－2 所示。

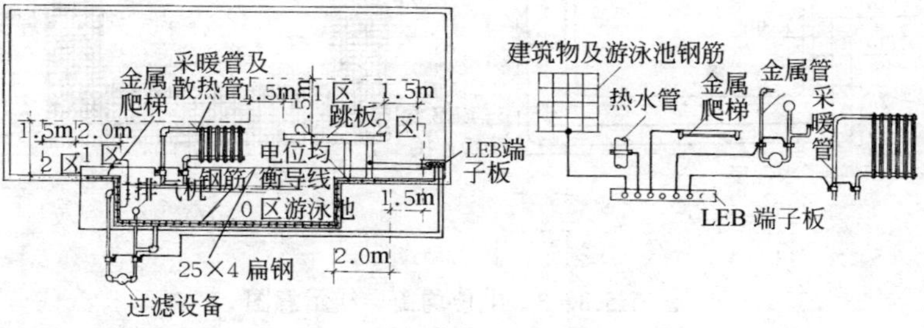

(a)　　　　(b)

图 5.5.8－2　游泳池局部等电位联结图

(a)剖面图；(b)系统图

(1) 游泳池等电位联结，应包括水池构筑物上或水池内的所有金属部件及跳水台中的钢筋及水池循环系统有关的电气设备的金属配件，包括水泵电动机、水下照明灯、爬梯扶手、给排水管及变压器外壳等。

(2) 如果游泳池内无 PE 线时，则不应该从外部单独引入 PE 线，可将室内装置外可导电部分相互连接至局部等电位端子板即可。

(3) 游泳池在 0 区、1 区、2 区内均应做补助等电位联结，SEB

线可由 LEB 专用端子板引出。

(4) 游泳室内不应采用金属导管穿线或使用金属护套电缆。

(5) 在游泳池的池边地面下无钢筋时，应敷设扁钢或圆钢或采用钢丝网组成的电位均衡导线。用 25mm × 4mm 扁钢或 ϕ10 圆钢作电位均衡导线时，均衡导线的间距为 0.6m，并最少在两处作横向连接，且与局部等电位(LEB)端子板连接，如在地面下有暗敷设采暖管线时，电位均衡导线应位于采暖管线的上方；电位均衡导线若采用 ϕ3 钢丝网时，网格尺寸为 150mm × 150mm，相邻钢丝网之间应相互焊接，电位均衡导线如图 5.5.8－3 所示。

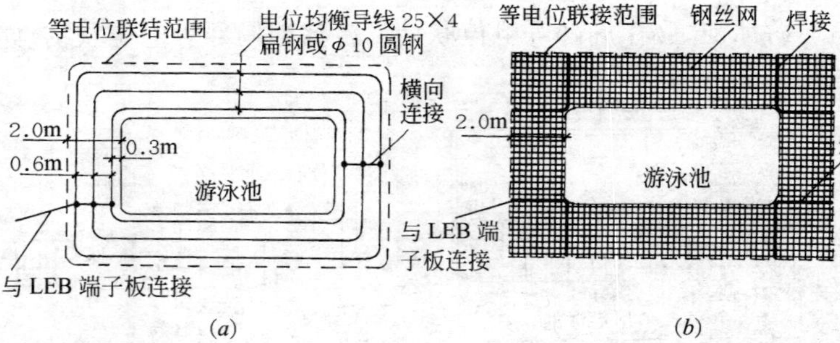

图 5.5.8－3　电位均衡导线示意图

(a)使用扁钢或圆钢；(b)使用钢丝网

3　其他设施的局部等电位联结

建筑物装有金属外壳的排风机、空调器的金属门、窗框或靠近电源插座的金属门、窗框以及距电气设备外露可导电部分伸臂范围内的金属扶手或栏杆、吊顶龙骨、电梯导轨、金属垃圾道等均需做等电位联结。

(1) 金属门、窗的等电位联结

金属门、窗的等电位联结线应暗敷设，并应在门、窗框定位后，在墙面装饰工程施工前进行。等电位联结线应紧贴墙体表面敷设，当墙体为砖砌体时，可沿砖缝敷设。

1) 金属门的等电位联结线可以与固定门框的钢板直接焊接，

如图 5.5.8-4 所示,联结线的另一端应与任一圈梁内与主筋相连的预埋件焊接连接,联结线两端的搭接焊接长度不应小于 60mm。

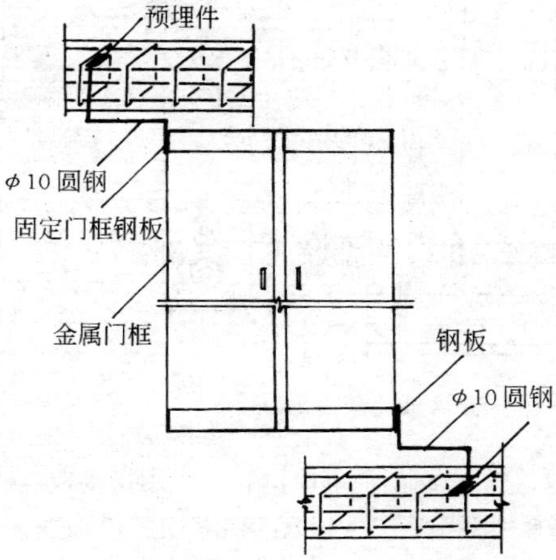

图 5.5.8-4　金属门框等电位联结线焊接做法

金属门的等电位联结线与金属门框用搭接板连接做法,如图 5.5.8-5 所示,搭接板应预埋,其与门框的连接,可采用 M6 螺栓连接。联结线使用圆钢时,应与搭接板焊接,长度不应小于 60mm;联结线使用扁钢时,应与搭接板采用螺栓连接。搭接板与门框固定的具体部位应由设计确定。

2) 钢窗窗框的等电位联结,应使用 ϕ10 圆钢做联结线,可以采用两种方法,即可以与钢筋混凝土柱内的预埋件连接,也可以与圈梁内主钢筋上的预埋件相连接,两种方法可以任选其一,在钢窗框上可以将联结线进行焊接,联结线在预埋件上或窗框上的焊接长度均不应小于 60mm,如图 5.5.8-6 所示。当柱体采用钢柱时,联结线一端可以直接焊在钢柱上。

3) 铝合金窗框的等电位联结线,应该与固定铝合金窗框的钢板焊接,另一端可以与柱内或圈梁内的预埋件相焊接,联结线与预埋件的焊接长度不应小于 60mm,铝合金窗框的两种等电位联结做法,如图 5.5.8-7 所示。当柱体采用钢柱时,可将联结线的一端直接焊在钢柱上。

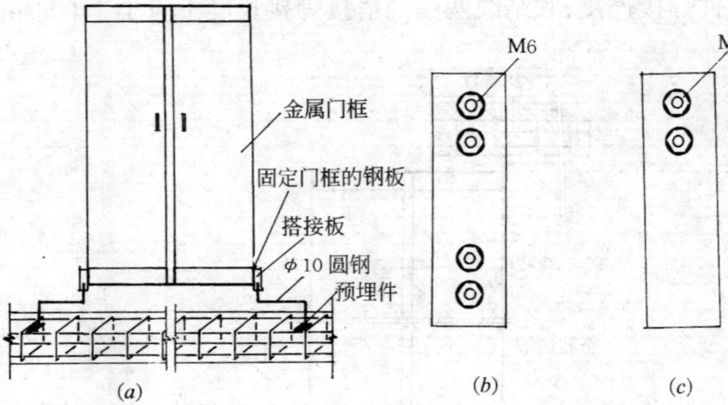

图 5.5.8-5　金属门框等电位联结线用搭接板连接做法

(*a*)金属门框联结线做法；(*b*)连接扁钢用搭接板 100mm×30mm×3mm；(*c*)连接圆钢用搭接板 100mm×30mm×3mm

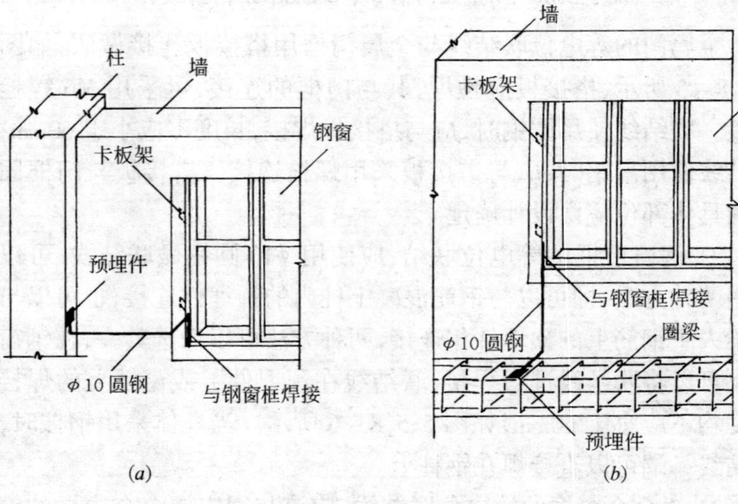

图 5.5.8-6　钢窗框等电位联结做法

(*a*)联结线与柱内预埋件连接；(*b*)联结线与圈梁内预埋件连接

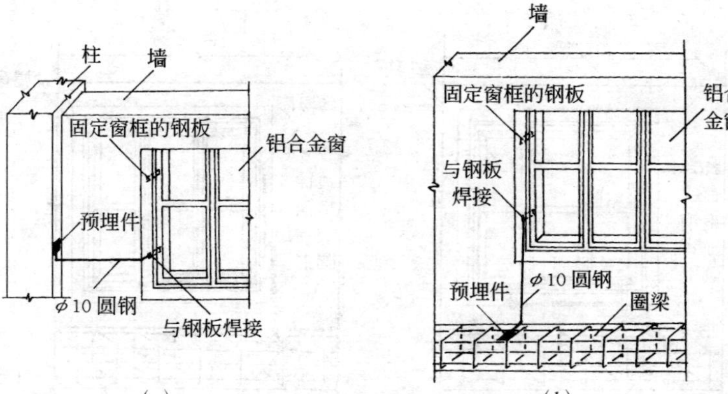

(a)　　　　　　　　(b)

图 5.5.8－7　铝合金窗框等电位联结做法

(a)联结线与柱内预埋件连接；(b)联结线与圈梁内预埋件连接

4）金属窗框在每镗窗上可以使用图 5.5.8－10 中的 100mm×30mm×3mm 搭接板，各在窗框上部、下部或侧面两点与 φ10 圆钢或 25mm×4mm 镀锌扁钢联结线连接。当使用圆钢联结线时，应与搭接板焊接连接，焊接长度不应小于 60mm；当使用扁钢联结线时，可以使用 M6 镀锌螺栓与搭接板固定。如图 5.5.8－8 所示。

(2) 扶手或栏杆的等电位联结

建筑物楼梯的扶手或栏杆，如果距离电气设备外露可导电部分在伸臂范围内，需做等电位联结。

扶手或栏杆等电位联结，应使用 φ10 圆钢作联结线，一端即可以焊在柱内预埋件上，也可以焊在圈梁内预埋件上，联结线另一端应与栏杆焊接，焊接长度均不应小于 60mm，如图 5.5.8－9 所示。

(3) 电梯导轨、金属垃圾道等电位联结

电梯的导轨和金属垃圾道的等电位联结线，应使用 φ10 圆钢或 25mm×4mm 镀锌扁钢，一端直接与导轨或金属垃圾道焊接，如图 5.5.8－10 所示，另一端可以与等电位端子板连接，如果需要同柱或圈梁内主钢筋相连接时，方法同扶手或栏杆的做法。

(4) 吊顶龙骨等电位联结

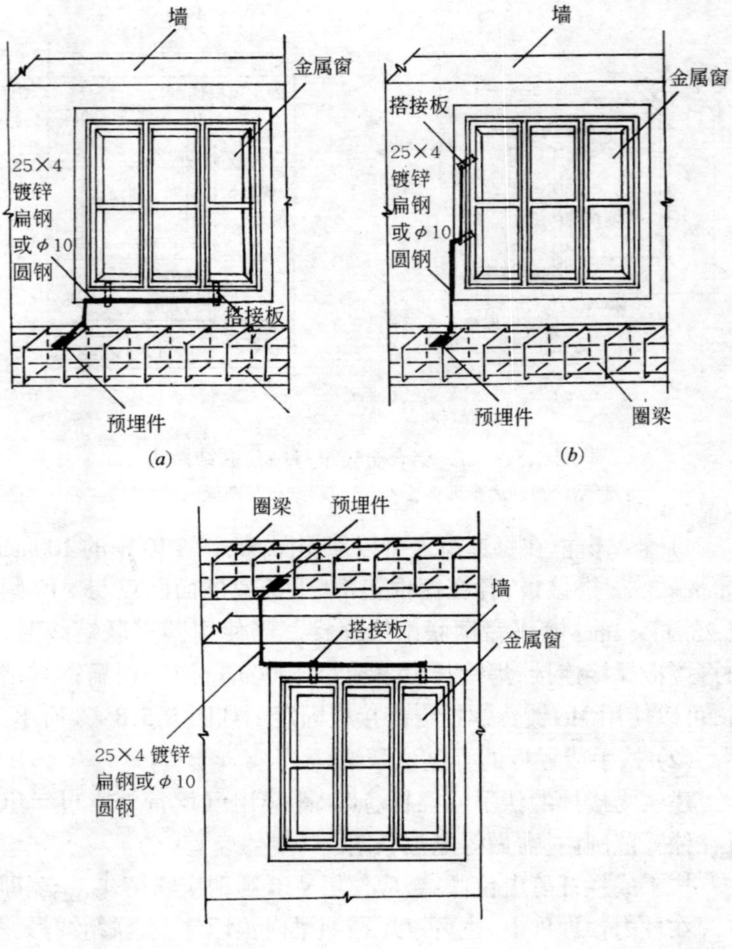

图 5.5.8－8　金属窗框用搭接板固定联结线做法

(*a*)搭接板在窗下部与圈梁预埋件连接；

(*b*)搭接板在窗侧与圈梁预埋件连接；(*c*)搭接板在窗上部与圈梁预埋件连接

吊顶龙骨在距伸臂范围内应做辅助等电位联结，SEB 的联结线与吊顶龙骨吊件的连接，可以利用吊件所配的螺栓进行连接，吊顶龙骨的辅助等电位联结做法，如图 5.5.8－11 所示。在伸臂范围之外的吊顶龙骨可不做联结。

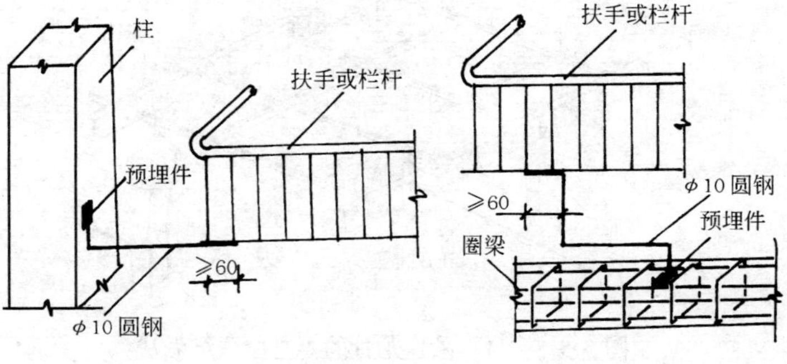

(a) (b)

图 5.5.8－9 扶手或栏杆等电位联结做法

(a)联结线与柱内预埋件连接；(b)联结线与圈梁内预埋件连接

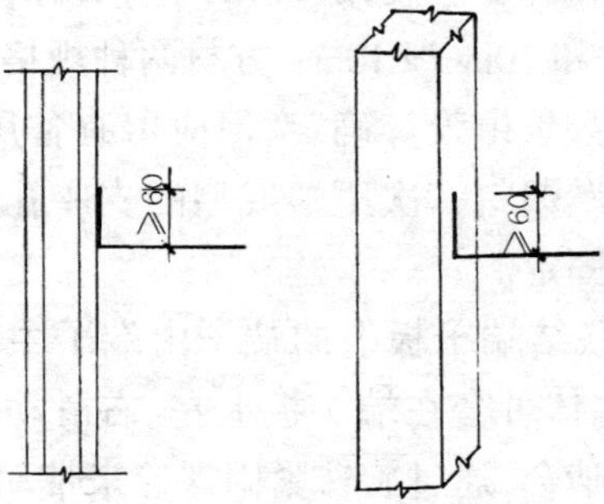

(a) (b)

图 5.5.8－10 电梯导轨、金属垃圾道等电位联结做法

(a)电梯导轨；(b)金属垃圾道

5.5.9 等电位联结安装

等电位联结安装内容广泛，基本上可包括总等电位、局部和辅助等电位联结中设备及等电位联结配件的安装方法及其连接要求等。

1 等电位联结端子板(箱)的安装

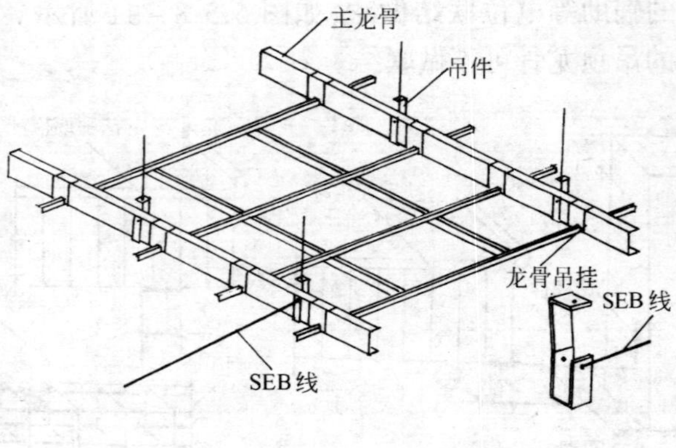

图 5.5.8－11　吊顶龙骨的等电位联结做法

等电位联结端子板安装方式有明装和暗装两种。明装系指端子板在墙体上安装,需外加保护罩防护;暗装端子板是指将端子板安装在端子箱内,端子箱暗敷设在建筑物墙体内。

(1) 等电位联结端子板,通常采用铜质材料有定型产品。有40mm×4mm 板材和 10mm×10mm 方材两种规格,端子板的长度根据工程联结线的数量由设计确定,但应留有备用长度。端子板两端分别插入用阻燃塑料一次压塑成型的支座孔内,通过支座顶部的自攻螺钉压紧固定。

(2) 等电位联结端子板上的端子由端子主体、压线板和紧固螺栓组成,端子主体可套在端子板上左、右滑动,端子主体上有内螺纹与紧固螺栓啮合,通过旋转紧固螺栓来带动压线板的上、下移动,将联结线压在端子板上,如图 5.5.9－1 所示。

(3) 等电位联结端子板,在端子箱内安装时,端子箱的尺寸应按端子板尺寸确定。端子箱的上、下侧应有足够的敲落孔,在安装时不应用气、电焊开孔和扩孔。使用时端子箱需用钥匙或工具方可打开。

等电位联结端子板在箱内安装,如图 5.5.9－2 所示。

(4) 明装等电位联结端子板,如图 5.5.9－3 所示。端子板采用 50mm×4mm 紫铜板,根据等电位联结线的数量决定端子板的长度。Ⅰ型端子板,连接2个端子的基本板长为250mm,每增加1个端子数,板长需增加50mm;Ⅱ型端子板,连接2个端子的基本板长为175mm,每增加1个端子数,板长需增加25mm。

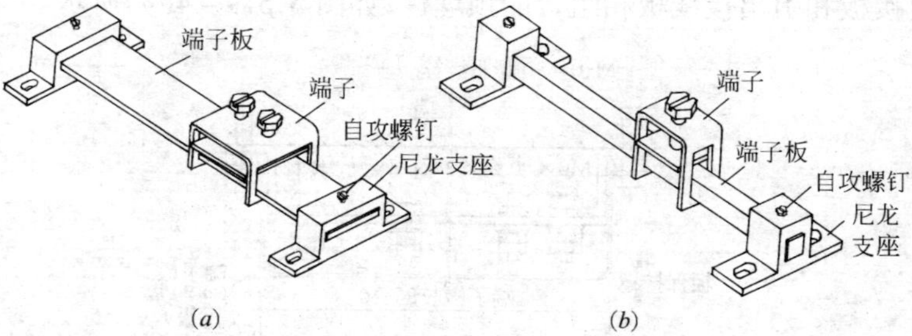

图5.5.9-1　等电位联结端子板
(a)板材端子板;(b)方材端子板

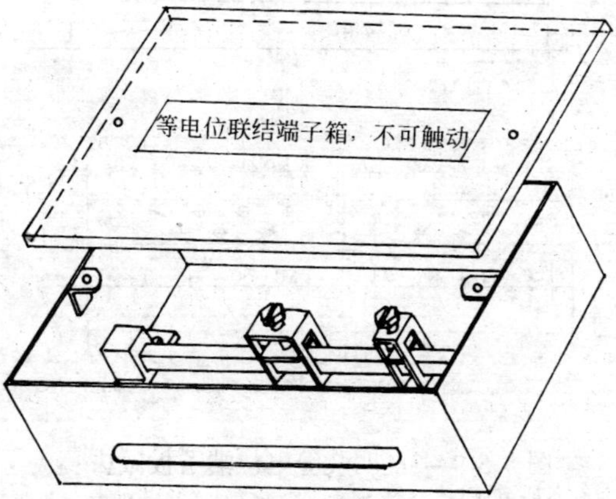

图5.5.9-2　端子板在端子箱内安装示意图

明装端子板保护罩,由60mm×2mm钢板弯制而成,保护罩的长度为端子板长度加上240mm即可。在保护罩正中央标有“等电位联结端子板不可触动”字样,尺寸为150mm×50mm的铭牌。

2　钢筋混凝土中预埋件做法

钢筋混凝土柱、圈梁或墙体内的预埋体,是向土建专业提出的构件。预埋件的构造形式与建筑物柱或墙体表面有无装饰材料有关，当柱和墙面无装饰材料隔开时，只需使用预埋连接板，如图 5.5.9－4（*a*）所示；当柱和墙面有装饰材料隔开时，需要使用预埋连接板和引出接线板相组合的预埋件，如图 5.5.9－4（*b*）所示。

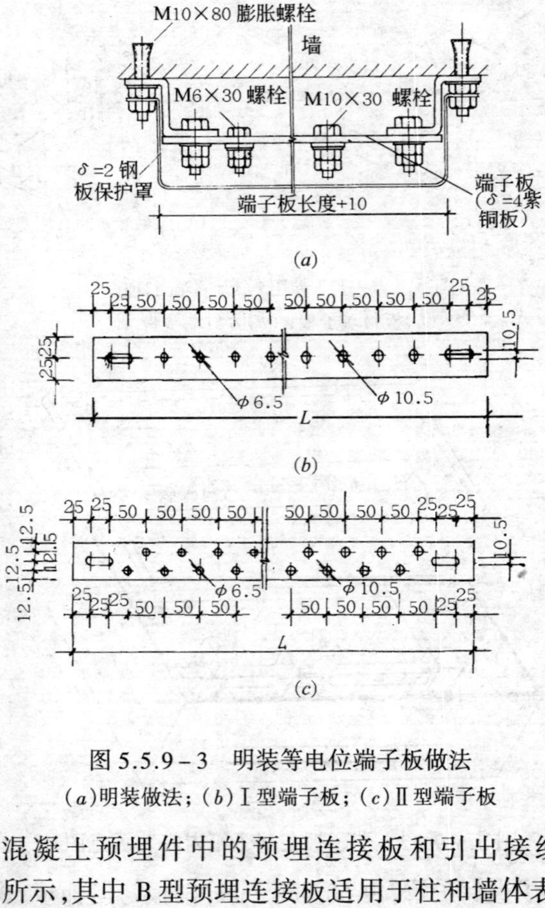

图 5.5.9－3　明装等电位端子板做法

（*a*）明装做法；（*b*）Ⅰ型端子板；（*c*）Ⅱ型端子板

钢筋混凝土预埋件中的预埋连接板和引出接线板，如图 5.5.9－5 所示，其中 B 型预埋连接板适用于柱和墙体表面无装饰材料时，连接板与等电位联结线需要螺栓固定连接时用。

等电位联结安装中，预埋件的数量和位置及距地面的高度，均应由具体工程设计确定。当建筑物为钢筋混凝土柱时，预埋件应设于柱角处；引出接线板穿过砖墙时从砖缝引出；预埋连接板与柱、圈梁或墙内主钢筋焊接时，焊接长度均不应小于60mm。

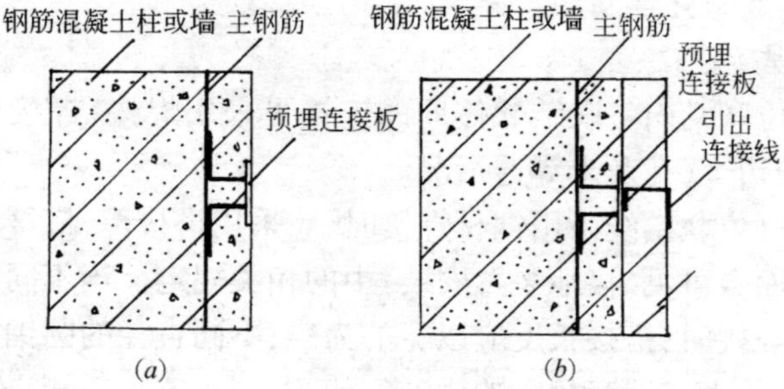

图5.5.9-4 钢筋混凝土中预埋件做法
(a)柱和墙面无装饰材料隔开；(b)柱和墙面有装饰材料隔开

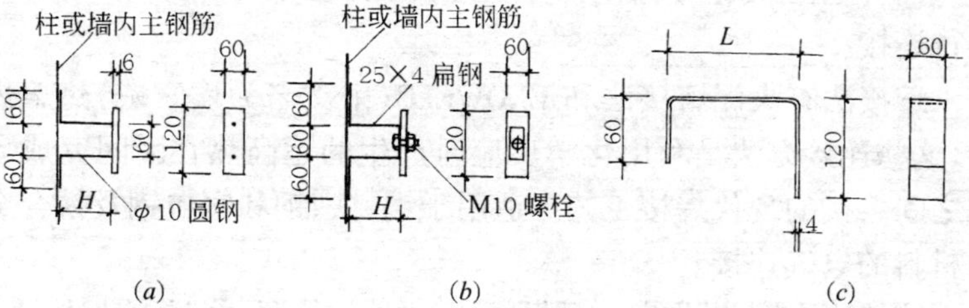

图5.5.9-5 预埋连接板、引出接线板构造图
(a)A型预埋连接板；(b)B型预埋连接板；(c)引出接线板
H—混凝土保护层的厚度；L—装饰材料的厚度

3 等电位联结线的连接

等电位联结线的连接，包括不同部件和不同材质间的连接，联结线与端子板的连接和联结线之间的连接，以及联结线与建筑物钢筋及与各种金属管道的连接。

等电位联结线使用铜质材料当与基础钢筋或地下的钢材管道相连接时，应注意铜和铁具有不同的电位。铜的标准电位是+0.35V，而铁的标准电位是-0.44V，由于土壤中的水分和盐类形成电解液而组成原电池，产生电化学作用，将腐蚀基础钢筋和钢管道，因此在土壤中，应避免使用裸铜线或带铜皮的钢线作为接地装置连接线，宜用钢材与基础钢筋连接，以与基础钢筋的电位基本一致，避免引起电化学腐蚀。

(1) 焊接连接

等电位联结内各联结导体间的连接可采用焊接，焊接处不应有夹渣、咬边、气孔及未焊透情况。

当等电位联结线采用钢材焊接时，应采用搭接焊，搭接的长度和施焊的面数可见《接地装置安装》中的相关规定。当不同宽度的扁钢搭接焊接时，搭接长度应以宽的为准；不同直径的圆钢搭接焊接时，搭接长度应以直径大的为准。

除埋设在混凝土中的焊接接头外，应有防腐措防。

(2) 熔接法连接

当等电位联结线采用不同材质的导体连接时，可采用熔接法进行连接。

熔接法有火泥熔接法和 EXOWELO（中文名为埃索威）热熔焊接，这些连接方法是利用化学反应时产生的超高热在瞬间完成导体之间熔接的现代焊接工艺。适用于铜、铁、钢和铜包钢及铁合金等材料的电气连接。

熔接法连接，操作安全可靠，不需要外加热源、电源，施工快捷。

熔接法连接所需要的主要产品及配件有：模具、模夹、焊粉、引火粉、点火枪、毛刷、钢刷、喷灯等。

在选用模具时，应根据焊点的结构形式，选用不同编号的模具，模具一般由石墨制成，每次开工前应用加热工具（喷灯或烘干箱）干燥模具，驱除其水气；模夹是用于开合模具的，模夹的紧密程度将影响熔接的效果，应在使用前认真检查模夹，并做适当调整；焊粉牌号需与模具铭牌上注明的焊粉用量一致，每一罐焊粉对应焊接一个焊点，焊粉在使用前需要仔细对照确认；熔焊时需用点火枪向着引火粉点火，然后引起焊粉的放热反应，待焊点凝固后，再打开模并清除模具模膛内的焊渣，以备下一个焊点的使用。

熔接法连接焊点的结构形式非常多，具体的模具选用和焊接的准备工作和要领，应根据产品使用说明书来进行。

(3) 压接法连接

等电位联结内各联结导体间的连接或当等电位联结线采用不同材质的导体连接时,也可采用压接法连接。

采用压接时应注意接触面的光洁、足够的接触压力和接触面积。当采用不同材质的导体压接时,压接处应进行热搪锡处理。

(4) 螺栓连接

螺栓连接适用于镀锌钢板或铜带作联结线的分支连接和直线连接,如图 5.5.9－6 所示。等电位端子板应采取螺栓连接,以便于拆卸进行定期检测。等电位联结用的螺栓、垫圈、螺母等应进行热镀锌处理。

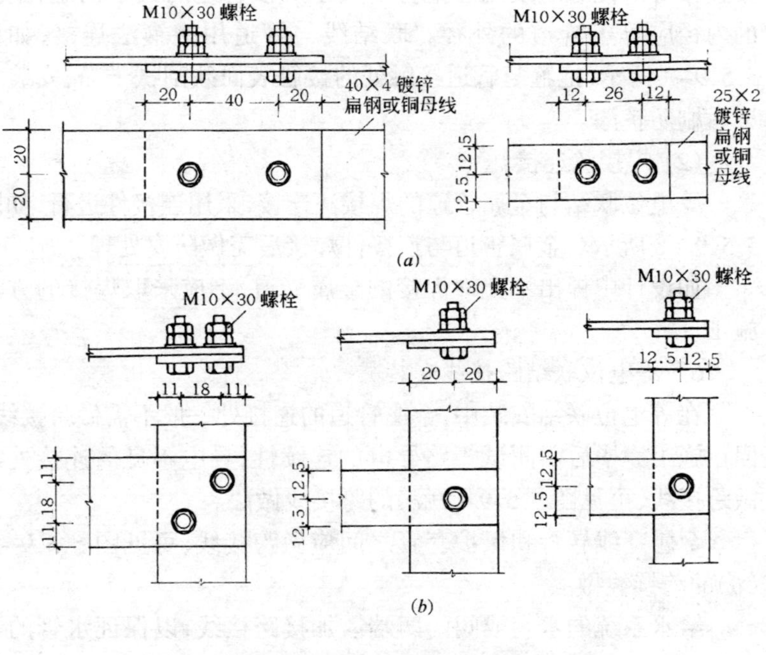

图 5.5.9－6　分支连接和直线连接

(*a*)直线连接；(*b*)分支连接

等电位联结线在地下暗敷设时,其导体之间的连接禁止采用螺栓连接。

4 等电位联结线的色标

等电位联结线外露部分应有黄绿相间的色标，联结线表面沿长度方向，每段为 15～100mm，分别涂以黄、绿色条纹，在等电位联结端子板上应刷黄色底漆并标以黑色记号，其符号为"▽"。

5 等电位联结线与金属管道的连接

等电位联结线与各种金属管道的连接，有抢箍法连接和焊接连接。

(1) 抢箍法连接

联结线与金属管道采用抢箍法连接，抱箍有圆抱箍和半圆抱箍两种，其中半圆抱箍由长抱箍和短抱箍组合而成，长抱箍用以焊接连接等电位联结线用。抱箍的大小应依管道的大小而定，抱箍的内径应等于管道的外径。联结线与管道用抱箍法连接，如图 5.5.9－7所示，抱箍与管道接触处的接触表面须刮拭干净，安装完毕后刷防护漆。

(2) 焊接法连接

等电位联结与金属管道的焊接法连接，采用连接件进行，如图 5.5.9－8 所示。金属管道与连接件焊接后需做防腐处理。

如设计中提出不允许焊接的金属管道，不应采取焊接的方法施工。

6 等电位联结跨接线安装

在等电位联结安装中，金属管道的连接处一般不需做跨接线。但在施工完毕后需测试管路导电的连续性，导电不良的连接处需做跨接线，可见图 5.5.9－7(*c*)的跨接线做法。

金属穿线导管和保护套管之间应做跨接线，可见图 5.5.9－8(*b*)的跨接线做法。

给水系统的水表或阀门两端需加接跨接线，以保证水管的等电位联结和接地的有效性，如图 5.5.9－9 所示。

为了避免用户外燃气管道作接地体，燃气管入户后应插入一绝缘段(例如在法兰盘间插入绝缘板)以与户外埋地的燃气管道隔离。为防止雷电流在燃气管道内产生电火花，在此绝缘段两端应跨接火花放电间隙,可参见图 5.5.7-2。但此项工作由煤气公司确定。

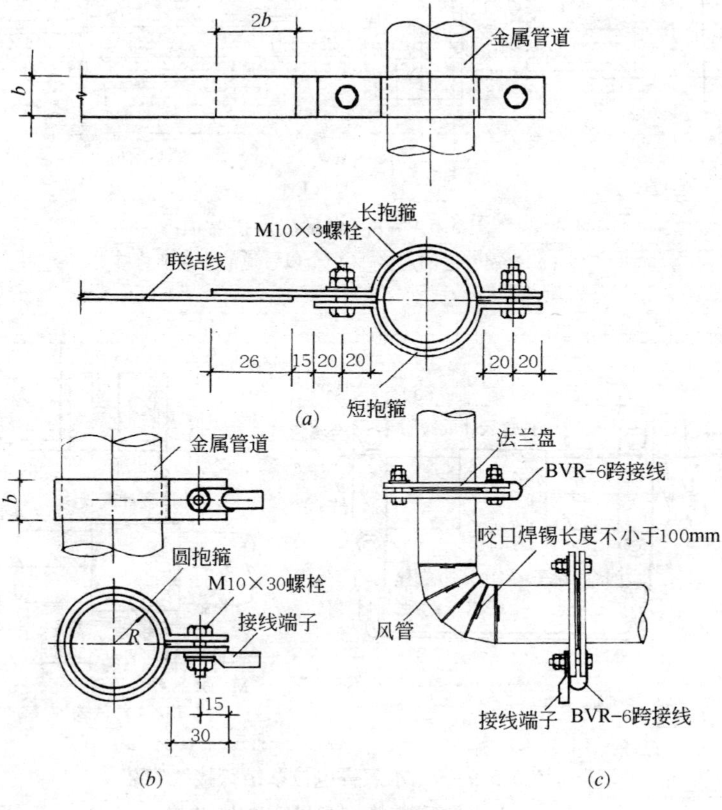

图 5.5.9-7　抱箍法连接管道

(a)小管径管道的连接;(b)大管径管道的连接;(c)风管的连接

5.5.10　等电位联结导通性的测试

等电位联结安装完成以后,应进行导通性测试。对等电位联结进行导通性测试,即是对等电位用的端子板、联结线、有关接头、管箍、截面和整个路径上的色标进行检验,管电位联结的有效性必须通过测定来实现。

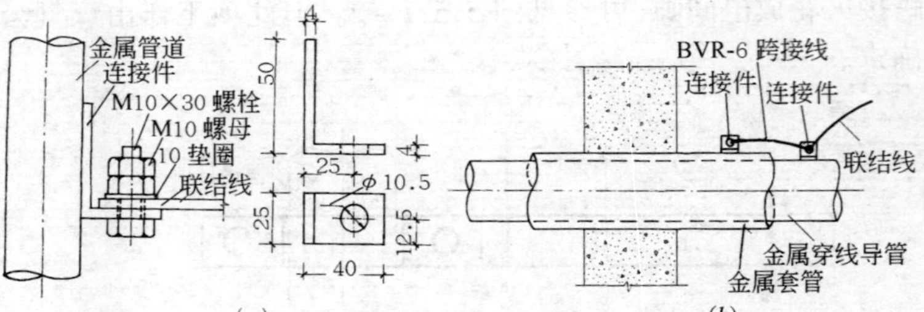

(*a*) (*b*)

图 5.5.9－8 焊接法连接管道

(*a*)金属管道的连接；(*b*)金属管道的连接及跨接

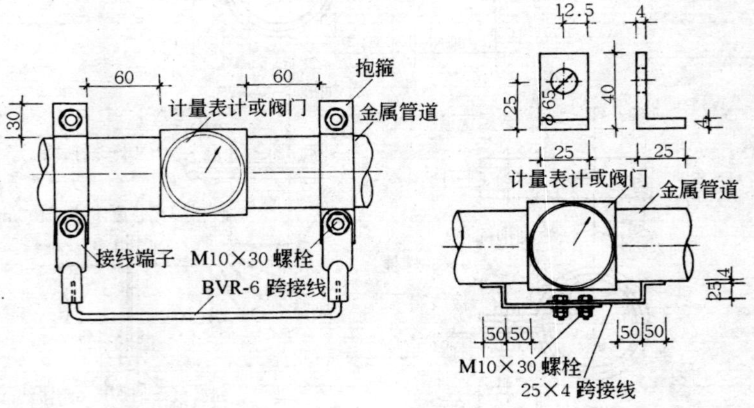

图 5.5.9－9 水表等电位联结跨接线安装

(*a*)用抱箍连接；(*b*)用扁钢焊接连接

等电位联结导通性测试用电源可采用空载电压为 4～24V 直流或交流电源，测试电流不应小于 0.2A，当测得等电位联结端子板与等电位联结范围内的金属管道等金属体末端之间的电阻不超进 3Ω 时，可认为等电位联结是有效的。

测量等电位联结端子板与等电位联结范围内的金属管道末端之间的电阻，有时是比较困难的，因为一般距离较远，可以进行分段测量，然后将所测得的电阻值相加。如果发现有导通不良的连接处，应做跨接线。

目前市场上已经有售进口或国产的等电位联结测试仪，用来检测比较方便，检测的方法应按产品使用说明书进行。

等电位联结在投入使用后，还应定期的作导通性测试。

为保证等电位联结的顺利施工和安全运行，电气、土建、暖、卫等专业施工和管理人员需要密切配合。在管道检修时，应由电气人员在断开管道前预先接通跨接线，以保证等电位联结始终处于导通状况。

Ⅲ 质量标准

5.5.11 主控项目

1 建筑物等电位联结干线应从与接地装置有不少于2处直接连接的接地干线或总等电位箱引出，等电位联结干线或局部等电位箱间的连接线形成环形网路，环形网路应就近与等电位联结干线或局部等电位箱连接。支线间不应串联连接。

2 等电位联结的线路最小允许截面应符合表5.5.11－1的规定：

线路最小允许截面(mm^2) 表5.5.11－1

材料	截面	
	干线	支线
铜	16	6
钢	50	16

5.5.12 一般项目

1 等电位联结的可接近裸露导体或其他金属部件、构件与支线连接应可靠，熔焊、钎焊或机械紧固应导通正常。

2 需等电位联结的高级装修金属部件或零件，应有专用接线螺栓与等电位联结支线连接，且有标识；连接处螺帽紧固、防松零件齐全。

Ⅳ 成品保护

5.5.13 在进行金属门、窗框等电位联结线焊接作业时，应注意采取保护门、窗的措施。

5.5.14 进行浴室（卫生间）等电位联结安装时，应注意保护好卫生器具，同时注意不要损坏地面和墙面。

5.5.15 在住宅卫生间内施工，应与暖卫专业密切配合，应在散热器及卫生器具安装、试验及验收后再进行联结线的连接。

Ⅴ 安全注意事项

5.5.16 使用人字梯必须牢固，距梯脚 40 ~ 60cm 处要设好拉绳，防止劈开，下脚要支稳，并有防滑措施。使用单梯上端要绑牢，必要时需要有人扶持保护。

5.5.17 进入现场要戴好安全帽，高空作业要系好安全带。工具要随手放入工具袋内，上下传递物件禁止抛掷。

5.5.18 进行电、气焊作业时，相应设备必须完好，操作人员应持证上岗。

5.5.19 电焊作业时应采取相应的防护措施，避免弧光伤害，焊条头应妥善处理，不要随意投扔，以防伤及其他作业人员。

Ⅵ 质量通病及其防治

5.5.20 浴室（卫生间）局部等电位联结线使用扁钢敷设。LEB 线均应采用 BVR - 1 × 4mm^2 黄、绿相间电线在地面或墙内穿绝缘导管暗敷设。

5.5.21 等电位联结用的螺栓、垫圈、螺母等系非镀锌件。应使用热浸镀锌制品的螺栓、垫圈及螺母等，热浸镀锌制品抗腐蚀，有较长的使用寿命。

5.5.22 等电位联结不进行检测。等电位联结线施工后，尤其是暗敷设联结线及连接处，电气施工人员应做隐蔽工程记录及检测报告，对于隐蔽部位的等电位联结线，应在竣工图上注明其实际走向和部位。

5.5.23　对于多层或中高层住宅，不进行等电位联结的设计或设计图中有，而经建设或施工单位取消。其原因是认识不足或光考虑资金而忽视安全，又一原因是质量监督或监理人员没有把关。

在TT、TN—C—S和TN—C系统中，都具有专用的保护线(PE)，是住宅建筑中最常用可靠的接地方式，总等电位联结则可降低住宅楼内的接触电压，消除沿电源线路及其他金属管道导入的对地故障电压的危害，也是防雷安全所必需的。

5.5.24　住宅卫生间不设局部等电位联结。一方面是对等电位联结施工重视程度不足。另一方面由于规范的改变；由原规范的“宜”改为“设洗浴设备的卫生间”而造成一些卫生间内原设计有浴盆，而商家只留给、排水位置而不安装浴盆，这样的卫生间也应安装局部等电位联结端子板(箱)并预留LEB线和出线盒，待业主自行安装浴盆、浴箱或淋浴器后再连通。